普通高等院校 精品课程规划教材
优质精品资源共享教材

# 城市污水处理技术及工艺运行管理

高艳玲 主编

中国建材工业出版社

（CIP）数据
污水处理技术及工艺运行管理／高艳玲主编．
北京：中国建材工业出版社，2012.7
普通高等院校精品课程规划教材　普通高等院校优质精品资源共享教材
ISBN 978-7-80227-901-8

Ⅰ.①城…　Ⅱ.①高…　Ⅲ.①城市污水－污水处理－高等学校－教材　Ⅳ.①X703

中国版本图书馆CIP数据核字（2012）第048173号

## 内容简介

本书在阐述基本概念和基本理论的基础上，系统介绍了预处理技术、生物处理技术、工业废水处理技术、污泥处理与处置、中水回用工艺、城市污水及中水处理主要机械设备及其运行管理、城市污水处理厂及中水设施自动化和测量仪表、城市污水厂及中水设施试运行、城市污水厂中水设施运行管理等内容，并收集了城市污水处理工程、工业废水处理工程以及中水工程方面的实例。

本书实用性强，内容新颖，每章除配有能力目标以及习题之外，还创新加入了“小结”内容，并在书中体现了双语思想，弥补了不能开设双语教学的缺陷。

本书可作为高等院校给排水专业、环境专业以及其他相关专业的教材，也可作为专业技术人员的参考用书。

城市污水处理技术及工艺运行管理
高艳玲　主编

出版发行：中国建材工业出版社
地　　址：北京市西城区车公庄大街6号
邮　　编：100044
经　　销：全国各地新华书店
印　　刷：北京雁林吉兆印刷有限公司
开　　本：787mm×1092mm　1/16
印　　张：24
字　　数：594千字
版　　次：2012年7月第1版
印　　次：2012年7月第1次
定　　价：53.00元

本社网址：www.jccbs.com.cn
本书如出现印装质量问题，由我社发行部负责调换。联系电话：（010）88386906

# 发展出版传媒　服务经济建设

# 传播科技进步　满足社会需求




| 编辑部 | 图书广告 | 出版咨询 | 图书销售 |
| --- | --- | --- | --- |
| 010-68342167 | 010-68361706 | 010-68343948 | 010-68001605 |

jccbs@hotmail.com　www.jccbs.com.cn

# 前　言

建设节水型社会是贯彻科学发展观，构建和谐社会，促进人与自然和谐发展的必然要求，是建设资源节约型、环境友好型社会的重要组成部分，是解决我国水资源问题的根本出路。虽然我国水资源总量非常丰富，居世界第六位，但是由于人口众多，人均占有量约为世界平均值的四分之一，属世界缺水国家之一。在经济快速发展的今天，加快城市污水资源化，合理有效地利用再生水资源，是解决水资源短缺的一项有效途径和重要措施，也是我国实现经济社会可持续发展、协调发展、构建和谐社会的一项重要保证。

据统计，我国从20世纪80年代初以来，工农业和人口迅猛发展，每年工业废水和城市污水合计排放量已达约400多亿 $m^3$，且处理效率较低，大量废水排入天然水体，已使我国约80%的河流湖泊受到不同程度的污染。水资源不足已成为我国面临的严重环境问题之一。在水资源日益短缺的今天，做好城市污水和工业废水的处理以及中水再生利用，有利于保护环境、保护水源，促进有限的水资源的可持续开发利用。

为此，我们组织编写了《城市污水处理技术及工艺运行管理》一书，本书按照针对性强以及实用的原则，对城市污水处理及中水回用技术、工艺运行以及维护管理等进行评述、分析，并列举了城市污水处理及中水回用工程实例，以期能总结出适应实际情况并能利用的普遍经验，对今后水处理工作的发展起到一定的作用。

本书由高艳玲教授主编（第1、6、7、8章）；赫俊国（第2、5章）；于德强（§4.1、§4.2、§4.3、§4.4）；李天龙（第11、12、13章）；沈然（§3.1，第9章）；赵庆建（第10章）；苏良缘（§3.2、§3.3、§4.5）。

由于编者水平和学识有限，尽管编者尽心尽力，但内容难免有疏漏或未尽之处，敬请有关专家和读者提出宝贵意见予以批评指正，以不断充实、提高、完善。

编者

2012年5月

# 目　录

## 第1篇　城市污水处理及中水回用技术

## 第2篇　污水厂运行与维护管理

## 第3篇　城市污水处理及中水回用工程实例

# 第1篇 城市污水处理及中水回用技术

# 1 绪 论

**能力目标：**

通过本章的学习，了解我国水资源量的评估；掌握我国水资源的特点；理解我国水资源实际用水量及其增长情况分析；了解我国中水回用的现状以及我国工业废水的处理现状；并对本书的特点及创新有初步的了解。

## 1.1 我国水资源、污水处理现状

随着世界经济发展速度的加快，人类对于水资源的需求尤其是对于淡水资源的需求量不断增加。同时城市规模的不断扩大，城市的用水量和排水量都在不断增加，加剧了用水的紧张和水质的恶化，水环境问题日益突出。水体污染在破坏城市生态环境的同时，也势必成为城市可持续发展的制约因子之一。

### 1.1.1 我国水资源现状

1.1.1.1 我国水资源量的评估

(1)降水总量

24年来平均的年降水总量为61890亿$m^3$，折合降水深648mm，低于全球陆地平均降水量约30%。

(2)河川径流总量

全国河川径流总量为27115亿$m^3$，折合径流深284mm，其中包括地下水排泄量6780亿$m^3$，约占27%，冰川融水补给量560亿$m^3$，约占2%。平均每年流入国境的水量约171亿$m^3$，流入海洋和出境水量24563亿$m^3$，占河川径流总量的90%。消耗于外流区和内流区的分别为1800亿$m^3$和924亿$m^3$，合计为2724亿$m^3$，约占河川径流总量的10%。

(3)土壤水总量

根据陆面蒸散发总量和地下水排泄总量估算，全国土壤水总量约41560亿$m^3$，约占降水总量的67.15%,其中约有16.31%的土壤水6780亿$m^3$通过重力作用补给地下含水层,由河道排泄形成河川基流量,其余34780亿$m^3$被消耗或蒸腾散发。

(4)地下水资源量

全国多年平均地下水资源量约8288亿$m^3$,其中山丘区地下水资源量为6762亿$m^3$,平原区为1874亿$m^3$,山区与平原地下水的重复交换量约348亿$m^3$。

(5)水资源总量

全国河川径流量17115亿$m^3$,地下水资源量为8288亿$m^3$,扣除地表水和地下水相互转化的重复量7279亿$m^3$,我国水资源总量约28124亿$m^3$。

---

**Water resources assessment of China**:

(1)The total precipitation;

(2)The total runoff volume of river;

(3)The total amount of soil water;

(4)The amount of groundwater resources;

(5)The total water resources.

---

1.1.1.2　我国水资源的特点

全国水资源总量多,但人均占有量很低。我国河川径流总量居世界第六位,低于巴西、俄罗斯、加拿大、美国和印度尼西亚,但人均占有量却只有2300$m^3$,约为世界人均的1/4,美国的1/6,前苏联的1/8。到21世纪中叶,我国人均水资源量将降至1700$m^3$,低于严重缺水线,水资源短缺的形势将更加严峻。

区域分布不均,与资源和生产力布局不相匹配,供求矛盾有区域差别。南方水资源:全国水资源有80.4%集中分布在长江及其以南地区,人均水资源量3490$m^3$/人,亩均水资源量4300$m^3$/亩,属于人多、地少、经济发达,水资源相对比较丰富的地区。北方水资源:水资源仅占全国14.7%,人均水资源770$m^3$/人,亩均水资源471$m^3$/亩,属于人多、地多、经济相对发达,水资源短缺的地区。其中尤以黄河、淮河、海滦河三流域最为突出,人均水资源接近500$m^3$/人,亩均水资源少于400$m^3$/亩,是我国水资源最缺乏的地区。

---

**The main characteristics of water resources in China**:

(1)Per capita available water resources is very low although the total is high;

(2)Regional water resources is not well distributed.

---

1.1.1.3　实际用水量及其增长分析

1949年全国总用水量为1031亿$m^3$,到1959年达2048亿$m^3$。1965年全国总用水量为2744亿$m^3$,1980年全国总用水量为4437亿$m^3$,1997年全国总用水量为5566亿$m^3$。从人均用水量看,1949年我国人均用水量为187$m^3$,1959年上升为316$m^3$,1965年为378$m^3$,1980年为450$m^3$,1997年则上升为458$m^3$。

从用水结构看,我国农业用水占全部总用水的比重较高,但呈递降趋势,工业和生活用水则呈快速上升的态势。1949年我国农业用水占总用水比重为97.1%,逐步下降到1980年的

88.2%、1993年的78%和1997年的75.3%；工业用水占总用水的比重1949年仅为2.3%，到1997年已上升到20%。城镇生活用水增长更为迅速，1980年到1997年的17年间，年均增长率为7.9%，占总用水的比例由0.6%上升到1997年的4.5%。近10年来，我国城市生活污水排放量每年以5%的速度递增，在1999年首次超过工业污水排放量，2006年城市生活污水排放量近300亿t，工业废水排放总量大约240亿t。随着工业化进程的加快和城镇化水平的提高，特别是人均收入和生活质量的提高，工业和生活用水量在今后相当长的时期内，还将有较大幅度的上升。

### 1.1.2　我国水污染及水处理现状

#### 1.1.2.1　水污染及污水处理情况

目前，世界上几乎没有洁净的自然水。据资料记载，由饮水而引起的疾病占所有人类疾病的80%；由水传播的四十多种疾病在世界范围内仍未得到有效的控制；全世界每年有2500万儿童因饮用受过污染的水而生病致死。

水体污染主要来源于：

(1)自然污染：人与动物的排泄物、腐烂植物与垃圾的污染；

(2)工业污染：工厂、矿山、汽车、船舶所排的废水、废气、废渣等的三废污染；

(3)农药、化肥、激素使用过程中及其他化工生产过程中散失所造成的污染；

(4)现代高科技污染：家用电器、办公通信设备等电磁辐射等的污染；

(5)水处理过程及水在被输送过程中的污染：水在水厂经氯化处理后，水中的污染物被氯化后而产生的致癌物——三氯甲烷等严重超标；自来水在经过长长的管道运输中所形成的第二次污染；进入住宅区中的、长期无人维护高层建筑的水箱，污浊物增多并繁衍而造成的第三次污染；水再从高层建筑水箱通过管道，流进千家万户过程中，还会造成第四次污染。

---

**The main sources of water pollution**:

(1) Natural pollution;

(2) Industrial pollution;

(3) Agriculture pollution;

(4) Electronic pollution;

(5) Water polluted by water treatment and transportation.

---

迄今为止已查出水中的污染物超过2100种。水污染日趋严重，人类的健康受到了严重威胁。社会发展到今天，我国的国民经济得到了迅速发展，而水源水质却已经倒退了很多，甚至达到了一类或二类，但是我们国家的多数城市自来水厂在处理人们饮用的自来水时仍然在使用一百多年前的传统水处理工艺。因此，在现行的城市自来水厂采用常规水处理技术和工艺的自来水中，仍有许多有毒、有害于人体健康的污染物，有的甚至可以查出数百种。这些有害于人体健康的污染物虽然含量不是很高，但是由于人们长期饮用而导致这些有害的异物在人体内积累，并产生协同效应，当达到一定程度时，将会影响人们的生命与健康；经过科学研究证明，尤其是目前城市自来水消毒所产生的副产物和微量有机污染物是众所周知的致癌、致畸和

致突变污染物，有些有机污染物还具有导致人体内分泌紊乱和导致人体不孕症的作用，这些污染物将直接关系到人类能否延续生存的问题。据中国预防医学科学院统计，目前我国全年排污量超过435亿t，其中80%以上未经任何处理就直接排入天然水体。全国城市90%的水域受到污染。有7亿人饮用水的大肠杆菌严重超标，3亿人饮用水含铁量超标，1.1亿人饮用高硬度水，0.5亿人饮用高硝酸盐水，全国35个重点城市只有23%的居民饮用水基本符合卫生标准。

水资源的极度匮乏与需求量不断增加的矛盾以及需求量增加和仅有水资源污染造成可用水部分量下降的矛盾不断被深化，这就迫切要求对被污染的水资源进行处理，从而减少废水排放量，进而减少水的污染。对于城市发展而言，城市污水是造成水体污染的重要污染源，所以对于城市污水进行妥善的收集、处理和排放是减轻或防止水体污染的十分重要的一项对策，城市污水厂在这一过程中起到重要作用。近年来我国在城市污水处理方面加大了一些工程投入，全国各地陆续建设了一批大型污水处理厂。如北京的高碑店污水处理厂（100万$m^3/d$）、天津的纪庄子污水处理厂（26万$m^3/d$）、深圳滨河污水处理厂（30万$m^3/d$）等。截至2008年7月底，我国所建成的污水处理厂数量已达到1470座之多。正在运营的污水处理厂总数已达1408座，其中城市污水处理厂数量为1043座，县级及以下污水处理厂座数为346座。根据原建设部《2007年城市、县城和村镇建设统计公报》显示，2007年年末，我国已运营的污水处理厂总数为1206座，其中城市污水处理厂883座，县城污水处理厂323座。在五个月的时间里，污水处理厂数量增加了202座，平均月增40座，增加数以城市污水处理厂为主。而随着"十一五"规划的进一步深入，各地县级污水处理厂建设脚步也在加快，保守计算，截至2010年年底，我国至少将有近3000座污水处理厂达到运营状态。这些污水厂的建设对消减污染物，减少排污总量，控制环境质量起到重要作用。虽然我国加大污水厂建设的投资力度，但我国的污水处理厂从总的数量到对污水处理总量仍然远远低于发达国家。据2004年统计数字，美国有污水处理厂18000座，英国、法国、德国各有约8000座，这一数量分别是我国的12.2倍和5.5倍；从污水处理率来看，我国污水处理率仅为30%，而发达国家可以达到90%以上。

环境污染的加剧与治理所存在的压力，使得我国污水处理产业高速发展，然而，高速发展的污水处理产业也带来了一系列的问题。有关专家认为：目前，我国污水处理厂的建设已达到了非理性的状态，重建设、轻运营以及高投入、低管理的状况已使得各地建成的污水处理厂成了"面子"工程，这种状况亟待解决。

总结我国城市污水处理厂的污水处理能力偏低从技术上来讲其主要原因有以下几个方面：

1）工艺的选择偏离我国是发展中国家的具体现实。国内已建成并投入运行的城市污水处理厂中80%属于二级生化处理工艺，普遍采用的工艺包括普通活性污泥法、氧化沟法、SBR（间歇式活性污泥）法、AB法等，与美国、德国等发达国家所采用的技术与工艺几乎在同一水平上，投资费十分高昂，这与我们国家当前的经济实力是不相称的。从基建和运行费用方面分析，根据已建、在建污水厂的实际情况，吨水造价一般在1500～2000元之间，运行费在0.8～1.4元/$m^3$之间，即建成一座日处理规模50万$m^3$的城市污水处理厂，一次性投资费用约在7.5亿至10亿元，年运行费需数千万元甚至达亿元。因此，普遍采用二级生物处理工艺设计和处理城市污水，对于经济尚不发达的我国来言，是不堪重负的，必须考虑开发适合我国现阶段经济发展水平的城市污水处理新工艺。对发达国家而言，也并非一律采用二级处理工艺。

在美国、墨西哥、挪威等国家，对于土壤贫瘠的城市，只有一部分城市污水经过一级强化处理，加药杀灭有毒有害的微生物后用于灌溉土壤，既降低了污水处理的运行成本，又提高了农作物的产量。针对城市污水处理后作为补充性淡水资源，世界水质协会的专家提出了三种不同城市污水回用的观点。Keinath 认为在一些非洲沙漠国家，可以开发高级氧化、吸附、膜过滤等深度处理技术，将城市污水处理到饮用水标准；Alaerts 强调清洁生产和源头控制的理念，减少生产过程中的污水排放量，节约水资源，但这与一个国家的工业生产力发展水平密切相关；Okun 不主张将城市污水处理到饮用标准后再进行回用的观点，他认为只需采用经济的处理方法达到农用水质要求即可回用。各国应根据自己的实际情况采用相应的污水回用措施。我国淡水资源匮乏，农业灌溉用水量大，应该考虑一级强化处理后作为农用补充水源。

2）运行稳定性达不到预期效果，造成同一处理工艺处理效果大相径庭。从工艺处理效果来看，生物处理工艺对水质水量的抗冲击能力较差，对进水的稳定性要求较高。而在我国，对污水的排放监控不力，一些企业的环保意识不强，有毒有害的生产废水不经处理直接排入污水管网。在污水处理厂内部，运行操作人员专业知识较弱，不能根据实际的进水情况作出相应的运行调整，由于上述原因，已建的二级处理工艺也达不到所期望的处理效果。并非所有的城市污水都适合采用二级处理工艺，我国地域辽阔，水资源分布不均，用水习惯的不同造成了南北城市污水水质的较大差异。南方城市雨水较多，而且排水系统多为合流制，使得城市污水浓度较低。另外，南方地下水水位较高，地下水渗入排水管内及化粪池的不合理布置，也往往造成南方城市污水浓度偏高。采用二级生化法处理低浓度城市污水，不利于活性污泥的培养成长，较低的有机物浓度也易导致丝状菌膨胀，引起出水水质恶化。

3）旧处理设施的超负荷运行使出水水质很难保证。近年来，随着我国经济的发展，城镇人口急剧增长，城市污水排放量逐年增加，一些原有的污水处理厂在超设计负荷条件下运行，往往导致出水水质恶化。如何在原有污水处理构筑物的基础上，通过运行方式的优化，实现污水达标排放也成为解决以上几个问题的途径之一。近年来，污水强化一级处理技术已经成为一个新的研究热点，引起了国内外污水处理界的关注。强化一级工艺在城市污水处理中的应用可以上溯到19世纪。1914年以前，污水处理普遍采用物理化学处理方法，SS和BOD的去除依靠投加大剂量的化学药剂来实现，但当时主要投加的是传统低效的单体盐类絮凝剂，其药剂投加量大，处理费用高，而且产生大量剩余污泥。因此，19世纪30年代后，其逐渐被活性污泥法所代替。近年来，大批新型、廉价、高效复合絮凝剂的开发及生产也为强化一级处理工艺的大规模应用提供了技术支持。在相同的基建投资情况下，一级污水处理厂处理污水量可达二级处理的3～4倍，SS去除总量约为二级处理的2～3倍，生化需氧量$BOD_5$去除总量约为二级处理的1.5倍，从污染物总量控制目标来看，建设一级污水处理厂比建设二级处理厂更加经济，强化一级处理可以在较少提高基建和运行成本的条件下，显著地提高污染物的去除。对于低浓度的城市污水，经过强化一级处理工艺可以实现直接达标排放。对于超设计负荷运行的城市污水处理厂，可以通过强化一级处理，去除难生化降解的悬浮物、有机物、重金属和无机盐，减轻二级处理的负荷，降低能耗。新建和待建的城市污水处理厂，在资金有限的情况下，分批建设，以削减单位污染物所需的投资费用、电耗为基准，而不以处理单位水量为基准，近期内考虑采用强化一级处理，经济条件成熟后再缓建二级处理工艺。

4）综合管理水平的低下成为水厂效能不能得到良好发挥的关键。由于一些污水处理技术较为复杂,同时污水处理厂涉及上百个运行参数,是一个典型的复杂系统。我国目前操作人员的技术素质及管理水平并不能完全适应,这样就造成了即使已建成的污水厂也不能正常运行,严重制约了已建城市污水厂发挥功效和正常运行,这也是我国当前污水处理厂和国外污水处理厂相比最大的差距所在。由于缺乏有效的运行管理技术,所以造成当前污水厂存在着出水不达标或者运行费用高、系统不稳定的特征。

---

**The reasons of low urban sewage treatment capacity:**

(1) The technic of water treatment is not math the economic level;

(2) The operation stability is not up to the expectation;

(3) The old facility for processing overload operation can not guarantee the effluent quality;

(4) The low management level makes the treatment efficiency low.

---

1.1.2.2　我国工业废水处理现状

目前,"废水"和"污水"两个术语的用法比较混乱。就科学概念而言,"废水"是指废弃外排的水;"污水"是指被脏物污染的水。不过,有相当数量的生产排水并不太脏(如冷却水等),因而用"废水"统称比较合适。只有在水质污浊不可取用的情况下,两个术语才可以通用。废水包括生活污水和工业废水。工业废水是指工业生产过程中排放出来的废水,来自车间或矿场,包括工艺过程用水、机器设备冷却水、烟气洗涤水、设备和场地清洗水等。由于各种工厂的生产类别、工艺过程、使用的原料以及用水成分不同,工业废水的水质差异很大。总结工业废水的主要特征如下:

(1)工业废水种类繁多,成分复杂,且各类工厂的水质、水量相差悬殊。例如棉纺厂废水含悬浮物仅200~300mg/L,而羊毛厂废水含悬浮物可达20g/L。制碱厂废水的$BOD_5$有时仅30~100mg/L,而合成橡胶厂废水中$BOD_5$可达20~30g/L。

(2)许多工业废水中含有有毒或有害物质。例如酚、氰、汞、铬等,可对水生生物以及人体健康造成直接的危害。

(3)污染物浓度往往较高,且生物降解性较差。有些有机废水可用生物法处理,而有些废水中含有难以生物降解的高分子有机物,采用生物处理难度高。对于含无机物为主的废水,则不宜用生物法处理。

(4)废水的水温与pH值随生产工艺而异。有些工业废水(如电厂废水、化工废水)的水温较高,有些废水可能偏酸性或偏碱性。正因为工业废水的组成复杂,就工业废水的命名而言还没有统一的叫法,有时以行业来命名(如印染废水、电镀废水等),有时以产品来命名(如啤酒废水等),有时也以含量最多或毒性最大的某一成分来命名(如含汞废水、含酚废水等)。

---

**The main characteristics of industrial waste water:**

(1) There is a wide varieties of waste water and the components of the water are much more complex;

(2) Many industrial waste water contain toxic or harmful substances;

(3) The pollutant concentration is high and the biodegradation is poor;

(4) The temperature and pH of waste water varies in different technology.

---

我国每天排放大量的工业废水，对江河湖海造成严重的污染。据统计，全国27条主要河流，大多数被严重污染，有些河流中含酚、汞普遍超过指标数倍，乃至数十倍，使许多盛产鱼虾的河流的鱼产量大幅度下降。水质污染，加剧了北方缺水地区的水源紧张程度。南方由于大量工厂没有节制地排放重金属废水，也导致了水质的严重污染，造成长江流域的水污染。在环境污染中，工业废水的污染影响最大，20世纪60年代以来，世界上水体污染达到极为严重的程度，震惊世界的几起公害事件相继发生，引起了科学界和政界的重视，保护环境，治理污染成了人们普遍关注的问题。

由于工业废水成分复杂，为达到处理要求，涉及的处理方法与技术十分广泛，遍及物理法、化学法、物理化学法、生物法。诸如沉淀、过滤、混凝、中和、氧化还原、吸附、萃取、蒸发以及活性污泥法、生物膜法等。对于某一污水类型来说，通常需要将几种方法结合使用才能达到更好的处理效果。虽然我国目前的污水厂建的数量在逐年增加，但是在整个工业废水处理过程中仍然存在一定问题：

1）生产管理水平落后使得资源、能源的综合利用水平较低；

2）原有市政公用和公共卫生设施基础薄弱，导致废水中大量有害物质未经处理就直接排入周边环境。近年来，国家加强了对工业污染源的控制，开展综合利用和肥料回收资源化，开发清洁生产新工艺；对重点污染源限期达标排放，调整产品结构，采取“关、停、转”的有效措施，并对新建、扩建项目采取环保一票否决制，大大减少了污染物的排放量。这些措施促使工业企业改进废水处理设施，使不少水域水质得到改善。但因起步晚，积欠多，缺乏综合统筹，污染源没有进行切实的防治等原因，环境污染破坏尚未得到彻底控制，工业废水排放引起的污染仍然十分严重。

环境保护是我国的一项基本国策。我国实行的“预防为主、防治结合、综合治理”方针对防治水污染同样适用。近年来，由于坚持执行“三同时”和环境影响报告制度，防止新污染源的发展，工业废水产生的不良环境影响得到了有效的控制；在污染限期达标排放的基础上，倡导组织相邻工厂建立联合废水处理设施；推广清洁生产工艺和研究无害化工艺替代品；鼓励“三废”综合利用，使其资源化、变废为宝，都有了可喜的收获。不过，在许多方面还有待完善与发展，尤其要结合高新技术的发展，不断提高废水治理技术水平，这将是最近几年我国工业废水治理的主要发展方向。

## 1.2　国内外中水回用现状

根据国家“十一五”规划，节能减排是对各项产业发展过程中的总体要求。对于污水的处理以及回用不仅可以达到减少资源浪费的目标，而且还可以起到保持生态平衡，维持城市可持续发展的作用。因此对于污水的再生回用技术的开发成了重中之重。原建设部《城市中水设施管理暂行办法》中规定中水的使用范围只能限于非人体接触领域，如道路清洗、园林喷洒、洗车等，所以中水具有广泛的市场，像泳池、浴池、洗衣店等这些与人体密切接触的用水行业都不允许直接使用中水。

### 1.2.1 国外中水回用的成功经验

中水回用技术在国外早已应用于实践。美国、日本、以色列等国厕所冲洗、园林和农田灌溉、道路保洁、洗车、城市喷泉、冷却设备补充用水等都大量地使用中水，在利用中水方面积累了不少成功的经验。以色列是在中水回用方面最具特色的国家，占全国污水处理总量46%的出水直接回用于灌溉，其余33.3%和约20%分别回灌于地下或排入河道，其中水回用程度之高堪称世界第一。他们采取的中水回用处理过程为：城市污水的收集→传输到处理中心→处理→季节性储存→输到用户→使用及安全处置。在回用方式上，包括小型社区的就地回用，中等规模城镇和大城市的区域级回用。美国现在至少有七个地区已经或者正在建设中水回用厂。新加坡为了更好地节约水资源，推广中水市场，在媒体上对中水大做广告，以引导民众的消费习惯，吸引更多的新加坡人接受它。目前每天至少有数千万升经过深度处理的中水已经加到饮用水管中，不是单纯作为中水利用了。日本从20世纪80年代起大力提倡使用中水，并在上水道和下水道之间，专门设置了中水道。而且为了鼓励设置中水道系统，日本政府制定了奖励政策，通过减免税金、提供融资和补助金等手段大力加以推广，同时还要求新建的政府机关、学校、企业办公楼以及会馆、公园、运动场等公共建筑物都须设置中水道。

### 1.2.2 我国中水回用现状

我国于“六五”、“七五”期间开始研究中水的利用，“八五”期间在部分石化企业展开工程性试验，20世纪90年代末开始推广使用，2000年中水回用被正式写入“十五”规划纲要，表明全国开始启动中水回用工程。目前，我国中水回用已经形成一定规模，在北方一些严重缺水城市，如北京、天津等城市，中水回用工程已经相当普遍。例如北京的高碑店污水处理厂建成了我国最大的中水回用工程，回用规模为30万$m^3/d$，回用对象主要是河湖补水、城市绿化、喷洒道路和热电厂冷却用水；天津东郊污水处理厂回用工程将二级出水过滤、消毒后回用，规模为7万$m^3/d$；山东枣庄和泰安分别建成3万$m^3/d$和2万$m^3/d$的回用水工程；其他还有大连中水回用示范工程已运行10余年，北京华能热电厂、大庆油田采油厂、克拉玛依采油厂等均已建成中水回用工程用于循环冷却水。虽然中水回用日益得到重视，但是实际应用过程中仍然存在一系列亟待解决的问题。

(1)中水运营模式限制了中水回用的发展空间

目前中水回用的模式主要有“建筑中水”和“市政中水”两种。“建筑中水”模式主要考虑到生活污水和雨水等中水来源的收集问题，以及中水的输送问题。这个模式的优点在于节约中水的采集费用和输送费用，初期投资较低，是目前中水回用的主要方式。但是这一模式的缺点也是显而易见的，由于规模较小，使得一般小区中水系统的管理水平不高，运行不够稳定，水质水量难以保证；同时，不能够及时改进中水处理设备以满足用户需求。这些因素最终导致中水价格过高，与最初设计的目标背道而驰，北京许多小区中水回用系统闲置的状况正说明了这一问题。“市政中水”模式考虑到了中水回用的规模经济优势，初步具备中水回用产业化的特征。“市政中水”模式能够克服“建筑中水”的一些弊端，如管理问题、技术问题等。但是这一模式也有其自身的限制因素，主要是管网问题和运输成本问题，正是这些问题限制了“市政中水”的发展空间。

(2)政府角色的发挥程度直接影响着中水回用进行的程度

中水回用产业具有部分公共事业的特点,其自身特点决定了政府支持的必要性,尤其在产业发展初期更是离不开政府采取配套措施来促进其发展。但这并不意味着政府直接介入中水市场,而是为促进中水市场发展服务。利用市场机制来发展中水产业才是长久之计。

(3)管理体制没有理顺使得中水工程出现闲置

实施城市中水回用是一项庞大而复杂的系统工程,涉及城市规划、建设、环保、市政、工业、农业、水利、卫生等众多单位与部门,但长期以来,没有一个具体的机构来统一协调、规划及管理城市的中水回用。由于中水的推广应用会导致利益在不同部门之间的重新分配,势必要求有一个统一管理部门从节约用水和保护水资源可持续发展的高度来负责解决中水回用过程中存在的问题。

(4)公众对水资源的理解存在误区限制了对中水的需求

在人们传统的水观念中,只有清洁水和污水之分,对中水缺乏了解。许多人不了解中水是什么,即使知道,也对中水的水质和使用效果心存疑虑,担心中水是否符合标准,是否还含有家庭、工业、排泄和其他来源排放的各种污染物,不敢放心使用。

综上所述,与发达国家相比,我国无论是在给水过程、污水处理过程还是中水回用过程的技术与应用领域均落后很多。这对于我国这样一个人口大国的可持续发展十分不利,而其中的关键因素是管理因素。国家正在花大力气投入污水治理以及中水回用方面的研究与应用,而这些水厂在建成以后,相关的技术管理、运行维护管理都显得更加重要。由于我国起步较晚,对相应的科学管理人才的需求就更加迫切。

---

**The main questions in sewage treatment and recycled water reusing system:**

(1) The operation mode of sewage treatment limits the development of recycled water;

(2) The government plays an important role in sewage treatment and reclaimed water reusing system;

(3) The sewage treatment and recycled water reusing system has been left unused because of the low management level;

(4) The requirement of recycled water is restricted because of the wrong understanding.

---

## 1.3　本书内容特点和创新

人才的培养对于水厂的后期运营有着重要影响。我国水厂运营管理过程中所配备的人手远远高于其他国家,而实际上水厂的运行效率却并未达到令人满意的效果。这与水厂人才的管理水平有关。就人才培养方式而言,我国在学校所培养的学生的理论水平都比较高,而真正进入水厂后的动手能力明显偏弱。在整个水处理工艺过程中,一些关键的处理工艺在每一个课堂上都会讲到,可是真正见到这些仪器仪表,大多数人往往表现出一片茫然状态,不知从何处入手。水厂仪器仪表的调配必须根据污水的来源以及性质来进行,其中起到重要作用的往往是实践经验环节,而我们在水厂维护管理过程中这种人才是极为缺乏的。所以在人才培养过程中融入实际生产环节至关重要。本书相对于其他同类书籍具有以下几个特点:

(1)从形式上,本书以案例教学为手段,着重培养实践性强的水厂管理人才。将实际的水厂运行管理过程中的典型工程案例融入到每一章节之中,这避免了太多的理论讲解而实践过程薄弱的缺点,将理论与实践有机的融合是本书的最大特点。

(2)从读者群体上,本书可以作为在校学生的教材使用,对学生来说,每一章节都从学生将来的就业需求出发,为学生寻找产业切入点提供便利。在就业比较困难的社会现实下,各个学校都在为学生的就业寻找方向。这就要求教育工作者能够面对这一现实,在我们的人才培养过程中充分考虑以就业为导向来培养在校学生。一本好的教材能够达到事半功倍的效果。本书充分考虑了学生的就业需求,每一理论讲解都注重从学生的就业需求入手,为其在学习的过程中既指明每一部分内容适合到何种工作岗位就业,做到就业目标明确,又为解决将来学生的就业困难问题做好铺垫。

(3)从文体上采用中英文对照的方式。英语的交流与读写能力对现今社会的人才来说是必不可少的一种能力,尤其是对于专业关键词汇的掌握至关重要。在本书中,一些常见的专业关键词句都被一一列出,供读者学习参考使用。

(4)从内容上突出中水回用环节。中水回用技术的开发和应用既做到了节能减排,美化环境,又做到了节约资源,可谓一举两得。本书中对于中水回用部分进行重点讲述,这既符合国家"十一五"发展规划中关于节能减排的规定,又符合现今社会的发展趋势。

---

**This book's innovative points:**

(1) The case-teaching methods in this book can help in culturing practical person;

(2) This book fully considered the employment demand of students;

(3) The important messeage will be commented in English, which is beneficial to study the key professional vocabulary;

(4) The sewage treatment and reclaimed water reusing system will be emphasized in this book.

---

## 小　结

1. 我国水资源量的评估主要包括以下几方面:(1)降水总量;(2)河川径流总量;(3)土壤水总量;(4)地下水资源量;(5)水资源总量。

2. 我国水资源具有总量多,人均占有量少;区域分布不均;与资源和生产力布局不匹配,供求矛盾又区域差别等特点。

3. 目前水体污染的主要来源有:(1)排泄物、垃圾等自然污染;(2)污水、废弃等工业污染;(3)农药、化肥使用及其他化工生产过程中散失造成的污染;(4)家用电器、办公通信设备等现代高科技污染;(5)水处理过程及水在被输送过程中的污染。

4. 原建设部《城市中水设施管理暂行办法》中规定中水的使用范围只能限于非人体接触领域,如道路清洗、园林喷洒、洗车等。

5. 我国于"六五"、"七五"期间开始研究中水的利用,"八五"期间在部分石化企业展开工程性试验,20世纪90年代末开始推广使用,2000年中水回用被正式写入"十五"规划纲要,表明全国开始启动中水回用工程。但是中水回用在实际应用过程中仍然存在许多问题:(1)中水运营模式限制了中水回用的发展空间;(2)政府角色的发挥程度直接影响着中水回用进行的程度;(3)管理体制没有理顺使得中水工程出现闲置;(4)公众对水资源的理解存在误区限制了对中水的需求。

6."废水"和"污水"两个术语的用法比较混乱。就科学概念而言,"废水"是指废弃外排的水;"污水"是指被脏物污染的水。不过,有相当数量的生产排水并不太脏(如冷却水等),因而用"废水"统称比较合适。只有在水质污浊不可取用的情况下,两个术语才可以通用。废水包括生活污水和工业废水。工业废水是指工业生产过程中排放出来的废水,来自车间或矿场,包括工艺过程用水、机器设备冷却水、烟气洗涤水、设备和场地清洗水等。

## 习　题

1－1　对于我国水资源量主要从哪几个方面进行评估?

1－2　简述我国水资源的特点。

1－3　目前世界范围内水体污染的原因有哪些?

1－4　简述我国城市污水处理厂污水处理技术偏低的原因。

1－5　什么是中水回用?它的适用范围有哪些?

1－6　我国中水回用在实际应用中主要存在哪些问题?

1－7　工业废水有何特征?

# 2　预处理技术

**能力目标：**

通过本章的学习，了解污水处理过程中预处理的重要性及其对后续处理单元的影响；掌握格栅的类型及其分类依据；掌握格栅选择的相关内容；了解筛网基本知识；掌握酸性废水以及碱性废水的中和方法；了解酸碱废水互相中和法、药剂中和法和过滤中和法。

## 2.1　概　述

### 2.1.1　预处理的重要性

预处理能否将漂浮物、砂、沉淀物有效去除对于保证整个污水处理厂的正常运转是至关重要的。

据有关专家统计，约有50%的污水处理厂因预处理单元有问题而严重影响了后续处理的运转，主要有下列原因：

(1)运行人员认为预处理单元有些问题不必全力以赴解决掉，结果预处理单元的沉砂、棉纱、头发、塑料橡胶制品等经过一定积累，再给后续各个处理单元或者是各单机运行造成了困难和事故。如果在预处理单元中的每个环节上努力解决这些各自环节去除的杂物，就避免了这些杂物磨损和破坏后续各个环节的运行。

(2)运行人员没有认真评价和分析在预处理单元的运转效果，如格栅的截污效果如何，栅前栅后流速的影响如何。沉砂池的沉砂效果如何，多少砂粒随水流走，什么样的沉淀物容易流走等。导致运行人员忙于解决表面问题，如忙于解决修理损坏的设施、设备，而没有考虑产生这些问题的根源所在，即预处理单元各个环节是否按设计、流程逐个把关，把该处理掉的杂物一项一项处理达标，不给后续工艺留麻烦。

**The importance of pre-treatment**:

(1) Pre-treatment is important to ensure the sewage treatment plant works properly;

(2) The neglecting of pre-treatment may cause severe damage to further treatment.

### 2.1.2　预处理对后续处理单元的影响

预处理对后续处理单元主要有下列影响：

(1)如果从格栅流过的栅渣太多,会使初沉池、曝气沉砂池及曝气池、二次沉淀池面上的浮渣增多,难以清除,挂在出水堰板上影响出水均匀,不美观,增加恶臭气味。

(2)如果从沉砂池流走的砂粒太多,砂粒有可能在初沉池配水渠道内沉积,影响配水均匀;砂粒进入初沉池内将使污泥刮板过度磨损,缩短更换周期;进入泥斗后将会干扰正常排泥或堵塞排泥管路;进入泥泵后将使泥泵过度过快磨损,降低泵的使用寿命;砂粒进入曝气池会沉在曝气池底部逐渐积累妨碍曝气头出气,甚至覆盖曝气头,大大降低曝气效率。

(3)从预处理向后漂移的破布条、棉纱、塑料条、铁丝、头发等杂物会在表曝机或水下搅拌设备、浆板上缠绕,增大阻力,损坏设备。还会缠绕在水下电缆上,形成很大的棉纱团、铁丝头发团、塑料团等,导致扯坏电缆。进入二次沉淀池将会使浮渣增加挂在出水堰板上影响出水均匀;进入生物滤池会堵塞配水管、滤料,甚至堵塞出水滤头、滤板等;进入生物转盘将在转盘上缠绕,增大了阻力,加快生物转盘的损坏,减少有效容积。

(4)从预处理单元漏出的杂物进入浓缩机后将在栅条上缠绕,影响浓缩效果。并在上清液出流的堰板上漂浮结块,影响出流均匀。进入消化池前后会堵塞排泥管道或送泥泵,还会在消化池内上浮结成大的浮壳。这些杂物进入离心脱水机,会使高速旋转的叶轮失去平衡,从而产生振动或严重噪声,导致密封破漏,损坏水泵。一些棉纱、毛发有时会塞满叶轮与涡壳之间的空间,使设备过载,烧坏电机。

(5)从水处理设施进入浓缩池的细砂,可能堵塞排泥管路,使排、送污泥泵过度磨损。进入消化池将沉在底部,影响排泥,减小有效容积。如果这些细砂进入离心机,将严重磨损进泥管的喷嘴以及螺旋外缘和叶轮,增加维修更换次数。如进入带式压滤脱水机将大大降低污泥成饼率,使搅拌机容易磨坏,滤布过度磨损,转辊之间磨损和不均匀。

对于城市污水集中处理厂和污染源内分散污水处理厂,预处理主要包括格栅、筛网、尘砂等处理设施。而对于某些工业废水在进入集中或分散污水处理厂前除需要进行上述一般的预处理外,还需进行水质水量的调节处理和其他一些特殊的预处理,例如中和、捞毛、预沉、预曝气等。

---

**The reasons of severe damage to further treatment of pre-treatment include:**

(1) Too much dreg;

(2) Grains of sand run off grit;

(3) Waste matter such as spun cotton, wire, plastic, hair;

(4) Fine sand in concentrated tank.

---

## 2.2　格　栅

### 2.2.1　格栅类型

格栅是后续处理构筑物或水泵机组的保护性处理设备,它是由一组平行的金属栅条制成的金属框架，斜置(与水平夹角一般为45°~75°)或是直立在水渠、泵站集水井的进口处或是在水处理厂的端部，用来拦截较粗大的悬浮物或漂浮杂质，如木屑、碎皮、纤维、毛发、果皮、蔬菜、塑料制品等，以便减轻后续处理设施的处理负荷，并使其正常运行。被拦截的物质叫做栅渣。栅渣的含水率为70%~80%，容量约为750kg/m$^3$。经过压榨，可将含水率降到40%以下，便于运输和处置。

格栅除污设备的形式多种多样，格栅按形状可以分为平面格栅和曲面格栅两种。按格栅栅条的阀隙，可以分为粗格栅(50~100mm)、中格栅(10~40mm)、细格栅(3~10mm)三种；按结构形式及除渣方式可以分为人工格栅和机械格栅两大类，机械格栅又可以分为回转式、旋转式、齿耙式机械格栅等多种形式。

2.2.1.1　*平面格栅与曲面格栅*

平面格栅由框架和栅条组成，如图2-2-1所示。图中A型为栅条布置在框架的外侧，适用于机械或人工清渣；B型为栅条布置在框架的内侧，在栅条顶部设有起吊架，可以将格栅吊起，进行人工清渣。

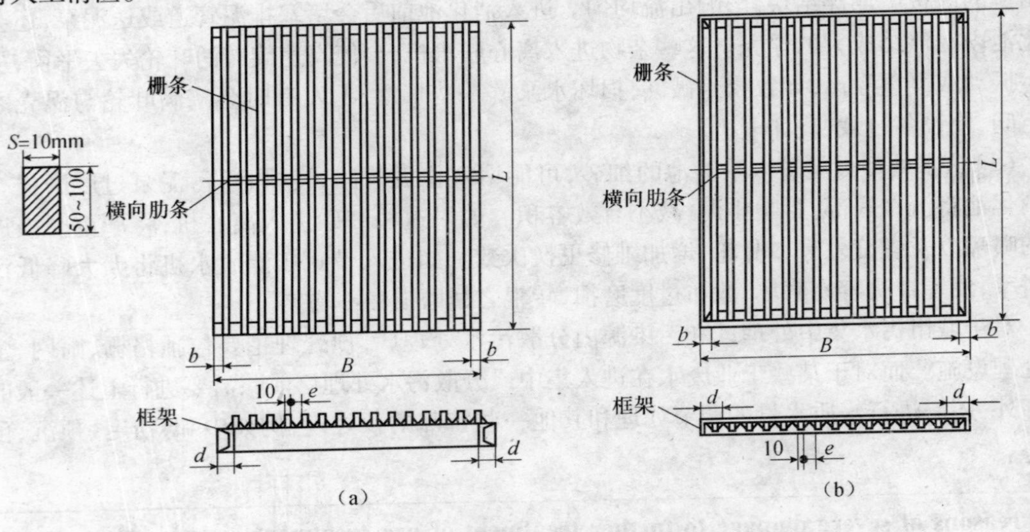


图2-2-1　平面格栅

(a)A型平面格栅；(b)B型平面格栅

平面格栅的基本参数与尺寸包括宽度$B$、长度$L$、栅条间距$e$(指间隙净宽)、栅条至外框的距离$b$，可根据污水处理厂(站)的具体条件选用。格栅的基本参数及尺寸见表2-2-1。

表2-2-1　平面格栅的基本参数及尺寸　　mm

| 名　称 | 数　值 |
|---|---|
| 格栅宽度$B$ | 600,800,1000,1200,1400,1600,1800,2000,2200,2400,2600,2800,3000,3200,3400,3600,3800,4000,用移动除渣机时，$B>4000$ |
| 格栅长度$L$ | 600,800,1000,1200…，以200为一级增长，上限值决定于水深 |
| 栅条间距$e$ | 10,15,20,25,30,40,50,60,80,100 |

续表

| 名　称 | 数　值 |
|---|---|
| 栅条至外边框距离 $b$ | $b$ 值按下式计算：<br>$$b=\frac{B-10n-(n-1)e}{2};b\leqslant d$$<br>式中 $B$——格栅宽度<br>$n$——栅条根数<br>$e$——栅条间距<br>$d$——框架周边宽度 |

平面格栅的框架采用的是型钢焊接。当格栅的长度 $L>1000$mm 时，框架应增加横向肋条。栅条用 A3 钢制作。机械清除栅渣时，栅条的直线度偏差不应超过长度的 1/1000，且不宜大于 2mm。

平面格栅型号表示方法，例如：PGA $-B\times L-e$

PGA——平面格栅 A 型；

$B$——格栅宽度，mm；

$L$——格栅长度，mm；

$e$——栅条间距，mm。

平面格栅的安装方式见图 2-2-2，安装尺寸见表 2-2-2。

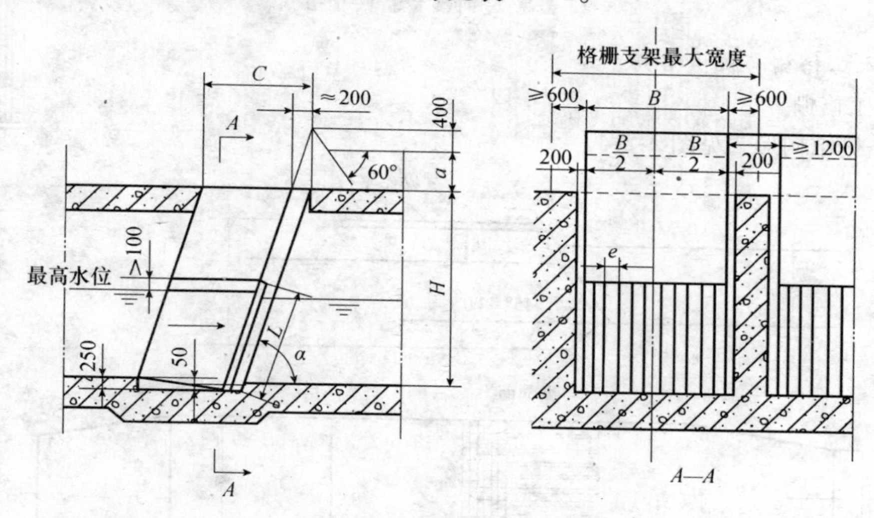


图 2-2-2　平面格栅安装方式

**表 2-2-2　A 型平面格栅安装尺寸**

mm

| 池深 $H$ | 800,1000,1200,1400,1600,1800,2000,2400,2800,3200,3600,4000,4400,4800,5200,5600,6000 | | |
|---|---|---|---|
| 格栅倾斜角 $\alpha$ | 60°,75°,90° | | |
| 清除高度 $a$ | 0 | 800,1000 | 1200,1600,2000,2400 |

续表

| 运输装置 | 水槽 | 容器、传送带、运输车 | 汽车 |
|---|---|---|---|
| 开口尺寸 $c$ | ≥1600 | | |

曲面格栅可以分为固定曲面格栅和旋转鼓筒式格栅，如图 2-2-3 所示。固定曲面格栅，利用渠道水流的速度推动除渣桨板。旋转鼓筒式格栅，污水从鼓筒内向鼓筒外流动，被清除的栅渣由冲洗水管 2 冲入渣槽（带网眼）内排出。

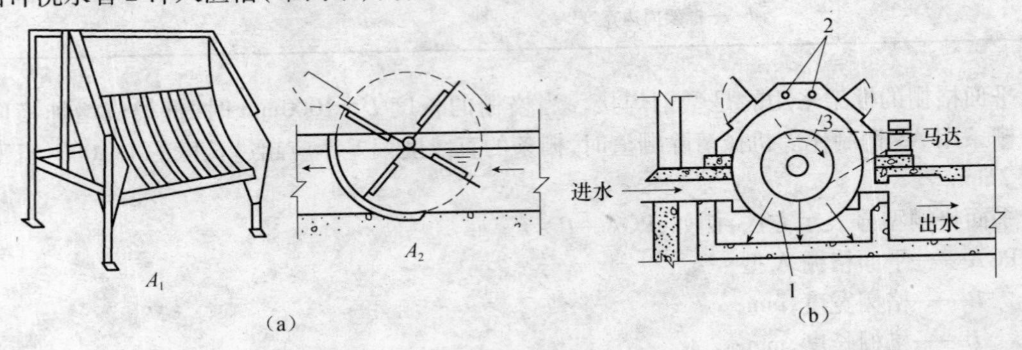


图 2-2-3　曲面格栅

（a）固定曲面格栅，$A_1$ 为格栅，$A_2$ 为清渣桨板；（b）旋转鼓筒式格栅

1—鼓筒；2—冲洗水管；3—渣槽

2.2.1.2　人工格栅与机械格栅

（1）人工格栅

人工格栅结构形式见图 2-2-4。

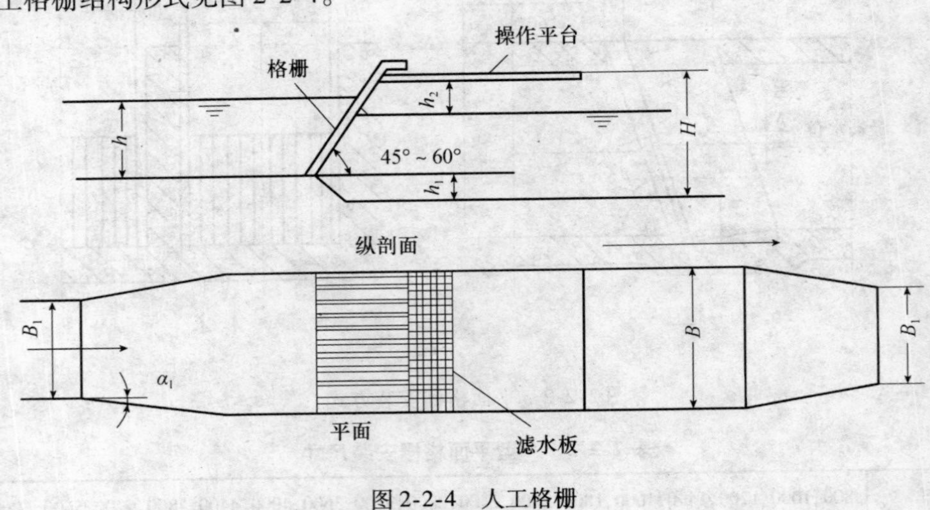


图 2-2-4　人工格栅

（2）机械格栅

机械格栅除污机的形式多种多样，图 2-2-5 所示为链条式格栅除污机，图 2-2-6 所示是循环齿耙式格栅除污机，图 2-2-7 所示是曲面机械格栅除污机，图 2-2-8 所示是旋转滤网格栅除

污机，图2-2-9所示是钢丝绳牵引格栅除污机。

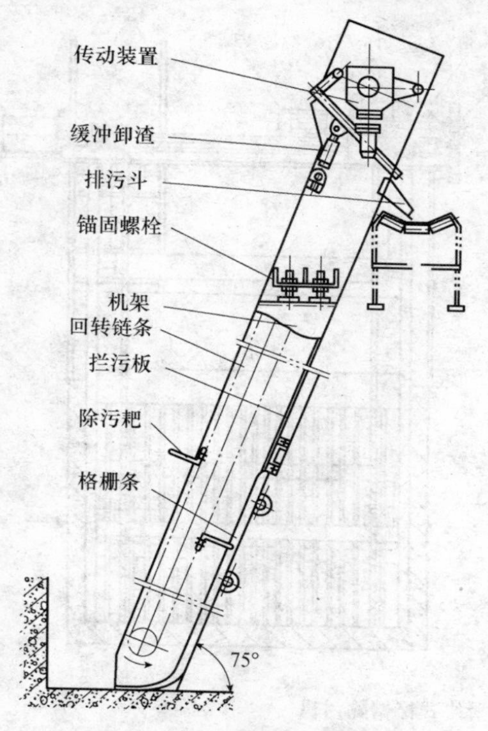


图2-2-5　链条式格栅除污机

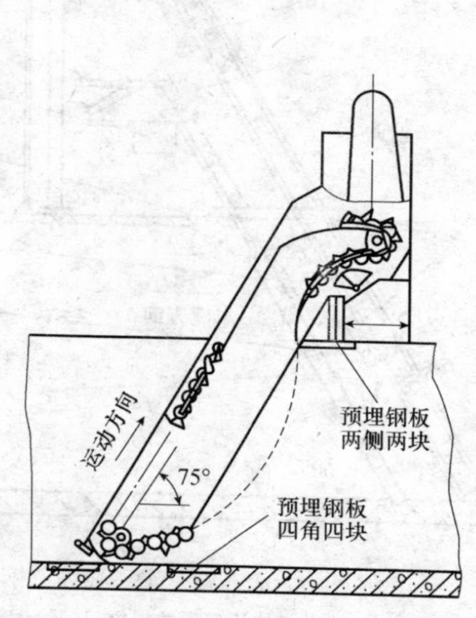


图2-2-6　循环齿耙式格栅除污机

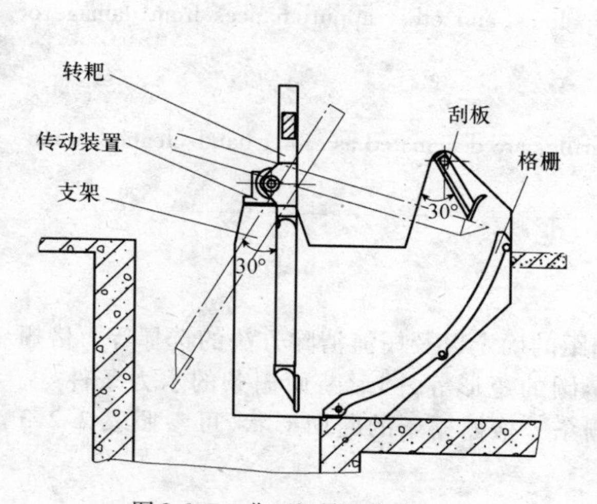


图2-2-7　曲面机械格栅除污机

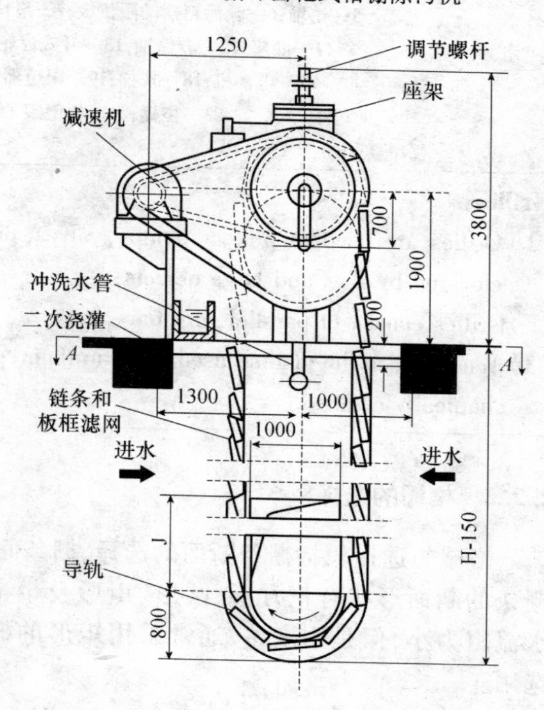


图2-2-8　旋转滤网格栅除污机

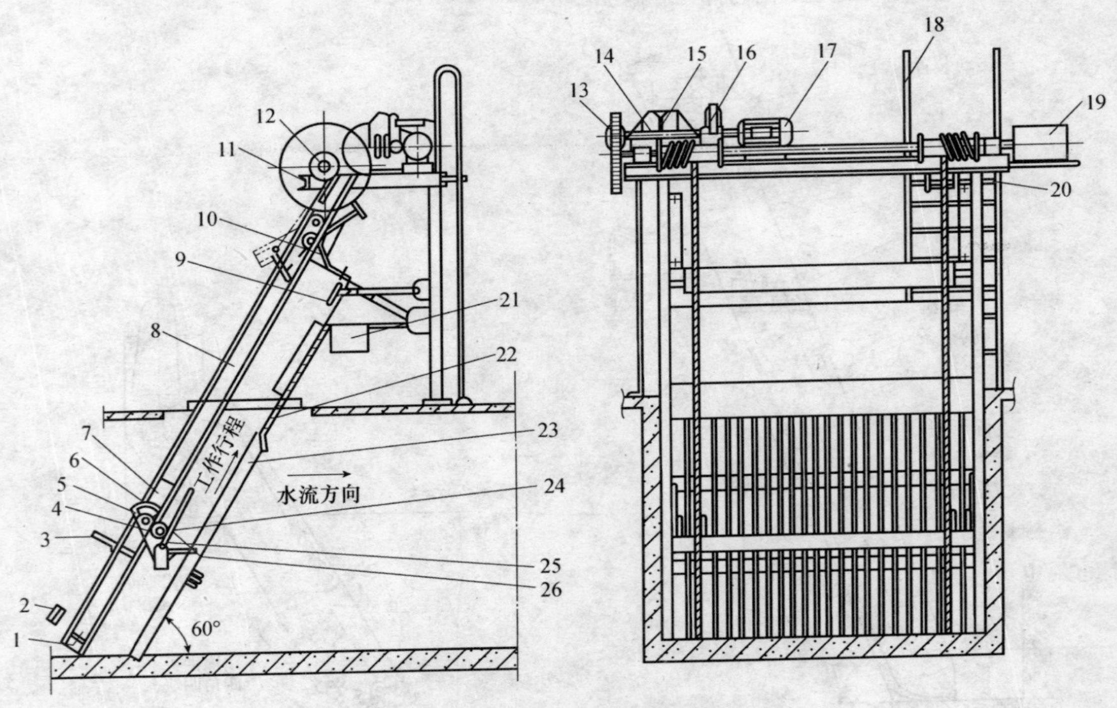


图 2-2-9　钢丝绳牵引滑块式格栅除污机

1—滑块行程限位螺栓;2—除污耙自锁机构开锁撞块;3—除污耙自锁栓;4—耙臂;
5—销轴;6—除污耙摆动限位板;7—滑块;8—滑块导轨;9—刮板;10—抬耙导轨;
11—底座;12—卷筒轴;13—开式齿轮;14—卷筒;15—减速机;16—制动器;
17—电动机;18—扶梯;19—限位器;20—松绳开关;21,22—上、下溜板;
23—格栅;24—抬耙滚子;25—钢丝绳:26—耙齿板

**Grilles**:

(1) Grilles are used to protect pumps, valves, pipelines, and other appurtenances from damage or clogging by rags and large objects;

(2) Grilles consist of parallel wire bars, rods;

(3) According to the method used to clean them, grilles are designated as either hand-cleaned or mechanically cleaned.

## 2.2.2　格栅的选择

格栅的选择包括栅条断面的选择、栅条间距的确定以及栅渣清除方法的选择等。格栅栅条的断面形状有正方形、圆形、矩形及带半圆的矩形等,圆形断面栅条的水力条件好,水流阻力小,但是刚度差,通常采用矩形的栅条。格栅栅条的断面形状,可参照表 2-2-3 选用。

表2-2-3　栅条的各种断面形状和尺寸

mm

| 栅条断面形式 | 尺寸 | 栅条断面形式 | 尺寸 |
| --- | --- | --- | --- |
| 正方形 | 20 20 20 20 | 矩形 | 10 10 10 50 |
| 圆形 | 10 10 10 | 带半圆的矩形 | 10 10 10 50 |

格栅栅条的间隙决定于所用水泵的型号，当采用PWA型水泵时，可按表2-2-4选用。栅条间距也可以按污水种类选定，对城市污水，一般采用16～25mm的间距。

表2-2-4　格栅栅条间距与栅渣数量

| 栅条间距(mm) | 栅渣污物量[L/(d·人)] | 水泵型号 |
| --- | --- | --- |
| ≤20 | 4～6 | $2\frac{1}{2}$PWA |
| ≤40 | 2.7 | 4PWA |
| ≤70 | 0.8 | 6PWA |
| ≤90 | 0.5 | 8PWA |

栅渣清除的方法，视截留栅渣量多少而定。在大型污水处理厂或是泵站前的大型格栅，栅渣量大于0.2$m^3$/d，为减轻工人劳动强度一般采用机械清渣。

格栅截留的栅渣数量，因栅条间距、污水种类的不同而不同。生活污水处理用格栅的栅渣截留量，是按人口计算的。表2-2-4列举的是格栅栅条间距和生活污水栅渣污物量。

格栅上需要设置工作台，它的高度应高出格栅前设计最高水位0.5m，工作台上应有安全及冲洗设施，当格栅宽度较大时，要做成多块拼合，以减少单块的重量，便于起吊安装和维修。

**Selection of Grilles**：

(1) Grilles may be of any shape but generally are rectangular slots；

(2) Selection of grilles include the selection of sectional area, distance, grid slag removal methods.

## 2.3 筛 网

筛网能去除水中不同类型及大小的悬浮物，如纤维、纸浆、藻类等，相当于一个初沉池的作用。

筛网过滤的装置有很多，有振动筛网、水力筛网、转鼓式筛网、转盘式筛网、微滤机等。

振动式筛网示意图见图 2-3-1，它是由振动筛和固定筛组成。污水通过振动筛时，悬浮物等杂质被留在振动筛上，并通过振动卸到固定筛网上，来进一步脱水。

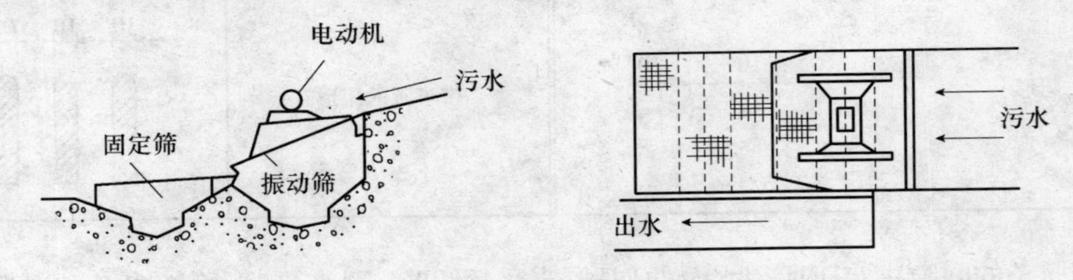


图 2-3-1 振动筛网示意图

水力筛网示意图见图 2-3-2。它也是由运动筛网和固定筛网组成的。运动筛网水平放置，呈圆锥形。进水端在运动筛网小端，废水在从小端到大端的流动过程中，纤维等杂质被筛网截留，并沿着倾斜面卸到固定筛以进一步脱水。水力筛网的动力来自进水水流的冲击力及重力的作用。因此水力筛网的进水端要保持一定的压力，且一般采用不透水的材料制成，不用筛网。水力筛网已有较多的应用实例，但还没有定型的产品。

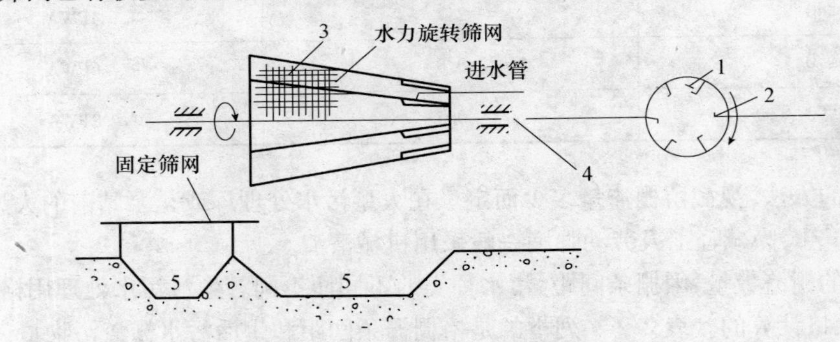


图 2-3-2 水力筛网构造示意图

1—进水方向；2—导水叶片；3—筛网；4—转动轴；5—水沟

**Classification of screen mesh include:**

(1) Vibration screen mesh;

(2) Hydraulic screen;

(3) Rotary drum screen mesh;

(4) Rotating-disk screen mesh;

(5) Microstrainer.

## 2.4　中　和

(1)概述

天然水源水的酸碱度一般符合用水的要求,需要采用中和处理的大多是工业废水。酸、碱废水来源很广,化工厂、电镀厂、煤加工厂以及金属酸洗车间等均排出酸性废水,印染厂、金属加工厂、炼油厂、造纸厂等都排出碱性废水。酸、碱废水随意排放不但会造成污染、腐蚀管道、毁坏农作物、危害水体、影响渔业生产,破坏生物处理系统的正常运行,而且还会使重要工业原料流失,造成浪费。因此,对酸或碱废水首先应考虑回收和利用。废水中酸或碱的浓度很高时,如在3%~5%以上,应当首先考虑回收和综合利用;当浓度不高,回收或综合利用经济意义不太大时,才会考虑中和处理。用化学法去除废水中的酸或碱,使其pH值达到中性左右的过程称之为中和。处理酸、碱废水的碱、酸称为中和剂。酸性废水的中和方法有利用碱性废水或碱性废渣进行中和、投加碱性药剂以及通过有中和性能的滤料过滤3种方法。碱性废水的中和方法有利用酸性废水或是酸性废渣进行中和、投加酸性药剂等。

(2)酸碱废水(或废料)互相中和法

在处理酸性废水时,如果工厂或附近有碱性废水或是碱性废渣,应当优先考虑采用碱性废水或碱性废渣来中和酸性废水。同样在处理碱性废水时,也应当优先考虑采用酸性废水或废气来中和碱性废水,达到以废治废、降低处理费用的目的。

在酸碱废料互相中和法处理酸碱废水时,应进行中和能力的计算,使两种废水(或废料)的当量数相等或处理水的pH值符合处理的要求。它的处理设备应依据废水的排放规律以及水质的变化情况确定,当水质水量变化较小或处理水要求较低时,可以采用集水井、管道、混合槽等简单形式进行连续中和处理;当水质水量变化不大或对处理水要求高时,应当采用连续流中和池进行处理;当水质水量的变化较大,且水量较小,连续流处理无法保证处理水要求时,就应采用间歇中和池处理。

(3)药剂中和法

药剂中和法是酸碱废水中和处理使用中最广泛的一种方法,碱性药剂有石灰、石灰石、苏打、苛性钠等;酸性废水中和处理常用的药剂是石灰,酸性药剂有硫酸、盐酸等。中和剂的耗量,应根据试验来确定,若无试验资料,应根据中和反应方程式计算的理论耗量、药剂中杂质含量、实际反应的不完全性等因素确定。药剂中和法的处理工艺包括投药、混合反应、沉淀、沉渣脱水等单元。

(4)过滤中和法

过滤中和法只用于酸性废水的中和处理,酸性废水流过碱性滤料时与滤料进行中和反应的方法称为过滤中和法。碱性滤料主要有石灰石、大理石、白云石等。中和滤池有普通中和滤池、升流式膨胀中和滤池和滚筒中和滤池3种。

---

**Neutralization method of acid waste water include**:

(1) The neutralization of acid and alkali waste water;

(2) Chemical neutralization;

(3) Filter-neutralization.

---

# 2.5 调节池

(1)调节池的类型

无论是工业污水还是城市污水,其水量和水质随时都会有变化。工业污水的波动比城市污水要大,水量和水质的变化将严重影响水处理设施的正常工作。为了解决这一矛盾,在水处理系统前,一般都要设调节池,用来调节水量和水质。此外,酸性污水和碱性污水还可在调节池内中和;短期排出的高温污水也可以利用调节池以平衡水温。

调节池在结构上可以分为砖石结构、混凝土结构、钢结构。

如除了水量调节之外,还需要进行水质调节,则需对池内污水进行混合。混合的方法有水泵强制循环、空气搅拌、机械搅拌、水力混合。

目前常用的方法是利用调节池特殊的结构形式进行差时混合,即水力混合,主要有对角线出水调节池和折流调节池。

对角线出水调节池的特点是出水槽沿对角线方向设置,同一时间流入池内的污水由池的左、右两侧经过不同时间流到出水槽,从而达到自动调节、均和的目的,如图2-5-1所示。为了防止污水在池内短路,可在池内设置若干纵向隔板,池内设置沉渣斗,污水中的悬浮物在池中沉淀,通过排渣管定期排出池外。当调节池容积很大时,需设置的沉渣斗过多时,可以考虑将调节池设计成平底,用压缩空气搅拌污水,以防止沉砂沉淀,空气用量为1.5~3$m^3/(m^2 \cdot h)$。调节池的有效水深为1.5~2m,纵向隔板间距为1~1.5m。

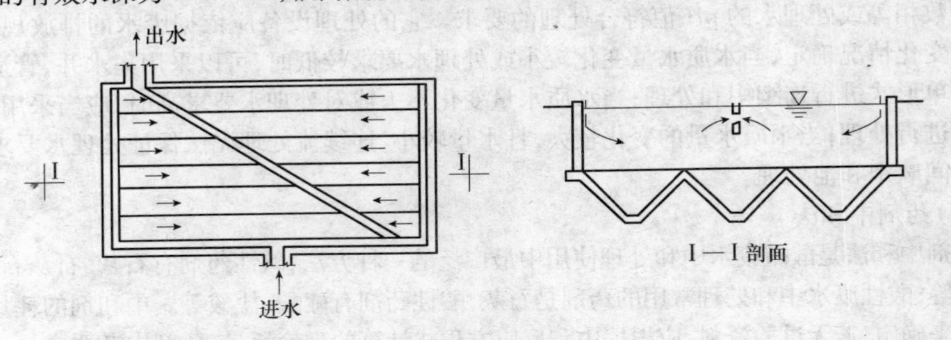


图2-5-1 对角线出水调节池

如果调节池利用堰顶溢流出水,则只可以调节水质的变化,而调节不了水量的波动。若后续的处理构筑物要求处理水量比较均匀,则需使调节池内的工作水位能上、下自由波动,以贮存盈余,补充短缺。当处理系统是重力自流时,调节池出水口应当超过后续处理构筑物的最高水位,可以考虑采用浮子等定量设备,以保持出水量恒定;若这种方法在高程布置上有困难时,可以考虑设吸水井,通过水泵抽送。

折流调节池的池内设有许多折流隔墙,使污水在池内来回折流,如图2-5-2所示。配水槽设在调节池上,通过孔口溢流投配到调节池的各个折流槽中,使污水在池内混合、均衡。调节池起端(入口)入流量可以控制在总流量的1/4~1/3,其余流量可以通过其他各投配口等量地投入池内。

图 2-5-2　折流调节池

(2)调节池的设计计算

调节池的容积主要是根据污水浓度、流量的变化范围以及要求的均和程度来计算。

计算调节池的容积,首先应确定好调节时间。当污水浓度无周期性变化时,则需要按最不利情况即浓度和流量在高峰时的区间进行计算。采用的调节时间越长,污水越均匀。

当污水浓度呈周期性变化时,污水在调节池内的停留时间就是一个变化周期的时间。

污水经过一定时间的调节后,其平均浓度可按下式(2-5-1)计算:

$$C = \sum_{i=1}^{n} \frac{C_i q_i t_i}{qT} \tag{2-5-1}$$

式中　$C$——$T$小时内的污水平均浓度,mg/L;

$q$——$T$小时内的污水平均流量,$m^3/L$;

$C_i$——污水在$t_i$时段内的平均浓度,mg/L;

$q_i$——污水在$t_i$时段内的平均流量,$m^3/L$;

$t_i$——各时段时间(h),其总和等于$T$。

所需调节池的容积为式(2-5-2):

$$V = qT = \sum_{i=1}^{n} q_i t_i \tag{2-5-2}$$

若采用对角线出水调节池时按式(2-5-3)计算:

$$V = \frac{qT}{1.4} \tag{2-5-3}$$

式中　1.4——考虑污水在池内不均匀流动的容积利用经验系数。

**Regulation pond**:

(1) Regulation pond is used to overcome the operational problems caused by flowrate variations;

(2) Types of regulation pond: Diagonal water regulation pond; Flow regulating pond;

(3) The capacity design of regulative pond depend on wastewater concentration, flow rate, mixing degree.

## 2.6　沉砂池

沉砂池也是一种沉淀池,用来分离废水中相对密度较大的无机悬浮物,如砂、煤粒、矿渣等,使这些悬浮物在池内沉降,以免进入后面的沉淀池污泥中,给排除及处理污泥带来困难。但是,在沉砂池内不可让相对密度较小的有机悬浮物沉降下来,废水流速不能过大也不能过小。沉砂池有平流式和竖流式两种。国内应用较多的是平流式,平流沉砂池的效率比较高,其构造如图 2-6-1 所示。

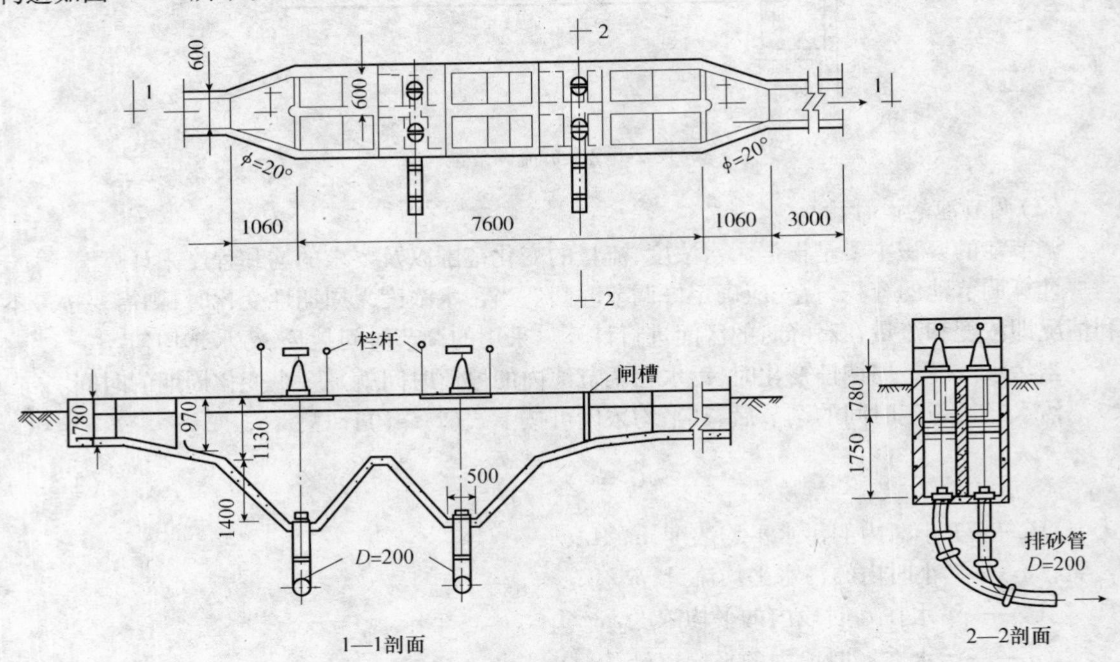


图 2-6-1 平流式沉砂池

平流式沉砂池的过水部分是一条明渠,渠两端用闸板控制水量,渠底有贮砂斗,斗数为两个。贮砂斗下部设有闸门的排砂管,以排除贮砂斗内的积砂,也可用射流泵或螺旋泵排砂。

为了保证沉砂池能很好地沉淀砂粒,又能使密度较小的有机悬浮物颗粒不被截留,故应严格控制水流速度。通常,沉砂池的水平流速在 0. 15 ~0. 3m/s 之间为佳,停留时间应不少于 30s,沉砂池应不少于两个,以便可以切换工作。池内的有效水深不宜大于 1. 2m,合格沉砂池渠宽不宜小于 0. 60m,池内超高为 0. 30m。设计时应当采用最大过流量,用最小流量作校核。

当废水含砂量较大时,沉砂池的贮砂斗应当按照不超过两日砂量计算,一般沉泥砂的含水率在 60% 左右,表观密度为 1500kg/m$^3$。为使泥砂在贮砂斗内自动滑行,贮砂斗的坡度不宜小于 55°,下部排泥管径不宜小于 200mm。

平流沉砂池的最大缺点,就是尽管控制了水流速度和停留时间,但废水中仍有一部分有机悬浮物会在沉砂池内沉积下来,或是因为有机物附着在砂粒表面,随砂粒的沉淀而沉积下来。为了克服这个缺点,目前常采用曝气沉砂池,即在沉砂池侧壁下部鼓入压缩空气,使池内水流呈螺旋状态运动,由于有机物颗粒的密度小,故能在曝气作用下长期处于悬浮状态,同时在旋流过程中,砂粒之间相互摩擦、碰撞,附着在砂粒表面的有机物也能被洗脱下来。曝气沉砂池常采用穿孔管曝气,穿孔管内孔眼的直径为 2. 5 ~6mm,空气用量为 2 ~3m$^3$/m$^2$,螺旋型水流周边的最大旋转速度为 0. 25 ~0. 3m/s,池内水流前进的速度为 0. 01 ~0. 1m/s,停留时间为 1. 5 ~3. 3min。

**Grit Chambers**:

(1) Grit chambers are provided to separate higher density inorganic suspended solids;

(2) Types of Grit Chambers: Horizontal-Flow grit chambers, Vertical-Flow grit chambers, Aerated grit chambers.

## 小　结

1. 预处理对后续处理单元的影响:(1)从格栅流过的栅渣太多,影响出水均匀,不美观,增加恶臭气味;(2)从沉砂池流走的砂粒太多,影响配水均匀、污泥刮板过度磨损,缩短更换周期、干扰正常排泥或堵塞排泥管路、降低泵的使用寿命、妨碍曝气头出气,降低曝气效率等。

2. 预处理主要包括格栅、筛网、沉砂等处理设施。

3. 格栅按形状可分为平面格栅和曲面格栅两种;按格栅栅条的阀隙,可分为粗格栅(50~100mm)、中格栅(10~40mm)、细格栅(3~10mm)三种;按结构形式及除渣方式可分为人工格栅和机械格栅两大类,机械格栅又可分为回转式、旋转式、齿耙式机械格栅等多种形式。

4. 格栅的选择包括栅条断面的选择、栅条间距的确定、栅渣清除方法的选择等。

5. 筛网能去除水中不同类型和大小的悬浮物,如纤维、纸浆、藻类等,相当于一个初沉池的作用。筛网过滤装置很多,有振动筛网、水力筛网、转鼓式筛网、转盘式筛网、微滤机等。

6. 中和法有酸碱废水(或废料)互相中和法、药剂中和法及过滤中和法。

## 习　题

2-1　格栅的选择包含哪几个方面?

2-2　筛网的作用有哪些?

2-3　什么是中和?中和的方法有哪些?

# 3 生物处理技术

**能力目标：**

本章主要讲述污水的生物处理技术，通过本章的学习，了解 $A^2/O$ 工艺的发展及国内外应用现状；掌握 $A^2/O$ 工艺的主要特点及其影响因素；理解 AB 法的工艺流程及基本原理；掌握 AB 法的性能特点；了解 SBR 生物处理技术的流程及原理；掌握 SBR 法的主要性能特点；掌握氧化沟工艺的流程、原理及主要性能特点；了解 LINPOR 工艺的原理、运行方式及其应用；掌握生物膜处理技术；对于厌氧生物处理技术，需掌握 ABR 法的原理、工艺构造以及性能特点；了解 UASB 法的相关知识；了解废水的自然净化技术以及土地处理技术。

## 3.1 好氧生物处理技术

### 3.1.1 吸附—生物氧化 AB 法污水处理工艺

3.1.1.1 AB 法的工艺流程和基本原理

(1) AB 法工艺流程

AB 法工艺流程如图 3-1-1 所示：

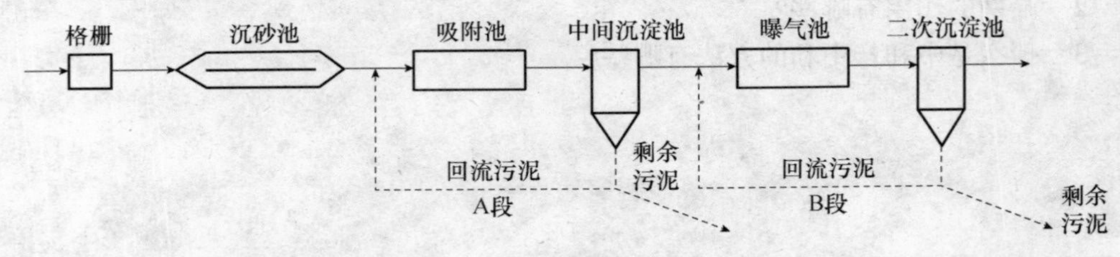


图 3-1-1 AB 法工艺流程

从图中可见，该系统未设初次沉淀池，污水由城市排水管网经格栅和沉砂池后直接进入 A 段，A 段由吸附池、中间沉淀池和污泥回流系统组成，吸附池是超高负荷的曝气池，污泥负荷可高达 2 ~6kg $BOD_5$/(kg MLSS · d)，为传统活性污泥法的 10 ~20 倍，泥龄短(0.3 ~0.5d)，水力停留时间约为 30min，在这种情况下，较高级的真核微生物无法生存，所以 A 段的微生物绝大部分为某些短世代的原核细菌，其世代时间很短，繁殖速度很高，每繁殖一代的时间平均为 20min 左右，相当于每天繁殖 72 代。A 段通常在缺氧环境中运行，也可根据需要在好氧环境中运行。实践表明，A 段对于水质、水量、pH 值和有毒物质等的冲击负荷有巨大的缓冲作用，能为后面的B段提供一个良好的进水条件。A段由于负荷高，产生的污泥量很大，约占整个处理系统污泥总量的80%左右，但A段剩余污泥中的有机物含量比较高，因而若采用厌氧消化，则产生的沼气可比传统活性污泥法剩余污泥消化产生的沼气多25%左右。

污水经过A段后进入B段，B段由曝气池、二次沉淀池和污泥回流系统组成，B段污泥负荷较低，一般为0.15～0.3kg $BOD_5$/(kg MLSS·d)，停留时间约为2～4h，泥龄15～20d，溶解氧含量常控制在1～2mg/L。在B段曝气池中生长的微生物除菌胶团微生物外，有相当数量的高级真核微生物，如原生动物和后生动物等，其中原生动物的数量比相同负荷下的传统活性污泥法多得多。这些微生物的世代期比较长，并适宜在有机物含量比较低的情况下生存和繁殖。根据生物学的观点，高级生物的内源呼吸作用要比低级生物强，所以当负荷相同时，B段的剩余污泥量为传统活性污泥法的1/4～1/3。

Bohnke教授等人对16种不同的城市污水进行了25次中试研究、5次生产性研究的结果表明，AB法B段污泥负荷为0.3kg $BOD_5$/(kg MLSS·d)时，处理出水的$BOD_5$与传统法在负荷为0.15kg $BOD_5$/(kg MLSS·d)时相当；当B段负荷为0.15kg $BOD_5$/(kg MLSS·d)时，其处理出水的$BOD_5$与传统法在污泥负荷为0.05kg $BOD_5$/(kg MLSS·d)时相当。一般来说，AB法处理工艺的$BOD_5$去除率可达90%～95%，COD去除率可达80%～90%。

(2)AB法基本原理

AB法三大最明显的特征是：系统不设初次沉淀池，由吸附池和中间沉淀池组成的A段为一级处理系统；A段和B段各自拥有自己的独立的污泥回流系统，这样，两段完全分开，互不相混，有各自独特的微生物群体；A段和B段分别在负荷相差悬殊的情况下运行。

AB法与单段系统相比，微生物群体完全隔开的两段系统能取得更佳和更稳定的处理效果。对于一个连续工作的A段，由于外界连续不断地将具有很强繁殖能力和抗环境变化能力的短世代原核微生物接种进来，从而大大提高了处理工艺的稳定性。

1)开放系统原理

城市污水净化系统是由城市排水管网和污水处理厂构成的处理系统，如图3-1-2所示。城市污水一般包括生活污水和工业废水两部分。生活污水中含有许多具有生命力的细菌，这些细菌来自人和动物的排泄物。人类排泄的细菌约有5%～10%能在好氧或兼氧的条件下生存和增殖。在排水管网中发生细菌的增殖、适应和选择等生物学过程，使原污水中出现生命力旺盛、能适应原污水环境的微生物群落。测定表明，城市污水中存在着大量的微生物，污水流经的沟渠和管道中也存在着大量的微生物。因此，城市污水实质上是污染物和微生物群体的共存体。在AB工艺的A段中充分利用了原污水中存在的生物动力学潜力，排水管网系统把人类和污水处理厂连接起来形成“人类—沟渠—处理厂”污水净化系统。

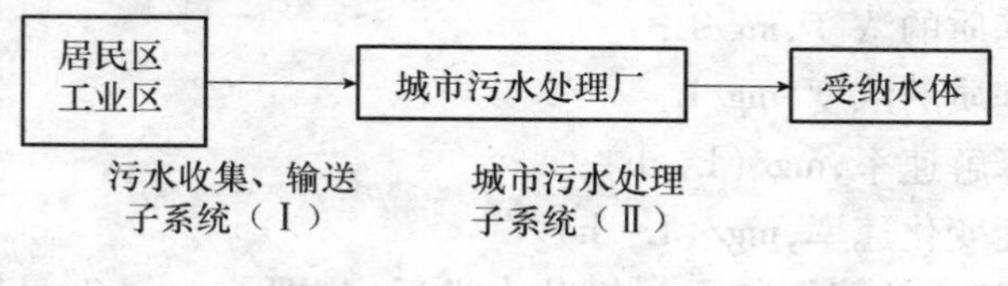


图3-1-2　污水净化系统

在污水输送过程中形成的适应性强的微生物大多附着在污水中的固体物质上，而目前大多数的传统法污水处理工艺都忽视了这一点,传统活性污泥法中,由于设置了初次沉淀池,使得存在于城市污水的收集、输送子系统中的这部分活性很强的微生物还未能在污水处理系统中发挥其应有的作用时就被去除了。在原生污水中存在的这些微生物具有自发絮凝性。当它们进入A段曝气池后,在A段原有菌胶团的诱导促进下很快絮凝在一起,絮凝物的结构与菌胶团类似,在絮凝的同时,絮凝物与原有的菌胶团结合在一起而成为A段中污泥的组成部分,并具有较强的吸附能力和极好的沉降性能。被絮凝的微生物量与A段的污泥浓度有关,污泥浓度低于1000mg/L时,絮凝效果差。在AB工艺中不设初次沉淀池,使子系统(Ⅰ)中的微生物进入子系统(Ⅱ)的A段,因此A段中的生物相组成与原污水的生物相组成基本相同,从而使污水中的微生物在A段中得到充分利用,并连续不断地更新,使A段形成一个开放性的、不断由原污水中生物补充的生物动态系统。如果A段中的微生物量以100%计,经测定表明,恒定的由污水管道系统进入A段的微生物量可达到全部微生物量的15%以上。由此可知,AB法污水处理工艺实际上是一个由城市污水收集、管道系统和污水处理系统组成的一个开放性系统。这个系统中A段中的微生物除了在处理过程中增殖的生物量以外,有相当一部分是直接利用了污水收集,输送系统中经适应、选择和生长繁殖的微生物。

A段是AB工艺的主体,对整个工艺起关键作用。根据对A段的研究,发现活性污泥在与污水接触的前几分钟内,就能快速吸附大量的有机物,因此可以认为A段主要通过对水中的悬浮物、胶体颗粒、游离性细菌以及溶解性物质进行吸附、絮凝、网捕,因而使许多污染物被裹挟在絮体中从水中去除,而靠氧化分解去除BOD所占比例较小。根据对许多AB法污水处理系统的调研测试表明,A段去除的BOD中,三分之二属生物吸附絮凝去除,三分之一由生物降解去除。

A段的高度稳定性和对微生物群落破坏影响的控制能力,可由微生物的如下特征来解释:①A段微生物主要是原核细菌,世代时间短,增殖快;②原核细菌体积小,比表面积大,所以原核微生物具有较大的代谢活性,较大的营养储存容量,有很高的生物降解潜能;③原核细菌由于细胞结构简单,其适应性和应变能力较强,具有对外界恶劣环境的适应能力;④原核细菌有高度选择性和突变能力,导致增殖适宜的突变菌种;⑤A段微生物的外源补充。

2)反应动力学原理

传统的完全混合式(CSTR)活性污泥法处理工艺中,曝气池内的基质浓度、溶解氧含量以及生物反应速率等均为定值。其物料恒算关系可表示为式(3-1-1):

$$V(\mathrm{d}C/\mathrm{d}t) = QC_0 - QC_e + rV \tag{3-1-1}$$

式中 $Q$——污水流量,L/h;

$V$——曝气池容积,L;

$C_0$——进水中基质的浓度,mg/L;

$C_e$——出水中基质的浓度,mg/L;

$r$——基质的降解速率,mg/(L·h);

$\mathrm{d}C/\mathrm{d}t$——基质浓度变化速率,mg/(L·h)。

假定反应器内的基质的降解符合一级动力学反应,即$r = -kC$,且反应过程处于稳定状态,即$dC/dt = 0$,则上式可表示为式(3-1-2):

$$C_e = C_0/(1 + kt) \tag{3-1-2}$$

式中　$k$——基质降解速率常数，1/h；

$t$——水力停留时间，h。

如果 $n$ 个相同的 CSTR 反应器串联运行，则各反应器的基质浓度变化规律可表示为式(3-1-3)，并可得到式(3-1-4)、式(3-1-5)：

$$C_{e(n)} = C_{e(n-1)}/(1+kt),(n=1,2,3,\cdots,n) \tag{3-1-3}$$

$$C_{e(n)} = C_0/(1+kt)^n,(n=1,2,3,\cdots,n) \tag{3-1-4}$$

$$V = Q[(C_0/C_{e(n)})^{1/n}-1]/k \tag{3-1-5}$$

式中　$C_{e(n)}$——第 $n$ 个反应器出水中基质的浓度，mg/L；

$C_{e(n-1)}$——第 $n$ 个反应器进水中基质的浓度，mg/L；

$V$——当 $n=1$ 时，$V$ 即单个 CSTR 反应器在某一固定去除率下所需的反应器容积；当 $n>1$ 时，$V$ 即为 $n$ 个 CSTR 反应器在同一去除率下每个 CSTR 所需的反应器容积。

又因为 $\eta = 1 - C_{e(n)}/C_0$，$V_{总} = nV$，故得式(3-1-6)：

$$V_{总}/(Q/k) = n\{[1/(1-\eta)]^{1/n}-1\} \tag{3-1-6}$$

由式(3-1-6)计算可得表3-1-1的结果。由表3-1-1可知，处理效率越高，所需反应器的容积就越大；在相同处理效率的条件下，随着反应器数目 $n$ 的增加，所需的反应器总容积则随之减小，但当 $n$ 大于4时，总容积的减小已趋于不明显，因而以反应器数小于4为好，而且只有当两个反应器串联运行时，反应器容积的节省最为显著。例如当处理工艺的 COD 去除率为85%时，反应器由一个改为两个时，总容积可节省44%；改为三个时，则总容积可节省53%。而 AB 法处理城市污水时 BOD 的去除率均在90%以上，COD 的去除率在80%以上。从运转管理和容积节省等方面综合分析，由一个反应器改为两个反应器串联运行，可取得明显的环境经济效益，因此 AB 工艺采用两段流程是既经济又高效的。这便是 AB 工艺采用两段法的动力学基础。

**表3-1-1　串联反应器数 $n$、处理效率 $\eta$ 和所需反应器总容积 $V_{总}$ 间的关系**

| 处理效率(%) | 反应器总容积，以 $V_{总}/(Q/k)$ 计 | | | | | |
|---|---|---|---|---|---|---|
| | $n=1$ | $n=2$ | $n=3$ | $n=4$ | $n=5$ | $n=6$ |
| 70 | 2.33 | 1.65 | 1.48 | 1.76 | 1.36 | 1.33 |
| 80 | 4.00 | 2.47 | 2.13 | 1.98 | 1.90 | 1.85 |
| 85 | 5.67 | 3.16 | 2.65 | 2.43 | 2.31 | 2.23 |
| 90 | 9.00 | 4.32 | 3.46 | 3.11 | 2.92 | 2.81 |
| 95 | 19.00 | 6.94 | 5.14 | 4.46 | 4.10 | 3.89 |
| 98 | 49.00 | 12.14 | 8.05 | 6.64 | 5.93 | 5.52 |

3）微生物的生物相及其特性

污水生物处理过程中，微生物对有机污染物的去除作用是通过初期快速吸附和紧接着的生物代谢作用而完成的。活性污泥对有机物的吸附作用是一个动态过程，即吸附和脱附是同时进行的。当吸附达到饱和时，吸附量达到最大值，只有通过再生才能恢复其吸附能力，这通常是借助于微生物的代谢作用来实现的。微生物的代谢过程是其去除有机物的第二步。它将部分有机物氧化分解,同时进行生物体的合成过程。这种氧化和合成过程,都能从污水中去除有机物。当然,处理过程中还必须保证污泥有良好的沉降性能,这是保证处理出水水质的关键之一。

AB法中A段的水力停留时间仅为30~40min,它充分利用了活性污泥的初期吸附作用,但AB工艺中的这种吸附作用及其吸附能力的保持与吸附再生活性污泥法不同,后者在接触池内进行吸附,在再生池中恢复其吸附能力。而AB法的A段工艺在无污泥再生的条件下却能保持微生物的活性和良好的污泥沉降性能,这是传统的微生物吸附氧化机理所不能解释的。因此AB工艺中的A段虽无再生池,其吸附能力的保持取决于以下因素:其一,是污水收集、输送系统中随污水进入A段的微生物源源不断对A段进行微生物补充,并在A段中得到"活化";其二,是由于在A段中的泥龄较短,仅为0.3~0.5d,因而快速增殖的微生物即新生的微生物具有很强的吸附能力。也就是说在A段内的微生物主要是由活性强、世代期短的生物相组成,这是其在高负荷、短停留时间和短泥龄条件下运行的依据。A段的微生物主要是动胶菌属、假单孢菌属、大肠杆菌属等絮凝体形成菌。这些细菌在高负荷条件下处于对数增殖期,其高速的增长繁殖能力使其较普通活性污泥法中的细菌产生更多的絮凝体及大量的胞外高分子聚合物。通过镜检,在污水厂A段的活性污泥中还常观察到很多大型、分支粗大、新生的絮凝体(呈辫、花瓣、梅花枝等形状),这种絮凝体固定了大量的细菌。普通活性污泥中的菌胶团较A段活性污泥的少,且体形、分支都小;其三,A段的运行方式是可以根据具体运行要求加以调整的。当A段以兼氧的方式运行时,由于供氧较低,这种高活性的微生物为了满足自身的代谢能量的需求,被迫对那些在好氧条件下不易分解的有机物进行初步的分解,使其转化为易降解的有机物,从而在后续的B段中易于被去除。兼性微生物在厌氧时可以利用细胞内储存的糖原通过糖酵解(EMP)途径产生吸收和储存有机物所需要的还原能,能将吸附于菌体表面的大分子有机物厌氧水解酸化成溶于水的小分子有机酸,并在好氧时吸收有机物而合成新的糖原。试验证明,污泥内的糖原降解和它的厌氧吸收能力密切相关,一定量的糖原可保证污泥在厌氧条件下吸收全部吸附的有机物。而A段的曝气池和沉淀池可分别视作好氧段和厌氧段,其为兼性菌的糖原好氧再生和厌氧降解创造了条件。兼性菌在A段曝气池和沉淀池中的作用如图3-1-3所示。

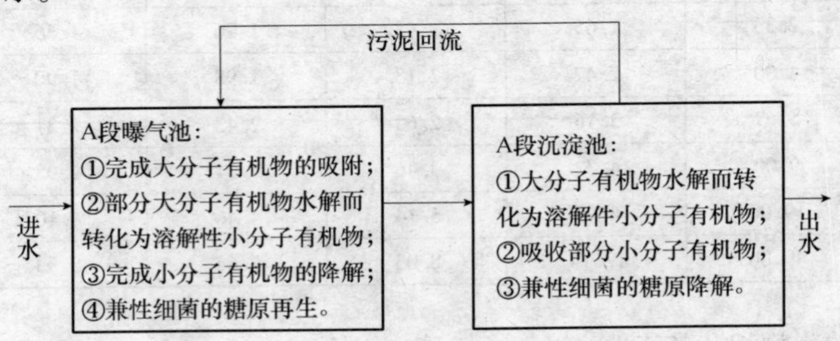


图3-1-3　A段有机物转化图

A段通常为微氧环境(溶解氧为0.5~0.7mg/L),且该段含有大量的原核微生物(变形细菌、双螺旋形细菌及肠细菌等)。因此,可认为A段的再生为短程再生,即主要通过兼性菌的厌氧呼吸将吸附于菌体表面的大分子有机物转化为溶于水的小分子有机物。由于A段活性污泥包埋了大量的细菌及其胞外酶、渗透酶，因而大大提高了水解速度和小分子有机物输入细胞内的传递速度，使这些小分子有机物能迅速从菌体表面传递入菌体内而进行厌氧降解，当污泥在二沉池中的停留时间为1.5h时，水中大分子有机物完全来得及完成“水解—传递—厌氧降解”这一过程，使A段污泥能在较短时间内得到再生，因此A段沉淀池可视为A段活性污泥的厌氧再生池。

AB法中B段的生物相与A段中的明显不同，B段内除有细菌外，还有原生动物、后生动物等种类繁多、较高级的真核微生物，主要是杆菌、球菌、丝状菌、豆形虫、肾形虫、盖纤虫、变形虫、小口钟虫、等枝虫等，数量也比相同负荷下的一级活性污泥法内多得多。主要由世代期长、较高等的真核微生物组成。但其生物相不是固定不变的，它将根据具体的工艺设计而有所变化。若考虑对污水的除磷脱氮问题，则水力停留时间及泥龄都将延长，此时B段中的原主动物和后生动物种群的比例将会提高。

AB工艺根据微生物生长繁殖及其基质代谢的关系，并充分考虑了污水收集、输送系统中的高活性微生物的作用，维持A段在极高负荷下，使微生物处于快速增长期以发挥其对有机物的快速吸附作用；维持B段在很低的负荷下运行，利用长世代期的微生物的作用，保证处理出水水质。这也是AB工艺中基于上述原理，为使不同类型和特性的微生物处于其适宜的生长繁殖环境、充分发挥其各自的优势，而将A段和B段的污泥回流系统单独设置、互不相混及两段各在负荷相差比较悬殊的条件下运行的工艺出发点。

由上可知，AB工艺省去了传统污水生物处理工艺中的初沉池，使A段成为一个连续由外界补充具有高活性的微生物的开放系统；从反应动力学和实用经济的角度出发，采用了两段处理工艺流程；根据微生物的生长繁殖规律，使A段和B段分别在不同且相差悬殊的负荷条件下运行，并使两段的污泥回流系统分开而保证各段生物相的稳定性。

Bohnke教授以遗传物质脱氧核糖核酸（DNA）作为生物活性的指标，比较了AB法和传统一段法系统中污泥的活性，见表3-1-2。由表可知，AB法A段污泥的DNA含量比B段高，而A、B两段污泥的DNA含量又都比传统一段法高，说明AB法中的污泥活性比传统一段法高。

**表3-1-2　AB法与传统一段法中污泥DNA含量的比较**

| 污泥类型 | 传统一段法 | AB法中A段 | AB法中B段 |
|---|---|---|---|
| 污泥负荷 | 0.27 | 5.00 | 0.15 |
| DNA含量 | 14.15 | 20.03 | 18.97 |

注：污泥负荷单位为kg $BOD_5$/（kg MLSS·d），DNA含量单位为占MLVSS的质量百分数。

**Adsorption Biodegradation Technology**:

(1) Feature: Section A operate on high load, Section B operate on low load, each section has separate sludge return system;

(2) Working mechanism include:

Open system theory: system without primary sedimentation tank;

Reaction dynamics theory;

Microbial biological phase and characteristics.

#### 3.1.1.2 AB 法的性能特点

自 AB 工艺诞生以来，就引起了全世界水处理专家的重视，对其开展了大量的研究，并将其广泛应用于污水处理的各领域。AB 工艺之所以能快速发展，是因为它具有较强的抗冲击负荷能力、优良的处理效果和投资运行费用低等特点。

(1) AB 法的经济性

AB 工艺的特殊净化机制决定了其在投资和能耗两方面都比较节省。

去除单位有机物的需氧量与污泥泥龄和污泥有机物去除负荷有关。污泥龄 $\theta_c$ 长，相应的 $U$ 小，所吸附的有机物被氧化的多，则去除单位有机物所需的氧量大；污泥龄 $\theta_c$ 短，相应的 $U$ 大，所吸附的有机物被氧化的少，则去除单位有机物所需的氧量少。而 AB 法的 A 段 $U$ 很大（是传统一段法的 10 ~ 20 倍），$\theta_c$ 很短（是传统一段法的 1/30 ~ 1/10），故去除单位有机物所需的氧量少，因此能耗也少。

A 段对悬浮性有机物较彻底的去除，使整个工艺中以非生物降解途径去除的 $BOD_5$ 量大大提高，从而大大地降低了投资和运行费用。

由于非生物降解过程需时短，所以 A 段水力停留时间短，所需池容小，故节省基建投资。同时，非生物降解过程能耗很低。A 段去除的 $BOD_5$ 中，三分之二属生物吸附絮凝去除，三分之一由生物降解去除。若传统一段活性污泥法的曝气能耗为 1kW · h/kg $BOD_5$，而 A 段的 $BOD_5$ 去除率为 50%，则 AB 工艺去除每 kg $BOD_5$ 可节省电耗：$1 \times 50\% \times 2/3 \times 1 = 0.33$kW · h，若对于处理规模为 20 万 t 的 AB 工艺污水厂，设入流 $BOD_5$ 为 200mg/L，每年可省电 480 万 kW · h。

对于投资方面，与传统一段活性污泥法相比，可从水力停留时间 HRT 方面考虑。AB 法 A 段曝气池为 0.5h，中间沉淀池为 1 ~ 1.5h，B 段曝气池为 2 ~ 4h，二次沉淀池为 1.5h，总 HRT 为 5 ~ 7.5h；传统一段活性污泥法初次沉淀池为 1.5 ~ 2h，曝气池为 4 ~ 6h，二次沉淀池为 2h，总 HRT 为 7.5 ~ 10h。由此可知处理城市污水，AB 法要比传统一段法的水力停留时间少 2.5h 左右，故可节省 15% ~ 25% 的基建投资。

考虑上述两点，AB 工艺可省 15% ~ 25% 的基建投资，节省占地 10% ~ 15%，节省运行费用 20% 左右。

(2) AB 法的抗冲击负荷能力

AB 法的 A 段抗冲击能力比较强，对进水水质有较强的适应性，能保证冲击负荷不影响到 B 段，从而使 B 段有较稳定的进水水质和运行环境。

AB 工艺中微生物对有机污染物的冲击有较强的缓冲能力。深圳滨河污水处理厂采用 AB 法工艺，1999 年某一时期 A 段的进水 COD 浓度高，波动大，但出水水质却相对稳定。这一时期的进出水 COD 变化见图 3-1-4。从图中可以看出，经 A 段处理后，水质变化趋于平缓，保障了 B 段进水水质稳定，从而提高了整个 AB 工艺的抗冲击能力。

淄博市污水处理厂 1994 年曾遇到过一次 $pH < 2$ 的酸性水进水过程，时间为两个多小时。但中间沉淀池的出水和 A 段曝气池的出水却显示为中性。除酸性水外，该系统也多次遇到过 $pH \geq 14$ 的碱性进水，运行结果表明，碱性水也同样未对 A 段曝气池的状态造成大的影响。这说明 A 段曝气池对短暂的 pH 超出其运行范围的适应性较强。

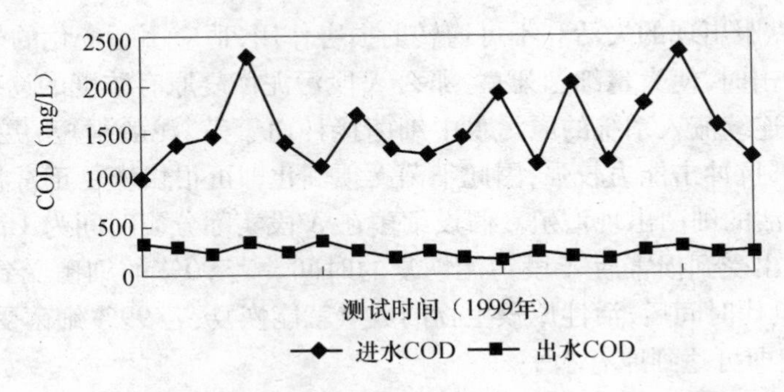


图 3-1-4　A 段进出水 COD 的变化

但年跃刚、顾国维在进行 A 段耐冲击负荷试验研究表明：低 pH 冲击可对系统产生的破坏性影响程度依赖于 pH 冲击时间的长短，瞬间和短时间（10min）的 pH 冲击，不会对系统产生破坏性影响，较长时间（50min）的 pH 冲击，会对系统产生破坏性影响。当冲击时间较长，中间沉淀池及曝气池中的污泥全部被损害后，系统将遭到严重破坏，不能在短时间内恢复。

另据报道，德国的 Krefeld 污水处理厂，在 1983 年 2 月 12 日至 14 日曾经受了进水 pH 值下降的严重冲击。2 月 12 日进水 pH 值一度下降到 1 左右，2 月 13 日上午至 14 日下午进水 pH 值为 3 ~ 4，而在此期间 A 段出水的 pH 值仅有微小波动，B 段出水无变化。而 Borken 污水厂的 AB 工艺试验设备受到过进水 pH 值最低为 2 的延续几小时的冲击，而 A 段出乎意料的经受住了冲击，运行始终正常。

AB 工艺中微生物对毒物也有显著的缓冲能力。在冲击负荷终止后，系统能很快恢复到原有状态。从图 3-1-5 中可以看出 Krefeld 污水处理厂被有毒物质冲击后的情况。A 段溶解氧浓度的明显上升，说明微生物受到伤害，但 B 段溶解氧浓度无明显变化，经 4h 后 A 段溶解氧浓度下降到原有水平，说明微生物呼吸已恢复正常。因此 A 段的存在使进水水质变化、污染物和有害物质的冲击负荷不影响后续工艺的稳定运转。

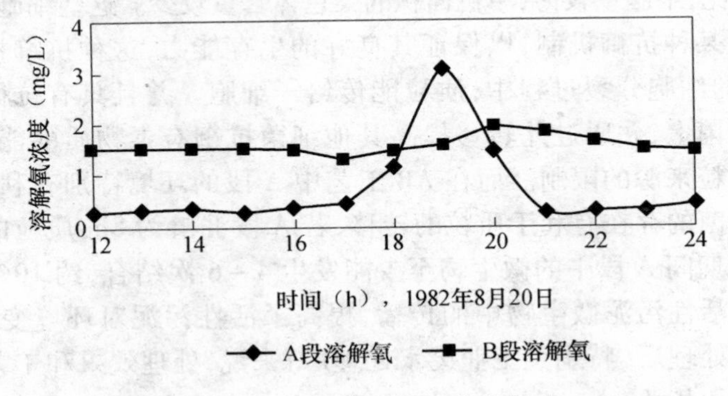


图 3-1-5　毒物对 AB 工艺的影响

A 段抗冲击负荷能力除了与 A 段主要去除模式为吸附絮凝有关外，还与下面两种生物过程密切相关。

1）细菌的快速增殖与外源补充

A 段的有机负荷很高，所以细菌群体处于食料丰富的状态，具有很强的新陈代谢能力，世代时间短,能很快克服出现的失活和不可逆转的损害作用,适应不断变化的外界环境。如果A段受到有毒物质冲击时,使大量细菌死亡,那么A段污泥恢复原有浓度的途径有:

①A段污泥靠连续流入系统的原污水中细菌接种而繁殖,泥龄很短、更新快,进水中的细菌已适应原水水质,抗冲击能力较强,因此细菌无须驯化即可很快恢复正常状态。

②A段中仍存活的细菌出现增殖。假设细菌在A段实际分裂时间为1h,根据世代代数和分裂周期即可计算出受到损害后A段污泥恢复的时间。若90%的细菌受到不良影响失活或受到损害,在三个世代时间后,活性原核生物的数量就能恢复;若99%细菌受到损害,经过6~7个世代,污泥浓度即可达到原有水平。

2)细菌的突变与质粒转移

使细菌能够在冲击负荷下存活的遗传学基础是突变作用和质粒的转移。任何细菌都能对变化的环境作出反应。在环境变化初期,一部分细菌不适应新环境而死亡,一部分细菌通过变异而适应了新环境并开始增殖。这部分适应新环境的细菌即进行了突变,即遗传物质发生了变化。这些突变中仅千分之一是能存活的正突变,其余都是致死突变。按Bohnke教授的计算,每人每天排出的细菌数为$7.6\times10^{13}$个,有$7.6\times10^{8}$个发生变异,其中能适应环境的变异为$7.5\times10^{5}$个,完成此变异的时间为1.5~2h,而AB工艺的A段泥龄为8~12h,即使不算细菌在管道中的滞留时间,细菌至少也可进行4次变异,且完成变异后的细菌在营养充足的A段能迅速增殖。突变为活性污泥适应环境、降解难降解物质提供了生物遗传学基础。

质粒是环形的DNA分子,是染色体以外的遗传物质,它们不受染色体的支配,能侵入菌体并利用菌体的复制系统自我复制增殖,质粒普遍携带抗性基因,有的质粒还携带一般细菌不具备的特殊基因。众多的质粒构成了细菌的抗性基因库和降解特殊有机物的基因库。一般情况下,质粒的有无对细胞的生死存亡和生长繁殖并无影响,但在有毒物的情况下,由于质粒能给细胞带来具有选择优势的基因,因而具有极其重要的意义。A段的细菌主要是革兰氏阴性菌,与革兰氏阳性菌相比,细胞壁较薄,单位面积的染色体含量较少。这些细胞壁敏感的细菌在生长过程中能创造出某种抗御机制,以保证其良好的生存能力,这种抗御机制能复制在质粒的基因上,在正常的细胞分裂过程中,质粒能传给子细胞。并且具有抗御机制的质粒可以转移到无质粒的细菌上,并通过此转移提高其他细菌抗御有毒物质的能力,这种转移过程不受细菌种属和质粒来源的限制。而在AB工艺中A段的环境特别有利于质粒的转移。A段中高密度悬浮细菌的存在有利于质粒的转移,若A段泥龄为8h,质粒的转移接合过程需1.5~2.0h,则在此期间A段中的微生物至少能发生4~6次结合,约10%的细菌能受到质粒的侵入。质粒在活性污泥微生物中的传播,提高了活性污泥对环境变化,特别是化学变化的抗性。对污水处理厂(特别是工业废水处理厂)来说,处理效果和工艺稳定性的好坏与质粒的存在与否密切相关。

(3)AB法A段对难降解物质的去除

当进水是生活污水和工业废水的混合水或只是工业废水时,污水中往往含有较多的难降解物质,如高分子脂肪烃、芳香族化合物等。若完全用好氧方法处理,则要消耗大量氧气,而且去除效果往往达不到所要求的指标。当进水中难降解物质含量较高时,A段兼氧运行(DO为0.5mg/L左右),在这种情况下,A段中的兼性微生物通过厌氧呼吸和不完全降解氧化把部分难降解的大分子有机物分解成溶于水的小分子易降解有机物,这种转化在好氧条件下往往难以实现。

根据实际测量,A段出水的$BOD_5$/COD值与进水的$BOD_5$/COD值相比,其变化幅度比较大(-40%~15%)。负值表明$BOD_5$去除率大于COD,降解方式与常规好氧氧化相同;正值表明污水中一部分难生物降解的物质已被转化为易降解物质,污水的可生化性提高。有报道称:A段在DO为0.5mg/L左右条件下处理印染废水,出水中的$BOD_5$/COD值可提高0.05~0.12。

但不能把COD去除率的希望完全寄托在A段的兼氧运行上,这是因为A段对难降解有机物的转化需要三个基本条件:兼性厌氧状态、特定种类的微生物和可转化的难降解有机物。前两个条件可人为控制,但第三个条件则取决于原水中污染物的组成,若原水中含有较多的难以兼性转化的难降解有机物,则在兼性厌氧运行条件下,$BOD_5$/COD往往得不到改善。

淄博市污水处理厂A段兼氧运行时,溶解氧控制在0.2~0.5mg/L范围内,运行中发现,进水COD平均在1000~1100mg/L时,A段出水COD在740mg/L左右,COD的去除率只有32%左右,并且经A段处理后,污水的可生化性有所降低。当把溶解氧浓度提高到0.6~0.8mg/L后,A段COD去除率提高到42%左右,A段COD出水由740mg/L左右降低到570mg/L左右,污水的可生化性也有所提高。

另一方面,A段在DO低于0.5mg/L的条件下长期运行也是不合理的,因为:其一,好氧状态运行时,其对难沉降悬浮物的去除率高于A段以兼氧状态运行,好氧状态可以促进絮凝作用,有利于絮凝物质的产生,而且好氧增殖活动是保证A段正常运行的必要条件;其二,兼氧运行将导致生物絮凝作用的减弱,细菌的合成代谢、物质传递、生长繁殖也不活跃,从而使A段处理效率降低,而且易产生臭味。但兼氧状态更易控制,耗能也较低。因此,A段宜兼氧和好氧交替运行,保证$BOD_5$/COD值的改善和A段处理效率。

为了最大限度地实现污水的预处理,A段应不断地改变运行方式,其方法为:将A段曝气池分成两部分,第一部分按兼氧、好氧方式交替运行,第二部分按好氧方式运行。

(4)AB法污泥的沉降性能

活性污泥工艺对溶解性和胶体性有机物的高效去除决定于两个方面:一是高生物活性的微生物在曝气池中对有机物的去除;二是沉淀池能有效地分离这些微生物。在这两个过程中,以取得高质量、高浓度的回流污泥而达到满足。这就要求污泥具有良好的沉降性能,否则由沉淀池向曝气池回流的污泥量就会显著减少,导致曝气池中MLSS降低,使处理功能减弱,甚至使工艺无法继续运行。

1)采用传统理论对A段活性污泥沉降性能分析得出:①由于A段$BOD_5$负荷高,微生物能量水平高,则易出现污泥分散生长,凝聚性能较差的情况。A段$BOD_5$负荷比普通活性污泥法高出10倍以上,因此细菌不缺乏营养元素,处于对数增长期,活性强、能量水平高、耗氧速率高、动能大、不易凝聚,对沉降不利;②A段一般在微氧条件下运行,易出现溶解氧浓度受限制而发生低DO型膨胀。即曝气池中DO浓度的降低,将导致絮体的尺寸减小,低DO浓度(0.5~2.0mg/L)下的污泥沉降性能差,出水浑浊。然而事实上,A段活性污泥絮体颗粒均相当大而且密实,还可形成粗大的“辫状污泥”。镜检表明“辫状污泥”上有大量的细菌,污泥的

SVI 值通常为 60 左右，具有良好的沉降性能。

2）重庆大学通过对 A 段污泥沉降性能的研究，得出以下结论：

①进水中的 SS 对活性污泥的沉降性能有显著的改善作用。A 段由于不设初沉池，则进水中的悬浮固体 SS 包括有机物和无机物，和附于其上的大量细菌均未被去除，它们混杂在一起形成结构较稳定的共存体。Malz 认为细菌在管道系统中由于细胞外酶的作用已经形成了一种被称之为“自然絮凝剂”的聚合物。当原污水与 A 段曝气池中的活性污泥混合后，一方面“自然絮凝剂”可以利用水中的 SS 作为“絮核”，使悬浮性物质和胶体颗粒以及游离性细菌脱稳，然后互为凝聚；另一方面，由于细菌细胞外的多糖类粘性物质的作用，一部分 SS 就被黏附在菌胶团上，同样 SS 也附着在伸出污泥絮体的丝状菌表面，这样 SS 不但阻碍丝状菌架桥，也增大了絮体的体积和比重。而絮体增大，其沉降速度也同时增加，比重增加，有利于改善污泥的沉降性能。

②污水腐化易导致活性污泥的沉降性能恶化。腐化污水的 $BOD_5$ 值高于新鲜污水，滤掉 SS 的腐化污水的可生化性也高于新鲜污水，且腐化污水的可溶性有机物含量比新鲜污水要高，而溶解性 COD 含量较高的污水容易引起污泥膨胀。在对滤掉 SS 的腐化污水和含 SS 的腐化污水进行试验的活性污泥镜检时发现有硫细菌，说明腐化污水容易导致硫细菌增殖，从而引起污泥膨胀。这说明 A 段不设初沉池有利于克服因污水腐化而引起的丝状菌膨胀。此外，取消化粪池，就可以降低污水的腐化程度，减少引起丝状菌膨胀的几率，利于污水厂的稳定运行。

③SRT 短，活性污泥的沉降性能好。A 段污泥龄很短，通常只有 0.3～0.5d，即使 A 段的条件有利于丝状菌生长，但是由于其世代周期大于污泥龄的缘故，丝状菌在 A 段仍无法成为优势菌种，而是保持一定比例，故不至导致污泥膨胀。在其他条件相当的情况下，污泥龄越长，丝状菌越容易生长。

④HRT 短，活性污泥沉降性能好。由于 HRT 短，所以细菌在絮凝、吸附了大量的有机物之后还来不及将其吸收、降解，就积累在细胞外，形成具有黏性的多聚物，其分子量可大于 10000，主要是由各种糖和氨基酸单位构成的各种多糖，这些多糖类物质可以互相粘接，从而有利于形成较大的絮体。但是，它们又是亲水性物质，若积累过多会造成高黏性膨胀，也就是说，这些多聚物对于活性污泥的沉降性能既可起改良作用，也可起恶化作用。Foster 对污泥表面多聚物提取分析得出，多聚物中难降解部分增加时，污泥的沉降性能也随之改善。而由于 A 段不设初沉池，且 HRT 短，则随污水进入曝气池的 SS 中的难降解物质绝大部分集聚在污泥的表面，从而使 A 段污泥表面多聚物中难降解物质所占的比例远大于普通活性污泥法，正是由于这些难降解物质的改良作用，使多糖类物质不至于产生高黏性膨胀。

⑤高负荷运行的 A 段，DO 会成为细菌生长的限制性因素，抑制了污泥分散生长。在高负荷运行时，虽然有机物的浓度高到足以使细菌处于对数增长期，具有最大的动能，但又恰恰由于负荷太高而导致了 DO 成为限制性因素，使细菌无法达到零级反应，或者即使菌胶团外部的细菌能达到零级反应，但由于原水中细菌自发絮凝作用将其黏附，以及菌胶团内部细菌的胞外多糖物质的黏附，以及已形成的絮体的网捕、吸附作用，束缚了细菌的运动，降低了动能，极大地减少了分散生长的细菌。因此，也不会造成污泥分散生长的情况。

⑥当活性污泥膨胀时，按 A 段方式运行，很快就能恢复到正常状态。

AB法的B段活性污泥的SVI值均在200以下(或100以下),不发生污泥膨胀。这主要是因为:A段强大的调节和缓冲作用,使进入B段的水质发生了改变,已相当稳定,特别适合B段曝气池中占优势的原生、后生动物生长,而不利于丝状菌增殖;B段一般在0.15~0.30kg $BOD_5$/(kg MLSS·d)的负荷下好氧运行,既不是低负荷,也不是低DO状态。当单级活性污泥法在发生膨胀时,将其改建,按AB法运行,能很好地消除膨胀。

由于A段除了去除可沉物质和部分不可沉悬浮物外,还对有机物进行降解形成污泥,因此其污泥产量比初沉池多30%左右,相应地B段污泥产量有所减少,仅占污泥总量的15%~20%。

(5)AB法对氮、磷的去除

由于氮、磷对水体(特别是封闭水体)能造成富营养化,氨氮的耗氧特性会使水体中的溶解氧浓度降低,而且当水体pH值较高时,氨对鱼类等水生生物也具有毒性,因此许多污水必须进行除磷脱氮后,才能排放或回用。

1)AB法对氮的去除

AB法工艺的A段对污水中有机物的去除率一般高于对氨氮的去除率,这样,污水经A段处理以后,出水 $BOD_5$/TN值降低,从而增大了硝化菌在B段活性污泥中的比率和硝化速度。曝气区体积可以相应降低,这对于系统硝化作用的完成是有利的。但是AB法工艺仅完成了硝化功能,虽然可去除氨氮,但硝酸盐的存在依然会导致水环境的污染。常规AB法工艺的总氮去除率约为30%~40%,其脱氮效果虽较传统一段活性污泥法好,但出水尚不能满足防止水体富营养化的要求。

当需要AB法工艺去除总氮时,就必须进行反硝化。一般认为传统两段活性污泥法(如Z-A法)往往不能达到满意的反硝化效果,因为进入第二段曝气池污水中的有机物含量过低,不利于反硝化的正常进行。Bohnke对德国多家AB法污水处理厂的研究认为,这个结论对于传统的两段活性污泥法系统可能是合适的,但对AB法而言,污水经过A段处理后,大部分的不溶解性物质通过吸附、絮凝和沉淀而被去除,而那些相对容易降解的溶解性物质其相当一部分流过A级,进入低负荷B段。而且,当A段以兼氧方式运行时,污水中长链的难分解的基质可被打开分解成短链的化合物,即某些难生物降解的有机物能在兼氧条件下转化成易生物降解的有机物,从而改善A段出水的可生化性,有利于B段的反硝化作用以及对有机物的进一步去除,据此认为低负荷的B段能有效完成硝化功能,同时对反硝化来说亦有足够易生物分解的、主要以溶解态存在的有机物。因此,A段出水 $BOD_5$/TN比值在3左右就足以保证反硝化效果。迄今为止对于 $BOD_5$/TN值为3就足以保证反硝化的问题尚有争议,因为上述比值仅是理论值,要进行充分的反硝化,就需要足够的 $BOD_5$ 作为反硝化的碳源。不少学者认为进行反硝化所需的 $BOD_5$/TN值,不宜小于4~5。

AB法工艺污水厂的B段污水是否有足够的反硝化碳源,应根据具体的情况而定,如A段对 $BOD_5$ 和氮的去除率,污水水质,特别是氮含量、$BOD_5$ 和COD的组成情况等。在设置前置反硝化系统时,内循环的混合液带进的溶解氧将首先消耗一部分 $BOD_5$,对这一不利因素也需加以考虑。Bohnke教授的关于污水经A段处理后的 $BOD_5$/TN比值仍能满足反硝化要求的结论,是在对多家德国AB法工艺污水处理厂调研的基础上得出的。而我国城市污水中工业污水的比重往往较大,一般都在2/3左右,水质复杂多变,有些城市污水在兼氧运行下 $BOD_5$/

COD 可以得到改善，但有些组分太复杂，即使 A 段在兼氧运行时有些难降解有机物仍难以转化为易降解有机物。所以对于某种特定的城市污水的 $BOD_5$/TN 比值是否能满足反硝化的要求，应根据具体的试验来确定。实际上，对于某些城市污水来说，即使进水中的有机物全是易降解的也难以满足脱氮除磷的要求。AB 法工艺的 A 段对 $BOD_5$、COD 的去除率较高，在这种情况下，将 B 段改进为生物脱氮系统时，很可能面临碳源不足的问题。

解决碳源不足的方法一般有两种：一是从系统外补加碳源。可投加甲醇或选择含易生物降解 COD 组分高的工业废水与城市污水混合；二是从系统内部寻找碳源，可采取的措施包括：①将污泥浓缩或消化的上清液回流至 B 段。②调节 A 段运行，降低对 $BOD_5$、COD 的去除率。若原污水有机物浓度较低，还可超越 A 段，一部分污水直接进入 B 段。

对于城市污水厂在新建、扩建或改建时，若对出水 TN 含量有要求，即需要防止受纳水体的富营养化时，若原水的 $BOD_5 < 200mg/L$ 时，一般不宜采用 AB 法，而宜采用一段 A/O 或 $A^2/O$ 法；当原水的 $BOD_5 > 300mg/L$ 时，采用 AB 法比采用一段 A/O 或 $A^2/O$ 法更为经济和有效；但当原水的 $BOD_5$ 为 300mg/L 左右时，A 段的 $BOD_5$ 去除率不宜超过 50%，而以 30% ~40% 为宜，这样可保证 B 段有较多的含碳有机物供反硝化之用，以达到较高的 TN 去除率。

2）AB 法对磷的去除

根据有关文献报道，AB 法的除磷效果明显高于传统一段活性污泥法。当 A 段按好氧状态运行时，A 段的磷去除率可达到 35% ~50%，是常规一段活性污泥法的两倍以上，AB 法工艺过程磷的总去除率可达到 50% ~70%。

AB 工艺对磷的去除一般认为主要靠以下作用：①是依靠 A 段的絮凝吸附作用，一般城市污水中约 30% 的总磷是以悬浮（胶体）状态存在的，随着生物絮凝吸附作用的发生，大部分不溶解性磷和部分溶解性磷可以得到去除；②也有研究者认为 A 段中存在聚磷菌，聚磷菌在好氧条件下超量吸磷对磷的去除起一定作用，主要依据是溶解氧浓度的变化对 A 段除磷有很大影响，这与除磷菌的除磷特性相一致。理论基础是取消初沉池后，原污水中的微生物实际上是在厌氧/缺氧（沟渠或管道）和好氧（A 段曝气池）选择性环境下生长，而这种环境非常适于聚磷菌的生长，当污水进入 A 段好氧环境后，可出现较明显的过度吸磷特征。A 段是否存在聚磷菌过度吸磷作用还需进一步研究确认；③A 段污泥龄短也是其高效除磷的一个重要原因，因为 SRT 降低，排放的剩余污泥量就增加，除磷率也就增大了，④污水经过 A 段处理进入 B 段后，通过微生物机体的合成可进一步去除部分剩余的磷。

与 AB 法工艺对氮的去除相似，虽然 AB 法工艺对磷的去除率高于传统活性污泥法，但是出水磷含量一般达不到现行污水排放标准，无法满足防止水体富营养化的要求。

3）AB 法 B 段的改良

常规 AB 工艺的总氮去除率约为 30% ~40%，总磷去除率约为 50% ~70%，其效果虽比普通活性污泥法好，但尚不能满足防止水体富营养化的要求。故可对 B 段进行改造，将其与生物除磷脱氮工艺相结合，不但可达到深度处理要求，而且能降低处理费用。

以脱氮为重点时可采用 A 段与 A/O（缺氧/好氧）工艺结合的流程；以除磷为重点时可采用 A 段与 A/O（厌氧/好氧）工艺结合或在 B 段投加少量化学药剂（如铁盐）；磷和氮均需去除时采用 A 段与 $A^2/O$ 生物除磷脱氮工艺结合。此外 B 段还可以 UCT、VIP、SBR、氧化沟、生物滤池、生物接触氧化等方式运行，以适应各种条件和要求。如泰安污水处理厂、深圳罗芳污水处理厂一期工程即采用 A+B($A^2/O$)工艺，深圳滨河污水处理厂三期工程采用 A+B(三沟式氧化沟)工艺。

**Performance characteristics of AB technology:**

(1) Investment and operating costs low;

(2) Good removal effect of pollutants;

(3) Anti shock loading ability;

(4) Good removal effect of nitrogen and phosphorus.

(6) AB 法 A 段处理低浓度城市污水

重庆大学对采用 AB 法的 A 段处理低浓度($BOD_5$=100mg/L 左右)城市污水进行了试验研究。试验的原水水质 COD 为 175～204mg/L，$BOD_5$ 为 70～117mg/L，SS 为 70～150mg/L，各反应器 DO 控制在 1.7～2.5mg/L，水温为 28℃左右，反应区有效容积为 15L。运行工况分别如下：

①$N_s$=0.3～0.5kg $BOD_5$/(kg MLSS·d)，$Q$=200mL/min，HRT=75min，MLSS=3.5g/L，污泥龄 46.2～48.9h；

②$N_s$=0.5～1.0kg $BOD_5$/(kg MLSS·d)，$Q$=300mL/min，HRT=50min，MLSS=3.0g/L，污泥龄 25.0～28.7h；

③$N_s$=1.0～1.5kg $BOD_5$/(kg MLSS·d)，$Q$=400mL/min，HRT=40min，MLSS=2.5g/L，污泥龄 21.3～23.4h；

④$N_s$=1.5～2.0kg $BOD_5$/(kg MLSS·d)，$Q$=500mL/min，HRT=30min，MLSS=2.5g/L，污泥龄 17.9～19.6h；

⑤$N_s$=2.0～2.5kg $BOD_5$/(kg MLSS·d)，$Q$=600mL/min，HRT=25min，MLSS=2.5g/L，污泥龄 13.8～15.5h；

⑥$N_s$=2.5～3.0kg $BOD_5$/(kg MLSS·d)，$Q$=700mL/min，HRT=20min，MLSS=2.5g/L，污泥龄 12.5～14.0h。

各运行工况除了当反应器的 HRT=20min、$N_s$=3.0kg $BOD_5$/(kg MLSS·d)左右时，由于水力负荷较大，造成部分污泥分散并随水流出，使 SS 超标外，其余工况出水水质均达到了 GB 20426—2006 的一级排放标准，即 COD<60mg/L、$BOD_5$<20mg/L、SS<20mg/L。取得良好效果的原因可能是 A 段污泥具有较强的吸附絮凝能力。建议反应器的最佳 HRT 为 30min，污泥负荷宜在 2.5kg $BOD_5$/(kg MLSS·d)以下。

A 段处理低浓度城市污水，由于不设初次沉淀池，新鲜污水及 SS 直接进入 A 段，改善了活性污泥的沉降性能。即使是在传统活性污泥法的膨胀负荷区内[0.5～1.5kg $BOD_5$/(kg MLSS·d)]，污泥沉降性能仍然良好，SVI 均低于 70。

处理低浓度污水的 A 段污泥的粒径较小，有较多的原生动物，生物相丰富，细菌数量级为 $10^{11}$～$10^{12}$个/gMLSS。在污泥负荷为 0.3～1.0kg $BOD_5$/(kg MLSS·d)时，优势菌种为嗜水气单胞菌，有累枝虫、钟虫、盖纤虫、独缩虫、聚缩虫等原生动物和轮虫、沟内管虫、卑怯管叶虫等后生动物，还有较多移动速度很快的矛状鳞壳虫。在污泥负荷为 1.0～3.0kg $BOD_5$/(kg MLSS·d)

时，优势菌种为大肠杆菌，有累枝虫、钟虫、盖纤虫、独缩虫、聚缩虫等原生动物。但随着负荷的提高，活性污泥中的原生动物和后生动物的数量逐渐减少。在每个反应器里均发现了相同的现象，即活性污泥絮体可以附着在累枝虫、钟虫等固着型纤毛虫的柄上，说明固着型纤毛虫也可作为形成活性污泥絮体的骨架。

各反应器随着负荷的增加，HRT 减少，其污泥龄也由 48.90h 减少至 12.50h。试验期间反应器可维持正常的污泥浓度，并有剩余污泥产生。这主要是由于未设初沉池，反应器可以从进水 SS 中得到微生物补充，而且高负荷运行，保证了一定的微生物增长速率。解决了传统活性污泥法处理低浓度城市污水时，反应器中污泥浓度无法维持的问题。

### 3.1.2 $A^2/O$ 活性污泥法

#### 3.1.2.1 $A^2/O$ 活性污泥法工艺的特点及现状

(1) $A^2/O$ 工艺的发展及国内外应用现状

厌氧/缺氧/好氧活性污泥法（$A^2/O$）是活性污泥法的一种。活性污泥法是应用最广泛的污水处理技术之一。活性污泥法于 1914 年开创于英国的曼彻斯特，至今已有 90 多年的历史。$A^2/O$ 工艺是在 20 世纪 70 年代，由美国的一些专家在厌氧—好氧法脱氮工艺的基础上开发的，其宗旨是开发一项能够同步脱氮除磷的污水处理工艺。由于该工艺兼有脱氮除磷的功能，加上其工艺流程的简单性，一直备受污水处理行业研究者和设计者的青睐。近年来，随着对污水除磷脱氮机理研究的不断深入，以及对当前污水处理工程设计、建设和运行经验的不断总结，$A^2/O$ 工艺得以不断地发展和完善，涌现出一大批改良型的 $A^2/O$ 工艺，如倒置 $A^2/O$、UCT、MUCT、VIP、OWASA、JHB 等，这些工艺在世界范围内的污水处理工程中相继得到了应用。

我国污水处理事业起步较晚，开始于二十世纪七八十年代。在 1995 年以前，我国建设的污水处理厂所选工艺中多以普通曝气法为主，1995 年后，随着对水环境要求的提高，尤其是近年来对污水处理厂出水氮、磷限制力度的加强，我国先后引进了国外的许多新技术、新工艺和新设备，如 AB 法、氧化沟法、A/O 工艺、$A^2/O$ 工艺和 SBR 法等，并在全国范围内推广应用。目前，我国现有城市污水处理厂中 80% 以上采用的是活性污泥法，其中，$A^2/O$ 及其变形工艺以其流程简单、运行管理方便、且能同时兼顾除磷脱氮要求等优点成为当前城市污水处理的主流工艺之一。

(2) $A^2/O$ 工艺的主要特点

$A^2/O$ 及其变形工艺在实际的工程应用中，与污水处理的其他生物技术相比较，主要具有以下特点：

1) 应用普及率高

除磷脱氮，是当前全世界范围内污水处理行业共同提出的新要求。$A^2/O$ 及其变形工艺由于能同时满足该项要求，且处理构筑物少，处理工艺相对简单，运行管理相对方便，从而在大多数国家和地区得到了广泛地应用。以我国为例，在北京、上海、山东、江苏、云南、河北、福建、四川、重庆、陕西等省市均建有不同处理规模的 $A^2/O$ 及其变形工艺的污水处理厂。

2) 设计处理规模多样

为适应不同地区不同污水量的处理要求，当前设计建设的 $A^2/O$ 及其变形工艺污水处理厂中,设计处理规模的范围分布较广,小到几万 $m^3/d$,大到几十万 $m^3/d$ 甚至上百万 $m^3/d$。可见,$A^2/O$ 及其变形工艺的适应性强,能满足不同污水处理规模的工艺要求。

3)泥龄长短矛盾突出

一般在活性污泥处理系统泥龄的设计时,考虑的是高负荷时为0.2~2.5d,中负荷时为5~15d,低负荷时为20~30d。而在 $A^2/O$ 及其变形工艺中,泥龄越长,越有利于脱氮,但系统排泥量小,不利于除磷;相反的,短泥龄虽有利于除磷,但又不利于氮的去除。因此,泥龄长短成为污水除磷脱氮处理的主要矛盾。在 $A^2/O$ 及其变形工艺的实际运行中,根据不同进水的氮磷浓度及处理要求,设计不同的泥龄。综合除磷脱氮两个过程对泥龄的要求,一般设计泥龄的变化范围较广,大多在8~25d范围内。

4)内外回流比变化范围大

在 $A^2/O$ 及其变形工艺系统中一般有两条回流线路设计,一条是从好氧池到缺氧池的混合液回流,称为内回流;另一条是从二沉池至厌氧池的污泥回流,称为外回流。内回流为缺氧池的反硝化过程提供电子受体,而外回流则是为整个处理系统提供微生物。确定内外回流比例的因素有很多,主要依据是氮磷的去除效果,一般该系统中设计内回流比为200%~400%,外回流比为60%~150%。

5)厌氧、缺氧、好氧三段体积比不一

$A^2/O$ 及其变形工艺的厌氧、缺氧、好氧三段体积比直接决定着各段的水力停留时间,而三段的水力停留时间之间又相互制约、相互影响。不同的污水处理厂,根据不同的处理要求,设计不同体积的厌氧池、缺氧池和好氧池。目前建设的污水处理厂中,厌氧、缺氧、好氧三段体积比一般为1∶1∶(3~4),但不同的污水处理厂采用三段体积比例的差异较大。

6)出水水质基本达标

国内外大多数采用 $A^2/O$ 及其变形工艺的污水处理厂出水水质能达到设计要求,在运行正常的情况下,运行效果良好。当进水氮、磷浓度较高时,除磷脱氮的矛盾突出,两者难以同时达标排放。

---

**The characteristics of Activated sludge process( $A^2/O$ ):**

(1) High penetration rate;

(2) The design scale diversity;

(3) Sludge age length of phosphorus and nitrogen removal from wastewater treatment has become the main contradiction;

(4) Internal recycle ratio and returned sludge ratio changes in a large scope;

(5) The volumetric ratio of anaerobic section, hypoxia section, aerobic section is different;

(6) The effluent quantity basically meets the requirement.

---

3.1.2.2　$A^2/O$ 工艺

(1)巴颠甫(Bardenpho)脱氮除磷工艺

本工艺是以高效同步脱氮、除磷为目的而开发的一项技术,其工艺流程示之于图3-1-6。

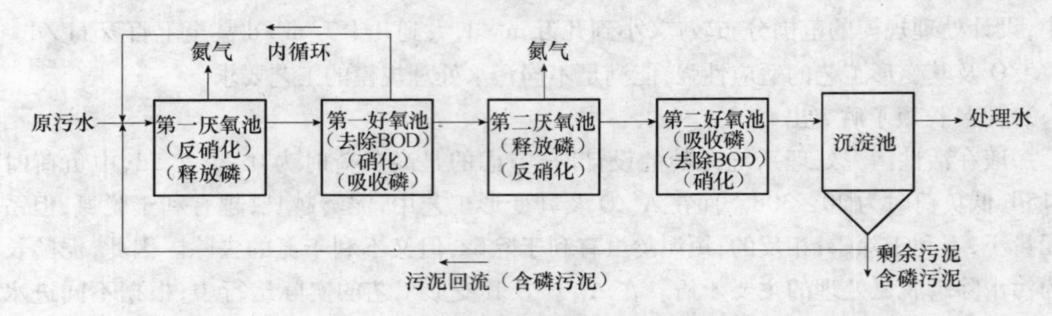


图 3-1-6　巴颠甫脱氮除磷工艺流程

本工艺各组成单元的功能如下:

1)原污水进入第一厌氧反应器,本单元的首要功能是脱氮,含硝态氮的污水通过内循环来自第一好氧反应器,本单元的第二功能是污泥释放磷,而含磷污泥是从沉淀池排出回流来的。

2)经第一厌氧反应器处理后的混合液进入第一好氧反应器,它的功能有三:首要功能是去除BOD,去除由原污水带入的有机污染物;其次是硝化,但由于BOD浓度还较高,因此,硝化程度较低,产生的 $NO_3^-$-N 也较少;第三项功能则是聚磷菌对磷的吸收。按除磷机理,只有在 $NO_x^-$ 得到有效的脱出后,才能取得良好的除磷效果,因此,在本单元内,磷吸收的效果不会太好。

3)混合液进入第二厌氧反应器,本单元功能与第一厌氧反应器相同,一是脱氮;二是释放磷,以前者为主。

4)第二好氧反应器,其首要功能是吸收磷,第二项功能是进一步硝化,再其次则是进一步去除 BOD。

5)沉淀池,泥水分离是它的主要功能,上清液作为处理水排放,含磷污泥的一部分作为回流污泥,回流到第一厌氧反应器,另一部分作为剩余污泥排出系统。

可以看到,无论哪一种反应,在系统中都反复进行二次或二次以上。各反应单元都有其首要功能,并兼有其他项功能。因此本工艺脱氮、除磷效果很好,脱氮率达 90% ~95%,除磷率97%。

巴颠甫脱氮除磷工艺主要缺点是:工艺复杂、反应器单元多、运行繁琐、成本高。

---

**Nitrogen and Phosphorus Removal Process(Bardenpho Process):**

(1)The main function of the first anaerobic reactor is nitrogen removal;

(2)The function of the first aerobic reactor include:organics removal,nitration,biological phosphorus removal by glycogen accumulating organisms(GAOs);

(3)The function of the second anaerobic reactor include:further nitration,organics removal;

(4)The fuction of sediment basin is sludge-water separation.

---

(2)$A^2/O$ 脱氮除磷工艺

1)$A^2/O$ 工艺流程

A-A-O(Anaerobic-Anoxic-Oxic)工艺,亦称 $A^2/O$ 工艺,是一项能够同步脱氮除磷的污水处理工艺。工艺流程见图3-1-7。各反应器单元功能与工艺特征:

①氧反应器,原污水进入,同步进入的还有从沉淀池排出的含磷回流污泥,本反应器的主要功能是释放磷,同时部分有机物进行氨化。

②水经过第一厌氧反应器进入缺氧反应器,本反应器的首要功能是脱氮,硝态氮是通过内循环由好氧反应器送来的,循环的混合液量较大,一般为 $2Q$($Q$ 为原污水流量)。

③混合液从缺氧反应器进入好氧反应器——曝气池,这一反应器单元是多功能的,去除BOD,硝化和吸收磷等项反应都在本反应器内进行。这三项反应都是重要的,混合液中含有 $NO_3^-$-N,污水中含有过剩的磷,而污水中的 BOD(或 COD)则得到去除。混流量为 $2Q$ 的混合液从这里回流缺氧反应器。

④沉淀池的功能是泥水分离,污泥的一部分回流厌氧反应器,上清液作为处理水排放。

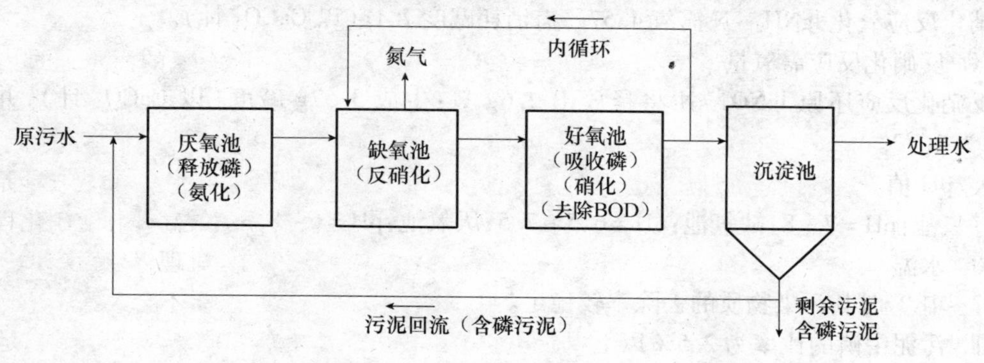


图 3-1-7　$A^2/O$ 工艺流程图

---

**Nitrogen and Phosphorus Removal Process(Anaerobic-Anoxic-Oxic):**

(1) It's simultaneously to remove nitrogen and phosphorus;

(2) The main function of anaerobic reactor is phosphorus relesing;

(3) The main function of anoxic reactor is nitrogen removal;

(4) The main function of aerobic reactor include:organics removal,nitration,absorption of phosphorus;

(5) The fuction of sediment basin is sludge-water separation.

---

2) $A^2/O$ 工艺设计

①$A^2/O$ 工艺设计参数

Ⅰ. 水力停留时间

厌氧、缺氧、好氧三段总停留时间一般为 6~8h,而三段停留时间比例:厌氧:缺氧:好氧 = 1:1:(3~4)。

Ⅱ. 污泥回流比

污泥回流比 25%~100%。

Ⅲ. 混合液回流比

混合液回流比 200%。

Ⅳ. 有机物负荷

KN/MLSS < 0.05kgKN/(kg MLSS · d)。缺氧段:$BOD_5/NO_x$-N > 4。

Ⅴ. KN、P 负荷

好氧段：KN/MISS < 0.05kgKN/(kg MLSS · d)；缺氧段：$BOD_5/NO_x$-N > 4。厌氧段进水：P/$BOD_5$ < 0.06。

Ⅵ. 污泥浓度 MLSS

MLSS 为 3000 ~ 4000mg · $L^{-1}$。

Ⅶ. 溶解氧

好氧段：DO = 2mg · $L^{-1}$；缺氧段：DO ≤ 0.5mg · $L^{-1}$；厌氧段：DO ≤ 0.2mg · $L^{-1}$；硝酸态氧 ≈ 0。

Ⅷ. 硝化反应需氧量

硝化反应氧化 lg$NH_4^-$-N 需氧 4.57g，需消耗碱度 7.1g(以 $CaCO_3$ 计)。

Ⅸ. 反硝化反应需氧量

反硝化反应还原 lg$NO_x^-$-N 将释放出 2.6g 氧：生成 3.57g 碱度(以 $CaCO_3$ 计)，并消耗 $BOD_5$ 为 1.72。

Ⅹ. pH 值

好氧池：pH = 7 ~ 8；缺氧池：pH = 6.5 ~ 7.5；厌氧池：pH = 6 ~ 8。

Ⅺ. 水温

13 ~ 18℃时其污染物质的去除率较稳定。

Ⅻ. 污泥中磷的比率为 2.5% 以上

XⅢ. 需氧量

在厌氧池中必须严格控制其厌氧条件，使其既无分子态氧，也没有 $NO_3^-$ 等化合态氧，以保证聚磷菌吸收有机物并释放磷；在缺氧池中，DO 不高于 0.5mg/L；在好氧池中，要保证 DO 不低于 2mg/L，以供给充足的氧，保持好氧状态菌体对有机物的好氧生化降解，并有效地吸收污水中的磷。

②$A^2/O$ 工艺设计步骤

Ⅰ. 选定总的水力停留时间及各段的水力停留时间；

Ⅱ. 求总有效容积 $y$ 和各段的有效容积；

Ⅲ. 按推流式设计，确定反应池的主要尺寸；

Ⅳ. 计算剩余污泥量；

Ⅴ. 需氧量计算与 A/O 工艺相同，曝气系统布置与普通活性污泥法相同；

Ⅵ. 厌氧段、缺氧段都宜分成串联的几个方格，每个方格内设置一台机械搅拌器，一般采用叶片式桨板或推流式搅拌器，以保证生化反应进行，并防止污泥沉淀。所得功率按 3 ~ 5W/$m^3$ 污水计算。

(3) $A^2/O$ 工艺的影响因素

1) 污水中可生物降解有机物对脱氮除磷的影响

生物反应池混合液中能快速生物降解的溶解性有机物对脱氮除磷的影响最大。

厌氧段中吸收该类有机物而使有机物浓度下降，同时使聚磷菌释放出磷，以使在好氧段更变本加厉地吸收磷，从而达到去除磷的目的。如果污水中能快速生物降解的有机物很少，聚磷菌则无法正常进行磷的释放，导致好氧段也不能更多地吸收磷。经实验研究，厌氧段进水溶解

性磷与溶解性 $BOD_5$ 之比应小于0.06才会有较好的除磷效果。

缺氧段，当污水中的 $BOD_5$ 浓度较高，又有充分的快速生物降解的溶解性有机物时，即污水中C/N比较高，此时 $NO_3^- -N$ 的反硝化速率最大，缺氧段的水力停留时间HRT为0.5~13.0h即可；如果C/N比较低，则缺氧段HRT需2~3h。由此可见，污水中的C/N比对脱氮除磷的效果影响很大，对于低 $BOD_5$ 浓度的城市污水，当C/N较低时，脱氮率不高。一般来说，污水中COD/KN大于8时，氮的总去除率可达80%。

2）污泥龄 $\theta_c$ 的影响

$A^2/O$ 工艺系统的污泥龄受两方面影响，一方面是受硝化菌世代时间的影响，即 $\theta_c$ 比普通活性污泥法的污泥龄长一些；另一方面，由于除磷主要是通过剩余污泥排除系统，要求 $A^2/O$ 工艺中 $\theta_c$ 又不宜过长。权衡这两个方面，$A^2/O$ 工艺中的 $\theta_c$ 一般为15~20d，与法国研究得出的 $\theta_c$ 公式相符，该公式为(3-1-7)：

$$\theta_c = \frac{KN_{TE} + 1.5}{KN_{TE}} \times \frac{1 + 1.094^{(45-T)}}{0.126} \tag{3-1-7}$$

式中　$KN_{TE}$——出水凯氏氮(KN)浓度，mg/L；

$T$——污水温度，℃。

3）$A^2/O$ 工艺系统中溶解氧(DO)的影响

在好氧段，DO升高，$NH_4^- -N$ 的硝化速度会随之加快，但DO大于 $2mg \cdot L^{-1}$ 后其增长趋势减缓。因此，DO非越高越好。因为好氧段DO过高，则溶解氧会随污泥回流和混合液回流带至厌氧段与缺氧段，造成厌氧段厌氧不完全，而影响聚磷菌的释放和缺氧段的 $NO_3^- -N$ 的反硝化。英国学者查列在《不同温度下活性污泥硝化动力学与溶解氧浓度研究报告》中指出，高浓度溶解氧也会抑制硝化菌。所以，好氧段的DO应为 $2mg \cdot L^{-1}$ 左右，太高太低都不利。

对于厌氧段和缺氧段。则DO越低越好，但由于回流和进水的影响，应保证厌氧段DO小于 $0.2mg \cdot L^{-1}$，缺氧段DO小于 $0.5mg \cdot L^{-1}$。

4）污泥负荷率 $N_s$ 的影响

在好氧池，$N_s$ 应在0.18kg $BOD_5$/(kg MLSS·d)之下，否则异养菌数量会大大超过硝化菌，使硝化反应受到抑制。而在厌氧池，$N_s$ 应大于0.01kg $BOD_5$/(kg MLSS·d)，否则除磷效果将急剧下降。所以，在 $A^2/O$ 工艺中其污泥负荷率 $N_s$ 的范围狭小。

5）KN/MLSS负荷率的影响

过高浓度的 $NH_4^- -N$ 对硝化菌会产生抑制作用，所以KN/MLSS负荷率应小于0.05kgKN/(kg MLSS·d)，否则会影响 $NO_4^- -N$ 的硝化。

6）污泥回流比和混合液回流比的影响

脱氮效果与混合液回流比有很大的关系，回流比高，则效果好，但动力费用增大，反之亦然。$A^2/O$ 工艺适宜的混合液回流比一般为200%。

一般地，污泥回流比为25%~100%，太高，污泥将带入厌氧池太多DO和硝态氮，影响其厌氧状态，使释磷不利；如果太低，则维持不了正常的反应池内污泥浓度2500~3500mg·L$^{-1}$，影响生化反应速率。

**The design parameters of $A^2/O$ process include:**
Hydraulic retention time; Sludge return ratio; Mixed liquid recycle ratio; Organic loading; KN; P; MLSS; Dissolved oxygen; Oxygen demand of nitration reaction; Oxygen demand of denitrification reaction; pH; Water temperature.

**Influence factors of $A^2/O$ process:**

(1) Biodegradable organic;

(2) Sludge age($\theta_c$);

(3) DO;

(4) Sludge loading rate($N_s$);

(5) KN/MLSS;

(6) Sludge return ratio; Mixed liquid recycle ratio.

### 3.1.3 SBR 污水生物处理技术

#### 3.1.3.1 SBR 的工艺流程和基本原理

SBR,也称为间歇曝气活性污泥工艺或序批式活性污泥工艺。

(1)SBR 工艺的基本流程

SBR 这一术语来自反应器操作的顺序特性,包括进水、处理和排放等几个步骤,所有的操作都在一个反应器中完成,SBR 工艺的一个完整的操作过程,亦即每一个间歇反应器在处理废水时的操作过程包括如下五个阶段:进水期(或称充水期)、反应期、沉淀期、排水(排泥)期、闲置期。图 3-1-8 是序批式活性污泥工艺的典型流程。SBR 的运行工况以间歇操作为主要特征。所谓序列间歇式有两种含义:一是运行操作在空间上按序列、间歇的方式进行的,由于污水大多是连续排放且流量的波动是很大的,此时间歇反应器(SBR)至少为两个池或多个池,污水连续按序列进入每个反应器,它们运行时的运行操作在时间上也是按次序排列间歇运行的,一般可按运行次序分为五个阶段,如图 3-1-8 所示。其中自进水、反应、沉淀、排水排泥至闲置期结束为一个运行周期。在一个运行周期中,各个阶段的运行时间、反应器内混合液体积的变化及运行状态等都可以根据具体污水的性质、出水水质及运行功能要求等灵活掌握。对于单一的 SBR 而言,不存在空间上控制的障碍,只在时间上进行有效的控制与变换,即能达到多种功能的要求,运行是非常灵活的。

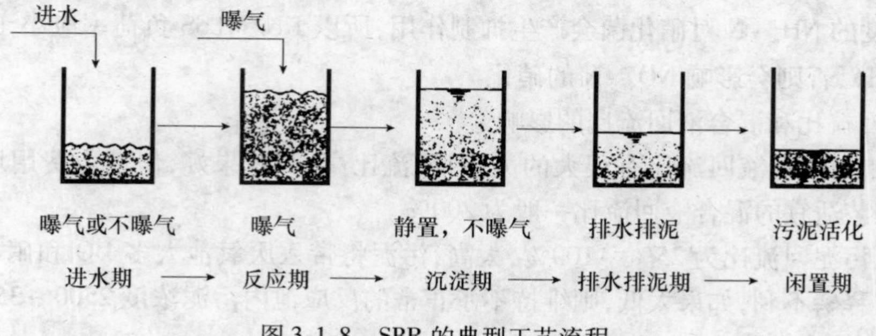


图 3-1-8　SBR 的典型工艺流程

若采用间歇排泥，SBR处理工艺中可省去污水贮存池，将水直接引入SBR反应器，使之成为贮存污水、曝气池和二沉池使用。对于连续排泥的情形，可按如上所述使用多个SBR间歇反应单元并联运行，按操作顺序依次对每个SBR反应器进行充水。即第1个反应器充满水后，将污水接入第2个反应器，依次接入第3、第4……第$n$个反应器。当处理系统中的最后一个反应器充水完成后，第一个反应器已完成整个运行周期并接着充水，如此循环往复运行。SBR工艺运行过程中，进水期接纳污水，有贮存和调蓄的功能，如果在进水期间进行曝气，则还可起到预曝气的作用。

由于每个SBR反应器都有自己单独的阀门控制，多个SBR反应器处理系统中需要较多的控制阀门以根据需要进行流量和污水水流的调节和控制。所以，SBR处理工艺大多适用于处理水量比较小的情形，但如有自动化程度较高的控制系统的话，则也可应用于大水量的处理过程。这是SBR处理工艺有别于其他污水生物处理工艺的一个重要方面，也是为什么此工艺在活性污泥法发明之初未能得到应用的原因所在。

1）SBR工艺的操作过程

如前所述，SBR污水生物处理工艺的整个处理过程实际上是在一个反应器内进行的。它包括了进水期、反应期、沉淀期、排水排泥期和闲置期等五个操作过程。

①进水期

将原污水或经过预处理以后的污水引入SBR反应器。此时反应器中已有一定数量的满足处理要求的活性污泥，其数量一般为SBR反应器容积的50%左右，即充水的量约为反应器容积的一半。充水所需的时间随处理规模和反应器容积的大小及被处理污水的水质而定，一般为几个小时。由于SBR工艺是间歇进水的，即在每个运行周期之初将污水在一个较短的时间内投入反应器，待反应器充水到一定位置后（如池内充满水）再进行下一步的反应过程。而在每个运行周期之末，经过反应、沉淀、排水排泥及闲置过程后，反应器中保留了一定数量的活性污泥。很明显，在向反应器充水的初期，反应器内液相的污染物浓度是不大的，但随着污水的不断投入，污染物的浓度将随之不断提高。当然，在污水的投加过程中，SBR反应器内也存在着污染物的混合和被活性污泥吸附、吸收和氧化等作用。随着液相污染物浓度的不断提高，这种吸附、吸收和氧化等作用也随之加快。如果在进水阶段向反应器中投入的污染物数量不大或污水中的污染物浓度较低，则所投入的污染物能被及时吸附、吸收和氧化降解，整个运行过程将是稳态的，此种情形与连续式活性污泥法中微生物对有机污染物的降解过程类似。但在SBR工艺的实际运行过程中，很少会出现这种情况。由于在SBR工艺中，污水向反应器的投入时间一般是比较短的，在充水时单位时间内反应器投入的污染物数量比连续式活性污泥法大，投入速度大于活性污泥的吸附、吸收和生物氧化降解速度，从而造成污染物在混合液中的积累。若假定反应器中不存在上述几种作用过程，则随充水的进行，反应器中的污染物将按图3-1-9中折线$a$的规律变化。在相同的时间里，向反应器投入的污染物数量越大，积累量也越大，则混合液中污染物的浓度就越高。如果所处理的污水中含有有毒物

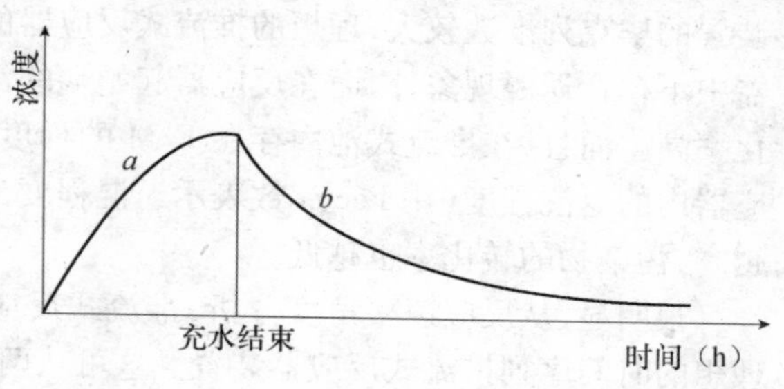


图3-1-9　合液中污染物浓度的变化规律

质，则其所造成的抑制程度就会越大。为克服有毒污染物对处理过程的影响或污染物积累过多而造成对后续的反应过程产生不利的影响，应注意控制充水时间的长短。即污水浓度越高，污染物毒性越大，其相应的充水时间应较长些，以防止对活性污泥微生物的抑制作用。

根据开始曝气的时间与充水过程时序的不同，SBR 工艺有三种不同的曝气方式：

Ⅰ. 非限量曝气——充水开始即进行曝气，边充水边曝气；

Ⅱ. 限量曝气——充水完毕后再开始曝气；

Ⅲ. 半限量曝气——在充水阶段的后期开始曝气。

采用非限量曝气时，在充水的同时进行曝气，使逐步向反应器投入的污染物能及时得到吸附、吸收和生物降解，从而限制了混合液中的污染物积累，并能在较短的时间内获得较高的处理效果。采用非限量曝气时，在充水的起始阶段，混合液中污染物的浓度不大，降解速度不大，耗氧量也不大，但随着污染物的投入，其在混合液中的积累量也逐渐增大，降解速度增大，耗氧速率也增大，因而在充水的后半期应逐渐加大供氧量。而采用限量曝气时，由于在充水前 SBR 反应器有一个沉淀、排水及闲置过程，混合液中的溶解氧接近于零，所投入的污染物仅能在厌氧条件下得到降解，而这种降解速度是缓慢的，从而会形成污染物的大量积累。如果污染物对活性污泥微生物有毒性，则可能造成抑制作用。即使充水后进行曝气，降解污染物所需的时间也是很长。如果污水中的污染物无毒性，易被微生物所利用，在曝气过程中能被很快降解，此时耗氧速率将比较大。但由于此时反应器混合液中的溶解氧浓度为零，在曝气供氧时的推动力比平时高 20% ~30%，供氧和耗氧量近乎平衡，从而在一定程度上提高氧的利用率，如式(3-1-8)所示：

$$dC/dt = K_{La}(C_s - C) \tag{3-1-8}$$

②反应期

反应期是在进水期结束后或 SBR 反应器充满水后，进行曝气如同连续式完全混合活性污泥法一样，对有机污染物进行生物降解。

人们常用一级反应模式、莫诺特方程等来描述生物反应过程。为了加快反应速度，可以提高有机基质的浓度，但若基质浓度过高并超过了一定的限度后，尤其是有毒物质浓度过高的话，则将抑制微生物的正常生长而对污水处理产生不利的影响。从反应器的理论分析表明，在连续反应器中，完全混合型反应器的毕克列准数(Peclet)小，理想型的完全混合反应器的毕克列准数为零。在整个反应器内，各部分的污染物浓度是均匀的，而且等于反应器出水中的污染物浓度。为了限制污染物对微生物的抑制，采用完全混合方式，对进入反应器的污染物进行最大程度地稀释，从而限制生物反应的速度，使单位池容积的转化率降低。相反，推流式反应器装置的毕克列准数较大，理想的推流式反应器的毕克列准数应为∞。由于在理想推流式反应器中不存在返混现象，因而在反应器起始端的污染物浓度大，反应速度大，全池的单位容积转化率高。而且，在推流式池内存在 F/M 的梯度，即 F/M 沿池长方向由高到低变化。因此，反应器内的返混程度(用 Peclet 数表示返混程度，$Pe=\mu L/D$，返混越大即 $D$ 值越大而 $Pe$ 值越低)越高，污染物的转化率也越低。

很明显，从反应速率角度分析，推流式反应器装置比完全混合式好。SBR 反应器是一种理想的时间序列推流式反应器装置。这可从两个方面加以说明。一是对单个运行过程而言，反应器在停止进水后，进行曝气使微生物对有机基质进行生物降解。虽然就反应器本身而言是属于完全混合型的，但由于在反应过程中反应器不进水，因而在反应器内存在一个污染物的浓度梯度，即F/M梯度。犹如传统推流式活性污泥法中沿反应器长度方向存在一个F/M的变化一样，所不同的是SBR反应器的这种F/M梯度是按时间序列变化的，而推流式反应器中的这种F/M梯度是按污水在反应器内流经的位置变化的。二是对于整个处理系统而言，SBR处理工艺则是严格地按推流式运行的。上一个运行周期内进入反应器的污水与下一个运行周期内进入反应器的污水是互不相混的，即是按序批的方式进行反应的。因而SBR处理工艺是一种运行周期内完全混合、运行周期间序批推流的理想处理技术。这种特性使得其对污染物质有优良的处理效果且具有良好的抗冲击负荷和防止活性污泥膨胀的性能。

在反应阶段，活性污泥微生物周期性地处于高浓度及低浓度基质的环境中，反应器也相应地形成厌氧—缺氧—好氧的交替过程，使其不仅具有良好的有机物处理效能，而且具有良好的除氮脱磷效果。在SBR反应器的运行过程中，随反应器内反应时间的延长，其基质浓度也由高到低变化，微生物经历了对数生长期、减速生长期和衰减期，其降解有机物的速率也相应地由零级反应向一级反应过渡。据国内外有关的研究报道，SBR法处理的COD浓度每升可达几百到几千毫克，其去除率均比传统活性污泥法高，而且可去除一些理论上难以生物降解的有机物质。究其原因可能是：在SBR法处理工艺中，系统是在非稳态的工况下运行的，反应器中的生物相十分复杂，微生物的种类繁多，它们交互作用，强化了工艺的处理效能。

反应期所需的反应时间是确定SBR处理工艺的一个非常重要的工艺设计参数。其取值的大小将直接影响处理工艺运行周期的长短。反应时间可通过对不同类型的废水进行研究，求出不同时间内污染物质浓度随时间的变化规律来确定。

另外，在每一个运行周期中都不可能把各种污染物完全去除掉，因而上一周期所残留的污染物将影响下一个周期的处理效率。有研究表明，应用SBR工艺处理含酚、二甲苯的污水时，采用污泥浓度为1500mg/L、非限量曝气、充水时间为2h，原水含总酚300mg/L、二甲苯15mg/L。经2h的反应（即连同充水时间总共为4h），混合液的含酚浓度可降至0.5mg/L以下，COD也低于30mg/L。但在进行连续多周期的研究过程中发现，当采用8h一周期（充水时间为2h，反应时间为5h，沉淀及排水1h），经过不到10个周期的运行，出水中的酚浓度逐步提高到2.0mg/L，COD也超过50mg/L。但一般来讲，对于可生化的无毒废水处理，上述影响将不会达到明显的程度，关键是要合理设计和控制闲置期的时间。

③沉淀期

和传统活性污泥法处理工艺一样，沉淀过程的功能是澄清出水、浓缩污泥。在SBR法中澄清出水是更为主要的。SBR反应器本身就是一个沉淀池，它避免了在连续流活性污泥法中泥水混合液必须经过管道流入沉淀池沉淀的过程，从而有可能使部分刚刚开始絮凝的活性污泥重新破碎的现象。此外，该工艺中污泥的沉降过程是在相对静止的状态下进行的，因而受外界的干扰甚小，具有沉降时间短、沉淀效率高的优点。

一般而言，构成活性污泥微生物的细菌可分为菌胶团形成菌和丝状菌，当菌胶团形成菌占优势时，污泥的絮凝和沉降性能较好；反之，当丝状菌占优势时，污泥的沉降性能将出现恶化，易发生污泥的丝状菌膨胀问题。在SBR法处理工艺中，由于污水是一次性投入反应器的，因而在反应的初期，有机基质的浓度较高，而反应的后期则污染物的浓度较低，反应器中存在着随时间而发生的较大的浓度梯度，有利于菌胶团形成菌的生长，从而可有效地防止污泥的膨胀问题，利于污泥的沉降和泥水分离。

沉淀期所需的时间应根据污水的类型及处理要求而具体确定，一般为1～2h。

④排水排泥期

即SBR反应器中的混合液在经过一定时间的沉淀后，将反应器中上清液排出反应器，然后将相当于反应过程中生长而产生的污泥量排出反应器，以保持反应器内一定数量的污泥。SBR法反应器中的活性污泥数量一般为反应器容积的50%左右。

⑤闲置期

闲置期的功能是在静置无进水的条件下，使微生物通过内源呼吸作用恢复其活性，并起到一定的反硝化作用而进行脱氮，为下一个运行周期创造良好的初始条件。通过闲置期后的活性污泥处于一种营养物的饥饿状态，单位重量的活性污泥具有很大的吸附表面积，因而一旦进入下个运行周期的进水期时，活性污泥便可充分发挥其较强的吸附能力而有效地发挥其初始去除作用。闲置期的设置是保证SBR工艺处理出水水质的重要内容。

闲置期所需的时间也取决于所处理的污水种类、处理负荷和所要达到的处理效果。

---

**Operation process of SBR technology include:**

(1) Inlet period;

(2) Reaction period;

(3) Precipitation period;

(4) Drainage and mud discharge period;

(5) Idle phase.

---

2) SBR工艺的运行方式

适当改变SBR系统的运行程序，可实现生物除磷。其过程也分为5个阶段。阶段Ⅰ为进水阶段，在该阶段内开启设置的搅拌设备进行搅拌，使入流污水与前一周期留在池内的污泥充分混合接触。该阶段工作状态为厌氧，聚磷菌在该阶段中进行磷的释放，为吸磷做准备，因此该段混合液内的DO应保持在0.2mg/L以下。阶段Ⅱ为曝气期，开启曝气系统为混合液曝气。该阶段工作状态为好氧，除进行$BOD_5$分解外，聚磷菌在该阶段将过量吸收磷，因而混合液DO值应保持在2.0mg/L以上，以便促进磷的充分吸收。另外，该阶段曝气时间不宜太长，以免发生硝化，因为硝化产生出的$NO_3^-$-N会干扰阶段Ⅰ中磷的释放，降低除磷率。阶段Ⅲ为沉淀排泥阶段，在该阶段中，沉淀与排泥同步进行，主要目的是防止磷的二次释放。这样即使存在二次释放的可能，则聚磷菌在释放磷之前已经被以剩余污泥的形式排出系统。阶段Ⅳ为排水期，将上清液排出系统。按照以上程序运行，一般可获得90%以上的除磷效率，而总的运行周期则仍在8h以内。

同样，通过改变运行程序，可以实现生物脱氮。阶段Ⅰ仍为进水期，阶段Ⅱ为曝气阶段。该阶段除完成$BOD_5$的降解外，还要进行硝化，为反硝化脱氮做准备。因而该阶段混合液的DO值应控制在2.0之上，一般在2.0～3.0mg/L之间，$T_a$（曝气时间）一般也应大于4h。阶段Ⅲ为停曝搅拌阶段，该阶段内停止曝气，保持搅拌混合，反硝化细菌进行反硝化脱氮。由于经曝气阶段之后营养已被耗尽，反硝化细菌只能进行内源反硝化，即利用细胞内贮存的有机物作为营养进行反硝化，因而反硝化效率并不是太高。但由于全部混合液均进行反硝化，总的脱氮效率也能维持在70%左右。阶段Ⅳ为沉淀阶段，进行泥水分离。阶段Ⅴ和Ⅵ分别为排水和排泥阶段。由于硝化阶段要求的曝气时间较长，相应运行周期 $T$ 也延长，一般在 8～12h 的范围内。

另外，通过改变运行程序，可以同时实现脱氮除磷。其具体过程如下：阶段Ⅰ为进水搅拌，在该阶段内，聚磷菌进行厌氧放磷，DO 应控制在 0.2mg/L 以下。阶段Ⅱ为曝气阶段，在该阶段内除完成 $BOD_5$ 的分解外，还进行硝化和聚磷菌的好氧吸磷，DO 应控制在2.0mg/L之上，且该阶段曝气时间 $T_a$ 一般应大于4h。阶段Ⅲ为停曝搅拌阶段，停止曝气，只进行搅拌。在该阶段内将进行反硝化脱氮，由于该段中 $NO_3^-$-N 浓度较高，因而一般不会导致磷的二次释放。该阶段历时应在2h以上，时间延长，一方面使脱氮效率增高，另一方面能降低阶段Ⅰ混合液中 $NO_3^-$-N 浓度，避免对释放磷的干扰。阶段Ⅳ为沉淀排泥阶段，该阶段内既进行泥水分离，又排放剩余污泥。阶段Ⅴ为排水阶段。以上运行程序，总的运行周期在 10～14h 范围内。

（2）SBR 的基本原理

SBR 工艺去除污染物的机理与传统活性污泥工艺完全一致，只是运行方式不同。传统工艺采用连续运行方式，污水连续进入处理系统并连续排出，系统内每一单元的功能不变，污水依次流过各单元，从而完成处理过程。SBR 工艺采用间歇运行方式，污水间歇进入处理系统并间歇排出。系统内只设一个处理单元，该单元在不同时间发挥不同的作用，污水进入该单元后按顺序进行不同的处理，最后完成总的处理被排出。

SBR 反应器充分利用了生物反应过程和单元操作过程的基本原理。

1）流态理论

由于 SBR 在时间上的不可逆性，根本不存在返混现象，所以属于理想推流式反应器。

2）理想沉淀理论

其沉淀效果好是因为充分利用了静态沉淀原理。经典的 SBR 反应器在沉淀过程中没有进水的扰动，属于理想沉淀状态。

3）推流反应器理论

假设在推流式和完全混合式反应器中有机物降解服从一级反应，那么在相同的污泥浓度下，两种反应器达到相同的去除率时所需反应器容积比则为：

$$V_{完全混合}/V_{推流} = [1 - 1/(1 - \eta)]/\ln(1 - \eta) \tag{3-1-9}$$

式中　$\eta$——去除率。

从数学上可证明当去除率趋于零时 $V_{完全混合}/V_{推流} = 1$，其他情况下 $V_{完全混合}/V_{推流} > 1$，就是说达到相同的去除率时推流式反应器要比完全混合式反应器所需要的体积小，表明推流式的处理效果要比完全混合式好。

4）选择性准则

1973 年 Chudoba 等人提出了在活性污泥混合培养中的动力学选择性准则，这个理论是基于不同种属的微生物在 Monod 方程中的参数（$K_s$、$\mu_{max}$）不同，并且不同基质的生长速度常数也不同。Monod 方程可以写成式（3-1-10）：

$$(\mathrm{d}X/\mathrm{d}t)/X = \mu = \mu_{max} \cdot [S/(K_s + S)] \tag{3-1-10}$$

式中 $X$——生物体浓度；

$S$——生长限制性基质浓度；

$K_s$——饱和或半速度常数；

$\mu$、$\mu_{max}$——分别为实际和最大比增长速率。

按照 Chudoba 所提出的理论，具有低 $K_s$ 和 $\mu_{max}$ 值的微生物在混合培养的曝气池中，当基质浓度很低时其生长速率高并占有优势，而基质浓度高时则恰好相反。Chudoba 认为大多数丝状菌的 $K_s$ 和 $\mu_{max}$ 值比较低，而菌胶团细菌的 $K_s$ 和 $\mu_{max}$ 值比较高，这也解释了完全混合曝气池容易发生污泥膨胀的原因。有机物浓度在推流式曝气池的整个池长上具有一定的浓度梯度，使得大部分情况下絮状菌的生长速率都大于丝状菌，只有在反应末期絮状菌的生长没有丝状菌快，但丝状菌短时间内的优势生长并不会引起污泥膨胀。因此，SBR 系统具有防止污泥膨胀的功能。

5）微生物环境的多样性

SBR 反应器对有机物去除效果较好，而对难降解有机物降解效果好是因其在生态环境上具有多样性，具体讲可以形成厌氧、缺氧和好氧等多种生态条件，从而有利于有机物的降解。

**The Basic Principle of SBR technology：**

(1) The mechanism consistent with traditional activated sludge process；

(2) Flow theory；

(3) Ideal settling theory；

(4) Plug flow reactor theory；

(5) Selectivity criteria；

(6) Diversity microbial environment.

#### 3.1.3.2 SBR 工艺的主要性能特点

在连续处理工艺中，当废水和微生物从一个反应池流向另一个反应池时，系统在空间上必须满足实现处理目标所需要的条件。由于每个反应池的体积是固定的，所以给定流速的废水在每种反应条件下的处理时间也相对固定。调整运行时间就必须调整各级反应池的尺寸，有时候很难做到这一点。SBR 法的各个运行期在时间上的有序性，使它具有不同于连续流活性污泥法（CFS）的一些特性。

（1）运行操作灵活，效果稳定

SBR 在运行操作过程中，可以根据废水水量水质的变化、出水水质的要求来调整一个运行周期中各个工序的运行时间、反应器内混合液容积的变化和运行状态，即通过时间上的有效控制和变化来满足多功能的要求，具有极强的灵活性。SBR 还可以通过调节曝气时间来满足出水水质要求，因此运行可靠，效果稳定。

（2）工艺简单，运行费用低

SBR 法的工艺简单，便于自动控制。其主要设备就是一个具有曝气和沉淀功能的反应器。无须 CFS 法中的二沉池和污泥回流装置，在大多数情况下可以省去调节池和初沉池。

SBR系统构筑物小，而且简单，因此占地面积少、投资省。由于不需要回流污泥SBR节省了相当的能耗。SBR如采用限制曝气方式运行，则在曝气反应之初，反应器内溶解氧浓度梯度大，氧气利用率较高；在缺氧条件段，微生物可以有效地利用硝酸盐中的氧，这也减少了充氧量；重要的是SBR的反应效率高于一般CFS，即在获得同样的出水水质条件下，SBR的曝气时间可明显少于CFS。总体来讲SBR的运行费用相对较低。

(3)对水量、水质变化的适应性强

一些废水间歇排放且流量很小，或者水质波动极大，在一般的废水生物处理构筑物中，由于微生物对其生存环境条件要求比较严格，当进入处理系统的废水水质水量发生较大的波动时，处理效果将受到明显的影响。所以，在一般的废水生物处理工艺中，都要设置调节池以均化进水的水质水量。SBR反应器是集调节池、曝气池和沉淀池于一体的污(废)水处理工艺，能承受较大的水质水量的波动，具有处理效果稳定的特点。研究也已表明，SBR法在每个运行周期之间以及同周期进水阶段内出现急剧的水质水量变化甚至处理负荷猛增到正常负荷的两倍以上的情况下，仍可获得良好的处理效果。

理论分析亦表明，完全混合式曝气池比推流式曝气池具有更强的耐冲击负荷和抗有毒物质的能力。如上所述，SBR法是一个在同一运行周期内具有完全混合的特性，而在不同运行周期间具有理想推流式特性的处理工艺。因而虽然它对于时间来说是理想的推流式处理过程，但反应器本身的混合状态又保持了典型的完全混合特性。因此，它具有较强的耐冲击负荷能力。此外，SBR工艺在沉淀阶段属于静止沉淀，污泥沉降性能好且不需要进行污泥回流，使反应器中维持较高的MLSS浓度。在同样条件下，较高的MLSS浓度能降低F/M值，同样使其具有良好的抗冲击负荷能力。若采用一边进水一边曝气的非限量曝气运行方式，则更能大幅度地增强SBR工艺承受废水的毒性和高有机物浓度的能力。国外有关这方面的研究较多，是SBR工艺研究和开发的一个研究热点。

(4)反应推动力大

在采用限制曝气和半限制曝气方式运行时，有机物浓度的变化在时间上是一个理想的推流过程，从而使它保持了最大的反应推动力。因此，SBR法比一般的完全混合式CFS具有更高的处理效率，在达到同样出水水质的前提下，SBR所需要的有效反应容积明显少于完全混合式CFS。

(5)有效地防止污泥膨胀

污泥膨胀问题是传统活性污泥法运行过程中常常发生且难以杜绝的令人棘手的问题。引起污泥膨胀的原因有90%以上的情形是由丝状菌的过度生长所造成的。而SBR工艺能有效地控制丝状菌的过量繁殖，这主要是因为：1)反应器中存在较大的浓度梯度；2)反应器中缺氧(或厌氧)和好氧状态并存；3)反应器中有较高的底物浓度；4)污泥龄短、比增长速率大。

(6)脱氮除磷效果好

废水的自我脱氮除磷需要不同的生态环境和条件，在CFS中通常需要通过A/A/O工艺来达到去除有机物和氮磷的目的。但SBR法处理工艺可根据具体的净化处理要求，通过不同的控制手段而比较灵活地运行。由于其在运行时间上的灵活控制，为其实现脱氮除磷提供了极为有利的条件。SBR工艺不仅可以很容易地实现好氧、缺氧及厌氧状态交替的环境条件，而且很容易在好氧条件下增大曝气量、反应时间和污泥龄来强化硝化反应及除磷菌过量摄磷过程的顺利完成;也可以在缺氧条件下方便地投加原污水(或甲醇等)或提高污泥浓度等方式以提供有机碳源作为电子供体使反硝化过程更快地完成;还可以在进水阶段通过搅拌维持厌氧条件以促进除磷菌充分地释放磷。

SBR 法工艺中在单一反应器的一个运行周期中即可完成。其具体运行操作过程为:进水阶段搅拌(在厌氧状态下释放磷)—反应阶段(在好氧状态下降解有机物、硝化和磷吸收)—沉淀排水排泥阶段(通过排泥除磷、利用沉淀过程中的缺氧条件进行反硝化脱氮)—闲置阶段(再生污泥,准备进入下一运行周期)。

如果原污水中 P:$BOD_5$ 值较高时,采用普通的 A/O 工艺较难以提高除磷效果时,可以根据 Phostrip 法除磷的原理在 SBR 法中实现,只增加一个混凝沉淀池即可。可见,SBR 法很容易满足脱氮除磷的工艺要求,在时间上控制的灵活性又能大大提高脱氮除磷的效果。

SBR 工艺在一个反应器中实现有机物和氮磷的同时去除这一独特优点,是它近年来备受重视和得到广泛应用的主要原因之一。SBR 的除氮、除磷效果见表 3-1-3。

**表 3-1-3　SBR 和连续流活性污泥法(CFS)的比较(生活污水)**

| 方法 | $BOD_5$ 去除 | 氮去除 | 磷去除 |
|---|---|---|---|
| 连续流活性污泥法 | >90% | 25% ~50% | 10% ~30% |
| SBR　一般模式 | >90% | 55% | 65% |
| SBR　除氮、磷模式 | >90% | 91% | 92% |

(7)固液分离效果好

SBR 在沉淀时没有进出水流的干扰,可以避免短流和异重流的出现,是一种理想的静态沉淀,固液分离效果好,容易获得澄清出水。剩余污泥含水率低,浓缩污泥含固率可达到 2.5% ~3%,这为后续污泥的处置提供了良好的条件。

(8)易与物化工艺结合

SBR 运行的阶段性使其与混凝、投加吸附剂等提高处理效率的物化工艺相结合提供了便利。如果城市污水中有机物与磷的比值很低,则可以增加一个沉淀池,利用 Phostrip 除磷原理来增加磷的去除效率。SBR 中投加混凝剂或粉末活性炭及其代用品可以提高污泥沉降性能,或增加对难降解有机物的去除。

当然,SBR 技术的也有其不足之处,具体表现为以下几点:

1)连续进水时,对于单一 SBR 反应器需要较大的调节池;

2)对于多个 SBR 反应器,其进水和排水的阀门自动切换频繁;

3)无法达到大型污水处理项目之连续进水、出水的要求;

4)设备的闲置率较高;

5)污水提升水头损失较大;

6)如果需要后处理,则需要较大容积的调节池。

以上问题可通过对 SBR 系统和系统进水方式的调整以及 SBR 计算机程序化控制技术的提高来解决。

**The main Performance Characteristics of SBR technology**:

(1) Operation flexibility, stabilizing effect;

(2) Simple process, low operating costs;

(3) Strong adaptability of water quality;

(4) High reaction rate;

(5) It's effective to prevent sludge bulking;

(6) Good effects of nitrogen and phosphorus removal;

(7) Good effects of solid-liquid separation;

(8) It's easy to combine with physicochemical techniques.

### 3.1.4　氧化沟污水生物处理技术

#### 3.1.4.1　氧化沟的工艺流程和基本原理

(1) 概述

氧化沟(Oxidation Ditch)又名氧化渠,实际上是活性污泥法的一种变型。因为污水和活性污泥的混合液在环状的曝气渠道中不断循环流动,有人称其为“循环曝气池”、“无终端的曝气系统”。

早在1920年,Haworth研制的桨板式曝气机应用于英国Sheffield的Tynsley污水处理厂,该处理厂被认为是现代氧化沟的先驱,但当时尚未出现“氧化沟”一词。得到公认的第一座氧化沟污水处理厂建于1954年,是由A. Pasveer博士设计的,在荷兰的Voorshopen市投入使用,服务人口为360人,从此以后才有了“氧化沟”这一专用术语。其运行方式为间歇运行,将曝气净化、泥水分离和污泥稳定等过程集于一体。该技术因其设计者被命名为Pasveer氧化沟。

自Pasveer设计第一座氧化沟至今,氧化沟系统在池型、结构、运行方式、曝气装置、处理规模、适用范围等方面都得到了长足的发展,而今已成为欧洲、大洋洲、南非和北美洲广泛采用的一种重要的污水生化处理技术。以氧化沟为生物处理单元的污水处理系统最典型的工艺流程如图3-1-10所示:

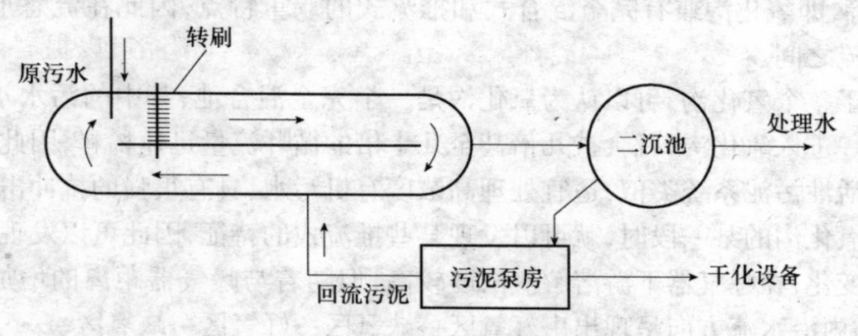


图3-1-10　典型氧化沟工艺处理流程

据统计,到1977年为止,在西欧有超过2000多座Pasveer氧化沟投入运行。截至1996年,荷兰DHV公司开发的Carrousel氧化沟在全世界已有800多座投入运行,总处理规模达到$(113\sim400)\times10^4 m^3/d$。而法国OTV公司开发的交替式(D型)氧化沟已占丹麦氧化沟总数的80%。美国Envirex公司开发的Orbal氧化沟，最大处理规模已达到$90\times10^4m^3/d$。

我国自20世纪80年代起，也相继采用氧化沟技术处理城市污水，如邯郸市东污水处理厂、西安北石桥污水处理厂、珠海市香洲水质净化厂、四川新都污水处理厂等城市污水处理厂都采用此工艺。建成投入运行后，均取得了良好的处理效果。氧化沟被普遍认为是一种工艺流程简单、运行管理方便、处理效果稳定、基建投资和运行费用较低且具有较强竞争力的二级生物处理工艺。

(2)氧化沟的工艺特征及原理

与传统的活性污泥法曝气池相比较，氧化沟具有下列各项特征：

1)在构造方面的特征

①氧化沟的基本构造形式呈封闭的渠道形，而渠道的形式和构造则多种多样，渠道可以呈圆形和椭圆形等，可以是单沟和多沟系统。多沟系统可以是互相平行的双沟或三沟式氧化沟，也可以是一组同心的互相连通的环形渠道(Orhal氧化沟)；有与二沉池分建的氧化沟，也有合建的氧化沟。合建氧化沟又有体内式船形沉淀池和体外式侧沟式沉淀池(一体氧化沟)。单沟总长可达几十米，甚至百米以上，沟深取决于曝气装置，自2~6m不等。

②曝气装置是氧化沟的主要设备，曝气形式主要以表曝为主。常见的曝气设备有水平轴曝气转刷或转碟、垂直轴曝气机等。其主要功能有四个，即：Ⅰ. 向混合液供氧；Ⅱ. 使有机物、微生物和氧三者充分混合接触；Ⅲ. 防止活性污泥在氧化沟内沉淀。这三项是与常规活性污泥法系统相同的。此外，氧化沟对曝气装置有一项独特的要求，即：Ⅳ. 推动水流作水平方向不停的循环流动(流速不低于0.3m/s)。

③单池的进水装置比较简单，只要伸入一根进水管即可，如双池以上平行工作时，则应设配水井，采用交替工作系统时，配水井内还要设自动控制装置，以变换水流方向。

出水一般采用溢流堰式，最好采用可升降式的，以调节池内水深。采用交替工作系统时，溢流堰应能自动起闭，并与进水装置相呼应以控制沟内水流方向。

2)在水流混合方面的特征

氧化沟中水流速一般可为0.3~0.5m/s，水流在环形沟渠中完成一个循环约为10~30min，由于此工艺的水力停留时间为10~40h，因而可知污水在整个停留时间内要完成20~120个循环不等，即氧化沟兼有完全混合式和推流式的双重特点，因此在流态上，氧化沟介于完全混合与推流之间。

如果着眼于整个氧化沟，可以认为氧化沟是一个完全混合池，其中的污水水质几近一致，原因是原污水一进入氧化沟，就会被几倍甚至几十倍的循环流量迅速稀释，因此氧化沟与其他完全混合式的活性污泥系统类似，适宜处理高浓度有机污水，具有很强的抗冲击负荷的能力。

但着眼于氧化沟的某一段时，就可以发现某些推流式的特征，因此可以发现沿沟长存在着溶解氧浓度的变化，在曝气器下游溶解氧浓度较高，但随着与曝气器距离的增加，溶解氧浓度将不断降低，沟内沿水流方向呈现出由好氧区→缺氧区→好氧区→缺氧区→……的交替变化，使沟渠中相继进行硝化和反硝化的过程。这样带来的好处之一是经过曝气的污水，在流到出水堰的过程中会形成良好的混合液生物絮凝体，絮凝体可以提高二沉池内的污泥沉降速度及澄清效果。

由于沟内同时存在好氧区和缺氧区，因此沟内同时发生着不同的反应过程。在好氧区内，污水中的有机物被好氧菌氧化分解,污水中的氨氮被亚硝化菌和硝化菌氧化成亚硝酸盐和硝酸盐,嗜磷菌大量地吸收水中的磷。因此在好氧区,随着好氧物质去除,也完成了硝化反应过程和磷的去除。而在缺氧区内反硝化菌利用污水中的有机物(碳源)为能量,以硝酸盐和亚硝酸盐为电子受体完成反硝化过程并最终生成 $N_2$ 和 $CO_2$,这样反复进行好氧与厌氧反应,使污水中的有机氮、磷得以去除。需要指出的是氧化沟内硝化菌和反硝化菌是同时存在的,在不同的环境下,起着不同的作用。新的研究结果表明活性污泥菌胶团的内部与表面由于氧的多少的情况不同,这种菌胶团的活跃程度也不同。这就是普通氧化沟具有不同程度脱氮除磷效果的原因。通过对系统合理的设计与控制,即可达到良好的脱氮除磷效果。

3)在工艺方面的特征

①由于氧化沟的水力停留时间和污泥龄比一般的生物处理法长得多,悬浮状有机物可以在曝气池中与溶解性有机物同时得到较彻底的稳定,因此在预处理部分可考虑省去初次沉淀池。

②二次沉淀池可与曝气部分分设,此时需设污泥回流系统;如二次沉淀池与曝气部分合建在同一沟渠中,如侧渠式氧化沟、交替工作氧化沟,此时可省去二次沉淀池及污泥回流系统。

③沟形和流态的特征赋予氧化沟抗冲击负荷能力强的特点。

④氧化沟工艺具有脱氮除磷的效果。

⑤由于氧化沟采用的污泥龄很长,剩余污泥量较一般活性污泥法少得多,而且已经得到好氧硝化的稳定,因而不再需要硝化处理,可在浓缩、脱水后加以利用或最后处置。

---

**Structural features of oxidation ditch**:

(1) Closed channel shape;

(2) The major equipment is aeration device, mainly to surface aeration;

(3) Water inlet device is relatively simple.

**Process features of oxidation ditch**:

(1) Hydraulic retention time and sludge age are much longer than the general biological treatment method;

(2) Secondary sedimentation tank is separated from the aeration;

(3) Strong ability of anti-shock loading;

(4) With nitrogen and phosphorus removal ability.

---

(3)氧化沟系统中的曝气装置

氧化沟处理工艺作为城市污水和工业废水处理中有较强竞争力的二级生物处理技术已被世界各国广泛采用。曝气设备作为氧化沟处理工艺中最主要的机械设备,是影响氧化沟处理效率、能耗及稳定性的关键之一,不仅兼有充氧、推动、混合等功能,还决定着氧化沟的占地面积和基建投资。

随着氧化沟处理工艺对曝气设备的要求越来越高,以及能源的日趋紧张,新型高效低能曝气设备的研究已经成为推动氧化沟处理技术发展和节能降耗的重要因素。多年的研究结果使得曝气设备已经在技术上达到了一个很高的水平,完全可以满足污水生物处理工艺对曝气设备的要求,并且在提高能源利用效率方面也取得了较大进步。国内外的实践证明,新型曝气设备的开发应用,将意味着新一代氧化沟工艺的诞生。

下面简要介绍几种近些年在氧化沟处理工艺中常采用的曝气设备。

1)曝气转刷

曝气转刷主要有 Kessener 转刷、笼型转刷和 Mammoth 转刷三种,其他产品均是这三种的派生型,一般用于 Pasveer 氧化沟中,其中以 Mammoth 转刷最为常见。Kessener 转刷和笼型转刷这两种曝气转刷,氧化沟设计有效水深一般在 1.5m 以下。Mammoth 转刷是为增加单位长度的推动力和充氧能力而开发的,叶片通过彼此连接直接紧箍在水平轴上,沿圆周均布成一组,每组叶片玄间有间隔,叶片沿轴长呈螺旋状分布,在旋转过程中叶片顺序进入水中,以保证运行的稳定性并可减少噪声。轴为中空钢管,转刷直径可达 1.0m,转速为 70~80 r/min,浸没深度为 0.3m,目前最大有效长度可达 9.0m,充氧能力可达 8.0kg $O_2$/(m·h),动力效率一般在 1.5~2.5kg $O_2$/(kW·h)之间,氧化沟设计有效水深为 3.0~3.5m。常见的曝气转刷叶片由镀锌钢板、不锈钢板、玻璃钢等材料做成,形状也多种多样,有矩形、三角形、T 形、W 形、齿形、穿孔叶片形等。主轴一般为热扎无缝钢管和不锈钢管。

曝气转刷的充氧能力可通过下面两种方式来调节:①通过调节出水堰的高低来改变转刷的浸没深度;②改变转刷电机的转速。

表 3-1-4 中是摘录文献的部分曝气转刷的特性。

**表 3-1-4 国内外部分曝气转刷的特性**

| 国家 | 丹麦 | 德国 | 中国 |
|---|---|---|---|
| 直径(mm) | 860 | 1000 | 1000 |
| 转速(r/min) | 78 | 72 | 72 |
| 浸深(m) | 0.12~0.28 | 0.30 | 0.30 |
| 充氧能力[kg $O_2$/(m·h)] | 3.0~7.0 | 8.3 | 7.8~8.3 |
| 动力效率[kg $O_2$/(kW·h)] | 1.6~1.9 | 1.98 | — |
| 转刷有效长度(m) | 2.0,3.0,4.0 | 3.0,4.5,6.0,7.5,9.0 | 3.0,4.5,6.0,7.5,9.0 |
| 氧化沟设计水深(m) | 1.0~3.5 | 2.0~4.0 | 3.0~3.5 |

2)曝气转盘

Orbal 氧化沟是氧化沟类型中的重要形式,在中高浓度的城市污水处理厂中具有相当明显的技术经济优势。曝气转盘是用于 Orbal 氧化沟的专用曝气装置,它起着充氧、混合、推动水流作循环流动和防止活性污泥沉淀等作用。曝气转盘主要是由高强度工程塑料或抗腐蚀性玻璃钢压铸成型,转盘表面设有规则排列的楔形凸出物,以增强推动混合和充氧效率,盘上开有许多不穿透小孔(称为曝气孔),使空气分散到液体中以达到充氧的目的。

曝气转盘的充氧能力可通过下面四种方式来调节:

①通过调节出水堰的高低来改变转盘的浸没深度;

②改变转盘电机的转速(通常采用两级变速);

③增加或减少转盘的盘数;

④改变转盘的旋转方向。

近年我国天津国水设备工程公司与美国 Envirex 公司合作,引进美国先进的曝气转盘生产模具,在国内独家制造出材料为高强轻质塑料的新型曝气转盘,其主要技术参数为:

曝气转盘直径:1400mm;

适用转速:43 ~ 55 r/min;

适用浸没水深:400 ~ 530mm;

单盘标准清水充氧能力及动力效率见表 3-1-5、表 3-1-6 所示:

**表 3-1-5　浸没水深为 530mm 时的性能指标($P$ = 101.325kPa, $T$ = 20℃)**

| 项目<br>转速(r/min) | 单盘充氧能力(kg $O_2$/h) | 动力效率[kg $O_2$/(kW·h)] |
|---|---|---|
| 43 | 0.75 | 2.13 |
| 46 | 0.85 | 2.04 |
| 49 | 0.94 | 1.97 |
| 52 | 1.04 | 1.91 |
| 55 | 1.13 | 1.86 |

**表 3-1-6　浸没水深为 480mm 时的性能指标($P$ = 101.325kPa, $T$ = 20℃)**

| 项目<br>转速(r/min) | 单盘充氧能力(kg $O_2$/h) | 动力效率[kg $O_2$/(kW·h)] |
|---|---|---|
| 43 | 0.68 | 1.94 |
| 46 | 0.77 | 1.86 |
| 49 | 0.86 | 1.79 |
| 52 | 0.95 | 1.74 |
| 55 | 1.03 | 1.69 |

3)立式表面曝气机

立式表面曝气机是专为 Carrousel 氧化沟设计的,一般每条沟安装一台,置于反应池的一端。它的提升能力强,允许有较大的沟深(4 ~ 5m),适用于大流量的污水处理厂,应用较为广泛。它的充氧能力随叶轮直径变化较大,动力效率一般为 1.8 ~ 2.3kg $O_2$/(kW·h)。

立式表面曝气机有固定式和浮筒式两种,其中浮筒式整机安装在浮筒上,用钢绳固定于水中,用防水电缆与之连接,它可根据需要在一定范围内移动;而固定式立式曝气机的规格品种最多,目前在我国是以泵型(E 型)及倒伞型叶轮为主(见图 3-1-11)。泵型叶轮曝气机是我国自行

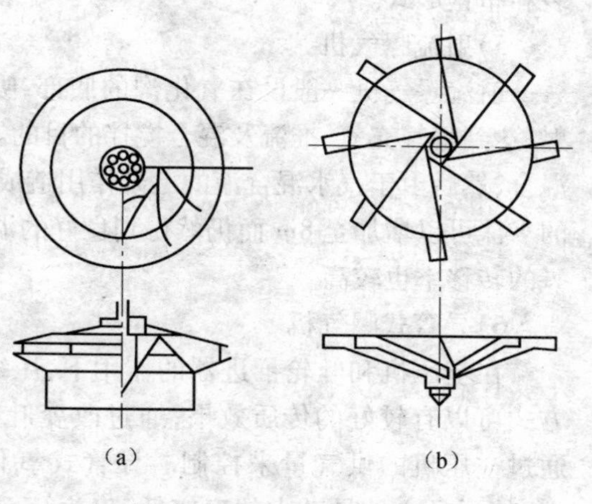


图 3-1-11　立式表面曝气机
(a)泵形;(b)倒伞形

研制的高效表面曝气机，叶轮直径在0.4～2m之间，叶轮的充氧方式以水跃为主，以液面更新为辅。倒伞型叶轮曝气机的叶轮直径一般在0.5～2.5m，国内最大的倒伞型叶轮直径为3m。由于其叶轮直径较泵型的大，故其转速较慢，约为30～60r/min，动力效率为2.13～2.44kg $O_2$/(kW·h)，在最佳时可达2.51kg $O_2$/(kW·h)。倒伞型叶轮曝气机的充氧方式是以液面更新为主，以水跃及负压吸氧为辅，目前广泛应用的Carrousel氧化沟就多是采用这种曝气机。

4）抽吸式噪气机

抽吸式曝气机通常是倾斜安装在反应池中，是一种叶轮抽吸式曝气搅拌机。

抽吸式曝气机的工作原理是：空气被吸入水面以下并且被高速旋转的叶轮搅碎，中空的螺旋桨驱动轴顶端连接着电机轴，其底端与螺旋桨和扩散器连在一起。驱动轴上部有孔洞，空气通过它得以进入水下。螺旋桨在水下高速旋转形成负压并产生液体流，在压力差的作用下，空气通过空心驱动轴进入水中。螺旋桨形成的水平流将空气转化成细微、均匀的气泡，其平均直径为2mm，达到美国环保组织为优秀的空气扩散器制定的2.2mm的标准。在与水的接触中，氧气被水和水生生物吸收。这些气泡扩散得较远，从而与水接触得时间很长，氧利用率非常高。曝气机的氧气扩散区和混合区的范围随机器型号而变化，将多台曝气组合安装在反应池中，可使氧气在整个反应池中混合并扩散。

工作时曝气机的入水角度可以在30°～90°之间调节，通常以45°放置，但有些时候为达至最好的效果，必须根据具体情况调节安装角度。曝气机可以提出水面直接维修。

将曝气机的影响区域互相连接，使水的混合效果与氧气传递速率达至最大，这是在反应池中形成水流联动的基础。水流联动是若干台曝气机经过合理的布置形成循环流，使池中的平均流速与总功率的比值达到最大值。极大的流速使氧气得到迅速扩散，并产生充分的混合效果，加快生物反应。

由于曝气机安装上的灵活性，它在任何形状的反应池中几乎都能良好地工作。在环行池、氧化沟、调节池、有水位波动的池子、浅池、矩形池或方形池中，都可以因地制宜，找到合适的安装和布置形式。

5）射流曝气机

射流曝气机一般设在氧化沟的底部，吸入的压缩空气与加压水充分混合，向水平方向喷射，达到曝气充氧、推流及混合搅拌的目的。射流器形成的水流冲力造成了水流在水平方向的混合，然后由于气水混合液的上升作用造成垂直方向的混合。因为射流器设置在池底，氧化沟的水深可以增加至8m而仍然得到良好的混合效果，同时由于射流器所产生的气泡很细，因而氧的转移率也较高。

6）导管式曝气机

在空压机和叶轮推进器的作用下，压缩空气与污水进入导管并被推向下游。这种曝气方式可以有较好的传质效果，通过改变叶轮的转速可以调节沟内水流速度，供氧量则可以通过空压机的供气量来控制。导管式氧化沟的沟深可达4～5m，占地面积较传统氧化沟少，其不足之处是动力效率较低，仅为0.67～0.73kg $O_2$/(kW·h)，池内构造和施工都比较复杂。

7)微孔曝气板

由日本研制开发的微孔曝气板是采用聚氨酯薄膜,并能发生出目前认为很难实现的直径1mm超微泡的高效率曝气设备。该微孔曝气板是在PVC制基板上,紧绷开有微孔的特殊聚氨酯薄膜以保持气密,并用不锈钢制槽钢及框架来加固。标准件的尺寸为1.2~3.6m、重量105kg,3~4人即可搬运及安装一张曝气板。该特殊聚氨酯薄膜厚约1mm,弹性极大且耐久性卓越。同时,该特殊聚氨酯薄膜的表面光滑,具有很难附着生物膜,即使万一附着上生物膜时,也极易剥离的特征。因此,它是适用于曝气的优秀材料。

微孔曝气板的主要特征是:

①曝气效率高,可以大幅度地减少耗电量(电费降至一半以下),并在转为脱氮除磷工艺时,可以利用现有的鼓风系统提供所需的氧气量;

②不会发生堵塞现象,随时可以停止曝气作业,容易进行维护和管理;

③使用寿命长,目前已有10年以上的运转业绩;

④安装工作简单。

**Aeration device in oxidation ditch:**

(1) Rotation aeration brush;

(2) Disk aerator;

(3) Vertical Surface Aerator;

(4) Suction type aerator;

(5) Jet aerator;

(6) Catheter type aerator;

(7) Microporous aeration plate.

(4)氧化沟的类型

根据构造特征及运行方式,氧化沟有很多不同类型,其功能也各不相同,下面介绍几种比较典型的氧化沟。

1)卡罗塞(Carrousel)氧化沟

1968年,杜瓦尔斯-希德里克-维尔海有限公司(Dwars,Hccdrik and Verhay Ltd.)的荷兰工程师们,在一个折流式连续环反应池上使用了低速表面涡轮,这种涡轮安装在中心挡板的末端,利用从低速表面曝气机中所排出的辐射流为氧化沟提供推进力,这项技术后来被称为卡罗塞(Carrousel)法。

在原Carrousel氧化沟的基础上DHV公司和其在美国的专利特许公司EIMCO又发明了Carrousel 2000和Carrousel 3000系统,实现了更高要求的生物脱氮和除磷功能。至今世界上已有850多座Carrousel系列氧化沟系统正在运行。从1968年的第一座Carrousel氧化沟到今天的带厌氧区的Carrousel 3000氧化沟系统,Carrousel氧化沟发生了巨大的变化。下面分别介绍三代Carrousel氧化沟的工艺原理。

①普通Carrousel氧化沟

在普通Carrousel系统(如图3-1-12所示)中,污水经过格栅和沉砂池后,不经过预沉淀,直接与回流污泥一起进入氧化沟系统。BOD降解是一个连续过程,硝化作用和反硝化作用发生在同一池中,实际上,该Carrousel系统就是一个模糊的A/O工艺。

由图可见,Carrousel氧化沟使用定向控制的曝气和搅动装置,向混合液传递水平速度,从而使被搅动的混合液在氧化沟闭合渠道内循环流动。表面曝气机使混合液中溶解氧的浓度增加到大约2~3mg/L。在这种充分掺氧的条件下,微生物得到足够的溶解氧来去除BOD;同时,氨也被氧化成硝酸盐和亚硝酸盐(硝化作用),此时,混合液处于有氧状态。微生物的氧化过程消耗了水中溶解氧,在曝气机的下游,混合液呈缺氧状态。经过缺氧区的反硝化作用,混合液又进入有氧区,完成一次循环。

因此氧化沟具有特殊的水力学流态,既有完全混合式反应器的特点,又有推流式反应器的特点,沟内存在明显的溶解氧浓度梯度。氧化沟断面为矩形或梯形,平面形状多为椭圆形,沟内水深一般为2.5~4.5m,宽深比为2∶1,亦有水深达7m的,沟中水流平均速度为0.3m/s。氧化沟曝气混合设备有表面曝气机、曝气转刷或转盘、射流曝气器、导管式曝气器和提升管式曝气机等,近年来配合使用的还有水下推动器。

该系统中,BOD降解是一个连续过程,硝化作用和反硝化作用发生在同一池中。由于结构的限制,这种氧化沟虽然可以有效地去除BOD,但除磷脱氮的能力有限。普通Carrousel氧化沟系统对BOD、COD、N和P的去除率分别可达95%、90%、75%和65%。

②Carrousel 2000氧化沟

Carrousel 2000氧化沟系统是由美国盐湖城EIMCO设备公司开发的一种具有内部前置反硝化功能的氧化沟工艺(见图3-1-13)。

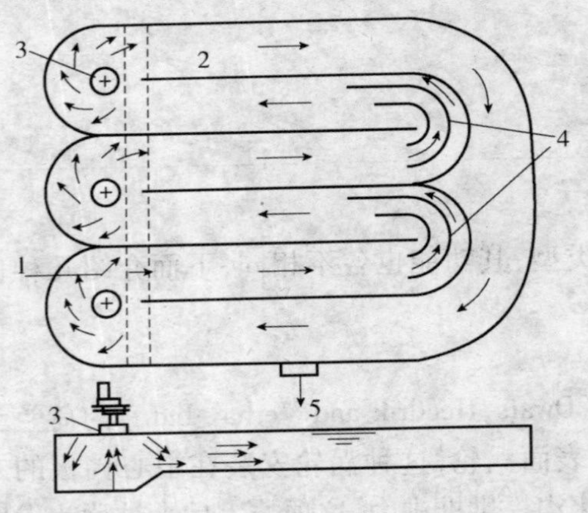


图3-1-12 普通Carrousel氧化沟系统

1—来自经过预处理的污水(或不经预处理);
2—氧化沟;3—表面机械曝气器;4—导向隔墙;
5—处理水去往二次沉淀池

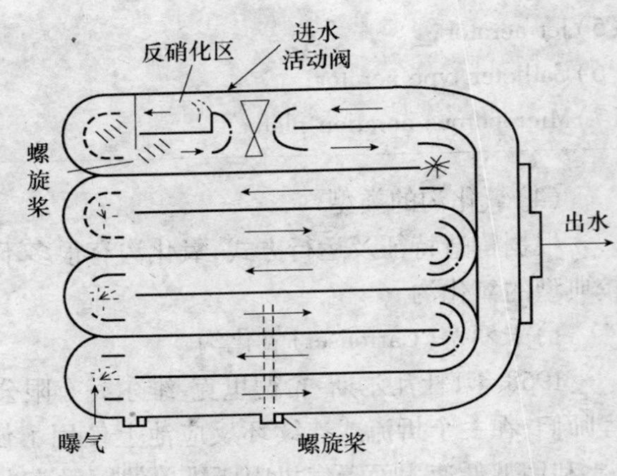


图3-1-13 Carrousel 2000氧化沟系统

该工艺在运行过程中,借助于安装在反硝化区的螺旋桨将混合液循环至前置反硝化区(不需循环象),循环回流量可通过插式阀加以调节。前置反硝化区的容积一般为总容积的10%左右。反硝化菌利用污水中的有机物和回流混合液中的硝酸盐和亚硝酸盐进行反硝化,由于混合液的大量回流混合,同时利用氧化沟内延时曝气所获得的良好硝化效果,该工艺使氧化沟的脱氮功能得到加强。聚磷菌的释磷和过量吸磷过程又可以实现污水中磷的去除。

Carrousel 2000 氧化沟系统对 BOD,COD 和 N 的去除率分别可达 98%、95% 和 95%,出水 P 可降到 1~2mg/L。可见,为得到良好的出水水质,使氮、磷达标,表面曝气 Carrousel 2000 型氧化沟工艺是较为合适的处理工艺。但是,表面曝气的方式限制了氧化沟的有效水深只能在 4.5m 以内,因而其占地面积仍然较大,而且,该工艺充氧的动力效率不高[约 1.8kg $O_2$/(kW·h)],这意味着该工艺仍有较高的能耗。

因此,有人提出了微孔曝气—Carrousel 2000 氧化沟工艺,该氧化沟工艺的有效水深可达 5.8m,动力效率可达 2.5~3.0kg $O_2$/(kW·h),从而节省占地面积和节约能耗。

微孔曝气型 Carrousel 2000 系统采用微孔曝气(供氧设备为鼓风机),微孔曝气器可产生大量直径为 1mm 左右的微小气泡,这大大提高了气泡的表面积,使得在池容积一定的情况下氧转移总量增大(如池深增加则其传质效率将更高)。根据目前鼓风机生产厂家的技术能力,池的有效水深最大可达 8m,因此可根据不同的工艺要求选取合适的水深。传统氧化沟的推流是利用转刷、转碟或倒伞型表曝机实现的,其设备利用率低、动力消耗大。微孔曝气型 Carrousel 2000 系统则采用了水下推流的方式,即把潜水推进器叶轮产生的推动力直接作用于水体,在起推流作用的同时又可有效防止污泥的沉降。

从水力特性来看,微孔曝气型 Carrousel 2000 系统为环状折流池型,兼有推流式和完全混合式的流态。就整个氧化沟来看,可认为氧化沟是一个完全混合曝气池,其浓度变化系数极小甚至可以忽略不计,进水将迅速得到稀释,因此它具有很强的抗冲击负荷能力。但对于氧化沟中的某一段则具有某些推流式的特征,即在曝气器下游附近地段 DO 浓度较高,但随着与曝气器距离的不断增加则 DO 浓度不断降低(出现缺氧区)。这种构造方式使缺氧区和好氧区存在于一个构筑物内,充分利用了其水力特性,达到了高效生物脱氮的目的。

微孔曝气型 Carrousel 2000 系统尽管具有充氧能力强、除磷脱氮效果好、占地面积少和能耗低等优点,但同时它也存在微孔曝气设备维修的问题。目前,国内微孔曝气器的使用寿命为 4~5 年,好的可达 8~10 年,但与进口微孔曝气器相比还有一定的差距。曝气器的维修不像表曝设备那样方便,它需要干池才能检修,也就是说一旦微孔曝气器出现问题需采用平行两组或三组来解决问题,或者采用提升装置等来解决,这也将会给生产和管理带来极大的不便。

③Carrousel 3000 氧化沟

Carrousel 3000 氧化沟又称深型 Carrousel 氧化沟,水深可达 7.5~8m。该系统已用于荷兰 Dutch 城的西部 Leidsche Rijn 污水厂的设计。除了比普通 Carrousel 氧化沟深外,其独特的圆形缠绕式(wrap-around)设计还可降低建设成本和减少污水厂土地占用(见图 3-1-14)。池中心被设计成活性污泥工艺的几个处理单元。从中心开始,包括以下环状连续工艺单元:用于分配进水和回流活性污泥的配水井;各自分为四段的选择池和厌氧池;这之外是有三个曝气器和一个预反硝化池的 Carrousel 2000 主反应池。由于 Carrousel 主反应池只有两个端部,所以第三个曝气器及其通气管安装在反应池中间的分隔墙中。

此工艺设计的一个重要特点是预反硝化池。这样在工艺开始可充分利用易生物降解有机物进行反硝化,并保证出水 TN 浓度在最低水温 7℃时仍降到 10mg/L 以下。同时预反硝化与厌氧池(一般为上流式)结合还有利于除磷,持续低硝酸盐可增强对聚磷菌的选择,保证低温下完成除磷。另外,预反硝化的建立还可促进反硝化条件下的生物吸磷。反硝化区的聚磷菌可以利用回流混合液中的硝酸盐和亚硝酸盐作为电子供体,完成吸磷反应,而不必依赖进水中的 BOD 作为基质，从而避免了聚磷菌与反硝化菌对 BOD 的竞争。生物选择器的作用是利用高有机负荷筛选菌种，抑制丝状菌的增长，以提高各污染物的去除率。

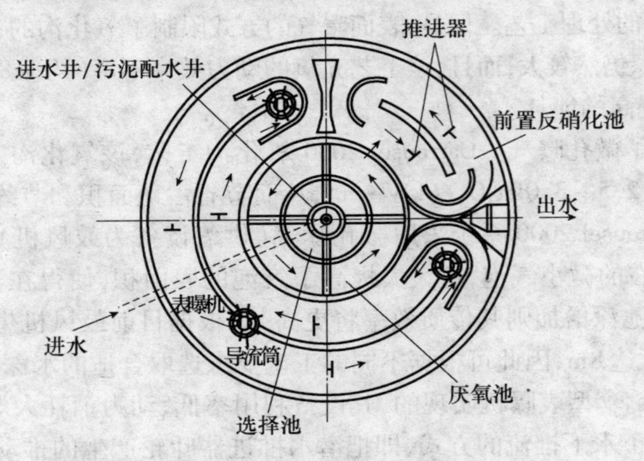

图 3-1-14　Carrousel 3000 氧化沟系统

为使表面曝气器可用于深沟型反应池，在表曝机下安装了吸水管。这种吸水管几乎延长至池底，可使曝气器将池底缺氧水抽上来，以保证全池适当地混合。不过该曝气器在 Carrousel 氧化沟中的推进作用由于吸水管而大大减弱。此缺点通过在 Carrousel 反应池的廊道中安装推进装置加以克服。此外，为灵活控制氧气的输入，Carrousel 3000 氧化沟采用了一种高级曝气控制器 QUTE，它不是通过单一工艺参数的某一固定目标值调节（如单一 DO 值），而是在各种测试基础上通过多变量控制达到预期目标。

2）射流曝气式氧化沟

1967 年，勒孔特和曼特首次把淹没式曝气系统应用于氧化沟，用一套以回流混合液为动力的射流器和压缩空气配合使用，沿水流方向喷射，从而提供必要的充氧和推进作用。这种技术后来被称为射流曝气沟（Jet Aeration Channel，JAC）。

在这种氧化沟系统中，最关键的部分是设在氧化沟底部的射流曝气器，见图 3-1-15。

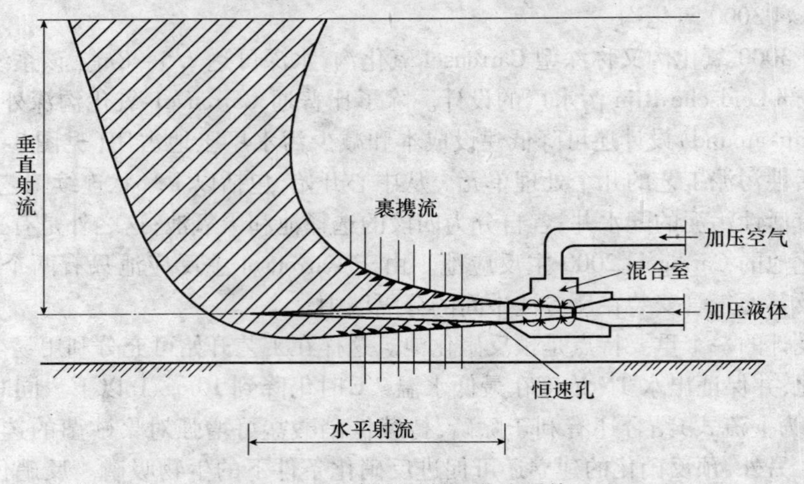

图 3-1-15　射流曝气氧化沟系统

射流器一般设置多个喷嘴,并沿沟宽方向均匀布置。射流器形成的水流冲力造成了水流在水平方向的混合,然后由于气水混合液的上升作用造成垂直方向的混合。因为射流器设置在池底,氧化沟的水深可以增加至8m仍然得到良好的混合效果,同时由于射流器所产生的气泡很细,因而氧的转移率也较高。射流器可以使氧化沟内水流速度达到0.3m/s左右,因此足以保持其活性污泥处于良好的悬浮状态。

3)交替式工作氧化沟

这种类型的氧化沟是由丹麦首创的,图3-1-16和图3-1-17所示分别为二池交替(D型)和三池交替运行(T型)的氧化沟,它们可以在不设二沉池的条件下连续运行,基建费用省、运行较为方便。沟深可在2~3.5m之间调整。根据斯堪的纳维亚及非洲、亚洲等地100多座污水厂的经验,一般规模在1300~24000pe的污水厂多采用D型氧化沟,规模在5000~105000pe的污水厂多采用T型氧化沟。

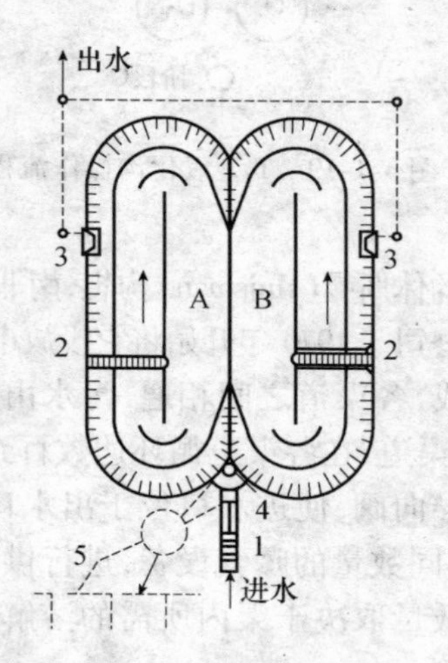


图3-1-16　D型氧化沟系统

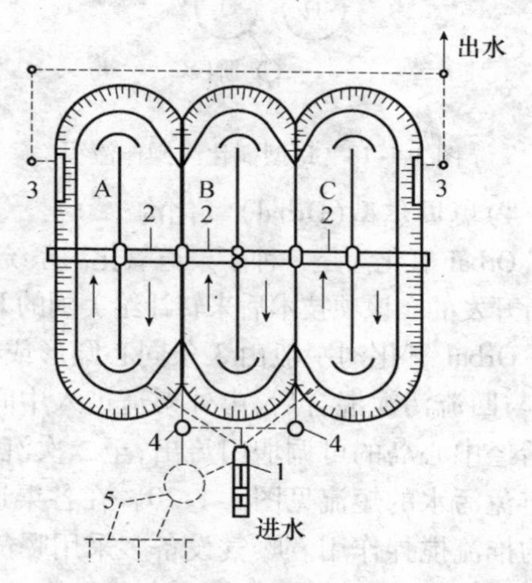


图3-1-17　T型氧化沟系统

D型氧化沟两池体积相同,水流相通,以保证两池的水深相等。其操作流程见图3-1-18,每个周期由进水、曝气和沉淀组成,整个循环周期为8h。在A阶段,Ⅰ池进水,曝气,混合液进入不曝气的Ⅱ池后开始沉淀,澄清水排放。该阶段运行时间为3h。在B阶段,Ⅰ池停止曝气,混合液开始沉淀,进水仍在工池,Ⅰ池的出水流入Ⅱ池,经Ⅱ池处理后排放。这一阶段持续1h。在C阶段和D阶段中,Ⅰ、Ⅱ两池的角色转换,改为Ⅱ池进水,Ⅰ池出水。

处理过程中,进水和出水都是连续的,但曝气转刷的工作是间断的,其缺点是曝气转刷利用率较低,只有37.5%。

T型氧化沟系统可实现硝化和反硝化,其操作流程如图3-1-19所示。在A阶段,Ⅰ池进水,曝气转刷转速较低,主要起混合搅拌作用,在缺氧状态下发生反硝化。Ⅰ池流出的混合液进入Ⅱ池,Ⅱ池的转刷转速高,进行正常曝气。在B阶段,两池同时高速曝气,在好氧状态下同时进行硝化和去除有机物。在C、D阶段仍然是将Ⅰ、Ⅱ两池调换,重复A、B阶段。在整个周期中,二沉池的污泥回流至配水渠。

T型氧化沟的运行方式与D型氧化沟类似,是D型氧化沟系统的改进,中间一池连续曝气,另外两池交替进行氧化和沉淀,或者交替反硝化和沉淀,不需另设二沉池。该系统的优点一是曝气转刷的利用率提高至58.5%,二是既可以满足硝化,又可以实现脱氮,运行方式更加灵活。我国处理规模为10万t的邯郸市东污水处理厂采用的就是这种形式的。

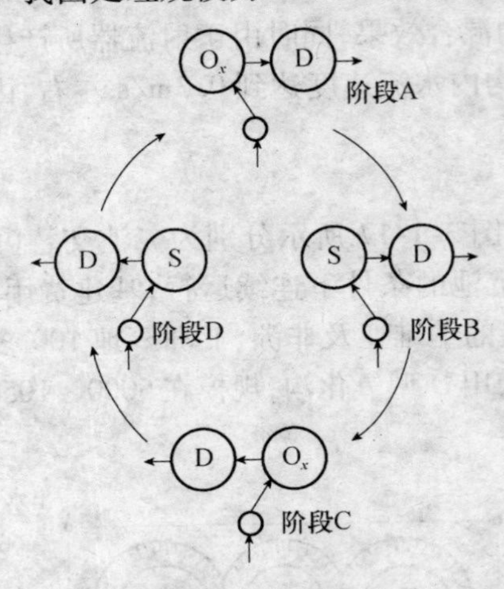


图3-1-18　D型氧化沟操作流程

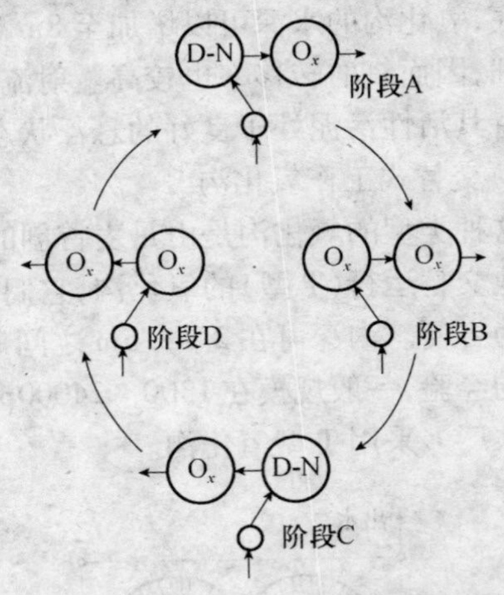


图3-1-19　T型氧化沟操作流程

4)奥贝尔型(Orbal)氧化沟

Orbal氧化沟是一种多渠道氧化沟系统,最初是由南非的休斯曼(Huisman)构想,南非国家水研究所开发的。该项技术后来转让给美国的Envirex公司,该公司于1970年开始将它投放市场。

Orbal氧化沟一般由3条同心圆形或椭圆形渠道组成,各渠道之间相通,污水由外沟道进入,与回流污泥混合后,由外渠道进入中间渠道再进入内渠道,在各渠道循环达数百到数十次。最后经中心岛的可调堰门流出,至二次沉淀池。渠内设导向阀,使进水口位于出水口的下游,以避免污水的短流见图3-1-20。在各渠道横跨安装有不同数量的曝气设备,进行供氧兼有较强的推流搅拌作用。曝气设备多采用曝气转盘,转盘的数量取决于渠内所需的溶解氧量。水深可采用2~3.6m,并保持沟底流速为0.3~0.9m/s。

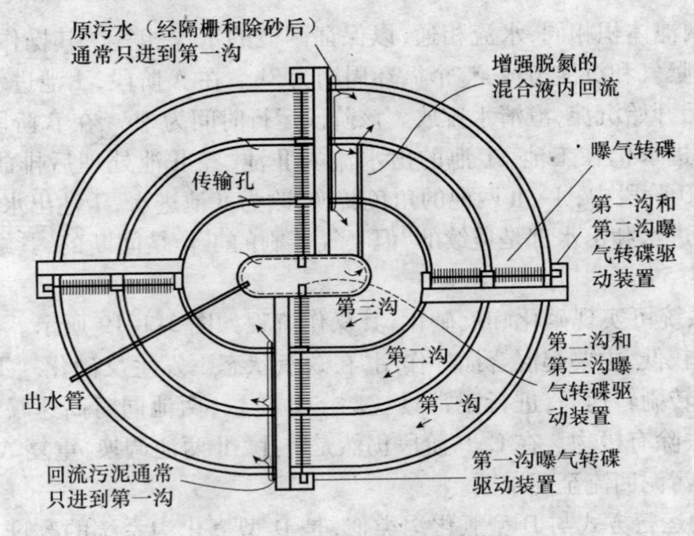


图3-1-20　Orbal氧化沟系统

在三条渠道系统中,从外到内,第一渠的容积为总容积的50%～55%,第二渠为30%～35%,第三渠为15%～20%,在运行时,应保持第一、二、三渠的溶解氧分别为0.1mg/L、2mg/L。第一渠中可同时进行硝化和反硝化,其中硝化和BOD去除的程度取决于供氧量。由于第一条渠道中氧的吸收率通常很高,一次可在该段反应池中提供90%的供氧量,仍可把溶解氧的含量保持在零的水平上。在以后的几条渠道中,氧的吸收率比较低,因此,尽管反应池中的供氧量比较低,溶解氧的含量却可以保持较高的水平。这种供氧方式有以下几个优点:

①第一渠的供氧既能满足降解BOD的需要,又能维持渠内的溶解氧为零,这样既能节约能耗,又能满足反硝化的条件;

②在第一渠缺氧的条件下,微生物可进行磷的释放,以便它们在好氧条件下吸收污水中的磷,达到除磷效果。

奥贝尔氧化沟具有较好的脱氮功能。在外沟道形成交替的耗氧和大区域的缺氧环境,较高程度地发生"同时硝化反硝化",即使在不设内回流的条件下,也能获得较好的脱氮效果。

奥贝尔氧化沟具有推流式和完全混合式两种流态的优点。对于每个沟道内来讲,混合液的流态基本为完全混合式,具有较强的抗冲击负荷能力;对于三个沟道来讲,沟道与沟道之间的流态为推流式,有着不同的溶解浓度和污泥负荷,兼有多沟道串联的特性,有利于难降解有机物的去除,并可减少污泥膨胀现象的发生。

5)一体化氧化沟

一体化氧化沟(Interated Oxidation Ditch)又称合建式氧化沟,广义地说,一体化氧化沟就是不单独设二次沉淀池及污泥回流设备的氧化沟。这一意义上的一体化氧化沟包括了早期间歇运行的Pasveer氧化沟,带侧渠的氧化沟和20世纪70年代在丹麦发展起来的PI型氧化沟,如VR型氧化沟、双沟(D型)或三沟(T型)交替式氧化沟。狭义的一体化氧化沟是指充分利用氧化沟较大的容积与水面,在不影响氧化沟正常运行的情况下,通过改进氧化沟部分区域的结构或在沟内设置一定的装置,使泥水分离过程在沟内完成的氧化沟。这一概念在20世纪80年代初由美国最先提出,并将此类氧化沟系统称之为ICC(lnterchannel clarifier)型氧化沟。到目前为止,美国已建有近百座这一类型的一体化氧化沟。

与普通的氧化沟工艺相比,一体化氧化沟的优点是不必设单独的二沉池,工艺流程短,构筑物和设备少,所以投资省,占地少。此外,污泥可在系统内自动回流,无需回流泵和设置回流泵站,因此能耗低,管理简便容易。但由于沟内需要设分区,或增设侧渠,使氧化沟的内部结构变得复杂,带来检修的不便。

下面分别介绍几种一体化氧化沟。

①VR型氧化沟

这种形式的氧化沟系统(见图3-1-21)不设侧渠,而是将氧化沟合理地加以分隔,使其变成两个区,其间有单向活板门相连。利用定时器来改变曝气转刷的转动方向,进而改变氧化沟中水流的方向,使两个活板门交替地处于启动和关闭的

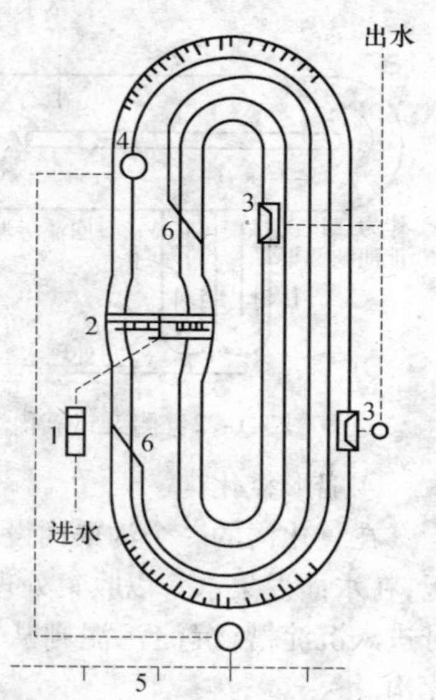

图3-1-21　VR型氧化沟系统

状态，从而使氧化沟中的两区域交替地用作曝气池和沉淀池。当沉淀区改变为曝气区时，已沉淀的污泥会自动与污水相混合，相当于污泥回流。可见，这种形式的氧化沟也可视为交替工作式氧化沟的一类。

由于这种系统流程简单，可节省基建费用和运行费用，操作管理也很方便。因此适用于一些小型污水厂。

②侧渠式氧化沟

最初的 Pasveer 氧化沟是间歇式的，然而在运行过程中，人们发现，在暴雨时容易发生污泥流失，而且，这种间歇运行的模式不宜用于大规模的污水厂。后来出现的侧渠式氧化沟解决了这一问题。这种形式的氧化沟系统集生物降解和污泥沉淀于一体，同时保持连续进水和连续出水。

侧渠式氧化沟如图 3-1-22 所示，图中的主沟渠用作曝气池，两个侧渠交替地用作沉淀池。当其中一个侧渠作沉淀池时，其曝气设备停止工作，同时出水溢流堰开启。一定时间后改用另一侧渠作沉淀池，这样第一侧渠已沉淀的污泥重新与污水混合，因此也不需设污泥回流系统，同时可以实现连续运行。

③BMTS 型氧化沟

BMTS 型氧化沟（图 3-1-23）是 20 世纪美国 80 年代初发展起来的一种新型氧化沟工艺。BMTS 型氧化沟的隔墙稍有偏心，在较宽一侧设置澄清池，澄清池前后各有挡板，强迫水流从底部进入澄清池。澄清池底部设有一排三角形的导流板，混合液从澄清池的底部流过，部分混合液从导流板间隙上升进入澄清池，进行泥水分离。澄清水通过浸没管或溢流堰排走，下沉的污泥通过导流板间隙回落到污泥区，被部分流过的混合液带回氧化沟。由于 BMTS 的经济节能、维护简单及处理效率高等优点，美国 EPA 将 BMTS 系统列为可采用的革新技术而在近几年得到很快的发展。目前已有 50 座这样的污水厂在运行之中。

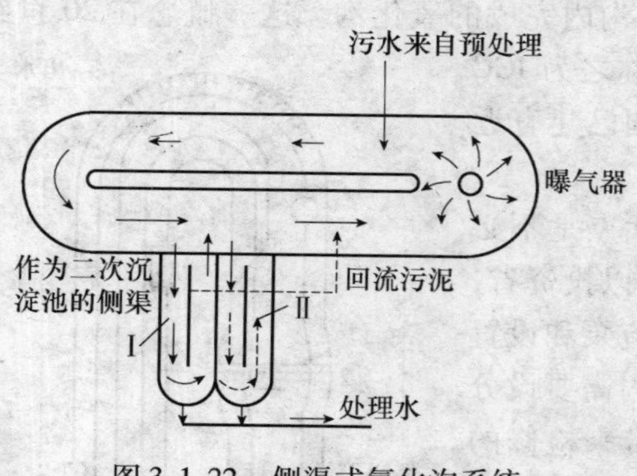


图 3-1-22 侧渠式氧化沟系统

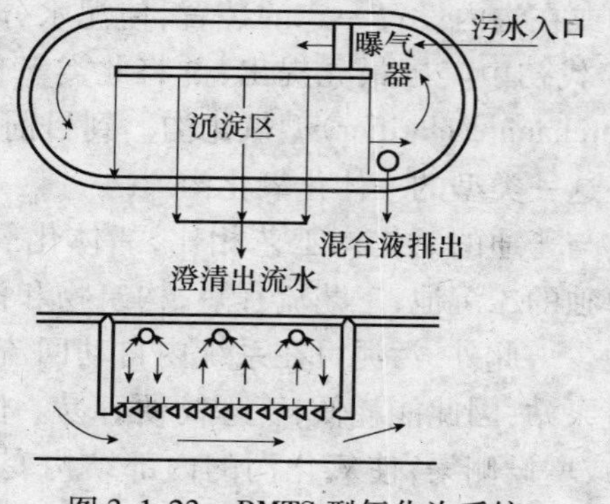

图 3-1-23 BMTS 型氧化沟系统

④船形氧化沟

在氧化沟的一个沟渠内设沉淀槽，在沉淀槽的两侧设隔墙。其底部设一排三角形的导流板，在水面设集水管以收集处理水。混合液从沉淀区底部流过，部分混合液则从导流板间隙上升进入沉淀槽，沉淀污泥则从间隙回流至氧化沟。因沉淀槽呈船形，故称为船形一体化氧化沟。

船形氧化沟（图 3-1-24）的沉淀槽设在氧化沟的一侧，恰似在氧化沟内放置的一条船，混合液从其两侧及底部流过。在沉淀槽的一端设进水口，部分混合液由此导入，处理水则由设于沉淀槽另一端的溢流堰收集排出。在沉淀槽内的水流方向与氧化沟内水流方向相反。

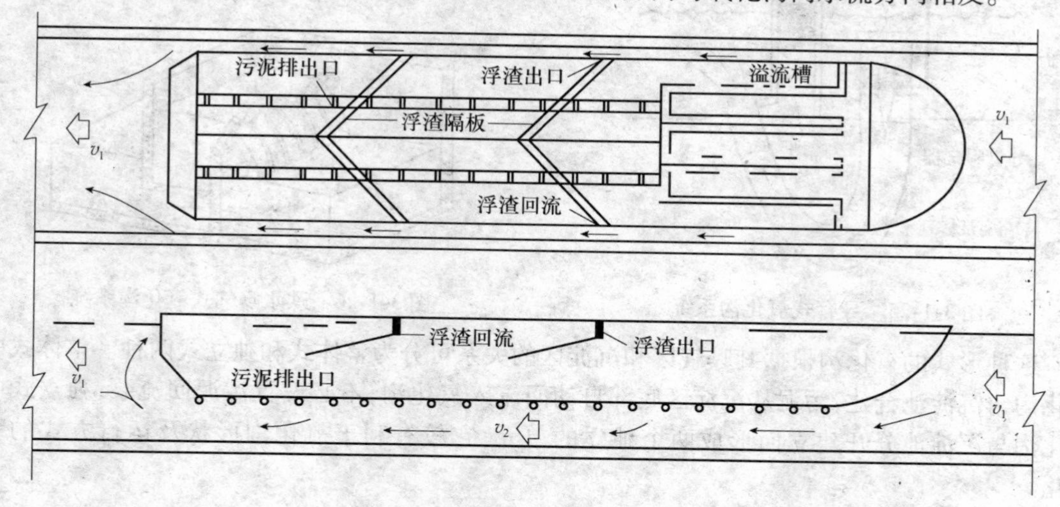


图 3-1-24　船形氧化沟系统

6）导管式氧化沟

为了扩大污水厂的处理规模，人们总是希望建造较深的氧化沟，然而，传统的表曝机不能满足深水区的供氧，而且，表曝机引起的蒸发降温作用在冬季会恶化低温对处理效果的影响，尤其会影响硝化菌的活性。为解决这一问题，导管式氧化沟系统于上世纪80年代在美国应运而生。

导管式氧化沟的工作原理如图3-1-25所示。氧化沟的上下游被一道屏障墙分隔，在空压机和叶轮推进器的作用下，压缩空气与污水进入导管并被推向下游。这种曝气方式可以有较好的传质效果，原因有二：一是叶轮的剪切作用可以产生大量微气泡，可以加大传质面积；二是同时由于导管的安装位置较深（一般在沟底以下6m），水压越大，传质系数越高。通过改变叶轮的转速可以调节沟内水流速度，供氧量则可以通过空压机的供气量来控制。导管式氧化沟的沟深可达4～5m，占地面积较传统氧化沟少，其不足之处是动力效率较低，仅为0.67～0.73kg $O_2$/（kW·h），池内构造和施工都比较复杂。

7）跌水曝气式氧化沟

Nakasone于1987年研究了跌水的曝气作用，并建议用作污水处理中的曝气方式。这种曝气方式是利用水泵将污水提升一定高度，形成跌水，并可通过控制水泵的启闭和转速来改变水头高度，以控制溶解氧浓度和实现硝化、反硝化过程。其示意图见图3-1-26。Nakasone等人的试验研究表明，跌水曝气氧化沟对BOD、COD和SS的去除效果与其他形式的氧化沟相当，去除率分别为95%～98%、86%～91%和92%～97%。总氮的去除率在夏季和冬季均可达到80%以上，明显优于一般的活性污泥法。投加铁盐混凝剂后［P：Fe＝1：1（摩尔比）］，P的去除率可达85%以上，出水P含量在1mg/L以下。在耗能最低的条件下，跌水曝气可取得与其他曝气设备相当的动力效率，并且可节省基建费用。

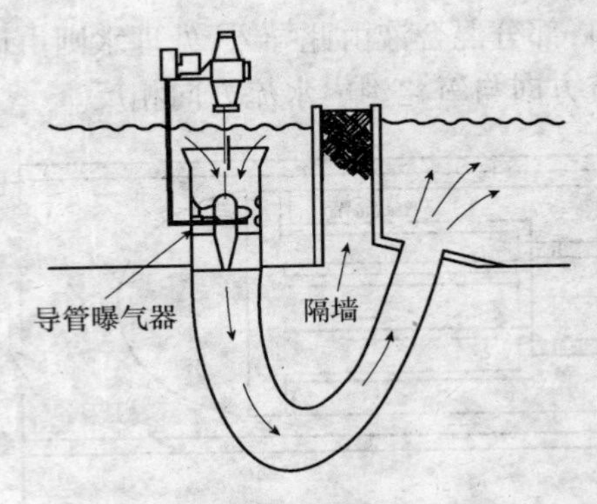


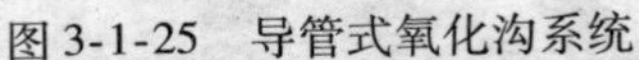
图 3-1-25　导管式氧化沟系统

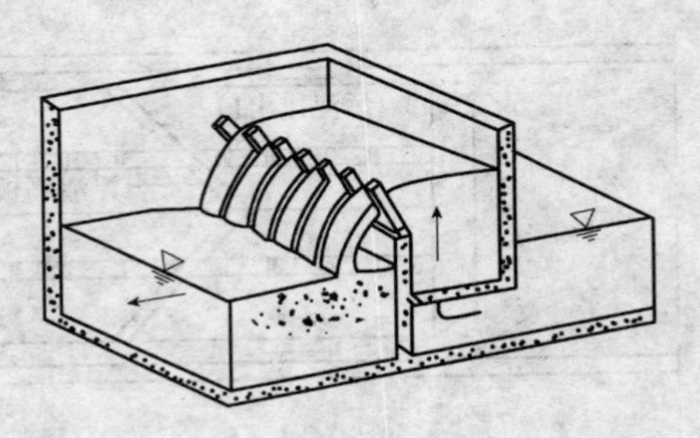

图 3-1-26　跌水曝气式氧化沟系统

这种形式的氧化沟根据其曝气区和沉淀区的关系可分为整体式和独立式两种。整体式中氧化沟与沉淀池合建,污泥从沉淀区底部自动回流入氧化沟,不必设置污泥回流泵;独立式中氧化沟与沉淀池分开建立而形成两个独立的单元,它较有利于氧化沟形状及运行方式的多样化。

**The types of oxidation ditch**:

(1) Carrousel oxidation ditch:

Common Carrousel oxidation ditch; Carrousel 2000 oxidation ditch; Carrousel 3000 oxidation ditch;

(2) Shooting flow Aeration oxidation ditch;

(3) Alternative oxidation ditch;

(4) Orbal oxidation ditch;

(5) Integrated oxidation ditch:

VR type oxidation ditch; Side canal oxidation ditch; BMTS type oxidation ditch; Shiplike oxidation ditch; Ducted oxidation ditch; Drop-aeration oxidation ditch.

3.1.4.2　氧化沟工艺的主要性能特点

(1) 构造形式多样、运行较为灵活

氧化沟系统具有多种不同的构造形式和运行方式,氧化沟可以呈圆形、椭圆形、马蹄形等;可以是单沟系统,也可以是多沟系统;多沟系统可以是一组同心的互相联通的沟渠,也可以是互相平行、尺寸相同的一组沟渠;有与沉淀池分建的,也有合建的。多种多样的构造形式赋予了氧化沟灵活的运行性能,使它能按任意一种活性污泥法的运行方式运行,满足不同的出水水质要求。

氧化沟的出水溢流堰是可以调节的,通过调节溢流堰的高度来改变氧化沟内的水深,进而改变曝气装置的浸没深度,使其充氧量满足运行的需要,也可以对进水流量起一定的调节作用,是指适应不同条件下的运行要求。一般氧化沟内的水深变化范围为 15～30cm。

(2) 处理流程简单、基建投资较少

氧化沟处理工艺首先是简化了预处理过程。一般的生物处理方法都要求污水先经格栅去除粗大的悬浮物质，经沉砂池去除无机悬浮颗粒，经初沉池去除有机悬浮物质。氧化沟不要求设置初沉池，因为氧化沟的水力停留时间和污泥龄比一般的生物处理法长的多，悬浮状有机物可以在曝气池中与溶解性有机物同时得到较彻底的稳定。其次是简化了剩余污泥的后处理工艺。由于活性污泥在系统中的停留时间很长，剩余污泥量比较少，排出的剩余污泥已得到高度稳定，不再需要进行厌氧消化处理，因此可不再设置污泥消化系统，只需进行浓缩与脱水处理。第三是通过采用合建氧化沟系统、二池或三池交替运行的氧化沟系统等，可省去二沉池，从而使处理流程更为简单。

处理流程的简化可节省基建费用，减小占地面积，并便于运行和管理。实际资料表明，虽然氧化沟采用的水力停留时间较长，曝气池的容积较一般的活性污泥法大，但因在流程中省略了初沉池、污泥消化池，有些工艺还可以省略二沉池以及相应的污泥回流系统，使污水处理厂的占地面积不仅没有增大，相反还可缩小。

美国 EPA 对不同的生物处理工艺的基建投资的分析比较结果表明，当处理规模分别为 $3785m^3/d$ 和 $37850m^3/d$ 时，氧化沟污水处理厂的基建投资分别为传统活性污泥法的 60% 和 80%。应当指出的是，美国的氧化沟都采用钢筋混凝土起立池壁，而在丹麦等国则多采用素混凝土浇灌的斜坡池壁（沟深在 2.5m 以下时）的结构，因而其基建费用大为节省。

此外当氧化沟处理出水有氨氮指标的要求时，一般不需增加很多投资费用，而其他处理方法则不同，由此可显示出氧化沟优越性。钱易教授对根据美国 EPA 提供的数据计算而得的结果表明，当氧化沟具有硝化功能时，处理水量分别为 $3785m^3/d$ 和 $37850m^3/d$ 时，其污水处理厂的基建费用为同等规模一级活性污泥法处理厂基建投资的 50% 和 65%，为二级活性污泥法处理厂的 40% 和 55%，但如果要求氧化沟具有脱氮功能，则其基建投资要比其他任何具有脱氮功能的生物处理工艺低。各种不同脱氮处理工艺的基建投资比较见表 3-1-7。

**表 3-1-7　各种不同脱氮处理工艺的基建投资比较**

| 要求脱氮的污水处理流程 | 处理规模（$m^3/d$） | |
|---|---|---|
| | 3785 | 37850 |
| 氧化沟 | 100 | 100 |
| 一级活性污泥法 + 混合反硝化池 | 291 | 211 |
| 二级活性污泥法 + 混合反硝化池 | 331 | 241 |
| 一级活性污泥法 + 固定膜反硝化池 | 308 | 221 |
| 二级活性污泥法 + 固定膜反硝化池 | 347 | 248 |
| 传统活性污泥法 + 折点加氯法 | 193 | 144 |
| 传统活性污泥法 + 选择性离子交换 | 248 | 204 |
| 传统活性污泥法 + 氨吹脱 | 215 | 182 |

（3）出水水质良好、可以实现脱氮

氧化沟大多按延时曝气方式运行，其采用的参数为：$BOD_5$ 容积负荷为 0.2 ~ 0.4kg/($m^3$·d)，$BOD_5$ 污泥负荷为 0.05 ~ 0.15kg $BOD_5$/(kgVSS·d)，混合液悬浮固体浓度为 2000 ~ 6000mg/L，水力停留时间为 10 ~ 24h，污泥龄为 15 ~ 40d。

氧化沟具有良好的处理出水水质，而且其运行可靠性、稳定性要比其他生物处理法高。表3-1-8控制的出水水质要求越高，则氧化沟的优越性也就越突出。

**表3-1-8 各种生物处理方法运行可靠性的比较**

| 二级处理方法 | 出水浓度(mg/L)小于下列数值的时间百分数(%) | | | | | |
|---|---|---|---|---|---|---|
| | 10 | | 20 | | 30 | |
| | TSS | $BOD_5$ | TSS | $BOD_5$ | TSS | $BOD_5$ |
| 氧化沟法 最好的厂 | 99 | 99 | 99 | 99 | 99 | 99 |
| 平均水平的厂 | 65 | 65 | 85 | 90 | 94 | 96 |
| 最差的厂 | 25 | 20 | 55 | 55 | 80 | 72 |
| 活性污泥法($3785m^3/d$) | 40 | 25 | 75 | 70 | 90 | 85 |
| (一体化厂) | 15 | 39 | 35 | 65 | 50 | 80 |
| 生物滤池 | — | 2 | — | 3 | — | 15 |
| 生物转盘 | 22 | 30 | 45 | 60 | 70 | 90 |

就脱氮效果而言，一般的氧化沟能使污水中的氨氮达到95%～99%的硝化程度，设计恰当、运行良好的氧化沟可以实现脱氮。这是因为在氧化沟中有好氧区和缺氧区的存在，在缺氧区中，原污水中的有机物可作为反硝化菌的碳源，硝酸盐被反硝化菌还原而放出氮气；在好氧区中，有机物得到降解，氨氮被转化为硝酸盐氮。脱氮效果可达80%，如采用其他生物脱氮处理流程，则有时还需补充外加碳源，其基建和运行费用均较高。

(4)操作管理方便、运行费用低

氧化沟工艺由于简化了处理流程，而且要求自动化程度比较高，因此操作管理方便。当处理厂的规模较小时，其运行费用也较省。如处理规模为$3785m^3/d$时，其年运行费用为传统活性污泥法的77%，为接触氧化法的66%，但当处理规模增加为$37850m^3/d$时，其运行费用将超出传统活性污泥法的40%。可见，当处理厂的规模比较大时，氧化沟法所需的运行费用仍要比传统活性污泥法略高。且处理规模越小，费用节省就越多。

综上所述，氧化沟法生物处理工艺比其他生物处理工艺更为经济有效且运行灵活可靠，尤其在下列情况下应用更能显示出其优越性：1)当基建投资的来源十分有限时；2)当要求的处理出水水质十分严格时；3)当要求进行脱氮处理时；4)当处理的进水水质水量波动较大时；5)当缺乏高水平的操作管理人员时。

**Main features of Oxidation ditch**:

(1)Structural diversity, operation more flexible;

(2)Simpleness, low capital investment;

(3)Good effluent water quality, denitrification;

(4)Convenient operation and management; low operating costs.

## 3.1.5　生物膜处理技术

### 3.1.5.1　生物滤池的构造及原理

(1)生物滤池的基本原理

生物滤池处理废水就是使废水与生物膜接触,进行固、液体的物质交换,利用膜内微生物将有机物氧化,使废水获得净化,同时,生物膜内微生物不断生长与繁殖。生物膜在载体上的生长过程是这样的:当有机废水或由活性污泥悬浮液培养而成的接种液流过载体时,水中的悬浮物及微生物被吸附于固相表面上,其中的微生物利用有机底物而生长繁殖,逐渐在载体表面形成一层黏液状的生物膜。这层生物膜具有生物化学活性,又进一步吸附、分解废水中呈悬浮、胶体和溶解状态的污染物。

为了保持好氧性生物膜的活性,除了提供废水营养物外,还应创造一个良好的好氧条件,亦即向生物膜供氧。在填充式生物膜法设备中常采用自然通风或强制自然通风供氧。氧透入生物膜的深度取决于它在膜中的扩散系数、固—液界面处氧的浓度和膜内微生物的氧利用率。对给定的废水流量和浓度,好氧层的厚度是一定的。增大废水浓度将减小好氧层的厚度,而增大废水流量则将增大好氧层的厚度。

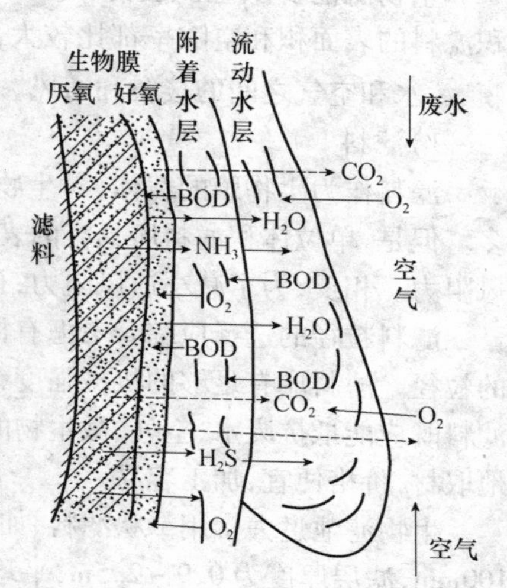


图3-1-27　生物膜中的物质传递

生物膜中物质传递过程如图3-1-27所示。由于生物膜的吸附作用。在膜的表面存在一个很薄的水层(附着水层)。废水流过生物膜时,有机物经附着水层向膜内扩散。膜内微生物在氧的参加下对有机物进行分解和机体新陈代谢。代谢产物沿底物向相反的方向扩散,从生物膜传递返回水相和空气中。

随着废水处理过程的发展,微生物不断生长繁殖,生物膜厚度不断增大,废水底物及氧的传递阻力逐渐加大,在膜表层仍能保持足够的营养以及处于好氧状态,而在膜深处将会出现营养物或氧的不足,造成微生物内源代谢或出现厌氧层,此处的生物膜因与载体的附着力减小及水力冲刷作用而脱落。老化的生物膜脱落后,载体表面又可重新吸附,生长、增厚生物膜直至重新脱落。从吸附到脱落,完成一个生长周期。在正常运行情况下,整个反应器的生物膜各个部分总是交替脱落的,系统内活性生物膜数量相对稳定,膜厚2~3mm,净化效果良好。过厚的生物膜并不能增大底物利用速度,却可能造成堵塞,影响正常通风。因此,当废水浓度较大时,生物膜增长过快,水流的冲刷力也应加大,如依靠原废水不能保证其冲刷能力时,可以采用处理出水回流,以稀释进水和加大水力负荷,从而维持良好的生物膜活性和合适的膜厚度。

生物膜中的微生物主要有细菌(包括好氧、厌氧及兼氧细菌)、真菌、放线菌、原生动物(主要是纤毛虫)和较高等的动物,其中藻类、较高等生物比活性污泥法多见。微生物沿水流方向在种属和数目上具有一定的分布。在塔式生物滤池中,这种分层现象更为明显。在填料上层以异养细菌和营养水平较低的鞭毛虫或肉足虫为主,在填料下层则可能出现世代期长的硝化菌和营养水平较高的固着型纤毛虫。真菌在生物膜中普遍存在,在条件合适时,可能成为优势种。在填充式生物膜处理技术装置中,当气温较高和负荷较低时,还容易孳生灰蝇,它的幼虫色白透明,头粗尾细,常分布在生物膜表面,成虫后在生物膜周围翔栖。

生物相的组成随有机负荷、水力负荷、废水成分、pH 值、温度、通风情况及其他影响因素的变化而变化。

(2)生物滤池的构造

生物滤池一般由钢筋混凝土或砖石砌筑而成,在平面上一般呈矩形、圆形或多边形,其中以圆形为多。它的主要组成部分是滤料、池壁、排水系统和布水系统,如图 3-1-28 所示。

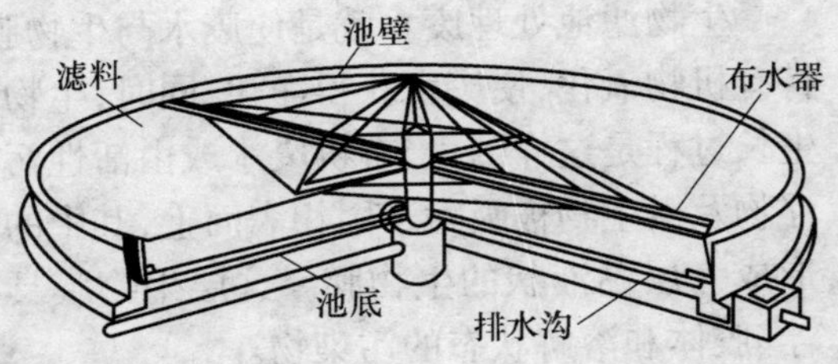

图 3-1-28　生物滤池的构造

生物滤池要求通风良好,布水均匀,单位体积滤料的表面积和空隙率都比较大,以利于生物膜、污水和空气之间的接触和通风。

1)滤料

滤料作为生物膜的载体,对生物滤池的工作影响较大。滤料表面积越大,生物膜数量越多。但是,单位体积滤料所具有的表面积越大,滤料粒径必然越小,空隙也越小,从而增大了通风阻力。相反,为了减小通风阻力,孔隙就要增大,滤料表面积将要减小。

滤料粒径的选择应综合考虑有机负荷和水力负荷等因素,当有机物浓度高时,应采用较大的粒径。滤料应有足够的机械强度,能承受一定的压力,其容重应小,以减少支承结构的荷载;滤料既应能抵抗废水、空气、微生物的侵蚀,又不应含影响微生物生命活动的杂质;滤料应能就地取材,价格便宜,加工容易。

生物滤池过去常用拳状滤料,如碎石、卵石、炉渣、焦炭等,而且颗粒比较均匀,粒径为25～100mm,滤层厚度为0.9～2.5m,平均1.8～2m。近年来,生物滤池多采用塑料滤料,主要由聚氯乙烯、聚乙烯、聚苯乙烯、聚酰胺等加工成波纹板、蜂窝管、环状及空圆柱等复合式滤料,如图 3-1-29 所示。这些滤料的特点是比表面积大(达 100～340$m^2/m^3$),孔隙率高(可达 90% 以上),从而大大改善膜生长及通风条件,使处理能力大大提高。

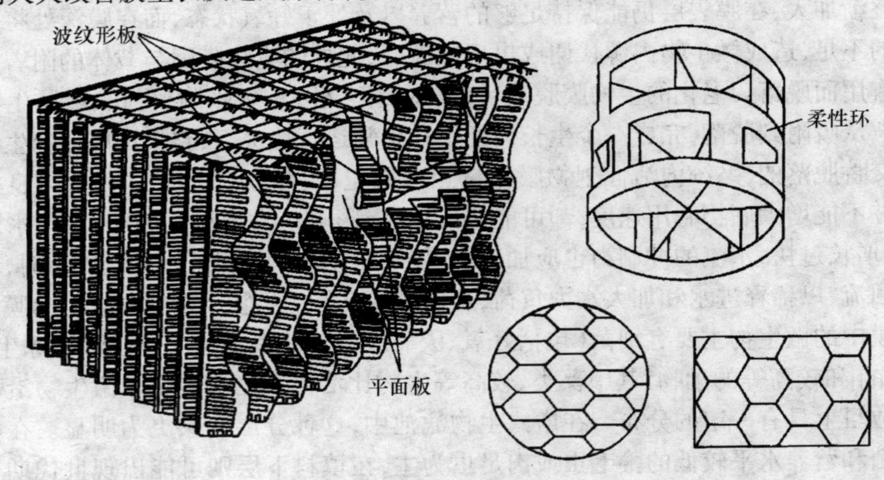

图 3-1-29　各型塑料滤料

2)池壁

生物滤池池壁只起围挡滤料的作用,一些滤池的池壁上带有许多孔洞,用以促进滤层的内部通风。一般池壁顶应高出滤层表面0.4~0.5m,以免因风吹而影响废水在池表面上的均匀分布。池壁下部通风孔总面积不应小于滤池表面积的1%。

3)排水及通风系统

排水及通风系统用以排除处理水,支撑滤料及保证通风。排水系统通常分为两层,即包括滤料下的渗水装置和底板处的集水沟和排水沟。常见的渗水装置如图3-1-30所示。其中有支撑在钢筋混凝土梁或砖基上的穿孔混凝土板图3-1-30(a)、砖砌的渗水装置图3-1-30(b)、滤砖图3-1-30(c)、半圆形开有孔槽的陶土管图3-1-30(d)。渗水装置的排水孔槽面积应不小于滤池表面积的20%,它同池底之间的间距应不小于0.3m。滤池底部可用0.01的坡度坡向池底集水沟,废水经集水沟汇流入总排水沟,总排水沟的坡度应不小于0.005。

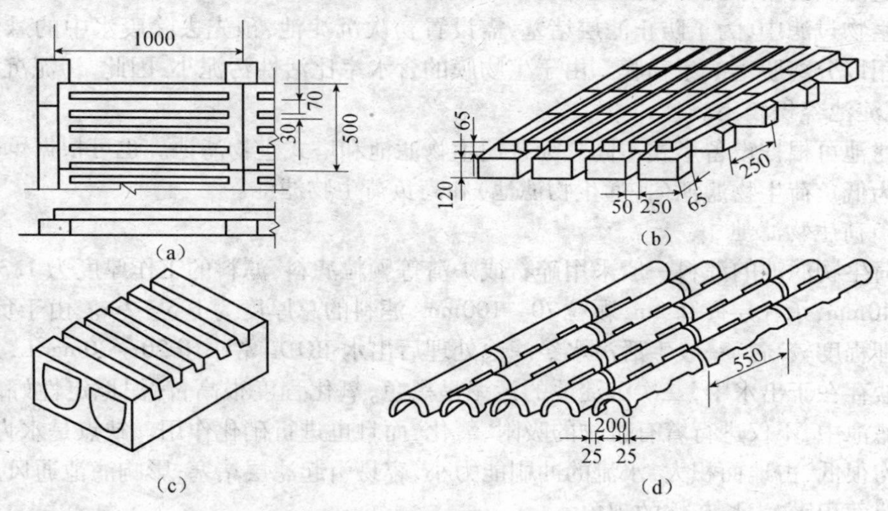


图3-1-30　生物滤池的渗水装置

(a)穿孔混凝土板;(b)砖砌的渗水装置;(c)滤砖;(d)半圆形开有孔槽的陶土管

总排水沟及集水沟的过水断面应不大于沟断面积的50%,以保留一定的空气流通空间。沟内水流的设计流速应不小于0.6m/s。

如生物滤池的池面积不大,池底可不设集水沟,而采用坡度为0.005~0.01的池底将水流汇向池内或四周的总排水沟。

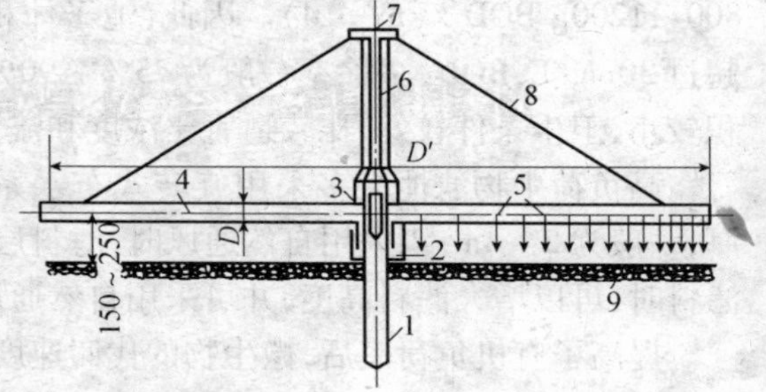


图3-1-31　旋转式布水器

1—进水竖管;2—水银封;3—配水横管;4—布水横管;5—布水小孔;6—中央旋转柱;7—上部轴承;8—钢丝绳;9—滤料

4)布水装置

布水装置设在填料层的上方,用以均匀喷洒废水。早期使用的布水装置是间歇喷淋式的,每两次喷淋的间隔时间为20~30min,让生物膜充分通风。后来发展为连续喷淋,使生物膜表面形成一层流动的水膜,这种布水装置布水均匀,能保证生物膜得到连续的冲刷。目前广泛采用的连续式布水装置是旋转布水器,如图3-1-31所示。

旋转布水器适用于圆形或多边形生物滤池,它主要由进水竖管和可转动的布水横管组成,固定的竖管通过轴承和配水短管联系,配水短管连接布水横管,并一起旋转。布水横管一般为2~4根,横管中心高出滤层表面0.15~0.25m,横管沿一侧的水平方向开设有直径10~15mm的布水孔。为使每孔的洒水服务面积相等,靠近池中心的孔间距应较大,靠近池边的孔间距应较小。当布水孔向外喷水时,在反作用力推动下布水横管旋转。为了使废水能均匀喷洒到滤料上,每根布水横管上的布水孔位置应错开,或者在布水孔外设可调节角度的挡水板,使废水从布水孔喷出后能成线状,均匀的扫过滤料表面。旋转布水器所需水头一般为0.25~1m,旋转速度为0.5~9r/min。

(3)生物过滤法的基本流程与分类

生物过滤法的基本流程与活性污泥法相似,由初次沉淀—生物滤池—二次沉淀等三部分组成。在生物过滤中,为了防止滤层堵塞,需设置初次沉淀池,预先去除废水中的悬浮物。二次沉淀池用以分离脱落的生物膜。由于生物膜的含水率比活性污泥小,因此,污泥沉淀速度较大,二次沉淀池容积较小。

生物滤池可根据设备形式不同分为普通生物滤池和塔式生物滤池。也可根据承受污水负荷大小分为低负荷生物滤池(普通生物滤池)和高负荷生物滤池。

1)低负荷生物滤池

低负荷生物滤池的滤料一般采用碎石或炉渣等颗粒滤料,滤料的工作厚度为1.3~1.8m,粒径25~40mm,承托层厚0.2m,颗粒70~100mm,滤料的总厚度为1.5~2m。由于负荷率低,污水的处理程度较高。一般生活污水经滤池处理后出水$BOD_5$常小于20~30mg/L,并有溶解氧的硝酸盐存在于出水中,二次沉淀池的污泥呈黑色,氧化程度很高,污泥稳定性好。说明在这种生物滤池中,不仅进行着有机物的吸附、氧化,而且也进行硝化作用。缺点是水力负荷、有机负荷率均很低,占地面积大,水流的冲刷能力小,容易引起滤层堵塞,影响滤池通风。有些滤池还出现池面积水、生长灰蝇的现象。

2)高负荷生物滤池

高负荷生物滤池的构造基本上与低负荷生物滤池相同,但所采用的滤料粒径和厚度都较大,水力负荷率较高,一般为10~30$m^3/(m^3 \cdot d)$,为普通生物滤池的10倍,有机负荷率为800~1200g $BOD_5/(m^3 \cdot d)$。因此,池子体积较小,节省占地面积,但是出水的$BOD_5$一般要超过30mg/L,$BOD_5$去除率一般为75%~90%。一般出水中极少有或没有硝酸盐。它占地面积较小,卫生条件较好,比较适宜于浓度和流量变化较大的废水处理。

高负荷生物滤池大多采用旋转式布水系统。滤料的直径一般为40~100mm,滤料层较厚,一般为2~4m;当采用自然通风时,滤料层厚度一般不应大于2m,采用塑料和树脂制成的滤料时,可以增大滤料高度,并可采用自然通风。

提高了有机负荷率后,微生物的代谢速度加快,即生物膜的增长速度加快。由于同时提高了水力负荷率,也使冲刷作用大大加强,因此不会造成滤池的堵塞,滤池中的生物膜不再像普通生物滤池那样,主要是由于生物膜老化及昆虫活动而呈周期性的脱落,而是主要由于污水的冲刷而表现为经常性的脱落。脱落的生物膜中,大多是新生物的细胞,没有得到彻底的氧化,因此,稳定性比普通生物滤池的生物膜差,产泥量大。这种滤池由于负荷大,处理程度较低,池内不出现硝化。它占地面积较小，卫生条件较好，比较适宜于浓度和流量变化较大的废水。

为了保证在提高有机负荷率的同时又能保证一定的出水水质，并防止滤池的堵塞，高负荷生物滤池的运行常采用回流式的运行方式。利用出水回流至滤池前与进水混合，这样既可提高水力负荷率，又可稀释进水的有机物浓度，可以保证出水水质，并可防止滤池堵塞。一般，当滤池进水 $BOD_5>200mg/L$ 时，常需采用回流。回流方式如图3-1-32所示。

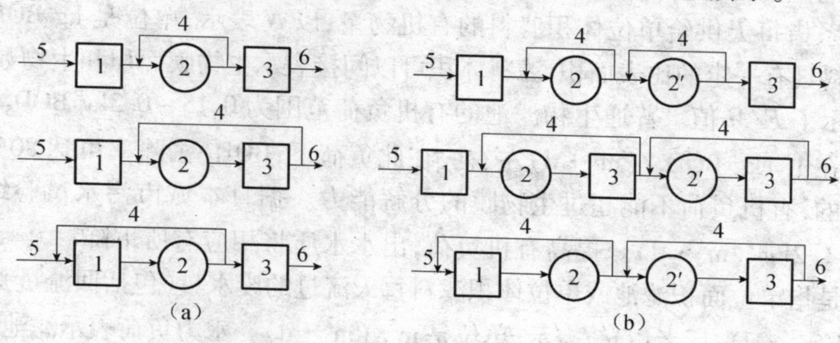


图3-1-32　高负荷生物滤池的回流形式

(a)一级生物滤池；(b)二级生物滤池

1—初次沉淀池；2—生物滤池；2′—第二级生物滤池；3—二次沉淀池；4—回流；5—进水；6—出水

采用出水回流的高负荷生物滤池，实际进入滤池的底物浓度表示为式(3-1-11)：

$$S_i=\frac{S_0+RS_e}{1+R} \tag{3-1-11}$$

式中　$S_i$——实际进入滤池的废水浓度；

$S_0$——原废水经初次沉淀后的浓度；

$S_e$——二次沉淀出水浓度；

$R$——回流比$\left(=\frac{\text{回流水量}}{\text{进入初次沉淀池的原废水量}}\right)$。

当要求废水的处理程度较高时，可采用二级滤池串联流程。二级滤池串联时，出水浓度较低，处理效率可达90%以上。但是，二级滤池串联流程中，第一级滤池接触的废水浓度高，生物膜生长较快，而第二级滤池情况刚好相反，因此，往往第一级滤池生物膜过剩时，第二级滤池还未充分发挥作用。为了克服这种现象，可将两个滤池定期交替工作。

3)塔式生物滤池

塔式生物滤池是一种塔式结构的生物滤池，滤料采用孔隙率大的轻质塑料滤料，滤层厚度大，从而提高了抽风能力和废水处理能力。塔式生物滤池进水负荷特别大，自动冲刷能力强，只要滤料填装合理，不会出现滤层堵塞现象。

塔式生物滤池负荷比高负荷生物滤池大好几倍，比普通生物滤池大好几十倍，可承受较高浓度的废水，耐负荷冲击的能力也强，要求通风量较大，在最不利的水温条件下，往往需要实行机械通风。

塔式生物滤池的滤层厚，水力停留时间长，分解的有机物量大，单位滤池面积处理能力高，占地面积小，管理方便，工作稳定性好，投资和运转费用低，还可采用密封塔结构，避免废水中挥发性物质形成二次污染。卫生条件好。但是，塔式生物滤池出水浓度较高，外观不清澈，常有游离细菌，所以，塔式生物滤池适宜于在二级处理串联系统中作为第一级处理设备，也可以在废水处理程度要求不高时使用。

(4)影响生物滤池性能的主要因素

1)负荷

负荷是影响生物滤池性能的主要参数。通常分有机负荷和水力负荷两种。

有机负荷系指每天供给单位体积滤料的有机物量，以 $N$ 表示，单位是 kg $BOD_5/(m^3 \cdot d)$。由于一定的滤料具有一定的比表面积，滤料体积可以间接表示生物膜面积和生物数量，所以有机负荷实质上表示了 $F/M$ 值。普通生物滤池的有机负荷范围为 0.15 ~ 0.3kg $BOD_5/(m^3 \cdot d)$；高负荷生物滤池在 1.1kg $BOD_5/(m^3 \cdot d)$ 左右。在此负荷下，$BOD_5$ 去除率可达 80% ~ 90%。为了达到处理目的，有机负荷不能超过生物膜的分解能力。据日本城市污水试验结果，$BOD_5$ 负荷的极限值为 1.2kg$/(m^3 \cdot d)$。提高有机负荷，出水水质将相应有所下降。

水力负荷是指单位面积滤池或单位体积滤料每天流过的废水量(包括回流量)，前者以 $q_F$ 表示，单位是 $m^3/(m^2 \cdot d)$；后者以 $q_V$ 表示，单位是 $m^3/(m^2 \cdot d)$。水力负荷表示滤池的接触时间和水流的冲刷能力。$q$ 太大，接触时间短，净化效果差，$q$ 太小，滤料不能完全利用，冲刷作用小。一般地，普通生物滤池的水力负荷为 1 ~ 4$m^3/(m^2 \cdot d)$，高负荷生物滤池为 5 ~ 28$m^3/(m^2 \cdot d)$。

有机负荷、水力负荷和净化效率是全面衡量生物滤池工作性能的三个重要指标，它们之间的关系见式(3-1-12)：

$$N = \frac{Q}{V}S_0 = q_V \frac{S_e}{1-\eta} = \frac{q_F S_e}{H(1-\eta)} \tag{3-1-12}$$

由式(3-1-12)可见，①当进水浓度 $S_0$ 和净化效率 $\eta$ 一定时，出水浓度 $S_e$ 也一定，则 $q_V$ 与 $N$ 成正比；②当出水浓度 $S_e$ 和水力负荷 $q_V$ 一定时，$\eta$ 越高意味着 $N$ 也越高；③当负荷和出水浓度 $S_e$ 一定时，$\eta$ 随滤池深度 $H$ 增加而提高。由于不同深度处的废水组成不同，膜中微生物种类和数量也不同，因而实际的有机物去除速率是不同的。一般沿水流方向，有机物去除率递减。当滤池深度超过某一数值后，处理效率提高不大。通常滤池的深度为 2 ~ 3m。

2)处理水回流

在高负荷生物滤池的运行中，多用处理水回流，其优点是：①增大水力负荷，促进生物膜的脱落，防止滤池堵塞；②稀释进水，降低有机负荷，防止浓度冲击；③可向生物滤池连续接种，促进生物膜生长；④增加进水的溶解氧，减少臭味；⑤防止滤池孳生蚊蝇。但缺点是：缩短废水在滤池中的停留时间；降低进水浓度，将减慢生化反应速度，回流水中难降解的物质会产生积累，以及冬天使池中水温降低等。

可见，回流对生物滤池性能的影响是多方面的，采用时应作周密分析和试验研究。一般认为在下述三种情况下应考虑出水回流：①进水有机物浓度较高(如 COD > 400mg/L)；②水量很小，无法维持水力负荷在最小经验值以上时；③废水中某种污染物在高浓度时可能抑制微生物生长。

3)供氧

向生物滤池供给充足的氧是保证生物膜正常工作的必要条件，也有利于排除代谢产物。影响滤池自然通风的主要因素是滤池内外的气温差($\Delta T$)以及滤池的高度。温差愈大，滤池内的气流阻力愈小(亦即滤料粒径大、孔隙大)，通风量也就愈大。

根据 Halverson 的研究结果如图 3-1-33 所示,$\Delta T$ 与池内空气流动速度 $v$ 具有以下经验关系如式(3-1-13):

$$v = 0.075\Delta T - 0.15(\text{m/min}) \tag{3-1-13}$$

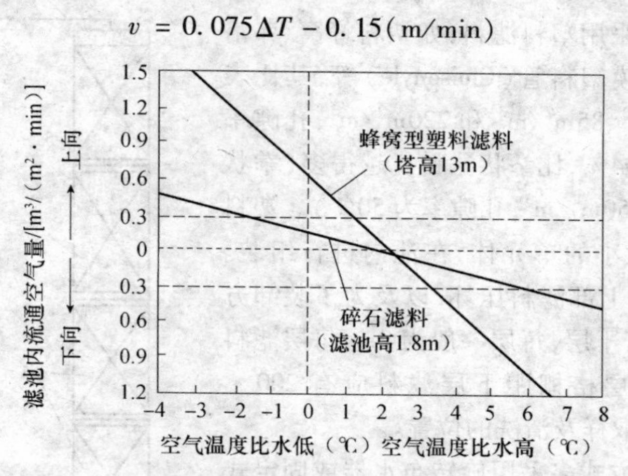


图 3-1-33　气温和水温的温差与滤池内通风量的关系

滤池内的气温和水温一般比较接近,因废水温度比较稳定,故池内气温的变化幅度也不大。但滤池外气温不单在一年内随季节的转换而有很大的变化,即使在一日内也有较大变化。所以,生物滤池的通风量随时都在变化着。当池内温度大于池外温度时,池内气流由下向上流动,反之,气流由上向下流动。

供氧条件与有机负荷密切相关。当进水有机物浓度较低时,自然通风供氧是充足的。但当进水 COD > 400 ~ 500mg/L 时,则出现供氧不足,生物膜好氧层厚度较小。为此,有人建议限制生物滤池进水 COD < 400mg/L。当入流浓度高于此值时,采用回流稀释或机械通风等措施,以保证滤池供氧充足。

---

**The Structure of Biological Filter**:

(1) Biological Filter is composed by filter material, pool wall, drainage system, water distribution system;
(2) Filter material is the carrier of biological membrane;
(3) Pool Wall can retain filter material;
(4) Drainage system is usually divided into two layers: seepage device and collector drain, drainage ditch;
(5) Water distribution system is arranged in the filler layer, spray wastewater uniformly.

---

(5)塔式生物滤池

塔式生物滤池的构造与一般生物滤池相似,主要不同在于采用轻质高孔隙率的塑料滤料和塔体结构。塔直径一般为 1 ~ 3.5m,塔高为塔径的 6 ~ 8 倍。图 3-1-34(a)为塔式生物滤池的构造示意图。

塔身通常为钢板或由钢筋混凝土及砖石筑成,塔身上应设有供测量温度的测温孔和观测孔,通过观测孔可以观察生物膜的生长情况和取出不同高度处的水样和生物膜样品。塔身除底部开设通风孔或接有通风机外,顶部可以是开敞的或封闭的。为防止挥发性气体污染大气,可用集气管从塔顶部将尾气收集起来，通过独立吸收塔或设在塔顶的吸收段加以净化，见图3-1-34(b)。

塔式生物滤池都采用塑料滤料，如塑料蜂窝、弗洛格(Flocor)填料和隔膜塑料管(Cloisonyle)等，其比表面积分别为200$m^2/m^3$、85$m^2/m^3$和220$m^2/m^3$，孔隙率分别为95%、98%及94%，比拳状滤料优越得多(拳状滤料比表面积为45～50$m^2/m^3$，孔隙率为50%)。塑料滤料通常制成一定大小的单元体，在池内进行组装。为了防止下层滤料被上部滤料压坏，以及为了装卸方便，一般将滤料分成若干层，每层一般为2m，每层滤料用钢制格栅支承，上层格栅距下层滤料应有200～400mm，以留作观测、取样及清洗的位置。

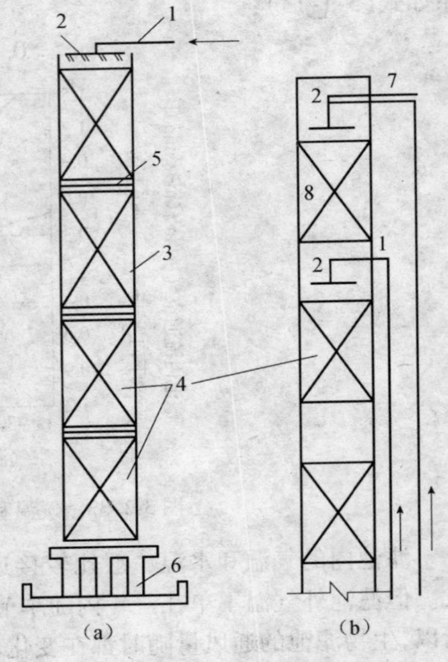

图3-1-34　塔式生物滤池

(a)塔式生物滤池；(b)二段塔滤的吸收段示意图

1—进水管；2—布水器；3—塔深；4—滤料；5—填料支撑；6—塔深底座；7—吸收段进水管；8—吸收段填料

塔式滤池的布水方式多采用旋转布水器或固定式穿孔管，前者适用于圆形滤池，后者适用于方形滤池。滤池顶应高出滤层0.4～0.5m，以免风吹影响废水的均匀分布。

由于塔体高度大，抽风能力强，即使有机负荷大，采用自然通风仍能满足供氧要求。为了保证正常的自然通风，塔身下部通风口面积应不少于滤池面积的7.5%～10%，通风口高度应保证有0.4～0.6m。为了适应气候(包括气温、风速)的变化，保证废水处理效率，往往还加设通风机，必要时进行机械通风。

塔式生物滤池不同高度处的F/M值不同，生物相具有明显分层，上层F/M大，生物膜生长快，厚度大，营养水平低；下层膜生长慢，厚度小，营养水平较高。为了充分利用滤料的有效面积，提高滤池承受负荷的能力，可采用多段进水，均匀全塔的负荷。

塔式生物滤池是一种高效能的生物处理设备，与活性污泥法具有同等的有机物去除能力，其水力负荷和有机负荷比高负荷生物滤池分别高2～10倍和2～3倍。主要原因在于滤料厚度大，废水与生物膜接触时间长；水流速度大，紊流强烈，能促进气—液—固相间物质传递；滤料孔隙大，通风良好；冲刷力强，能保持膜的活性；微生物在不同高度有明显分层现象，对有机物氧化起着不同作用，适应废水沿程水质变化，以及适应废水的负荷冲击。这种处理设备占地小，适合于企业内使用，操作的卫生条件好，无二次污染；但是，由于水力负荷较大，废水处理效率较低。

塔式生物滤池的净化能力和容许负荷同塔体高度、气温等因素有关。

塔式生物滤池的设计计算与一般生物滤池相似，主要设计依据是有机负荷。有机负荷可由要求的出水浓度通过试验求得或由经验曲线确定。一般容积有机负荷为1000～3000g $BOD_5/(m^3 \cdot d)$，水力负荷为80～200$m^3/(m^2 \cdot d)$，$BOD_5$去除率为60%～85%。

### 3.1.5.2　生物膜技术的应用及发展

(1)生物转盘技术

1)生物转盘的构造与原理

生物转盘又称浸没式生物滤池,是从传统生物滤池演变而来。生物膜的形成、生长以及其降解有机污染物的机理与生物滤池基本相同,但其构造却完全不一样。生物转盘是由固定在一根轴上的许多间距很小的圆盘或多角形盘片组成。盘片可用聚氯乙烯、聚乙烯、泡沫聚苯乙烯、玻璃钢、铝合金或其他材料制成。盘片可以是平板,也可以是点波波纹板等形式,也有用平板和波纹板组合,因为点波波纹板盘片的比表面积比平板大一倍。盘片有接近一半的面积浸没在半圆形、矩形或梯形的氧化槽内。在电机带动下,盘片组在水槽内缓慢转动,废水在槽内流过,水流方向与转轴垂直,槽底设有排泥管或放空管,以控制槽内废水中悬浮物的浓度。

盘片作为生物膜的载体,当生物膜处于浸没状态时,废水有机物被生物膜吸附,而当它处于水面以上时,大气中的氧向生物膜传递,生物膜内所吸附的有机物氧化分解,生物膜恢复活性。这样,生物转盘每转动一圈即完成一个吸附—氧化的周期。由于转盘旋转及水滴挟带氧气,所以氧化槽也被充氧,起一定的氧化作用。增厚的生物膜在盘面转动时形成的剪切力作用下,从盘面剥落下来,悬浮在氧化槽的液相中,并随废水流入二次沉淀池进行分离。二次沉淀池排出的上清液即为处理后的废水,沉泥作为剩余污泥排入污泥处理系统。其工艺流程见图3-1-35。

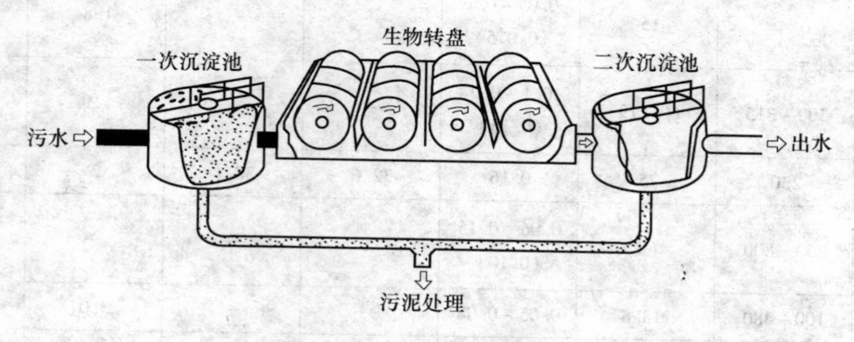


图3-1-35　生物转盘工艺流程

与生物滤池相同,生物转盘也无污泥回流系统,为了稀释进水,可考虑出水回流,但是,生物膜的冲刷不依靠水力负荷的增大,而是通过控制一定的盘面转速来达到。

生物转盘在实际应用上有各种构造型式,最常见是多级转盘串联,以延长处理时间,提高处理效果。但级数一般不超过四级,级数过多,处理效率提高不大。根据圆盘数量及平面位置,可以采用单轴多级或多轴多级形式。

生物转盘的盘片直径一般为1~3m,最大的达到4m,过大时可能导致转盘边缘的剪切力过大。盘片间距(净距)一般为20~30mm,原水浓度高时,应取上限,以免生物膜堵塞。盘片厚度一般为1~5mm,视盘材而定。转盘转速通常为0.8~3r/min,边缘线速度为10~20m/min为宜。每单根轴长一般不超过7m,以减少轴的挠度。

2)生物转盘的优缺点

生物转盘是一种较新型的生物膜法废水处理设备,国外使用比较普遍,国内主要用于工业废水处理,部分运行资料见表3-1-9。

**表3-1-9 国内部分生物转盘处理工业废水的运行资料**

| 废水类型 | 进水BOD (mg/L) | 出水BOD (mg/L) | 出力负荷 [$m^3$($m^2$·d)] | BOD负荷 [g/($m^2$·d)] | COD负荷 [g/($m^2$·d)] | 停留时间 (h) | 水温 (℃) |
|---|---|---|---|---|---|---|---|
| 含酚 | 酚50~250 (152) | — | 0.05~0.113 (0.070) | — | 15.5~35.5 (22.8) | 1.5~2.7 (2.6) | >15 (10.5) |
| 印染 | 100~280 (158) | 12.8~96 (47) | 0.04~0.24 (0.12) | 12~23.2 (16.2) | 10.3~43.9 (28.1) | 0.6~1.3 | >10 |
| 煤气洗涤 | 130~765 (365) | 15~79 | 0.019~0.1 (0.055) | 7.8~16.6 (12.2) | 26.4 | 1.3~4.0 (2.95) | >20 |
| 酚醛 | 422~700 (600) | 100 | 0.031 | 7.15~22.8 (15.7) | 11.7~24.5 (17.8) | 3.0 | 24 |
| 酚氰 | 422 | 145 | 0.1 | 7.15 | 11.7 | 2.0 | — |
| 苯胺 | 苯胺53 | 苯胺15 | 0.03 | — | — | — | — |
| 苎麻煮炼黑液 | 367 | 81 | 0.066 | — | — | 2.3 | 21~28 |
| 丙烯腈 | 84 | 15 | 0.05~0.1 (0.075) | — | — | 1.8 | — |
| 腈纶 | 300~315 | 60~19 | 0.1~0.2 (0.15) | — | — | 1.9 | 30 |
| 氯丁废水 | 230 | 25 | 0.16 | 32.6 | 38.1 | 2 | 15~20 |
| 制革 | 250~800 | 60 | 0.06~0.15 (0.10) | — | — | — | 22 |
| 造纸中段 | 100~480 | 113.6 | 0.05~0.08 | — | — | 3.0 | 20~30 |
| 铁路罐车 | 28.8 | 2.1 | 0.15 | — | — | 1.13 | 25 |

注:括号内数值为平均值。

与活性污泥法相比,生物转盘在使用上具有以下优点:

①管理简便,无活性污泥膨胀现象及泡沫现象,无污泥回流系统控制。

②剩余污泥量小,污泥含水率低,沉淀速度大,易于沉淀分离和脱水干化。根据已有的生产运行资料,转盘污泥形成量通常为0.4~0.5kg/kg $BOD_5$(去除),污泥沉淀速度可达4.6~7.6m/h。开始沉淀,底部即开始压密。所以,一些生物转盘将氧化槽底部作为污泥沉淀与贮存用,从而省去二次沉淀池。

③设备构造简单,无通风、回流及曝气设备,运转费用低,耗电量低,一般耗电量为0.024~0.03kW·h/kg $BOD_5$。

④可采用多层布置,设备灵活性大,可节省占地面积。

⑤可处理高浓度的废水，承受 $BOD_5$ 可达 1000mg/L，耐冲击能力强。根据所需的处理程度，可进行多级串联，扩建方便。国外还将生物转盘建成为去除 BOD—硝化—厌氧脱氮—曝气充氧组合处理系统，以提高废水处理水平。

⑥废水在氧化槽内停留时间短，一般在 1～15h 左右，处理效率高，$BOD_5$ 去除率一般可达 90% 以上。

---

**Compared with the activated sludge process, rotating biological contactor advantages:**

(1) Simple management, no activated sludge bulking and foam, no sludge refluxing system control;

(2) Less residual sludge, low sludge water content, high precipitation speed, simple precipitation separation and dehydration;

(3) A simple device structure, no ventilation, reflux apparatus, aeration equipment, low operating costs, low power consumption;

(4) Multilayer arrangement, high flexibility of equipment, low space occupation;

(5) High concentration wastewater treatment, strong capability of resisting impact;

(6) The wastewater has short residence time in oxidation groove.

---

生物转盘同一般生物滤池相比，也具有一系列优点：

①无堵塞现象。

②生物膜与废水接触均匀，盘面面积的利用率高，无沟流现象。

③废水与生物膜的接触时间较长，而且易于控制，处理程度比高负荷滤池和塔式滤池高。可以调整转速改善接触条件和充氧能力。

④同一般低负荷滤池相比，它占地较小，如采用多层布置，占地面积可同塔式生物滤池相媲美。

⑤系统的水头损失小，节省能耗。

但是，生物转盘也有它的缺点：

①盘材较贵，投资大。从造价考虑，生物转盘仅适用于小水量低浓度的废水处理。

②因为无通风设备，转盘的供氧依靠盘面的生物膜接触大气，这样，废水中挥发性物质将会产生污染。采用从氧化槽的底部进水可以减少挥发物的散失，比从氧化槽表面进水好，但是，挥发物质污染依然存在。因此，生物转盘最好作为第二级生物处理装置。

③生物转盘的性能受环境气温及其他因素影响较大，所以在北方设置生物转盘时，一般置于室内，并采取一定的保温措施。建于室外的生物转盘都应加设雨棚防止雨水淋洗，使生物膜脱落。

(2)接触氧化技术

生物接触氧化的早期形式为淹没式好气滤池，即在曝气池中填充块状填料或塑料蜂窝填料，经曝气的废水流经填料层，使填料颗粒表面长满生物膜，废水和生物膜相接触，在生物膜的作用下，废水得到净化。随着各种新型的塑料填料的制成和使用，目前这种淹没式好气滤池已发展成为接触氧化池。接触氧化池内用鼓风或机械方法充氧，填料大多为蜂窝型硬性填料或纤维型软性填料，构造示意见图 3-1-36。

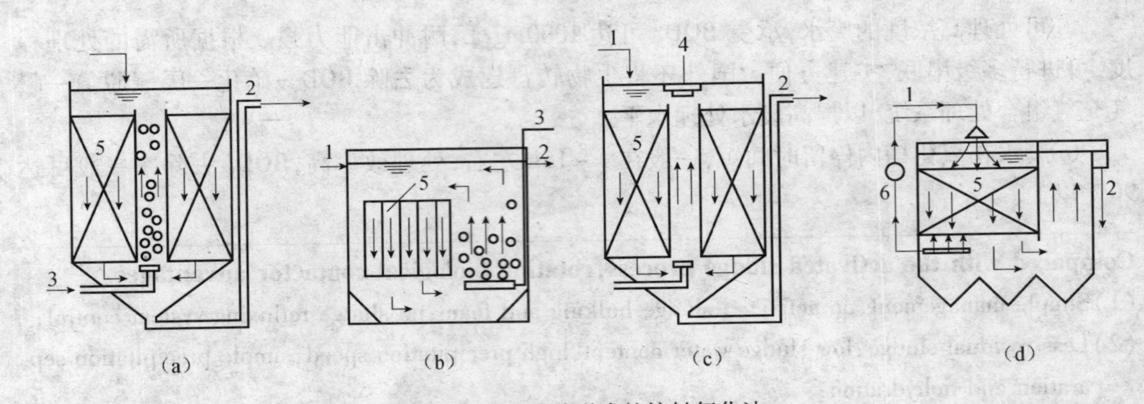


图 3-1-36　几种形式的接触氧化池

(a)间歇曝气式生物接触氧化池；(c)表面曝气式生物接触氧化池；(b)、(d)单侧曝气式生物接触氧化池

1—进水管；2—出水管；3—进气管；4—叶轮；5—填料；6—泵

生物接触氧化池的形式很多。从水流状态可分为分流式(池内循环式)和直流式。分流式普遍用于国外，废水充氧和同生物膜接触是在不同的空间内进行的，废水充氧后在池内进行单向或双向循环，如图 3-1-36 所示。这种形式能使废水在池内反复充氧，废水同生物膜接触时间长，但是耗气量较大；水穿过填料层的速度较小，冲刷力弱，易于造成填料层堵塞，尤其在处理高浓度废水时，这种情况更值得重视。直流式接触氧化池(又称全面曝气接触式接触氧化池)是直接从填料底部充氧的，填料内的水力冲刷依靠水流速度和气泡在池内碰撞、破碎而形成冲击力，只要水流及空气分布均匀，填料不易堵塞。这种形式的接触氧化池耗氧量小，充氧效率高，同时，在上升气流的作用下，液体出现强烈的搅拌，促进氧的溶解和生物膜的更新，也可以防止填料堵塞。目前国内大多采用直流式。

从供氧方式分，接触氧化法可分为鼓风式、机械曝气式、洒水式和射流曝气式几种。国内以鼓风式和射流曝气式为主。

接触氧化池填料的选择要求比表面积大，空隙率大，水力阻力小，性能稳定。垂直放置的塑料蜂窝管填料曾经广泛采用。这种填料比表面积较大，单位填料上生长的生物膜数量较大。据实测，每平方米填料表面上的活性生物量可达 125g，如折算成悬浮混合液，则浓度为 13g/L，比一般活性污泥法的生物量大得多。但是这种填料各蜂窝管间互不相通，当负荷增大或布水均匀性较差时，则易出现堵塞，此时若加大曝气量，又会导致生物膜稳定性变差，产生周期性的大量剥离，净化功能不稳定。近年来国内外对填料做了许多研究工作，开发了塑料规整网状填料，见图 3-1-37(a)。在网状填料中，水流可以四面八方连通，相当于经过多次再分布，从而防止了由于水气分布不均匀而形成的堵塞现象。缺点是填料表面较光滑，挂膜缓慢，稍有冲击就易于脱落。国内也有采用软性填料，即由纵向安设的纤维绳上绑扎一束束的人造纤维丝，形成巨大的生物膜支承面积，如图 3-1-37(b)。实践表明，这种填料耐腐蚀、耐生物降解，不堵塞，造价低，体积小，重量轻(约 2 ~ 3$kg/m^3$)，易于组装，适应性强，处理效果好。现已批量生产以供选用。但这种填料在氧化池停止工作时，会形成纤维束结块，清洗较困难。

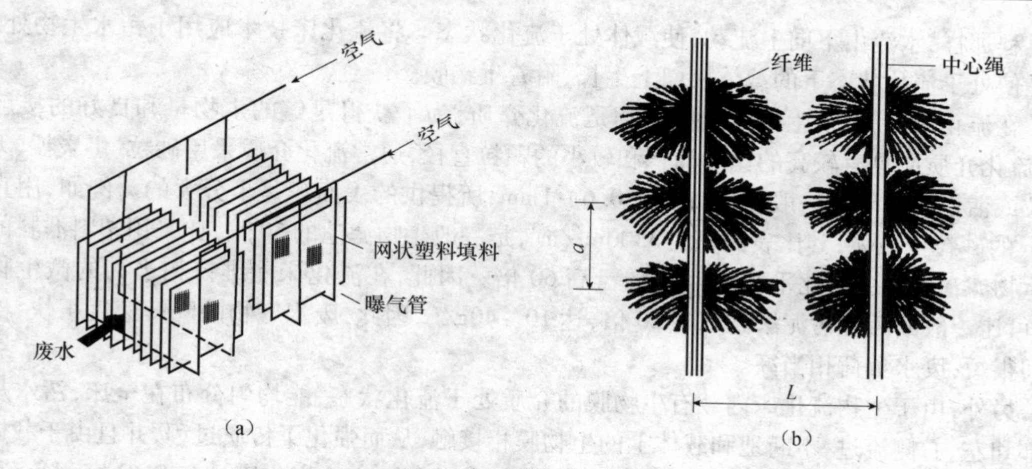


图 3-1-37　接触氧化池填料

(a)网状填料;(b)软性填料

从接触氧化池脱落下来的生物污泥含有大量气泡,宜采用气浮法分离。

一般废水在接触氧化池内停留时间为 0.5 ~ 1.5h,填料负荷为 3 ~ 6kg $BOD_5/(m^3 \cdot d)$。当采用蜂窝管时,管内水流速度在 1 ~ 3m/h 左右,管长 3 ~ 5m(分层设置)。由于氧化池内生物浓度高(折算成 MLSS 达 10g/L 以上),故耗氧速度比活性污泥快,需要保持较高的溶解氧,一般为 2.5 ~ 3.5mg/L,空气与废水体积比为(10 ~ 15):1。

生物接触氧化法的主要优点为:处理能力大、占地省;对冲击负荷有较强的适应性,污泥生长量少;不发生污泥膨胀的危害;能保证出水水质;不需污泥回流。其主要缺点是:布气、布水不易均匀;填料价格昂贵,影响基建投资;使用不当时,硬性填料较易堵塞。

---

**Biological contact oxidation process**:

(1) Biological contact oxidation reactor composed of three aspects: filling materials, biological membrane and liquid;

(2) According to the flow state, biological contact oxidation pool is divided into the shunt and direct current;

(3) According to the oxygen supply mode, contact oxidation process can be divided into the blast type, mechanical aeration type, sprinkling type and jet aeration type.

---

(3)生物流化床技术

要进一步强化生物处理技术,提高处理效率,关键的条件有二:一是提高单位体积内的生物量,特别是活性的生物量;二是强化传质作用,强化有机底物从污水中向细菌传质的过程。

对第一个条件采取的措施,是扩大微生物栖息、生活的表面积,增加生物膜量,但是为此必须相应地提高充氧能力。对第二个条件采取的措施,是扩大生物体与污水的接触面积,加强在污水与生物膜之间的相对运动。

20 世纪 70 年代出现的生物流化床,为解决这两个问题创造了条件,把生物膜技术推向一个新的高度。流化床本是用于化工领域的一项技术,它是以颗粒材料为载体,像给水滤池反冲洗过程那样，水流由下向上流动，使载体处于流化状态。将流化床技术应用于污水生物处理，就是使处于流化状态下的载体表面上生长、附着生物膜。

在流化床中，支承生物膜的固相物是流化介质，为了获得足够的生物量和良好的接触条件，流化介质应具有较高的比表面积和较小的颗粒直径，通常流化介质采用砂粒、焦炭粒、无烟煤粒或活性炭粒等。一般颗粒直径为0.6～1mm，所提供的表面积是十分大的。例如，用直径1mm的砂粒作载体，其比表面积为3300$m^2/m^3$，是一般生物滤池的50倍，比采用塑料滤料的塔式生物滤池高20倍，比平板式生物转盘高60倍。因此，在流化床能维持相当高的微生物浓度，可比一般的活性污泥法高10～20倍，达10～40g/L，因此，废水底物的降解速度很快，停留时间很短，废水负荷相当高。

另外，由于生物流化床内载有生物膜的介质处于流化状态，能均匀分布在全床，污水从其下部和左、右侧流过，不断地和载体上的生物膜相接触，从而强化了传质过程，并且由于载体不停地流动，能够有效地防止发生生物膜堵塞的问题。因此，生物流化床具有BOD容积负荷高、处理效果好、占地少以及投资省等特点，兼有活性污泥法均匀接触条件所形成的高效率和生物膜法能承受负荷变动冲击的优点。

由于比表面积大，对废水污染物的吸附能力强，尤其是采用活性炭作为流化介质时，吸附作用更为显著。在这样一个强吸附力场作用下，废水中有机物和微生物、酶都将在流化的生物膜表面富集，使表面形成微生物生长的良好场所。像活性炭这样的介质，其表面官能团（—COOH、—OH）能与微生物的酶结合，所以酶在表面的浓度很高，炭粒实际上已成为酶的载体。因此，一些难以分解的有机物或分解速度较慢的有机物，能够在介质表面长期停留，对表面吸附着的生物膜进行长时间的驯化和诱导，使有机物能够得以顺利降解，同时也能在高浓度的作用下，提高降解的速度。

由于表面吸附作用和吸附平衡关系，废水浓度的变化对系统工作影响大大减少。因为吸附表面将对这种变化起缓冲作用。

生物流化床综合了介质的流化机理、吸附机理和生物降解机理，过程比较复杂。由于它兼顾物理化学法和生物法的优点，又兼顾了活性污泥法和生物膜法的优点，所以，这种方法颇受人们重视。目前许多部门正积极研究和应用这种方法来处理废水，在试验和生产中已取得一些经验。

1）生物流化床的类型

根据供氧、脱膜和床体结构等的不同，生物流化床主要有以下两种工艺。

①两相生物流化床

液固两相流化床流程如图3-1-38所示。其充氧与流化过程分开，并完全依靠水流使载体流化。它可以纯氧或压缩空气为氧源，使废水与回流水在充氧设备中与氧或空气相接触，由于氧转移至水中，水中溶解氧含量得以提高。当使用纯氧时，水中溶解氧可提高到32～40mg/L以上；而以压缩空气为氧源时，由于氧在空气中的分压

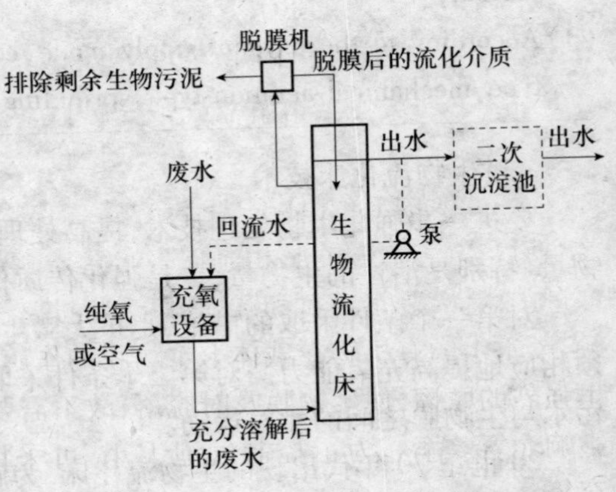


图3-1-38　固液两相生物流化床流程

低，因此充氧后水中的溶解氧较低，一般小于9mg/L。

经过充氧后的废水从底部进入生物流化床，使载体流化，并通过载体上生物膜的作用进行生物降解，处理后的废水从上部流出床外，进入二次沉淀池进行固液分离，上清液即为处理后的最终的出水。

为了更新生物膜，要及时脱除载体上的老化生物膜，为此，在流程中设有脱膜设备（见图3-1-39和图3-1-40）。脱膜设备系间歇工作，脱膜后的载体再次返回流化床，而脱除下来的生物膜则作为剩余的生物污泥排出系统外。

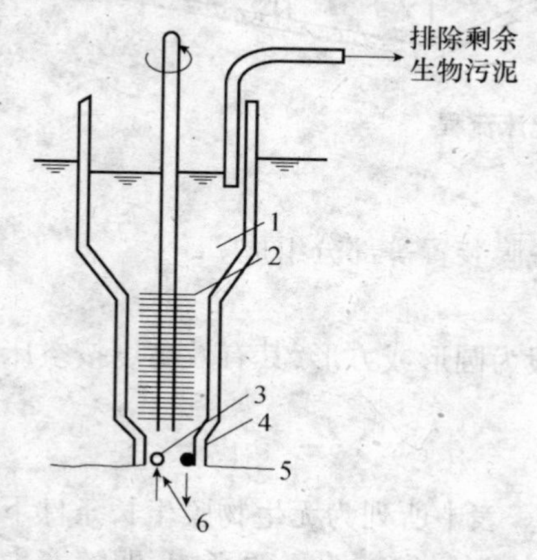


图3-1-39　转刷脱膜装置

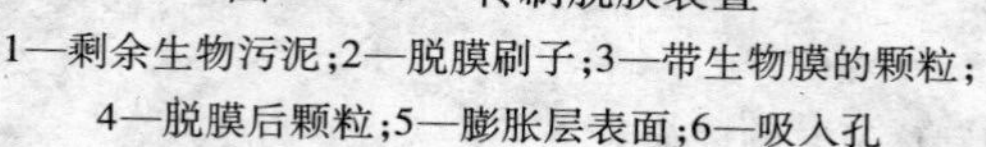
1—剩余生物污泥；2—脱膜刷子；3—带生物膜的颗粒；
4—脱膜后颗粒；5—膨胀层表面；6—吸入孔

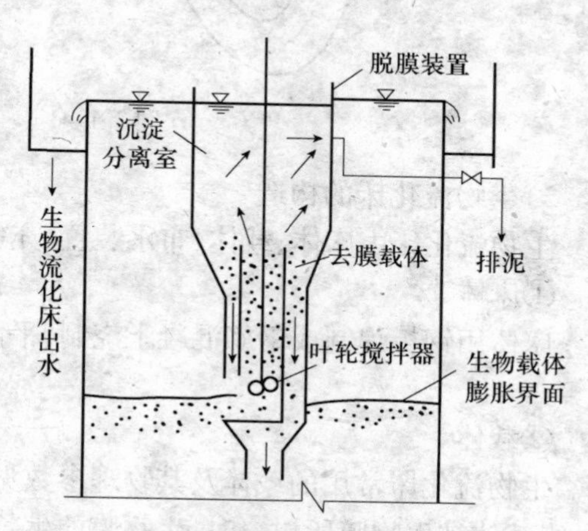


图3-1-40　叶轮脱膜装置

长满生物膜的载体上生物高度集中，耗氧速度很高，对废水进行一次充氧往往不足以保证对氧的需要。此外，单纯依靠废水的流量不足以使载体流化，因此要使部分处理水循环回流。循环率 $R$ 可由式(3-1-14)确定：

$$R = \frac{(L_0 - L_e)D}{O_0 - O_e} - 1 \tag{3-1-14}$$

式中　$L_0$——原污水的 $BOD_5$ 值，mg/L；

$L_e$——出水的 $BOD_5$ 值，mg/L；

$D$——去除每1kg $BOD_5$ 所需的氧量，kg，对城市污水此值一般为1.2～1.4；

$O_0$——废水的溶解氧含量，mg/L；

$O_e$——出水的溶解氧含量，mg/L。

②三相生物流化床

以空气为氧源的三相流化床的工艺流程如图3-1-41所示。在流化床内，废水和空气从底部进入床体，废水充氧和载体流化同时进行。在这里气、液、固（载体）三相进行强烈的搅动接触，废水中的有机物在载体上生物膜的作用下进行生物降解。由于空气的搅动，载体之间的产生强烈的摩擦，使生物膜及时脱落，故不需要另设脱膜设备。但载体易流失，气泡易聚并变大，影响充氧效率。为了控制气泡大小，可采用减压释放空气的方式充氧，也可采用射流曝气充氧。

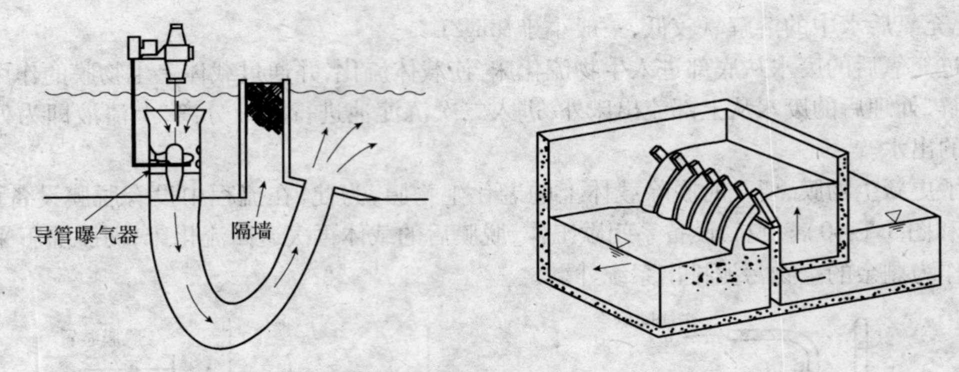


图 3-1-41　三相生物流化床流程

2)生物流化床的构造

生物流化床由床体、载体、布水装置、充氧装置和脱膜装置等部分组成。

①床体

床体用钢板焊制或钢筋混凝土浇制,平面形状一般为圆形或方形,其有效高度按空床流速计算。

②载体

生物流化床常用的载体及其物理参数见表3-1-10。表中所列为无生物膜生长条件下的数据,当载体被生物膜所包覆时,生物膜的生长状况对载体膨胀率有明显的影响,即随着生物膜的增厚,在相同的水流速度下,膨胀率将显著增大。

**表 3-1-10　生物流化床常用载体及其物理参数**

| 载体 | 粒径(mm) | 相对密度 | 载体高度(m) | 膨胀率(%) | 空床时水流上升速度(m/h) |
|---|---|---|---|---|---|
| 聚苯乙烯球 | 0.3~0.5 | 1.005 | 0.7 | 50<br>100 | 2.95<br>6.90 |
| 活性炭 | $\phi$(0.96~2.14)×<br>$L$(1.3~4.7) | 1.50 | 0.7 | 50<br>100 | 84.26<br>160.50 |
| 焦炭 | 0.25~3.0 | 1.38 | 0.7 | 50<br>100 | 56<br>77 |
| 无烟煤 | 0.5~1.2 | 1.67 | 0.7 | 50<br>100 | 53<br>62 |
| 细石英砂 | 0.25~0.5 | 2.50 | 0.7 | 50<br>100 | 21.60<br>40 |

③布水装置

布水装置对床内的均匀布水有很大影响,而均匀布水又是生物流化床的技术关键。布水不均匀可能导致部分载体堆积,破坏床体工作。另外,布水装置又是载体的承托层,作为承托层要在床体停水时保证载体不流失,并要易于启动。

目前常用的布水装置有多孔子板、双层多孔子板、加砾石多孔子板、圆锥布水装置以及泡罩分布板等。

④充氧装置和脱膜装置

充氧和脱膜对生物流化床工艺至关重要，根据氧源（纯氧与空气）的不同，有多种充氧方式。脱膜也可分为两类：依靠床内载体之间的摩擦脱膜；在床外专设脱膜装置。

⑤生物流化床的运行参数

表3-1-11列出了活性污泥法主要工艺与生物流化床运行参数的比较数据。

**表3-1-11 活性污泥法主要工艺与生物流化床运行参数的比较**

| 工艺类型 | BOD去除率（%） | F/M值 | 污泥龄（d） | 容积负荷［kg/（cm³·d）］ | MLSS（mg/L） | 停留时间（h） |
| --- | --- | --- | --- | --- | --- | --- |
| 传统曝气 | 85～95 | 0.2～0.4 | 5～15 | 0.29～0.58 | 1500～3000 | 4～8 |
| 完全混合 | 85～95 | 0.2～0.6 | 5～15 | 0.72～1.75 | 3000～6000 | 3～5 |
| 阶段曝气 | 85～95 | 0.2～0.4 | 5～15 | 0.58～0.87 | 2000～3500 | 3～5 |
| 生物吸附 | 80～90 | 0.2～0.6 | 5～15 | 0.81～1.07 | 吸附池1000～3000 | 0.5～1 |
|  |  |  |  |  | 再生池4000～10000 | 3～6 |
| 延时曝气 | 75～90 | 0.05～0.15 | 20～30 | 0.075～0.34 | 3000～6000 | 18～36 |
| 生物流化床 | 84 | 0.64 | 3.50 | 7.27 | 14200 | 0.26 |

国外最早的工业生物流化床是Hy-FLo反应器。床内废水上升速度25～62.5m/s，无污泥结块或堵塞现象，不需要冲洗。流化介质的膨胀率为100%，以砂粒为介质，其比表面积大于1000$m^2/m^3$。床内污泥浓度折算为MLSS达12～40g/L。美国Ecolotrol公司采用此装置，以纯氧为气源处理城市污水，在有机负荷为7.27kg $BOD_5/(m^3 \cdot d)$，停留时间为0.26h，$BOD_5$去除率达84%。

目前国内数十家单位也在进行生物流化床的研究（包括好氧性的和厌氧性的），所采用的床型也有多种。如水力流化的和气力流化的，充氧方式有直接供氧和射流吸氧的。采用纯氧气源的流化床，其BOD容积负荷可达30kg/$(m^3 \cdot d)$左右，以空气作气源的，此值也达10左右。如某印染厂应用三相流化床处理印染废水，以空气作氧源，沸石为载体，在进水COD为406mg/L，$BOD_5$和COD的容积负荷分别为12.16kg/$(m^3 \cdot d)$和29.24kg/$(m^3 \cdot d)$的情况下，COD和$BOD_5$的去除率分别达到68%和85.1%，比相同处理效率下的表面曝气池负荷高6倍多。

**Characteristics of biological fluidized bed**:

(1) Using sand as filling material, biological membrane as carrier, wastewater through the sand bed make the carrier layer flow;

(2) The types of biological fluidized bed: two phase biological fluidized bed and three-phase biological fluidized bed;

(3) The Structure of biological fluidized bed: the bed body, carrier, spurt water device, oxygenation device and stripping device.

### 3.1.6 LINPOR 工艺

LINPOR 工艺由德国 LINDE 股份公司的 Morper 博士于 20 世纪 80 年代初首次提出，是传统活性污泥工艺的一种改进，其反应器实际上是传统活性污泥法与生物膜法相结合而组成的双生物组分生物反应器，它在传统工艺曝气池中投加一定数量的多孔、泡沫塑料颗粒作为活性生物的载体材料，开发此工艺的目的是为了改进传统工艺的处理效能和运行可靠性，防止污泥流失、污泥膨胀及提高氮、磷去除效果等。

#### 3.1.6.1 LINPOR 工艺的工作原理

LINPOR 工艺流程图如图 3-1-42 所示。

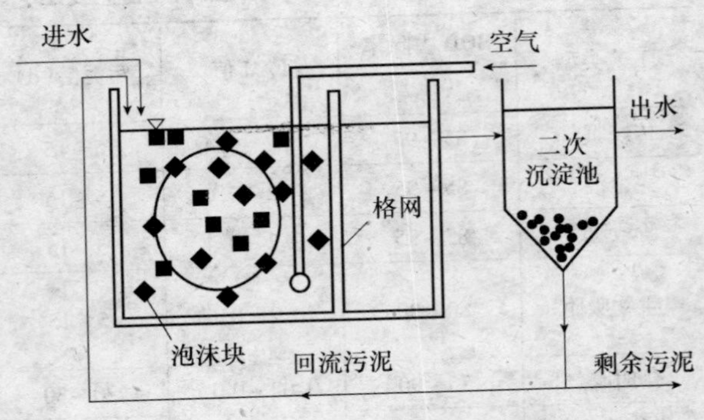


图 3-1-42 LINPOR 工艺流程图

LINPOR 工艺最大的特点是在曝气池中添加特殊填料，反应器中所投加的填料通常占其有效容积的 10% ~30%。能用做 LINPOR 反应器填料的材料必须满足严格的要求：如比表面积大，孔多且均匀，具有良好的润湿性、机械性、化学性和生物稳定性等，以保证该工艺的良好运行效果及较长的运行周期。目前，可用做此载体的材料仅有几种，而多孔性泡沫海绵或泡沫塑料是其中最常用的两种，其大小为 12 ~15mm，孔隙率为 90%，微生物在其表面生长后，密度略大于水，在静水中的沉淀速度为 2 ~10cm/s，小于传统曝气所需的搅拌速度，因而易通过曝气而使其在池中呈流化态。泡沫填料的比表面积为 $(1 \sim 5) \times 10^3 m^2/g$，虽比活性炭低得多，但比一般生物滤池填料的比表面积 $(1 \sim 2) \times 10^2 m^2/g$ 要高得多。由于此填料的孔径比活性炭颗粒的大得多，因而有利于大小约 $10^{-2}$ mm 的细菌和 $10^{-1}$ mm 的原生动物进入其孔隙。进入其孔隙的微生物并不完全处于附着生长状态，而是在孔隙间充满了微生物，并存在着微生物附着生长和悬浮生长状态的不断交换。曝气所产生的紊动作用及气泡在孔隙内外的传质，使其中的微生物保持较好的活性并避免结团现象的发生。由于 LINPOR 反应器运行时填料处于悬浮态，因而为防止其随处理出水的流失，需在反应器的出水区一端设置一道专门设计的穿孔不锈钢格栅。为防止填料堵塞格栅，通常要求在出水区的格栅处进行鼓泡曝气。此外，为防止填料在窄长形的 LINPOR 反应器出水区的过多积聚，也需用气体泵将部分填料从出水区回送至进水区。在 LINPOR 反应器运行的初期，可分批将填料投入曝气池，使之形成一层悬浮层并得到润湿，使微生物在其表面生长在水中呈淹没状并最终呈流化态。

LINPOR 反应器实际上是一种传统活性污泥工艺和生物膜工艺相结合而组成的双生长型生物体反应器，通过投加满足特殊要求的生物载体并使之处于流化态，不仅大大增加了反应器中的生物量，增强了系统的运行稳定性及对冲击负荷的抵御能力，而且还可通过运行方式的改变使其具有不同的处理效能，达到不同的处理目的和要求。

#### 3.1.6.2 LINPOR 工艺的不同运行方式及其应用

LINPOR 工艺可根据其所能达到的处理功能和对象的不同，以三种不同的方式运行：

主要用于去除废水中的含碳有机物的 LINPOR-C 工艺；

用于同时去除废水中的碳和氮的 LINPOR-C/N 工艺；

用于脱氮的 LINPOR-N 工艺。

目前，这三种不同形式的 LINPOR 工艺已在德国、奥地利、澳大利亚、日本和印度等国家的城市污水和工业废水的处理中得到实际应用。

（1）LINPOR-C 工艺及其应用

LINPOR-C 工艺主要用于去除废水中的有机碳污染物。与传统活性污泥法不同的是该工艺中生物体由两部分组成：一部分附着生长于多孔塑料泡沫填料上；另一部分悬浮于混合液中。载体材料表面及空隙内的生物量通常可达 10～18g/L，最大可达 30g/L；混合液的污泥质量浓度则可达 5～10g/L。运行过程中，附着生物体被设置在曝气池末端的特制格栅截留，而处于悬浮态的活性污泥则可穿过格栅而流出曝气池，并在二次沉淀池中进行泥水分离，实现污泥的回流。

LINPOR-C 工艺几乎适用于所有形式的曝气池，因而特别适用于对超负荷运行的城市污水和工业废水活性污泥处理厂的改造，即应用 LINPOR-C 工艺可在不增加原有曝气池容积和不变动其他处理单元的前提下提高处理能力、处理效果及运行稳定性。LINPOR-C 工艺在欧洲较多国家已得到较广泛的应用，如德国慕尼黑市 Groplapen 纸板厂污水处理工艺原采用典型的传统活性污泥法工艺，其设计污染负荷为 230 万人口当量，曝气池的总容积为 $39300m^3$，分 3 组独立运行，每组又分为 9 个并联运行的曝气池，每个曝气池的容积为 $1500m^3$。该厂在运行过程中，由于水量增加而存在处理出水水质超标问题（其中包括氮的问题），为此将其中两组改造成为 LINPOR-C 工艺。改造后，在两组系统的曝气池中分别投加 30% 的多孔性泡沫塑料方体。改造后，尽管有机负荷大大超过设计值[如 $BOD_5$ 设计负荷为 $2.66kg/(m^3 \cdot d)$，而实际为 $4.04kg/(m^3 \cdot d)$]，但经 24h 连续采样的监测结果表明，处理出水水质得到明显的改善，达标排放，并优于设计值，表 3-1-12 为运行监测结果。

**表 3-1-12　德国慕尼黑市 Groplapen 纸板厂 LINPOR-C 处理工艺运行效果**

| 项目 | 连续4年年平均监测结果 | | | |
|---|---|---|---|---|
| | 1 | 2 | 3 | 4 |
| 进水 $BOD_5(mg \cdot L^{-1})$ | 235 | 242 | 197 | 210 |
| 出水 $BOD_5(mg \cdot L^{-1})$ | 10 | 8 | 10 | 7 |
| $BOD_5$ 去除率(%) | 96 | 97 | 95 | 97 |
| 进水 $COD_{Cr}(mg \cdot L^{-1})$ | 526 | 554 | 498 | 581 |
| 出水 $COD_{Cr}(mg \cdot L^{-1})$ | 83 | 72 | 82 | 88 |
| $BOD_5$ 去除率(%) | 84 | 84 | 84 | 85 |
| 进水 $BOD_5/COD_{Cr}$ | 0.45 | 0.43 | 0.40 | 0.36 |
| $BOD_5$ 容积负荷$[kg \cdot (m^3 \cdot d)^{-1}]$ | 1.5 | 1.3 | 1.15 | 1.07 |
| $BOD_5$ 污泥负荷$[kg \cdot (m^3 \cdot d)^{-1}]$ | 0.28 | 0.22 | 0.16 | 0.17 |

LINPOR-C 工艺的另一个成功应用的实例是澳大利亚的一家造纸厂废水经厌氧处理后出

水的处理。该工艺设两组，由两个直径为12m、深为9m、容积为1000$m^3$的圆形钢结构LINPOR-C反应器组成。反应器内填料的投加量为25%。运行结果表明，尽管厌氧处理段的效果不佳而导致LINPOR-C工艺的进水负荷较高，但经LINPOR-C反应器处理后的出水仍可完全达标。运行中附着生长的生物量为15g/L，平均MLSS为74g/L（低于设计值）。

（2）LINPOR-C/N工艺及其应用

LINPOR-C/N工艺具有同时去除废水中碳和氮的双重功能，与LINPOR-C工艺的区别在于其有机负荷较低。与传统工艺不同的是，在LINPOR-C/N工艺中，由于存在较大数量的附着生长硝化细菌及其在反应器中较悬浮态微生物长得多的滞留时间，因而在较高的负荷下仍可获得良好的硝化效果。同时由于在填料内部存在无数微型的缺氧区，因而可实现有效的反硝化作用，脱氮率可达50%以上。日本Bisai市的一家纺织厂采用该工艺对原有的传统工艺进行了改造，处理效果得到明显改善，其中$COD_{Cr}$去除率由原来的50%提高到72%，TN去除率由原来的54%提高到75%。

（3）LINPOR-N工艺及其应用

LINPOR-N工艺十分简单，可在极低或不存在有机底物的情况下对废水实现良好的脱氮效果，常用于经二级处理后的工业废水和城市污水的深度处理。传统工艺出水中的有机物浓度通常是比较低的，具有适合于硝化菌生长的良好环境，不存在异养菌与硝化菌的竞争作用，因而在LINPOR-N工艺中处于悬浮生长的生物体几乎不存在，而只有那些附着生长的生物体。在运行过程中可清楚地观察到反应器中载体的工作状况，所以，LINPOR-N的反应器又被称作“清水反应器”。LINPOR-N工艺中，所有的生物体都附着生长于载体表面，因而运行过程中无需污泥的沉淀分离和回流，从而简化了工艺并节省了投资和运营费。1991年，德国制定了氨氮和TN的出水排放标准：在温度不低于12℃的情况下，处理后出水中的氨氮和TN的质量浓度分别不得超过10mg/L和15mg/L。为此，德国有不少的污水处理厂纷纷采用UNPOR-N工艺（填料投量30%）对原有工艺进行改造或直接采用改造工艺。其中Aachen市最大的LINPOR-N工艺污水处理厂，其设计污染物负荷为46万人口当量，反应器容积为5200$m^3$，处理出水的TKN质量浓度低于1.0mg/L，即TKN去除效率为1250kg/h。德国北部的Hohenloekstedt污水处理厂运用该工艺于好氧塘出水后，$NH^{+4}$-N质量浓度始终低于10mg/L，在温度低于6℃时亦不例外。澳大利亚Kembla污水处理厂采用LINPOR-N工艺处理经传统生物工艺处理后的炼焦炉废水，亦获得了明显的脱氮效果。

**LINPOR Technology**:

(1) Fillers in LINPOR process have characteristic of large surface area, pore, good wetting, mechanical, chemical and biological stability;

(2) LINPOR technology include three operation modes:

LINPOR-C technics is mainly used for removal of organic carbon;

LINPOR-C/N technics is used for simultaneous removal of carbon and nitrogen;

LINPOR-N technics is used for nitrogen removal process.

# 3.2　厌氧生物处理技术

## 3.2.1　厌氧折流板ABR法污水处理工艺

### 3.2.1.1　ABR法的基本原理和工艺构造

(1)ABR法的基本原理

ABR反应器是由美国Stanfold大学的McCarty等人在总结了各种第二代厌氧反应器处理工艺特点性能的基础上开发和研制的一种高效、新型厌氧污水生物处理技术。ABR反应器内设置若干竖向导流板,将反应器分隔成串联的几个反应室,每个反应室都可以看作一个相对独立的上流式污泥床系统,废水进入反应器后沿导流板上下折流前进,依次通过每个反应室的污泥床,废水中的有机基质通过与微生物充分地接触而得到去除。借助于废水流动和沼气上升的作用,反应室中的污泥上下运动,但是由于导流板的阻挡和污泥自身的沉降性能,污泥在水平方向的流速极其缓慢,从而大量的厌氧污泥被截留在反应室中。

由此可见,虽然在构造上ABR可以看作是多个UASB的简单串联,但在工艺上与单个UASB有着显著的不同,UASB可近似地看作是一种完全混合式反应器,ABR则由于上下折流板的阻挡和分隔作用,使水流在不同隔室中的流态呈完全混合态(水流的上升及产气的搅拌作用),而在反应器的整个流程方向则表现为推流态。从反应动力学的角度,这种完全混合与推流相结合的复合型流态十分利于保证反应器的容积利用率、提高处理效果及促进运行的稳定性,是一种极佳的流态形式。同时,在一定处理能力下,这种复合型流态所需的反应器容积也比单个完全混合式的反应器容积低很多。

ABR工艺在反应器中设置了上下折流板而在水流方向形成依次串联的隔室,从而使其中的微生物种群沿长度方向的不同隔室实现产酸相和产甲烷相的分离,在单个反应器中进行两相或多相运行。研究表明,两相工艺中由于产酸菌集中在第一相产酸反应器中,因而产酸菌和产甲烷菌的活性要分别比单相运行工艺高出4倍,并可使不同微生物种群在各自合适的条件下生存,从而便于有效地管理,稳定和提高处理效果,利于能源的利用。也就是说,ABR工艺可在一个反应器内实现一体化的两相或多相处理过程,而对其他厌氧处理工艺(如UASB),要实现两相或多相厌氧处理,则需要两个或两个以上的反应器。

在结构构造上,ABR比UASB更为简单,不需要结构较为复杂的三相分离器,每个隔室的产气可单独收集以分析各隔室的降解效果、微生物对有机物的分解途径、机理及其中的微生物类型,也可将反应器内的产气一起集中收集。

(2)ABR法的工艺构造

1981年,Fannin等人为了提高推流式反应器截留产甲烷菌群的能力,在推流式反应器中增加了一些竖向挡板,从而得到了ABR反应器的最初形式,见图3-2-1,其中的折流板是等间距均匀设置的,折板上不设转角。结果表明,增加了挡板后,在容积负荷为1.6kg COD/($m^3$·d)的条件下,产气中甲烷的含量由30%提高到了55%。

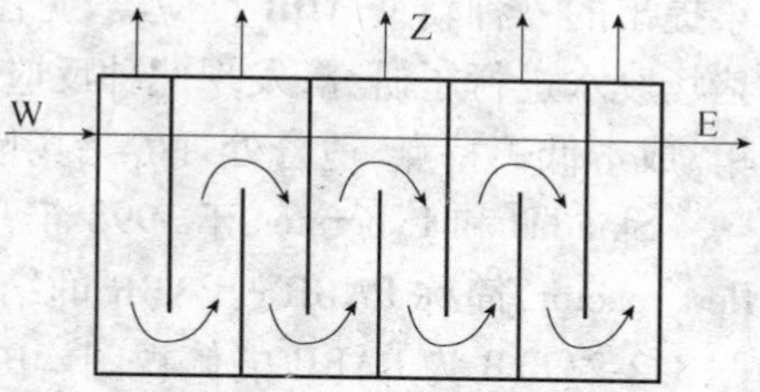

图3-2-1　最初的ABR反应器
W—进水;E—出水;Z—沼气

折流板的加入增强了污泥的停留，提高了处理效率；多格室结构使反应器成为推流式，给产生甲烷菌提供更易接受的物质。这种构造型式的ABR反应器所存在的不足是，由于均匀地设置了上、下折流板，加之进水一般为下向流式的，因而容易产生短流、死区及生物固体的流失等问题。

为了进一步提高ABR反应器的性能或者处理某些特别难降解的废水，人们对它进行了不同形式的优化改造。图3-2-2所示为一些改进后的ABR反应器。改进后的ABR反应器中，其折流板的设置间距是不均等的，且每一块折流板的末端都带有一定角度的转角，如图3-2-2中的(a)、(b)、(c)和(d)。改进后的ABR反应器一方面采用了上向流室加宽、下向流室变窄的结构型式，由于上向流室中水流的上升流速较小而可使大量微生物固体被截留；另一方面在上向流室的进水一侧折流板的下部设置了转角，以避免水流进入该室时产生的冲击作用，起到缓冲水流和均匀布水的作用，从而有利于对微生物固体的有效截留，利于微生物的生长并保证处理效果。这种构造形式的反应器能在各个隔室(主要是上向流室)中形成性能稳定、种群配合良好的微生物链，以适应于流经不同隔室的水流、水质情况，有机物被不同隔室中的不同类型微生物降解。

Bachmann和McCarty研究了图3-2-2(a)所示反应器的性能。Bachmann等人减少了降流区宽度及导流板增加折角。研究发现，经过改造后，其处理效率和甲烷的产率都得到了提高。一般认为，减少降流区宽度可以使更多的微生物集中到主反应区(升流区)内，而导流板增加折角可以使水流流向升流区的中心部分，从而增加水力搅拌作用。

为了提高细胞平均停留时间以有效地处理高浓度废水，Tilche和Yang等人于1987年对ABR反应器做了较大的改动，见图3-2-2(b)，主要体现在：①最后一格反应室后增加了一个沉降室，流出反应器的污泥可以沉积于此，再被循环利用；②在每格反应室顶部加入复合填料，防止污泥的流失；③气体被分格单独收集，便于分别研究每格反应室的工作情况，同时也保证产酸阶段所产生的$H_2$不会影响产甲烷菌的活性。

Boopathy和Sievers在利用ABR反应器处理养猪场废水时，为了降低水流的上升速度，从而减少污泥的流失，设计了一种两格的ABR反应器，见图3-2-2(c)，其第一格的体积是第二格的两倍。第一格体积的增大不仅可以减少水流的上升速度，而且还可以使进水中的悬浮物尽可能多地沉积于此，增加了悬浮物的停留时间。Boopathy将这种经过改造的ABR反应器与另一种等体积的三格ABR反应器进行了对比研究，结果表明，改造后的两格ABR反应器的污泥流失量大大减少。

水平折板式厌氧反应器(Horizontally Bafiled Anaerobic Reactor)是由Yang和Chou于1985年提出的一种新型ABR反应器，见图3-2-2(e)。Yang等人对水平折板式厌氧反应器处理养猪场废水进行了研究，发现此种反应器可有效地实现固液两相的分离并且具有占地小、操作简单、成本低等特点，适合处理养猪场废水这类悬浮固体浓度高的有机废水。

Skiadas和Lyberatos于1998年开发出的周期性折流式厌氧反应器(Periodic anaerobicbaffled reactor，简称PABR)，PABR的结构见图3-2-2(f)，图3-2-2(f)A为PABR的三维轴测图，图3-2-2(f)B为PABR的俯视图。PABR由两个同轴圆柱体构成，内外圆柱体之间的圆环区域被竖向导流板分隔成若干横截面为扇形的封闭式反应区，每个反应区由底部连通的升流区(·)和降流区(×)组成，相邻的区域通过外部的配水管相连。下面将结合图3-2-2(f)说明

PABR的工作情况。若区域A为进水区，区域D为出水区，则阀门1、3、6、9、11开启，2、4、5、7、8、10、12关闭，进水先由1进入区域A的降流区，再从底部进入区域A的升流区，出来后流经3进入区域B，再依次经由6、C、9、D，最后从11流出。若区域B为进水区，则区域A为出水区，阀门4、6、9、12、2开启，阀门5、7、8、10、11、1、3关闭，水流经过的路线可同理得出。PABR实际工作时，通过周期性地切换各阀门的启和闭，则A、B、C、D四个区域交替作为进水区和出水区。在一个操作周期内，若反应区数为$N$，则每个反应区作为进水区和出水区的时间分别为$T/N$。考虑两个极端情况：若操作周期$T$为无穷大(不切换)，则PABR就是一个普通的ABR反应器；若操作周期$T$为0(极其频繁的切换)，则PABR变成了一个UASB反应器。因此，Skiadas等人认为PABR最大优点是它的操作灵活性，即可以根据进水浓度和流量的变化来选择不同的操作周期，使PABR工作在最适合的状态下，以达到最佳的处理效果。

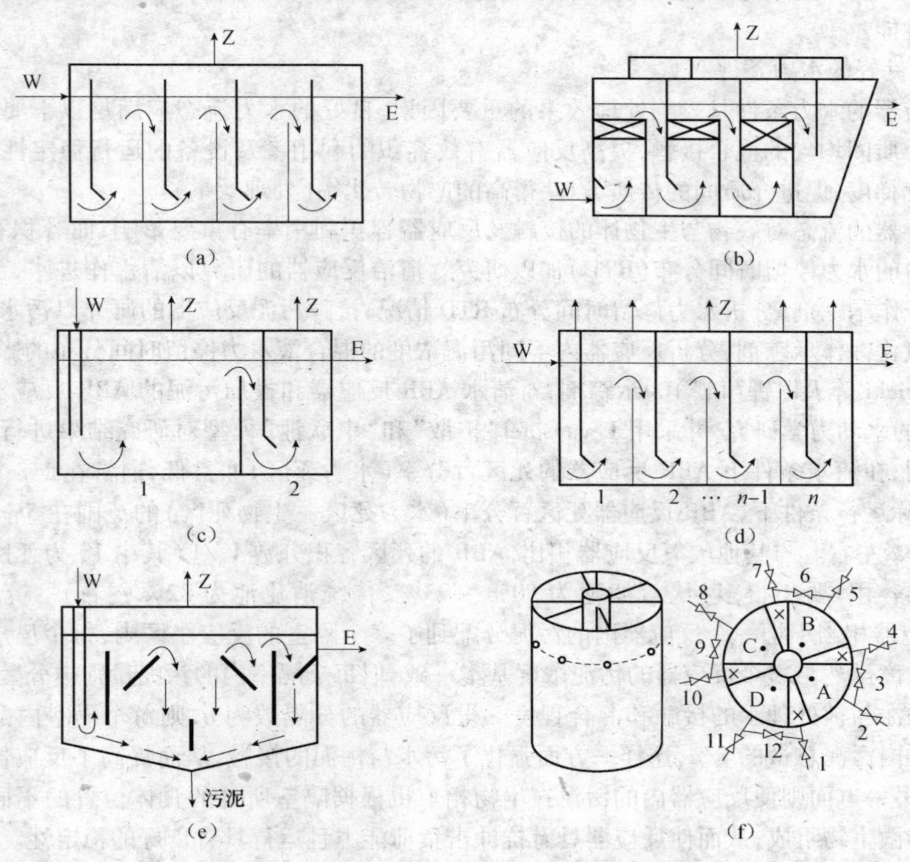


图3-2-2　不同形式的改进型ABR反应器

(a)Bachmann和McCarty研究的ABR反应器；(b)Tilche和Yang等人对ABR反应器进行的改动；
(c)两格ABR反应器；(d)改进后的ABR反应器；
(e)Yang和Chou提出的新型ABR反应器；(f)周期性折流式厌氧反应器
W—进水；E—出水；Z—沼气

不同形式的ABR反应器极大地丰富了ABR研究的内容，实际研究工作时可以根据各自的需要选择合适的ABR反应器。图3-2-2中(a)为目前最多采用的构造形式。

#### 3.2.1.2　ABR 法的性能特点

ABR 反应器很好地实现了 Letting 教授的 SMPA(Staged Multi-phase Anaerobie Reactor)分阶段多相厌氧反应器的思路。反应器由折板分隔成多个反应室,酸化过程产生的 $H_2$ 以产气形式先行排除,有利于后续产甲烷阶段中的丙酸和丁酸的代谢过程,在较低的 $H_2$ 分压环境下顺利进行,避免了丙酸、丁酸的过度积累所产生的抑制作用。ABR 各个反应室内的微生物相随流程逐级递变的规律与底物降解过程协调一致,确保了相应的微生物相拥有最佳的工作活性,使运行更加稳定,对冲击负荷及进水中的有毒物质具有更好的缓冲适应能力。总之,ABR 的特点为:工艺结构简单、无运动部件、无需机械混合装置、造价低、容积利用率高、不易堵塞、对生物体的沉降性能无特殊要求、污泥产率低、剩余污泥量少、泥龄长、水力停留时间短、运行稳定可靠。所以说 ABR 工艺是一种高效新型厌氧污水生物处理技术。下面介绍一下其主要的工艺性能。

(1)良好的水力条件

反应器的水力条件是影响处理效果的重要因素,良好的水力流态应满足以下要求:1)确保反应介质间均匀的混合接触,提高反应器有效容积的利用率及设备的运行稳定性;2)创造高的浓度梯度,促进介质间的传质,以获得高的产物转化率(处理效果)。

反应器的流态对底物与生物体的接触及反应器容积利用率有重要影响,而容积利用率可用反应器的水力停留时间分布(RTD)加以研究。清洁反应器的研究以清水作进水,荧光素或其他离子作示踪剂,分析水力停留时间分布 RTD 情况;接种污泥反应器的研究以污水作进水,分析纯氯化锂作示踪剂,分析反应器内不同污泥浓度的混合液水力停留时间分布的影响。

Grobicki 等人以锂($Li^+$)为示踪剂,对清水 ABR 反应器和投加污泥的 ABR 反应器作了不同 HRT 的水动力学研究,并采用 Levenspiel“扩散”和“串联池”模型对研究结果进行了分析。结果表明,在清水条件下 ABR 反应器的死区百分率(水力死区)非常低,通常在 1% ~18% 范围内;实际运行条件下,ABR 反应器死区百分率(水力死区 + 生物死区)的范围在 5% ~20%,平均为 8% 左右。与其他厌氧反应器相比,ABR 的死区容积分数 $V_d/V$(其中 $V_d$ 为死区容积,$V$ 为反应器容积)要小得多(厌氧滤池为 50% ~93%,传统消化池为 82% 左右)。究其原因,ABR 反应器相当于把一个反应器内的污泥分配到了多个隔室的反应小区内,每个反应小区内的污泥浓度虽然与整个反应器的污泥浓度基本一致,但每个隔室内的污泥量则被分散了,因而提高了污泥与被处理水的接触和混合程度。设反应器的分隔数为 $n$,则每个隔室内的污泥量为反应器内污泥总量的 $1/n$,这样一方面强化了污水与污泥的接触,从而提高了反应器的容积利用率;另一方面则使反应器内的污泥在生物相上也根据隔室所处的具体位置的不同而呈现出不同的微生物组成,从而使反应器具有抗冲击负荷能力且运行具有良好的稳定性。

研究还表明,当反应的 HRT 由 5h 降至 1h 时,反应器的 Peclect 准数($D/\mu L$)保持在 0.0766(理想推流式反应器分散数 $D/\mu L=0$,理想完全混合式反应器分散数 $D/\mu L=\infty$),反应器模型参数 $N=7$(反应器隔室数为 8 个),说明反应器具有明显的推流特征。但目前尚未得出 $V_d/V$ 与 HRT 之间有何直接联系。在短的 HRT 时,污泥的存在对水力流态无明显的影响,而死区容积分数则与流速及折板数有较大的关系,$V_d/V$ 与污泥浓度、产气量和流速有关,并且随流速的增加而增加。ABR 在短 HRT 的高负荷条件下,产气和流速的提高使污泥层呈一定程度的紊动状态,并因此抵消了因短 HRT 所造成的反应器内的死区。$V_d/V$ 受生物量的影响程度随HRT的缩短而降低，即随进水量的增大（即HRT缩短），ABR各隔室的$D/\mu L$（扩散或混合程度，以Peclect数计）数上升，说明由于进水量的增大，促进了返混作用，即各隔室呈现出全混（CSIR）的流态。但同是由于折流板的阻挡作用，阻止了各隔室间的返混，因而就整个反应器而言，则具有水平推流（PF）的流态，且分隔数越多，PF式越明显。

胡细全等人研究表明ABR的分散数$D/\mu L$在0.05～0.08之间，水力死区随下、上向流室宽度比的减小先缓慢减小，后迅速增大，最佳值为1:3，随折流板折角的增大水力死区先迅速下降，再缓慢上升，最佳值在50°附近。

此外，Nachaiyasti等人的研究表明，虽在较高的水力负荷条件下，ABR反应器内较易出现沟流现象，但在调整水力负荷后，其运行状况可很快得到恢复，且其恢复速度要比在低的水力负荷下所出现的沟流现象快得多。

因此，可把运行中的ABR看作一个由一系列混合良好的CSTR的串联，这种整体为PF、个体为CSTR的复合流态工艺的反应速率、处理稳定性及容积利用率均要优于单个CSIR或PF反应器。

（2）稳定的生物固体截留能力

ABR与UASB相比，有更强的生物固体截留能力，主要表现在ABR对进水中高浓度的SS具有很好的适应性和处理效果。UASB其进水悬浮物（SS）含量限制在4000～5000mg/L以下，否则整个处理工艺将难以甚至无法正常运行。而ABR处理含高浓度SS的废水时，即使SS浓度高达数万mg/L也不会造成反应器的堵塞问题。分析其原因在于：1）在UASB底部污泥浓度可高达160～200g/L，虽然污泥浓度高可提高反应器的处理能力，但过高的污泥浓度易造成污泥区内的短路现象，不利于污泥与废水的充分接触，反应过程中所产生的微小的沼气泡不能得到及时的释放而在污泥颗粒表面聚集成大气泡，因而易将污泥突发性地带至反应器上部，造成污泥的流失；2）当UASB反应器的水力负荷过高时，该反应器内的水力流态基本为完全混合式，反应器中基质浓度变小，微生物对有机质的降解速率将下降，同时过高的水力负荷将造成反应器内污泥的流失，与此相反，当反应器的水力负荷过低时，则易使反应器内污泥与进水间不能得到良好的混合，造成污泥床的堵塞，甚至导致反应器运行的失败，这种情况在处理含有高浓度悬浮固体时，尤其容易发生；3）ABR反应器内的污泥与被处理废水间的良好接触混合，从而使有效容积利用率高，利于污泥絮凝体及颗粒污泥的形成和生长，使反应器内厌氧微生物在自然地形成良好的种群配合的同时，可在较短的时间内形成具有良好沉淀性能的絮凝性污泥和颗粒污泥，由于良好的接触混合，使微生物得到充足的食物；4）ABR反应器内的折流板的阻挡作用及折流板间距的合理设置，为污泥的沉降和截留创造了一个良好的条件，沿反应器内的水流方向，上向流隔室比下向流隔室的宽度大，水流在上向流隔室内的上升流速相对较小，利于污泥的沉降。

Boopathy等人应用ABR工艺对高浓度制糖废水处理进行研究的结果表明，反应器对SS具有很好的截留能力，出水中无污泥流失问题，即使在高负荷条件下也是如此。国内有关应用ABR工艺处理含有SS浓度在3400～68900mg/L之间的制酒废水时发现，该工艺对进水中的SS波动具有很强的适应能力，SS去除率可达91%左右，出水中SS的浓度波动小。

沈耀良等人研究发现，ABR反应器具有两种十分独特的混合现象：一是在气泡释放区产生负压而急剧卷吸上层液；二是在暂时非气泡释放区因混合液比重大于释放区的而自然下沉。

这两种现象大大促进了污泥床的上下交替及与上层液的混合作用。ABR 反应器中的这种混合方式，使其具有以下几个独特的优点：1）利于污泥的筛选，保留高活性污泥；2）利于颗粒污泥的加速形成；3）不易发生堵塞，适于处理含有高浓度 SS 的废水；4）利于颗粒污泥的表面更新，促进与底物的接触，提高处理效果。

因而，ABR 工艺对生物固体不仅具有良好的截留能力，而且对进水中的 SS 有良好的去除作用。有关研究表明，ABR 反应器中生物固体的最小停留时间可达 65d，表明 ABR 工艺的运行是稳定可靠的。

（3）良好的颗粒污泥形成及微生物种群的分布

厌氧颗粒污泥的形成是污泥絮凝体中微生物的自身固定化过程，厌氧颗粒污泥可以使厌氧反应器中有较高的生物相，从而提高污水处理效果和处理能力，以确保厌氧生化过程稳定高效地运行。对 UASB 工艺来说，颗粒污泥的形成是该工艺的关键，但对 ABR 工艺而言，虽然不形成颗粒污泥也能获得良好的处理效果，但是许多研究结果还是说明在 ABR 反应器中只要条件合适是可以培养出来颗粒污泥的，并且其生长速度是较快的。

Boopathy 和 Tilche 研究了 ABR 处理高浓度糖浆废水时污泥的颗粒化现象，研究表明，由于 ABR 反应器实际上是一种 UASB 串联而成的反应器，反应器中的微生物主要集中在上向流的隔室中，一方面不同隔室中厌氧污泥依靠水流及产气的作用保持悬浮状态，另一方面从整体上讲水流又是以推流的形式流经 ABR 反应器的。因此，对于污泥的颗粒化来说，其形成的过程及所需的运转条件是与 UASB 反应器相似的。研究中发现在启动 COD 容积负荷从 0.97kg/($m^3$·d)逐步上升到 4.33kg/($m^3$·d)的过程中，仅过了 30d 左右，ABR 的三格反应室中均出现了灰色的球形颗粒污泥，它们的平均粒径约为 0.55mm，并且随着实验的进行，负荷不断提高，51～78d 内的负荷为 12.25kg/($m^3$·d)，78～103d 内的负荷为 20kg/($m^3$·d)，104～125d 内的负荷为 28kg/($m^3$·d)，这些颗粒污泥也不断长大，在 90d 时，粒径最大可达 3～3.5mm。镜检发现，在前两格反应室中，主要有两种不同形态的颗粒污泥，一种表面带有白色，主要由长丝状菌构成，结构相对松散一些，另一种表面呈深绿色，主要由金属硫化物的沉积而形成，其主要成分同样是丝状菌，但密实程度比前一种好，形状类似于所谓的棒状颗粒。在第三格反应室中只发现了第二种形态的颗粒污泥，大多数颗粒污泥的粒径在 0.5～1mm 之间，并且颗粒污泥的表面粗糙不平，有很多气孔。电镜观察发现各格颗粒污泥中占优势的菌种并不一样。第一格反应室中占优势的是甲烷八叠球菌属，第三格反应室及后面的沉淀室中占优势的是甲烷丝菌属，中间一格反应室中没有明显占优势的菌属，由甲烷球菌属、甲烷短杆菌属、还原硫细菌等多种菌属组成。Boopathy 等人认为，在高选择压的作用下，甲烷丝菌属容易附着沉积在一些微小颗粒物质的表面，从而形成结构松散的颗粒污泥；而甲烷八叠球菌自身就容易聚集成团，形成颗粒污泥，与选择压无关。这种由甲烷八叠球菌自身凝聚成的颗粒污泥密度小，容易流失，只有甲烷八叠球菌属被甲烷丝菌属形成的颗粒污泥捕捉、缠绕，才会形成沉降性能良好的颗粒污泥。

Tilche 和 Yong 发现在基质浓度较高的前面隔室中主要是光滑的甲烷八叠球菌絮体形成的颗粒污泥，颗粒污泥的体积较大，密度较小，而且里面充满了空腔，因此在高负荷条件下由于产气强度较大，使得颗粒污泥会浮在反应器上方。在后面隔室中甲烷丝菌属的纤维状菌絮体连在一起，体积较小。主要原因是 ABR 反应器中的折流板阻挡作用，污泥有效地被截留在反应器中，污泥流失减少，同时水流和气流的作用促进了颗粒污泥的形成和成长。

沈耀良等人用四格的 ABR 反应器处理垃圾渗滤混合废水，发现当 COD 容积负荷达到 4.71kg/($m^3$·d)时，各格反应室中均形成了沉降性能良好(SVI = 7.5 ~ 14.2mL/g)、外观呈灰白色或灰黑色的棒状和球状颗粒污泥，粒径在 0.5 ~5mm 范围内。第一隔室的颗粒污泥较轻，呈灰色，第三隔室的颗粒污泥则沉降性能良好，呈深灰色。运行过程中观察到第一隔室中的污泥大部分处于悬浮态，而以后各隔室中的污泥则在底部形成稠密的污泥层。镜检表明，第二、三隔室污泥中含有较多甲烷八叠球菌及甲烷丝状菌，第四隔室中甲烷丝状菌占优势。

研究中还发现不同反应室中颗粒污泥浓度或粒径差异较大。其中第三隔室中的浓度最高，可达 38g/L 左右，第一到第三隔室中颗粒污泥浓度呈递增趋势(20g/L、28.03g/L 和 37.96g/L)，第四隔室浓度下降，为 24.0g/L。说明在第一隔室中水解作用较强，随隔室的推移，产酸作用占优势，进而第三隔室以产酸和一定程度的产甲烷作用同时存在，第四隔室以产甲烷作用占优势(研究中观察到第三和第四隔室的产气较多)。由于产酸菌的生长速率较快，导致第二和第三隔室污泥浓度较高。同时第二和第三隔室中颗粒污泥的平均粒径均较大，其中粒径为 1 ~2mm 和 2 ~4mm 的颗粒污泥在这两隔室中各占 30% 和 40% 及 45% 和 30% 左右。

徐金兰等人对四格的 ABR 反应器采用低负荷启动方式进行试验研究，试验用水用奶粉人工配制，添加 $NH_4Cl$ 和 $Na_3PO_4$ 来补充厌氧细菌生长所需的氮和磷，投加一定量的 $NaHCO_3$ 及 Fe、Co、Ni、Zn 等微量元素，控制 COD : N : P = 300 : 5 : 1，温度为中温 33℃，试验用多隔室厌氧反应器容积为 15.84L，有效容积 12.6L，反应器分隔成 4 个反应室，每室由一个下流室和上流室组成，上流室与下流室的宽度比为 4 : 1，通往上流室的挡板下部边缘有 45°倒角的导流板布水，接种污泥取自厌氧消化污泥池，经沉淀，取上清液，混合后放入反应器中，接种污泥浓度约为 15g VSS/L，污泥的 VSS/SS 比值为 0.54。启动负荷 COD 为 0.85kg/($m^3$·d)，先采用固定流量增加 COD 方式将负荷逐步提高 2.5kg/($m^3$·d)，然后固定 COD 增大进水流量方式将负荷提高到 3.9kg/($m^3$·d)，COD 去除率在 80% 以上，经历 60d，启动完成。约在第 55d，发现各隔室出现 1mm 大小的颗粒污泥。第 100d 的各隔室颗粒污泥粒径分布情况：隔室 1 粒径小于 0.5mm 的颗粒占 16.3%，1.25 ~2.5mm 的颗粒占 21%，而隔室 4 粒径小于 0.5mm 的颗粒占 62%，1.25 ~2.5mm 的颗粒占 2.5%。由于各隔室负荷逐级递减，故大颗粒首先在前面的隔室中形成，沿水流方向颗粒粒径逐渐减小，呈现明显分级现象。对 ABR 的启动作出了如下结论：1)菌种很容易附着在较重的污泥及颗粒的表面上，形成小的“基本核心”；2)新生细菌，像杆菌、丝菌相互绕成网格，将这些“基本核心”连接起来，形成较小颗粒污泥；3)当颗粒小体达到一定浓度后开始聚集形成很大的颗粒，大颗粒在被丝状菌进一步包裹形成成熟的颗粒污泥。

ABR 工艺不但有形成颗粒污泥的条件，而且反应器中不同隔室内的厌氧微生物易呈现出良好的种群分布和处理功能的配合，不同隔室中生长适应流入该隔室废水水质的优势微生物种群，从而有利于形成良好的微生态系统。例如，在位于反应器前端的隔室中，主要以水解和产酸菌为主(McCarty 和 Nachaiyasit 的研究表明，在 ABR 的第一个隔室中以产丁酸菌为主)，而在较后端的隔室中则以甲烷菌为主。其中随隔室的推移，由甲烷八叠球菌为优势种群逐渐向甲烷丝菌属、异养甲烷菌和脱硫弧菌属等转变。这种微生物种群的逐室变化，使优势种群得以良好地生长，并使废水中污染物得到逐级转化并在各司其职的微生物种群作用下得到稳定的降解。

(4)良好的处理效果和稳定的运行

ABR 自开发以来,人们进行了大量的试验和一些工业应用的研究,研究表明,ABR 对低浓度、高浓度、含高浓度固体、含硫酸盐废水、豆制品废水、草浆黑液、柠檬酸废水、糖浆废水、印染废水等均能够有效地处理。该工艺适用于多种环境条件,在温度为 10 ~ 55℃内均可稳定的运行。表 3-2-1 列出了一些 ABR 试验性和工业用的处理废水的数据。

**表 3-2-1　ABR 处理高浓度废水的效果**

| 废水类型 | 进水 COD(mg/L) | 有机负荷[(kg COD/m³ · d)] | COD 去除率(%) |
|---|---|---|---|
| 屠宰废水 | 4000 ~ 5500 | 0.87 | 89 |
| 合成废水 | 3000 | 2.50 | 93 |
| | | 4.73 | 75 |
| | 5000 | 1.0 | 95 |
| | | 2.0 | 85 |
| 酒糟废液 | 36700 | 110 | 85 |
| 柠檬酸发酵 | 19000 | 19.0 | 87.7 |
| 蒸馏废液 | 51600 | 3.50 | 91 |
| 糖浆废水 | 38700 | 20 | 77 |
| 葡萄糖废水 | 15000 | 20 | 98 |
| | 18000 | 25 | 94 |
| 制药废水 | 20000 | 20 | 36 ~ 68 |
| 含酚废水 | 2200 ~ 3192 | 1.67 ~ 2.5 | 83 ~ 94 |
| 养猪场废水 | 5000 ~ 6000 | 1.8 | 75 |
| 威士忌蒸馏废水 | 51600 | 2.2 ~ 3.5 | 90 |

由表 3-2-1 中可以看出,ABR 工艺能有效地处理不同种类的高浓度有机废水。在处理某些相同的废水时,ABR 也较其他工艺具有一定的优势。比如对糖浆废水的处理,厌氧滤池(AF)在处理容积负荷为 18kg COD/($m^3$ · d)时,COD 的去除率为 29%;升流式厌氧污泥床(UASB)在处理负荷为 23kg COD/($m^3$ · d)时,COD 的去除率为 77%;厌氧折流反应器(ABR)在处理负荷为 20kg COD/($m^3$ · d)时,COD 的去除率为 77%。一些学者还开展了用 ABR 反应器处理低浓度废水的研究,并获得了较好的效果。运行数据见表 3-2-2。

**表 3-2-2　ABR 处理低浓度废水的效果**

| 废水类型 | 进水 COD(mg/L) | 有机负荷[(kg COD/m³ · d)] | COD 去除率(%) |
|---|---|---|---|
| 生活污水 | 438 ~ 492 | 0.13 ~ 0.25 | 71 ~ 84 |
| 蔗糖废水 | 441 ~ 473 | 0.96 ~ 1.67 | 74 ~ 93 |
| 屠宰场废水 | 510 ~ 730 | 0.67 ~ 4.73 | 75 ~ 89 |
| 城市污水 | 264 ~ 906 | 2.17 | 90 |

对其他废水的处理，人们也进行了较多的研究。Fox 观察 ABR 反应器处理含硫制药废水时硫的减少过程，COD 的去除率为 50%，硫的去除率达到 95%，在第一隔室中硫酸盐转化为硫化物，沿反应器长度方向硫化物浓度逐渐增高，说明了硫酸盐被硫酸盐还原菌作为电子受体加以利用，使硫酸盐还原为硫化氢，发生了反硫化过程。研究表明：1）当 COD : $SO_4^{2-}$ =150 : 1 变到 COD : $SO_4^{2-}$ =24 : 1 时，硫酸盐的去除率从 95% 降到 50%，可见 COD : $SO_4^{2-}$ 的值对处理效果的影响很大；2）有硫酸盐存在时，COD 的去除率较低，出水中的 VFA 主要是乙酸，主要因为硫化物对利用乙酸的甲烷菌有毒害作用，使利用乙酸的甲烷菌的活性受到抑制。

ABR 稳定的运行主要表现在其有较高的抗冲击负荷能力。抗冲击负荷能力强是 ABR 反应器的一个显著特征。Grobicki 对 ABR 在稳定状态和冲击负荷条件下的性能进行了研究，结果发现当从基本状态[HRT 为 20h，COD 负荷率为 4.8kg/($m^3$ · d)，COD 去除率为 98%]切换到冲击负荷状态[HRT 为 1h，COD 负荷率为 96kg/($m^3$ · d)]且持续 3h，然后再回到基本状态，24h 后反应器的性能就可完全恢复到原来的状态。

Nachaiyasit 研究了冲击负荷对 ABR 性能的影响，结果发现在不变的 HRT 下 ABR 对较大的 COD 冲击负荷非常稳定，去除率保持在 90% 以上；ABR 的多格室结构设计使得实际运行中的 ABR 在功能上可以沿程分为三个区域：酸化区、缓冲区、产甲烷区，这种功能上的分区避免了 ABR 反应器在冲击负荷条件下大部分活性微生物暴露于很低的 pH 值下，从而提高了 ABR 反应器耐冲击负荷的能力；ABR 对短时冲击负荷是稳定的，尽管污泥冲出较多但反应器可以在 9h 内恢复到冲击前的性能，恢复时间随反应器内污泥浓度的增加而减少；示踪研究表明反应器的死区约为 18%，污泥浓度增至 3 倍时该值不变，当 HRT 从 20h 减少为 10h，死区增至 39%，进一步减少至 5h 死区不变，可见在短的 HRT 时污泥床内一定有沟流发生，否则全部污泥必然被冲出，污泥床的这种性质使其能够忍受水力冲击负荷。

根据 Van't Hoff 规则，温度每升高 10℃，反应速率增加一倍。但 Nachaiyasit 通过研究发现，对 ABR 反应器当温度从 35℃ 降低到 25℃ 时，系统仅经过两周就重新达到了稳定状态，并且 COD 去除率没有明显的下降。若进一步降低温度到 15℃，一个月后，COD 去除率下降了 20%。Nachaiyasit 认为温度下降使得产酸阶段向反应器后部移动，使得反应器后部产甲烷菌的活性得到了激发，从而部分抵消了温度降低的不利影响。据此，Nachaiyasit 认为 ABR 反应器对温度下降的抵抗能力很强。在本研究中还发现，当 25℃ 时，出水中 $VFA_s$（以 COD 计）占出水总 COD 的 2/3；而在 15℃ 时，出水中 $VFA_s$（以 COD 计）仅占出水总 COD 的 1/3，这表明低温时反应器中生成了更多的难以被产甲烷菌利用的中间产物。

戴友芝等在 5 格室 ABR 反应器中以氯酚配水进行毒物冲击负荷试验，当进水 COD 浓度为 1100 ~ 1200mg/L、HRT 为 1d 时，ABR 对毒物冲击有较强的适应能力。第一次高负荷（五氯酚钠浓度 16.83 ~ 17.72mg/L，连续两天，而后以 1 ~ 2mg/L 连续进水）有毒物冲击后，反应器的处理性能经过 26d 逐步恢复正常，COD 去除率 90% 以上。在第二次冲击后仅用 18d 即恢复正常。说明泥驯化越好其活性恢复越快。系统经有毒物冲击负荷后依次经历产酸菌与产甲烷菌明显被抑制的阶段及其代谢活性恢复阶段。反应器前段（第 1、2 格室）和后段（第 3、4、5 格室）微生物恢复的进程不一样，产酸菌比产甲烷菌先恢复，最后达到产酸与产甲烷平衡。

**Anaerobic Baffled Reactor(ABR):**

(1) In the anaerobic baffled reactor(ABR) process, baffles are used to direct the flow of wastewater in an upflow mode through a series of sludge blanket reactors;

(2) Advantages claimed for the ABR process include:

Good hydraulic condition;

Good active biological solids retaining ability;

Good granular sludge formation and microorganism population distributing;

Good treatment effect and stable operation.

## 3.2.2 升流式厌氧污泥床 UASB 污水生物处理技术

### 3.2.2.1 UASB 的构造和基本原理

(1) UASB 的构造

如图 3-2-3 所示为目前所应用的 UASB 反应器的几种主要构造型式。UASB 反应器的构造型式主要有两种类型。一种类型是周边出水、顶部出沼气的构造型式(如形式 a),另一种类型是周边出沼气、顶部出水的构造型式(如 b、c 和 d 三种形式)。当反应器的容积较大时,也可以设多个出水口或多个沼气出口的组合结构形式(如 e 和 f 两种形式)。

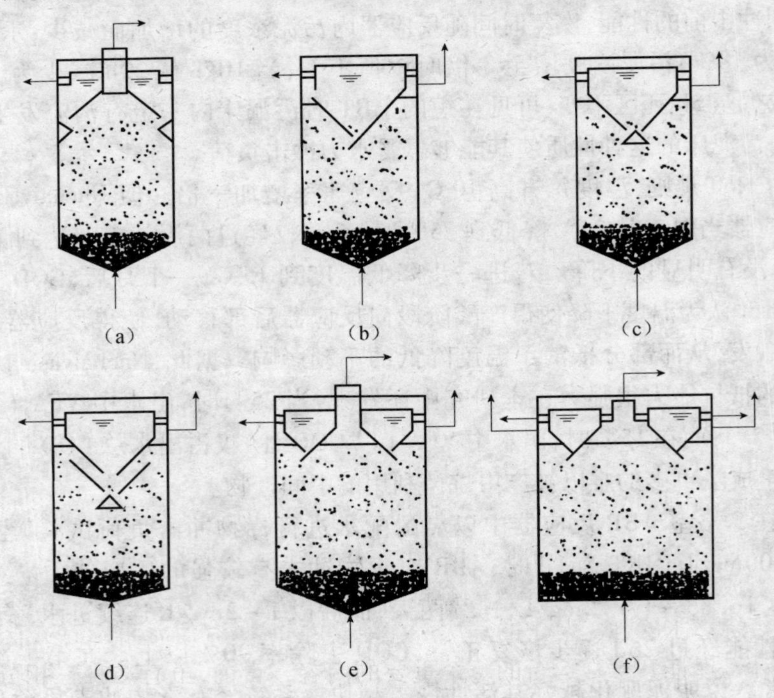


图 3-2-3 UASB 反应器的几种主要构造形式

(a)周边出水、顶部出沼气的构造形式;(b)、(c)、(d)周边出沼气、顶部出水的构造形式;(e)、(f)多个出水口或多个沼气出口的组合结构形式

UASB反应器的基本构造主要包括污泥床、污泥悬浮层、沉淀区、三相分离器几部分。各组成部分的功能、特点及工艺要求分述如下：

1）污泥床

污泥床位于整个UASB反应器的底部（如图3-2-3中d所示）。污泥床内具有很高的污泥生物量，其污泥浓度（MLSS）一般为40000～80000mg/L，有文献报道可高达100000～150000mg/L。污泥床中的污泥由活性生物量（或细菌）占70%～80%以上的高度发展的颗粒污泥组成。正常运行的UASB中的颗粒污泥的粒径一般在0.5～5mm之间，具有优良的沉降性能，其沉降速度一般为1.2～1.4cm/s，其典型的污泥容积指数（SVI）为10～20mL/g。颗粒污泥中的生物相组成比较复杂，主要是杆菌、球菌和丝状菌等。

污泥床的容积一般占整个UASB反应器容积的30%左右，但它对UASB反应器的整体处理效率起着极为重要的作用，它对反应器中有机物的降解量一般可占到整个反应器全部降解量的70%～90%。污泥床对有机物的如此有效的降解作用，使得在污泥床内产生大量的沼气，微小的沼气气泡经过不断的积累、合并而逐渐形成较大的气泡。并通过其上升的作用而将整个污泥床层得到良好的混合。

2）污泥悬浮层

污泥悬浮层位于污泥床的上部。它占据整个UASB反应器容积的70%左右，其中的污泥浓度要低于污泥床，通常为15000～30000mg/L，由高度絮凝的污泥组成，一般为非颗粒状污泥，其沉速要明显小于颗粒污泥的沉速，污泥容积指数一般在30～40mL/g之间。靠来自污泥床中上升的气泡使此层污泥得到良好的混合。污泥悬浮层中絮凝污泥的浓度呈自下而上逐渐减小的分布状态。这一层污泥担负着整个UASB反应器有机物降解量的10%～30%。

3）沉淀区

沉淀区位于UASB反应器的顶部，其作用是使得由于水流的夹带作用而随上升水流进入出水区的固体颗粒（主要是污泥悬浮层中的絮凝性污泥）在沉淀区沉淀下来，并沿沉淀区底部的斜壁滑下而重新回到反应区内（包括污泥床和污泥悬浮层），以保证反应器中污泥不致流失而同时保证污泥床中污泥的浓度。沉淀区的另一个作用是，可以通过合理调整沉淀区的水位高度来保证整个反应器集气室的有效空间高度而防止集气空间的破坏。

4）三相分离器

三相分离器一般设在沉淀区的下部，但有时也可将其设在反应器的顶部，具体根据所用的反应器的型式而定。三相分离器的主要作用是将气体（反应过程中产生的沼气）、固体（反应器中的污泥）和液体（被处理的废水）等三相加以分离，将沼气引入集气室，将处理出水引入出水区，将固体颗粒导入反应区。它由气体收集器和折流挡板组成。有时，也可将沉淀装置看作三相分离器的组成部分。具有三相分离器是UASB反应器污水厌氧处理工艺的主要特点之一。它相当于传统污水处理工艺中的二次沉淀池、并同时具有污泥回流的功能。因而，三相分离器的合理设计是保证其正常运行的一个重要的内容。目前，虽有多种三相分离器的设计构造形式，但仍处于探索和研究阶段。

（2）UASB反应器的工作原理

UASB反应器的主体部分是一个无填料的设备，它的工艺构造和实际运行具有以下几个突出的特点：一是反应器中高浓度的以颗粒状形式存在的高活性污泥。这种污泥是在一定的运行条件下，通过严格控制反应器的水力学特性以及有机污染物负荷的条件下，经过一段时间的培养而形成的。颗粒污泥特性的好坏将直接影响到 UASB 反应器的运行性能，即是说是否有性能良好的颗粒污泥存在是 UASB 反应器运行的关键所在。颗粒污泥是在反应器运行过程中，通过污泥的自身絮凝、结合及逐步的固定化过程而形成的。二是反应器内具有集泥、水和气分离于一体的三相分离器。这种三相分离器可以自动地将泥、水、气加以分离并起到澄清出水、保证集气室正常水面的功能。三是反应器中无需安装任何搅拌装置，反应器的搅拌是通过产气的上升迁移作用而实现的，因而具有操作管理比较简单的特性。

1)厌氧反应过程

UASB 反应器中的厌氧反应过程与其他厌氧生物处理工艺一样，包括了极为复杂的生物反应过程。虽然迄今为止仍未完全了解反应过程中的复杂机理，但目前业已提出了比较全面的厌氧反应的有关基本过程。厌氧反应过程与好氧处理过程不同，它有多种不同的微生物参与了底物的转化过程而将底物转化为最终产物，如图 3-2-4 所示。在反应过程中，复杂的底物放厌氧微生物转化为多种多样的中间产物，最后转化为终产物(沼气)。

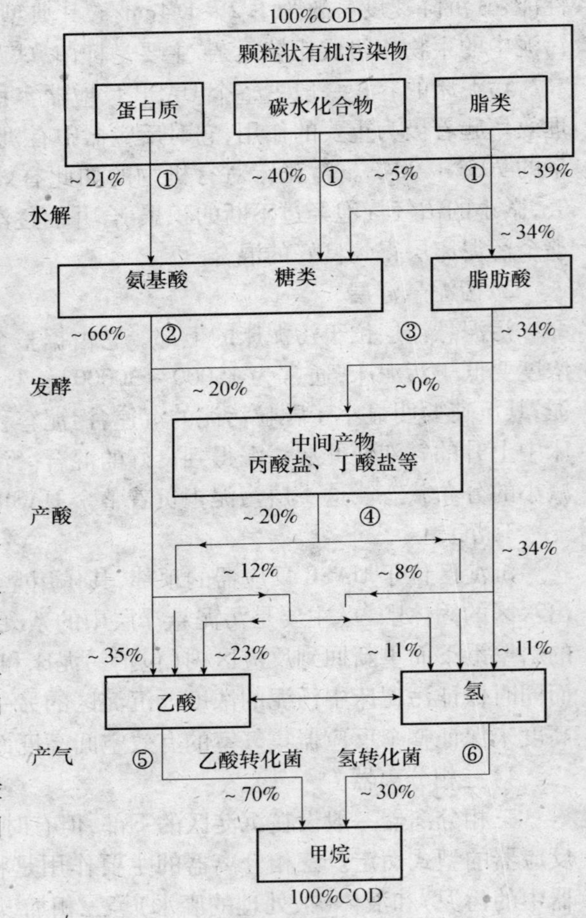

图 3-2-4　复杂底物厌氧消化的反应过程

在厌氧消化过程中参与反应的厌氧微生物主要有以下几种：第一种是水解—发酵(酸化)细菌。它们将复杂的聚合底物水解成各种有机酸、乙醇、糖类、氢和二氧化碳。第二类细菌是乙酸化细菌。它们将第一步水解发酵的产物转化为氢、乙酸和二氧化碳。第三类细菌是产甲烷菌。它们将简单的底物，如乙酸、甲醇和二氧化碳+氢转化为甲烷。

非溶解性有机聚合物(蛋白质、脂类和碳水化合物等)的厌氧分解还可以更细致地划分为六个明显的步骤：

①聚合物的水解；

Ⅰ. 蛋白质水解

Ⅱ. 脂类水解

Ⅲ. 碳水化合物水解

②氨基酸和糖发酵成为氢、乙酸盐、短链脂肪酸和乙醇；

③长链脂肪酸和乙醇的无氧氧化；

④中间产物如挥发酸(乙酸除外)的无氧氧化；

⑤嗜乙酸微生物将乙酸转化为甲烷；

⑥嗜氢微生物将氢转化为甲烷(二氧化碳还原)。

2）UASB 反应器的运行

UASB 反应器在运行过程中，废水以一定的流速自反应器的底部进入反应器，水流在反应器中的上升流速一般为0.5～1.5m/h，多宜在0.6～0.9m/h之间；水流依次流经污泥床、污泥悬浮层至三相分离器及沉淀区。UASB 反应器中的水流呈推流形式，进水与污泥床及污泥悬浮层中的微生物充分混合接触并进行厌氧分解。厌氧分解过程中产生的沼气在上升过程中将污泥颗粒托起，由于大量气泡的产生，即使在较低的有机和水力负荷条件下也能看到污泥床明显的膨胀。随着反应器产气量的不断增加，由气泡上升所产生的搅拌作用（微小的沼气气泡在上升过程中相互结合而逐渐变成较大的气泡，将污泥颗粒向反应器的上部携带。最后由于气泡的破裂，绝大部分污泥颗粒又返回到污泥区）变得日趋剧烈。从而降低了污泥中夹带气泡的阻力，气体便从污泥床内突发性地逸出，引起污泥床表面呈沸腾和流化状态。反应器中沉淀性能较差的絮体状污泥则在气体的搅拌作用下，在反应器上部形成污泥悬浮层。沉淀性能良好的颗粒状沼泥则处于反应器的下部形成高浓度的污泥床。随着水流的上升流动，气、水、泥三相混合液（消化液）上升至三相分离器中，气体遇到反射板或挡板后折向集气室而被有效地分离排出；污泥和水进入上部的静止沉淀区，在重力的作用下泥水发生分离。

由于三相分离器的作用，使得反应器混合液中的污泥有一个良好的沉淀、分离和再絮凝的环境，有利于提高污泥的沉降性能。在一定的水力负荷条件下，绝大部分污泥能在反应器中保持很长的停留时间，使反应器中具有足够的污泥量。

---

**Upflow Anaerobic Sudge Blanket process**：

(1) Influent wastewater is distributed at the bottom of the UASB reactor and travels in an upflow mode through the sludge blanket;

(2) Critical elements of the UASB reactor design are the influent distribution system, the gas-solids separator and the effluent withdrawal system.

---

### 3.2.2.2　UASB 反应器的运行及控制要点

（1）颗粒污泥的培养、类型及主要性能

1）概述

UASB 反应器是目前各种厌氧处理工艺中所能达到的处理负荷最高的高浓度有机废水处理装置。它之所以有如此高的处理能力，是因为在反应器内以甲烷菌为主体的厌氧微生物形成了粒径为1～5mm的颗粒污泥，即污泥的颗粒化是 UASB 的基本特征。作为一种适用于处理溶解性和含有那些容易被发酵而产生有机酸的各种高固体含量的有机废水的厌氧处理工艺，UASB 中具有良好沉降性能的颗粒化污泥的培养是研究其工艺运行的一个重要内容。事实说明，颗粒污泥能够长期保持其形态上的稳定性及良好的沉降性能。

2）颗粒污泥的形成过程

研究表明，UASB 反应器个颗粒污泥的形成过程一般有三个阶段：

第一阶段为启动与污泥活性提高阶段。在此阶段内，反应器的有机负荷一般控制在 2kg COD/($m^3$·d)以下，运行时间约需1～1.5个月。研究表明，在此运行阶段内必须注意以下几点：一是最初的污泥负荷应低于0.1～0.2kg COD/(kgTS·d)；二是在废水中原有的及处理过程中产生出来的各种挥发酸未能有效地分解之前，不应增加反应器的负荷；三是反应器内的环境条件应控制在有利于厌氧微生物（主要是产甲烷菌）良好繁殖的状态下。在UASB反应器投产时还需注意使反应器能有效地截留重质污泥并允许多余的（稳定性差的）污泥随出水流出反应器。在此阶段内，污泥对被处理水的特性逐渐适应，其活性也相应地不断得到提高。

第二阶段为颗粒污泥形成阶段。在此阶段内，有机负荷一般控制在2～5kg COD/（$m^3$·d）。由于有机负荷的逐渐提高，那些颗粒比较细小和沉降性能比较差的污泥将随出水流出反应器，而重质污泥则留在反应器内。由于产气及其搅拌作用，截留在反应器内的污泥将在重质污泥颗粒的表面富集、絮凝并生长繁殖，最终形成粒径为0.5～5mm的颗粒状污泥。在污泥负荷为0.6kg COD/（kgVSS·d）或0.2～0.4kg COD/（kgTS·d）时，可观察到颗粒污泥的形成。此阶段也需要1～1.5个月。

第三阶段为污泥床形成阶段。在此阶段内，反应器的有机负荷大于5kg COD/（$m^3$·d）。随着有机负荷的不断提高，反应器内的污泥浓度逐步提高，颗粒污泥床的高度也相应地不断增高。正常运行时，此阶段内的有机负荷可逐渐增加至30～50kg COD/（$m^3$·d）或更高。通常，当接种污泥充足且操作条件控制得当时，形成具有一定高度的颗粒污泥床需要3～4个月的时间。

3）颗粒污泥的类型

UASB反应器中的污泥一般有三种不同的存在形式，即絮凝状污泥、无载体的颗粒污泥和以载体为核心而形成的颗粒污泥。絮凝状污泥是在反应器的运行过程中从污泥床中洗脱出来的较轻的污泥；无载体颗粒污泥是有那些比重较大的固体颗粒通过自身絮凝作用而在反应器中逐渐形成的；有载体颗粒污泥是通过污泥颗粒与随废水进入反应器的表面粗糙的悬浮粒子或人工投加的无机类物质（如$Ca^{2+}$、$Mg^{2+}$和$Ba^{2+}$）的接触、附着生长作用而形成的。Hulshoff Pol等把颗粒污泥分为三种类型。

①形颗粒污泥。此种污泥主要有杆状菌、丝状菌组成，因而也称之为“杆菌颗粒污泥”，颗粒粒径约1～3mm；

②散球形颗粒污泥。此种污泥主要由松散互卷的丝状菌组成，丝状菌附着在惰性粒子的表面，因而也称为“丝菌颗粒污泥”，颗粒粒径约1～5mm；

③紧密球状颗粒污泥。此种污泥主要是由甲烷八叠球菌组成，其颗粒粒径较小，一般为0.1～0.5mm。

就目前的研究情况来看，对于这三类颗粒污泥所需的各自的形成工艺条件及相互间的关系还不是十分清楚，但①、②两种污泥的沉降性能较好，而甲烷八叠球菌的产甲烷活性比较高。有研究表明，在同样的容积的反应器中，“细菌颗粒污泥”的数量是甲烷八叠球菌污泥的4～6倍，而且前者具有更强的附着能力，因而较易颗粒化。

4）颗粒污泥的性质

为了加深对颗粒污泥性能的认识以利于确定合理的反应器结构与工艺条件，有必要了解颗粒污泥的一些主要性质。

颗粒污泥一般呈球形或椭球形，其颜色呈灰黑或褐黑色，肉眼可观察到颗粒的表面包裹着灰白色的生物膜。颗粒污泥的比重一般为1.01～1.05左右，粒径为0.5～3mm（最大可达

5mm)，污泥指数(SVI)一般在10～20mL/g SS之间(与颗粒的大小有关)，沉降速度多在5～10mm/s之间。成熟的颗粒污泥其VSS/SS值一般为70%～80%。颗粒污泥一般含有如碳酸钙这样的无机盐晶体以及纤维、砂粒等，还含有多种金属离子。颗粒污泥中的碳、氢、氮的含量大致分别为40%～50%、7%和10%。

(2)UASB反应器运行控制要点

UASB反应器和其他厌氧处理装置一样，在实际运行中必须对有关的操作和运转条件加以严格地控制。UASB反应器的运行过程中，影响污泥颗粒化及处理效能的因素很多。总的来讲，UASB反应器的工艺运行主要受接种污泥的性质及数量、进水水质(有机基质浓度及种类、营养比、悬浮固体含量、有毒有害物质)、反应器的工艺条件(处理负荷，包括水力负荷、污泥负荷和有机负荷、反应器温度、pH值与碱度、挥发酸含量)等的影响。

1)进水基质的类型及营养比的控制

为满足厌氧微生物的营养要求，运行过程中需保证一定比例的营养物数量。运行中主要控制厌氧反应器中C∶N∶P的比例。一般而言，处理含有天然有机物的废水时，营养物可不用调节。在处理化工废水时，则必须严格控制上述营养比例，一般应控制在C∶N∶P在(200～300)∶5∶1为宜。在反应器启动时，稍加一些氮素有利于微生物的生长繁殖。研究表明，未经酸化的废水培养颗粒污泥时，其所需启动时间要比主要由挥发酸为基质组成的废水为快。如北京环境保护科学研究所在进行醋酸生产废水的UASB反应器处理启动时，加入了一定量的生活污水；在进行对苯二甲酸废水的中试研究时，加入适量的淀粉，这些都对反应器的启动和运转十分有利。低浓度的废水里污泥的絮凝和结构团粒化作用比较迅速，这可能是由于低的进水浓度可避免有毒物质的积累，进水量大可加强对反应器底部的搅拌作用，从而加强系统的水力冲刷作用，但有关机理仍在探索之中。UASB反应器启动时，一般宜将进水的COD浓度控制在4000～5000mg/L，对浓度过高的废水宜进行适当的解释，也可以采用脉冲进水的方式或采取回流的方式来强化反应器底部的搅拌作用。

2)进水中悬浮固体浓度的控制

对进水中悬浮固体(SS)浓度的严格控制要求是UASB反应器处理工艺与其他厌氧处理工艺的又一明显不同之处。UASB反应器进水中的悬浮固体浓度应控制在一定的范围之内。成功地培养形成颗粒污泥的试验研究一般都将SS控制在2000mg/L以下，实际运行中应根据具体情况加以合理控制。若进入反应器的SS浓度过高，一方面不利于颗粒污泥与进水中有机污染物的充分接触而影响产气量，另一方面容易造成反应器的堵塞问题。此外，进水中SS的种类也对颗粒污泥的形成有较大的影响。一般而言，高浓度的惰性分散固体(如黏土等)不利于颗粒污泥的形成。对低浓度废水而言，其废水中的SS/COD的典型值为0.5，一般不影响UASB的处理效果，但应注意若废水的COD偏低，则也不利于反应器的正常运行(如因产气少而影响反应器的混合等)。对于高浓度有机废水而言，一般应将SS/COD的比值控制在0.5以下。

3)有毒有害物质的控制

①氨氮($NH_3$-N)浓度的控制

氨氮浓度的高低对厌氧微生物产生两种不同影响。当其浓度在50～200mg/L时，对反应器中的厌氧微生物有刺激作用；浓度在1500～3000mg/L时，将对微生物产生明显的抑制作用。一般宜将氨氮浓度控制在1000mg/L以下。

②硫酸盐($SO_4^{2+}$)浓度的控制

UASB反应器中的硫酸盐离子浓度不应大于5000mg/L。Lettinga等人认为,在运行过程中UASB的COD/$SO_4^{2+}$比值应大于10。由于$SO_4^{2+}$在硫酸盐还原菌的作用下会转化为硫化氢($H_2S$),而未离解态的硫化氢具有很大的毒性,当硫化物的浓度在100mg/L以上时便可产生抑制作用。当COD与硫酸盐离子的比值(COD/$SO_4^{2+}$)在10以上时,因COD含量相对较高产气量较大而可借助于产生的沼气将$SO_4^{2+}$还原过程中产生的$H_2S$加以气提,使得消化液中的$H_2S$浓度维持在100mg/L以下而不致于造成对反应过程的抑制作用。需要特别强调的是硫酸盐存在于许多污水中。硫酸盐存在时,硫酸盐还原菌与甲烷菌竞争氢原子所产生的$H_2S$除产生恶臭和腐蚀作用外,对细菌有很大的毒性。

③其他有毒物质

导致UASB反应器处理工艺失败的原因,除上述几种以外,其他有毒物质的存在也必须加以十分注意。对此已有许多报道作了论述。这些物质主要是:重金属、碱土金属、三氯甲烷、氰化物、酚类、硝酸盐和氯气等。如所处理的废水中含有以上物质,则必须考虑对废水进行必要的预处理:有机毒物的种类不同,对处理过程的抑制形式及抑制浓度也不尽相同,但有机毒物主要是对产甲烷过程有影响。表3-2-3所列为几种有机毒物抑制50%产甲烷作用的临界浓度值。

**表3-2-3 几种有机毒物抑制50%产甲烷作用的临界浓度** mg/L

| 有机物名称 | 临界浓度 | |
|---|---|---|
| | 50%抑制乙酸产甲烷 | 50%抑制丙酸产甲烷 |
| 苯酚 | 1500~3000 | 1500~3000 |
| 对苯酚 | 750~2500 | 750~1250 |
| 临苯酚 | 2000~4000 | 2000~4000 |
| 砒胺 | 5000~11000 | 5000~8000 |
| 苯胺 | 5000~7000 | 5000~6000 |
| 1-萘酚 | 100~700 | 600~700 |

4)碱度和挥发酸浓度的控制

①碱度($HCO_3^-$)

操作合理的反应器中的碱度一般应控制在2000~4000mg/L之间,正常范围为1000~5000mg/L。如反应器中的碱度不够,则会因缓冲能力不够而使反应器内消化液的pH值降低。但碱度过高,又会导致pH值过高。

②挥发酸(VFA)

在UASB反应器中,由于氢氧化铵和碳酸氢盐等缓冲物质的存在,仅根据反应器的pH值难以判断反应器中挥发酸的累积情况,而挥发酸的过量积累将直接影响产甲烷菌的活性和产气量(处理效果)。研究认为,应将挥发酸的安全浓度控制在2000mg/L(以HAc计)以内。当VFA的浓度小于200mg/L时一般是最好的。一般而言,反应器的处理效率越高、缓冲能力越强,则所允许的VFA浓度亦越高。

5)沼气产量及其组分

厌氧反应过程中的沼气产量及其组分的变化直接反映了处理工艺的运行状态。可以根据甲烷气体的氧当量来计算厌氧处理过程产生的甲烷气体量。1mol(16g)的甲烷($CH_4$)相当于64g COD。据此计算可得到每氧化1g COD或BOD可产生0.35L的$CH_4$。但在实际废水的处理过程中,产气量还受到进水中COD浓度的影响。COD浓度越低,单位重量有机物的产气率越高,其主要原因是甲烷溶解于水中的量在不同的产气量情况下是不一样的。如当进水COD为2000mg/L时,每去除1kg COD所产生的甲烷有21L溶于水中;而当进水COD为1000mg/L时,每去除1kg COD就有42L甲烷溶于水中。甲烷在水中的溶解度是受沼气中甲烷含量的影响的,甲烷含量越大,其溶解度也越大。因此,在实际过程中,高浓度有机废水的产气率能接近理论值,而低浓度的有机废水则一般低于理论值。

当反应器运行稳定时,沼气中的$CH_4$含量和$CO_2$的含量也是基本稳定的。其中甲烷的含量一般为65%~75%,二氧化碳的含量为20%~30%。沼气中的氢气($H_2$)含量一般测不出,如其含量较多,则说明反应器的运行不正常。当沼气中含有硫化氢气体时,反应器将受到严重的抑制而使甲烷和二氧化碳的含量大大降低。

---

**The operation and control points of UASB reactor:**

(1) The key feature of the UASB process is the development of a dense granulated sludge;

(2) Particle formation is divided into three stages: activated sludge improving stage; granular sludge forming phase; sludge bed forming phase;

(3) The operation of UASB process is affected by the characteristics of sludge, wastewater and technological conditions.

---

3.2.2.3　膨胀颗粒污泥床反应器(EGSB)

膨胀颗粒污泥床(Expanded Granular Sludge Bed,简称EGSB)是在UASB反应器的基础上发展起来的第三代厌氧生物反应器,与UASB反应器相比,它增加了出水再循环部分,使得反应器内的液体上升流速远远高于UASB反应器,废水和微生物之间的接触加强了,正是由于这种独特的技术优势,使得它可以用于多种有机废水的处理,并已获得较高的处理效率。

厌氧反应器的混合来源于进水混合和产气的扰动,但是对于进水无法采用大的水力和有机负荷的情况下,如在低温条件下采用低负荷工艺时,由于在污泥床内的混合强度太小,以致无法抵消短流效应。荷兰Wageningen农业大学开发了厌氧颗粒污泥床(EGSB)反应器,EGSB反应器实际上是UASB反应器的改进,其运行在较大的上升流速下使颗粒污泥处于悬浮状态,从而保持了进水与污泥颗粒的充分接触。EGSB反应器的特点是颗粒污泥通过采用较大的上升流速运行在膨胀状态。EGSB反应器特别适用于低温和相对低浓度的废水,当沼气产率低、混合强度低时,在此条件下较大的进水动能和颗粒污泥床膨胀将获得比UASB反应器好的运行效果。

(1)EGSB反应器的结构与工作原理

EGSB反应器是对UASB反应器的改进,与UASB反应器相比,它们最大的区别在于反应器内上升流速的不同。在 UASB 反应器中水力上升流速一般小于 1m/h，而 EGSB 反应器通过采用出水循环，其水力流速一般可达到 5～10m/h，所以整个颗粒污泥床呈膨胀状态。EGSB 反应器的结构如图 3-2-5 所示。EGSB 反应器的主要组成分为进水分配系统、气—液—固分离器以及出水循环部分。进水分配系统的主要作用是将进水均匀地分配到整个反应器的底部并产生一个均匀的上升流速。与 UASB 反应器相比，EGSE 反应器由于高径比更大，其所需要的配水面积会较小；同时采用了出水循环，其配水孔口的流速会更大，因此系统更容易保证配水均匀。三相分离器仍然是 EGSB 反应器最关键的构造，其主要作用是将出水、沼气、污泥三相进行有效的分离，使污泥保留在反应器内。与 UASB 反应器相比，EGSB 反应器的液体上升流速要大得多，因此必须对三相分离器进行特殊的改进。改进可以有以下几种方法：1）增加一个可以旋转的叶片，在三相分离器底部产生一股向下水流，有利于污泥的回流；2）采用筛鼓或细格栅，可以截留细小颗粒污泥；3）反应器内设置搅拌器，使气泡与颗粒污泥分离；4）在出水堰处设置挡板以截留颗粒污泥。出水循环部分是 EGSB 反应器不同于 UASB 反应器之处，其主要目的是提高反应器内的液体上升流速，使颗粒污泥床层充分膨胀，废水与微生物之间充分接触，加强传质效果，还可以避免反应器内死角和短流的产生。

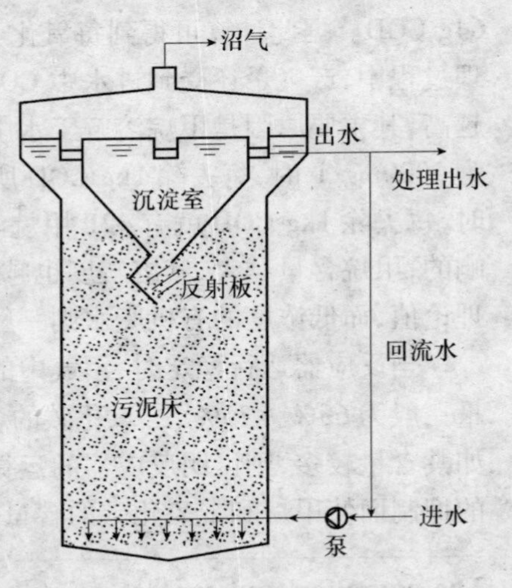


图 3-2-5　EGSB 反应器的结构图

（2）EGSB 反应器的研究与应用

EGSB 反应器由于在高的水和气体流速下产生充分混合作用，使得该反应器可以保持高的有机负荷和去除效率，因此系统可以采用 10～30kg COD/（$m^3$·d）的容积负荷。EGSB 反应器可以应用于：（a）处理低温低浓度有机废水；（b）处理中、高浓度有机废水；（c）处理含硫酸盐的有机废水；（d）处理有毒性、难降解的有机废水。表 3-2-4 是有关 EGSB 反应器的研究与应用资料。

**表 3-2-4　EGSB 反应器的研究与应用资料**

| 废水类型 | 有效容积（$m^3$） | 容积负荷［kg COD/（$m^3$·d）］ | 水力负荷［$m^3$/（$m^2$·h）］ | 气体负荷［$m^3$/（$m^2$·h）］ | COD 去除率（%） | 备注 |
|---|---|---|---|---|---|---|
| 制药废水 | 4×290 | 30.0 | 7.5 | 4.5 | 60 | 荷兰 |
| 酵母废水 | 2×95 | 44/28 | 10.5 | 4.0～8.0 | 65 | 法国 |
| 酵母废水 | 95 | 40.0 | 8.0 | 4.0 | 98 | 德国 |
| 啤酒废水 | 780 | 19.2 | 5.5 | 2.7 | 80 | 荷兰 |
| 化工废水 | 275 | 10.0 | 6.3 | 3.1 | 95 | 荷兰 |
| 淀粉废水 | 1314 | 20.8 | 2.8 | 3.4 | 90 | 美国 |
| 合成废水 | $12.9\times10^{-3}$ | 41.9 | 4.0 | — | 90 | 清华大学 |

**Expanded Granular Sludge Bed reactor(EGSB):**

(1) EGSB reactor is the improvement of UASB reactor, the biggest difference is that EGSB reactor has high Up-flow velocity;

(2) EGSB reactor include water distribution systems, gas-solid-liquid separator and effluent circulation;

(3) The three-phase separator is the key structure of EGSB reactor;

(4) EGSB reactor can maintain high organic load and high removal efficiency.

# 3.3　其他处理技术

## 3.3.1　废水自然净化技术

### 3.3.1.1　稳定塘

稳定塘又称生物塘或氧化塘,是一种大面积、敞开式的污水处理系统。废水在稳定塘中停留一段时间,利用藻类的光合作用产生氧,以及从空气溶解的氧,以微生物为主的生物对废水中的有机物进行生物降解。

如图3-3-1所示,稳定塘是利用细菌与藻类的互生关系,来分解有机污染物的废水处理系统。细菌主要利用藻类产生的氧,分解流入塘内的有机物,分解产物中的二氧化碳、氮、磷等无机物,以及一部分低分子有机物又成为藻类的营养源。增殖的菌体与藻类又可以被微型动物所捕食。

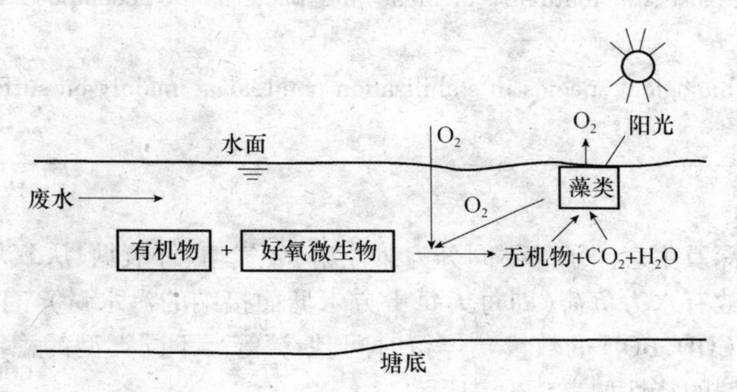


图3-3-1　好氧塘净化有机污染物的情况

由藻类的光合作用产生的氧量,比来自水表面的溶解氧量大得多。在一定光照下,1mg藻类可放出1.62mg氧。因此,稳定塘内若要维持好氧状态,主要靠藻类的充分生长,而不必另外消耗动力。

废水中的可沉淀固体和塘中生物的残体沉积于塘底形成污泥,它们在产酸细菌的作用下分解成低分子有机酸、醇、氨等,其中一部分可进入上层好氧层被继续氧化分解,另一部分由污泥中产甲烷菌生分解成甲烷。

由于藻类的作用使稳定塘在去除BOD的同时,也能有效地去除营养盐类。效果良好的稳定塘不仅能使污水中80% ~95%的BOD去除，而且能去除氨90%以上、磷80%以上。伴随着营养盐的去除，藻类进行着二氧化碳的固定，合成有机物。大量增殖的藻类会随处理出水而流出，如果能采用一定的方法回收藻类或在出水端设置养鱼池，可以使处理出水水质大大提高。

(1)稳定塘微生物

稳定塘与自然界中富营养湖有些类同，其中出现的生物可从细菌到大型生物，包括的种类很多，与其他生物处理法不同的是，稳定塘藻类非常多，而且浮游动物(甲壳类)也大量出现。

1)藻类稳定塘的表层主要为藻类，常见的有小球藻属、栅列藻属、衣藻属和裸藻属，以及蓝细菌的颤藻、席藻等约56个属138个种。

在有机物含量较丰富的塘内，可见眼虫、小球藻、衣藻等大量生长，它们都是自养性的，但这些种类还能直接摄取废水中的低分子有机物，表现出异养的性质。夏季每毫升水体藻类数量最高可达100 ~500万个，冬天大约是夏季的1/2 ~1/5。以干燥重量计，每年每平方米水面的藻类产量可达10kg左右。

2)细菌稳定塘中细菌大量存在于下层。在BOD负荷较低，维持好氧状态的稳定塘内，常有的优势菌群为假单胞菌、黄杆菌、产硷杆菌、芽孢杆菌和光合细菌等。在塘的底部厌氧层，有硫酸盐还原菌和产甲烷菌存在。

3)微型动物稳定塘中纤毛虫类的种类、个体数都比其他好氧处理装置中少，一般见到的有钟虫、膜袋虫等种类，最高可达1000个/mL。轮虫类中臂尾轮虫、狭甲轮虫、腔轮虫、椎轮虫等出现频率较高。水体中还有甲壳类，底泥中存在摇蚊幼虫。

---

**Stabilization pond is an open sewage treatment system:**

(1) Stabilization pond use the mutuality of algae and bacterial to decompose organic pollutants in wastewater;

(2) There are many biological species in stabilization pond, algae mainly on surface, bacteria present in the lower.

---

(2)稳定塘分类

根据稳定塘水深及生态因子的不同分为兼性塘、曝气塘、好氧塘、厌氧塘和水生植物塘五类。稳定塘设计参数有水力负荷(即每天每平方米塘面接纳的污水量)、有机负荷(即每天每平方米塘面接纳的COD、BOD的数量)、停留时间、塘深等。不同类型的稳定塘其设计参数各不相同。各种氧化塘的特性如表3-3-1所示。

**表3-3-1 各种氧化塘的特性** m

| 名称 | 深度 | 特性 |
|---|---|---|
| 好氧塘 | 池子较浅，深度小于1 | 日光可透过水层到达塘底，藻类生长旺盛，塘内维持好氧条件 |
| 厌氧塘 | 池子较浅，池深2 ~4 | 接纳的有机物负荷较高，塘处于厌氧条件 |
| 兼性塘 | 池子的深度一般在1 ~2 | 塘底为厌氧区，上部靠藻类供氧和大气复氧，能维持好氧状态。在夜间，光合作用停止，塘表面的大气复氧低于塘内的耗氧，上层水的溶解氧可接近零 |

续表

| 名称 | 深度 | 特性 |
| --- | --- | --- |
| 曝气氧化塘 | — | 一般利用藻类的光合作用供氧和水面的自然复氧，也可通过人工曝气的方式补充氧 |
| 塘田和鱼塘 | — | 塘田可培植莲藕、水浮连等水生植物，鱼塘可放养鱼、鸭等，形成菌、藻、水生植物、浮游动物、鱼、鸭等共同构成水生生态系统 |

稳定塘是一种古老的废水处理方法，特别是作为小城镇的废水处理方法已有多年的历史。据美国的资料记载，在20世纪60年代初，美国用作家庭生活污水处理的稳定塘已超过1000多个，而用作工业废水处理的稳定塘也超过800个。近年来，考虑到节能和污水的深度处理，各国更加重视利用稳定塘处理污水。美国在1972年已有稳定塘4000多个，占美国城市污水厂总数的1/3。澳大利亚墨尔本市稳定塘每天可处理35万t污水。

据有关材料说明，我国从20世纪50年代初就开展了应用稳定塘处理城市污水和工业废水的探索性研究，到1984年，我国就有38座稳定塘。过去，稳定塘主要用于处理人口较少的城镇污水，现在已发展到每天可处理10万t以上污水量。我国在武汉鸭儿湖建成了较早期的稳定塘，它主要处理含有机磷为主的多种农药废水。该稳定塘采用串联形式，将厌氧—兼氧—好氧塘串联起来，末级塘起着最终好氧的稳定塘作用，总面积$186.5\times10^4m^2$，水深3m，总容积为$559.4\times10^4m^3$。每天处理水量$7\times10^4t$，停留时间80d，最后再连着一个面积为$213.3\times10^4m^2$、水深2m的鱼种塘。经多年运转证明，鱼种塘出水的主要指标均接近或达到地面水标准，COD去除率为77.3%，对硫磷的去除率为98.7%，马拉硫磷去除率为98.4%，乐果去除率为92.9%，对硝基酚、六六六和有机磷的去除率分别为99.3%、86.2%和83.9%。

在活性污泥或曝气湖系统中往往残留较多的难分解有机物，可以采用串联的活性污泥与稳定塘系统来去除。

---

**The classification of Stabilization pond:**

(1) Facultative pond;

(2) Aerated pond;

(3) Aerobic pond;

(4) Anaerobic pond;

(5) Aquatic-plant pond;

The design parameters of stabilization pond are hydraulic load, organic load, residence time, pond depth, etc.

---

(3)稳定塘作用机理

1)好氧塘为了使整个塘保持好氧状态，塘深不能太深，一般在0.3~0.5m左右，阳光可直透到塘底。塘中的好氧菌把有机物转化成无机物，使废水得到净化，其所需的氧气由生长在塘内的藻类进行光合作用放出的氧气提供。藻类是自养型微生物，它利用好氧菌放出的$CO_2$作为碳源进行光合作用，所以好氧塘是一个菌藻互相依赖的共生系统。

一般废水在塘内停留 2～6d，$BOD_5$ 去除率可达 80% 以上。好氧塘出水中含有大量藻类，排放前要经沉淀或过滤等去除。与养鱼塘结合，藻类可作为浮游动物的饵料。

藻类是氧化塘内主要供氧者，不同藻类放出氧的数量不同。藻类只有在进行光合作用时才"放出氧气"，晚上藻类不产氧，而且因呼吸作用而耗氧，因此氧化塘一天 24h 内溶解氧是变化的，白天可以是过饱和的，晚上的溶解氧会下降，甚至会接近于零或无氧。塘内的 pH 值也是变化的，光合作用时 pH 值升高，而呼吸作用时则降低。

2）兼性塘水深一般在 1.5～2m 左右，塘内同时存在好氧反应和厌氧反应。在阳光可透过的水层进行与好氧塘相同的反应；在阳光达不到的底层则进行厌氧反应。

兼性塘废水停留时间一般为 7～30d，$BOD_5$ 去除率可达 70% 以上。

3）厌氧塘当用塘来处理浓度较高的有机废水时，塘内一般不可能有氧存在。由于厌氧菌的分解作用，一部分有机物被氧化成沼气，沼气把污泥带到水面，形成了一层浮渣层，有保温和阻止光合作用的效果，维持了良好的厌氧条件，因此不应把浮渣层打破。厌氧塘水深较深，一般在 2.5m 以上，最深可达 4～5m。

厌氧塘的特点是：无需供氧；能处理高浓度有机废水；污泥生长量较少；净化速度慢，废水停留时间长（30～50d）；产生恶臭；处理水不能达到要求，一般只能当作预处理。厌氧塘出水可用好氧塘继续进一步处理。

4）曝气塘曝气塘一般水深为 3～4m 左右，最深可达 5m。曝气塘一般采用机械曝气，保持塘的好氧状态，并基本上使塘内水得到完全混合，停留时间常介于 3～8d，$BOD_5$ 去除率平均在 70% 以上，曝气塘实际上是一个介于好氧塘和活性污泥之间的废水处理法。曝气塘有两种，一种是完全悬浮曝气塘，另一种是部分悬浮曝气塘。前者塘内的悬浮固体全部悬浮，完全混合；后者只有部分悬浮固体处于悬浮状。前者所需的功率为 $6W/m^3$（塘），后者为 $1W/m^3$（塘）。

（4）稳定塘的设计

目前常用的设计方法是采用水面 $BOD_5$ 负荷和停留时间，而设计的水面 $BOD_5$ 负荷和停留时间受地理条件和气候条件的影响，特别是受气温的影响。一个国家内不同地区设计参数是不同的。如果没有试验数据，表 3-3-2 所列数据可供参考。

**表 3-3-2 城市污水稳定塘的设计参数**

| 设计参数 | 好氧塘 | 兼性塘 | 厌氧塘 | 曝气塘 |
| --- | --- | --- | --- | --- |
| 水深（m） | 0.3～0.5 | 1.5～2.0 | 2.5～5.0 | 3～5 |
| 停留时间（d） | 2～6 | 7～30 | 30～50 | 3～8 |
| $BOD_5$ 负荷率[$g/(m^3 \cdot d)$] | 10～20 | 2～6 | 35～55 | 30～60 |
| $BOD_5$ 去除率（%） | 80～95 | 70～85 | 50～70 | 80～90 |

根据我国情况，南方各省可采用表 3-3-2 中的上限，北方各省可用下限。

为了提高处理程度，稳定塘可以建成 3～5 级，废水逐级流过，净化程度逐渐提高。当利用稳定糖养鱼时，可采用五级塘，前两级主要是培养藻类，使污水中的有机物浓度大幅度下降；第三、四级塘主要是培养浮游生物，这些浮游生物可以以藻类或细菌为饵料；最后一级是养鱼塘。

（5）稳定塘的优缺点

稳定塘处理废水有以下主要优点：1）基建投资低；2）运转费用低，能耗低，管理方便；3）因停留时间长,对水量、水质的变动有很强的适应能力;4)与养鱼、培植水生作物相结合,使废水得到综合利用。

其主要缺点是:1)废水停留时间长,占地面积大,使用上受到很大限制;2)受气温的影响很大,净化能力受季节性控制。在北方,冬季冰封,必须把冬季的废水贮存起来,使稳定塘的占地面积更大;3)卫生条件差,易孳生蚊蝇,散发臭气;4)如塘底处理不好,可能会引起对地下水的污染。

综上所述,稳定塘是一种较为经济的废水生物处理方法。当有洼地等可以利用的地方,有条件的采用稳定塘,既可治理废水,消除污染,又可节省投资,应该提倡。但是要科学地使用这个技术,必须采用相应的工程措施,防止二次污染的发生。

**The main advantages and disadvantages of stabilization pond:**

(1) Advantages: low investment; low operation cost; low energy consumption; convenient management; strong adaptability of water quality; Utilizing waste water with other methods;

(2) Disadvantages: long residence time; large space occupation; purification capacity affected by season; poor sanitation condition; if the pond bottom can not be handled properly, pollution may be caused to groundwater.

#### 3.3.1.2　水体自净技术

污水排入水体后,经过物理的、化学的与生物化学的作用,使污染的浓度降低或总量减少,受污染的水体部分地或完全地恢复原状,这种现象称为水体自净或水体净化,水体所具备的这种能力称为水体自净能力或自净容量。处理后的废水,一般说来不可能完全地或无限地回用,其最终出路是排放到自然界,即水体或土壤中,最普遍的是排到河流或海洋。废水处理的指导思想是使处理厂完成部分工作,余下部分利用水体的自净能力完成。这样,既不影响环境,又节约水处理的基建和运行费用。但是,若污染物的数量超过水体的自净能力,就会打破水体的自然平衡,导致水体污染,使水体丧失其使用功能,环境恶化。

水体自净过程非常复杂,按机理可分为三类。

(1)物理净化作用

水体中的污染物通过稀释、混合、沉淀与挥发,使浓度降低,但总量不减。

1)稀释、混合

污水排入水体后,在流动的过程中,逐渐和水体水相混合,使污染物的浓度不断降低的过程称为稀释。稀释效果受两种运动形式的影响,即对流与扩散。混合是通过水体的输移扩散作用,降低污染物的浓度,对水体,这种作用特别显著。虽然稀释混合作用并未减少环境的污染物数量,但影响生态环境的毕竟是浓度,在不超过水体水质目标的前提下采用稀释混合法处置废水应该视为水污染控制的一种经济有效的手段。

2)沉淀

废水中的悬浮物在水体中沉淀,降低了水体中污染物的浓度。但有时由于冲刷而将沉积物上翻返回河流,又会增加水体的污染负荷。废水中的重金属离子由于带正电,在水体中易于被带负电的胶体颗粒所吸附而沉淀,形成底泥。这是一个长期的次生污染源,很难治理,应注意防止。

3）挥发

若污染物属于挥发性物质，可由于挥发而使水体中污染物的浓度降低。

（2）化学净化作用

水体中的污染物通过氧化还原、酸碱反应、分解合成、吸附凝聚（属物理化学作用）等过程，使存在形态发生变化及浓度降低。

1）氧化还原

氧化还原是水体化学净化的主要作用。水体中的溶解氧可与某些污染物产生氧化反应，如铁、锰等重金属离子可被氧化成难溶性的氢氧化铁、氢氧化锰而沉淀，硫离子可被氧化成硫酸根随水流迁移。还原反应则多在微生物的作用下进行，如硝酸盐在水体缺氧条件下，由反硝化菌的作用还原成氮气而被去除。

2）酸碱反应

水体中存在的地表矿物质（如石灰石、白云石、硅石）以及游离二氧化碳、碳酸系碱度等对排入的酸、碱有一定的缓冲能力，使水体的 pH 值维持稳定。当排入的酸、碱量超过水体的缓冲能力后，水体的 pH 值就会发生变化。若变成偏碱性水体，会引起某些物质的逆向反应，例如已沉淀于底泥中的三价铬、硫化砷等，可分别被氧化成六价铬、硫代亚砷酸盐而重新溶解；若变成偏酸性水体，上述反应逆向进行。

3）吸附与凝聚

属于物理化学作用，产生这种净化作用的原因在于天然水中存在着大量具有很大表面能并带电荷的胶体微粒。胶体微粒有使能量变为最小及同性相斥、异性相吸的物理特性，它们能吸附和凝聚水体中各种阴、阳离子，然后扩散或沉降，达到净化的目的。

（3）水生动植物吸收

藻类、鱼类、贝类等会成千倍地富集重金属离子，通过食物链最终危害人类。

（4）生化净化作用

水体中的污染物通过水生生物特别是微生物的生命活动，使其存在形态发生变化，有机物无机化，有害物无害化，浓度降低，总量减少。生物化学净化作用是水体自净的主要原因。其作用原理与人工生物处理污水工艺一样，只是微生物利用的是大气复氧或水生植物释氧，并随着微生物耗氧量的变化，从污染源头开始呈现厌氧、缺氧和好氧的处理阶段，直至污水净化。

---

**The mechanism of Water Self-purification**：

(1) Physical purification：dilution，mixing，precipitation，volatilization；

(2) Chemical purification：oxidation-reduction，acid-base reaction，adsorption and condensation；

(3) The absorption of aquatic animals and plants；

(4) Biochemical purification.

---

## 3.3.2 废水土地处理技术

### 3.3.2.1 地表污水处理技术

（1）慢速渗滤土地处理技术

慢速渗滤土地处理系统（简称 SR 系统）是将污水投配到种有植物的土壤表面，污水在流经土壤表面以及在土壤—植物系统内部垂直渗滤时得到净化的土地处理工艺。污水慢速渗滤土地处理技术是土地处理技术中经济效益最大、水和营养成分利用率最高的一种类型。由于其易与农业生产结合，工艺灵活，资金投入少，而被许多国家广为应用。与传统污水灌溉相比，该系统不仅仅将污水作为水肥资源加以利用，而且通过对单位面积污染负荷与同化容量的严格计算，从各项条件中确定最低限制因子，同时采用多样化的生态结构，将污水有控制地投配到土地上，针对不同污染负荷设计不同水力负荷的有效分配，保证系统在最佳状态下的连续运行。

在慢速渗滤系统中，土壤—植物系统的净化功能是其物理化学及生物学过程综合作用的结果，具体为：植物的吸收利用；土壤微生物及土壤酶的降解、转化和生物固定；土壤中有机物质胶体的吸收、络合、沉淀、离子交换、机械截留等物理化学固定作用；另外还有土壤中气体的扩散作用及淋溶作用。

慢速渗滤系统适用于渗水性良好的土壤、沙质土壤及蒸发量小、气候湿润的地区。其主要特点有：

1）所投配的污水一般不产生径流排放。污水与降水共同满足植物需要，并与蒸散量、渗滤大体平衡。渗滤水经土层进入地下水的过程是间歇性且极其缓慢的。

2）适宜慢速渗滤处理系统的场地，上层厚度应大于0.6m，地下水埋深应大于1.2m，土壤渗透系数应大于0.15cm/h。

3）植物的选择较与其他类型土地处理系统更为重要。

4）处理系统中水和污染物的负荷较低，处理效率高，再生水质好，渗滤水缓慢补给地下水，不产生次生污染问题。

5）受气候和植物的限制，在冬季、雨季和作物播种、收割期不能投配污水。

6）以深度处理和利用水、营养物为主要目标的慢速渗滤系统，所要求的水质预处理程度相对其他类型土地处理要高。

慢速渗透土地处理系统工程的技术线路：城市污水首先根据水质状况如何，采取相应的预处理措施，一般为常规一级沉淀处理，而后进土地处理系统。在寒冷地区冬季土地处理不能运行，就采用污水储存或其他污水处理措施，如：快渗土地处理系统等。

---

**Slow rate land treatment system:**

(1) Sewage is distributed to the soil surface and purified by the internal vertical infiltration of soil-plant system;

(2) Slow rate land treatment system is suitable for good permeable soil, sandy soil and the small evaporation, humid climate region.

---

（2）污水快渗处理技术

污水快速渗滤土地处理系统（简称RI系统）是污水土地处理系统的一种，其定义为有控制地将污水投放于渗透性能较好的土地表面，使其在向下渗透的过程中经历不同的物理、化学和生物作用，最终达到净化污水的目的。这种系统是成功的和经济有效的污水处理方法，它与常规的二级生化污水处理系统相比，具有处理效果好、可以解决出水排入地表水体而产生富营养化的问题以及基建投资和运行费用低等优势，所以RI系统在欧美一些国家应用极为广泛，仅在美国，RI场地1981年就达320个，1987年发展到了1000个。在中国，土地处理技术经过"七五"、"八五"联合科技攻关项目的实施，先后建成了北京昌平污水快速渗滤系统、阿图什城市污水土地处理系统、开封市啤酒污水快速渗滤处理工程等，实现了从小试、中试到实用规模的试验、示范研究工作，并提出了采用土地处理替代二级处理及人工处理和自然处理并行的技术措施。但是，RI系统本身也存在很多局限性，其中由于系统污水处理负荷低（一般仅为6～130m³/a），造成土地占用面积非常大，这使其在中国东部沿海人口密集区的推广应用造成障碍。因此，这一问题的解决成为完善RI系统，实现其在中国推广应用的主要技术关键。

1）RI系统的主要特点

RI系统主要由地表构筑物、多孔介质及地下构筑物3部分组成。地表构筑物包括污水的预处理、调节、运输、布水以及渗滤等，中心部分是渗滤池。地下构筑物主要包括水质、水位监测井和集水井。多孔介质则由既具有一定的渗透性，又具有一定的阳离子交换容量（CEC）的土壤组成。RI系统的工作方式主要采用淹水（flooding）和落干（drying）的相互交替的方式。它一方面可以防止由于有机物的生长和悬浮物沉淀所造成的渗滤池表层孔隙的过度堵塞，有效地恢复系统的渗透性能，另一方面可使系统内部的浅层剖面上交替形成氧化还原环境，从而使RI系统具有独特的污染物净化功能。RI系统的净化功能主要取决于污水中的主要污染因子与土地系统之间的相互作用。一般认为，主要污染因子的去除机制是：悬浮固体经过过滤，重金属经过吸附和沉淀，磷经过吸附和沉淀，氮经过吸附、硝化和反硝化作用，病原体经过过滤、吸附、干燥、辐射和吞噬，有机物经挥发、生物和化学降解等作用分别被去除。在各种污染因子的去除机制中，微生物的作用是最主要的。城市生活污水中的典型污染因子化学需氧量（COD）、生化需氧量（BOD）、氮（N）等，都是主要靠微生物的生物化学作用来去除的。

RI系统的主要工艺特征有以下几个方面：①预处理。RI系统应用在一级处理用于限制公众接触的隔离地区，RI系统应用在二级处理用于控制公众接触的地区；②水量调节与贮存。RI系统在冬季往往需降低负荷的运行。另外在渗滤池维修时也要考虑贮存部分污水，可通过冬季增加系统面积的方法来解决；③土壤植物系统。适用于RI系统的场地条件为：土层厚度>15m，地下水位>10m，土壤渗透系数为0.36～0.60m/d，地面坡度<15%。土地用途为农业区或开阔地区，对植物无明显要求；④再生水收集。可采用明渠、暗管和竖井方式，再生水回收后可用于各种回用用途。

2）RI系统的局限性

基于RI系统的构成及工艺特征，RI系统的局限性主要表现在以下几个方面：①由于RI系统的核心构成是利用天然土地系统的自身净化功能进行污水处理，因此其对场地的适用性有一定的要求；②由于RI系统污水处理负荷一般比较低，导致系统占地面积非常大；③RI系统的净化功能主要依赖于天然状态下的微生物，由于冬季温度较低时微生物活性差，因此，污水处理效果将受到很大影响；④对进水水质有一定的要求，主要适用于城市的生活污水，以及5日生化需氧量与化学需氧量的比值大于0.3、且没有对微生物活性有明显影响的有毒有害组分的工业废水；⑤当RI系统净化水去向为天然系统时，有可能对地下水系统产生影响。

**Wastewater Rapid Infiltration land treatment system(RI):**

(1) The RI system mainly consists of surface structure, porous medium and underground structure;

(2) The main characteristics of RI system are pretreatment, water regulation and storage, soil-plant system, reclaimed water collection.

(3)污水地表漫流处理技术

污水土地漫流(简称OF系统)工艺是将污水定量地投配在生长着茂密植物,具有和缓坡度且土壤渗透性较低的土地表面上,污水呈薄层缓慢而均匀地在土表上流经一段距离后得到净化的一种污水处理方式。土地漫流系统的净化机理是利用"土壤—植物—水"体系对污染物的巨大容纳、缓冲和降解能力。其中土表的生物膜对污染物有吸附、降解和再生的作用;植物起了均匀布水的作用;阳光既可以提高系统活力,又可以杀灭病原体及促进污染物的分解;大气给了微生物良好的呼吸条件。在以上各方面的良好条件下,土地漫流系统构成了一个"活"的生物反应器,是一个高效低能耗的污水处理系统。其主要特点为:

1)地表漫流处理系统适用于土壤渗透性较低的黏土、壤土,或在场地0.3~0.6m处有弱透水层的土地;

2)场地最佳自然坡度为2%~8%,经人工建造形成均匀、和缓的坡面;

3)对预处理要求较低,通常经一级处理或细筛处理即可;

4)在污水浓度较稀的情况下,污水和污泥可合并处理,这时就可以省去耗费较大的污泥处理系统;

5)出水为地表汇集,或利用或排放;

6)处理出水一般可达二级处理标准,由于地表土壤和淤泥层成分的溶出,出水不能达到渗滤型土地处理出水那样高的标准。

**Overland-flow Wastewater Treatment System(OF):**

(1) The mechanism of OF system use the "soil-plant-water" system to hold, buffer and degrade pollutant;

(2) OF system is the sewage treatment system with high efficiency and low energy consumption.

3.3.2.2　人工湿地污水处理技术

湿地系指不问其为天然或人工、长久或暂时性的沼泽地、泥炭地或水域地带、静止或流动、淡水、半咸水、咸水体,包括低潮时水深不超过6m的水域。湿地是陆地与水体之间的过渡地带,是一种高功能的生态系统,具有独特的生态结构和功能。对于保护生物多样性,改善自然环境具有重要作用。由于人类的不合理开发,湿地资源在我国受到很大破坏。在特殊时期和环境条件下,研究和建立人工湿地生态系统是对自然湿地生态系统的适度补充,也是对其功能退化的恢复性建设。

人工湿地(CW)是一种由人工建造和监督控制的,与沼泽地类似的地面。湿地能净化污水,是自然环境中自净能力很强的区域之一。它利用自然生态系统中的物理、化学和生物的三重协同作用,通过过滤、吸附、共沉、离子交换、植物吸收和微生物分解来实现对污水的高效净化。

由于这种处理系统的出水质量好，适合于处理饮用水源，或结合景观设计，种植观赏植物改善风景区的水质状况。其造价及运行费远低于常规处理技术。英、美、日、韩等国都已建成一批规模不等的人工湿地。

(1)人工湿地的基本构造和类型

1)人工湿地的构造

绝大多数自然和人工湿地由五部分组成：①具有各种透水性的基质，如土壤、砂、砾石；②适于在饱和水和厌氧基质中生长的植物，如芦苇；③水体（在基质表面下或上流动的水）；④无脊椎或脊椎动物；⑤好氧或厌氧微生物种群。

湿地系统正是在这种有一定长宽比和底面坡度的洼地中由土壤和填料（如砾石等）混合组成填料床，废水在床体的填料缝隙中流动或在床体表面流动，并在床体表面种植具有性能好、成活率高、抗水性强、生长周期长、美观及具有经济价值的水生植物（如芦苇、蒲草等）形成一个独特的动植物生态系统，对废水进行处理。

其中湿地植物具有三个间接的重要作用：①显著增加微生物的附着（植物的根茎叶）；②湿地中植物可将大气氧传输至根部，使根在厌氧环境中生长；③增加或稳定土壤的渗水性。

植物通气系统可向地下部分输氧，根和根状茎向基质中输氧，因此可向根际中好氧和兼氧微生物提供良好环境。植物的数量对土壤导水性有很大影响，芦苇的根可松动土壤，死后可留下相互连通的孔道和有机物。不管土壤最初的孔隙率如何，大型植物可稳定根际的导水性相当于粗砂2~5年。

而土壤、砂、砾石基质具有：为植物提供物理支持；为各种复杂离子、化合物提供反应界面，为微生物提供附着。水体为动植物、微生物提供营养物质。

2)类型

人工湿地根据湿地中主要植物形式可分为：①浮生植物系统；②挺水植物系统；③沉水植物系统。沉水植物系统还处于实验室阶段，其主要应用领域在于初级处理和二级处理后的精处理。浮水植物主要用于N、P去除和提高传统稳定塘效率。

目前一般所指人工湿地系统都是指挺水植物系统。挺水植物系统根据水流形式可建成自由表面流（简称FWS）、潜流（简称SFS）和竖流系统。FWS系统中，废水在湿地的土壤表层流动，水深较浅（一般在0.1~0.6m）。与SFS系统相比，其优点是投资省，缺点是负荷低。北方地区冬季表面会结冰，夏季会孳生蚊蝇、散发臭味，目前已较少采用。而SFS系统，污水在湿地床的表面下流动，一方面可以充分利用填料表面生长的生物膜、丰富的植物根系及表层土和填料截留等作用，提高处理效果和处理能力；另一方面由于水流在地表下流动，保温性好，处理效果受气候影响较小，且卫生条件较好，是目前国际上较多研究和应用的一种湿地处理系统，但此系统的投资比FWS系统略高。

(2)人工湿地的工艺流程及净化机理

1)工艺流程

人工湿地污水处理系统由预处理单元和人工湿地单元组成。通过合理设计可将$BOD_5$、SS、营养盐、原生动物、金属离子和其他物质处理达到二级和高级处理水平。预处理主要去除粗颗粒和降低有机负荷。构筑物包括双层沉淀池、化粪池、稳定塘或初沉池。人工湿地单元中的流态采用推流式、阶梯进水式、回流式或综合式，见图3-3-2。阶梯进水可避免处理床前部堵塞，使植物长势均匀，有利于后部的硝化脱氮作用；回流式可对进水进行一定的稀释，增加水中的溶解氧并减少出水中可能出现的臭味。出水回流还可促进填料床中的硝化和反硝化作用，采用低扬程水泵，通过水力喷射或跌水等方式进行充氧。综合式则一方面设置出水回流，另一方面还将进水分布至填料床的中部，以减轻填料床前端的负荷。人工湿地的运行可根据处理规模的大小进行多种方式的组合，一般有单一式、并联式、串联式和综合式等。在日常使用中，人工湿地还常与氧化塘等进行串联组合，组合形式为：A 单一式；B 串联式；C 并联式；D 综合式。

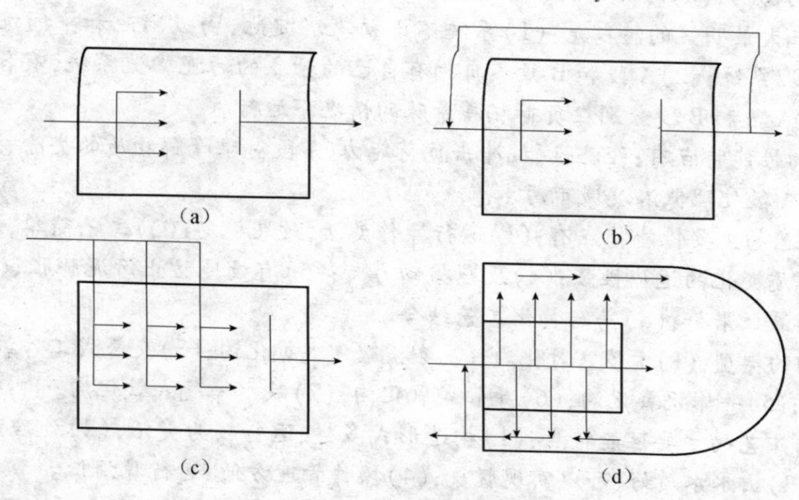


图3-3-2　人工湿地的基本流程

(a)推流式；(b)回流式；(c)阶梯进水式；(d)综合式

2)净化机理

人工湿地的显著特点之一是其对有机污染物有较强的降解能力。废水中的不溶性有机物通过湿地的沉淀、过滤作用，可以很快地被截留进而被微生物利用；废水中可溶性有机物则可通过植物根系生物膜的吸附、吸收及生物代谢降解过程而被分解去除。随着处理过程的不断进行，湿地床中的微生物也繁殖生长，通过对湿地床填料的定期更换及对湿地植物的收割而将新生的有机体从系统中去除。湿地对氮、磷的去除是将废水中的无机氮和磷作为植物生长过程中不可缺少的营养元素，可以直接被湿地中的植物吸收，用于植物蛋白质等有机体的合成，同样通过对植物的收割而将它们从废水和湿地中去除。

**Constructed Wetlands wastewater treatment system(CW):**

(1) CW system is an artificial construction, a ground like marsh land;

(2) The structure of CW system: a variety of permeability matrix; the plants is suitable growth in saturated water and anaerobic matrix; water; invertebrate or vertebrate; aerobic or anaerobic microbial populations.

## 小　结

1. 巴颠甫工艺的优点是脱氮、除磷效果很好，缺点是工艺复杂、反应器单元多、运行繁琐、成本高。

2. $A^2/O$ 工艺的影响因素有：(1) 污水中可生物降解有机物对脱氮除磷的影响；(2) 污泥龄 $\theta_c$ 的影响；(3) $A^2/O$ 工艺系统中溶解氧(DO)的影响；(4) 污泥负荷率 $N_s$ 的影响；(5) KN/MLSS 负荷率的影响；(6) 污泥回流比和混合液回流比的影响。

3. AB 法三大最明显的特征是：(1) 系统不设初次沉淀池，由吸附池和中间沉淀池组成的 A 段为一级处理系统；(2) A 段和 B 段各自拥有自己的独立的污泥回流系统，有各自独特的微生物群体；(3) A 段和 B 段分别在负荷相差悬殊的情况下运行。

4. AB 法的性能特点有：经济性、抗冲击负荷能力、A 段对难降解物质的去除、沉降性能、对氮、磷的去除、A 段处理低浓度城市污水。

5. SBR 工艺的主要性能特点有：(1) 运行操作灵活，效果稳定；(2) 工艺简单，运行费用低；(3) 对水量、水质变化的适应性强；(4) 反应推动力大；(5) 有效地防止污泥膨胀；(6) 脱氮除磷效果好；(7) 固液效果好；(8) 易与物化工艺结合。

6. 氧化沟的类型：(1) 卡罗塞氧化沟；(2) 射流曝气式氧化沟；(3) 交替式工作氧化沟；(4) 奥贝尔型氧化沟；(5) 一体化氧化沟；(6) 导管式氧化沟；(7) 跌水曝气式氧化沟。

7. 氧化沟工艺的主要性能特点：(1) 构造形式多样、运行较为灵活；(2) 处理流程简单、基建投资较少；(3) 出水水质好、可以实现脱氮；(4) 操作管理方便、运行费用低。

8: 氧化沟的优越性主要体现在：(1) 当基建投资的来源十分有限时；(2) 当要求的处理出水水质十分严格时；(3) 当要求进行脱氮处理时；(4) 当处理的进水水质水量波动较大时；(5) 当缺乏高水平的操作管理人员时。

## 习　题

3－1　巴颠甫脱氮除磷工艺各组成单元的功能有哪些？

3－2　$A^2/O$ 工艺流程存在的问题有哪些？

3－3　AB 法的基本原理是什么？

3－4　AB 法的性能特点有哪几个方面？

3－5　SBR 的基本原理是什么？

3－6　氧化沟的类型有哪些？

3－7　氧化沟的优越性主要体现在哪些方面？

3－8　影响生物滤池性能的主要因素有哪些？

3－9　简述 ABR 法的性能特点。

3－10　UASB 由哪几个部分构成？各组成部分的功能是什么？

3－11　试论述稳定塘的优缺点有哪些。

# 4 工业废水处理技术

**能力目标：**

通过本章的学习，了解工业废水的来源及特征；了解工业废水对环境的污染及危害；掌握工业废水的治理原则；掌握工业废水的分类及其处理工艺；掌握较常用的软化水处理技术；了解水的除氟；了解水的冷却原理；掌握冷却构筑物类型、工艺构造及特点；理解循环冷却水以及冷却水系统的综合处理等知识；对其他工业废水处理技术有简单了解。

## 4.1 概 述

（1）工业废水的来源及特征

工业生产过程中排出的被生产废料所污染的水称之为工业废水。工业废水来自于工业生产过程中，其水量和水质由工业性质、生产工艺、生产原料、产品种类、生产设备的构造与操作条件、生产管理水平等各个方面所决定。同一类型的工厂，由于各厂所用原料不一样，水质的变化很大。例如，在重金属冶炼厂采用不同矿石便会导致废水中含砷量有极大的差别；造纸废水由于原料和生产工艺的不同，其中的污染物和浓度往往也有很大差别。在一个工厂内，不同的工段会产生截然不同的工业废水。如造纸厂蒸煮车间的废水，是一种深褐色的液体，通称为黑液，而造纸车间的废水，却是一种极白的水，称为白水；染料工业不仅排出酸性废水，还排出碱性废水；焦化厂排出的含酚废水呈深黄褐色，且具有浓厚的石碳酸味，而煤气洗涤水则呈深灰色。即使是一套生产装置排出的废水，也有可能同时含有几种性质不同的污染物。在不同的行业，虽然产品、原料和加工过程截然不同，但可能排出性质类似的废水。

为了进一步说明工业废水的来源，现对钢铁工业所产废水举例说明。钢铁工业生产过程见图4-1-1所示：

采矿→选矿→烧结→炼铁→炼钢→轧钢→加工
焦化（↑炼铁）

图4-1-1 钢铁工业生产过程示意图

1）采矿过程废水　金属矿的开采废水主要含悬浮物和酸。矿山酸性废水一般含有一种或是几种金属、非金属离子，主要有钙、铁、锰、铅、锌、铜、砷等。

2）选矿过程废水　在选矿过程中产生大量含悬浮固体和选矿药剂的废水。这类废水一般经沉淀澄清后外排或循环利用。但对于赤铁矿的浮选厂，多采用氧化石蜡皂、塔尔油及硫酸钠等浮选药剂，矿浆浓度较大，悬浮物不易沉降，废水的pH值比较高，而且还含有浮选药剂。因此这种废水需要进行特殊处理，才可以排入天然水体。

3）烧结过程废水　废水中主要含有高浓度的悬浮物，包括采用湿法除尘产生的除尘废水和地面冲洗水等。

4)焦化过程废水　炼焦煤气终冷水及其他化工工段排出的废水,含有大量的酚、氨、氰化物、硫化物、焦油、吡啶等污染物,是一种污染严重且还较难处理的工业废水。

5)炼铁过程废水　高炉煤气洗涤水是炼铁工艺中的主要废水,含有大量悬浮固体,其主要成分是铁、铝、锌、硅等氧化物,此外还含有微量的酸和氰化物。高炉煤气洗涤水的水量大,污染严重,但进行处理之后,可以循环利用。高炉冲渣水含有大量的悬浮固体,存在热污染,经沉淀除渣后可以循环使用。

6)炼钢过程废水　转炉烟气除尘废水是炼钢工艺的主要废水,含大量的悬浮物,含量达1000mg/L以上,污泥含铁量高,可以回收利用。因悬浮物的粒径小,需采用混凝沉淀的方法处理。

7)轧钢过程废水　主要来自于加热炉、轧机轴承、轧辊的冷却和钢材除磷。废水水温增高,其主要含有氧化铁渣和油分。轧钢废水含油量虽然不高,但水量大,油呈乳化状态,油水分离有一定的难度,因此轧钢废水的除油是关键。

8)金属加工过程废水　主要是金属表面清洗除锈时产生的酸性废液。金属材料多用硫酸和盐酸酸洗,而不锈钢则需用硝酸、氢氟酸混合酸洗。酸洗后的钢材又要用清水漂洗,产生漂洗酸性废水。通常,酸洗废液含酸7%左右,还含有大量溶解铁;漂洗废水的pH值为1~2。

在钢铁工业生产中,产生的废水除上述之外,还有大量的间接冷却水,如不加治理而排放,对天然水体的热污染将会带来十分严重的后果。

(2)工业废水对环境的污染及危害

在高度集中的现代化大工业情况下,工业生产排出的废水,对周围环境的污染日趋严重。含有大量碳水化合物、蛋白质、油脂、纤维素等有机物质的工业废水排入水体,将大量消耗水体中的溶解氧,导致鱼类难以生存,水中的溶解氧若消耗殆尽,有机物就将厌氧分解,使水质急剧恶化,释放出甲烷、硫化氢等污染性气体。这是含有有机污染物的废水最普遍和最常见的污染类型。水体的富营养化是有机物污染的另一种类型,一些含有较多氮、磷、钾等植物营养物元素的工业废水,促使水中藻类及水草大量繁殖。藻类和水草枯死沉积于水中而腐败分解,会很快耗尽水中溶解氧从而使水质恶化。含有重金属的工业废水排入江河湖海,将直接对渔业和农业产生严重的影响,同时直接或间接地危害人体的健康。将几种重金属的危害简单介绍如下:

1)汞($Hg^{2+}$),其毒性作用表现在损害细胞内酶系统蛋白质的巯基。摄取无机汞致死量为75~300mg/人。如果每天吸取0.25~0.30mg/人以上的汞,则汞在人体内就会积累,长期持续下去,就会发生慢性中毒。有机汞化合物,如烷基汞、苯基汞等,其在脂肪中的溶解度可达到在水中的100倍,因而易于进入生物组织,且还有很高的积蓄作用,日本的水俣病公害就是无机汞转化为有机汞,这些汞经食物链进入人体而引起的。

2)镉($Cd^{2+}$),镉的化合物毒性极强,极易在体内富集。镉在饮用水中浓度超过0.1mg/L时,就会在人体内产生积蓄作用而引起贫血、新陈代谢不良、肝病变甚至死亡。镉在肾脏内蓄积引起病变之后,会使钙的吸收失调,从而发生骨软化病。日本富山县神通川流域发生的骨痛病公害,就是镉中毒引起的。

3)铬($Cr^{+6}$),六价铬化合物及其盐类毒性很大,它存在的形态主要是$CrO_3$、$CrO_4^{2-}$、$Cr_2O_7^{2-}$

等,易于在水中溶解存在。六价铬有强氧化性,对皮肤、黏膜有剧烈腐蚀性,近来研究认为,六价铬和三价铬均有致癌性。

4)铅($Pb^{2+}$),铅对人体各种组织都有毒性作用,其中对神经系统、造血系统及血管毒害最大,铅主要还蓄积在骨骼中。慢性铅中毒,其症状主要表现为食欲不振、便秘及皮肤出现灰黑色。

5)锌($Zn^{2+}$),锌的盐类能使蛋白质沉淀,对皮肤和黏膜有刺激和腐蚀的作用,对水生生物和农作物有明显的毒性。例如对鲑鱼的致死浓度为0.58mg/L,达到32mg/L时对农作物的生长有影响。

6)铜($Cu^{2+}$),铜的毒性比较小,它是生命所必需的微量元素之一。但超过一定量之后,就会刺激消化系统,引起腹痛、呕吐,长期过量可促成肝硬化。铜对低等生物和农作物的毒性较大,对鱼类0.1~0.2mg/L为致死量,所以一般水产用水会要求含铜量在0.01mg/L以下;对于农作物,铜是重金属中毒性最高的,它以离子的形态固定于根部,影响养分吸收机能。

另一些含有毒物的工业废水,主要是含有机磷农药、芳香族氨基化合物及多氯联苯等化工产品。这些污染物的化学稳定性强,且能通过食物在生物体内成千上万倍地富集,从而引起白血病、癌症等。

除上述污染类型之外,水污染还有油污染、放射性污染以及病原菌污染等。

---

**Industrial Wastewater**:

(1) Water polluted by industrial waste to become industrial wastewater;

(2) Industrial wastewater is produced in industrial process;

(3) Industrial wastewater pollute the surrounding environment more and more serious.

---

(3)工业废水的治理原则

工业废水治理技术是随着工业的发展而得以不断完善。人们对环境保护的认识也是逐步提高的,我国一些老的工业企业,废水处理设施极不完善,在扩建和改建老厂时,一定要同时规划废水如何治理。要搞好废水治理规划应遵守以下原则:

1)清、污分流

生产废水在一般情况下污染较轻,是指间接冷却水等用水量很大,只是温度升高或有少量粉尘污染,不处理或稍加处理便可排放或循环利用的水。而生产工艺排水和烟尘洗涤水等称为浊水,也就是生产污水,必须进行处理。如果清、浊不分流,便会使大量的冷却水受到严重污染,难以实现循环利用。

2)充分利用原有的净化设施

对一些老工业企业来讲,充分利用原有的净化设施,不仅可以节约投资,更重要的是能减少占地。在旧设施上引进具有强化净化效果的新技术,则更为经济合理。

3)近期改建要与远期发展相衔接

无论管道布置、处理量都要与工业生产本身发展的规模相衔接,结合生产规划,也可以分期分批地安排工业废水处理工程。

4)区别水质,集中与分散处理相结合

采用在总排口处集中处理的方式,对一些车间排污水质差别很大的工业企业而言,显然是不合理的。对含有特殊污染物的废水应当分散进行处理。全厂的中心水处理设施应以水量大、最具代表性的一种或是几种废水作为处理对象,将它们集中起来处理,这样即节省管理费用,又便于设施维护。

5)采用新技术、新工艺

工业废水的处理方法,正在向设备化、自动化的方向发展。传统的处理方法,包括用来进行沉淀和曝气的大型混凝土水池也在不断地更新中。近年来广泛发展起来的气浮、高梯度电磁过滤、臭氧氧化、离子交换等技术,都为工业废水的处理提供了更多的新工艺、新技术以及新的处理方法。在完善老厂水处理方法的同时,应考虑采用新技术。

工业废水中有用物质的回收利用、变害为利是治理工业废水的重要特征之一。例如,用铁氧体法处理电镀含铬废水,处理 $1m^3$ 含 100mg/L $CrO_3$ 的废水,可以生成 0.6kg 左右的铬铁氧体,铬铁氧体可用于制造各类磁性元件。不锈钢酸洗废液采用减压蒸发法回收酸,每处理 $1m^3$ 废液便可盈余 500 元,以年产 100t 钢材的酸洗车间计算,每年净回收价值可达 20 万元。对印染工业的漂炼工段排出的废碱液进行浓缩回收,已经成为我国目前普遍采用的工艺,回收的碱返回到漂炼工序。采用氰化法提取黄金的工艺所产生的贫液含 $CN^-$ 的浓度达 500 ~ 1000mg/L,且含铜 200 ~ 250mg/L,具有很高的回收价值,一些金矿采用酸化法回收氰化钠和铜,获得了较高的经济效益,其尾水略加处理便可达到排放的标准。影片洗印厂可以从含银废液中回收银,印刷厂可以从含锌废液中回收锌,因此对工业废水的治理首先应当考虑回收利用,这样既减少了污染物排放,又提高了企业生产效益。

---

**Treatment principle of industrial wastewater**:

(1) Split flow clean and waste water;

Make full use of the original purification facilities;

The combination of centralized and decentralized treatment, etc.

(2) Industrial wastewater treatment is recycling useful materials from Industrial wastewater and changing calamity to benefit.

---

(4)工业废水的分类

工业废水可以分为三大类。

1)含悬浮物(包括含油)工业废水

这类废水主要是湿法除尘水、煤气洗涤水、选煤洗涤水及轧钢废水等。净化废水的处理方法有自然沉淀、混凝沉淀、压气浮选、过滤等。经上述处理后可循环利用。

2)含无机溶解物工业废水

它包括电镀废水、酸洗含酸废液、有色冶金废水及矿山酸性废水等,是含重金属离子、酸、碱为主的废水,毒害大,处理方法复杂,可以先考虑将其变害为利,从中回收有用物质。这类废水一般采用物理化学法处理。

3)含有机物工业废水

它包括焦化废水、印染废水、造纸黑液、石油化工废水等。这类废水耗氧并且有毒,应采用物化与生化相结合的方法净化。

**Industrial wastewater are divided into three categories:**

(1) Industrial wastewater with suspended solids (including oil);

(2) Industrial wastewater with inorganic dissolved;

(3) Industrial wastewater with organic matter.

(5)工业废水的处理方法及处理工艺

废水处理过程是将废水中所含的各种污染物同水分离或加以分解使其净化的过程。废水处理方法有:物理处理法、化学处理法、物化处理法和生物处理法。如常用的调节、过滤、沉淀、除油、离心分离等是物理处理法;中和、化学沉淀、氧化还原等方法是化学处理法;混凝、气浮、吸附、离子交换、膜分离等方法是物化处理法;好氧生物处理、厌氧生物处理是生物处理法。

工业废水的水质差别很大,不可能提出规范的处理流程,只能进行个别分析,最好通过试验确定。选择和确定废水处理工艺之前,首先必须了解废水中污染物的形态。根据污染物在废水中粒径的大小将其划分为悬浮、胶体和溶解物3种形态。通常,悬浮物是最容易处理的污染物,而胶体和溶解物则比较难以处理。悬浮物可以通过沉淀、过滤等简单的物理处理方法使其与水分离,而胶体和溶解物则必须利用特殊物质使其凝聚或是通过化学反应使其粒径增大到悬浮物的程度,或利用微生物或特殊的膜等将其分解或分离。

废水处理工艺的确定一般参考已有相同工厂的处理工艺,也可以通过试验确定,方法如下:

1)有机废水

①含悬浮物时,用滤纸过滤,测定滤液的$BOD_5$、COD。若滤液中的$BOD_5$、COD都在要求值以下,这种废水可以采取物理处理方法,在悬浮物去除的同时,也可以将$BOD_5$、COD一道去除。

②若滤液中的$BOD_5$、COD高于要求值,则需要考虑采用生物处理方法。进行生物处理试验时,确定能否将$BOD_5$与COD同时去除。

生物处理法主要是去除易于生物降解的污染物,表现为$BOD_5$的去除。通过生物处理试验可以测得废水的可生化性及$BOD_5$、COD的去除率。生物处理法有好氧法和厌氧法两种,好氧法工艺成熟,效率高而且稳定,故而应用十分广泛,但因需供氧,耗电较高。为了节能并回收沼气,可以采用厌氧法,特别是处理高浓度$BOD_5$和COD废水比较适用($BOD_5$ > 1000mg/L),现在将厌氧法用于处理低浓度废水也获得成功。从去除效率看,厌氧法的$BOD_5$去除率不一定高,而COD去除率反而高些。这是因为厌氧处理能将高分子有机物转化为低分子有机物,使难降解的COD转化为易生物降解的COD所致。如果仅用好氧生物处理法处理焦化厂含酚废水,出水COD往往保持在400~500mg/L,很难继续降低;如采用厌氧作为第一级,再串以第二级好氧法,就可以使出水COD下降到100~150mg/L。因此,厌氧法常用于含难降解COD工业废水的处理。

③若经生物处理之后COD不能降低到排放标准时,就要考虑采用深度处理。

2)无机废水

①含悬浮物时,首先进行沉淀试验,若在常规的静置时间内上清液达到排放标准,这种废水便可采用自然沉淀法处理。

②若静置出水达不到要求值时,则需进行混凝沉淀试验。

③当悬浮物去除之后,废水中仍然含有上述方法不能去除的溶解性有害物质时,可以考虑采用化学沉淀、氧化还原、吸附、离子交换等化学及物化处理方法。

3)含油废水

首先做静置上浮试验分离浮油,如果达不到要求,再进行分离乳化油的试验。

对有机性工业废水的可生化性评价,是决定工业废水能否采用生化处理法进行处理的依据。需要考虑的因素有:①工业废水中所含的有机物是否能被细菌所分解;②工业废水中是否含有细菌所需的足够的营养物,如氮、磷等;③工业废水中是否含有对细菌生长繁殖有毒害作用的物质。

BOD/COD 值越大,说明其可生化性越好。若工业废水的 BOD 与 COD 的比值与生活污水的相近似,则说明易采用生物处理。一般情况下,BOD 与 COD 的比值在 0.3 以上,且 BOD 值大于 100mg/L 时,其可生化性良好,而低于此值可生化性则较差。虽然说 BOD 与 COD 的比值在某一界限值内废水可作生物处理,但也可能出现异常的情况,有些有机物的 BOD、COD 的反映不成规律。因此,评价工业废水生物处理的可行性,最好采用试验的方法。

表 4-1-1 列举了国内几种工业废水 BOD 与 COD 的比值关系。

**表 4-1-1 几种工业废水的 BOD 与 COD 比值**

| 工业废水名称 | BOD(mg/L) | COD(mg/L) | BOD/COD |
|---|---|---|---|
| 焦化废水 | 300 ~ 600 | 1200 ~ 2000 | 0.25 ~ 0.35 |
| 印染废水 | 200 ~ 300 | 800 ~ 1000 | 0.25 ~ 0.30 |
| 人造纤维废水 | 150 ~ 250 | 400 ~ 700 | 0.35 ~ 0.40 |
| 木材加工废水 | 5000 ~ 12000 | 10000 ~ 15000 | 0.50 ~ 0.80 |
| 聚氯乙烯废水 | 50 ~ 500 | 1000 ~ 2000 | 0.05 ~ 0.25 |

多数工业废水在某种程度上均不符合生物处理要求,它们所含的有机物比较单一,必须进行氮、磷、碳比例的调节,这样才能保证细菌正常所需的营养物。好氧生物处理的控制指标为 BOD : N : P = 100 : 5 : 1。为了满足此要求,用生化法处理工业废水时,需补充一些所缺少的营养物。比如,在对焦化含酚氰废水作生物处理时,需要增设加磷设备,以补足磷。工业废水的可生化性能还受废水中所含毒物的影响,如油类、氰化物、酸、碱都有一定的限制含量,对毒物必须进行预处理,以达到生化进水的要求,这样才能采用生化法处理。

**Treatment methods of Industrial wastewater include:**

(1) Physics treatment;

(2) Phemical treatment;

(3) Physico-Chemical treatment;

(4) Biological treatment.

# 4.2　软化水处理技术

水的软化方法主要有：

(1)加热法；

(2)石灰苏打法：用石灰降低暂时硬水硬度，用烧碱(苏打)降低非碳酸盐硬水硬度；

(3)离子交换法：用离子交换剂除去钙镁离子，目前的软化水处理大多采用这种方法。

离子交换法是一种借助于离子交换剂上离子同水中离子进行交换反应而除去废水有害离子态物质的方法，在水的软化、纯水制备、贵重金属离子的回收以及放射性废水、有机废水的处理中有广泛的应用。

**Water softening methods include：**

(1) Heating；

(2) Lime-soda；

(3) Ion Exchange.

## 4.2.1　离子交换剂

(1)分类、组成及结构

离子交换剂根据材料可以分为无机离子交换剂和有机离子交换剂，根据来源又可以分为天然离子交换剂和人工合成离子交换剂，根据其交换能力可以分为强碱性、弱碱性、强酸性、弱酸性等多种类型。其分类具体见图 4-2-1。

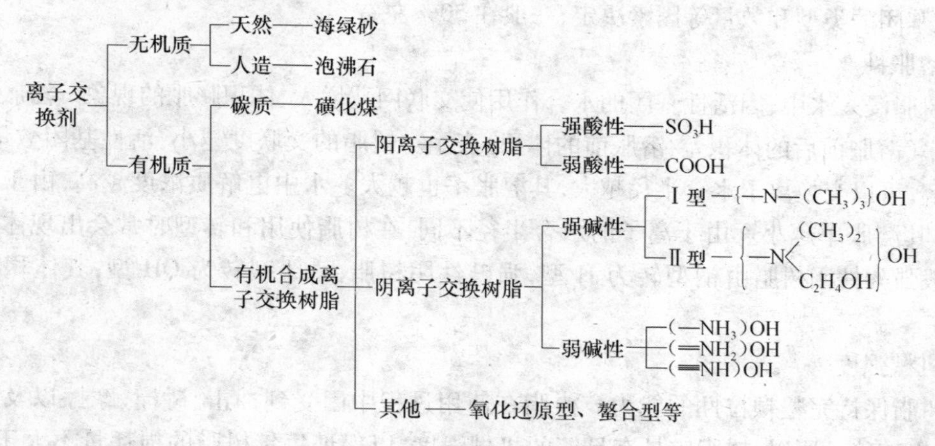


图 4-2-1　离子交换剂分类

离子交换树脂的化学结构由不溶性树脂母体及活性基团两部分组成，树脂母体是有机化合物和交联剂组成的高分子共聚物，交联剂的作用是使树脂母体形成主体的网状结构，交联剂同单体的质量比的百分数称之为交联度。活性基团由起交换作用的离子和与树脂母体联结的固定离子组成。

阳离子交换树脂内的活性基团是酸性,阴离子交换树脂内的活性基团是碱性的。根据其酸碱性的强弱,可以将树脂分为强酸($RSO_3H$)、弱酸(RCOOH)、强碱($R_4NOH$)、弱碱($R_nNH_3OH, n=1\sim3$)四类。活性基团中的 $H^+$ 和 $OH^-$ 分别可以用 $Na^+$ 和 $Cl^-$ 替换,所以阳离子交换树脂又有钠型、氢型之分;阴离子交换树脂还有氢氧型和氯型之分。钠型和氯型又称之为盐型。

(2)物理化学性质

因功能、用途的不同及原材料性能的不同,树脂的物理化学性质也不相同。常用凝胶树脂的主要物理性能如下:

1)外观及粒度

凝胶型阳树脂是半透明的棕色或淡黄色小球,阴树脂的颜色略深。粒度与均匀度影响树脂的性能,粒度越小,表面积越大。但粒度过细则会使流体的阻力增加,机械强度降低。一般树脂小球的直径为0.2~0.8mm。

2)树脂密度

①湿真密度:指树脂在水中充分溶解后的质量同真体积的比。其值一般为1.04~1.3g/mL。通常阳树脂的湿真密度比阴树脂的大,强型的比弱型的大。

②湿视密度:指树脂在水中溶解后的质量同堆体积的比,一般为0.6~0.85g/mL。通常阳树脂的密度大于阴树脂的密度。树脂在使用过程中,由于基团脱落、骨架链的断裂等原因,其密度略有减小。

3)含水量

水中充分溶胀的湿树脂所含水的质量占湿树脂的百分数称为含水量。含水量主要由交联度、活性基团的类型和数量等因素决定,一般在50%左右。

4)溶胀性

指树脂浸入水中,因活性基团的水合作用使交联网孔增大、体积膨胀的现象。溶胀程度常用溶胀率(溶胀前后的体积差/溶胀前的体积)表示。树脂的交联度越小,活性基团数量越多,越易离解,可以交换离子水合半径越大,其溶胀率也越大。水中电解质浓度越高,由于渗透压的增大,其溶胀率越小。由于离子的水合半径不同,在树脂使用和转型时常会出现体积的变化。一般强酸性阳树脂由钠型转为H型,强碱性阴树脂由Cl型转为OH型,其体积均增大约5%。

5)机械强度

指树脂保持完整颗粒性的能力。树脂在使用过程中因受到冲击、碰撞、摩擦以及胀缩作用,会发生破碎。所以,树脂应具有足够的机械强度,以保证每年树脂的损耗量不大于3%~7%。树脂的机械强度主要取决于交联度及溶胀率,交联度越大、溶胀率越小,机械强度越高。

6)耐热性

各种树脂都有一定的工作温度。操作温度过高,容易使活性基团分解,从而影响交换容量和使用寿命。当温度低于0℃时,树脂内水分冻结,使颗粒破裂。一般情况下树脂的使用和贮藏温度控制在5~40℃。

7)孔结构

大孔树脂的交换容量、交换速度等性能和孔结构有关。目前使用的D001×14～20系列树脂,其平均孔径为(100～154)$\times 10^{-10}$m,孔容0.09～0.21mL/g,比表面积16～36.4$m^2$/g,交换容量1.79～1.96mmol/mL。

(3)主要的化学性能

1)离子交换反应的可逆性

2)酸碱性

H型阳树脂和OH型阴树脂在水中电离出$H^+$和$OH^-$,具有酸碱性。因活性基团在水中电离能力的大小不同,树脂的酸碱性也有强弱之分。强酸或强碱性树脂在水中的离解度大,受pH值的影响小;弱酸或弱碱性树脂的离解度小,受pH值的影响大。所以,弱酸或弱碱性树脂在使用时对pH值有严格的要求。

3)选择性

树脂对水中某种离子能优先交换的性能,是离子交换剂的一项重要的性能指标。选择性的大小可以用选择性系数来表示。选择性系数的大小与温度、离子性质、溶液的组成以及树脂的结构等因素有关。在常温稀溶液中,一般有以下规律:离子价数越高,选择性越好;原子序数愈大、离子的水合半径愈大,选择性也愈好。根据文献资料,常见离子交换的选择性顺序如下:

阳离子:$Th^{4+} > La^{3+} > Ni^{3+} > Co^{3+} > Fe^{3+} > Al^{3+} > Ra^{2+} > Hg^{2+} > Ba^{2+} > Pb^{2+} > Sr^{2+} > Ca^{2+} > Ni^{2+} > Cd^{2+} > Cu^{2+} > Co^{2+} > Zn^{2+} > Mg^{2+} > Ba^{2+} > Tl^{+} > Ag^{+} > Cs^{+} > Rb^{+} > K^{+} > NH_4^{+} > Na^{+} > Li^{+}$

当采用$RSO_3H$树脂时,$Tl^+$和$Ag^+$的选择性顺序分别提前至$Pb^{2+}$左右。

阴离子:$C_6H_5O_7^{3-} > Cr_2O_7^{2-} > SO_4^{2-} > C_2O_4^{2-} > C_4H_4O_6^{2-} > AsO_4^{2-} > PO_4^{3-} > MoO_4^{2-} > ClO_4^{-} > I^{-} > NO_3^{-} > CrO_4^{2-} > Br^{-} > SCN^{-} > CN^{-} > HSO_4^{-} > NO_2^{-} > Cl^{-} > HCOO^{-} > CH_3COO^{-} > F^{-} > HCO_3^{-} > HSiO_3^{-}$

$H^+$和$OH^-$的选择性由树脂活性基团的酸碱性强弱所决定。对强酸性阳树脂,$H^+$的选择性介于$Na^+$和$Li^+$之间。但对于弱酸性阴树脂,$H^+$的选择性最强。同样对于碱性阴树脂,$OH^-$的选择性介于$CH_3COO^-$和$F^-$之间,但对于弱碱性阴树脂,$OH^-$的选择性最强。

4)交换容量

用于定量表示树脂的交换能力,常用$E_v$(mmol/mL湿树脂)表示,也可用$E_w$(mmol/g干树脂)表示。这两种表示方法间的数量关系如下:

$$E_v = E_w \times (1 - \text{含水量}) \times \text{湿视密度}$$

市售交换树脂所标的交换容量是总交换容量,也就是活性基团的总数。树脂在给定的工作条件下实际所发挥出来的交换能力叫做工作交换容量。由于树脂的再生程度、进水中离子的种类和浓度等许多因素的影响,实际交换容量只有总交换容量的60%～70%。

**The types of ion exchangers**:

(1) Inorganic ion exchanger and organic ion exchanger;

(2) Natural ion exchanger and synthetic ion exchanger;

(3) Strong alkaline ion exchanger; Weakly alkaline ion exchanger; Strong acid ion exchanger; Weakly acidic ion exchanger;

(4) Ion exchange resin have different physical or chemical properties for the different function, application and material properties.

### 4.2.2 离子交换的基本理论

(1) 离子的交换平衡

离子的交换过程可用式(4-2-1)表示：

$$RA + B \underset{再}{\overset{交}{\rightleftharpoons}} RB + A \tag{4-2-1}$$

式中 $RA$——含有 $A$ 离子的固相树脂；

$B$——溶液中的离子 $B$；

$RB$——交换后带有 $B$ 离子的固相树脂；

$A$——进入溶液中的离子 $A$。

当交换反应处于平衡状态时，其平衡关系可用式(4-2-2)表示：

$$K_A^B = \frac{[RB][A]}{[RA][B]} \tag{4-2-2}$$

式中 $K_A^B$——$A$ 型树脂对 $B$ 离子的选择系数；

$[RA]$——固相树脂中 $A$ 离子的浓度；

$[RB]$——固相树脂中 $B$ 离子的浓度；

$[A]$——溶液中 $A$ 离子的浓度；

$[B]$——溶液中 $B$ 离子的浓度。

当含有 $B$ 离子的溶液进入装有 $RA$ 树脂的离子交换器之后，树脂中的 $A$ 离子能否与浓液中的 $B$ 离子发生交换反应及反应程度由树脂的选择性决定，可以用选择性系数 $K_A^B$ 表示。

1) 当 $K_A^B > 1$ 时，说明 $RA$ 树脂对 $B$ 离子的选择性比较高，离子的交换反应可以进行。$K_A^B$ 远大于 1 时，表示 $B$ 离子的选择性更高，交换过程可以进行得较彻底。

2) 当 $K_A^B < 1$ 时，说明 $RA$ 型树脂对 $A$ 离子的选择性要比对 $B$ 离子的选择性高，交换反应无法进行，说明 $RA$ 型树脂不适合作为离子交换剂。

3) 当 $K_A^B = 1$ 时，说明 $RA$ 型树脂对 $A$、$B$ 两种离子的选择能力相同，因此无法分开两种离子。

由以上分析可以得知，只有在第一种情况下，离子的交接过程才可以正常进行。

(2) 离子交换速度

离子交换过程可以分为四个连续的步骤。

1) 离子从溶液的主体向颗粒表面扩散，穿过颗粒表面的液膜(液膜扩散)。

2)穿过液膜的离子继续在颗粒内的交换网孔中扩散，直至达到某一活性基团所处的位置。

3)目的离子和活性基团中的可交换离子发生交换反应。

4)被交换下来的离子沿着与目的离子运动相反的方向扩散，最后被主体水流带走。

上述几步中，交换反应速率与扩散相比要快得多，因此，总交换速度是由扩散过程控制的。

由 Fick 定律，扩散速度可写成式(4-2-3)：

$$dq/dt = D^0(c_1 - c_2)/\delta \tag{4-2-3}$$

式中　$c_1, c_2$——分别表示扩散界面层两侧的离子浓度，$c_1 > c_2$；

$\delta$——界面层的厚度，相当于总扩散层的厚度；

$D^0$——总扩散系数。

单位时间、单位体积树脂内扩散的量是上述扩散速度与单位体积树脂表面积 $S$ 的乘积，即式(4-2-4)：

$$\frac{dq}{dt} = D^0(c_1 - c_2)S/\delta \tag{4-2-4}$$

式中 $S$ 与树脂颗粒有效直径$\phi$、孔隙率 $\varepsilon$ 有关，见式(4-2-5)：

$$S = B\frac{1-\varepsilon}{\phi} \tag{4-2-5}$$

式中 $B$ 是颗粒均匀程度有关的系数。由以上两式可得到式(4-2-6)：

$$\frac{dq}{dt} = D^0B(c_1 - c_2)(1-\varepsilon)/\phi \cdot \delta \tag{4-2-6}$$

可见，影响离子交换扩散速度的因素有如下几种。

①树脂的交联度越大、网孔越小，扩散速度越慢。

②树脂颗粒越小，因内扩散距离缩短及液膜扩散的表面积增大，使扩散速度越快。

③溶液离子浓度越大，扩散速度越快。一般情况下，在树脂再生时，$c_o > 0.1M$，整个交换速度偏向受内孔扩散控制；而在交换制水时，$c_0 < 0.003M$，过程偏向于受液膜扩散控制。

④提高水温能使离子的动能增加，水的黏度减小，液膜变薄，有利于离子扩散。

⑤交换过程中的搅拌或是提高流速，可以使液膜变薄，加快液膜的扩散，但不影响内孔的扩散。

⑥被交换离子的电荷数及水合离子的半径越大，内孔扩散速度越慢。

为了提高离子交换的速度，可以采取以下的措施：

①提高离子穿过膜层的速度

具体办法有：加快交换体系的交换速度或提高溶液的过流速度，以减小树脂表面的膜层厚度；提高溶液中的离子浓度；减小树脂的粒度，增大交换剂的表面积；提高交换体系的温度，加快扩散速度。

②加快离子在树脂空隙内扩散速度

具体措施有：降低凝胶树脂的交联度，增加大孔树脂的致孔剂；提高交换体系的温度，加快扩散速度；提高树脂的孔隙率、孔度和溶胀度，以有利于离子的扩散。

**Basic theories of ion exchange**:

(1) Ion-exchange equilibrium;

(2) Ion-exchange process;

(3) Ion-exchange velocity and its influencing factors.

### 4.2.3 离子的交换过程

离子的交换过程包括交换和再生两个步骤。如果这两个步骤在同一设备中交替进行,则为间歇过程。间歇操作过程的操作简单,效果可靠,但是当处理量大时,需要多套装置并联运行。如果交换和再生分别在两个设备中连续进行,树脂不断在交换和再生设备中循环,则构成连续过程。

在交换过程中,若树脂上可交换的离子和溶液中的离子大部分或绝大部分进行了交换,或者在交换柱的出流液中,残存的离子浓度超过某一规定指标时,则可认为交换过程达到了平衡或树脂已经达到了饱和状态,此时,则要进行再生,为下一交换过程创造条件。

固定床离子交换器间歇操作过程见图 4-2-2。离子交换树脂装填于塔或罐内,交换树脂层不动,构成固定床,溶液自上而下流过树脂层,进行离子交换,运行方式与过滤类似。现以树脂 *RA* 交换溶液中的 *B* 为例说明运行过程。

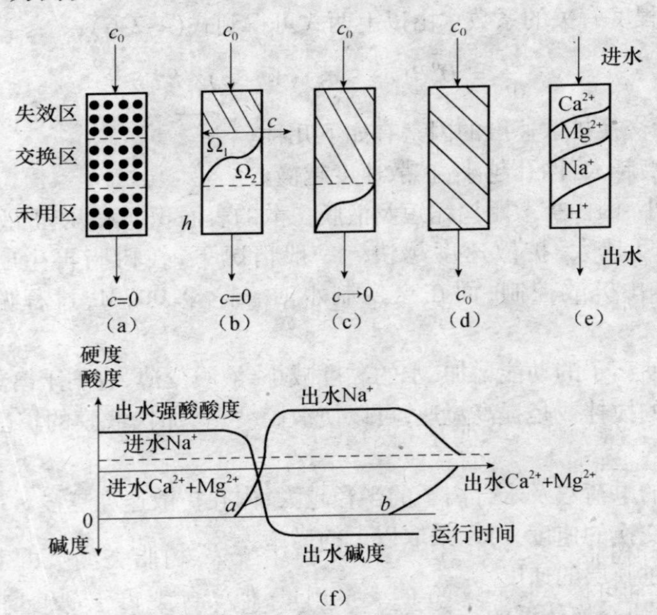


图 4-2-2 固定床离子交换工作过程

(a)~(e)离子交换步骤;(f)H 型树脂与水中 $Ca^{2+}$、$Mg^{2+}$、$Na^+$ 交换时水质变化

当含 *B* 浓度为 $c_0$ 的原水从上向下通过 *RA* 树脂层时,顶层树脂中的 *A* 首先和 *B* 进行交换,达到交换平衡时,这层树脂因饱和而失效,而后进水中的 *B* 不再和失效树脂交换,交换过程在下一层树脂中进行。在交换区内,每个树脂颗粒都交换部分 *B*,因上层树脂接触的 *B* 浓度高,

故树脂的交换量大于下层树脂。经过交换区，$B$ 自 $c_e$ 降到接近于0。$c_e$ 是与饱和树脂中 $B$ 浓度呈平衡的液相 $B$ 浓度，可视同 $c_0$，因此流出交换柱的水中不含有 $B$，故交换区以下床层的树脂没有发挥作用，是新鲜树脂，水质也未发生变化。继续运行，失效区逐渐扩大，交换区向下移动，未交换区逐步缩小。当交换区下缘到达树脂层底部时，出水中开始有 $B$ 漏出，此时称为树脂层穿透，再继续运行，出水中 $B$ 浓度迅速增加，直到与进水 $c_0$ 相同，此时全塔树脂饱和失效。

**Ion exchange process**:

(1) It has exchange and regeneration two steps;

(2) Ion exchange is a kind of liquid-solid two-phase reaction process;

(3) Resin regeneration can resume the exchanging capacity and recover useful substances.

### 4.2.4　树脂的再生

树脂的再生，一方面可以恢复树脂的交换能力，另一方面可以回收有用物质。

(1) 再生方式

固定床树脂有以下几种再生方式。

1) 顺流再生

在交换柱中，再生液同被处理溶液的流向相同，即由交换柱的顶部进液，底部排液。

2) 逆流再生

在交换柱中，再生液同被处理液的流向相反，即从底部进液，顶部排液。

3) 分流再生

再生液从交换柱的顶部、底部同时进入，由交换柱的中部排出。

4) 串联再生

当两个或几个交换柱串联使用时，被处理液由顶部流至底部，再由底部串联接入下一个交换柱的顶部，如此串联到最后，从最后一交换柱的底部排出。相反，再生液则由最后一个柱的顶部进入，由底部接入下一个交换柱的顶部，如此，直到从第一个交换柱的顶部排出。

5) 体外再生

在阴阳离子混合交换柱中，树脂饱和之后，两种树脂全部或仅阴树脂移出交换柱进行再生，再生后的树脂移回到混合交换柱中。

(2) 再生剂用量

再生剂的用量和树脂再生效果、运行费用、再生方式、树脂类型及再生剂的种类均有关。理论上，1leq 的再生剂可恢复树脂 1leq 的交换用量，但实际上再生剂的用量要比理论值大得多，通常为2~5倍。一般情况下，再生剂的用量越多，再生效率越高，但当再生剂用量增加到一定量之后，再生效率随再生剂用量增长不大。如用2% NaOH 对交换了 $Cr^{6+}$ 的强碱性树脂进行再生，经试验，以控制95%的再生效率比较合适。

(3) 再生液浓度

再生液的浓度同树脂类型、再生方式有关。表4-2-1所示为推荐的再生液浓度。如用硫酸作再生液,建议分三步逐次再生,可取得较好的再生效果。三步再生时,每步再生液的用量、浓度及再生液的流速可以参照表 4-2-2。

**表 4-2-1 推荐的再生液浓度**

| 再生方式 | 强酸阳离子交换树脂 | | 强碱阴离子交换树脂 | 混合床 | |
|---|---|---|---|---|---|
| — | 钠型 | 氢型 | — | 强酸树脂 | 强碱树脂 |
| 再生液品种 | 食盐 | 盐酸 | 烧碱 | 盐酸 | 烧碱 |
| 顺流再生液浓度(%) | 5~10 | 3~4 | 2~3 | 5 | 4 |
| 逆流再生液浓度(%) | 3~5 | 1.5~3 | 1~3 | — | — |

**表 4-2-2 硫酸三步再生法再生液浓度**

| 再生步骤 | 再生剂用量(占总量) | 浓度(%) | 流速(m/s) |
|---|---|---|---|
| 1 | 1/3 | 1.0 | 8~10 |
| 2 | 1/3 | 2.0~4.0 | 5~7 |
| 3 | 1/3 | 4.0~6.0 | 4~6 |

(4)再生液温度

在树脂允许的温度范围之内,再生液的温度越高,再生效果就越好。但为了节省运行费用,通常在常温下进行再生。有时为了除去树脂中一些有害物质或再生困难的离子,再生液可以加热到 35~40℃。

(5)再生液的流速

再生液的流速关系到再生液与树脂的接触时间,进而影响到再生效果。在离子交换柱中,再生液的流速一般控制在 4~8m/s 之间。

(6)树脂再生后的清洗

树脂再生之后,树脂上会残留一些再生剂,要用产品水或去离子水进行正洗或反洗,清洗用水量由计算决定。一般小型软化或是纯水系统中,清洗水用量约占产品水量的 10%~20%。

**Resin regeneration**:

(1) Regeneration mode;

(2) Regenerant consumption;

(3) Concentration of regenerated liquid;

(4) Temperature of regenerated liquid;

(5) Flow rate of regenerated liquid;

(6) Resin cleaning after regeneration.

### 4.2.5 离子交换系统与设备

完整的离子交换系统包括预处理单元、离子交换单元、再生单元及电控仪表系统等。

(1)离子交换单元的分类

根据离子交换柱的构造、用途以及运行方式,可以对离子交换单元作如图4-2-3所示的分类。

(2)离子交换固定床体系

离子交换固定床体系是指树脂的交换和再生在同一设备内、不同的时间内完成,其运行方式是间歇运行。

根据水流方向和使用要求的不同,固定床可以分为如下几种形式:

1)单床和多床形式

在交换柱内只填装一种树脂,只用一个交换柱称之为单床,如多个交换柱串联或是并联使用,则称之为多床。

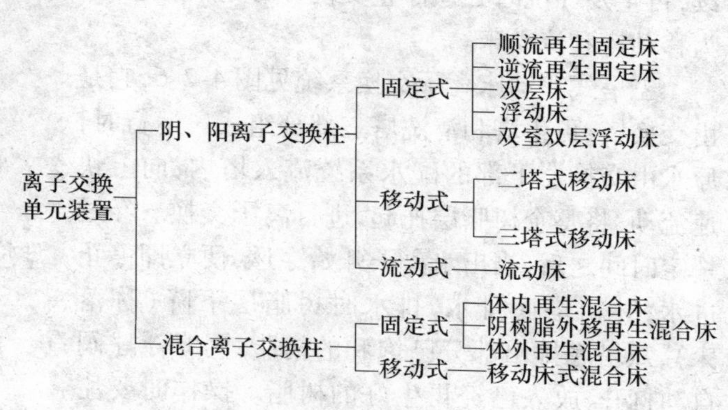


图4-2-3　离子交换单元的分类

2)复床形式

有的交换柱填充阳树脂,有的交换柱填充阴树脂,阴阳树脂的交换柱串联在一起使用的叫做复床。

3)双层床形式

在逆流再生固定床中,依据一定的配比填装强、弱两种树脂,密度小、粒度细的弱型树脂在上层,密度大、颗粒粗的强型树脂在下层,用这种型式组成的固定床称为双床。双床的工作状况如图4-2-4所示。

固定床离子交换器由简体、进水装置、排水装置、再生液分布装置以及相关管道和阀门组成,其结构如图4-2-5所示。

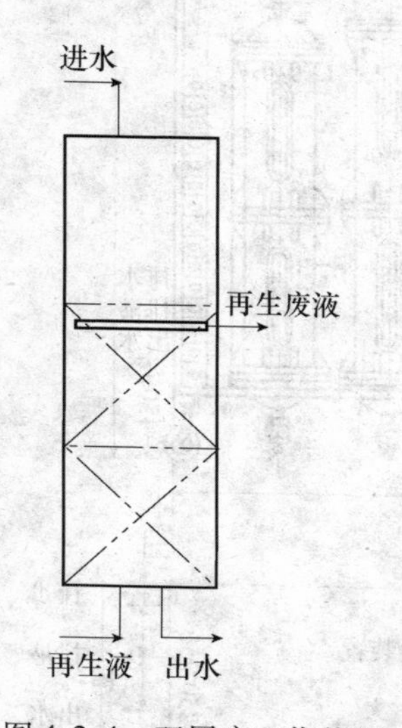


图4-2-4　双层床工作状况

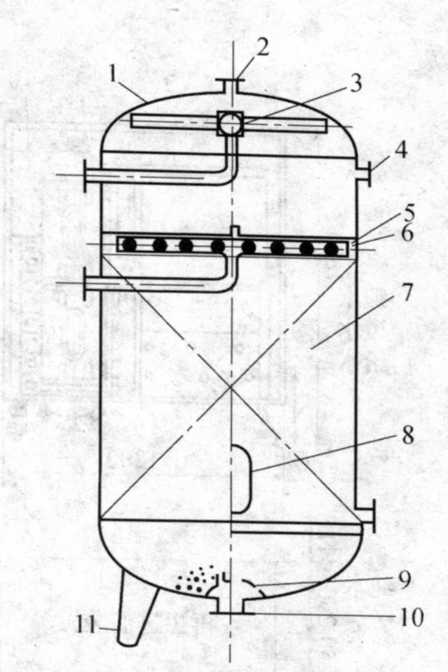


图4-2-5　逆流再生固定床结构

1—壳体;2—排气管;3—上布水装置;4—交换剂装填口;5—压脂层;6—中排液管;7—离子交换剂层;8—视镜;9—下布水装置;10—出水管;11—底脚

(3)连续式离子交换系统

固定床离子交换器内树脂不能边饱和边再生,树脂和容器的利用效率都很低,生产不连续,再生及冲洗时必须停止交换。为克服上述缺点,发展了连续式离子交换设备,主要型式分为移动床和流动床。

三塔式移动床离子交换系统见图4-2-6,它是由交换塔、再生塔和清洗塔三部分组成。运行时,原水由交换器下部的配水系统流入塔内,向上快速流动,将整个树脂层托起,进行离子交换。经过一定时间之后,当出水离子开始穿透,便立即停止进水,并由塔底排水,排水时树脂层下降(称落床),从塔底排出部分已饱和的树脂,同时浮球阀自动打开,放入已经再生好的树脂。操作时要注意塔内树脂的混床。每次落床的时间很短,约2min后又开始进水,托起树脂层,关闭浮球阀。失效树脂由水输送至再生塔。再生塔的结构和运行同交换塔大致相同。

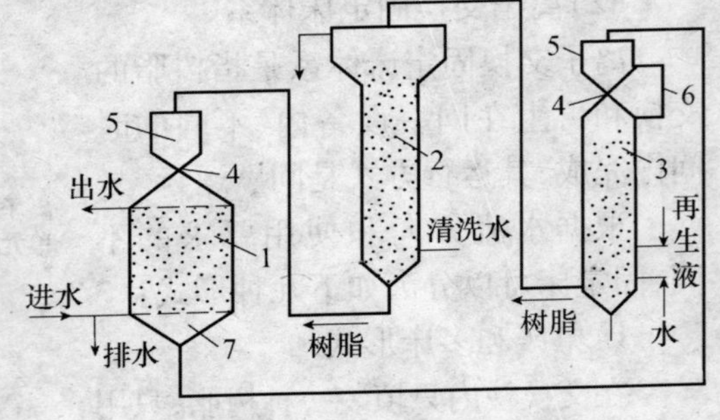

图4-2-6　三塔移动床

1—交换塔;2—清洗塔;3—再生塔;4—浮球阀;5—贮树脂斗;6—连通管;7—排树脂部分

移动床的优点是树脂用量较少,在相同产水量,约为固定床的1/3～1/2,能连续产水,水质较好,设备小,投资少。其缺点是树脂的损耗率大,自动化程度要求较高,对进水变化的适应性比较差。

图4-2-7所示为移动床离子交换废水处理设备,主要用于处理电镀废水、胶片洗印废水,回收废水中的金属、化工原料,实现水资源的重复利用。

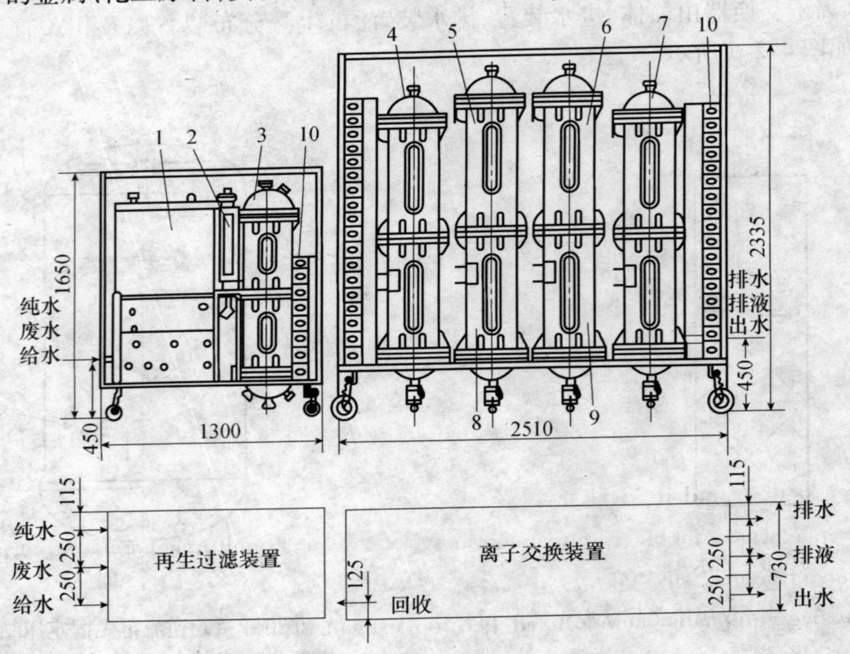

图4-2-7　移动床废水处理装置

1—废水贮槽;2—流量计;3—白球过滤柱;4—阳柱;5—脱钠柱;6,7—阴柱;8,9—再生柱;10—塑料隔膜阀

### 4.2.6　设计计算

离子交换系统的设计计算包括离子交换树脂的选择、工艺系统的确定、离子交换器尺寸的计算、再生计算、阻力的核算等。

交换器尺寸计算主要是直径和高度的计算。

(1)直径的计算

直径可由交换离子的物料衡算式计算,见式(4-2-7)和式(4-2-8):

$$Qc_0T = q_wHA \tag{4-2-7}$$

$$D = \sqrt{\frac{4Qc_0T}{\pi nq_wH}} \tag{4-2-8}$$

式中　$Q$——废水的流量,$m^3/h$;

$c_0$——进水中交换离子的浓度,$eq/m^3$;

$T$——两次再生的时间间隔,h;

$n$——交换器个数,一般不少于两个;

$q_w$——交换剂的工作产换容量,$eq/m^3$;

$H$——交换剂床高度,m;

$A$——交换器截面积,$m^2$;

$D$——交换器的直径,m,一般不小于3m。

另外,也可以根据要求的制水量和选定的水流空塔流速计算塔径,见式(4-2-9):

$$Q = A \cdot v \tag{4-2-9}$$

式中　$v$——空塔流速,一般取10~30m/h。

(2)高度的确定

高度由树脂层的高度、底部排水区高度及上部水垫层高度三部分组成。

树脂层越高,树脂的交换容量利用率也就越高,出水水质也就越好,但阻力损失增大,投资也相应增加。通常树脂层高度选用1.5~2.5m,不低于0.7m。当进水含盐量较高时,塔径和层高适当增加,以保证运行周期不低于24h。垫水层高度主要由反冲洗时树脂的膨胀高度和保证配水的均匀性所决定,顺流再生时的膨胀率一般为40%~60%,逆流再生时膨胀高度可以适当减小。底部排水区高度与排水装置的型式有关,一般取0.4m。

(3)水力校核

根据计算得到的塔径和塔高选择合适尺寸的离子交换器,进行水力校核。

---

**Ion exchange system and its design**:

(1) Ion exchange system include pretreatment unit, ion exchange unit, regeneration unit and electronic instrument system, etc.

(2) Ion exchange equipment include fixed-bed ion-exchanger and continuous ion-exchanger;

(3) Moving-bed and floating bed are main forms of continuous ion-exchanger;

(4) Ion exchange design include the calculation of diameter, height and hydraulic check.

---

## 4.3 除　氟

氟是机体生命活动所必需的微量元素之一，但是过量的氟则会产生毒性作用。我国饮用水卫生标准中规定氟的含量不能超过1mg/L，超过标准规定的原水，需进行除氟处理。

我国饮用水除氟有吸附过滤法、混凝法、电渗析法等方法，其中应用最多的是吸附过滤法。吸附过滤法的原理是含氟水通过滤料时，利用吸附剂的吸附及离子交换作用，将水中氟离子吸附去除。当吸附剂失去除氟能力之后，可以对吸附剂再生以重复使用。作为滤料的吸附剂主要有活性氧化铝和骨炭。

(1)活性氧化铝吸附过滤法

活性氧化铝是一种两性物质，其等电点约为9.5，当水的pH值在9.5以上时可以吸附水中阳离子，水的pH值在9.5以下时可吸附水中阴离子，活性氧化铝吸附阴离子的顺序为$OH^- > PO_4^{3-} > F^- > SO_3^- > CrO_4^{2-} > SO_4^{2-} > NO_2^- > Cl^- > NO_3^-$，对吸附氟离子具有极大的选择性。除氟用的活性氧化铝是白色颗粒状多孔吸附剂，有较大的表面积。

活性氧化铝在使用前须用硫酸铝溶液进行活化，活化反应为式(4-3-1)：

$$(Al_2O_3)_n \cdot 2H_2O + SO_4^{2-} \longrightarrow (Al_2O_3)_n \cdot H_2SO_4 + 2OH^- \tag{4-3-1}$$

除氟时的反应为式(4-3-2)：

$$(Al_2O_3)_n \cdot H_2SO_4 + 2F^- \longrightarrow (Al_2O_3)_n \cdot 2HF + SO_4^{2-} \tag{4-3-2}$$

当活性氧化铝失去除氟能力后，需停止运行，进行再生。再生时可用浓度为1%～2%的硫酸铝溶液，再生反应为式(4-3-3)：

$$(Al_2O_3)_n \cdot 2HF + SO_4^{2-} \longrightarrow (Al_2O_3)_n \cdot H_2SO_4 + 2F^- \tag{4-3-3}$$

活性氧化铝对水中氟吸附能力的大小取决于其吸附容量。吸附容量是指1g活性氧化铝所能吸附氟的重量，一般为1.2～4.5mg $F^-/gAl_2O_3$。其主要与原水的含氟量、pH值、活性氧化铝的粒度等因素有关。原水的含氟量较高时，因对活性氧化铝颗粒能形成较高的浓度梯度，有利于氟离子进入颗粒中，从而能获得较高的吸附容量；原水的pH值在5～8之间时，活性氧化铝的吸附量较大，pH=5.5可以获得最佳的吸附容量，我国多将pH值控制在6.5～7之间；活性氧化铝的粒度较小时，吸附容量大，而且再生容易，但是反洗时小颗粒容易流失，通常选用粒径为1～3mm。

活性氧化铝吸附过滤法除氟装置可以分为固定床和流动床，一般采用固定床，滤层厚度为1.1～1.5m，滤速为3～6m/h。如果活性氧化铝滤层失效(即出水含氟量超过标准时)，则需停止运行，进行再生。再生时，为了去除滤层中的悬浮物，应先用原水对滤层进行反冲洗(膨胀率为30%～50%)。再生剂可用1%～2%硫酸铝或1% NaOH溶液，它的浓度和用量应通过试验确定。再生后应用除氟水反冲洗，然后进水除氟到出水合格为正式运行开始。再生时间一般为1～1.5h。

采用流动床时，滤层厚度为1.8～2.4m，滤速10～12m/h。

(2)骨炭过滤法

骨炭是由兽骨燃烧去掉有机质的产品，它的主要成分是羟基磷酸三钙，故骨炭过滤法又称为磷酸三钙过滤法,关于羟基磷酸三钙的分子式,国外认为是 $Ca_3(PO_4)_2 \cdot CaCO_3$,国内认为是 $Ca_{10}(PO_4)_6(OH)_2$。

除氟交换反应为式(4-3-4):

$$Ca_{10}(PO_4)_6(OH)_2 + 2F^- = Ca_{10}(PO_4)_6 \cdot F_2 + 2OH^- \tag{4-3-4}$$

当水中含氟量高时,反应向右进行,氟被吸附交换去除。

骨炭滤层失效以后,需停止运行,进行再生,常用的再生液是浓度为1% NaOH 溶液。再生后还需要用浓度为0.5%的硫酸溶液中和。

---

**Excess fluoride can produce toxic effects, fluoride removal methods:**

(1) Fluoride removal from drinking water in china have many methods such as adsorption filtration, coagulation, electrodialysis method, etc.

Adsorption filtration is the most widely used method;

(2) The main adsorbent as filter materials are activated alumina and backbone carbon.

---

## 4.4　冷却处理

### 4.4.1　水的冷却原理

#### 4.4.1.1　水冷却的基础知识

循环水的冷却一般采用空气作为介质。含水蒸气的空气称为湿空气,它是干空气与水蒸气组成的混合气体。自然界中空气都含有水蒸气,均可称为湿空气。

(1) 湿空气的压力

湿空气的压力一般均为当地的大气压,按照气体分压定律,其总压力 $P$ 等于干空气分压力 $P_g$ 和水蒸气分压力 $P_q$ 之和。见式(4-4-1):

$$P = P_g + P_q \quad (kPa) \tag{4-4-1}$$

按理想气体状态方程见式(4-4-2)、(4-4-3):

$$P_g = \rho_g R_g T \quad (kPa) \tag{4-4-2}$$

$$P_q = \rho_q R_q T \quad (kPa) \tag{4-4-3}$$

式中　$\rho_g$,$\rho_q$——干空气和水蒸气在其本身分压下的密度;

$R_g$——干空气的气体常数;

$R_q$——水蒸气的气体常数;

$T$——气体绝对温度。

当空气在某一温度下时,吸湿能力达到最大值时空气中的水蒸气均处于饱和状态,称为饱和空气,水蒸气的分压称为饱和蒸汽压力($P''_q$)。湿空气中所含水蒸气达不到该温度下的饱和蒸汽含量,因此水蒸气分压 $P_q$ 也都小于该温度下的饱和蒸汽压 $P''_q$。在温度 $\theta = 0 \sim 100$℃和通常的气压范围内,$P''_q$ 只与空气温度 $\theta$ 有关,而与大气压无关。空气 $\theta$ 越高,水分蒸发的速度则越快,$P_g$ 值就越大。所以,在一定温度下已经达到饱和的空气,当温度升高时则成为不饱和;

反之,不饱和的空气,当温度降低到某一值时,空气又趋于饱和。

(2)湿度

湿度是空气中所含水分子的浓度。它有绝对湿度、相对湿度、含湿量三种表示方式。

1)绝对湿度指每立方米湿空气所含水蒸气的质量。其数值等于水蒸气在分压 $P_q$ 与湿空气温度 $T$ 时的密度 $\rho_q$。

2)相对湿度指空气的绝对湿度与同温度下饱和空气的绝对湿度之比,用$\phi$表示。见式(4-4-4):

$$\phi = \frac{\rho_g}{\rho_q} = \frac{p_q}{p''_q} \tag{4-4-4}$$

3)含湿量在含有1kg干空气的湿空气混合气体中,它所含水蒸气质量为 $X$(kg)称为湿空气的含湿量,也称为比湿,单位为kg/kg(干空气)。见式(4-4-5):

$$X = \frac{\rho_g}{\rho_q} = \frac{R_g P_q}{R_q P_g} \tag{4-4-5}$$

由式(4-4-5)可知,当 $P$ 一定时,空气中含湿量 $X$ 随水蒸气分压力的增加而增大。

不饱和空气在气压和温度保持不变的情况下,因冷却而达到饱和状态(即将凝结出露水时的状态)时的温度,称为该空气的露点。

(3)湿空气的密度

湿空气的密度 $\rho$ 等于1m$^3$ 湿空气中所含的干空气与水蒸气在各自分压下的密度之和。

(4)湿空气的比热

使总质量为1kg的湿空气(包括干空气和 $X$ 公斤水蒸气)温度升高1℃所需的热量,称为湿空气的比热,用 $C_{sh}$ 表示。

$$C_{sh} = C_g + C_q X \quad (\text{kJ/kg}\cdot℃)$$

式中 $C_g$——干空气比热,(kg/kg·℃),在压力一定,湿度变化小于100℃时,约为1.00(kJ/kg·℃)

$C_q$——水蒸气比热,(kg/kg·℃),约为1.84kg/(kg·℃)

所以得出式(4-4-6): $C_{sh} = 1.0 + 1.84X \quad (\text{kJ/kg}\cdot℃)$ (4-4-6)

在冷却塔中,$C_{sh}$一般采用1.05(kJ/kg·℃)。

(5)湿空气的焓

表示气体含热量大小的数值叫焓,用 $i$ 来表示。其值等以1kg干空气和含湿量 $X$kg水蒸气热量之和。见式(4-4-7):

$$i = i_g + X i_q \quad (\text{kJ/kg}) \tag{4-4-7}$$

式中 $i_g$——干空气的焓,kJ/kg;

$i_q$——湿空气的焓,kJ/kg。

计算含热量时规定:以水温为0℃水的热量为零。水蒸气的焓由两部分组成:一是1kg 0℃的水变为0℃水蒸气所吸收的热量称为汽化热 $\gamma_0$;二是1kg水蒸气由0℃升高到 $\theta$℃时所需的热量。

$$\begin{aligned} i = i_g + X i_q &= C_g\theta + X \cdot C_g\theta \quad (\text{kJ/kg}) \\ &= 1.00\theta + (2500 + 1.84\theta)X = C_{sh}\theta + \gamma_0 X \quad (\text{kJ/kg}) \end{aligned} \tag{4-4-8}$$

式(4-4-8)中,前项与温度 $\theta$ 有关,称为显热;后项与湿度无关,称为潜热。

(6)湿空气焓湿图

为了简化计算,将根据试验测得的湿空气的四项主要热力学参数($\varphi$、$P$、$i$、$\theta$)之间相应关系绘制成图表,称为焓湿图,通过焓湿图,即可由已知参数求焓 $i$。

(7)湿球温度和水的冷却极限

图4-4-1是放在被测空气中的两支相同水银温度计,其中一支水银球上包有纱布,纱布下端浸入水中。在纱布的毛细管作用下,使纱布吸收水。在空气饱和时,纱布上的水不断地蒸发,蒸发所需的热量在水中取得,因此水温逐渐降低。当降至气温以下时,由于温差的关系,空气热量将通过接触传给纱布上的水层。

当蒸发散热量等于空气传回的给水热量时,即处于平衡状态,纱布上的水温将不再下降。稳定在一定温度上,此时的温度称为湿球温度 $\tau$。就是说,在该气温条件下,水被冷却所能达到的最低温度,即冷却极限。通常生产上冷却后的水温要比 $\tau$ 大 3~5℃(图4-4-2)。

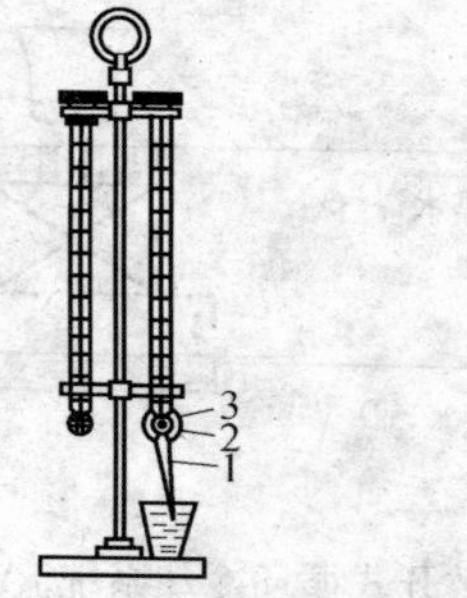


图4-4-1　湿球温度计

1—布;2—水层;3—空气层

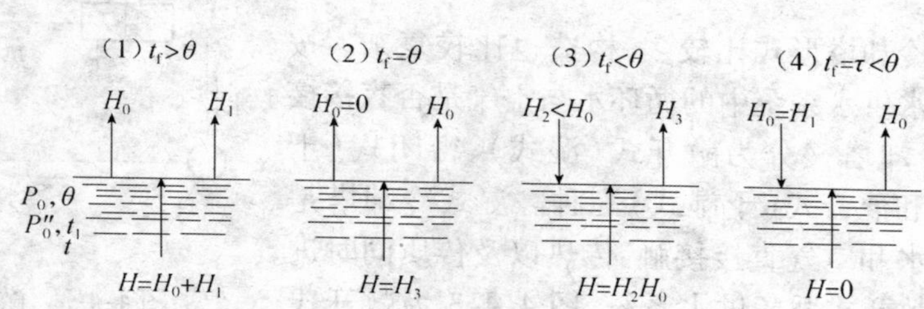


图4-4-2　不同温度下的蒸发散热和传导散热

4.4.1.2　*水的冷却原理*

当热水表面直接与未被水蒸气所饱和的空气接触时、热水表面的水分子将不断是汽化为水蒸气,在此过程中,将从热水中吸收热量,达到冷却效果。水的蒸发可以在沸点时进行,也可以在小于沸点时发生。水的表面蒸发,在自然界中一般是在水温低于沸点时发生的。通常认为空气和水接触的界面上有一层极薄的饱和空气层,叫做水面饱和气层。水首先蒸发到水面饱和气层中,再扩散到空气中。通常将水面饱和气层的温度 $t'$ 看作是与水面温度 $t_f$ 基本相等,水温越小或水膜越薄,则 $t'$ 与 $t_f$ 越接近;设水面饱和水蒸气分压为 $P''_q$,而远离水面的空气中,温度为0℃时的水蒸气分压为 $P_q$,则分压差 $\Delta P_q = P''_q - P_q$,是水分子向空气中蒸发扩散的推动力,只要 $P''_q > P_q$,水体表面就会蒸发,而与水面温度 $t_f$ 高于还是低于水面上方的空气温度 $\theta$ 无关。所以,蒸发所耗热量 $H_\beta$ 总是由水流向空气。如欲加快水的蒸发速度,可以采用下列措施:(1)增加热水与空气之间的接触面积;(2)提高水面空气流动的速度,使逸出的水蒸气分子迅速向空气中扩散。

除蒸发传热之外,水、气接触过程中,如水的温度和空气的温度不一致,将会产生传热过程。例如,当水温高于空气温度时,水将热量传给空气。空气接受了热量,温度就逐渐上升,从而使水面以上空气的温度不均衡，产生对流作用，最终使空气的温度达到均衡，且水面温度和空气温度趋于一致，这就是传导散热的过程。温度差$(t_f-\theta)$是水、气之间传导散热的推动力：传导散热所产生的热量$H_a$可从水流向空气，也可以从空气流向水，取决于两者温度的高低。在冷却过程中，虽然蒸发散热和传导散热一般同时存在，但是随着季节的不同，冬季气温很低，水温$t$高出$\theta$很多，传导散热量可占50%～70%；夏季气温较高，$(t_f-\theta)$值很小，甚至为负值，传导散热量很小，蒸发散热量约占80%～90%。

## 4.4.2 冷却构筑物类型、工艺构造及特点

### 4.4.2.1 冷却构筑物类型及构造组成

冷却构筑物大体分为水面冷却池、喷水冷却池和冷却塔三类。

水面冷却池利用天然池塘或水库，冷却过程在水面上进行，它的效率低。喷水冷却池是在天然或是人工池塘上加装喷水设备，用来增大水和空气间的接触面。冷却塔是人工建造的，水通过塔内的淋水装置时，可以形成小水滴或是水膜，以增大水和空气的接触面积，提高冷却效果。

冷却塔形式比较多，构造也比较复杂。按循环水供水系统中的循环水与空气是否直接接触，冷却塔又分为敞开式（湿式）、密闭式（干式、）和混合式（干湿式）三种。湿式冷却塔是指热水和空气直接接触、传热以及传质同时进行的敞开式循环供水系统，图4-4-3为敞开式循环冷却系统流程图。

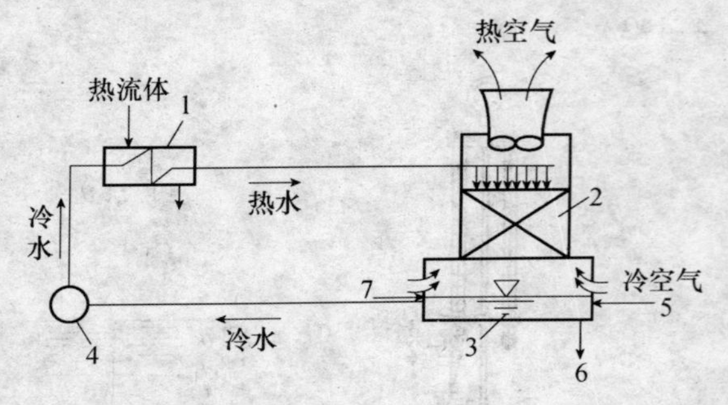


图4-4-3 敞开式循环冷却系统流程图

1—换热器；2—冷却塔；3—集水池；4—循环水泵；5—补充水；6—排污水；7—投加处理药剂

干式冷却塔是指水与空气不直接接触，冷却介质为空气，空气冷却是在空气器中实现的，所以只单纯传热，如图4-4-4(a)所示；干湿式冷却塔是指热水同空气进行干式冷却之后再进行湿式冷却的构筑物，如图4-4-4(b)所示。湿式冷却塔是最常用的冷却塔。

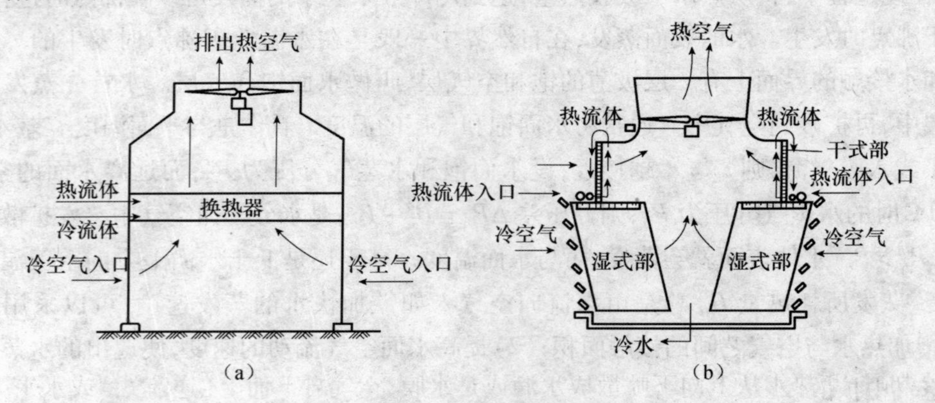


图4-4-4 干式和干湿式冷却塔

(a)干式冷却塔；(b)干湿式冷却塔

(1)水面冷却池

水面冷却利用水体的自然水面,水体水面一般有两种:一是水面面积有限的水体,包括水深小于3m的浅水冷却池和水深大于4m的深水冷却池;二是水面面积很大的水体或水面面积相对于冷却水量是很大的水体,如河道、海湾等。

在图4-4-5的冷却池中,高温水从排水口排入湖内,在缓慢流向下游取水口的过程中,由于水面与空气接触,借自然对流蒸发作用使水冷却。湖中水流可以分为主流区、回流区及死水区。为提高了冷却效果,应当扩大主流区,减小回水区,消灭死水区。

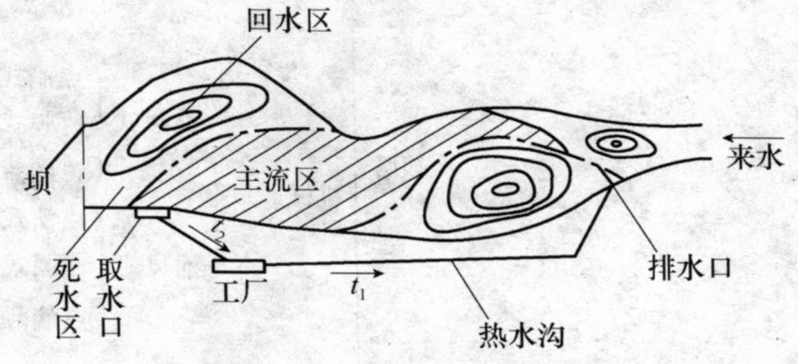


图4-4-5　冷却池水流分布

冷却池的最小水深为1.5m。水越深,冷热水分层越好(形成完好的温差异重流),有利于热水在表面散热,同时也便于取到底层冷水回用。取水口及排水口在平面、断面的布置、形式和尺寸及水流行程历时,应根据原地实测地形进行模型试验来确定,在近似估算冷却池表面积时,水力负荷为0.01~0.1$m^3/(m^2 \cdot h)$。冷却池的设计计算可参考有关书籍。

(2)喷水冷却池

喷水冷却池(图4-4-6)是利用喷嘴喷水进行冷却的敞开式冷却池,它在池上布置有配水管系统,管上装有喷嘴。压力水经喷嘴(喷嘴前压力为49~69kPa)向上喷出,形成均匀散开的小水滴,然后降落池中。在水滴向上喷射又降落的过程中,有足够的时间与周围空气接触,改善蒸发及传导的散热条件。影响喷水池冷却效果的因素有:喷嘴形式和布置方式、水压、风速、风向、气象条件等。

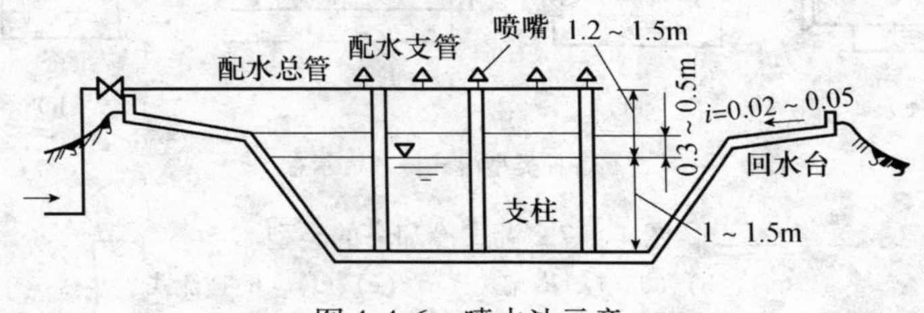


图4-4-6　喷水池示意

喷水池配水管间距为3~3.5m,同一支管上喷嘴间距为1.5~2.2m;池水水深1~1.5m,保护高度0.3~0.5m,估算面积时水力负荷为0.7~1.2$m^3/(m^2 \cdot h)$。

(3)湿式冷却塔

1)湿式冷却塔的类型

在冷却塔中,热水从上向下喷散成水滴或是水膜,空气自下而上(逆流式)或水平方向(横流式)在塔内流动,在流动过程中,水与空气间进行传热和传质,水温随之下降。湿式冷却塔类型见图4-4-7。

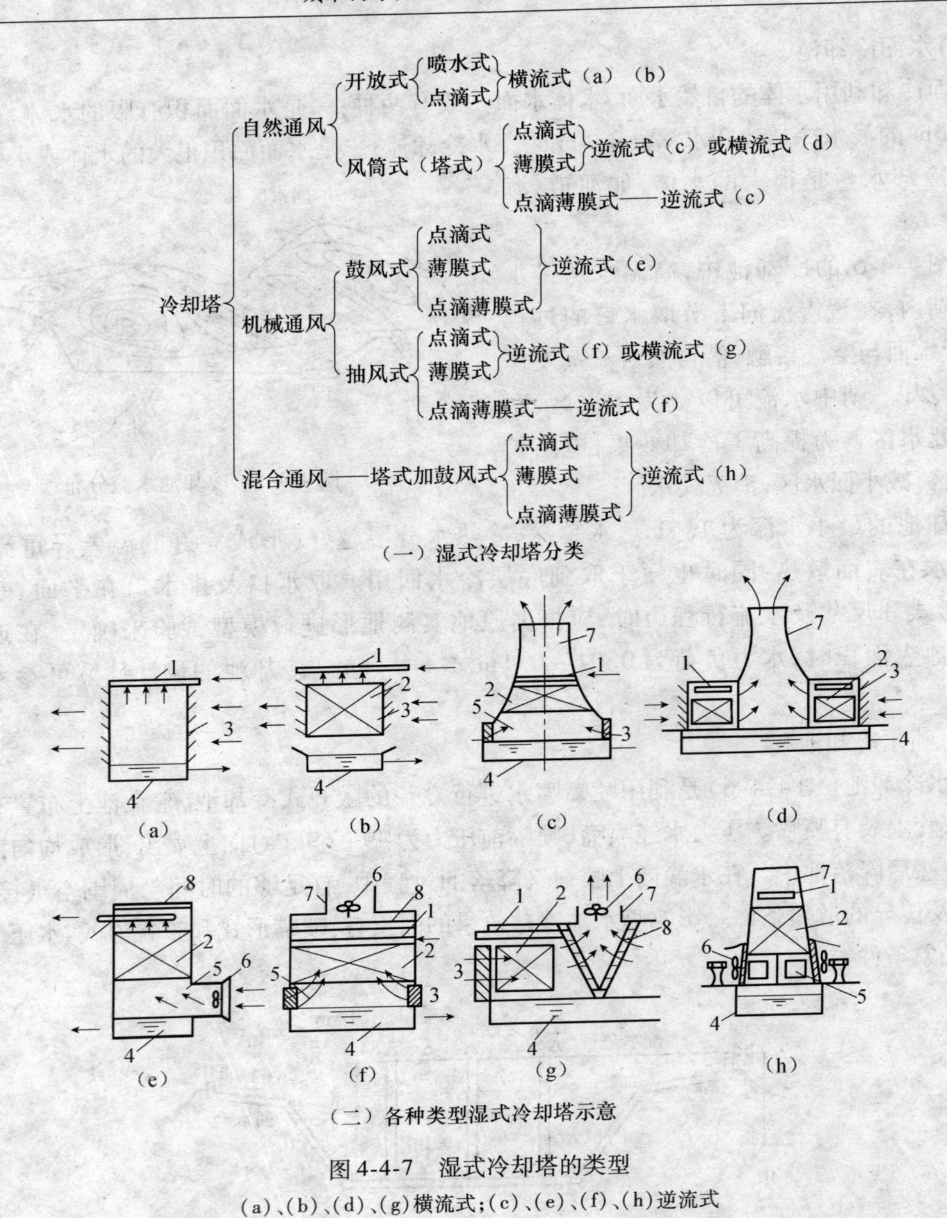


图 4-4-7 湿式冷却塔的类型

(a)、(b)、(d)、(g)横流式;(c)、(e)、(f)、(h)逆流式

2)湿式冷却塔的构造组成

冷却塔一般由配水系统、淋水填料、通风以及空气分配装置、除水器、集水池、塔体等组成,图 4-4-8(a)为抽风式逆流冷却塔的工艺构造图。热水经过进水管 10 流入塔内,先流进配水管系 1,再经支管上的喷嘴均匀地喷到下部的淋水填料 2 上,水在这里以水滴或是膜的形式向下运动。冷空气由下部经进风口 5 进入塔内,热水与冷空气在淋水填料中逆流条件下进行传热及传质过程以降低水温,吸收了热量的湿热空气则是从风机 6 经风筒 7 抽出塔外,随气流挟带的一些小水滴经除水器 8 分离之后回到塔内,冷水便流入下部集水池 4 中。

图 4-4-8(b)为抽风式横流冷却塔的工艺构造图。热水从上部经配水系统 1 洒下,冷空气从侧面经进风百叶窗 2 水平流入塔内,水和空气的流动方向互相垂直,在淋水填料 3 中进行传热及传质过程,冷水则流到下部集水池中。而湿热空气经除水器 4 流到中部空间之后,再由顶部风机抽出塔外。

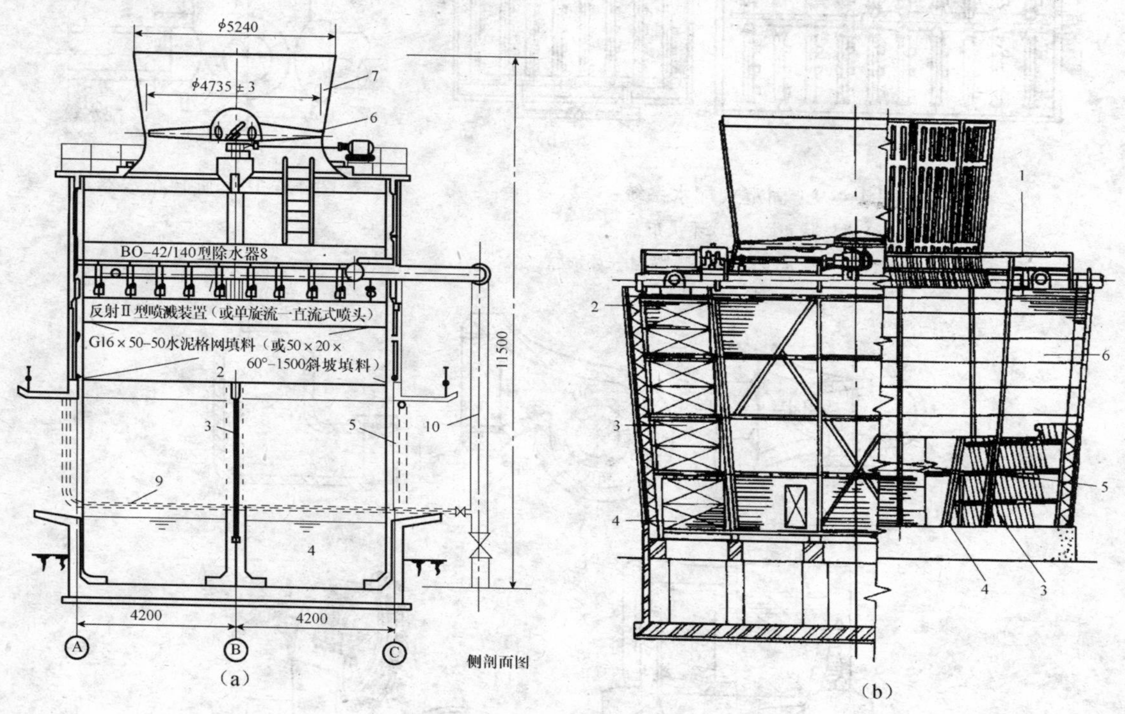


图 4-4-8　湿式冷却塔的构造

(a)抽风式逆流冷却塔工艺构造

1—配水系统;2—淋水填料;3—挡风墙;4—集水池;5—进风口;6—风筒;7—风筒;8—除水器 9—化冰管;10—进水管

(b)抽风式横流冷却塔工艺构造

1—配水系统;2—进风百叶窗;3—淋水填料 4—除水器;5—支架;6—围护结构

①配水系统

配水系统的作用是将热水均匀分配到冷却塔的整个淋水面积上。如果分配不均,会使淋水装置内部的水流分布不均,从而在水流密集部分通过阻力增大,空气流量减少。热负荷集中,冷效则会降低;而在水量过少的部位,大量空气没有充分利用便逸出塔外,降低了冷却塔的运行经济指标。配水系统应在一定水量变化范围之内(80% ~110%)配水均匀,对塔内气流阻力较小,且便于维修管理。

配水系统有管式、槽式和池式三种。

管式配水系统又分为固定式配水系统(图 4-4-9)及由旋转布水器(图 4-4-10)组成的旋转管配水系统两种。水通过配水管上的小孔或喷嘴(图 4-4-11)均匀地喷出分布在整个淋水面积上,旋转布水器是由旋转轴及若干条配水管组成的配水装置,它利用从配水管孔口喷出水流的反作用力,推动配水管绕旋转轴旋转,达到配水均匀的目的。槽式配水系统由配水总槽、配水槽和溅水喷嘴组成(图 4-4-12)。热水经总、支槽,再经反射型喷嘴溅散成分散小水滴,均匀洒在填料上。

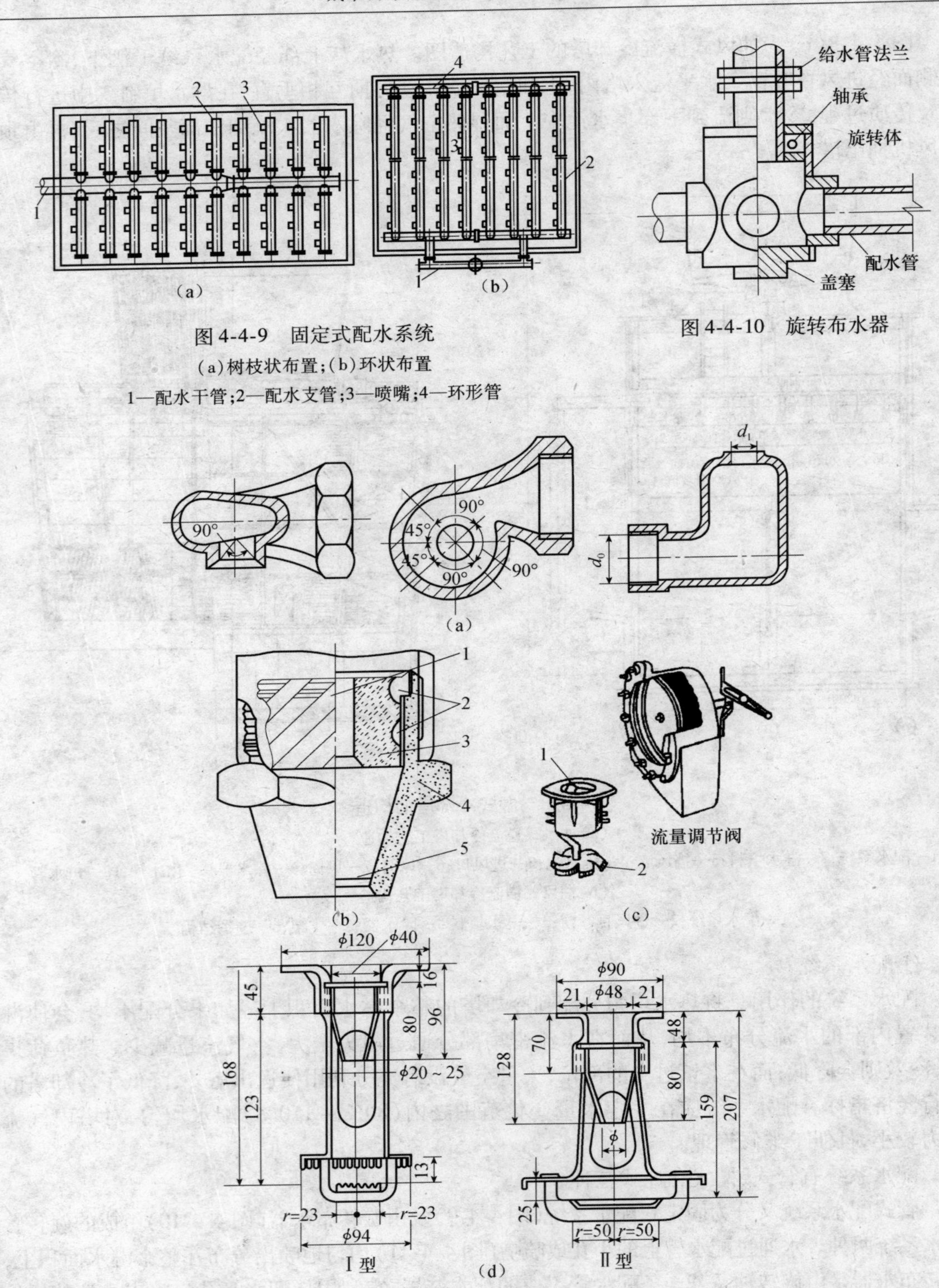


图 4-4-9　固定式配水系统

(a)树枝状布置;(b)环状布置

1—配水干管;2—配水支管;3—喷嘴;4—环形管

图 4-4-10　旋转布水器

图 4-4-11　喷嘴形式

(b):1—中心孔;2—螺旋槽;3—芯片;4—壳体;5—导锥;(c):1—螺旋喷嘴;2—喷嘴孔直下的靶子

图4-4-13为池式配水系统,热水经流量控制阀从进水管经消能箱分布在配水池中,池底开小孔或装管嘴。该系统配水均匀,供水压力低,维护方便,但由到受太阳辐射,易生藻类。它适用于横流塔。

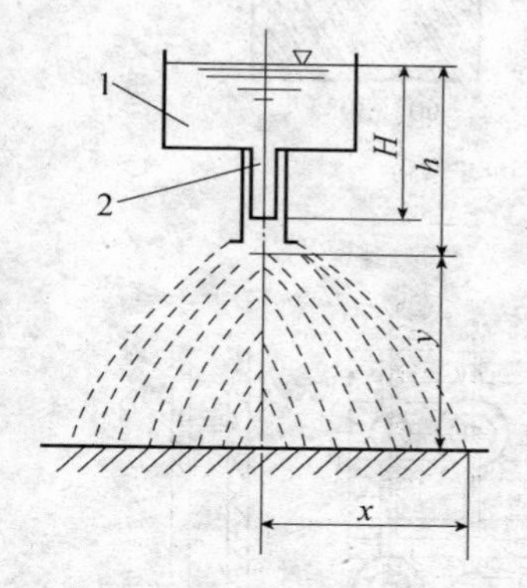


图4-4-12　槽式配水系统的组成

1—配水槽;2—喷嘴

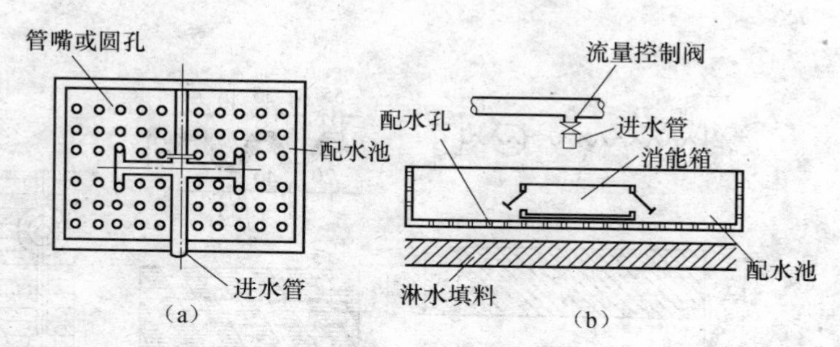


图4-4-13　池式配水系统

(a)平面;(b)纵向

②淋水填料

淋水填料的作用是将配水系统溅落的水滴,经多次溅散成微细小水滴或是水膜。增大水和空气的接触面积,延长接触时间,从而保证空气和水的良好热、质交换作用。水的冷却过程主要是在淋水填料中进行的,因此是冷却塔的关键部位。

淋水填料应当有较大的接触表面积和较小的通风阻力,表面亲水性能良好,质轻耐久,价廉易得,安装和维护方便。按照其中水被淋洒成的冷却表面形式,可以分为点滴式、薄膜式、点滴薄膜式三种类型。

点滴式淋水填料由水平式倾斜布置的板条构成,如图4-4-14所示。

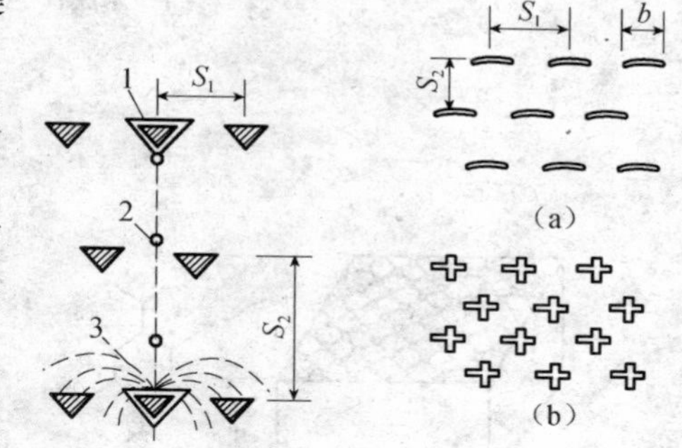


图4-4-14　点滴式淋水装置

(a)弧形板条;(b)十字形板条

1—水膜;2—大水滴;3—小水滴

常用的薄膜式淋水填料有:斜交错斜坡形、梯形、波形和塑料折波形等几种,如图4-4-15所示。常用的点滴薄膜式淋水填料有水泥格网和蜂窝淋水填料,如图4-4-16所示。

在选择淋水填料时,应当根据热力、阻力特性、塔型、负荷、材料性能、水质、造价、施工检修等因素来综合考虑。60°大中斜波、折波以及梯形波填料在大、中型逆流式自然或机械通风塔中应用较广,但要防止堵塞和污垢。水泥格网填料自重大,施工比较复杂,但是价廉,强度高,耐久,不易堵塞,适应较差水质,在大、中型逆流钢筋混凝土塔中应用较多。大、中型横流塔多采用30°斜波、弧波或是折波等填料。小型冷却塔则采用中波斜交错或是折波填料。

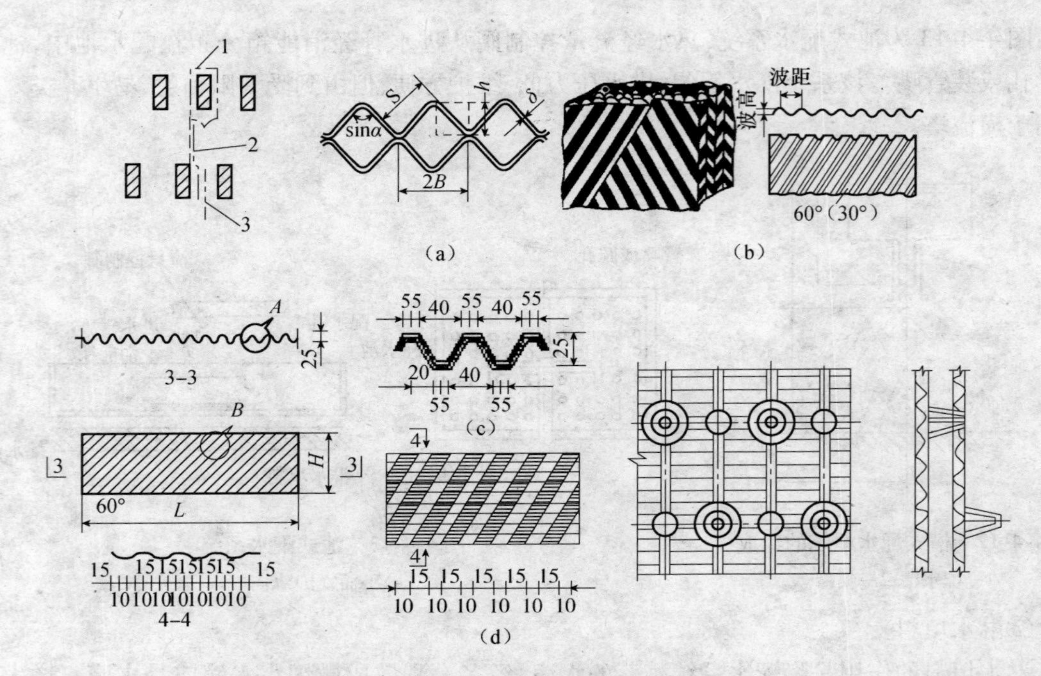


图 4-4-15 薄膜式淋水填料

(a)薄膜式淋水装置散热的情况;(b)斜交错(斜波)淋水填料;(c)梯形波填料;(d)折波填料

1—水膜;2—上层落到下层水滴;3—板隙水滴

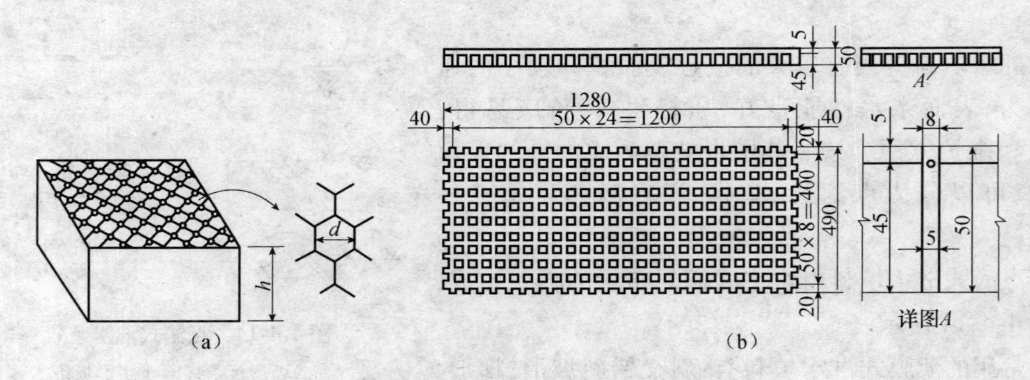


图 4-4-16 点滴薄膜式淋水填料

(a)蜂窝淋水填料;(b)水泥格网淋水填料

③通风及空气分配装置

在风筒式自然通风冷却塔中,稳定的空气流量是由高大的风筒所产生的抽力形式。机械通风冷却塔则是由轴流式风机供给空气。在逆流塔中,空气分配装置包括进风及导风装置;在横流塔中仅指进风门。

④其他装置

除水器(或收水器)的任务是分离回收经过淋水填料层热、质交换后的湿热空气中的一部分水分,用来减少水量损失,同时改善塔周围的环境。图 4-4-17 为一弧形除水器。塔体主要起封闭和

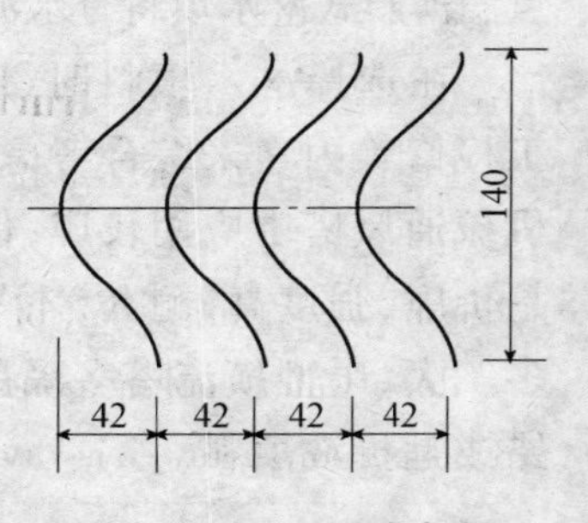


图 4-4-17 弧形除水器

围护的作用。冷却塔的设计计算可以参考有关书籍。

4.4.2.2　冷却构筑物的选择

冷却构筑物的类型有很多,应当考虑工厂对冷却水温的要求,当地气象条件、地形特点、补充水的水质及价格及其建筑材料等因素,通过技术经济比较选择。各种构筑物的优缺点及适用条件见表4-4-1。

表4-4-1　各种构筑物的优缺点及适用条件

| 名称 | 优点 | 缺点 | 适用条件 |
|---|---|---|---|
| 冷却池 | 1. 取水方便,运行简单<br>2. 利用已有的河、湖、水库或洼地 | 1. 受太阳辐射热影响,夏季水温高<br>2. 易淤积,清理较困难<br>3. 会对环境带来热污染影响 | 1. 冷却水量大<br>2. 所在地B有可利用的河、湖、水库<br>3. 夏季对冷却水的水温要求不甚严格 |
| 喷水池 | 1. 结构简单,取材方便<br>2. 造价较冷却塔低<br>3. 可就地取材 | 1. 占地面积较大<br>2. 风吹损失大<br>3. 有水雾,冬季在附近建筑物上结冰霜 | 1. 要有足够大的开阔场地<br>2. 冷却水量较小<br>3. 有可利用的洼地或水池 |
| 开放式冷却塔 | 1. 设备简单,维护方便<br>2. 造价较低,用材易得 | 1. 冷却效果受风速、风向影响<br>2. 冬季形成水雾<br>3. 宽度受限制<br>4. 风吹损失较大<br>5. 占地面积比较大 | 1. 气候干燥,具有稳定较大风速的地区<br>2. 建筑场地开阔<br>3. 冷却水量较小<br>喷水式 $<100m^3/h$<br>点滴式 $<500m^3/h$<br>4. 对冷却后水温要求不太严格 |
| 风筒式冷却塔 | 1. 冷却效果稳定<br>2. 冷却效果受风的影响小,风吹损失小<br>3. 运行费用低 | 1. 造价高<br>2. 冬季维护复杂<br>3. 在高温、高湿、低气压地区及冷幅高较小时不宜采用 | 1. 冷却水量大<br>2. 建造场地较开阔<br>3. 空气湿球温度偏高地区应经技术经济比较决定 |
| 机械通风冷却塔 | 1. 冷却效果高,也比较稳定<br>2. 布置紧凑<br>3. 风吹损失小<br>4. 可设在厂区建筑物和泵站附近<br>5. 造价较风筒式冷却塔低 | 1. 耗电多<br>2. 机械设备维护较复杂<br>3. 鼓风式冷却塔的冷却效果易受塔顶抽出湿热空气回流的影响<br>4. 噪声较大 | 1. 气温、湿度较高地区<br>2. 对冷却后的水温及稳定性要求严格<br>3. 建筑场地狭窄 |

**The types of cooling structure**:

(1) Cooling structure can be divided into surface cooling pond of water, spray cooling pond and cooling tower;

(2) Surface cooling pond of water is a natural water table, including shallow water cooling pond and deep water cooling pond;

(3) The cooling tower is divided into dry-cooling tower and wet-cooling tower.

### 4.4.3 循环冷却水基础

4.4.3.1 循环水基本水质要求

循环水水质标准通常是将循环冷却水水质按腐蚀和沉积物的控制要求，作为基本水质指标。它是一种反映水质要求的间接指标。表4-4-2为敞开式循环冷却系统冷却水的主要水质指标，表中腐蚀率和污垢热阻分别表达了对水的腐蚀性及污垢的控制指标。

表4-4-2 敞开式循环冷却系统冷却水主要水质指标

| 项目 | | 要求条件 | 允许值 |
|---|---|---|---|
| 浊度/度 | Ⅰ | 1. 年污垢热阻 $<9.5\times10^{-5}m^2\cdot h\cdot ℃/kJ$<br>2. 有油类黏性污染物时，年污垢热阻 $<1.4\times10^{-5}m^2\cdot h\cdot ℃/kJ$<br>3. 腐蚀率 <0.125mm/a | <20 |
| | Ⅱ | 1. 年污垢热阻 $<1.4\times10^{-5}m^2\cdot h\cdot ℃/kJ$<br>2. 腐蚀率 <0.2mm/a | <50<br><100 |
| | Ⅲ | 1. 年污垢热阻 $<1.4\times10^{-5}m^2\cdot h\cdot ℃/kJ$<br>2. 腐蚀率 <0.2mm/a | — |
| 电导率(μs/cm) | | 采用缓蚀剂处理 | <3000 |
| 总碱度(mmol/L) | | 采用阻垢剂处理 | <7 |
| pH值 | | — | 6.5~9 |

(1)腐蚀率

腐蚀率一般是用金属每年的平均腐蚀深度来表示，单位为mm/a。腐蚀率一般可以用失重法测定，即将金属材料试件挂于热交换器冷却水中一定部位，经过一段时间，由试验前、后试片重量差计算出每年平均腐蚀深度，即腐蚀率 $C_L$，见式(4-4-9)：

$$C_L = 8.76\frac{P_0 - P}{\rho g F t} \tag{4-4-9}$$

式中 $P_0$、$P$——分别为腐蚀前、后的金属重，g；

$\rho$——金属密度，g/cm³；

$g$——重力加速度，m/s²；

$F$——金属与水接触面积，m²；

$t$——腐蚀作用时间，h。

对于局部腐蚀，如点蚀(或坑蚀)，通常以"点蚀系数"反映点蚀的危害程度。点蚀系数是金属最大腐蚀深度同平均腐蚀程度之比。点蚀系数愈大，对金属的危害也愈大。

经水质处理后腐蚀率降低的效果称缓蚀率，以 $\eta$ 表示，见式(4-4-10)：

$$\eta = \frac{C_0 - C_L}{C_0}\times100\% \tag{4-4-10}$$

式中 $C_0$、$C_L$——分别表示冷却水未处理时及水处理后的腐蚀率。

(2)污垢热阻

热阻是传热系数的倒数。热交换器传热面因结垢以及污垢沉积使传热系数下降，从而使热阻增加的量叫做污垢热阻。此处"污垢"热阻是指由结垢和污垢沉积而引起的热阻。

热交换器的热阻在不同时刻因垢层的不同而有不同的污垢热阻值。在某一时刻测得的称为即时污垢热阻，为经 $t$ 小时之后的传热系数的倒数和开始时（热交换器表面未积垢时）的传热系数的倒数之差，见式(4-4-11)：

$$R_t = \frac{1}{K_t} - \frac{1}{K_0} = \frac{1}{K_0}(\varphi_t - 1) \tag{4-4-11}$$

式中　$R_t$——即时污垢热阻，$(m^2 \cdot h \cdot ℃)/kJ$；

$K_0$——开始时，传热表面未结垢时测得的总传热系数 $kJ/(m^2 \cdot h \cdot ℃)$；

$K_t$——循环水在传热面积垢经 $t$ 时间后测得的总传热系数 $kJ/(m^2 \cdot h \cdot ℃)$；

$\varphi_t$——积垢后传热效率降低的百分数。

即时污垢热阻 $R_t$ 在不同时间 $t$ 有不同的 $R_t$ 值，应作出 $R_t$ 对时间 $t$ 的变化曲线，推算出年污垢热阻作为控制指标。

4.4.3.2　影响循环水水质的因素

循环水之所以产生结垢、腐蚀和污垢，其主要原因有如下几个方面：

(1)循环冷却水水质污染

首先是由补充水中的溶解盐、溶解气体、微生物以及有机物等引起的；其次是在生产过程和冷却过程中从外界进入冷却构筑物的污染物，如尘土、泥砂、杂草、设备油、人工加入稳定剂、塔体腐蚀及剥落产物等，均会污染冷却水。另外是在系统内部产生的污染，主要是微生物的生长及腐蚀产物。藻类生长在冷却构筑物和水接触的露光部位。由于藻类群体的生长，影响了水和空气的流动，而且藻类脱落之后便成为污垢沉淀；除此以外，它们的群体体积很大，妨碍了热的传递。同时有机污垢造成强烈的腐蚀，还会妨碍加入水中的腐蚀抑制剂到达金属表面，使药剂的防腐功能不能充分地发挥。

(2)循环水的脱 $CO_2$ 的作用

天然水中，重碳酸盐类和游离 $CO_2$ 存在平衡关系，即式(4-4-12)：

$$Ca(HCO_3)_2 \rightleftharpoons CaCO_3 \downarrow + CO_2 \uparrow + H_2O \tag{4-4-12}$$

当它们的浓度符合上述平衡条件时，水质呈稳定的状态。大气中游离的 $CO_2$ 含量很少，且分压力低。循环水在冷却时，造成 $CO_2$ 的大量丢失，破坏了上述平衡，使反应向右移动，产生了 $CaCO_3$。

(3)循环水的浓缩

循环水系统中，有四种水量损失，见式(4-4-13)：

$$P = P_1 + P_2 + P_3 + P_4 \tag{4-4-13}$$

式中　$P_1$、$P_2$、$P_3$、$P_4$ 及 $P$——蒸发损失、风吹损失、渗漏损失、排污损失及总损失，均是以循环水流量的百分数计。

循环水在蒸发时，水分损失了，但盐分仍留在水中。

风吹、渗漏与排污所带走的盐量为式(4-4-14)：

$$S(P_2 + P_3 + P_4) \tag{4-4-14}$$

补充水带进的盐量为式(4-4-15)：

$$S_B P = S_B(P_1 + P_2 + P_3 + P_4) \tag{4-4-15}$$

式中　$S$——循环水含盐量；

$S_B$——补充水含盐量。

当系统投入运行时，系统中的水质为新鲜补充水水质，即$S=S_1-S_B$，因此可写成式(4-4-16)：

$$S_B(P_1+P_2+P_3+P_4)>S_1(P_2+P_3+P_4) \tag{4-4-16}$$

式中　$S_1$——投入运行时，循环水的含盐量；其余符号同前。

初期进入系统的盐量大于从系统中排出的盐量，随着系统的运行，循环冷却水中盐量逐步提高，引起浓缩作用。若系统中既不沉淀，又不腐蚀，也不加入引起盐量变化的药剂，则由于水量损失和补充新鲜水的结果，在系统中引起盐量的积累，使循环冷却水中含盐浓度不断增大，也就是$S$不断增大，也使排出的盐量相应增加。这样，式的右端在运行的最初一段时间里是不断增大的，而运行了一定时间之后，当$S$由初期的$S_1$增加到某一数值$S_2$时，从系统排出的盐量即接近于进入系统的盐量，此时达到浓缩平衡，即式(4-4-17)：

$$S_B(P_1+P_2+P_3+P_4)\approx S_2(P_2+P_3+P_4) \tag{4-4-17}$$

这时，由于进、出盐量为一稳定值，如以$S_p$表示，则继续运行不再升高。见式(4-4-18)：

$$S_B(P_1+P_2+P_3+P_4)=S_p(P_2+P_3+P_4) \tag{4-4-18}$$

令$K=S_p/S_B$，则式(4-4-19)：

$$K=\frac{S_p}{S_B}=\frac{P}{P-P_1}=1+\frac{P_1}{P_2+P_3+P_4}=1+\frac{P_1}{P-P_1} \tag{4-4-19}$$

式中$K$为浓缩倍数，其值>1，即循环冷却水中的含盐量$S$总是大于补充新鲜水的含盐量$S_B$。它是循环水的重要指标。提高$K$值，可以节约排污水量，$K$值的选用需看水质是否稳定。$K$值在实际应用中，有时用氯离子的浓度表示，见式(4-4-20)：

$$K=\frac{[Cl^-]_Z}{[Cl^-]_B} \tag{4-4-20}$$

式中　$[Cl^-]_Z$——循环水中氯离子的含量；

$[Cl^-]_B$——补充水中氯离子的含量。

(4)水温变化的影响

水在生产过程中，水温升高，钙、镁盐类的溶解度反而会降低，水中$CO_2$又部分逸出，用于平衡$CaCO_3$所需的$CO_2$减少，则提高了$CO_2$的需要量。水温升高，会使水失去稳定性而产生结垢；反之，冷却过程中，水温降低，水中平衡的需要量降低，如果低于水中$CO_2$含量，则此时水具有侵蚀性，使水失去稳定性而产生腐蚀。所以，在循环水系统中，高温区产生结垢，低温区则产生腐蚀。

(5)电化学腐蚀

在敞开式冷却水系统中，水与空气充分接触，因此水中的溶解氧接近于饱和。当碳钢与有溶解氧的水接触时，由于金属表面的不均匀性及冷却水的导电性，在碳钢表面形成许多微电池，在阴、阳极上分别发生氧化还原的共轭反应。

阳极上见式(4-4-21)：

$$Fe\longrightarrow Fe^{2+}+2e \tag{4-4-21}$$

阴极上见式(4-4-22)：

$$O_2+2H_2O+4e\longrightarrow 4OH^- \tag{4-4-22}$$

在水中见式(4-4-23)、式(4-4-24)：

$$2Fe(OH)_2+O_2+H_2O\longrightarrow 2Fe(OH)_3 \tag{4-4-23}$$

$$Fe^{2+}+2OH^-\longrightarrow Fe(OH)_2 \tag{4-4-24}$$

因此，在金属设备上，阳极上不断溶解造成腐蚀，阴极上堆积腐蚀的产物，也就是铁锈，如图4-4-18所示。

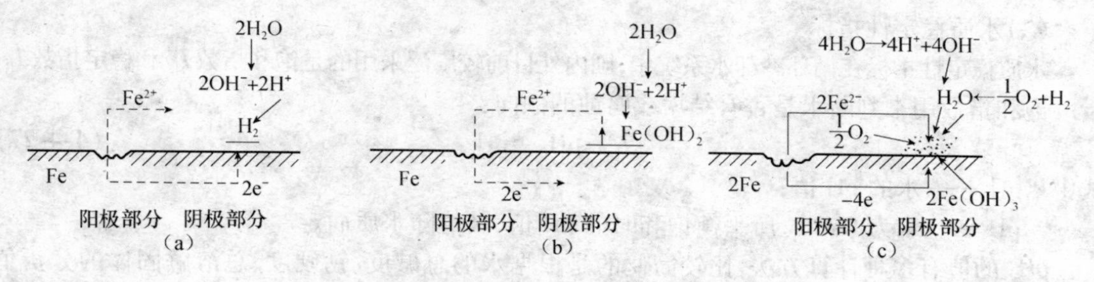

图4-4-18　铁的电化学腐蚀过程

(a)$H_2$ 的极化作用；(b)$Fe(OH)_2$ 的极化作用；(c)$O_2$ 的极化作用

(6)微生物腐蚀

微生物腐蚀可以分为厌氧和好氧腐蚀。

厌氧腐蚀，硫酸盐还原可把水中的硫酸根离子转换为腐蚀性硫化物 FeS。见式(4-4-25)、式(4-4-26)：

$$8H^+ + SO_4^{2-} + 8e \xrightarrow{\text{还原菌}} S^{2-} + 4H_2O + \text{能量} \tag{4-4-25}$$

$$S^{2-} + Fe^{2+} \longrightarrow FeS \tag{4-4-26}$$

好氧腐蚀，铁细菌吸收水中的铁离子，分泌出 $Fe(OH)_3$，形成铁锈。代谢过程中，往往产生有机酸，同样会引起腐蚀。

---

**The basic knowledges of circulating cooling water:**

(1) Corrosion rate, Fouling resistance are characterized the causticity of water and fouling control index;

(2) The factors affecting circulating water quality include:

Water pollution;

Decarbonation of circulating water;

Concentration of circulating water;

Water temperature variation;

Electrochemical corrosion;

Microbiologically influenced corrosion(MIC).

---

#### 4.4.3.3　循环水结垢和腐蚀的判别方法

有很多因素可以造成循环水冷却系统结垢、污垢和腐蚀，目前仍然没有一种很好的方法或指数能定量地判别结垢、污垢和腐蚀。在此介绍几种常用的水质稳定指数作为水质腐蚀和结垢的判别方法。

(1)极限碳酸盐法

为了维持水的稳定性，水中的二氧化碳含量与碳酸盐硬度之间应保持平衡关系，循环水在一定水质水温的条件下，保持不结垢的碳酸盐硬度应有一定的限度。根据这一概念引进的指标，叫做极限碳酸盐硬度，这是循环水不致产生水垢的最高碳酸硬度的值，其值可以根据相似条件下的实际运行数据确定，或根据小型试验决定。用极限碳酸盐法可以判断加阻垢剂时水温差较小时的循环冷却水的结垢性，判断结垢与否，但不能判断腐蚀性。

（2）水质稳定性指标

水质稳定性指标在循环冷却水系统中，国内外目前较广泛采用的是饱和指数 $I_L$ 和稳定指数 $I_R$：

饱和指数用来判断水是否有结垢或腐蚀的倾向：

$$I_L = pH_0 - pH_s \tag{4-4-27}$$

式中 $pH_0$——水的 pH 值；

$pH_s$——水为 $CaCO_3$ 所平衡饱和时的 pH 值，其值随水质而定。

$pH_s$ 的值有多种计算方法，比较简便的是根据水的总碱度、钙硬度、总溶解固体的分析值和水温的关系，在表 4-4-3 中查得相应常数，按式（4-4-28）计算：

$$pH_s = (9.3 + N_s + N_t) - (N_h + N_a) \tag{4-4-28}$$

式中 $N_s$——溶解固体常数；

$N_t$——温度常数；

$N_h$——钙硬度常数（以 $CaCO_3$ 计），mg/L；

$N_a$——总碱度常数（以 $CaCO_3$ 计），mg/L。

**表 4-4-3 计算 $pH_s$ 值的常数**

| 总溶解固体（mg/L） | $N_s$ | 水温（℃） | $N_t$ | 钙硬度（以 $CaCO_3$）（mg/L） | $N_h$ | 总碱度（以 $CaCO_3$）（mg/L） | $N_a$ |
|---|---|---|---|---|---|---|---|
| 50 | 0.07 | 0~2 | 2.6 | 10~11 | 0.6 | 10~11 | 1.0 |
| 75 | 0.08 | 2~6 | 2.5 | 12~13 | 0.7 | 12~13 | 1.1 |
| 100 | 0.10 | 6~9 | 2.4 | 14~17 | 0.8 | 14~17 | 1.2 |
| 200 | 0.13 | 9~14 | 2.3 | 18~22 | 0.9 | 18~22 | 1.3 |
| 300 | 0.14 | 14~17 | 2.2 | 23~27 | 1.0 | 23~27 | 1.4 |
| 400 | 0.16 | 17~22 | 2.1 | 28~34 | 1.1 | 28~34 | 1.5 |
| 600 | 0.18 | 22~27 | 2.0 | 35~43 | 1.2 | 35~43 | 1.6 |
| 800 | 0.19 | 27~32 | 1.9 | 44~55 | 1.3 | 44~55 | 1.7 |
| 1000 | 0.20 | 32~37 | 1.8 | 56~69 | 1.4 | 56~69 | 1.8 |
| | | 37~44 | 1.7 | 70~87 | 1.5 | 70~87 | 1.9 |
| | | 44~51 | 1.6 | 88~110 | 1.6 | 88~110 | 2.0 |
| | | 51~55 | 1.5 | 111~138 | 1.7 | 111~138 | 2.1 |
| | | 56~64 | 1.4 | 139~174 | 1.8 | 139~174 | 2.2 |
| | | 64~72 | 1.3 | 175~220 | 1.9 | 175~220 | 2.3 |
| | | 72~82 | 1.2 | 230~270 | 2.0 | 230~270 | 2.4 |
| | | | | 280~340 | 2.1 | 280~340 | 2.5 |
| | | | | 350~430 | 2.2 | 350~430 | 2.6 |
| | | | | 440~550 | 2.3 | 440~550 | 2.7 |
| | | | | 560~690 | 2.4 | 560~690 | 2.8 |
| | | | | 700~870 | 2.5 | 700~870 | 2.9 |
| | | | | 880~1000 | 2.6 | 880~1000 | 3.0 |

当 $I_L=0$ 时，则水质稳定；

$I_L>0$ 时，则 $CaCO_3$ 处于过饱和，有析出水垢的倾向；

$I_L<0$ 时，则 $CaCO_3$ 未饱和，而 $CO_2$ 过量，因 $CO_2$ 有侵蚀性，水有腐蚀倾向。

一般在使用上，如 $I_L$ 在(0.25～0.30)范围内，可以认为是稳定的，如超出此范围则须处理。

稳定指数 $I_R$ 为式(4-4-29)：

$$I_R=2pH_s-pH_0 \tag{4-4-29}$$

根据在生产过程中的统计资料，水的特性鉴别可参考表4-4-4。

**表4-4-4　水的特性鉴别**

| 稳定指数 | 水的倾向 | 稳定指数 | 水的倾向 |
|---|---|---|---|
| 4.0～5.0 | 严重结垢 | 7.0～7.5 | 轻微腐蚀 |
| 5.0～6.0 | 轻度结垢 | 7.5～9.0 | 严重腐蚀 |
| 6.0～7.0 | 水质基本稳定 | 9.0以上 | 急严重腐蚀 |

$I_L$ 和 $I_R$ 均只能判断一种倾向，而不能在水质稳定处理中提供量的计算数据。其中 $I_R$ 是利用 $I_L$ 改变而成的，是一个经验性指数，用 $I_R$ 判别水的稳定性比用 $I_L$ 更接近于实际，而 $I_L$ 只考虑水的碳酸盐系统平稳关系，没能反映其他因素，误差较大。一般情况下，同时使用 $I_L$ 和 $I_R$ 两个指数来判别水质稳定性，可以使判断更接近实际。

(3)循环水结垢控制指数

上述判别指数是按水的碳酸盐平衡关系提出的。在循环水中，结垢成分除了碳酸钙之外，由于盐分浓缩，会引起别的结垢，当利用碳酸盐处理时，还会引起 $CaSO_4$ 及 $MgSiO_3$ 的结垢；当采用磷酸盐处理时，还会引起 $Ca_3(PO_4)_2$ 结垢。除此之外，循环水中的固体及溶解的有机物浓度高，对结垢过程有影响，换热器提高了水温影响，处理过程中要控制结垢药剂的影响。

由于各种因素的存在，因而不可能按溶度积理论来求得符合实际情况的通用控制参数。但是，为了对循环水结垢趋势有一个初步预测以及进行运行中的结垢情况分析，仍可以采用理论参数，再考虑一下运行经验，得出相应的经验控制指标，见表4-4-5。

**表4-4-5　循环水控制结垢指标**

| 结垢 | 控制参数 | 控制指标 |
|---|---|---|
| $CaCO_3$ | $pH_s$ | $pH_0<pH_s+(0.5\sim2.5)$ |
| $CaCO_4$ | 溶解度 | $[Ca^{2+}]\times[SO_4^{2-}]<500000$ |
| $Ca_3(PO_4)_2$ | $pH_p$ | $pH_0<pH_p+1.5$ |
| $MgSiO_3$ | 溶解度 | $[Mg^{2+}]\times[SiO_3^{2-}]<3500$ |

表4-4-5中，$pH_0$ 和 $pH_s$ 分别是循环水的实际pH值和循环水为 $CaCO_3$ 所平衡时的pH值；$pH_p$ 为 $Ca_3(PO_4)_2$ 溶解饱和时的pH值。按平稳理论 $pH_0>pH_s$(即 $I_L>0$)时即有结垢倾向，但是对循环冷却水而言，却按 $pH_0>pH_s+(0.5\sim2.5)$ 才定为有结垢倾向。其中(0.5～2.5)反应了上述各种影响因素对结垢过程的干扰及控制的影响。$Ca_3(PO_4)_2$ 是投加磷酸盐产生的。在理论上 $pH_0>pH_p$，即有结垢倾向。但同样理由，指标定为 $pH_0>pH_p+1.5$ 才有结垢

倾向。参照溶解度定的 $CaSO_4$ 和 $MgSiO_3$ 指数也是按上述原因制定的。

**The discriminant method of scaling and corrosion of circulating water:**

(1) Limit carbonate method;

(2) Water quality stability index;

(3) Index of population control of circulating water scaling.

## 4.5 其他处理技术

### 4.5.1 物理处理方法

#### 4.5.1.1 沉淀法

工业废水中若含有较多的悬浮物,必须采用沉淀法除掉,避免水泵或其他机械设备、管道受到磨损,并防止堵塞。沉淀池中沉降下来的固体,可以用机械取出。

利用沉淀法除去工业废水中的悬浮固体是基于固体和水两者之间密度差异使固体和液体分离的原理。此法广泛地应用在工业废水的预处理中,以减轻深层次处理的负荷。例如,在对工业废水进行生物化学处理之前,先要从废水中除去砂粒状固体颗粒及一部分有机物质,以减轻生化装置的处理负荷。在生化处理前废水先要通过沉淀池进行沉淀,此沉淀池称为初级沉淀池,也可称为一次沉淀池。生化处理之后的沉淀池叫做二次沉淀池,它的用途是进一步清除残留的固体物质。

(1)沉淀的分类

沉淀分为自然沉淀和混凝沉淀两种。

1)自然沉淀是依靠水中固体颗粒的自身重量进行沉降。此法仅适用于较大颗粒。

2)混凝沉淀的基本原理是在废水中投入电解质作为混凝剂,使废水中的微小颗粒与混凝剂结成较大的胶团,在水中加速沉降。

(2)影响沉淀的因素

影响沉淀效率的主要因素有污水的流速、悬浮颗粒的沉降速度、沉淀池的尺寸三个方面。

在污水流速一定的情况下,污水中悬浮颗粒直径或密度愈大,其沉降速度就愈快,沉降效率也就愈高。沉淀池的尺寸要选择恰当,保证池底的沉淀物不受水流冲击。

(3)沉淀设备

工业生产上用来对污水进行沉淀处理的设备叫做沉淀池,根据池内水流方式可分为:平流式沉淀池、竖流式沉淀池、辐射式沉淀池、斜管式沉淀池及斜板式沉淀池。

在工业废水的预处理和后处理中,沉淀池的选型应综合考虑如下几个方面:

1)废水量的大小及处理要求;

2)废水中悬浮物的数量、性质及其沉降特征;

3)废水处理场地情况;

4)投资建造情况。

当废水量不大时，一般可采用竖流式沉淀池，它的结构简单，效果较好。对悬浮颗粒量大的废水，需采用机械刮泥装置，不宜采用竖流式沉淀池。若废水量很大时，可以采用平流式或辐射式沉淀池，为提高生产能力时也可采用斜板或斜管式沉淀池。

**Precipitation methods:**

(1) Natural sedimentation rely on the gravity sedimentation of solid particles in the water;

(2) Coagulate sedimentation: Tiny particles and coagulant form larger micelles, then accelerate subsidence in the water.

4.5.1.2　均衡调节法

均衡调节法是为了使废水达到后序处理对水质的要求而用清水加以稀释的方法。此法只能使污染物质的浓度下降而其总含量不变，现在用这种方法主要是进行废水的预处理，为以后的各级处理提供方便。因各车间的产品不同，其生产的周期、工序也不同，导致工厂所排放废水的水质和水量会经常变化，使治理设备的负荷不稳定。为了使其保持稳定，不受废水流量、碱度、酸度、水温、浓度等条件变化的影响，一般在废水处理装置之前设置调节池，用来调节废水的水质、水温及水量，使其均匀地注入废水处理装置。有时也可以将酸性废水和碱性废水在调节池内进行混合，使废水得以中和，以达到调节 pH 值的目的。

调节池可建成长方形，也可以建成圆形，要求废水在池中能够有一定的均衡时间，以达到调节废水的目的；同时，不可有沉淀物下沉，否则池底还需增加刮泥装置或设置泥斗等，会使调节池结构变得复杂。

调节池容积的大小，需根据废水流量变化幅度、浓度变化规律及要求达到的调节程度来确定。调节池容积一般不超过4h 的排放废水量，但在特殊要求下，也可以超过4h 以上。

在容积比较大的调节池中，通常还设置有搅拌装置，用来促进废水的均匀混合。搅拌方式多采用压缩空气搅拌，也可采用机械搅拌。

**Well-balanced adjusting methods:**

(1) Wastewater is diluted by freshwater to achieve the requirements of water quality;

(2) Well-balanced adjusting method is mainly for wastewater pretreatment process;

(3) Water regulating tank is the main equipment of well-balanced adjustment.

4.5.1.3　过滤法

过滤的目的是要除去沉淀或澄清后水中的剩余浊度，其是净水厂常规净化工艺中去除悬浮物质的最后一道工序。过滤的工效，不仅在于进一步降低水的浊度，而且水中的有机物、细菌，甚至于病毒都将随着浊度的降低而被大量去除。对滤后水中残留的细菌、病毒等，在失去悬浮物的保护而大部分呈裸露状态时，在滤后消毒中也将很容易被杀灭。这便为滤后消毒创造了有利的条件。但是，对于氨氮离子表面活性剂，臭味、酚类、溶解性有机物等溶解物都不能去除，必须经过特殊方法处理。因过滤的特殊作用，在生活饮用水处理过程中，有时常可省略沉淀池或澄清池等，却唯独不能缺少过滤这一环节，它是保证生活饮用水卫生安全的重要保证。

(1)过滤的基本原理

1)过滤机理

石英砂滤料粒径常为0.5~1.2mm,滤料层厚度在700mm左右。石英砂滤料新装入滤池后,经高速水流反洗后,向上流动的水流使砂粒呈悬浮状态,从而使滤料粒径自上而下大致按照由细到粗的顺序排列,称为滤料的水力分级。这种水力分级使滤层中孔隙尺寸也由上而下逐渐增大。设表层滤料粒径常为0.5mm,并假定以球体计,则表层细滤料颗粒之间的孔隙尺寸约在80μm左右。而经过混凝沉淀后的悬浮物颗粒尺寸大部分均小于30μm,这些悬浮颗粒进入滤池后仍能被滤层截留,且在孔隙尺寸大于80μm的滤层深处也会被截留。故过滤不仅只是机械筛滤作用的结果。

悬浮颗粒与滤料颗粒之间黏附有颗粒迁移和颗粒附着两个过程。过滤时,水在滤层孔隙曲折流动,被水流夹带的悬浮颗粒依靠颗粒尺寸较大时产生的拦截作用、颗粒沉速较大时所产生的沉淀作用、较小颗粒的布朗运动产生的扩散作用、颗粒惯性较大时产生的惯性作用以及非球体颗粒因速度梯度产生的水动力作用,使其脱离水流流线而向滤料颗粒表面靠近接触,这种过程被称为颗粒迁移。水中悬浮颗粒迁移到滤料表面上时,则在范德华引力、静电力、某些化学键及某些特殊的化学吸附力、絮凝颗粒架桥的作用下,附着在滤料颗粒表面上,或附着在滤料颗粒表面原先黏附的杂质颗粒上,这种过程称为颗粒附着。

若水中的悬浮物颗粒未经脱稳,其过滤效果比较差。因此,过滤效果主要由滤料颗粒和水中悬浮颗粒的表面物理化学性质所决定,而无须增大水中悬浮颗粒的尺寸。在过滤过程中,尤其是过滤后期,若滤层中孔隙尺寸逐渐减小,表层滤料的筛滤作用也不能完全排除,快滤池运行中要尽量避免这种现象出现。

根据上述过滤机理,在水处理技术中有了“直接过滤”工艺。直接过滤是指:原水不经过沉淀而直接进入滤池过滤。在生产中,直接过滤工艺的应用方式有以下两种:

①原水加药后不经任何絮凝设备而直接进入滤池过滤的方式称为“接触过滤”。

②原水加药混合后先经过简易微絮凝池,待形成粒径为40~60μm的微絮粒后进入滤池过滤的方式称为“微絮凝过滤”。

采用直接过滤工艺时要求有:

①原水浊度较低、色度不高、水质较为稳定。

②滤料应选用双层、三层或均质滤料,且滤料粒径和厚度宜适当增大,以提高滤层含污能力。

③需投加高分子助凝剂(如活化硅酸等)来提高微絮粒的强度和黏附力。

④滤速应根据原水水质决定,通常在5m/h左右。

2)滤层内杂质分布规律

在过滤过程中,水中悬浮颗粒在与滤料颗粒黏附同时,还存在因孔隙水流剪力作用不断增大而导致颗粒从滤料表面上脱落的趋势。在过滤初期,滤料层比较干净,孔隙率比较大,孔隙流速比较小,水流剪力也比较小,因而黏附作用占优势。由于滤料在反洗以后会形成粒径上小下大的自然排列,滤层中的孔隙尺寸由上而下逐渐增大,故大量杂质会首先被表层的细滤料所截留。随着过滤时间的延长，滤层中杂质愈来愈多，孔隙率愈来愈小，表层细滤料中的水流剪力也随之增大，脱落作用尤为明显。最后被黏附上的颗粒首先脱落下来，或被水流夹带的后续颗粒不再有黏附的现象，于是悬浮颗粒便向下层移动并被下层滤料所截留，下层滤料的截留作用才逐渐得到发挥。但下层滤料的截留作用还没有完全得到发挥时，过滤就被迫停止。这是因为表层滤料粒径最小，而黏附比表面积最大，截留悬浮颗粒量最多，且滤料颗粒间孔隙尺寸又最小，故在过滤到一定阶段后，表层滤料颗粒间的孔隙会逐渐被堵塞，严重时会产生筛滤作用，从而形成“泥膜”，如图4-5-1(a)所示。其结果是：在一定过滤水头下，滤速急剧减小；或在一定滤速下，水头损失达到极限值；或因滤层表面受力不均匀而使泥膜产生裂缝，水流从裂缝中流出，造成短流而使出水水质恶化，如图4-5-1(b)所示。当上述情况其中一种出现时，过滤就会被迫停止，从而使整个滤层的截留悬浮固体能力发挥不出来，使滤池工作周期大大缩短。

过滤时，杂质在滤料层中的分布，如图4-5-2所示，其分布不均匀的程度和进水水质、滤料粒径、水温、形状、滤速、级配、凝聚微粒强度等多种因素有关。滤层截污量和滤层含污能力是衡量滤料层截留杂质的能力指标。单位体积滤层中所截留的杂质量叫做滤层截污量。在一个过滤周期中，整个滤层单位体积滤料中的平均含污量叫做“滤层含污能力”，单位为 $g/cm^3$ 或 $kg/m^3$。图4-5-2中的曲线与坐标轴所包围的面积除以滤层总厚度即为滤层含污能力。在滤层厚度一定的条件下，面积愈大，滤层含污能力愈大。

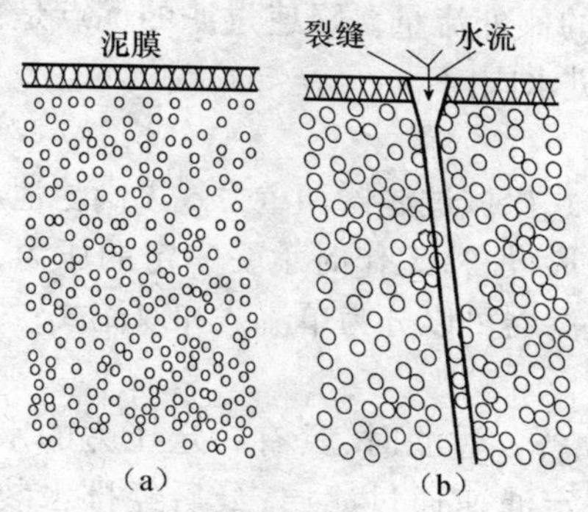


图4-5-1　滤池“泥膜”示意图
(a)泥膜；(b)裂缝出水造成短流

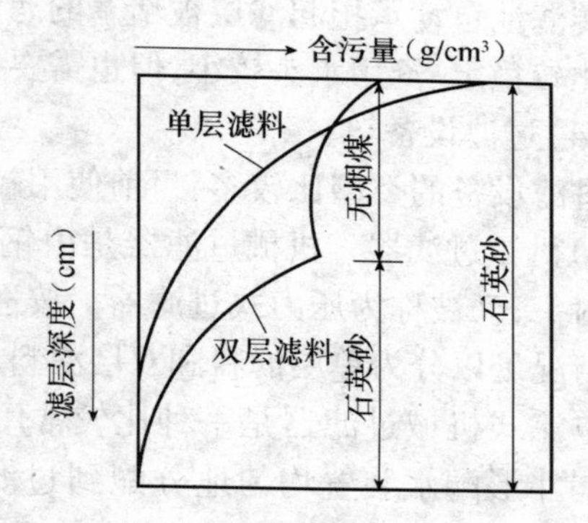


图4-5-2　滤料层杂质分布

(2)滤池的类型

根据滤池设备各种机能变化可分成很多类型的滤池：

1)按过滤的滤速分有：慢滤池、快滤池；

2)按冲洗方式分有：无阀滤池、虹吸滤池、普通快滤池、移动冲洗罩滤池、用气水冲洗的V形滤池等；

3)按控制机能分有：无阀滤池、单阀滤池、双阀滤池、四阀滤池等；

4)按滤层结构分有：单层、双层、三层等；

5)从水力条件分有：重力式和压力式。

滤池虽然种类繁多，但目前使用较为普遍的有：普通快滤池(有双阀和四阀)、虹吸滤池及移动冲洗罩滤池。

(3)滤池的运行方式

滤池的运行方式有恒压过滤、恒速过滤和降速(变速)过滤三种。

恒压过滤中,整体过滤周期的资用水头保持不变。在过滤开始时,滤池的滤层透水性最高,滤速最快。随着滤层被杂质阻塞,滤池透水性逐渐降低。而资用水压不变,使得过滤水量逐渐减少。恒压过滤的缺点是:对保证滤后水水质不利、需要建造相当大的调节水池。故在水厂中已很少被采用。

在恒速过滤中,作用在滤池系统的资用总压降也不变,由设置的流量调节器所起的调节作用,滤速也维持不变。在过滤开始滤层清洁时,流量调节器的阻力最大,随着过滤的继续进行,滤层逐渐被杂质堵塞,流量调节器的阻力逐渐减小,这就保持了用于克服过滤的阻力恒定不变,滤速也保持不变。在允许滤池水位自由变化的情况下,为了获得恒速过滤,可以在滤池的进水端装设自由跌落堰室以保持进水流量恒定。由于流量一定,滤池水面则随着过滤阻力的增加而自动上升,滤池滤速也就保持不变。虹吸滤池便属于这种控制方式。

降速过滤也叫变速过滤。降速过滤的滤池进水口常设在最低工作水位以下,并由公用的进水量(或渠道)连通所有的滤池,在每只滤池的进水管上装设大口径浑水进水闸门。这种布置方式的进水总管和进水阀门水头损失很小,使所有运转滤池的工作水位在任何时候都相同。由于所有滤池公用一根进水管配水,若某只滤池的滤料被杂质堵塞而滤速下降,就会迫使其他的运转滤池自动承担起滤层被堵塞的滤池所转移给它的额外流量。降速过滤的优点是:出水水质比较稳定、资用水头较小,但也需要设置比较大的进水阀门。

(4)过滤设备

过滤设备的类型比较多,目前使用较普遍的是压力式机械过滤器和重力式无阀滤池。

1)机械过滤器　机械过滤器是由钢板制成的圆柱形设备,工作时承受一定的压力,两端装有封头,又被称为压力式过滤器。按进水方式机械过滤器可以分为单流式和双流式;按滤料装填情况可以分为单层滤料和双层滤料。

单流式机械过滤器是一种比较常用的小型过滤设备。过滤时,具有一定压力的水经上部的漏斗形配水装置均匀地分配到过滤器内,并以一定滤速通过滤层,最后经排水装置流出。排水装置在过滤时,汇集清水并阻止滤料被水带出;反洗时,使冲洗水沿过滤器截面均匀分配。过滤时,滤层截留的悬浮杂质愈来愈多,孔隙率愈来愈小,使得水流阻力逐渐增大,出水量随之降低。在装设在过滤器进出口的压力表压差达到一定数值后,应停止运行,进行反冲洗。

反冲洗时,水从机械过滤器的下部进入,通过滤层,再从上部漏斗排出。在压力水流的冲击作用下,滤料呈沸腾状态,滤层体积变大;因水力冲刷和滤料间的摩擦,使吸附在滤料表面的泥渣被冲洗掉,恢复过滤器的过滤性能。反洗强度用滤层膨胀高度来反映,其膨胀率应是原滤层的25%以上。反洗强度宜适当,既不能冲走滤料,还必须使附着在滤料表面的泥渣冲洗干净,确保过滤效率。为达到彻底反洗的目的,常在反洗时通入压缩空气进行擦洗,并使滤层的膨胀率达到30%~50%。

2)无阀滤池　有压力式和重力式两种。重力式无阀滤池的构造图,如图4-5-3所示。其操作简单,管理方便且无阀门,在生产上被广泛使用。

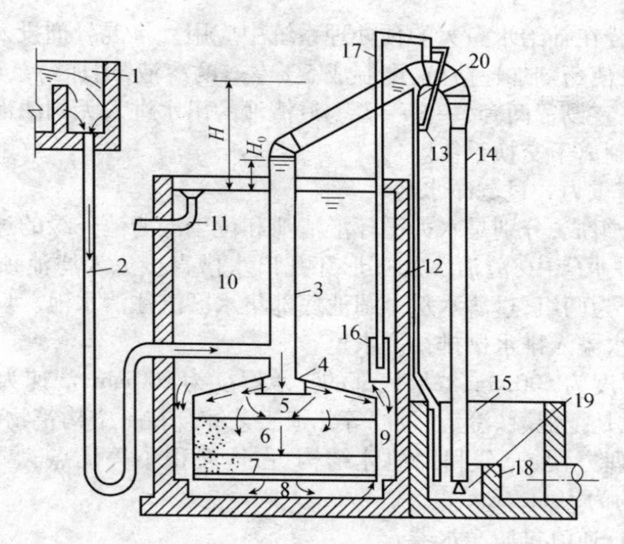


图 4-5-3　重力式无阀滤池示意图

1—配水槽；2—进水管；3—虹吸上升管；4—顶盖；5—布水挡板；6—滤料层；7—配水系统；8—集水区；9—连通渠；10—冲洗水箱；11—出水管；12—虹吸辅助管；13—抽气管；14—虹吸下降管；15—排水井；16—虹吸破坏斗；17—虹吸破坏管；18—水封堰；19—反冲洗强度调节器；20—虹吸辅助管管口

重力式无阀滤池过滤时的流程：从澄清池的来水经分配堰跌入进水槽，然后经 U 形管进入虹吸上升管，再从顶盖内的布水挡板均匀地布水于滤料层中，水自上而下地通过滤层，从小阻力配水系统进入集水区后，再通过连通渠到冲洗水箱（出水箱），水位上升至出水管时，水便流入清水池中。

在运行中，滤层不断截留悬浮杂质，阻力逐渐增大，滤速逐渐变慢，虹吸管水位不断升高，当水位升高至虹吸辅助管管口时，水便从虹吸管急速流下，带走虹吸管内的空气，使虹吸管形成真空。这时虹吸上升管中的水会大量越过管顶，沿下降管落下，并同下降管中的上升水柱汇成一股水流快速冲出管口，形成虹吸。虹吸开始后，因滤层上部压力骤降，促使冲洗水箱内的水照着与过滤时相反的流程进入虹吸管，使滤层受到反洗。冲洗废水从水封井排入下水道。在反洗过程中，冲洗水箱的水位逐渐下降，下降到虹吸破坏斗以下时，虹吸破坏管将斗中的水吸光，管内与大气相通而破坏虹吸，反洗结束，转入重新过滤过程。

无阀滤池的结构简单，造价较低，运行管理方便。但因其滤层处于封闭结构中，使滤料进出困难；虹吸管比较高，增加了建筑高度。

（5）处理系统

1）混凝、澄清、过滤系统

图 4-5-4 所示是一种常用的去除悬浮杂质的地表

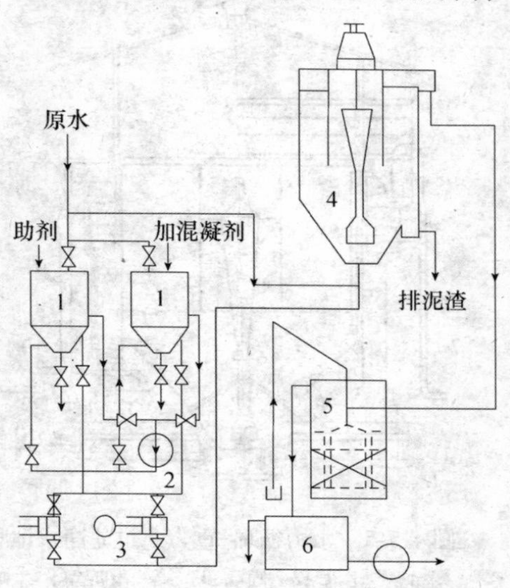


图 4-5-4　地表水预处理系统

1—溶解箱；2—水力搅拌泵；3—加药泵；4—水力循环澄清池；5—无阀滤池；6—清水箱

水预处理系统，它适合在补给水量大的预处理系统中应用。将混凝剂投入溶解箱并注入原水，通过水力循环搅拌泵使药剂加速溶解，配制成5%左右的溶液，用加药泵送到水力循环澄清池中。溶解箱和加药泵宜设置两套，一开一备。澄清池的出水进入无阀滤池，过滤后的清水流入清水箱，由清水泵送到离子交换系统。

2）循环泥渣澄清重力式过滤净水池

净水池由两部分组成，分别是水力循环澄清池和位于澄清池外缘的过滤池，如图4-5-5所示。将混凝剂加到进水管中，澄清水从环形穿孔出水槽直接流入滤池顶部，滤池无须安装阀门。整个环形滤池分为两组，过滤水从半圆池底部集水区流往清水池。反洗时，清水自下而上地将滤料清洗，冲洗水溢入排水槽排往下水道。

滤池的内滤层厚度为500mm，滤层底部的支承厚度为200mm，滤速为6.6m/h。

这种综合净水池是把混凝、澄清、过滤等几道工艺综合在一个构筑物内，做到一次性净化。其具有流程简单、管理方便、充分利用池体结构、占地面积小等优点。要求进水浊度不大于300mg/L，出水浊度约为10mg/L。

3）悬浮泥渣澄清、逆流过滤净水器

这种净水器是压力式综合净水器。其由底部瓷球反应室、中部悬浮泥渣澄清区、上部塑料球过滤及集水区等四部分组成，见图4-5-6。作为滤料用的塑料球是聚乙烯泡沫塑料颗粒。

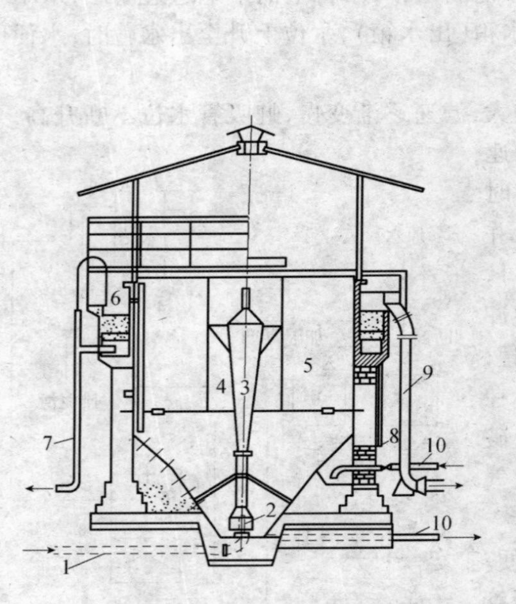


图4-5-5　水力循环、重力式过滤净水池

1—进水管；2—喷嘴；3—第一反应室；
4—第二反应室；5—分离室；6—环形滤池；
7—出水管；8—取样管；9—排水管；10—排泥管

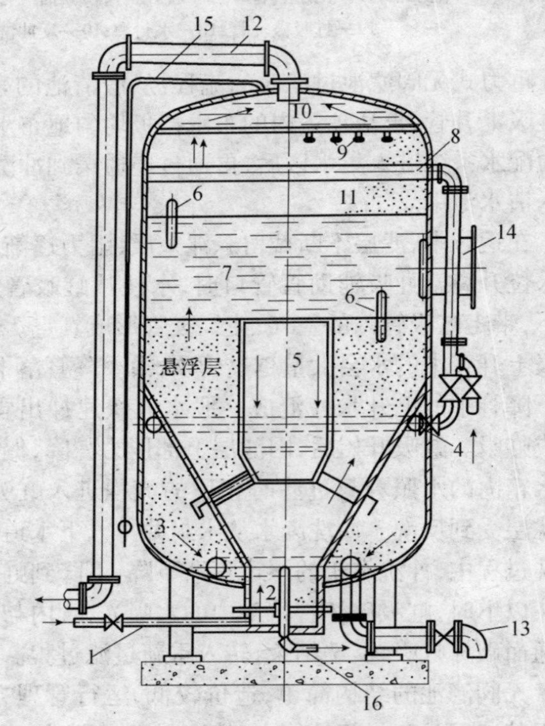


图4-5-6　泥渣悬浮、逆流过滤净水器

1—进水管；2—瓷球反应室；3—污泥室；4—环形集水管；
5—排泥桶；6—观察孔；7—分离区；8—强制出水回流管；
9—缝隙式排水帽；10—清水区；11—塑料珠过滤层；
12—出水管；13—排泥管；14—人孔门；15—排气管；16—排砂管

原水在泵前加入混凝剂，经水泵混合后送至净水器底部的反应室，在反应室内添装瓷球或卵石来加强接触反应；水流向上，经悬浮泥渣层进入清水区，经聚乙烯泡沫过滤后，再由缝隙式排水帽进入集水区，最后从出水管引出体外。

净水器在运行中，泥渣不断增加，沉积泥渣溢入排泥桶，由辐射管进入污泥浓缩室，当污泥达到一定的浓度和工作周期后便可开启排泥阀进行排泥。

净水器内强制出水回流装置的作用是借助滤层的阻力，使强制出水能自动回流到滤层中，经过滤后形成清水，增加产水量；强制出水还用来平衡泥渣、稳定悬浮层，增加浓缩室污泥浓度，延长排泥时间及减少排泥水耗。

向净水器内装滤料时，应先把排泥桶和排泥浓缩室充满水，以免滤料进入浓缩室；启动水泵后，应打开排气阀将筒内空气排除，然后关闭；运行时，需调节进水阀门以控制进水量，使其符合设计水量，保证净水效果；混凝剂的投药量应严格控制，可以用 $PC_3$ 转子流量计加以调节。运行一定时间之后，滤料需要冲洗，冲洗时应先停水泵，将排泥阀打开，排出污泥和一部分水，使筒体内的滤料面降到净水器上部观察孔中间，然后再打开冲洗阀和空气辅助冲洗阀进行冲洗，冲洗时间通常为 2～3min。

这种净水器极大地简化了预处理系统，占地面积小，投资少；在压力下工作时出水有剩余压力，可直接和离子交换系统串联。但其结构比较复杂，运行管理不够方便。

该净水器适用于悬浮物含量小于 500mg/L 的原水处理，短期也可用于小于 2000mg/L 的净水处理，其出水浊度可降低到 5mg/L。

---

**Filtration methods**:

(1) The purpose is to remove the precipitate or residual turbidity, organic matter, bacteria, even viruses;

(2) Filter equipments include:
Pressure mechanical filter
Gravity valveless filter;

(3) Filter treatment system include:
Surface water pretreatment system;
Hydraulic circulating clarifier;
Gravity water purifier;
Pressure integrated water purifier.

---

4.5.1.4　*离心分离法*

(1) 离心分离原理

离心分离法处理废水是利用高速旋转所产生的离心力，使废水中质量大的悬浮固体颗粒被甩到外圈，沿离心装置的四壁向下排出，废水则由内圈向上运动而达到分离的目的。

(2) 离心分离的方式

离心分离的方式有水力旋转和机械旋转两种。

1) 水力旋转的离心分离方法　水力旋转是指废水的旋转依靠水泵的压力，使废水由切线方向进入水力旋转器，产生高速旋转，压力式水力旋转器的结构见图 4-5-7。在离心力的作用下，将固体悬浮物甩向器壁，并沿壁往下流到锥形底的出口。净化的废水则形成螺旋上升的内层旋流，从中央溢流管上端排出。

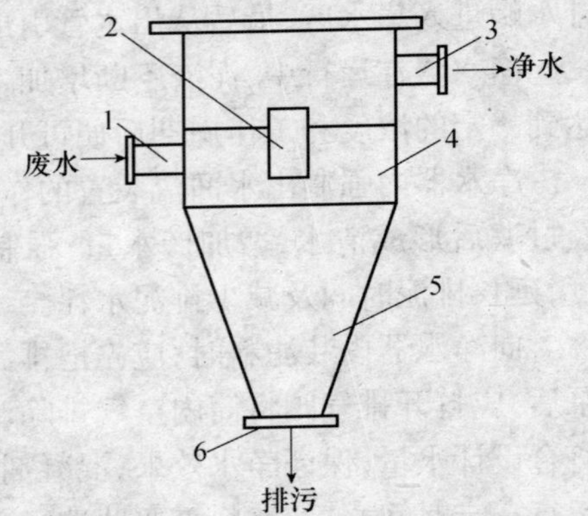


图 4-5-7　压力式水力旋转器

1—废水进水管；2—中央溢流管；3—溢流出水管；4—圆筒；5—锥形筒；6—底出口

压力式水力旋流器的优点有体积小、处理水量大、构造简单、使用方便等。但由于水泵和设备磨损较严重，所以设备费用高，动力消耗也比较高。

2）机械旋转的离心分离方法　该方法是采用离心机处理废水，通过离心机的高速机械旋转，产生离心力，使水甩出转鼓，悬浮固体颗粒被截留在转鼓之内而被清除。离心机的种类有很多，按分离系数的大小进行分类，可以分为三种：

①常速离心机，$a < 2000$；

②高速离心机，$2000 < a < 12000$；

③超高速离心机，$a > 12000$。

由于离心机转速高，所以分离效率也高，但设备复杂，造价较高，一般只用于小批量的有特殊要求的难以处理的废水。

**Centrifugal separation methods**:

(1) Rotator rotates in high speed generate centrifugal force, separating substance with different specific gravity;

(2) Types of centrifugal separation method include:

Hydraulic rotation;

Mechanical rotation.

#### 4.5.1.5　机械絮凝法

机械絮凝法是依靠旋转桨板、搅拌器等机械搅拌装置，在外力的作用下搅动废水，使废水中很细小的悬浮颗粒相互接触碰撞，合并成大的絮粒，而后在自身重力作用下沉降下来。图 4-5-8 是机械絮凝器示意图。

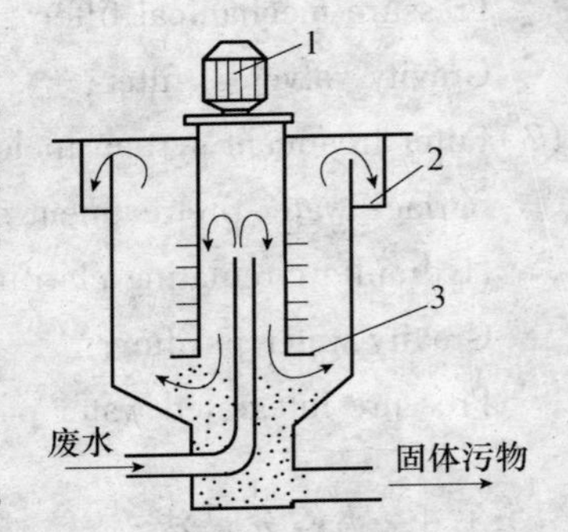


图 4-5-8　机械絮凝器示意图

1—电动机；2—出水口；3—旋转桨板

采用机械絮凝处理废水时，桨板搅动不能太慢，太慢又会使絮粒的形成缓慢，不利于悬浮颗粒的分离，反之，太快会打碎絮粒。实验结果表明，絮凝器中桨板以 0.4 ~ 0.45m/s 圆周速度旋转，其分离效果较好。此方法适用于处理含纤维或油脂的废水。

**Mechanical flocculation method**:

This method using the paddle or blender stir wastewater to make small suspended particles contact each other, then the particles merge into big floc and settle down under its own gravity.

### 4.5.2 物理化学处理方法

废水经物理方法处理以后,仍会含有某些细小的悬浮物及溶解的有机物、无机物。为了去除残存的水中污染物,可进一步采用物理化学方法处理,常用的物理化学方法有吸附、浮选、反渗透、电渗析、超过滤等。

#### 4.5.2.1 吸附法

(1)吸附法基本原理

吸附是一种物质附着在另一种物质表面上的过程,可发生在气液、气固、液固两相之间。在相界面上,物质的浓度会自动地发生累积或浓集。在水处理中,主要是利用固体物质表面对水中物质的吸附作用。

吸附法是一种利用多孔性的固体物质,使水中一种或多种物质吸附在固体表面而去除的方法。吸附法可以有效完成对水的多种净化功能,如脱色、脱嗅,脱除重金属离子、放射性元素,脱除多种难以用一般方法处理的剧毒或难生物降解的有机物等。

具有吸附能力的多孔性固体物质叫做吸附剂,如活性炭、活化煤、焦炭、煤渣、吸附树脂、木屑等,其中,活性炭的使用最为普遍。而废水中被吸附的物质被称为吸附质。包容吸附剂和吸附质以分散形式存在的介质被称为分散相。

吸附处理可以作为离子交换、膜分离技术处理系统的预处理单元,用来分离去除对后续处理单元有毒害作用的有机物、胶体及离子型物质,还可作为三级处理后出水的深度处理单元,以获得高质量的处理出水,进而实现废水的资源化应用。吸附过程可以有效地捕集到浓度很低的物质,且出水水质稳定、效果较好,吸附剂可重复使用,结合吸附剂的再生,可回收有用物质。故在水处理技术领域得到了广泛的应用。但吸附法对进水的预处理要求较为严格,运行费用较高。

1)吸附类型

吸附剂表面的吸附力可分为三种:分子间引力(范德华力),化学键力和静电引力,故吸附也可以分为三种类型:物理吸附,化学吸附和离子交换吸附。

①物理吸附

物理吸附是一种比较常见的吸附现象。吸附质同吸附剂之间的分子引力产生的吸附过程叫做物理吸附。物理吸附的特征表现在以下几个方面:

Ⅰ.是放热反应。

Ⅱ.没有特定的选择性。由于物质间存在着分子引力,同一种吸附剂可吸附多种吸附质,只是因为吸附质间性质的差异,导致同一种吸附剂对不同吸附质的吸附能力也有所不同。物理吸附可是单分子层吸附,也可是多分子层吸附。

Ⅲ.物理吸附的动力来自于分子间的引力,吸附力较小,故在较低温度下就可进行。不发生化学反应,无须要活化能。

Ⅳ.被吸附的物质由于分子的热运动会脱离吸附剂表面而发生自由转移,这种现象被称为脱附或解吸。吸附质在吸附剂表面可较易解吸。

Ⅴ. 影响物理吸附的主要因素是吸附剂的比表面积。

②化学吸附

化学吸附是吸附质与吸附剂之间因化学键力发生了作用，使化学性质改变而引起的吸附过程。化学吸附的特征为：

Ⅰ. 吸附热大，相当于化学反应热。

Ⅱ. 有选择性。一种吸附剂只对一种或几种吸附质发生吸附作用，且还只能形成单分子层吸附。

Ⅲ. 化学吸附比较稳定，在吸附的化学键力较大时，吸附反应为不可逆。

Ⅳ. 吸附剂表面的化学性能、吸附质的化学性质及温度条件等，对化学吸附有较大的影响。

③离子交换吸附

离子交换吸附是指吸附质的离子因静电引力聚集到吸附剂表面的带电点上，同时，吸附剂表面原先固定在这些带电点上的其他离子被置换出来，相当于吸附剂表面放出一个等当量离子。离子所带电荷愈多，吸附愈强。电荷相同的离子，其水化半径越小，越容易被吸附。

水处理中，大多数的吸附现象往往是上述三种吸附作用的综合结果。只是由于吸附质、吸附剂及吸附温度等具体吸附条件的不同，使得某种吸附占了主要地位而已。

2）吸附容量

如果是可逆的吸附过程，在废水与吸附剂充分接触后，溶液中的吸附质被吸附剂吸附，另一方面，热运动的结果使一部分已被吸附的吸附质脱离吸附剂的表面，又回到液相中去。此种吸附质被吸附剂吸附的过程叫做吸附过程；已吸附的吸附质脱离吸附剂的表面又回到液相中去的过程叫做解吸过程。当吸附速度和解吸速度相等时（即单位时间内吸附的数量等于解吸的数量时），则吸附质在溶液中的浓度及吸附剂表面上的浓度都不再改变而达到动态的吸附平衡。此时吸附质在溶液中的浓度叫做平衡浓度。

吸附剂吸附能力的大小用吸附容量 $q_e$（g/g）表示。吸附容量是指单位重量的吸附剂（g）所吸附的吸附质的重量（g）。吸附量可以用式（4-5-1）来计算：

$$q_e = \frac{V(C_0 - C_e)}{W} \tag{4-5-1}$$

式中 $q_e$——吸附剂的平衡吸附容量，g/g；

$V$——溶液体积，L；

$C_0$——溶液的初始吸附质浓度，g/L；

$C_e$——吸附平衡时的吸附质浓度，g/L；

$W$——吸附剂投加量，g。

温度一定时，吸附容量随着吸附质平衡浓度的提高而增加。通常把吸附容量随平衡浓度而变化的曲线称为吸附等温线。

吸附容量是选择吸附剂和设计吸附设备的重要数据。虽用这些指标来表示吸附剂对该吸附质的吸附能力，但其与吸附质的吸附能力不一定相符，故还需通过试验确定吸附容量，进行设备的设计。

3)吸附速度

吸附剂对吸附质的吸附效果,常用吸附容量和吸附速度来衡量。吸附速度指单位重量的吸附剂在单位时间内吸附的物质量。吸附速度属于吸附动力学的范畴,对吸附处理工艺具有实际意义。吸附速度决定了水与吸附剂的接触时间。吸附速度由吸附剂对吸附质的吸附过程所决定。水中多孔的吸附剂对吸附质的吸附过程大致可分为三个阶段:

第一阶段:颗粒外部扩散(又称膜扩散)阶段。吸附质通过吸附剂颗粒周围存在的液膜,到达吸附剂的外表面。

第二阶段:颗粒内部扩散阶段。吸附质从吸附剂外表面向细孔深处扩散。

第三阶段:吸附反应阶段。吸附质被吸附在细孔内表面上。

一般情况下,因第三阶段进行的吸附反应速度很快,故吸附速度主要由液膜扩散速度和颗粒内部扩散速度来控制。

颗粒外部扩散速度同溶液浓度、吸附剂的外表面积成正比,溶液浓度越高,颗粒直径越小;搅动程度越大,吸附速度越快,扩散速度也就越大。颗粒内部扩散速度和吸附剂细孔的大小、构造、吸附剂颗粒大小、构造等因素有关。

4)影响吸附效果的因素

吸附过程的物料系统包括废水、污染物和吸附剂,所以吸附属于不同相间的传质过程,其机理复杂,影响的因素也有很多,但概括起来是吸附剂的性质、污染物性质以及吸附过程的条件等三个方面的影响因素。

①吸附剂的性质　吸附剂的物理及化学性质对吸附效果的影响最大。而吸附剂的性质又和其制作时所使用的原料、加工方法及活化条件等有关。如活性炭处理工业废水的吸附效果决定于它的吸附性(吸附速率)、比表面积、孔隙结构及孔径的分布等。

②废水中污染物的性质　活性炭吸附废水中污染物的量受污染物的溶解度、极性、分子大小、浓度及其组成情况的影响。

③吸附条件　当废水的吸附剂选定之后,吸附效果主要取决于吸附过程的条件,如温度、吸附时间、废水的 pH 值等。因此需要综合考虑,确定适当的温度条件,按适当的接触时间选择好设备装置,通过实验优选吸附的最佳 pH 值,以确保吸附效果。

(2)吸附工艺和设备

在设计吸附工艺和装置时,应确定采用何种吸附剂,选择何种吸附和再生操作方法及废水的预处理和后处理措施。一般需要通过静态和动态试验来确定处理效果、吸附容量、设计参数、技术经济指标。

吸附操作分为间歇和连续两种。间歇是将吸附剂(多用粉状炭)投到废水中,不断搅拌,经一定时间达到吸附平衡以后,用沉淀或过滤的方法进行固液分离。若经一次吸附,出水仍达不到排放要求时,则需增加吸附剂投加量和延长停留时间或对一次吸附出水进行二次或多次吸附。此种吸附工艺适用于规模小、间歇排放的废水处理。若处理规模比较,需建造较大的混合池和固液分离装置,粉状炭的再生工艺也比较复杂。故在生产上很少使用。

连续式吸附工艺是废水不断地流进吸附床与吸附剂接触,当污染物浓度降到处理要求时,排出吸附剂。按吸附剂的充填方式,又可以分为固定床、移动床和流化床三种。具体构造见图

4-5-9、图4-5-10和图4-5-11所示。

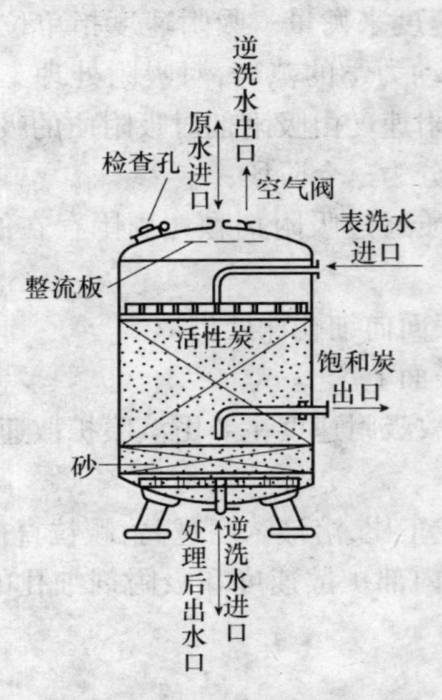


图4-5-9　固定床吸附塔构造图

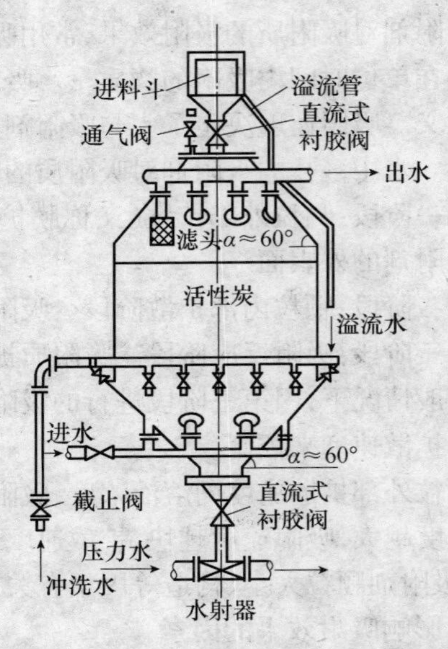


图4-5-10　移动床吸附塔构造示意图

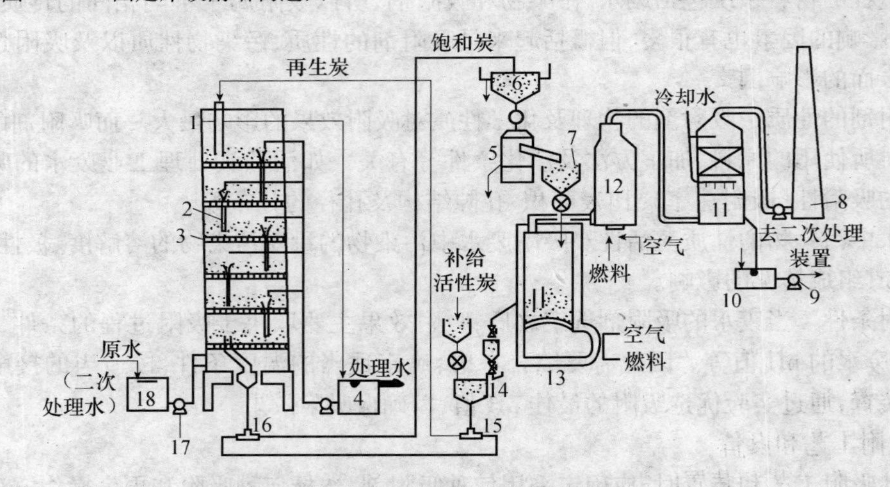


图4-5-11　粉状炭流化床及再生系统

1—吸附塔；2—溢流管；3—穿孔管；4—处理水槽；5—脱水机；6—饱和炭贮槽；
7—饱和炭供给槽；8—烟囱；9—排水泵；10—废水槽；11—气体冷却塔；12—脱臭塔；
13—再生炉；14—再生炭冷却槽；15，16—水射器；17—原水泵；18—原水槽

吸附法除了对含有机物废水有很好的去除作用之外，其对某些金属及化合物也有很好的吸附效果。活性炭对汞、锑、铋、锡、钴、镍、铬、铜、镉等均有很强的吸附能力。

（3）活性炭的再生

吸附剂失效后经再生可重复使用。吸附剂的再生，是吸附剂在本身结构不发生或极少发生变化的情况下，用某种方法使被吸附的物质从吸附剂的细孔中除去，从而达到能够重复使用的目的。

活性炭的再生方法有：加热法、蒸汽法、溶剂法、臭氧氧化法、生物法等。

1)加热再生法

加热再生法分低温和高温两种方法。

①低温法

低温法适于吸附浓度较高的简单低分子量的碳氢化合物及芳香族有机物的活性炭的再生。由于沸点较低,通常加热到200℃即可脱附。常采用水蒸气再生,可以直接在塔内进行再生。被吸附有机物脱附后可利用。

②高温法

适于水处理粒状炭的再生;高温加热再生过程一般分5步进行:

Ⅰ.进行脱水,使活性炭和输送液体进行分离;

Ⅱ.进行干燥处理,加温到100~150℃,使吸附在活性炭细孔中的水分蒸发出来,同时,部分低沸点的有机物也能挥发出来;

Ⅲ.进行炭化,继续加热到300~700℃,高沸点的有机物在热分解的作用下,一部分变成低沸点的有机物进行挥发,另一部分则被炭化,留在活性炭的细孔中;

Ⅳ.进行活化处理,把炭化留在活性炭细孔里的残留炭,用活化气体(如水蒸气、二氧化碳及氧)进行气化,达到重新造孔的目的。活化温度常为700~1000℃。

Ⅴ.进行冷却处理,活化后的活性炭应用水急剧冷却,防止氧化。

活性炭高温加热再生系统是由再生炉、活性炭贮罐、活性炭输送及脱水装置等组成的,如图4-5-12所示。

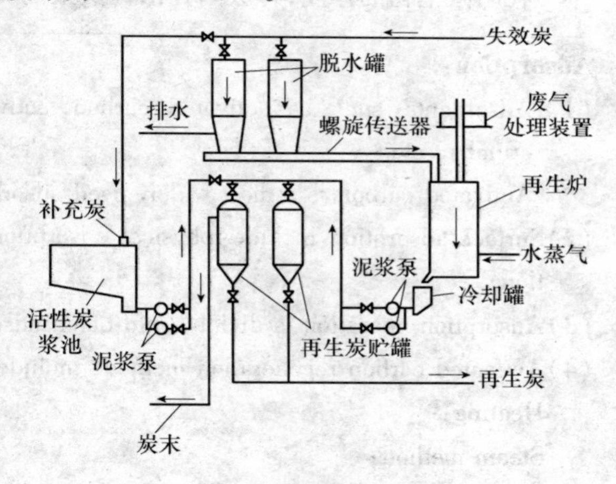


图4-5-12　活性炭高温加热再生系统

几乎所有有机物均可以采用高温加热再生法再生,再生炭质量均匀,性能恢复率高,通常在95%以上,再生时间短,粉状炭仅需几秒钟,粒状炭在30~60min,不产生有机再生废液。但是,再生设备造价高,再生损失率高,由于高温下进行工作,再生炉内衬材料的耗量大,且还需要严格控制温度和气体条件。

2)药剂再生法

药剂再生法分为无机药剂再生法和有机溶剂再生法两类。

①无机药剂再生法

无机药剂再生法常采用碱(NaOH)或无机酸($H_2S0_4$、HCl)等无机药剂,使吸附在活性炭上的污染物脱附。例如,吸附高浓度酚的饱和炭,可采用NaOH再生,脱附下来的酚为酚钠盐。

②有机溶剂再生法

用苯、丙酮及甲醇等有机溶剂萃取,吸附在活性炭上的有机物。如吸附含二硝基氯苯的染料废水饱和活性炭,用有机溶剂氯苯脱附之后,再用热蒸汽吹扫氯苯,脱附率可达93%。

药剂再生设备和操作管理比较简单,可以在吸附塔内进行。但药剂再生,通常随着再生次数的增加,吸附性能明显降低,但需补充新炭,废弃一部分饱和炭。

3)氧化再生法

①湿式氧化法

吸附饱和的粉状炭可以采用湿式氧化法进行再生。其工艺流程,见图4-5-13。饱和炭用高压泵经换热器和水蒸气加热器送到氧化反应塔。在塔内被活性炭吸附的有机物同空气中的氧反应,进行氧化分解,使活性炭再生。再生后的炭经热交换器冷却后,再送入再生贮槽。

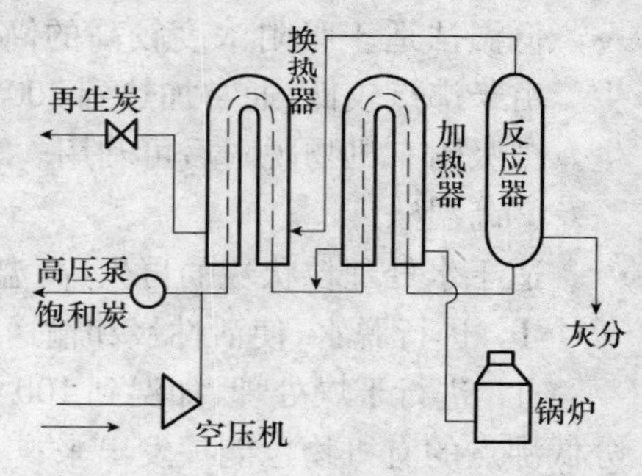


图4-5-13　湿式氧化法再生流程

②电解氧化法

将炭作阳极,进行水的电解,在活性炭表面产生的氧气将吸附质氧化分解。

③臭氧氧化法

利用强氧化剂臭氧,将被活性炭吸附的有机物加以氧化分解。

④生物氧化法

利用微生物的作用,将吸附在活性炭上的有机物氧化分解。

**Adsorption**:

(1) Adsorbents: such as activated carbon, activated coal, coke, cinder, adsorption resin, wood crumbs, etc.

Activated carbon is a most widely used adsorbent;

(2) Surface adsorption include: physical adsorption, chemical adsorption and ion-exchange adsorption;

(3) Adsorption operation is divided into batch adsorption and continuous adsorption;

(4) Activated carbon regeneration methods include:

Heating;

Steam method;

Solvent;

Ozone oxidize;

Biological method.

4.5.2.2　浮选法

若工业废水中所含的细小颗粒物质不能采用重力沉降法加以去除,则可以采用浮选法进行处理。

此方法就是在废水中加入浮选剂和絮凝剂等通入空气,使废水中的细小颗粒或是胶状物质等黏附在空气泡或浮选剂上,同气泡一起浮到水面后加以去除,使废水净化。浮选法主要是根据表面张力的原理,当空气通入废水中,与废水中存在的细小颗粒物质共同组成三相体系。细小颗粒黏附到气泡上引起气泡界面能的变化。其差值用 $\Delta\omega$ 表示。如果 $\Delta\omega > 0$,说明界面能减少了,减少的能量消耗在把水挤开的做功上,而使颗粒黏附在气泡上;若 $\Delta\omega < 0$,则颗粒

不能黏附在气泡上。所以 $\Delta\omega$ 又称为可浮性指标，只有 $\Delta\omega>0$ 时，颗粒才有可能被浮选。另外，还与颗粒的密度有关，密度超过 $3g/cm^3$ 的颗粒也难以浮选。

(1)浮选剂

为了增强浮选效果，在浮选过程中往往加入浮选剂。浮选剂的种类有很多，依其作用的不同可以分为如下几种：

1)捕收剂　如硬脂酸、脂肪酸及其盐类或胺类等。它的分子中既有亲水基团又有疏水基团。

2)起泡剂　如松节油等。它作用在气—液接触面上，用以分散空气，形成稳定的气泡。

3)pH 值调整剂　其作用是调节废水的 pH 值，使其在最适合的 pH 值下进行浮选，以提高浮选效果。

4)活化剂　一般多是无机盐类。其作用是使原来不易被捕收剂作用的颗粒表面，变为易于被捕收剂吸附，可以加强捕收剂的作用效果。

选加浮选剂的种类应根据废水的性质来确定，以提高浮选的效果。

(2)浮选法的流程及设备

常用的浮选方法有：加压浮选、曝气浮选、真空浮选、电解浮选和生物浮选等。

1)加压浮选法　在加压的情况下，将空气通入水中，使空气溶解在水中并达到饱和状态，然后由加压状态突然减至常压，使得溶解在水中的空气呈过饱和状态，水中空气将迅速形成微小的气泡不断向水面上升。气泡在上升的过程中，将捕集废水中的悬浮颗粒及胶状物质等一同带出水面，然后从水面上将其去除。

加压浮选法的工艺流程有全部废水加压流程和部分废水加压流程两种。

①全部废水加压浮选流程，其工艺过程见图 4-5-14。

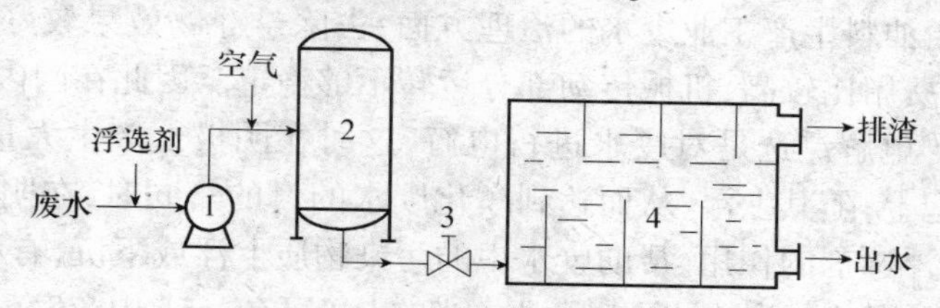


图 4-5-14　全部废水加压浮选流程

1—加压泵；2—溶气罐；3—减压阀；4—浮选池

它是将全部废水用加压泵加压，空气在压力作用下打入废水中，在溶气罐内空气完全溶解在水中呈饱和状态，然后通过减压阀将废水送入浮选池。废水中形成的较多小气泡黏附废水中的细小颗粒一同浮向水面，在水面上形成浮渣。最后利用刮板将浮渣排入浮渣槽，经浮渣管排出池外，将净化的废水从溢流堰和出水管排出。

全部废水加压浮选法有溶气量大，产生的气泡多，浮选效果好等特点；在处理废水量相同的情况下，浮选池可小些，从而减少了建造投资的费用；但加压泵容量大，溶气罐体积也要大，增加了设备投资及动力消耗。

②部分废水回流加压浮选法，是对部分废水加压和溶气，其余废水添加浮选剂后直接进入浮选池，在浮选池中与溶气后的废水混合。也可取一部分由浮选池流出的净水进行加压和溶

气,然后通过减压阀进入浮选池,见图 4-5-15 所示。

部分溶气流程与全流程浮选法相比较,其所需的加压泵容量要小,故动力消耗降低。但浮选池的容积要大,这方面的投资便有所增加。

2)曝气浮选法　曝气浮选法是将空气直接打到浮选池底部的充气器中,空气形成较小的气泡,进入废水。而废水由池的上部进入浮选池,与从池底多孔充气器放出的气泡接触,气泡捕集废水中的颗粒后浮到水面,从排渣装置刮送到泥渣出口处排出。净化水通过水位调节由出水管流出。图 4-5-16 是带有多孔充气器的浮选装置示意图。

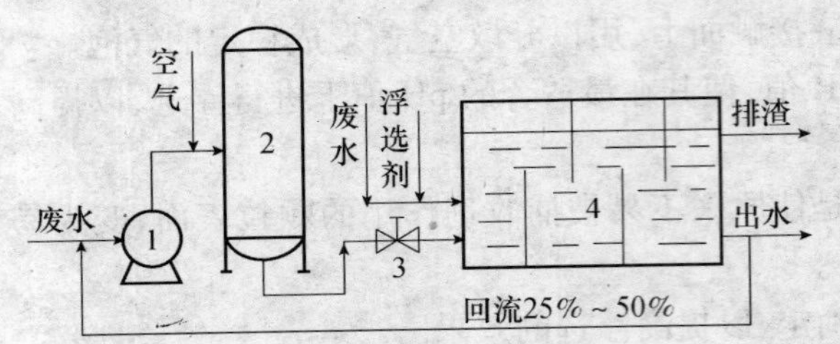


图 4-5-15　部分废水回流加压浮选流程

1—加压泵;2—溶气罐;3—减压阀;4—浮选池

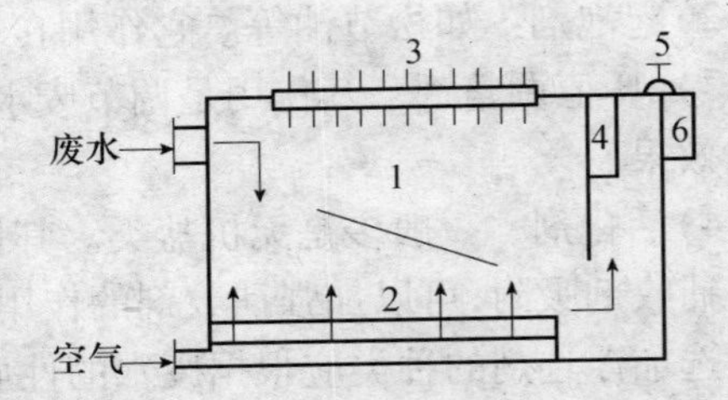


图 4-5-16　带有多孔充气器的浮选装置示意图

1—浮选池;2—多孔充气器;3—刮渣装置;
4—泥渣出口;5—水位调节器;6—出水管

曝气浮选法的特点是动力消耗小,但因受到装置的限制,气泡还是不够细小,而且还很难均匀,故浮选效果略差。在同时操作过程中,多孔充气器需经常进行清理以防止堵塞,这些给操作带来不便。

3)真空浮选法　该法是将废水和空气同时吸入真空系统后接触,在真空系统内,会产生大量的空气泡。即气泡携带废水中的颗粒浮上水面,即可除去。

这种方法多用于油料生产工业废水的治理方面,去除悬浮物效果较好,装置体积较小,便于管理;但运转动力费用比较高,机械传动部分运转不够稳定。因此在国内采用的不多。

4)电解浮选法　电解浮选是对废水进行电解,这时在阴极上产生大量氢气,废水中的颗粒物质黏附在氢气泡上,随其上浮,从而达到净化废水的目的。同时,在阴极上形成的氢氧化物,又起着混凝剂和浮选剂的作用,帮助废水中的污染物质上浮或下沉,有利于废水的净化。

此法的优点是产生的小气泡数量很大,每平方米的电极可在 1min 内产生 $6\times10^{17}$ 个小气泡;在利用可溶性阳极时,浮选过程和沉降过程可以结合进行,其装置简单,是一种新的废水净化处理方法。

5)生物浮选法　此法是将活性污泥投放到浮选池中,依靠微生物的生长和活动来产生气泡(主要是 $CO_2$ 气体),废水中的污染物质黏附在气泡上浮到水面,加以去除从而使水净化。

**Flotation process:**

Commonly used methods of flotation include:

(1) Pressure floatation;

(2) Aerated floatation;

(3) Vacuum air floatation;

(4) Electro-Flotation;

(5) Biological flotation.

#### 4.5.2.3　反渗透法

反渗透是利用半渗透膜进行分子过滤来处理废水的一种新的方法，故又被称为膜分离技术。这种方法是利用"半渗透膜"的性质进行分离作用。这种膜可使水通过，但不能使水中悬浮物和溶质通过，所以这种膜称为半渗透膜。利用它可除去水中的溶解固体、大部分溶解性有机物及胶状物质。近年来，反渗透法开始得到人们的重视，应用范围也在不断扩大。

(1)反渗透原理

用一张半渗透膜将淡水和废水隔开，见图4-5-17，该膜只让水分子通过，不让溶质通过。由于淡水中的水分子化学位比溶液中水分子的化学位要高，所以淡水中的水分子自发地透过膜进入到废水中，这种现象称为渗透。在渗透过程中，淡水一侧的液面不断下降，而废水一侧的液面不断上升。在两液面不再发生变化时，渗透便达到了平衡，此时两液面的压差叫做该种废水的渗透压。如在废水的一侧加上一定的压力 $P$ 后，废水中的水分子被压力压过半渗透膜而进入清水一侧，使得废水中的溶质及悬浮物被分离，废水得到净化。由于这种过程与渗透过程相反，故被称为反渗透。

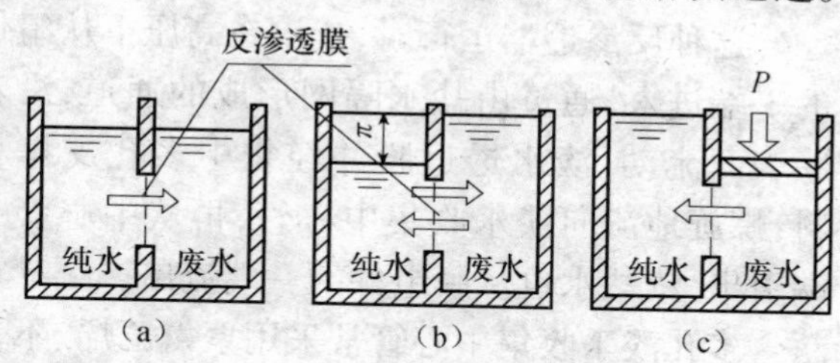


图4-5-17　反渗透原理示意图

(a)渗透；(b)渗透平衡；(c)反渗透

为了实现反渗透，必须具备两个条件：①必须有一种高选择性和高透水性的半渗透膜；②操作的压力必须高于废水的渗透压。

(2)反渗透工艺在废水处理中的应用

反渗透最早应用于海水淡化，随着反渗透膜材料的发展以及高效膜组件的出现，反渗透的应用领域不断扩大。在废水处理与再生、海水和苦咸水的脱盐、锅炉给水和纯水制备、有用物质的分离和浓缩等方面，反渗透都起着极为重要的作用。

如采用反渗透法处理电镀废水可实现闭路循环。逆流漂洗槽的浓液经高压泵打入反渗透器，浓缩液返回电镀槽重新使用，处理水则补充到最后的漂洗槽。对不加温的电镀槽，为了实现水量平衡，反渗透浓缩液还需蒸发后才能返回电镀槽。

反渗透用于造纸废水、印染废水、石油化工废水、医院污水处理及城市污水的深度处理等，也同样取得了很好的处理效果。如用在处理造纸废水中，BOD的去除率约为70%～80%，COD为85%～90%，色度为96%～98%，Ca为96%～97%，水回用率在80%以上。用于城市污水的深度处理，可使含盐量降低99%以上，而且还可以去除各类含N、P化合物，使COD去除96%，达到 $10^{-6}$ 数量级。

(3)反渗透装置

反渗透膜不能直接用来制取淡水，还必须以膜为主要部分形成组件。膜的透水量同膜的面积成正比，所以膜组件在可能的范围内，膜的充填密度应尽量的大，而在设计上与蒸发器传热面的形式类似，应让原水同膜表面充分地接触。目前采用的反渗透装置有：板框式、管式、螺旋卷式、中空纤维式及槽条式。但应用较多的有螺旋卷式和中空纤维式。

1)螺旋卷式

螺旋卷式组件是在两层反渗透膜间夹入一层多孔支撑材料，并用粘胶封闭其三面的边缘，使之成为袋状，以便使盐水和淡水隔开，开口边同多孔淡水收集中心管密封连接。在袋状膜下面铺一层盐水隔网，然后将这些膜、网沿着钻有孔眼的淡水收集中心管卷绕。依次叠好的多层组装（膜/多孔支撑材料/膜/盐水隔网）使之构成了一个螺旋卷式反渗透膜组件，见图4-5-18。将组件串联起来装入封闭的容器内，便组成螺旋转式反渗透器。

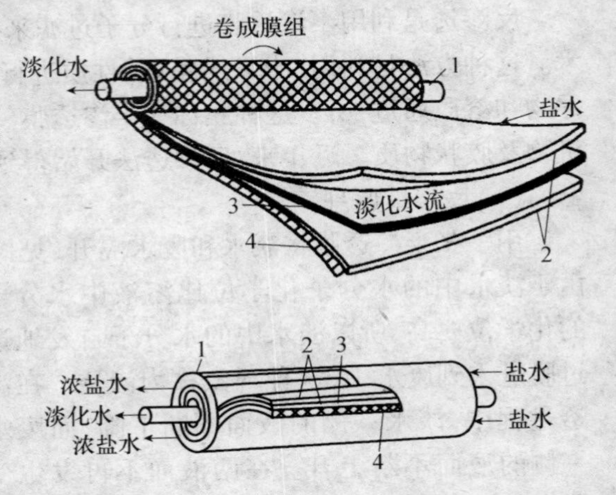


图4-5-18 螺旋卷式反渗透膜组件

1—多孔淡水收集中心管；2—反渗透膜；3—多孔支撑材料；4—盐水隔网

这种反渗透器运行时，盐水在高压下从组件的一端进入，通过由盐水隔网形成的通道，沿着膜表面流动；淡水透过膜并经袋中多孔支撑材料，螺旋地流向淡水收集中心管，再从中心管一端引出，浓盐水也从膜组件的一端流出。

多孔淡水收集中心管常采用聚氯乙烯、不锈钢管或其他塑料管材制成；多孔支撑材料常采用涤纶织物等材料；盐水隔网常采用聚丙烯单丝编织网等材料。

膜越长，产水量越大。但过长的膜，其透过水必须流经很长的多孔支撑层后，才能到达中心管，水流阻力就会增大。故常在一个膜组件内采用几组膜，也就是几组依次叠好的多层材料一起卷绕在一个中心管上。这样既能增加膜的装载面积，又能降低透过水的阻力。

螺旋卷式反渗透器的优点是：单位体积的内膜装载面积大，结构紧凑，占地面积小；缺点是：容易堵塞，清洗困难。因此，对原水的预处理要求很严格。

2）中空纤维式

中空纤维是一种比头发丝还细的空心纤维管。其是由数百万根中空纤维绕成U形，均匀顺序地排列在一根多孔配水管周围。U形中空纤维的开口端是用环氧树脂浇铸在一起的，并用激光切割成光滑的断面，使空心纤维管的端头均匀地分布在这一个断面上；另一端用环氧树脂黏合固定，以防中空纤维管束偏移，然后把它装到一个由环氧玻璃钢制成的筒形承压容器中。在出口管板的一端依次装上多孔垫板和出入口端板，用圆形密封环加以密封，便组成了中空纤维式反渗透器，如图4-5-19所示。

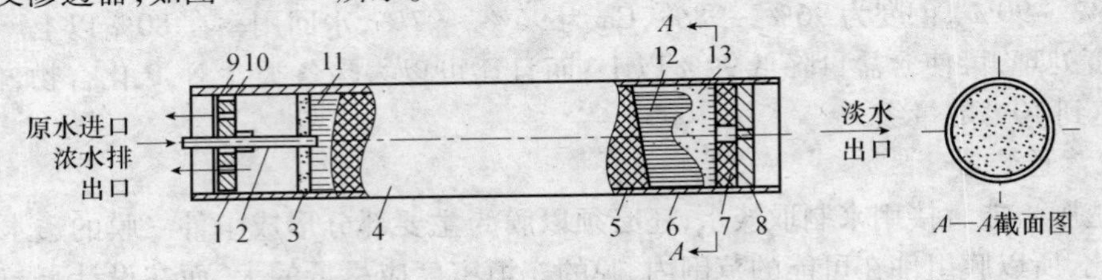


图4-5-19 中空纤维式反渗透器结构

1—入口隔板；2—供水管；3—环氧树脂板；4—环氧树脂玻璃钢外壳；5—软塑料网；6—定位套筒；7—多孔滤纸；8—出口隔环；9—卡板环；10—圆形密封圈；11—中心进水分散管；12—空心纤维管束；13—环氧树脂管板

高压含盐水通过中心多孔分配管，以辐射的方式将水流散布于中空纤维管的外壁，水穿过管膜进入纤维管，通过水管板汇集于出口，再用水管将淡水导出，见图4-5-20。

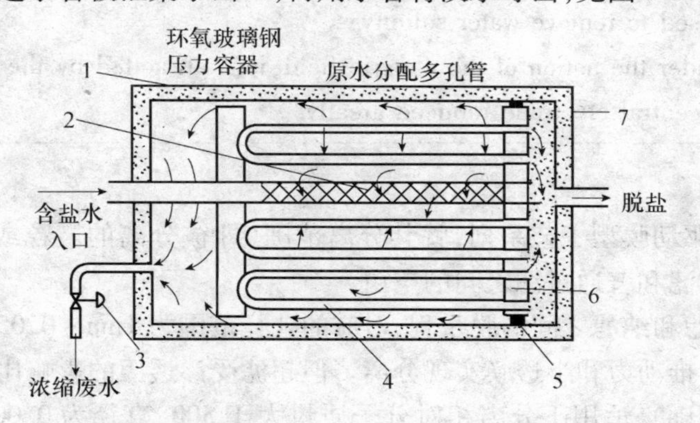


图4-5-20　中空纤维式反渗透器制水过程示意图

1—环氧玻璃钢压力容器；2—原水分配多孔管；3—压力控制阀；4—中空纤维膜；5—圆形密封圈；6—多孔管板；7—多孔支持板

中空纤维式反渗透器的优点是：装置紧凑，工作效率高，操作压力在2.8MPa时，除盐率为90%～95%；操作压力在5.6MPa时，其脱盐率可达到98.5%。其是目前效率最高的反渗透器。这种反渗透器的缺点和螺旋卷式反渗透器一样，即膜孔容易堵塞，清洗困难，对水的预处理要求很高。

**Hyperfiltration**：

(1) Semipermeable membrane and pressure are essential conditions of hyperfiltration；

(2) The types of reverse osmosis equipment include：

Plate frame type；

Spiral coil type；

Hollow fibert type, etc.

#### 4.5.2.4　电渗析法

电渗析法用于除去水中盐分，使水淡化；还应用在处理含金属或酸的废水中，图4-5-21是利用电渗析法处理含铁的酸洗废水示意图。

电渗析池内装有含铁的酸洗废水，池中间装设有阴离子交换膜，此膜可以使$SO_4^{2-}$渗透过去，而阻止$H^+$的渗透。通入直流电后，$SO_4^{2-}$迅速地通过阴离子交换而进入到膜的右侧溶液中，与$H^+$结合生成$H_2SO_4$，而膜的左侧溶液只有$H^+$的存在，$Fe^{3+}$沉淀在阴极上，这样便可以达到水、铁、酸分离的目的。电渗析法应用在环境保护方面进行废水处理已经取得了很好的效果。但是由于其耗电量较多，故多数还限于在以回收为目的的情况下使用。

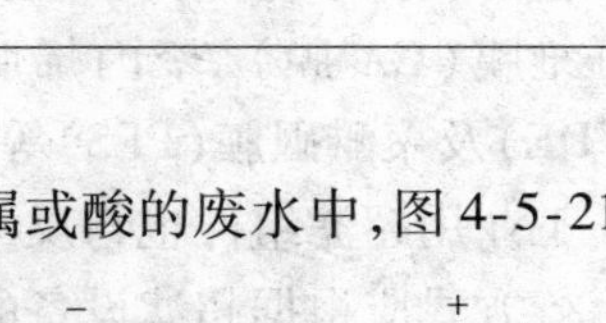

图4-5-21　电渗析法处理含铁的酸洗废水

1—沉淀的铁离子；2—阴离子交换膜；3—阴级；4—阳级；5—电渗析池

**Electrodialysis(ED):**

(1) This method is used to remove water salinity;

(2) The principle: under the action of the electric field, ions attractted by the electrode and the ion concentration of central electrode reduced greatly.

#### 4.5.2.5 超过滤法

超滤属于压力驱动膜型工艺系列,就其分离范围(即被分离的微粒或分子的大小)而言,它填补了反渗透、纳滤和普通过滤之间的空白。

超滤是介于微滤和纳滤之间的膜过程,对应的孔径范围为1nm~0.05μm。超滤和反渗透一样,也是依靠压力推动力和半透膜实现分离。但超滤受渗透压的影响比较小,可在低压下操作(常为0.1~0.5MPa),适用于分离相对分子质量大于500,直径为0.005~10μm的大分子和胶体,如:细菌、病毒、树胶、淀粉、黏土、蛋白质和油漆色料等;而反渗透的操作压力为2~10MPa,常用来分离相对分子质量小于500,直径为0.0004~0.06μm的糖、盐等渗透压比较高的体系。

超滤膜对大分子溶质的分离过程主要有:

(1)在膜表面及微孔内吸附(一次吸附);

(2)在孔中停留而被去除(堵塞);

(3)在膜面的机械截留(筛分)。

通常认为超滤是一种筛分过程。在超滤过程中,溶液在外界压力的作用下,以一定流速在超滤膜面上流动,溶液中的水、无机离子和低分子物质透过膜表面,溶液中的高分子物质、胶体微料以及细菌等被半透膜截留,从而达到分离和浓缩的目的。超滤过程的两个重要控制因素是:超滤膜表面的孔隙大小和膜表面的化学性质。溶质能否被膜孔截留还由溶质粒子的大小、形状、柔韧性以及操作条件等决定。

超滤膜多数为不对称膜,其孔径通常比反渗透膜要大。目前,商品化的超滤膜主要有:醋酸纤维膜(CA膜)、聚丙烯腈膜(PAN)、聚砜膜(PS)、聚砜酰胺膜(PSA)、聚偏氟乙烯膜(PVDE)及聚醚砜膜(PES)等。

工业用超滤组件也与反渗透组件相同,有板框式、管式、螺旋卷式、中空纤维式四种。超滤的运行方式应根据超滤设备的规模、被截留物质的性质及最终用途等因素进行选择,此外,还必须考虑经济问题。膜的通量、使用年限及更新费用等构成了运行费用的关键部分,决定了运行的工艺条件。如若要求通量大、膜龄长、膜的更换费用低,则以采用低压层流运行方式最为经济。相反,若要求降低膜的基建费用,则应采用高压紊流运行方式。

在超滤过程中,不允许有滤过的残留物在膜表面层浓聚而形成浓差极化的现象,使通水量急剧减少。因此,宜使膜表面平行流动的水的流速大于3~4m/s,使溶质不断从膜界面送回到主流层中,减少界面层厚度,保持一定的通水速度和截留率。

超滤在水处理中的应用十分广泛。在污水处理中,超滤主要用于电泳涂漆、电镀、印染等工业废水以及城市污水的处理;应用于食品工业废水中的回收蛋白质、淀粉等也十分有效。在给水处理中,用于去除细菌及超纯水制取的预处理等。

**Ultrafiltration**:

(1) Ultrafiltration is the process between microfiltration and nanofiltration;

(2) Ultrafiltration membrane separation process of large molecules include:

Adsorption at membrane surface and pores;

Stuck in the hole;

Mechanical interception on the membrane surface.

4.5.2.6　微滤法

微滤所分离组分的直径为0.05~15μm,主要去除微粒、亚微粒及细粒物质。微滤以压力为推动力,利用筛网状过滤介质膜的“筛分”作用进行分离,其原理与普通过滤类似,但过滤微粒为0.05~15μm,是过滤技术的最新发展。

微孔过滤膜具有比较整齐、均匀的多孔结构,其是深层过滤技术的发展。在压力差的作用下,水和小于膜孔的粒子透过膜,比膜孔大的粒子则被截留在膜面上,使大小不同的组分分离,操作压力为0.1MPa。

微滤膜的截留作用可分为:

(1)对比膜孔径大或是相当的微粒的机械截留作用,即筛分作用;

(2)受吸附和电荷性能的影响的物理作用或吸附截留作用;

(3)微粒间架桥作用引起截留;

(4)网络型膜的网络内部截留作用。

微孔滤膜属于筛网状过滤介质,其特点如下:

(1)孔径均匀,空隙率高。

(2)膜质地薄,大部分微孔滤膜的厚度在150μm左右,比一般的过滤介质薄,吸附滤液中有效成分比较少,故可减少溶液中贵重物质的损失。

(3)微孔滤膜质地薄、空隙率高,流动阻力小,故驱动压力低,仅需0.1MPa即可。但其近似于多层叠筛网,宜防止被少量与其孔径大小一样的微粒堵塞,以利其充分发挥作用,延长膜的使用寿命。

(4)膜的形态结构可以分为膜孔圆筒状垂直贯穿于膜面、孔型十分均匀的通孔型;微观结构和泡沫海绵类似,膜结构对称的网络型;可以分为海绵型与指孔型的非对称型。

微孔滤膜主要有聚合物膜和无机膜两大类。具体材料有以下几种:

(1)有机类采合物膜　聚四氟乙烯(PTFE,特富龙)、聚偏二氟乙烯(PVDF)、聚丙烯(PP)。

(2)亲水聚合物膜　纤维素酯、聚碳酸酯(PC)、聚酯肪酰胺(PA)、聚醚醚酮、聚砜/聚醚砜(PS/PES)、聚酰亚胺/聚醚酰亚胺(PI/PEI)。

(3)无机类陶瓷膜　氧化铝($Al_2O_3$)、氧化锆($ZrO_2$)、碳化硅(SiC)、氧化钛($TiO_2$)、玻璃($SiO_2$)、炭及各种金属(不锈钢、钯、钨、银等)。

在工业上,微孔过滤广泛应用在将大于0.1μm粒子从溶液中除去的场合。多用于半导体、电子工业超纯水的终端处理及反渗透的首端前处理,在啤酒与其他酒类的酿造中,用来除去微生物和异味杂物等。表 4-5-1 为微孔滤膜应用范围举例。

**表 4-5-1　微孔滤膜应用范围举例**

| 孔径(μm) | 用途 |
| --- | --- |
| 12 | 微生物学研究中分离细菌液中悬浮物 |
| 3 ~ 8 | 食糖精制,澄清过滤,工业尘埃质量测定,内燃机和油泵中颗粒杂质的测定,有机液体中分离水滴(憎水膜),细胞学研究、脑脊髓液诊断、药液罐封前过滤,啤酒生产中麦芽沉淀量测定,寄生虫及虫卵浓缩 |
| 1.2 | 组织移植,细胞学研究,脑脊髓液诊断,酵母及霉菌显微镜监测,粉尘质量分析 |
| 0.6 ~ 0.8 | 气体除菌过滤,大剂量注射液澄清过滤,放射性气溶液胶定量分析,细胞学研究,饮料冷法稳定消毒,油类澄清过滤,贵金属槽液质量控制,光致抗蚀剂及喷漆溶剂澄清过滤(用耐溶剂滤膜),油及燃料油中杂质的菌量分析,牛奶中大肠杆菌的检测,液体中残渣的测定 |
| 0.45 | 抗菌素及其他注射液的无菌试验,水、饮料食品中大肠杆菌检测,饮用水中磷酸根的测定,培养基除菌过滤,航空用油及其他油料的质量控制,血球计数用电解质溶液的净化,白糖的色泽测定,去离子水的超净化,胰岛素放射性免疫测定,液体闪砾测定,液体中微生物的部分滤除,锅炉用水中氧化铁含量测定,反渗透进水水质控制,鉴别微生物 |
| 0.2 | 药液,生物制剂和热敏性液体的除菌过滤,液体中细菌计数,泌尿液镜检用水除菌,空气中病毒的定量测定,电子工业中用于超净化 |
| 0.1 | 超净试剂及其他液体的生产,胶悬体分析,沉淀物分离,生理膜模型 |
| 0.01 ~ 0.03 | 噬菌体及较大病毒(100 ~ 250nm)的分离,较粗金溶胶的分离 |

**Microfiltration**:

(1) The separation depend on screening effect of mesh-like membrane;

(2) Mainly to remove particles, submicron and plasma, filter particle size is 0.05 ~ 15μm.

### 4.5.3　化学处理方法

该法是利用物质之间的化学反应进行工业废水处理的方法,其可分为中和法、氧化还原法、化学絮凝法三种。

#### 4.5.3.1　中和法

中和法主要用在对含酸或含碱的废水的处理。对含酸或含碱废水在 4%(碱含量为 2%)以下时,如果不能进行经济有效的回收、利用,则应通过中和,将 pH 值调整到使废水呈中性状态才可以排放,而对于浓度高的废水,则必须考虑回收并开展综合利用。

(1) 中和酸性或碱性废水的方法

1) 酸性废水的中和处理

①使酸性废水通过石灰石滤床;

②与石灰乳混合;

③向废水中投加碱性物质,表 4-5-2 为中和酸所需消耗的碱性物质的质量;

表 4-5-2　中和酸所需消耗的碱性物质的质量

kg

| 酸的种类 | 中和1kg 酸所需碱性物质的质量 | | | | | | |
|---|---|---|---|---|---|---|---|
| | CaO | $Ca(OH)_2$ | $CaCO_3$ | $MgCO_3$ | $CaMg(CO_3)_2$ | NaOH | $Na_2CO_3$ |
| 硫酸 | 0.57 | 0.755 | 1.02 | 0.86 | 0.94 | 0.815 | 1.08 |
| 盐酸 | 0.77 | 1.01 | 1.37 | 1.15 | 1.26 | 1.10 | 1.45 |
| 硝酸 | 0.455 | 0.59 | 0.795 | 0.668 | 0.732 | 0.635 | 0.84 |
| 醋酸 | 0.466 | 0.616 | 0.83 | 0.695 | — | 0.666 | 0.88 |

通常，尽量选用碱性废水（或渣）来中和酸性废水，以达到以废治废的目的。

2）碱性废水的中和处理

①向碱性废水中鼓入烟道气；

②向碱性废水中注入压缩 $CO_2$ 气体；

③向碱性废水投入酸或酸性废水，表 4-5-3 为中和碱所需消耗的酸量。

表 4-5-3　中和碱所需消耗的酸量

kg

| 碱类名称 | 中和 1kg 碱所需消耗的酸量 | | | | | |
|---|---|---|---|---|---|---|
| | $H_2SO_4$ | | HCl | | $HNO_3$ | |
| | 100% | 98% | 100% | 36% | 100% | 65% |
| NaOH | 1.22 | 1.24 | 0.91 | 2.53 | 1.37 | 2.42 |
| KOH | 0.88 | 0.90 | 0.65 | 1.80 | 1.13 | 1.74 |
| $Ca(OH)_2$ | 1.32 | 1.34 | 0.99 | 2.70 | 1.70 | 2.62 |
| $NH_3$ | 2.88 | 2.93 | 2.12 | 5.90 | 3.71 | 5.70 |

用烟道气中和碱性废水，主要是利用烟道气中的 $CO_2$ 和 $SO_2$ 两种酸性氧化物对碱进行中和，这是以废治废，开展综合利用的好办法。既可降低废水的 pH 值，又可以除去烟道气的灰尘，并促使 $CO_2$ 和 $SO_2$ 气体从烟道中分离出来，防止烟道气污染大气。

（2）酸性废水中和处理的方式和设备

1）酸性废水与碱性废水混合　若有酸性废水和碱性废水同时均匀排出，而且两者各自所含的酸、碱又能互相平衡，则可将两者直接在管道内混合，不需要设中和池。但是，对排水经常波动的情况，则必须设置中和池，在中和池内进行中和反应。图 4-5-22 为酸、碱性废水的中和处理流程。

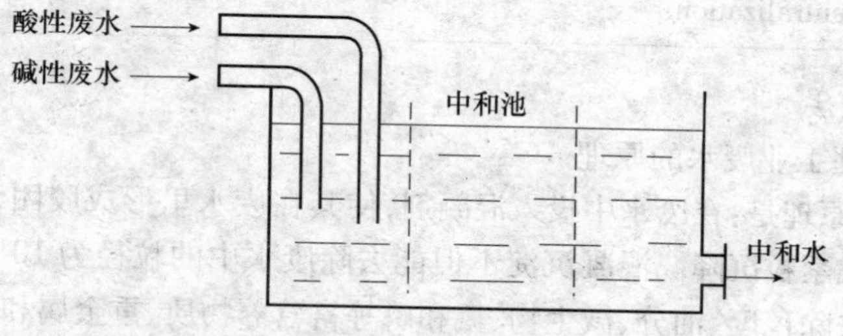


图 4-5-22　酸、碱性废水的中和处理流程

中和池一般是平行设计两套，交替使用。设计时应当考虑废水在中和池内停留的时间为15min左右，根据具体情况，控制经中和后的出水pH值在5～8的范围以内。

2）投药中和　投药中和就是将碱性中和药剂，如石灰、石灰石、电石渣、苏打等投入到酸性废水中，经充分中和反应，使废水得到治理。投药中和又分为干投法和湿投法两种。

①干投法是将固体的中和药剂按理论用量的1.4～1.5倍，均匀且连续地投入到废水中，如图4-5-23所示流程。

②湿投法即选用石灰硝化槽，将石灰加水硝化，制成40%～50%的乳液，在乳液槽中加水调配成5%～10%浓度的石灰水，然后用泵送到投入器，与废水共同流入中和反应池，反应进行澄清，使水与沉淀分离，流程如图4-5-24所示。湿投法所用的设备较多，但反应迅速且较为安全，投药量是理论值的1.05～1.1倍，比干法用量少。

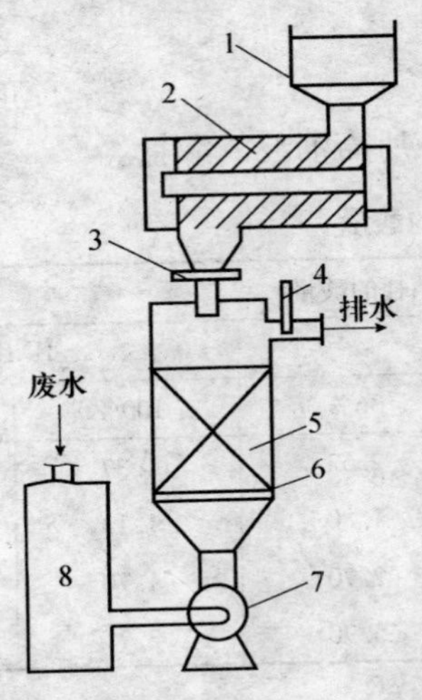


图4-5-23　用石灰石中和酸性废水的干投法流程

1—石灰石贮槽；2—螺旋输送器；3—计量计；4—pH计；5—石灰石床层；6—分配板；7—水泵；8—废水贮槽

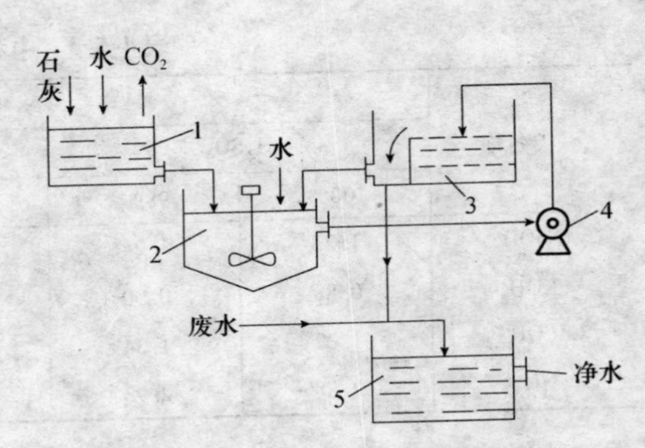


图4-5-24　石灰湿投法流程

1—石灰硝化槽；2—乳液槽；3—投入器；4—水泵；5—中和池

**Neutralization**：

(1) This method mainly used in the treatment of acid or alkali wastewater;

(2) Neutralization way of acidic or alkaline waste water include:

Acidic wastewater mixed with alkaline water;

Administration neutralization.

#### 4.5.3.2　*混凝沉淀法*

(1) 混凝法处理工业废水的原理

混凝法的基本原理是：在废水中投入混凝剂，使其在废水里形成胶团，同废水中的胶体物质发生电中和，形成絮粒沉降。混凝沉淀不但能去除废水中的粒径为$10^{-3}$～$10^{-6}$mm的细小悬浮颗粒，还能够去除色度、油分、微生物、氮和磷等富营养物质、重金属和有机物等。

废水在未加混凝剂前，水中的胶体和细小悬浮颗粒本身的质量很轻，受水分子的热运动碰撞而做无规则的布朗运动。颗粒间带有同性电荷，它们之间的静电斥力阻止微粒彼此接近而聚合成比较大的颗粒；带电荷的胶粒和反离子均能与周围的水分子发生水化作用，形成一层水化膜，阻碍各胶体间的聚合。胶体的胶粒带电越多，其$\xi$电位就越大；扩散层中的反离子越多，水化作用也就越大，水化层也就越厚，因此扩散层也越厚，稳定性越强。

废水中投入混凝剂后，胶体因$\xi$电位降低或消除，破坏颗粒的稳定状态（称脱稳）。脱稳的颗粒相互聚集成较大颗粒的过程称为凝聚。未经脱稳的胶体也可以形成较大的颗粒，这种现象叫做絮凝。不同的化学药剂能使胶体以不同方式脱稳、凝聚或絮凝。按机理，混凝又可分为压缩双电层、吸附电中和、吸附架桥、沉淀物网捕四种。

1）压缩双电层机理

由胶体粒子的双电层结构得知，反离子的浓度在胶粒表面最大，并沿着胶粒表面向外的呈递减分布，最终同溶液中离子浓度相等。当向溶液中投加电解质，使溶液中的离子浓度增高，扩散层的厚度减少。该过程的实质是加入的反离子和扩散层原有反离子之间的静电斥力把原有的反离子挤压到吸附层中，从而使扩散层厚度减小。

由于扩散层厚度减小，$\xi$电位相应降低，使胶粒间的相互排斥力也减少。另一方面，扩散层减薄，它们相撞的距离也减少，使相互间的吸引力相应变大。使其排斥力和吸引力的合力从斥力为主变成以引力为主（排斥势能消失），胶粒得以迅速凝聚。

2）吸附电中和机理

胶粒表面对异号离子、链状离子、异号胶粒或分子带异号电荷的部位有强烈的吸附作用，因这种吸附作用中和了电位离子所带电荷，使静电斥力减少，$\xi$电位降低，胶体的脱稳和凝聚易于发生。

3）吸附架桥机理

吸附架桥作用主要是指链状高分子聚合物在范德华力、静电引力和氢键力等作用下，通过活性部位与胶粒、细微悬浮物等发生吸附桥联的过程。

当三价铝盐或铁盐及其他一些高分子混凝剂溶于水后，经水解、缩聚反应形成高分子聚合物，其具有线形结构。这类高分子物质可被胶粒强烈吸附。聚合物在胶粒表面的吸附来源各种物理化学作用，如范德华引力、静电引力、氢键、配位键等，由聚合物同胶粒表面二者化学结构的特点所决定。因其线形长度较大，当它的一端吸附某一胶粒后，另一端又会吸附另一胶粒，在相距较远的两胶粒间吸附架桥，使颗粒逐渐变大，形成粗大絮凝体。

4）沉淀物网捕机理

当采用硫酸铝、石灰或氯化铁等高价金属盐类作混凝剂时，在投加量大得足以迅速沉淀金属氢氧化物[如$Al(OH)_3$、$Fe(OH)_3$]或是带金属碳酸盐（如$CaCO_3$）时，水中的胶粒及细微悬浮物可以被这些沉淀物作为晶核或吸附质所网捕。水中胶粒本身可作这些沉淀所形成的核心时，凝聚剂最佳投加量同被除去物质的浓度成反比，即胶粒越多，金属凝聚剂的投加量越少。

以上介绍的混凝的四种机理，在水处理中常常同时或交叉发挥作用的，只在一定情况下以某种机理为主而已。低分子电解质的混凝剂以双电层作用产生凝集为主，高分子聚合剂则以架桥联结产生絮凝为主。故通常把低分子电解质称为混凝剂，而把高分子聚合物单独称为絮凝剂。

(2)影响废水混凝沉淀效果的因素

1)水温

水温对混凝效果影响较大。低温水絮凝体形成缓慢,絮凝颗粒细小且松散,沉淀效果差。水温低时,即使投加过量的混凝剂也很难取得良好的混凝效果。其原因主要有以下三点:

①水温低会影响无机盐类水解。无机盐混凝剂水解是吸热反应,水温低时,水解困难,使水解反应变慢。

②低温水的黏度大,使水中杂质颗粒间的布朗运动强度减弱、碰撞机会减少,不利于胶粒凝聚,从而使混凝效果下降,同时,水流剪力增大,影响絮凝体的成长。

③低温水中胶体颗粒水化作用增强,妨碍胶体凝聚,且水化膜内的水因黏度和重度增大,影响颗粒之间的黏附强度。

为了提高低温水混凝效果,常用的办法是投加高分子助凝剂。投加活化硅酸后,可对水中负电荷胶体起桥连作用。若同硫酸铝或三氯化铁同时使用,可以降低混凝剂的用量,提高絮凝体的密度和强度。

2)pH 值

混凝过程中要有一个最佳 pH 值,使混凝反应速度达到最快、絮凝体的溶解度最小。这个 pH 值可通过试验测定。混凝剂的种类不同,水的 pH 值对混凝效果的影响程度也不相同。

对铝盐和铁盐混凝剂,不同的 pH 值,其水解产物的形态不同,混凝效果也不相同。

对硫酸铝来说,若用于去除浊度,最佳 pH 值在 6.5~7.5 之间;若用于去除色度,pH 值在 4.5~5.5 之间;对于三氯化铝来说,适用的 pH 值范围比硫酸铝要宽,若用于去除浊度,最佳 pH 值在 6.0~8.4 之间;若用于去除色度,pH 值在 3.5~5.0 之间。

高分子混凝剂的混凝效果受水的 pH 值影响比较小,故对水的 pH 值变化适应性较强。

3)碱度

水中碱度高低对混凝有重要的作用和影响,有时会超过原水 pH 值的影响程度。因水解过程中不断产生 $H^+$,导致水的 pH 值下降。为了使 pH 值保持在最佳范围之内,常需要加入碱使中和反应充分进行。

天然水中均含有一定碱度(通常是 $HCO_3^-$),对 pH 值有缓冲作用:

$$HCO_3^- + H^+ \longrightarrow CO_2 + H_2O$$

当原水碱度不足或是混凝剂投量很高时,天然水中的碱度中和不了水解反应产生的 $H^+$,水的 pH 值会大幅度下降,不仅超出了混凝剂的最佳范围,甚至还会影响到混凝剂的继续水解,此时宜投加碱剂(如石灰)来中和混凝剂水解过程中产生的 $H^+$。

4)悬浮物含量

浊度高低直接影响混凝效果,过高或过低均不利于混凝。浊度不同,混凝剂用量也不相同。对于去除以浑浊度为主的地表水,主要是受水中的悬浮物含量的影响。

水中悬浮物含量过高时,所需铝盐或铁盐混凝剂投加量使相应增加。为减少混凝剂用量,通常投加高分子助凝剂,如聚丙烯酰胺或活化硅酸等。对高浊度原水处理,采用聚合氯化铝会有较好的混凝效果。

水中悬浮物浓度很低时,颗粒碰撞速率大大减小,混凝效果差。为了提高混凝效果,可投加高分子助凝剂,如活化硅酸或聚丙烯酰胺等,通过吸附架桥的作用,使絮凝体的尺寸和密度增大;投加黏土类矿物颗粒,可增加混凝剂水解产物的凝结中心,提高颗粒碰撞速率,增加絮凝体密度;也可在原水投加混凝剂后,经过混合直接进入滤池过滤。

5)水力条件

要使杂质颗粒之间或杂质与混凝剂之间发生絮凝,则必须使颗粒相互碰撞。推动水中颗粒相互碰撞的动力来自两方面,即颗粒在水中的布朗运动、在水力或机械搅拌作用下所造成的流体运动。由布朗运动引起的颗粒碰撞聚集称"异向絮凝",由流体运动引起的颗粒碰撞聚集称"同向絮凝"。

颗粒在水分子热运动的撞击下所做的布朗运动是无规则的,在颗粒完全脱稳后,一经碰撞就会发生絮凝,使小颗粒聚集成大颗粒。由布朗运动造成的颗粒碰撞速率同水温成正比,同颗粒的数量浓度平方成正比,但与颗粒尺寸无关。实际上,只有小颗粒才具有布朗运动。随颗粒粒径的增大,布朗运动将逐渐减弱。在颗粒粒径大于 1μm 时,布朗运动基本消失。因此,要让较大的颗粒进一步碰撞聚集,还需靠流体运动的推动来促使颗粒相互碰撞,即进行同向絮凝。

同向絮凝要有良好的水力条件。适当的紊流程度,可为细小颗粒创造更多的相互碰撞接触的机会和吸附条件,并防止较大的颗粒下沉。紊流程度过于强烈,虽使相碰接触机会更多了,但相碰太猛,也不能互相吸附,且还容易使逐渐长大的絮凝体破碎。故在絮凝体逐渐成长的过程中,宜逐渐降低水的紊流程度。

控制混凝效果的水力条件,常以速度梯度 $G$ 值和 $GT$ 值作为重要的控制参数。

速度梯度是指相邻两水层中两个颗粒的速度差同垂直于水流方向的两流层之间距离的比值,用以表示搅拌强度。流速增量越大,间距越小,颗粒越易于相互碰撞。可认为速度梯度 $G$ 值实质上反映了颗粒碰撞的机会或次数。

$GT$ 值是速度梯度 $G$ 同水流在混凝设备中的停留时间 T 之乘积,可以间接地表示在整个停留时间内颗粒碰撞的总次数。

在混合阶段,异向絮凝占主导地位。药剂水解、聚合和颗粒脱稳进程很快,故要求混合快速剧烈,搅拌时间在 10 ~ 30s,$G$ 值为 500 ~ 1000$s^{-1}$之内。而在絮凝阶段,同向絮凝占主导地位。絮凝效果不仅和 $G$ 值有关,还和絮凝时间 $T$ 有关。在此阶段,既要创造出足够的碰撞机会和良好的吸附条件,使絮体有足够的成长机会,又要防止生成的小絮体被打碎,故搅拌强度要逐渐减小,反应时间相对加长,通常在 15 ~ 30min,平均 $G$ 值为 20 ~ 70$s^{-1}$,平均 $GT$ 值为 $1 \times 10^4 \sim 1 \times 10^5$。

(3)混凝剂和助凝剂

为促使胶体颗粒相互凝聚而加入的化学药剂称为混凝剂。应用于饮用水处理的混凝剂的混凝效果良好、对人体健康无害、使用方便、货源充足。混凝剂种类较多,可将它分成两大类:

1)无机盐类混凝剂

无机盐类混凝剂中应用最广泛的是铝盐和铁盐。硫酸铝、明矾和铝酸钠等属于铝盐,三氯化铁、硫酸亚铁、硫酸铁等属于铁盐。其中以硫酸铝、硫酸亚铁、三氯化铁应用最广。

①硫酸铝　精制硫酸铝为白色、块状,分子式为:$Al_2(SO_3)_3 \cdot 18H_2O$,质地纯净,杂质较少,含无水硫酸铝约为 50% ~52%,含有效氧化铝约为 15% ~17%;粗制硫酸铝呈灰色块状或粉末状,含高岭土等不溶解杂质达 20% ~30%,在溶解、溶液配制工艺操作过程中需重视沉淀在设备中的不溶性杂质的排除,以保证设备正常运行。粗制硫酸铝一般含无水硫

酸铝20%～30%。

我国民间使用的明矾是硫酸铝和硫酸钾的复合盐，其分子式是：$Al_2(SO_4)_3 \cdot K_2SO_4 \cdot 24H_2O$，其中硫酸钾不起混凝作用，故明矾作混凝剂时用量较多。

用硫酸铝降低原水浊度时，为了取得较好的混凝效果，水的pH值应控制在6.5～7.5之间；但如果原水主要是色度较高时，则加入硫酸铝时，水的pH值应控制在4～6之间，过滤后再调正pH值至中性。

②三氯化铁[$FeCl_3 \cdot 6H_2O$]　三氯化铁是呈金属光泽的深棕色粉状或颗粒状的固体，易溶于水，杂质少。三氯化铁加入水中，离解成铁离子$Fe^{3+}$和$Cl^-$：

$$FeCl_3 + H_2O \rightleftharpoons Fe(OH)_3 \downarrow + 3H^+ + 3Cl^-$$

氢氧化铁胶体和氢氧化铝胶体一样，在混过程中起着重要的接触介质作用。

三氯化铁作混凝剂时，受水的温度影响比较小，结成的矾花大、重、韧且不易破碎，故净水效果较好，尤其是在处理浊度较高或水温较低原水时，效果优于硫酸铝。

三氯化铁的缺点是：有较强的腐蚀性，尤其对混凝土和金属管道。此外，出水含铁量较高。

③硫酸亚铁[$FeSO_4 \cdot 7H_2O$]　硫酸亚铁是半透明的绿色结晶状颗粒，俗称绿矾。其是由钢铁、机械厂用废硫酸和废铁屑加工而成。使用时受水温影响较小，容易形成重且易沉的矾花颗粒。较适用于高浊度，碱度高的原水。

因[$Fe(OH)_2$]在水中的溶解度很大，使出水含铁量高，影响使用，故硫酸亚铁在应用时要同时加适量的氯气，称为“亚铁氯化”法，使二价铁变为溶解度很低的三价铁，在净水过程中沉淀分离。

亚铁氯化的化学方程式为

$$6FeSO_4 \cdot 7H_2O + 3Cl_2 = 2Fe_2(SO_4)_3 + 2FeCl_3 + 42H_2O$$

反应得到的硫酸铁和三氯化铁均水解成难溶于水的氢氧化铁胶体，在水中起架桥作用而形成矾花。

亚铁氯化法使用时，必须把氯气和亚铁同时投放到水中，不可先在原水中投加亚铁后再加氯，否则会增加净化后出水的含铁量和色度（最好把氯气和亚铁投放在同一加药管道内，使亚铁充分氧化后再进入原水中）。在亚铁氯化法中，投氯量宜在满足亚铁和氯气之比的（理论值为8:1）基础上适当增加2～3mg/L氯气量，以保证水质。

2）高分子凝聚剂：高分子凝聚剂可分无机和有机两种。

①无机高分子凝聚剂：目前经常使用的无机高分子凝聚剂有聚合氯化铝和聚合氯化铁两种。聚合氯化铝的分子式为：$[Al_2(OH)_nCl_{6-n}]_m$ 式中 $1 \leqslant n \leqslant 5$，它是以铝灰或含铝矿物为原料。聚合氯化铁以硫酸亚铁为原料。这两种高分子凝聚剂的混凝原理同铝盐和铁盐没有多大区别，根据它们的混凝特点，在人工控制条件下预先制成水解聚合物投到水中，使其较好地发挥混凝作用。目前聚合氯化铝在国外使用比较多，它对各种水质的适应性较强，且pH值范围较广，矾花形成快，颗粒大而重，用量较少。

②有机高分子凝聚剂：有机高分子凝聚剂有天然的和人工合成的。目前主导地位的是人工合成的有机高分子凝聚剂。我国目前使用最多是聚丙烯酰胺，国外对有机高分子凝聚剂相当重视，品种也日益增加。这类凝聚剂有巨大的线性分子和较强的吸附架桥作用。有机高分子凝聚剂的效果虽然好，但制造过程复杂，价格昂贵。此外，有关有机高分子的毒性问题是人

们注意的重要问题，所以有机高分子凝聚剂使用尚不普遍。我国黄河流域地区使用比较多，主要用于处理高浊度原水，效果显著。

3）助凝剂：在单独使用混凝剂不能取得良好效果时，应投加某些辅助药剂来提高混凝效果。这种辅助药剂称为助凝剂。助凝剂大致可分两大类：

调节或改善混凝条件的药剂，如氯气、石灰、重碳酸钠等。在投加混凝剂时同时加氯，可氧化水中的有机胶体，对处理含有机物腐植质的高色度原水，可以促进混凝作用。投加石灰或重碳酸钠，主要调节水的碱度。

改善絮凝体结构的高分子助凝剂，水中加入混凝剂后，产生的絮体细小松散时，可添加高分子助凝剂，利用高分子助凝剂的吸附架桥作用，使絮体变得粗大且紧密。常用的高分子助凝剂有：聚丙烯酰胺、活化硅酸（水玻璃）、骨胶等。在处理低温、低浊水时，加入高分子助凝剂效果尤为明显。

（4）混凝处理流程及设备

1）混凝处理流程

混凝处理有投药、混合、反应及沉淀分离几个步骤，如图4-5-25所示。

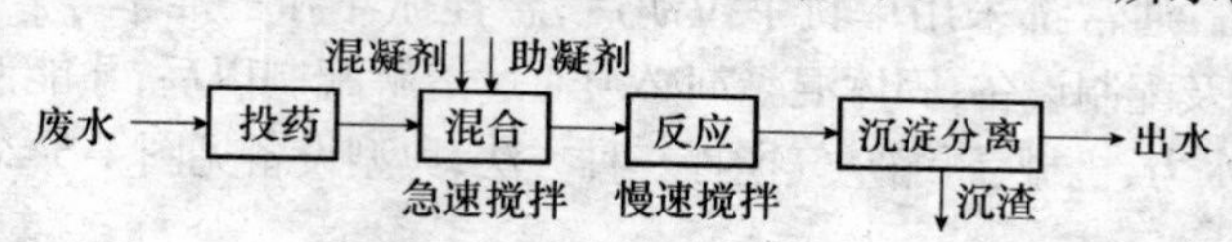


图4-5-25　混凝沉淀处理工业废水流程

2）混凝处理设备

①投加方法及配制设备

混凝剂投加方法分干投法和湿投法两种。

表4-5-4　投药方式优缺点比较

| 投加方法 | 优点 | 缺点 |
| --- | --- | --- |
| 干投法 | 1. 设备被腐蚀的可能性小<br>2. 当要求投加量突变时，易于调整<br>3. 占地面积小<br>4. 易实现自动控制 | 1. 仅知用于固体凝聚剂，且对粒度有一定要求，如凝聚剂粒度不能满足要求，需增加一套破碎设备<br>2. 药剂用量小时不易调节<br>3. 药剂和水不易混合 |
| 湿投法 | 1. 容易与原水充分混合<br>2. 不易阻塞入口，管理方便<br>3. 易调节加注量 | 1. 设备占地面积大<br>2. 人工调制时工作量较繁重<br>3. 设备易受腐蚀 |

干投法在国外使用较多。我国因市场产品、品种原因，使用不多，主要以湿投法为主。

Ⅰ. 干投法系统组成：

药剂储存→搬运→粉碎→提升→计量→投加。其主要设备是干投机。图4-5-26及图4-5-27。

Ⅱ. 湿投法的加注系统和设备包括：

药剂储存→搬运→溶解→浓度配制→储液→计量→投加。

a. 药剂储存：药剂储存量常为最大投加量的1～3个月用量，并根据药剂供应状况及运输条件适当增减。液体混凝剂储存设备是储存槽(池),对固体药剂应配仓库。

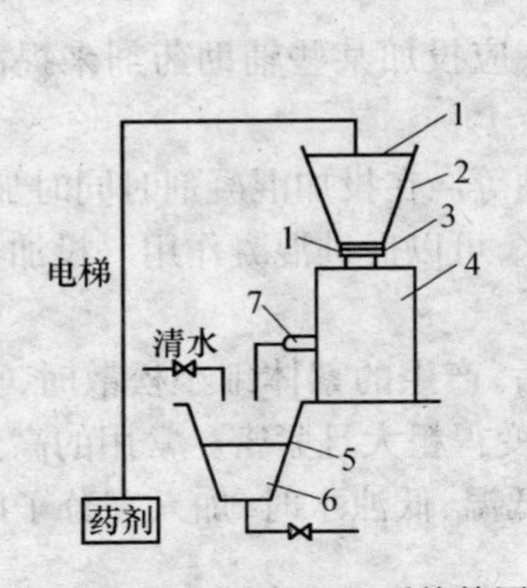


图 4-5-26　干式投矾机系统简图

1、5—钢箅;2—料仓;3—插板闸;
4—干式投矾机;6—溶解槽;7—投加槽

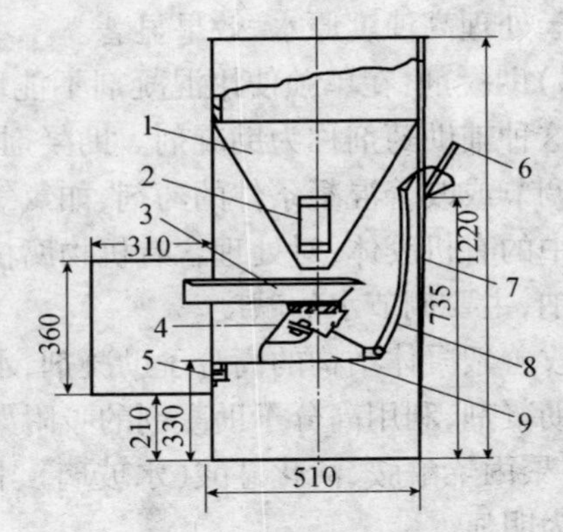


图 4-5-27　干式投矾机结构

1—盛矾漏斗;2—附着式振动器;3—给料槽;4—激振器;
5—减振器;6—调节手柄;7—外壳;8—连杆;9—底座

b. 药剂搬运设备:通常都采用单轨手拉葫芦,悬挂抓斗和手推车等。

c. 药剂搅拌溶解及配制设备:固体混凝剂必须通过溶解配制以后,才能使药液达到一定浓度。固体混凝剂的溶解有水力、机械、压缩空气搅拌三种方法,典型设备见图 4-5-28 ~ 图4-5-30。

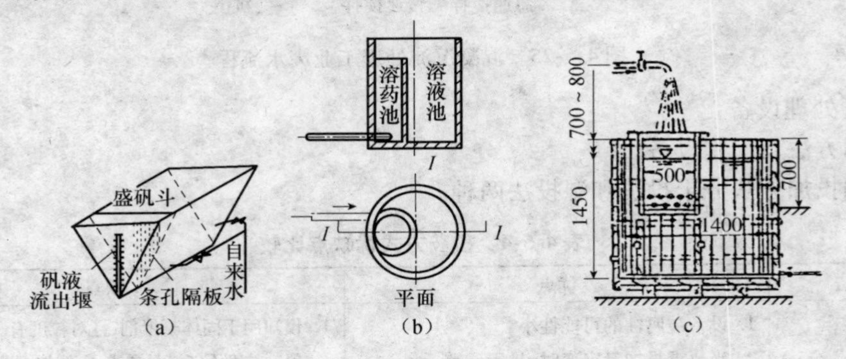


图 4-5-28　水力调制图示

(a)水力溶矾;(b)水力溶矾;(c)水力淋溶

为了控制混合条件和投加量,混凝剂必须配制成一定浓度的溶液之后再投加。混凝剂的浓度是指单位体积药液中所含混凝剂的重量,用百分比来表示。

聚丙烯酰胺、骨胶、水玻璃等助凝剂除了要配制在5% ~10%之间的浓度之外,有的还有其他要求。如水玻璃要活化,水玻璃活化便加入一定药剂使之与氧化钠中和,使二氧化硅成份分离出来。此种药剂被称为活化剂。活化剂常用硫酸、盐酸等酸性物质。活化时应先将水玻璃稀释,浓度为1% 、1.5% 、2%的二氧化硅含量,再把活化剂缓缓注入到水玻璃水溶液中,并搅拌。开始时,溶液无色透明,流动性好,随着活化时间的增加,溶液逐渐变为乳白色,透明度降低、流动性变差,最后变为乳白色无流动性胶冻。溶液呈淡白色(略惜微蓝色)时,助凝效果最好;溶液成胶冻时,无助凝效果。聚丙烯酰胺配制时要强烈搅拌,搅拌转速应在400 ~1000r/min,常用设备如图 4-5-31 所示。

当石灰作助凝剂时,需配置一套石灰消化设备。较完整的石灰消化设备,见图 4-5-32。

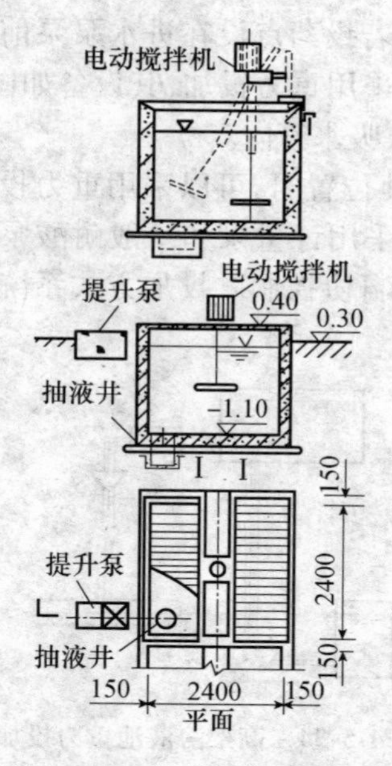


图4-5-29　机械调制图示

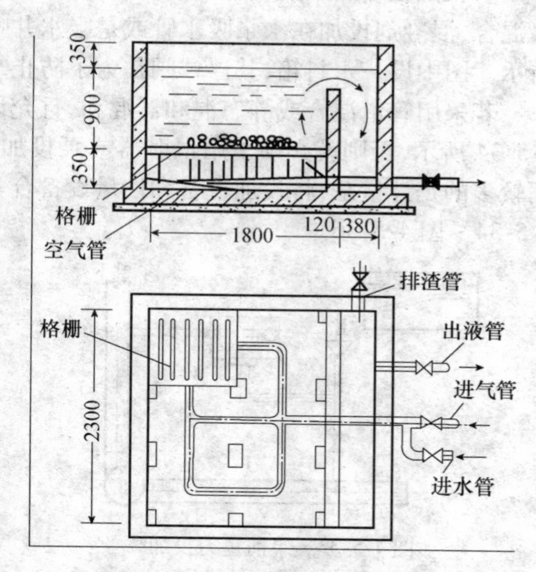


图4-5-30　压缩空气调制图

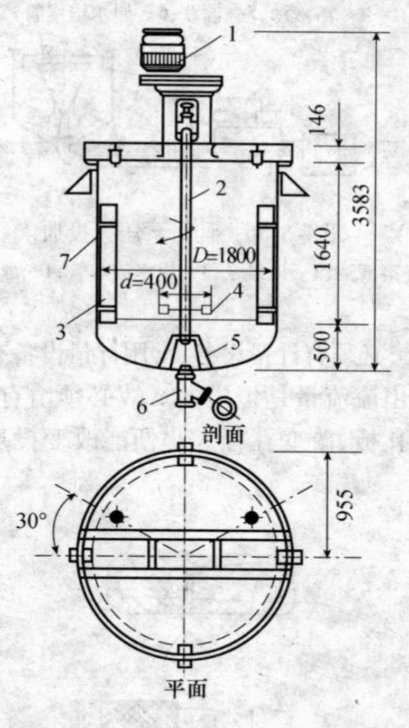


图4-5-31　3.5$m^3$ 聚丙烯酰胺絮凝剂搅拌罐通用图

1—电动机；2—主轴；3—挡板；

4—搅拌桨；5—底轴承；6—放料阀；7—罐体

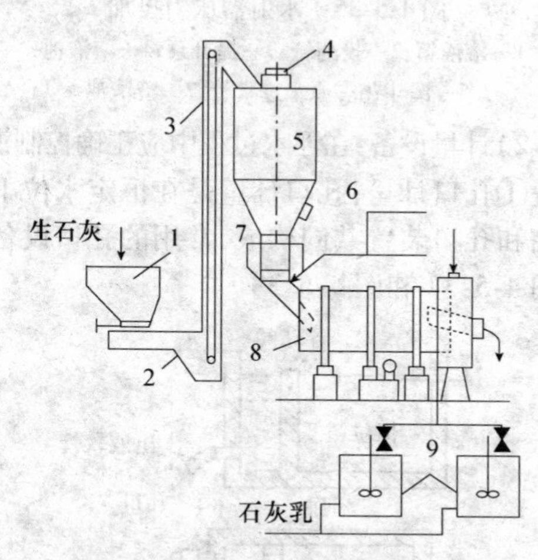


图4-5-32　石灰投加系统

1—受料槽；2—电磁振动输送机；3—斗式提升机；

4—料仓过滤器；5—料仓；6—振动器；

7—插板闸；8—消石灰机；9—搅拌罐

(5)投药设备

投药设备包括投加和计量两部分。

1）投加设备：根据投药点的不同，投加方式也不相同。若投药点设在进水泵泵前，采用水泵混合，混凝剂投加在水泵吸水管或是吸水井喇叭处，通常采用重力投加，其设备如图4-5-33所示。图中设一水封箱，其浮球阀是为了防止空气进入水泵吸水管内。

若采用管道混合或静态混和器混和，且允许提高溶液池位置时，可以采用重力投加，如图4-5-34所示，否则就必须采用水射器或泵投加。加药泵可采用计量泵和一般耐酸泵，目前采用较多的是计量泵，将投加设备和计量设备合为一体，易于自协控制。投加方式系统图，见图4-5-34～图4-5-36。

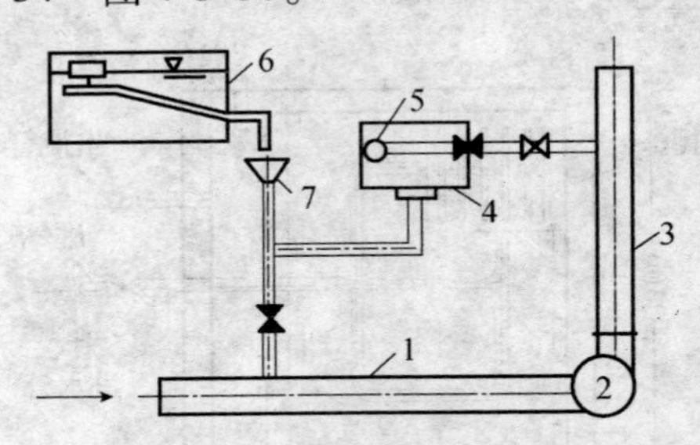


图4-5-33　泵前重力投加

1—水泵吸水管；2—水泵；3—出水管；4—水封箱；5—浮球阀；6—溶液池；7—漏斗；8—吸水喇叭口

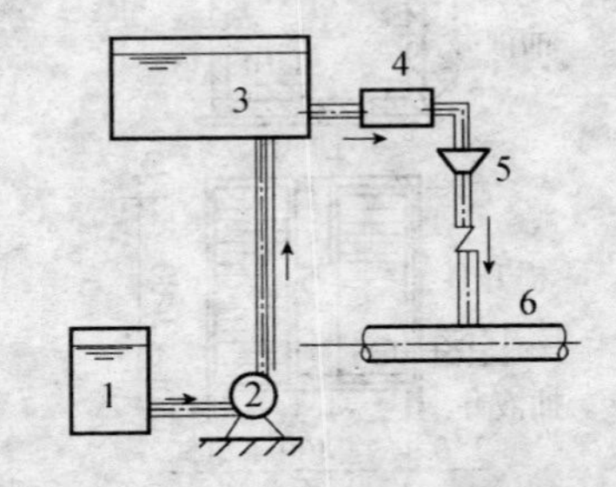


图4-5-34　高架溶液池重力投加

1—溶液箱；2—提升泵；3—投药箱；4—溶液池；5—漏斗；6—原水进水管

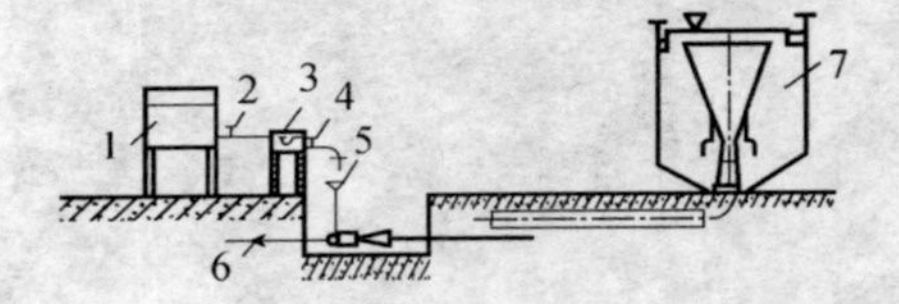


图4-5-35　水射器压力投加

1—溶液箱；2—投药箱；3—提升泵；4—溶液池；5—漏斗；6—原水进水管；7—澄清池

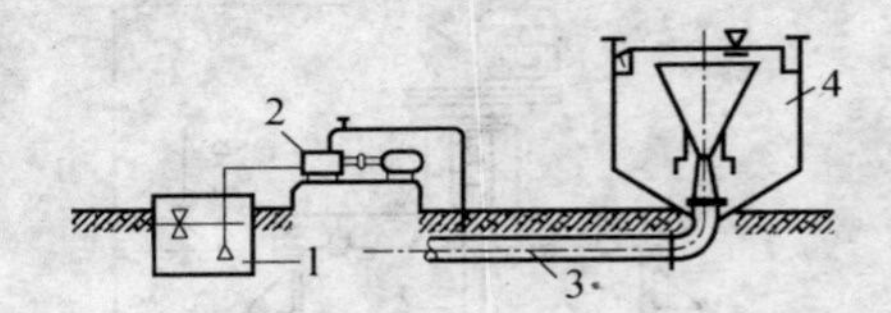


图4-5-36　计量泵压力投加

1—溶液池；2—计量泵；3—原水进水管；4—澄清池

2）计量设备：在浮水过程中应正确控制混凝剂投加量，必须有计量设备，常用计量设备有：

①孔口计量：孔口计量是在恒定水位下，孔口自由出流流量是恒定的。故必须由有恒定水位箱和孔口装置共同构成，常用的孔口设备有：管嘴和孔板，改变孔径大小便能改变投加流量。见图4-5-37和图4-5-38。

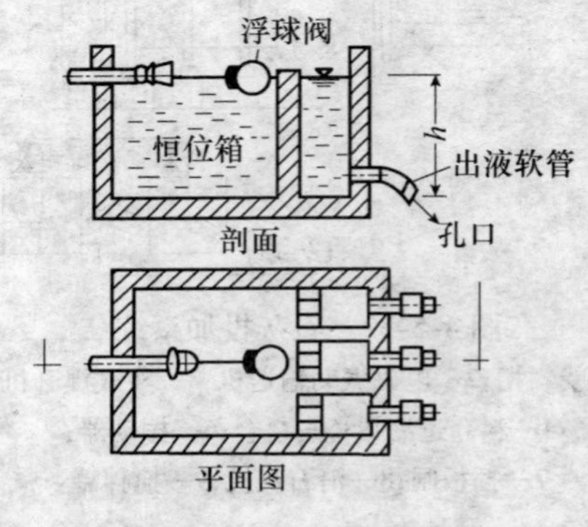


图4-5-37　孔口计量

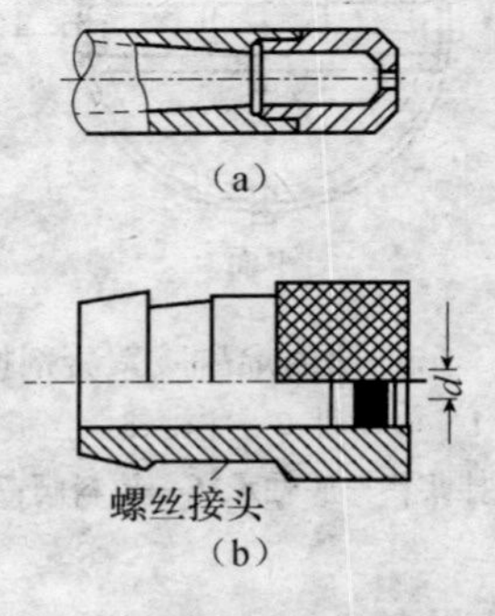


图4-5-38　管嘴和孔板

（a）管嘴；（b）孔板

②孔板或管嘴可根据国家标准图加工。其管嘴直径与流量关系见表4-5-5。

表4-5-5　管嘴直径及流量关系表

mm

| 管嘴直径 $d$ | | 0.6 | 0.8 | 1.0 | 1.2 | 1.5 | 1.7 | 2.0 | 2.2 | 2.5 |
|---|---|---|---|---|---|---|---|---|---|---|
| 流量 | mL/s | 0.7 | 1.3 | 1.6 | 2.3 | 3.5 | 4.5 | 6.4 | 8.0 | 10.6 |
| | L/h | 2.52 | 4.68 | 5.76 | 8.28 | 1.96 | 16.2 | 23.04 | 28.8 | 88.10 |
| 管嘴直径 $d$ | | 2.7 | 3.0 | 3.5 | 4.0 | 4.5 | 5.0 | 5.5 | 6.0 | 6.5 |
| 流量 | mL/s | 12.2 | 15.0 | 21.3 | 28.0 | 33.7 | 41.0 | 47.5 | 57.0 | 67.6 |
| | L/h | 43.92 | 54 | 76.66 | 102.96 | 121.32 | 147.6 | 171.0 | 205.2 | 241.2 |

注：表中所列为水头是30cm时管嘴直径及流量关系

根据苗嘴流出流量和混凝剂浓度可计算出加药量。

③浮杯式计量：浮杯式计量是把浮杯浮在贮液缸的液面上，让杯随着液面的升降而升降，使杯底连接的短管始终和液面保持一个固定的水头，这样，在一定出流量的孔径下，输出药液的流量也被固定下来了。浮杯有多种形式，如孔塞式、锥杆式、淹没式等。浮杯计量装置和孔塞式浮杯构造见图4-5-39、图4-5-40。

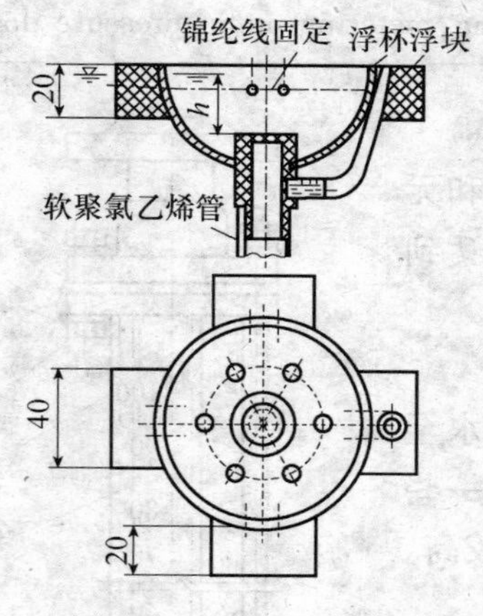


图4-5-39　淹没式浮杯

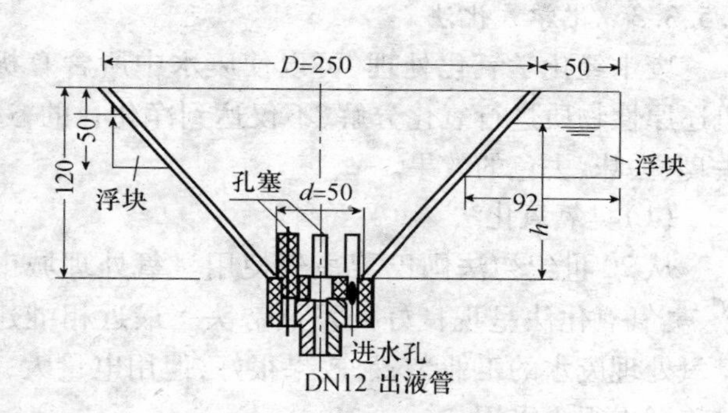


图4-5-40　孔塞式浮杯

浮杯也可以按国家标准图加工，孔塞式浮杯孔径与流量关系见表4-5-6。

表4-5-6　孔塞式浮杯孔径与流量关系表

| 孔号 | 孔径 $d$(mm) | 流量(L/s) | 孔号 | 孔径 $d$(mm) | 流量(L/s) | 备注 |
|---|---|---|---|---|---|---|
| 1 | 1.0 | 0.66 | 5 | 3.0 | 5.94 | 工作液位差10cm |
| 2 | 1.5 | 1.49 | 6 | 4.0 | 10.55 | |
| 3 | 2.0 | 2.04 | 7 | 6.0 | 23.74 | |
| 4 | 2.5 | 4.12 | 8 | 8.0 | 42.20 | |

④转子计量：溶液以一定流速自下而上通过锥形管，作用在浮子上的上升力大于浸在溶液中的浮子重量时，浮子上升。浮子的最大外径与锥形管内壁之间的环形空隙随着浮子升高而增大，溶液流速相应降低，作用在浮子上的上升力逐渐减弱；当上升力和浸在溶液中的浮子重量相等时，浮子便稳定在某一高度。锥形管管壁上有刻度，可以通过测定将玻璃上刻度大小与

实际流量相对应,当读出玻璃刻度,再查刻度和流量关系,就可以知道实际的混凝剂流量。其构造见图 4-5-41。

⑤电磁流量仪计量:为使混凝剂计量更加精确,克服常规计量器因水流磨损而发生差异,现在很多水厂都采用更加先进的计量器具,如电磁流量仪。电磁流量仪是通过电磁波测定加药管管道内的流速,根据管道截面积计算出加药管示流体积。电磁流量仪能通过显示仪显示累积流量和瞬时流量(体积)再乘以药剂浓度,便可知道药剂的加注量。

**Coagulate Sedimentation**:

(1) According to the mechanism, coagulation can be divided into compressing twin electrical layer mechanism, adsorption electricity neutralization, adsorption bridging, sediment netting;

(2) The influence factors of coagulation sedimentation include: water temperature, pH, alkalinity, suspension content, hydraulic condition;

(3) Coagulants include: inorganic salt coagulant, high polymer coagulants;

(4) Adding method include: dry type adding; wet type adding;

(5) Coagulant dosing equipment include: gravitational dosing in front of the pump, elevated solution pool gravitational dosing, water shoot organ pressure dosing; metering pump pressure dosing.

#### 4.5.3.3 化学氧化法

废水经化学氧化处理,可以使废水中所含有机物质和无机还原性物质进行氧化分解,不仅达到净化目的,还可以达到去臭、去味、去色的效果。

(1)臭氧氧化法

从20世纪初法国巴黎最先使用臭氧处理城市自来水至今,臭氧氧化法呈现良好的发展势头。最近相继建成的一些臭氧处理废水的工业装置,效果很好,但用电量大,成本较高。目前国内很少采用。

1)臭氧的性质　臭氧($O_3$)在常温常压下是一种淡紫色气体,有特殊气味,其沸点为 -111.9℃,在 20℃及 0.1013MPa 下的密度为 2.141g/L,是氧的 1.5 倍。它在水中溶解度比氧大 10 倍。此外,臭氧还具有以下一些重要性质。

①不稳定性　臭氧极不稳定,在常温下很容易自行分解成氧气,同时还放出热量,分解速度与温度、臭氧浓度成正比;臭氧溶解在水中也不稳定,在较短时间内即分离成氧。溶解在蒸馏水中的臭氧的半衰期为 15 ~30min;溶解在水中臭氧的分解速度受 pH 值的影响也极为明显;在酸性废水中臭氧比较稳定;在碱性废水中则分解迅速。

②溶解性　臭氧在水中的溶解度比纯氧高 10 倍,比空气高 25 倍,臭氧的溶解度还受其在空气中的浓度、环境压力的

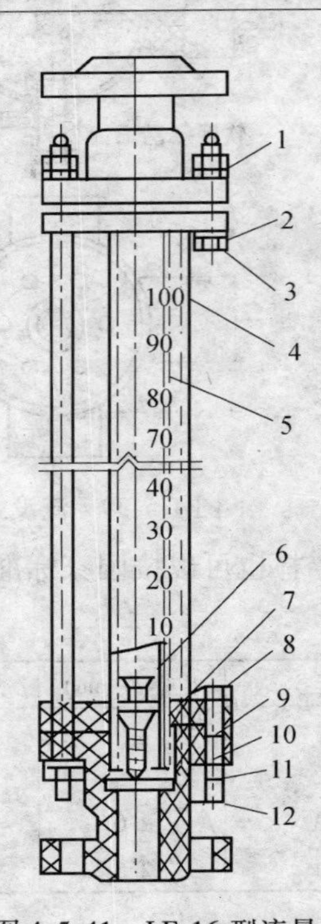


图 4-5-41　LF-16 型流量计

1、3—六角螺帽;2—垫圈;4—拉紧螺杆;5—玻璃锥管;6—转子;7—压盖;8—定位器;9—连接体;10—垫圈;11—分流片;12—立角螺帽

影响。

③毒性　臭氧在空气中的浓度一般为0.1cm³/m³时就可使人的眼、鼻和喉感到刺激，至1～10cm³/m³可引起头痛、恶心等。

④氧化性　臭氧可以使有机物质被氧化，可使烯烃、炔烃及芳香烃化合物被氧化成醛类和有机酸；臭氧极易破坏废水中所含有的酚，例如含600cm³/m³酚的石油废水在pH值为12时，用1000cm³/m³臭氧几乎可使酚全部分解，达到残余酚量小于0.015cm³/m³的排放要求，在pH值为7时，要达到同样的处理程度，则需要多消耗一倍的臭氧。一般臭氧的投加量为20～400cm³/m³时，酚的去除率可达96%。臭氧对石油废水中所含的硫醚、二硫化物、噻吩、硫茚及其他致癌物质如1,2－苯并蒽等均有很强的分解能力；臭氧也可与无机物如氰化物等发生化学反应而放出氧。

2）臭氧的制备　因臭氧是不稳定的，故通常多在现场制备。制备臭氧的方法有很多，有电解法、化学法、高能射线辐射法和无声放电法等。目前工业上通常都用干燥空气或氧气经无声放电来制取臭氧。

3）臭氧在废水处理中的应用　因臭氧及其在水中分解的中间产物氢氧基有很强的氧化性，可以分解一般氧化剂难以破坏的有机物，而且反应完全，速度快；剩余臭氧会迅速转化为氧，出水无臭无味，不产生污泥；原料（空气）来源广，因此臭氧氧化法在废水处理中是很有前途的。

印染废水的色度高，用生物处理时除色效果差。若用臭氧处理，可以单独进行，也可与其他工艺（如絮凝过滤、活性炭吸附）结合使用。单独用臭氧处理人造丝染色废水时，脱色率可达90%；臭氧与絮凝过滤结合作用，脱色率可达99%～100%。对于一般印染废水，臭氧投量40mg/L，脱色率达90%以上；但去除COD的能力低，仅为40%，对于凝聚法难以去除的水溶性染料，用臭氧接触3～10min，水就变得清澈无色。

臭氧处理含酚废水的效果也很好。据报道采用20～40mg/L的剂量，可以使生物处理后（经二次沉淀）水中的含酚量从0.38mg/L降到0.012rng/L。采用臭氧处理焦化厂含酚废水，投量1000～2500mg/L，可以使酚浓度由300～1500mg/L降到0.6～1.2mg/L。对于重油裂化废水，投量169～190mg/L，pH＝11.4时，除酚率达99.6%；pH＝10.2时，油的去除率达87%。炼油厂废水，经脱硫、浮选和曝气处理以后，含酚0.1～0.3mg/L，含油5～10mg/L，硫化物0.05mg/L；再采用臭氧进行三级处理，柱高5m，扩散板孔隙20μm左右，接触时间10min，投臭氧50mg/L，处理后的含酚量小于0.01mg/L，含油量小于0.3mg/L，硫化物小于0.02mg/L，COD去除约60%，色度由8～12度降到2～4度。

臭氧处理含氰废水的试验表明，对重油裂解废水，当pH＝11.4时，臭氧投加量为169～190mg/L，去氰效率达79.3%；对电镀废水，当含氰浓度为32.5mg/L时，投加臭氧60mg/L，去氰率达98.9%；对腈纶废水，当含丙烯腈102mg/L（未经生化处理）时，投臭氧30mg/L，可以完全去除丙烯腈。

臭氧氧化法也用于某些重金属的去除。为除去水中重金属离子，先用石灰调pH值为7～9，然后加臭氧到饱和，就可除去99.5%以上的镉、铬、铅、镍、锌、铁、锰、铝等，但除汞效果比较差。

（2）空气氧化法

空气氧化能力较弱，主要用于含还原性较强物质的废水处理，如炼油厂含硫废水即空气氧化脱硫。该流程如图 4-5-42 所示。

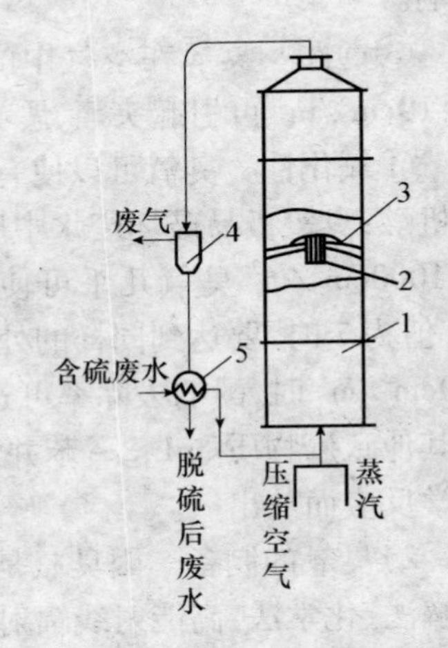

图 4-5-42　空气氧化法处理含硫废水流程

1—塔段；2—细缝式气－液混合器；3—喷嘴；4—分离器；5—换热器

最近，采用向废水中加入氯化铜和氯化钴或是在活性炭上沉积氯化钾作催化剂的方法，收到很好的氧化效果，氧化速度有明显的提高。

此法的缺点是废水中的硫化物被空气氧化之后一部分转变为硫酸以外，其余主要转变为硫代硫酸盐。硫代硫酸盐很不稳定，因此在用此法对废水进行预处理时，对后面的处理方法带来不良影响。目前，空气氧化法有逐步被其他方法所取代的趋势。

(3)氯氧化法

氯氧化法主要是利用氯、次氯酸盐，二氧化氯等物质对含许多有机化合物及无机物的废水进行处理，主要用于含酸、含氰、含硫化物的废水治理。

1)处理含酚废水　向含有酚的废水中加入氯，次氯酸盐或二氧化氯为6∶1 时，即可以使酚完全被破坏。但由于废水中存在的其他化合物也与氯发生作用，实际上氯的需要量要超过理论量许多倍，一般要超出 10 倍左右，若氯的投加量不够，酚不能完全被破坏，便还会生成具有强烈臭味的氯酚，此外，氯化过程还应在 pH 值低于 7 的条件下进行，否则也会生成氯酚。二氧化氯的氧化能力是氯的 2.5 倍，而且在氧化过程中不会生成氯酚。但由于二氧化氯的价格昂贵，故仅用于低浓度酚的废水处理中。

2)处理含氰废水　用氯氧化法处理含氰废水时，是将次氯酸钠直接投入到废水中，也可将氢氧化钠和氯气同时加入到废水中，氢氧化钠与氯反应生成次氯酸钠。由于这种氯氧化法是在碱性条件下进行的，故又称之为碱性氯氧化法。

例如，用氯氧化法处理含氰化钠的废水，其反应分两个阶段进行，首先氰化钠被氧化为氰酸钠，即

$$NaCN + Cl_2 + 2NaOH = 2NaCl + H_2O + NaCNO$$

此阶段反应很快，反应在 pH 值为 10 或更高的条件下，几分钟内便可完成 80% ~90% 的反应，一般氧化时间应控制在 30min 左右，生成的氰酸钠为固体，为避免其沉淀对氯化产生影响，故在反应中要进行连续搅拌。

氰酸盐的毒性比氰化物低很多，约为氰化物毒性的 1%，为使水质更好地净化，还需要进一步使氰酸盐分解为 $CO_2$ 和 $N_2$。其反应式如下

$$2NaCNO + 4NaOH + 3Cl_2 = 2CO_2\uparrow + 6NaCl + N_2\uparrow + 2H_2O$$

此反应较慢，若 pH 值在 10 以上时则约需数小时，而将 pH 值降至 8 ~8.5 时，氰酸盐的氧化可在 1h 内完成。

废水中含氰量同完成上述两个阶段反应所需要的氯的总量同 NaOH 的量之比，理论上应是 $CN^-$∶$Cl_2$∶NaOH = 1∶6.8∶6.2，实际上，为了使氰化物完全氧化，一般要投入氯的量是废水

中所含氰量的8倍左右。

(4)湿式氧化法

此法是用空气将溶解于水中或悬浮于水中的有机物质完全氧化的方法。此反应必须在加压和一定温度下才可进行。一般压力为0.98~7.8MPa,温度为230~300℃。

此方法最初应用在纸浆黑液的处理,近来用于含氰化物废水的处理,氰化物的去除率几乎达100%,此外,也用于处理已内酰胺产生的废液,收到的效果很好。

此法缺点是需要高压设备,基建投资大。

**Chemical Oxidation include**:

(1) Ozone oxidation;

(2) Air oxidation;

(3) Chlorine-oxidation;

(4) Wet oxidation.

#### 4.5.3.4 电解净化法

电解净化法是借助电解使污染物在电极上氧化或还原而变成无害物,从而达到净化废水的目的。电解净化法按照净化机理可以分为电解氧化法、电解还原法、电解凝聚法和电解浮上法几种。电解净化法具有方法简单、快速、高效,设备紧凑,占地面积小,能一次性处理多种污染物的特点,因而在水处理中得到广泛的应用。

(1)电解氧化法处理含氰废水

废水中的$CN^-$可以直接在阳极上直接电解氧化,也可以在废水中添加NaCl,使$Cl^-$先在阳极上放电生成新生态的氯原子,并以它作为氧化剂氧化废水中的氰化物。电解一般采用石墨板作阳极,并用压缩空气搅拌,为提高水的电导率,应添加少量的NaCl,为了防止有害气体逸入大气,应采用全封闭式电解槽。

1)直接电解氧化 废水中$CN^-$在阳极上直接电解氧化,其电极反应为:

$$CN^- + 2OH^- - 2e = CNO + H_2O$$

$$2CNO^- + 6OH^- - 6e = N_2\uparrow + 2HCO_3 + 2H_2O$$

$$CNO^- + 2H_2O = NH_3 + HCO_3^-$$

$$4OH^- - 4e = 2H_2O + O_2\uparrow$$

上述反应表明,$CN^-$的阴极氧化需要在碱性条件下进行,但$OH^-$的氧化反应却使电流效率降低。

2)间接氧化 废水中添加一定量的NaCl,使$Cl^-$在阳极上放电生成$Cl_2$,$Cl_2$水解生成HOCl,$OCl^-$氧化$CN^-$,最终产物是$CO_2$和$N_2$。这种借电解食盐溶液产生氯作为氧化剂间接氧化破坏$CN^-$的方法,被称为"电氯化法"。反应在pH为10~12的碱性条件下进行,能使有剧毒的CNCl迅速水解,减少向空气中逸出的危险,反应过程如下:

$$CN^- \xrightarrow{OCl^-} CNCl \xrightarrow{pH>10} OCN^- \xrightarrow{30min} CO_2\uparrow + N_2\uparrow$$

提高阳极产物$OCl^-$的含量有利于$CN^-$的氧化。影响$OCl^-$产量的主要因素是NaCl的浓度及电流密度。故应当依据不同废水的含氰浓度,可以通过试验优选出最佳投盐量和运行电流密度,保障阳极有理想的 $OCl^-$ 产量和稳妥的电能效率,同时可避免过高的电流密度造成的石墨阳极损耗加剧。据资料介绍,处理含氰 25～100mg/L 的废水,投加食盐量为 2～3mg/L;含氰 400mg/L 时,投加食盐量为 25mg/L。通常,电流密度都控制在低于 $9A/dm^2$。当废水浓度高,极板中心距小时,电流密度可取得大些;反之,电流密度应小些。

在提高 $OCl^-$ 浓度的同时应注意防止 $OCl^-$ 在阳极放电,副产 $ClO_3^-$ 和 $O_2$ 引起电流效率下降。因此,应在不同的食盐浓度和电流密度条件下,适当地控制 $OCl^-$ 平衡浓度和一定的槽温。

目前,市面上已经有多种定型化的次氯酸发生器,可直接用于各种给水、废水消毒和氧化处理。这种设备的特点是现场制取 NaOCl 活性高,随制随用,处理效果好,操作安全可靠,不会发生逸氯或爆炸事故。

(2)电解还原法处理含铬废水

废水中铬(Ⅵ)通常以 $Cr_2O_7^{2-}$ 和 $CrO_4^{2-}$ 的形式存在,若在废水中加入少量的食盐,以铁板作为阳极与阴极进行电解,在直流电的作用下,铁阳极溶解生成 $Fe^{2+}$,将六价铬还原成三价铬,阴极即有一部分六价铬直接被还原,同时还发生 $H^+$ 的还原并析出氯气。因 $H^+$ 在阴极上的还原,废水由弱酸性变成弱碱性,使铬、铁以氢氧化物沉淀析出而被除去,主要反应如下:

阳极反应

$$Fe = Fe^{2+} + 2e$$

$$Cr_2O_7^{2-} + 6Fe^{2+} + 14H^+ = 2Cr^{3+} + 6Fe^{3+} + 7H_2O$$

$$CrO_4^{2-} + 3Fe^{2+} + 8H^+ = Cr^{3+} + 3Fe^{3+} + 4H_2O$$

$$4OH^- + 4e = O_2\uparrow + 2H_2O$$

$$2Cl^- = Cl_2 + 2e$$

阴极反应

$$Cr_2O_7^{2-} + 14H^+ + 6e = 2Cr^{3+} + 7H_2O$$

$$CrO_4^{2-} + 8H^+ + 3e = Cr^{3+} + 4H_2O$$

$$2H^+ + 2e = H_2\uparrow$$

$Cr^{3+}$ 和 $3Fe^{3+}$ 的沉淀

$$Cr^{3+} + 3OH^- = Cr(OH)_3\downarrow$$

$$Fe^{3+} + 3OH^- = Fe(OH)_3\downarrow$$

显然,对废水处理而言,铁阳极的氧化溶解以及 $Cr_2O_7^{2-}$ 和 $CrO_4^{2-}$ 还原为 $Cr^{3+}$ 是决定处理效果的关键。生成的 $Fe(OH)_3$ 沉淀有凝聚的作用,能促进 $Cr(OH)_3$ 迅速沉淀。但阳极上发生的析氧和析氯反应会对处理效果产生不利的影响。为了达到最佳处理效果,必须严格控制电解条件。

1)电解时应投加适量的食盐,以增加溶液电导。同时,氯离子可以减弱阳极的钝化,降低其超电势,促进阳极溶解。

2)废水应维持适当的 pH 值。废水的 pH 值较低时,有利于铁阳极的氧化溶解。但 pH 值太低会使 $Cr^{3+}$ 和 $Fe^{3+}$ 沉淀不完全。若 pH 值较高,将促进铁阳极钝化,发生 $OH^-$ 放电而析出氧气,而且析出的氧气还可消耗 $Fe^{2+}$,不利于六价铬的还原。运行实践证明,当废水含铬(Ⅵ) 25～150mg/L 时,进水的 pH 值为 3.5～6.5,则不需调节 pH 值,因随着电解的进行,$H^+$ 在阴极放电，引起 pH 升高便可满足氢氧化物沉淀的要求。

电解还原法处理含铬废水时，操作管理比较简单，处理效果稳定可靠，含铬电镀废水的六价铬可降至 0.1mg/L 以下。此法的缺点是阳极消耗大，污泥处理和利用不易解决。

(3)电解凝聚法和电解浮上法

1)电解凝聚法　废水采用铁、铝等金属作为阳极进行电解时，阳极发生氧化作用，溶解出 $Fe^{3+}$、$Al^{3+}$ 等离子，再经一系列的水解聚合或氧化过程，生成不溶于水的单核、多核羟基配合物及氢氧化物。这些微粒对废水中的胶体粒子有很强的凝聚性和吸附活性，使废水中的胶态杂质及悬浮杂质发生絮凝沉淀而分离的过程叫做电解凝聚，也叫做电混凝。

电解凝聚法的工艺流程如图 4-5-43 所示，已成功地应用于处理造纸、纺织印染、肉类加工、油漆涂料及建材加工等各类水中。表 4-5-7 列出了四种废水处理的工艺参数。

酸或碱
食盐
酸或碱
混凝剂
压缩空气
废水
废水储槽
电凝聚
反应槽
浮上
过滤
处理水
浮渣储池
脱水

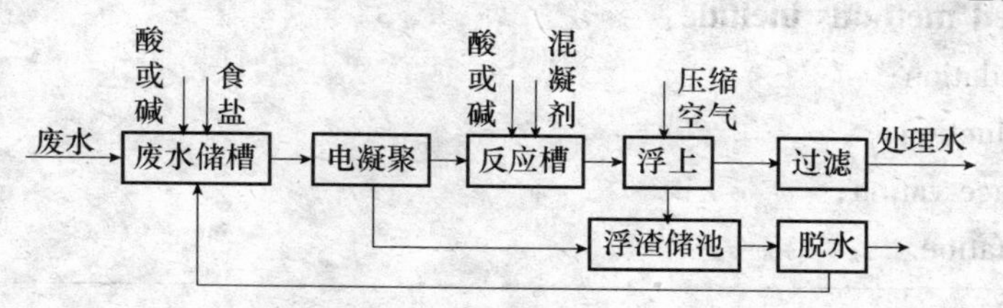

图 4-5-43　电解凝聚法的工艺流程

**表 4-5-7　电解凝聚法对各类废水处理的参数**

| 废水名称 | pH 值 | 电量消耗 [(A·h)/L] | 电流密度 ($A/dm^2$) | 电能消耗 [(W·h)/$m^3$] | 电解电压(V) | 电极金属消耗 ($g/m^3$) | 电极材料 | 极距 (mm) | 废水电解时间(min) |
|---|---|---|---|---|---|---|---|---|---|
| 有机废水 | 8~10 | 0.1~0.3 | 1~2 | 0.6~1.0 | 3~5 | 150~220 | 钢板 | 20 | 20 |
| 油脂废水 | 8~9 | 0.08~0.12 | 1.0~2.2 | 1~1.5 | 5~6 | 50~110 | 钢板 | 10~20 | 20 |
| 重金属废水 | 9~11 | 0.03~0.15 | 0.3~0.5 | 0.4~2.5 | 9~12 | 45~150 | 钢板 | 10 | 20~30 |
| 生化处理前废水 | 5~8 | 0.03~0.15 | 0.5~1.0 | 0.2~0.4 | 8~12 | 8~14 | 铝板 | 20 | 20 |

2)电解浮上法　废水电解时，因水的电解及有机物的电解氧化，在电极上会有 $H_2$、$O_2$、$CO_2$、$Cl_2$ 等气体析出，借助这些电极上析出的微小气泡而浮上分离疏水性杂质微粒的过程叫做电解浮上，也称电浮法。

电解浮上法水处理工艺流程如图 4-5-44 所示。电解浮上法除了少数单位单独使用之外，绝大多数同其他方法结合使用，如 pH 值调整法 + 电浮选法；电混凝法 + 电浮选法；混凝剂法 + 电浮选法等。在废水处理中，如果采用可溶性阳极电解，电解凝聚和电解浮上是同时进行的。利用电解凝聚及电解浮上的作用，可以高度去除多种有机物、重金属和油类等，还具有降低 BOD、COD、脱色、除臭、消毒的能力。目前电浮选法已成功地应用在食品废水、羊毛洗涤废水、水产加工，造纸与木材加工废水、印染和制药废水的处理中。

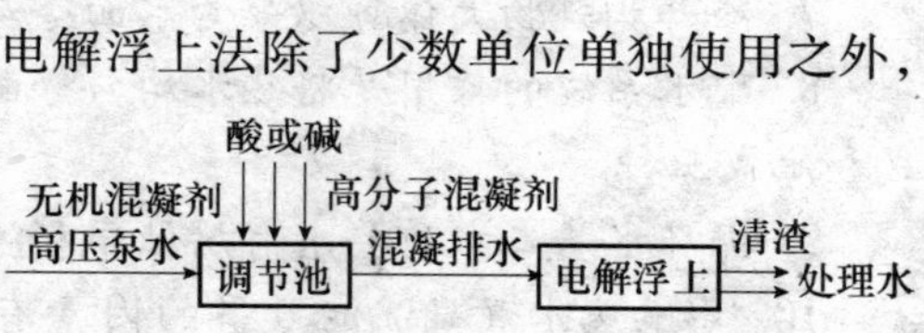

酸或碱
无机混凝剂
高分子混凝剂
高压泵水
调节池
混凝排水
电解浮上
清渣
处理水

图 4-5-44　电解浮上法处理工艺流程

电解浮上法对印染、染色和化纤废水的处理效果十分显著。印染纺织行业排水量大，水中污染物繁杂,耗氧量大,呈深色。采用生化法,在降低耗氧量方面效果比较好,但脱色效果较差。采用电浮选法凝聚处理,既能有效降低耗氧量,脱色效果也好,又可使化学需氧量去除率达50% ~60%,色度去除率在90%以上。

化纤废水成分十分复杂,其中含有各种表面活性物质。其主要污染物有硫化钠、硫酸锌、二氧化硫、硫化氢、硫及絮凝黏液、半纤维素及其他有机物。采用电解浮上法可一次性去除上述废水中的污染物,且去除率高,在不添加任何化学物质的情况下去除99%的$Zn(OH)_2$,降低有机物含量,并能完全去除二氧化硫和硫化氢等。处理前应先调整pH值为8 ~9之间,氢氧化锌沉淀析出,分离除去$Zn^{2+}$,过滤后的水再进行电解浮上法处理。工艺条件为阴极电流密度为$5A/dm^2$,时间10min,耗电量为$0.4(kW \cdot h)/m^3$。

**Electrolytic cleaned methods include**:

(1) Electrolytic oxidation;

(2) Electrolytic reduction;

(3) Electrolytic coacervation;

(4) Electrolytic flotation.

## 小　结

1. 工业废水的治理原则是:(1)清、污分流;(2)充分利用原有的净化设施;(3)近期改建要与远期发展相衔接;(4)区别水质,集中与分散处理相结合;(5)采用新技术、新工艺。

2. 工业废水分为含悬浮物工业废水、含无机溶解物工业废水和含有机物工业废水三大类。

3. 离子交换剂根据其材料可分为无机离子交换剂和有机离子交换剂,根据其来源又可分为天然离子交换剂和人工合成离子交换剂,根据其交换能力可分为强碱性、弱碱性、强酸性、弱酸性等多种类型。

4. 树脂的再生,一方面可恢复树脂的交换能力,另一方面可回收有用物质。

5. 完整的离子交换系统包括预处理单元、离子交换单元、再生单元和电控仪表系统等。

6. 湿度是空气中所含水分子的浓度。它有三种表示方式:绝对湿度,相对湿度,含湿量。

7. 冷却构筑物大体可以分为水面冷却池、喷水冷却池和冷却塔三类。

8. 配水系统的作用是将热水均匀分配到冷却塔的整个淋水面积上;配水系统有管式、槽式和池式三种。

9. 循环水基本水质要求有腐蚀率和污垢热阻。

10. 影响废水混凝沉淀效果的因素有:(1)水温;(2)pH值;(3)碱度;(4)悬浮物含量;(5)水力条件。

## 习　题

4-1　工业废水分为哪三大类?各类废水的来源及处理方法是什么?

4－2　离子交换过程可以分为哪几个步骤?

4－3　固定床树脂有哪几种再生方式?

4－4　吸附过滤法的原理是什么?

4－5　湿度可以分为几种表示方式?各种表示方式的定义及计算方式是什么?

4－6　水冷却的原理是什么?

4－7　冷却构筑物分为哪几类,各类的冷却形式是什么?

4－8　简述各种构筑物的优缺点及适用条件。

4－9　影响循环水水质的因素有哪些?

4－10　什么叫循环冷却水碳酸盐的浓缩倍数?若循环冷却水在密闭系统中循环,浓缩倍数应为多少?

4－11　在循环冷却水系统中,控制微生物有何作用?常用的有哪几种微生物控制方法并简要叙述其优缺点。

4－12　怎样提高冷却塔的散热速度?

4－13　什么是吸附架桥?

# 5　污泥处理与处置

**能力目标：**

本章主要讲述污泥处理与处置。通过本章的学习，掌握污泥的来源、特性及处理方法；了解污泥的浓缩、消化、干化以及脱水；了解污泥的最终处置及综合利用。

## 5.1　污泥的来源、特性及处理方法

### 5.1.1　污泥的来源

污泥来自废水的处理过程，根据废水处理工艺的不同，污泥可分类如下：

(1)初次沉淀污泥　来自初次沉淀池，它的性质随废水的成分而异。

(2)二沉池污泥　来自生化处理系统，二次沉淀池的污泥称为二沉池污泥，其中，活性污泥法二沉池多余外排部分的污泥称剩余活性污泥。

(3)消化污泥生污泥　(初次沉淀池、二沉池污泥)经厌氧消化处理后产生的污泥称为消化污泥。

(4)化学污泥　用混凝、化学沉淀等化学方法处理废水所产生的污泥称为化学污泥。

---

**Sludge is produced in wastewater treatment process, the types of sludge include:**

(1) Sludge from primary sedimentation tank;

(2) Sludge in the secondary settling pond;

(3) Nitrifying activated sludge;

(4) Chemical sludge.

---

### 5.1.2　污泥的特性

(1)污泥的主要特征是：①含有机物多，性质不稳定，易腐化发臭；②有毒有害污染物的含量高，废水处理过程中许多有害物质富集到污泥中；③含水率高，呈胶状结构，不易脱水；④可用管道输送；⑤含较多植物营养素，有肥效；⑥含病原菌及寄生虫卵，流行病学上不安全。

(2)污泥的特性可用以下几个指标来表征：

1)污泥含水率

污泥中所含水分的质量同污泥总质量之比称为污泥含水率。污泥含水率一般都比较高，

密度接近于水。污泥含水率对污泥特性有着重要的影响。不同污泥，含水率差别很大。污泥的体积、质量与所含固体物浓度之间的关系，可用式(5-1-1)表示。

$$\frac{V_1}{V_2}=\frac{W_1}{W_2}=\frac{100-p_1}{100-p_2}=\frac{c_2}{c_1} \tag{5-1-1}$$

式中　$p_1,p_2$——污泥含水率，%；

$V_1,V_2$——含水率分别为 $p_1,p_2$ 时的污泥体积，$m^3$；

$W_1,W_2$——含水率分别为 $p_1,p_2$ 时的污泥质量，kg；

$c_1,c_2$——含水率分别为 $p_1,p_2$ 时的污泥的固体浓度，$kg/m^3$。

由式(5-1-1)可知，当污泥含水率从99%降到98%，或从98%降到96%，或从97%降到94%，污泥的体积均能减少一半。也就是污泥含水率越高，降低污泥的含水率对减容的作用则越大。式(5-1-1)适用于含水率大于65%的污泥。由于含水率低于65%后，污泥内出现很多气泡，体积与质量不再符合式(5-1-1)的关系。

不同含水率下的污泥状态如表5-1-1所示。

**表5-1-1　污泥含水率及其状态**

| 含水率 | 污泥状态 |
|---|---|
| 90%以上 | 几乎为液体 |
| 80%～90% | 粥状物 |
| 70%～80% | 柔软状 |
| 60%～70% | 几乎为固体 |
| 50% | 黏土状 |

2)挥发性固体(或称灼烧减重)和灰分(或称灼烧残渣)

挥发性固体近似地等于有机物的含量；灰分表示无机物含量。

3)污泥的相对密度

污泥的相对密度等于污泥质量和同体积的水质量之比。由于水的相对密度为1，所以污泥的相对密度 $\gamma$ 可用式(5-1-2)计算：

$$\gamma=\frac{p+(100-p)}{p+\dfrac{100-p}{\gamma_s}}=\frac{100\gamma_s}{p\gamma_s+(100-p)} \tag{5-1-2}$$

式中　$\gamma$——污泥的相对密度；

$p$——污泥含水率，%；

$\gamma_s$——污泥中干固体平均相对密度。

干固体包括有机物(即挥发性固体)和无机物(即灰分)两种成分，其中有机物所占百分比及其相对密度分别用 $p_v$ 和 $\gamma_v$ 表示，无机物的相对密度用 $\gamma_a$ 表示，则污泥中干固体平均相对密度 $\gamma_s$ 可用式(5-1-3)计算。

$$\frac{100}{\gamma_s}=\frac{p_v}{\gamma_v}+\frac{100-p_v}{\gamma_a} \tag{5-1-3}$$

即

$$\gamma_s = \frac{100\gamma_a\gamma_v}{100\gamma_v + p_v(\gamma_a - \gamma_v)} \tag{5-1-4}$$

有机物相对密度一般等于1,无机物相对密度约为2.5~2.65,以2.5计,则式(5-1-4)可简化为

$$\gamma_s = \frac{250}{100 + 1.5p_v} \tag{5-1-5}$$

将式(5-1-5)代入式(5-1-2)得污泥相对密度的最终计算式为

$$\gamma = \frac{25000}{250p + (100 - p)(100 + 1.5p_v)} \tag{5-1-6}$$

确定污泥相对密度和污泥中干固体相对密度,对于浓缩池的设计、污泥运输及后续处理,都有实用价值。

**Index of response sludge characteristics include:**

(1) Sludge water content;

(2) Volatile solids and ash;

(3) Relative density.

### 5.1.3 国内外污泥的处理与处置现状

污泥的处理基于以下三方面的考虑:一是污泥的减量化,二是稳定化,三是无害化。

表5-1-2所示是日本污泥处理工艺,其中:①浓缩→脱水→焚烧;②浓缩→消化→脱水→焚烧;③浓缩→消化→脱水为三种最主要的污泥处理方式,占到日本全部污泥处理的70%以上。可见,日本污泥最终处置是以污泥焚烧为主导工艺。

**表5-1-2 污泥处理工艺现状**

| 最终稳定状态 | 污泥处理工艺 | 最终稳定化处理场数 | 处理固体物量(t/年) | 比例(%) |
|---|---|---|---|---|
| 液状污泥 | 浓缩 | 4 | 0.0 | 0.00 |
| | 浓缩→消化 | 6 | 8.8 | 0.56 |
| 脱水污泥 | 浓缩→脱水 | 310 | 138.6 | 8.89 |
| | 浓缩→消化→脱水 | 203 | 245.3 | 15.74 |
| | 好氧消化→浓缩→脱水 | 6 | 1.1 | 0.07 |
| | 浓缩→热处理→脱水 | 2 | — | — |
| 复合肥料 | 浓缩→脱水→复合肥料 | 90 | 46.2 | 2.96 |
| | 浓缩→好氧消化→脱水→复合肥料 | 1 | 0.7 | 0.04 |
| | 浓缩→消化→脱水→复合肥料 | 60 | 63.6 | 4.08 |
| 干燥污泥 | 浓缩→干燥 | 12 | 0.2 | 0.01 |
| | 浓缩→消化→干燥 | 18 | 3.7 | 0.24 |
| | 浓缩→消化→脱水→干燥 | 20 | 1.54 | 0.99 |

续表

| 最终稳定状态 | 污泥处理工艺 | 最终稳定化处理场数 | 处理固体物量(t/年) | 比例(%) |
|---|---|---|---|---|
| 焚烧灰 | 浓缩→脱水→焚烧 | 159 | 553.0 | 35.48 |
| | 浓缩→消化→脱水→焚烧 | 71 | 383.3 | 24.59 |
| | 好氧消化→浓缩→脱水→焚烧 | 1 | 0.1 | 0.00 |
| | 浓缩→热处理→脱水→焚烧 | 5 | 35.1 | 2.25 |
| 熔融渣 | 其他 | 3 | 1.8 | 0.12 |
| | 浓缩→脱水→熔融 | 30 | 50.4 | 3.23 |
| | 浓缩→消化→脱水→熔融 | 4 | 2.7 | 0.17 |
| | 浓缩→脱水→焚烧→熔融 | 2 | 2.5 | 0.16 |
| | 消化→脱水→焚烧→熔融 | 3 | 0.1 | 0.00 |
| | 其他 | 1 | — | — |
| 合计 | — | 1011 | 1558.7 | 100 |

目前,国内城市污水处理厂污泥大部分采用浓缩—消化—脱水的处理工艺,脱水后的干污泥进行综合利用或是直接送填埋场进行填埋处理,只有少量的污水处理厂采用焚烧处理,进行能源利用。

图5-1-1为国内外污水处理厂污泥处理及处置的一般工艺流程。

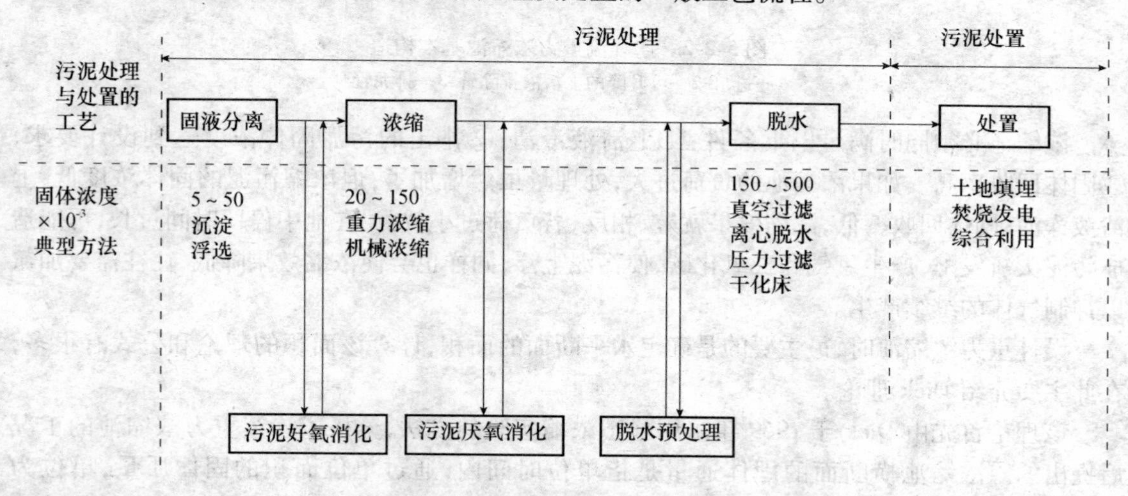


图5-1-1　污泥处理与处置流程

## 5.2　污泥的浓缩

沉淀池排出的污泥含水率较高,因此,首先要进行浓缩脱水,降低其含水率和体积,减小用于贮存污泥的池的容积、处理所需的投药量以及污泥处理设备的尺寸。污水处理厂中常用的污泥浓缩方法主要有重力浓缩和气浮浓缩两种。

(1)重力浓缩法

重力浓缩法是应用最广且操作最简便的一种浓缩方法，它的主要构筑物是污泥浓缩池。根据运行方式不同，重力浓缩法可分为连续式和间歇式两种。相应地，重力浓缩池也分为连续式和间歇式两种。

图 5-2-1 所示为污泥间歇式浓缩池。图 5-2-2 为连续流重力浓缩池基本构造。

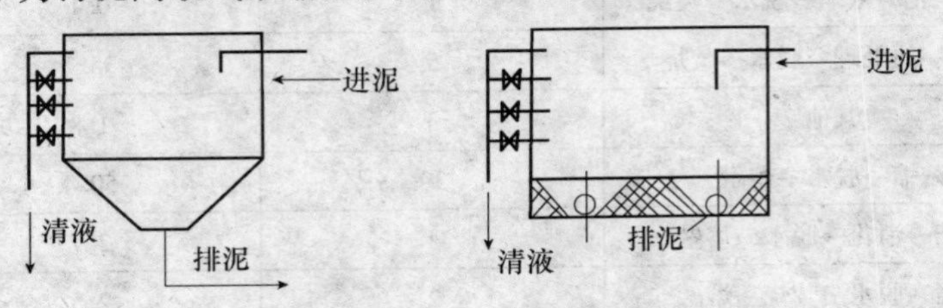


图 5-2-1　间歇重力浓缩池基本构造图

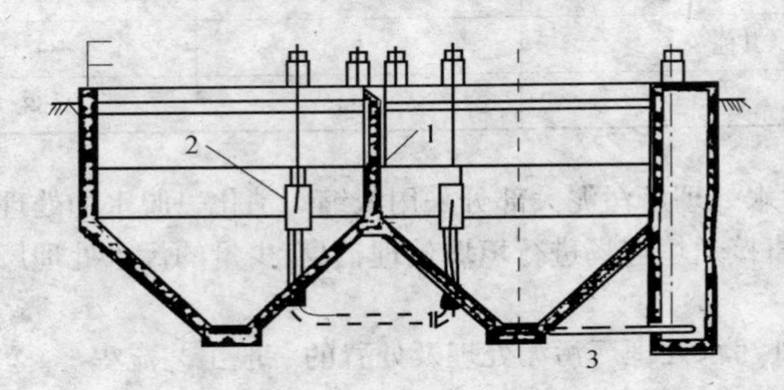


图 5-2-2　连续流重力浓缩池基本构造

1—进口；2—可升降的上清液排除管；3—排泥管

浓缩池必须同时满足以下条件：①上清液澄清；②排出的污泥固体浓度达到设计要求；③固体回收率高。如果浓缩池的负荷过大，处理量虽然增加了，但浓缩污泥的固体浓度低，上清液浑浊，固体回收率低，浓缩效果就差；相反，若负荷过小，污泥在池中停留时间过长，可能造成污泥厌氧发酵，产生氮气和二氧化碳，使污泥上浮，同样也会使浓缩效果降低，往往需要加氯以抑制气体的继续产生。

设计重力浓缩池时，最主要的是确定水平断面的面积，计算该面积的理论和公式有很多，在此主要介绍 Dick 理论。

该理论首先由 Dick 于 1969 年采用静态浓缩实验的方法，分析了连续重力浓缩池的工况后提出的。浓缩池横断面的固体通量是指单位时间内，通过单位面积的固体质量，单位为 $kg/(m^2 \cdot h)$。当浓缩池运行正常时，通过浓缩池任一断面的固体通量 $G$ 等于浓缩池底部连续排泥所造成的底流牵动流量 $G_u$ 与污泥自重压密所造成的固体静沉通量 $G_i$ 之和。底流牵动流量 $G_u$ 和该断面处的污泥固体浓度 $C_i$ 存在如下关系。见式(5-2-1)：

$$G_u = uC_i \tag{5-2-1}$$

式中　$u$——由于底部排泥导致产生的界面下降速度，大小为底部排泥量 $Q_u$($m^3/h$)与浓缩池断面积 $A$($m^2$)的比值。运行资料统计表明，活性污泥浓缩池的 $u$ 一般为 0.25 ~ 0.51m/h。

固体静沉通量 $G_i$ 与该断面处的污泥固体浓度 $C_i$ 也存在如下关系。见式(5-2-2)：

$$G_i = v_i C_i \tag{5-2-2}$$

式中　$v_i$——污泥固体浓度为 $C_i$ 时的界面沉速。可通过在固体浓度为 $C_i$ 的沉降曲线上过起点作切线而求得。

当稳态工作时，固体通量和断面积的乘积即为进入浓缩池的固体总量：$A_t G = Q_0 C_0$。如进入浓缩池的固体总量 $Q_0 C_0$ 保持不变，$G$ 越小，则 $A_t$ 越大，即采取最小通量 $G_L$[kg/(m$^2$·h)]，所对应的面积 $A_t$ 就是该浓缩池的设计面积。见式(5-2-3)：

$$A_t = Q_0 C_0 / G_L \tag{5-2-3}$$

重力浓缩池也可以按现有的数据进行设计计算，但浓缩池的合理设计与运行取决于对污泥特性的正确掌握，对于工业废水污泥而言，由于污泥来源不同而造成污泥特性差别很大，因此，在有条件的情况下，可经过试验来掌握污泥特性，得出各设计参数。

间歇式重力浓缩池的设计原理与连续式相同，在浓缩池不同深度上都设置了上清液排除管，这是因为运行时要先排除浓缩池中的上清液，腾出池容，再投入待浓缩的污泥。间歇式浓缩池浓缩时间一般为8～12h。

(2)气浮浓缩法

重力浓缩法比较适合于密度大的污泥，如初次原污泥等，对密度接近于1的轻污泥，如活性污泥沉淀效果不佳，在这种情况下，最好采用气浮浓缩法。它是利用高度分散的微小气泡作为载体去黏附废水中的污染物，它的其密度小于水而上浮到水面实现固液或液液分离的过程。在水处理过程中，可以用来代替二次沉淀池，分离和浓缩剩余活性污泥，特别适用于那些易于产生污泥膨胀的生化处理工艺中。部分澄清水回流溶气的气浮浓缩的工艺流程如图5-2-3所示。

澄清水由池底引出，一部分用水泵引入压力溶气罐加压溶气，另一部分外排。溶气水通过减压阀从底部进入进水室，减压后的溶气水释放出大量微小的气泡，并迅速依附在待气浮的污泥颗粒上，从而使污泥颗粒的密度下降易于上浮，在池表面形成浓缩污泥层被刮泥机刮出池外。不能上浮的颗粒则沉到池底，从池底排出。气浮池的设计计算步骤如下。

1)主要技术参数的确定

气浮浓缩池的主要技术参数是气固比、水力负荷及气浮停留时间。

气固比是指气浮时有效空气总质量同入流污泥中固体物总质量之比，用 $A_a/S$ 表示。其值一般采用0.03～0.04，也可通过气浮浓缩试验确定。

水力负荷 $q$ 的取值范围在1～3.6m$^3$/(m$^2$·h)，一般取1.8。而气浮停留时间 $t$ 与气浮污泥浓度有关。

2)回流比 $R$ 见式(5-2-4)：

$$\frac{A_a}{S} = \frac{S_a R(fP - 1)}{c_0} \tag{5-2-4}$$

式中　$A_a/S$——气固比；

$S_a$——0.1MPa下，空气在水中的饱和溶解度，mg/L；

$P$——溶气罐压力，一般用2～4kg/cm$^2$；

$f$——溶气水的空气饱和度，一般为50%～80%；

$c_0$——污泥浓度，mg/L。

3)气浮池面积 $A$ 见式(5-2-5)

$$A = \frac{Q_0(R+1)}{q} \tag{5-2-5}$$

式中 $Q_0$——入流污泥流量,$m^3/h$。

4)池深 $H$ 见式(5-2-6)

$$H = \frac{t(1+R)Q_0}{A} \tag{5-2-6}$$

气浮池还可以参考已有的运行资料进行设计。因污泥性质不同,入流污泥浓度不同,以及是否添加浮选剂等都会影响气浮池的固体负荷及水力负荷,所以在设计时,最好结合试验与类似的气浮浓缩池的运行资料进行设计。

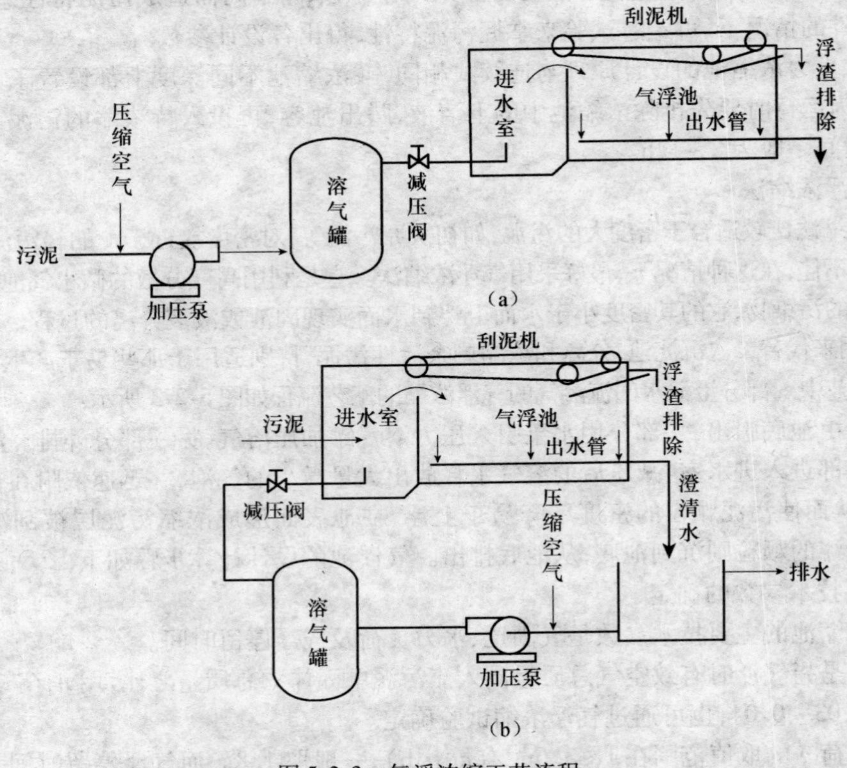


图 5-2-3 气浮浓缩工艺流程

(a)无回流;(b)有回流

**Methods of sludge concentration include:**

(1) Gravity concentration method can be divided into continuous type and intermittent type;

(2) The main technical parameters of flotation concentration include: air to solid ratio; hydraulic load; flotation residence time;

(3) Calculation steps of flotation tank design include: reflux ratio $R$, flotation tank area $A$, tank depth $H$.

## 5.3　污泥的消化

污泥消化的主要目的是改善污泥的卫生条件及使污泥易于脱水。目前通常采用的是二级消化,但二级消化池在设计上却体现出两种不同的设计总图。一种是在一级消化池和二级消化池两个池子内完成消化过程。在一级消化池内,设有集气、加热、搅拌等设备,不排出上清液。污泥中有机物的分解主要是在一级消化池内完成的。在二级消化池内设有集气设备和撇除上清液装置,但不再加热和搅拌,污泥在二级消化池中最后完成消化,全部消化过程产生的上清液自二级消化排出。另一种是不把二级消化池看做完成污泥消化过程的一个构筑物,而更偏重于污泥的残余消化、进一步产气、污泥的贮存和降温以便脱水等。整个消化过程基本上是在一级消化池内完成的。为了避免污泥的过度浓缩以致在排泥和脱水方面可能产生的困难,有时在二级消化池中同时设置搅拌装置,只是使用频率比较低。有的污水处理厂在该池内也不排出上清液,运转效果也比较好。

影响污泥消化的主要因素有:

1)温度

根据不同的温度可以将消化分为三个类型:①低温发酵,消化温度为5~15℃;②中温发酵,温度为30~35℃;③高温发酵,温度为50~55℃。

温度的高低决定消化过程的快慢,如在高温下只要10d即能完成消化过程,在中温条件下就需要延长至20~30d,而当温度降至10℃左右时,消化过程则需要3~4个月。

温度的高低对产气量也有一定的影响,高温发酵的产气量比中温发酵略有增加。

高温发酵几乎能杀灭所有的病原菌和寄生虫卵,而中温发酵却只能杀灭其中的一部分。

2)酸碱度

甲烷菌生长的最适pH值范围为6.8~7.2,如pH值低于6或高于8,其生长将受到影响。产酸细菌对酸碱度不如甲烷菌敏感,其适宜pH值比较广,在4.5~8之间。由于污泥消化时有机物的酸性发酵和碱性发酵在同一构筑物内进行,为了维持产生的酸和甲烷的平衡,避免产生过多的酸,应保持消化池内的pH值在6.5~7.5之间,最好是在6.8~7.2的范围内。实际的运行中,挥发酸的控制较pH值更为重要,当酸量累积到足以降低pH值时,消化效果显著下降。正常运行的消化池中挥发性酸(以醋酸计)一般控制在200~800mg/L之间,若超出2000mg/L,产气量将迅速下降,甚至停止产气,因为pH值的下降会抑制甲烷菌的生长。消化池污泥中含有重碳酸盐($HCO_3^-$)和碳酸($H_2CO_3$),具有缓冲作用。碳酸与池中二氧化碳的含量有关,而$HCO_3^-$则与系统中碱度有关。对大多数废水,其重碳酸盐等于总碱度。

3)搅拌

搅拌可以缩短消化时间,在一定程度上提高产气量。

没有搅拌设备的消化池:当池内没有搅拌设备时,污泥有分层现象,池底部分容积主要用于贮存和浓缩熟泥,微生物与有机物不能充分接触。虽然排出熟污泥的含水率较低,但消化时间长,池容大。

对完全混合消化池,生污泥连续或频繁地投入,并采用强烈的搅拌使池内污泥保持混合状态,从池内排出的则是被进入消化池污泥所取代的混合液。温度通常保持在中温的最佳范围。

连续而均匀的进泥和排泥可以使池内有机物最大限度地维持在一定的水平上，并通过搅拌使池内污泥处于均匀一致的最佳状态，有机物的浓度、微生物的分布、温度及 pH 值都均匀一致，使微生物的生长有一个稳定的环境，同有机物的接触好，提高了消化速率，缩短了消化时间，因此常将这种消化池称为高速消化池。

在上一级消化池内由于搅拌作用，泥水处于混合状态，排出的熟污泥中有一定量的生污泥，为了将泥水分离，使熟污泥浓缩，采用二级消化法。一级消化池的排出液继续在二级消化池内消化、浓缩，并起到贮存作用。二级消化池内不设搅拌设备，一般也不设加热设备，实际上起的是沉淀浓缩池的作用。

4）生熟污泥的配比

正常运行的消化处在碱性发酵阶段，若加入的生污泥较多，则产酸率大于耗酸率，造成挥发性酸的积累而破坏碱性发酵所需要的条件。加入的生污泥少，分解速度快，但池容相对增大，因此消化池的投配率必须合理，可以用式(5-3-1)计算：

$$p = (W_1/W) \times 100\% \tag{5-3-1}$$

式中 $p$——投配率，每天投加的湿污泥量占消化池有效容积的百分数，%；

$W_1$——投入的湿污泥量，$m^3/d$；

$W$——消化池的有效容积，$m^3$。

当采用完全混合式消化池处理生活污水污泥时，流水作业化温度在 20～35℃时，$p$ 可取 5%～15%。

5）碳氮比

污泥中有机物的成分(C/N)对消化过程有较大的影响。C/N 太高，则微生物所需要的氮量不足，污泥中的 $HCO_3^-$ 浓度低，缓冲能力差，pH 值易下降。如 C/N 太高，胺盐会大量积累，pH 值可上升至 8 以上，从而抑制了微生物的生长和繁殖。一般情况下控制 C/N =（10～20）：1 比较适宜。

6）添加剂和有毒物质

添加少量有益的化学物质有助于促进消化，提高产气量及原料的利用效率。如在消化池中添加少量的硫酸锌、磷矿粉、炼钢渣、碳酸钙、炉灰等都可不同程度地提高产气量、甲烷的含量及有机物的分解率。其中以添加磷矿粉的效果最佳。

添加过磷酸钙可以促进纤维素的分解，提高产气量。添加少量的钾、钠、钙、镁、锌、磷等元素能促进产气，提高产气率的原因是：促进发酵菌的生长；增加酶的活性。

与上述相反，许多化学物质对微生物的生长有抑制作用，统称为有毒物质。有毒物质的种类有很多，有有机的和无机的。表 5-3-1 为城市污水、污泥发酵中各种有害物质的浓度界限。

**表 5-3-1　污泥消化中有毒物质的允许浓度**

| 有毒物质名称 | 表示方式 | 允许浓度 | 有毒物质名称 | 表示方式 | 允许浓度 |
|---|---|---|---|---|---|
| 盐酸、磷酸、硝酸、硫酸 | pH 值 | 6.8 | 氯化钠 | NaCl | 5～10g/L |
| 乳酸 | pH 值 | 5.0 | 氟化钠 | NaF | >11mg/L |
| 丁酸 | pH 值 | 5.0 | 硫代硫酸钠 | $Na_2S_2O_3$ | ≥2.5g/L |
| 草酸 | pH 值 | 5.0 | 亚硫酸钠 | $Na_2SO_3$ | <200mg/L |

续表

| 有毒物质名称 | 表示方式 | 允许浓度 | 有毒物质名称 | 表示方式 | 允许浓度 |
|---|---|---|---|---|---|
| 酒石酸 | pH 值 | 5.0 | 硫氰酸钠,硫氰酸钾 | $SCN^-$ | >180mg/L |
| 甲醇 | $CH_3OH$ | 800mg/L | 氢氰酸钠,氰化钾 | $CN^-$ | 2~10mg/L |
| 丁醇 | $C_4H_9OH$ | 800mg/L | 苛性钠、苛性钾、苏打、苛性石灰 | pH 值 | 7~8 |
| 异戊酸 | $C_5H_{10}O_2$ | 800mg/L | 铜化合物 | Cu | 100mg/L |
| 甲苯 | $C_7H_8$ | 400mg/L | 镍化合物 | Ni | 200~500mg/L |
| 二甲苯 | $C_6H_4(CH_3)_2$ | <870mg/L | 铬酸盐、铬酸、硫酸铬 | Cr | 200mg/L |
| 甲醛 | HCHO | <100mg/L | 硫化氢、硫化物 | $S^{2-}$ | 70200mg/L |
| 丙酮 | $C_3H_6O$ | >4g/L | 盐酸度、钾矿废物 | $Cl^-$ | 2g/L |
| 乙醚 | $C_4H_{10}O$ | >3.6g/L | 四氯化碳 | $CCl_4$ | 1.6g/L |
| 汽油 | — | 400mg/L | 阳离子去垢剂 | 有效物质 | 100mg/L |
| 马达油 | — | 25g/L | 非离子去垢剂 | 有效物质 | 500mg/L |

**The main factors affecting sludge digestion include:**

(1) Temperature;

(2) pH;

(3) Agitation;

(4) The ratio of raw sludge and ripe sludge;

(5) Carbon-nitrogen ratio;

(6) Additives and toxic substances.

## 5.4　污泥的干化与脱水

污泥经浓缩、消化之后,尚有约95%~97%的含水率,体积仍很大。为了综合利用和最终处置,需进一步将污泥减量,进行干化及脱水处理。两者对脱除污泥的水分,具有同等的效果。

污泥的干化和脱水方法主要有自然干化、机械脱水等。

### 5.4.1　污泥的自然干化

自然干化是利用自然下渗和蒸发作用脱除污泥中的水分,其主要构筑物是干化场。

(1)干化场的分类与构造

干化场分为自然滤层干化场和人工滤层干化场两种。前者适用于自然土质渗透性能好、地下水位低的地区。人工滤层干化场的滤层是由人工铺设的,又可分为敞开式干化场和有盖式干化场两种。

人工滤层干化场的构造如图5-4-1所示,它由不透水底层、排水系统、滤水层、输泥管、隔墙及围堤等部分组成。有盖式的,设有可移开(晴天)或盖上(雨天)的顶盖,顶盖一般采用弓形复合塑料薄膜制成，移、置都很方便。

滤水层的上层用细矿渣或砂层铺设，厚度为 200～300mm；下层用粗矿渣或砾石，层厚 200～300mm。排水管道系统用 100～150mm 的陶土管或盲沟铺成，管道之间中心距为 4～8m，纵坡 0.002～0.003，排水管起点复土深（至砂层顶面）为 0.6m。不透水底板是由 200～400mm 厚的黏土层或 150～300mm 厚三七灰土夯实而成，也可以用 100～150mm 厚的素混凝土铺成，底板有 0.01～0.02 的坡度坡向排水管。

隔墙和围堤，把干化场分隔成若干分块，通过切门的操作轮流使用，用来提高干化场利用率。

在干燥、蒸发量大的地区，可以采用由沥青或混凝土铺成的不透水层而无滤水层的干化场，依靠蒸发脱水。这种干化场的优点是泥饼容易铲除。

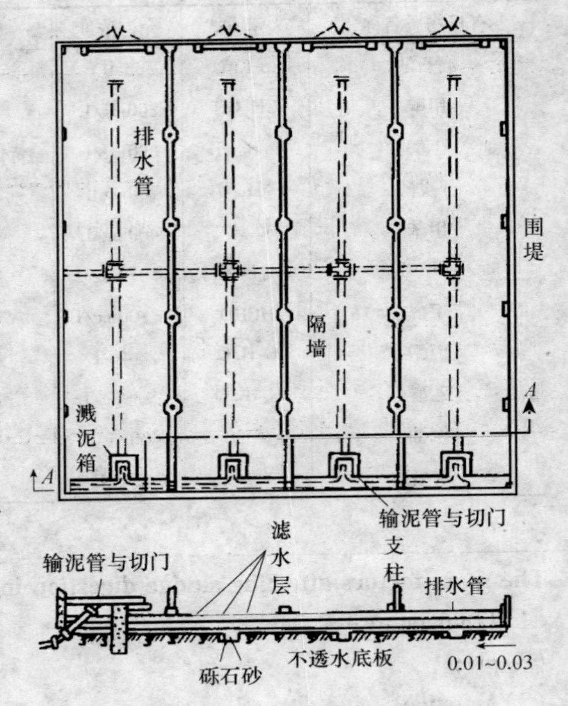

图 5-4-1　人工滤层干化场

（2）干化场的脱水特点及影响因素

干化场脱水主要是依靠渗透、蒸发与撇除。渗透过程约在污泥排入干化场最初的 2～3d 内完成，可以使污泥含水率降低至 85%左右。此后水分依靠蒸发脱水，约经 1 周或数周（决定于当地气候条件）后，含水率可降低至 75%左右。

影响干化场脱水的因素：

1）气候条件：当地的降雨量、蒸发量、相对湿度、风速及年冰冻期。

2）污泥性质：如初沉污泥或浓缩后的活性污泥，由于比阻比较大，水分不易从稠密的污泥层中渗透下去，往往会形成沉淀，分离出上清液，因此这类污泥主要依靠蒸发脱水，可以在围堤或围墙的一定高度上开设撇水窗，撇除上清液，加速脱水过程。而消化污泥在消化池中承受高于大气压的压力，污泥中含有许多沼气泡，排到干化场之后，由于压力的降低，气体迅速释出，可把污泥颗粒挟带到污泥层的表面，使水的渗透阻力减小，提高渗透脱水性能。

（3）干化场的设计

干化场设计的主要内容是确定总面积和分块数。

干化场总面积一般是按面积污泥负荷进行计算。面积污泥负荷是指单位干化场面积每年可接纳的污泥量，单位 $m^3/(m^2 \cdot a)$ 或 m/a。面积负荷的数值最好通过试验来确定。

干化场的分块数最好大致等于干化天数，以便使每次排入干化场的污泥有足够的干化时间，并能均匀地分布在干化场上以便铲除泥饼方便。如干化天数为 8d，则分为 8 块，每天铲泥饼和进泥用 1 块，轮流使用。每块干化场的宽度和铲泥饼的机械与方法有关，一般采用 6～10m。

### 5.4.2　污泥的机械脱水

机械脱水即利用机械设备脱除污泥中的水分。

(1)机械脱水前的预处理

1)预处理目的

预处理的目的在于改善污泥脱水性能,提高机械脱水效果和机械脱水设备的生产能力。

初沉污泥、活性污泥、腐殖污泥、消化污泥都是由亲水性带负电荷的胶体颗粒组成,有机质含量高、比阻值大,脱水困难。尤其是活性污泥的有机体包括平均粒径小于0.1μm的胶体颗粒,1~100μm之间的超胶体颗粒以及由胶体颗粒聚集的大颗粒所组成,它的比阻值最大,脱水最为困难。而消化污泥的脱水性能与其搅拌方法有关,如若用水力或是机械搅拌,污泥受到机械剪切,絮体被破坏,脱水性能恶化;若采用沼气搅拌脱水性能可改善。

通常认为污泥的比阻值在$(0.1\sim0.4)\times10^9 s^2/g$之间时,进行机械脱水较为经济与适宜。但污泥的比阻值均大于此值,初沉污泥的比阻值在$(4.7\sim6.2)\times10^9 s^2/g$,活性污泥的比阻值高达$(16.8\sim28.8)\times10^9 s^2/g$,因此在机械脱水前,必须进行预处理。预处理的方法主要有化学调节法、热处理法、冷冻法及淘洗法等三种。

2)化学调理法

化学调理法是在污泥中投加混凝剂、助凝剂一类的化学药剂,使污泥颗粒产生絮凝,比阻降低。

①混凝剂

常用的污泥化学调理混凝剂有无机、有机及生物混凝剂3类。无机混凝剂是一种电解质化合物,主要包括铝盐、铁盐及其高分子聚合物。有机混凝剂是一种高分子聚合电解质,按基团带电性质可以分为阳离子型、阴离子型、非离子型和两性型。污水处理中常用阳离子型、阴离子型及非离子型3种。生物混凝剂主要有3种:a. 直接用微生物细胞为混凝剂;b. 从微生物细胞提取出的混凝剂;c. 微生物细胞的代谢产物作混凝剂。生物混凝剂具有无毒、无二次污染、可生物降解、混凝絮体密实、对环境和人类无害等优点,因而日益受到重视。

混凝剂种类的选择及投加量的多少和许多因素有关,应通过试验确定。

②助凝剂

助凝剂一般不起混凝的作用。助凝剂的作用是调节污泥的pH值;供给污泥以多孔状格网的骨架;改变污泥颗粒的结构,破坏胶体的稳定性;提高混凝剂的混凝效果;增强絮体强度等。

常用的助凝剂主要有硅藻土、珠光体、酸性白土、锯屑、污泥焚烧灰、电厂粉尘、石灰及贝壳粉等。

助凝剂的使用方法有两种,一种方法是直接加入污泥中,投加量通常为10~100mg/L;另一种方法是配制成1%~6%浓度的糊状物,预先涂刷在转鼓真空过滤机的过滤介质上,成为预覆助凝层。

3)热处理法

热处理可以使污泥中有机物分解,破坏胶体颗粒稳定性,污泥内部水与吸附水被释放,比阻可降至$1.0\times10^8 s^2/g$,脱水性能大大改善;同时,寄生虫卵、致病菌以及病毒等也可被杀灭,因此污泥热处理兼有污泥稳定、消毒和除臭等功能。热处理之后的污泥进行重力浓缩,可使其含水率从97% ~99%以上浓缩至80% ~90%,如果直接进行机械脱水,泥饼含水率可达30% ~45%。

热处理法可分为高温加压热处理法与低温加压热处理法两种,适用于各种污泥。

高温加压热处理法的控制温度在170 ~200℃,低温加压热处理法的控制温度则低于150℃,可在60 ~80℃时运行,其他条件均相同。如压力为1 ~1.5MPa,反应时间为1 ~2h。由于高温加压法能耗比较多,且热交换器与反应釜容易结垢而影响热处理效率,故一般采用低温加压法。

热处理法的主要缺点是能耗较多,运行费用较高,分离液的$BOD_5$、$COD_{Cr}$高(分别为4000 ~5000mg/L、2000 ~3000mg/L),设备易受腐蚀。

4)冷冻法

冷冻法是将污泥进行冷冻处理。随着冷冻过程的进行,污泥中的胶体颗粒被向上压缩浓集,水分被挤出,再进行融解,使污泥颗粒的结构被彻底破坏,脱水性能大大提高,颗粒沉降和过滤速度可以提高几十倍,还可以直接进行机械脱水。冷冻—融解是不可逆的,即使再用机械或水泵搅拌也不会重新成为胶体。

淘洗法用于消化污泥的预处理。是以污水处理厂的出水、自来水或河水把消化污泥中的碱度洗掉以节省混凝剂用量,但增加了淘洗池及搅拌设备,一增一减基本上可被抵消,该法已逐渐被淘汰。

(2)机械脱水的基本原理

污泥的机械脱水是以过滤介质两面的压力差作为推动力,使污泥水分被强制通过过滤介质,形成滤液;而固体颗粒则被截留在介质上,形成滤饼,从而达到脱水的目的。过滤基本过程见图5-4-2。

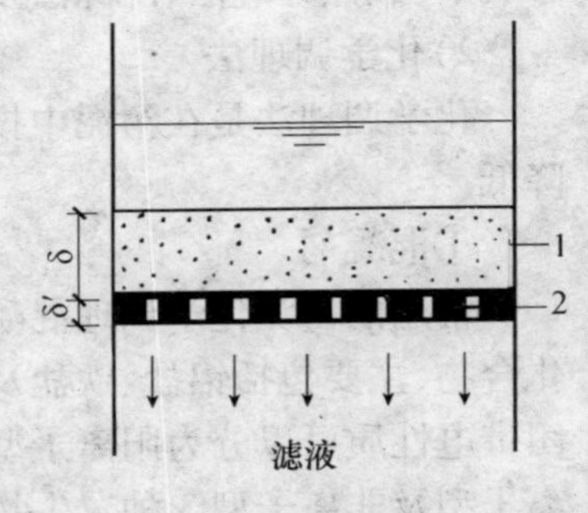


图5-4-2 过滤基本过程

1—滤饼;2—过滤介质

过滤开始时,滤液仅须克服过滤介质的阻力。当滤饼逐渐形成之后,还必须克服滤饼本身的阻力。式(5-4-1)为过滤的基本方程式,即卡门公式。

$$\frac{t}{V}=\frac{\mu\omega r}{2PA^2}V+\frac{\mu R_f}{PA} \tag{5-4-1}$$

式中 $V$——滤液体积,$m^3$;

$t$——过滤时间,s;

$P$——过滤压力,$kg/m^2$;

$A$——过滤面积,$m^2$;

$\mu$——滤液的动力黏滞度,$kg \cdot s/m^2$;

$\omega$——滤过单位体积的滤液在过滤介质上截留的干固体重量,$kg/m^3$;

$r$——比阻,m/kg,单位过滤面积上,单位干重滤饼所具有的阻力称为比阻;$1m/kg = 9.81 \times 10^3 s^2/g$;

$R_f$——过滤介质的阻抗,$1/m^2$。

常用的污泥机械脱水方法有真空吸滤法、压滤法及离心法等。其基本原理相同,不同点仅在于过滤推动力的不同。真空吸滤脱水是在过滤介质的一面造成负压;而压滤脱水是加压污泥把水分压过过滤介质;离心脱水的过滤推动力是离心力。

(3)机械脱水设备的过滤产率

机械脱水设备的过滤产率是指单位时间内在单位过滤面积上产生的滤饼干重,单位为 $kg/(m^2 \cdot s)$ 或 $kg/(m^2 \cdot h)$。过滤产率的高低由污泥的性质、压滤动力、预处理方法、过滤阻力及过滤面积所决定,可用卡门公式进行计算。

如果忽略过滤介质的阻抗,设过滤时间为 $t$,过滤周期为 $t_c$。(包括准备时间,过滤时间,卸滤饼时间),过滤时间与过滤周期之比 $m = t/t_c$,则过滤产率计算式为(5-4-2):

$$L = \frac{W}{At_c} = \left(\frac{2P\omega m}{\mu r t_c}\right)^{1/2} \tag{5-4-2}$$

式中　$L$——过滤产率,$kg/(m^2 \cdot s)$;

$\omega$——单位体积滤液产生的滤饼干重,$kg/m^3$;

$P$——过滤压力,$N/m^2$;

$\mu$——滤液动力黏滞度,$kg \cdot s/m^2$;

$r$——比阻,m/kg;

$t_c$——过滤周期,s。

(4)真空过滤脱水

真空过滤脱水使用的机械是真空过滤机,主要用于初沉污泥及硝化污泥的脱水。

1)真空过滤脱水机的构造及工作过程

国内使用较广的是 GP 型转鼓真空过滤机,其构造见图 5-4-3。转鼓真空过滤机脱水系统的工艺流程见图 5-4-4。

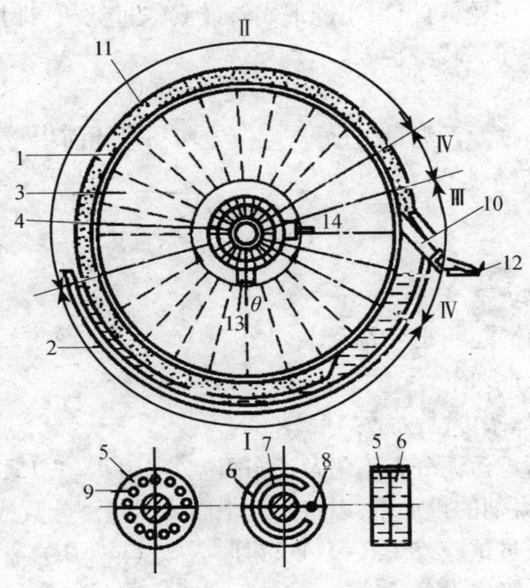


图 5-4-3　转鼓真空过滤机

Ⅰ—滤饼形成区;Ⅱ—吸干区;Ⅲ—反吹区;Ⅳ—休止区;

1—空心转筒;2—污泥槽;3—扇形格;4—分配头;5—转动部件;6—固定部件;

7—与真空泵通的缝;8—与空压机通的孔;9—与各扇形格相通的孔;10—刮刀;

11—泥饼;12—皮带输送器;13—真空管路;14—压缩空气管路

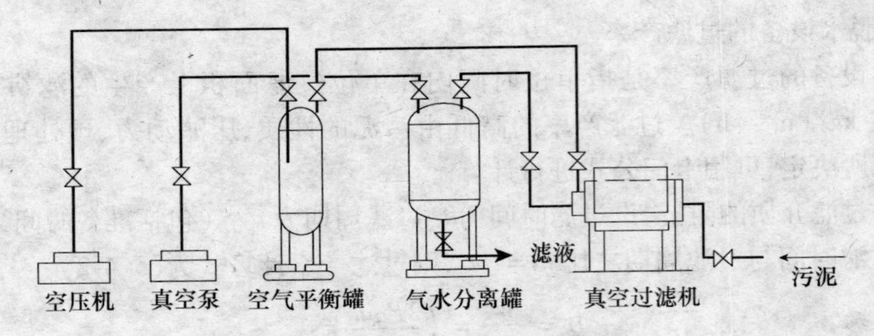


图5-4-4　转鼓真空过滤机工艺流程

覆盖有过滤介质的空心转鼓1浸在污泥槽2内。转鼓用径向隔板分隔成许多扇形间格3，每格设有单独的连通管，管端与分配头4相接。分配头由两片紧靠在一起的部件5（与转鼓一起转动）和6（固定）组成。转动部件5有一列小孔9，每孔通过连接管同各扇形间格相连。6有缝7和真空管路13相通，孔8与压缩空气管路14相通。当转鼓某扇形间格的连通管9旋转处于滤饼形成区Ⅰ时，由于真空的作用，将污泥吸附在过滤介质上，污泥中的水通过过滤介质之后沿管13流到气水分离罐。吸附在转鼓上的滤饼转出污泥槽之后，若管孔9在固定部件的缝7范围内，则处于吸干区Ⅱ内继续脱水，当管孔9与固定部件的孔8相通时，便进入反吹区Ⅲ和压缩空气相通，滤饼被反吹松动，然后由刮刀10刮除，滤饼经皮带输送器外输。再转过休止区Ⅳ进入滤饼形成区Ⅰ，周而复始。

GP型真空转鼓过滤机的主要缺点是过滤介质紧包在转鼓上，清洗不充分，容易堵塞，影响过滤效率。为了解决这个问题，可以采用链带式转鼓真空过滤机，即用辊轴把过滤介质转出，卸料并将过滤介质清洗干净后转至转鼓。

2）真空过滤设计

设计的主要内容是根据原污泥量、过滤产率决定所需过滤面积与过滤机台数。

所需过滤机面积见式（5-4-3）：

$$A = \frac{Waf}{L} \tag{5-4-3}$$

式中　$A$——过滤机面积，$m^2$；

$W$——原污泥干固体重量，$W = Q_0 C_0$，kg/h；

$Q_0$——原污泥体积，$m^3/h$；

$C_0$——原污泥干固体浓度，$kg/m^3$；

$a$——安全系数，考虑污泥分布不匀及滤布阻塞，常用$a = 1.15$；

$f$——助凝剂与混凝剂的投加量，以占污泥干固体重量百分数计；

$L$——过滤产率，通过试验或用式（5-4-2）计算，$kg/(m^2 \cdot h)$。

3）真空过滤脱水所需附属设备

真空泵：抽气量为每过滤面积0.5～1$m^3$/min，真空度为200～500mmHg，最大600mmHg，真空泵所需电机按每1$m^3$/min抽气量配1.2kW计算。真空泵不少于2台。

空压机：压缩空气量按每$m^2$过滤面积为0.1$m^3$/min，压力（绝对压力）为0.2～0.3MPa进行空压机选型。空压机所需电机按空气量每1$m^3$/min配4kW计算。空压机不少于2台。

气水分离罐:容积按3min的空气量计算。

真空过滤脱水有能够连续生产,运行平稳,可自动控制的优点。

真空过滤脱水的主要缺点是附属设备较多。工序较复杂,运行费用较高的特点,所以目前应用得比较少。

(5)压滤脱水

1)压滤脱水机构造与工作过程

压滤脱水采用板框压滤机。其基本构造见图5-4-5。

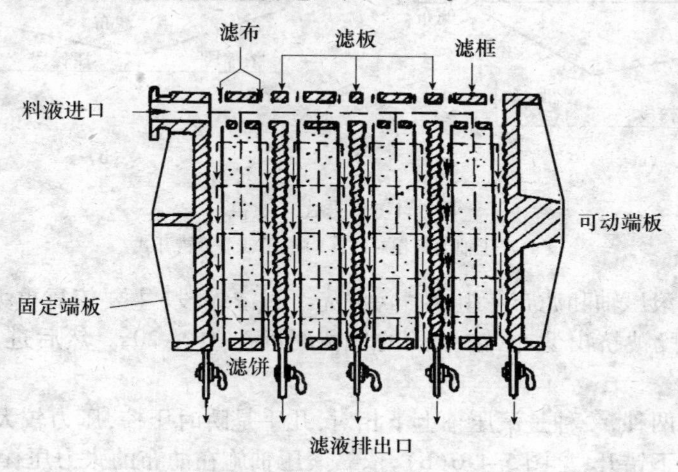


图5-4-5　板框压滤机

板与框相间排列,在滤板的两侧覆有滤布。用压紧装置把板和框压紧,即在板与框之间构成压滤室,在板与框的上端中间相同部位开有小孔,污泥从该通道进入压滤室,将可动端板向固定端板压紧,污泥加压至0.2~0.4MPa,在滤板的表面刻有沟槽,下端钻有供滤液排出的孔道,滤液在压力下通过滤布,沿沟槽和孔道排出滤机,使污泥脱水。将可动端板拉开,清除滤饼。

2)压滤机的类型

压滤机可以分为人工板框压滤机和自动板框压滤机两种。

人工板框压滤机,需一块一块地卸下,剥离泥饼并清洗滤布后,再逐块装上,劳动强度较大,效率低。自动板框压滤机,上述过程都是自动的,效率比较高,劳动强度低,自动板框压滤机有垂直式与水平式两种。

3)压滤脱水的设计

压滤脱水的设计主要是根据污泥量、污泥性质、调节方法、脱水泥饼浓度、压滤机工作制度、压滤压力等计算过滤产率及所需压滤机面积与台数。压滤机的产率通常为2~4kg/($m^2$·h),压滤脱水的过滤周期1.5~4h。

板框压滤机构造较简单,过滤推动力大,适用于各种污泥,但不能连续运行。

(6)滚压脱水

污泥滚压脱水的设备是带式压滤机。其主要特点是把压力施加在滤布上,依靠滤布的压力及其张力使污泥脱水。这种脱水方法不需要真空或加压设备,动力消耗少,可连续生产,目前应用较为广泛。带式压滤机基本构造见图 5-4-6。

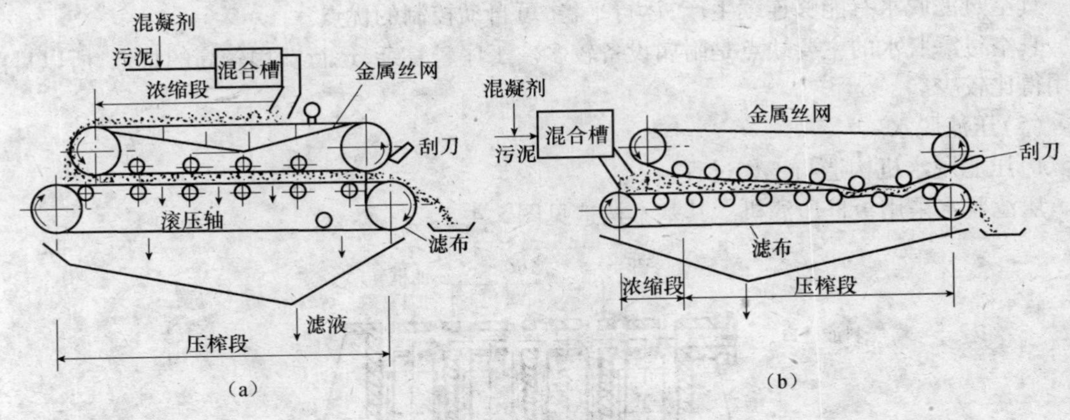


图 5-4-6　带式压滤机

(a)滚压轴上下相对式;(b)滚压轴上下错开式

带式压滤机由滚压轴和滤布带组成。污泥先经过浓缩段(主要依靠重力),使污泥失去流动性,以免在压榨段被挤出滤布,浓缩段的停留时间为 10 ~ 20s。然后进入压榨段,压榨时间1 ~5min。

滚压的方式有两种,一种是滚压轴上下相对,几乎是瞬时压榨,压力较大,见图 5-4-6(a);另一种是滚压轴上下错开,见图 5-4-6(b),依靠滚压轴施在滤布的张力压榨污泥,压榨的压力受张力限制,压力较小,压榨时间较长,主要是依靠滚压对污泥剪切力的作用,促进泥饼的脱水。

(7)离心脱水

污泥离心脱水采用的设备一般是低速锥筒式离心机,构造见图 5-4-7。

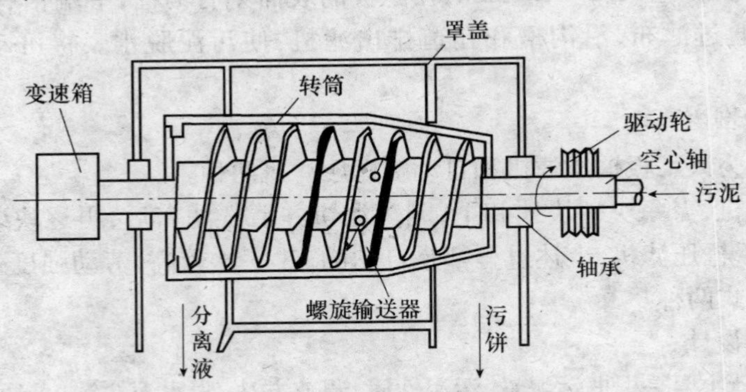


图 5-4-7　锥筒式离心机构造示意图

主要组成部分是螺旋输送器、锥形转筒、空心转轴。污泥从空心轴筒端进入,通过轴上小孔进入锥筒,螺旋输送器固定在空心转轴上,空心转轴和锥筒由驱动装置传动,同向转动,但两者之间有速差,前者稍慢后者稍快。污泥中的水分及污泥颗粒由于受到的离心力不同而分离,污泥颗粒聚集在转筒外缘周围,自螺旋输送器将泥饼从锥口推出,随着泥饼的向前推进不断被离心压密,而不受到进泥的搅动。分离液由转筒末端排出。

空心转轴与锥筒的速差越大，离心机的产率就越大，泥饼在离心机中的停留时间也就越短。泥饼的含水率越高，其固体回收率越低。

低速离心机由于转速低，故动力消耗、机械磨损、噪声等都较低。污泥离心脱水的优点有构造简单、操作方便、可连续生产、可自动控制、卫生条件好、占地面积小、脱水效果好等，所以是目前污泥脱水的主要方法。缺点是污泥的预处理要求比较高，必须使用高分子调节剂进行污泥调节。

---

**Mechanical dewatering of sludge**：

(1) Pretreatment methods include：

Chemical regulation；

Heat-treatment；

Freezing method；

Elutriation；

(2) Mechanical sludge dewatering methods include：

Vacuum filtrating dewatering；

Pressure filtration dehydration；

Rolling dehydration；

Centrifugal Dewatering.

---

## 5.5 污泥的最终处置及综合利用

污泥的最终处置与利用的主要方法有：作为农肥利用，建筑材料利用，填地与填海造地利用等。污泥的最终处置与利用，和污泥处理工艺流程的选择密切相关，故要统盘考虑。

(1) 农肥利用与土地处理

1) 污泥的农肥利用

我国城市污水处理厂污泥中含有的氮、磷、钾等植物性营养物质非常丰富，可以作为农业肥料使用，污泥中含有的有机物又可作为土壤改良剂。

污泥作为肥料施用时必须符合：①满足卫生学要求，不得含有病菌、寄生虫卵与病毒，在施用前应对污泥作消毒处理或季节性施用，在传染病流行时应停止施用；②污泥所含重金属离子浓度必须符合我国农林部制定的《农用污泥中污染物控制标准》(GB 4284—1984)，因为重金属离子最易被植物摄取并在根、茎、叶与果实内积累；③总氮含量不能过高，氮是作物的主要肥分，但浓度太高会使作物的枝叶疯长而倒伏减产。

2) 土地处理

土地处理有两种方式：改造土壤与污泥的专用处理场。

若将污泥投放于废露天矿场、尾矿场、采石场、粉煤灰堆场、戈壁滩与沙漠等地，可把不毛之地改造为可耕地。污泥投放期间，应经常测定地下水和地面水，控制投放量。

专用的污泥处理场，污泥的施用量可以达到农田施用量的 20 倍以上，专用场应设截流地面径流沟及渗透水收集管,以免污染地面水与地下水。收集的渗透水应进行适当处理,专用场地严禁种植作物。污泥投放量达到额定值后,可以作为公园、绿地使用。

(2)污泥堆肥

污泥堆肥是农业利用的有效途径。堆肥方法有污泥单独堆肥,污泥与城市垃圾混合堆肥两种。

污泥堆肥一般采用好氧条件下,利用嗜温菌及嗜热菌的作用,分解污泥中有机物质并杀灭传染病菌、寄生虫卵与病毒,提高污泥的肥分。

堆肥时一般添加适量的膨胀剂,以增加孔隙率,改善通风以及调节污泥含水率和碳氮比。膨胀剂可用堆熟的污泥、稻草、木屑或城市垃圾等。

堆肥可分以为两个阶段:一级堆肥阶段与二级堆肥阶段。

一级堆肥可分为3个过程:发热、高温消毒及腐熟,一级堆肥阶段约耗时7~9d,在堆肥仓内完成。

二级堆肥阶段是在一级堆肥完成以后,停止强制通风,采用自然堆放方式,使其进一步熟化、干燥、成粒。堆肥成熟的标志是物料呈黑褐色,无臭味,手感松散,颗粒均匀,蚊蝇不繁殖,病原菌、寄生虫卵、病毒及植物种子均被杀灭,氮、磷、钾等肥效增加且易被作物吸收。

堆肥过程中产生的渗透液需就地或送污水处理厂处理。

(3)污泥制造建筑材料

1)可提取活性污泥中含有的丰富的粗蛋白与球蛋白酶制成活性污泥树脂,与纤维填料混匀压制生产生化纤维板。

2)利用污泥或污泥焚烧灰可生产污泥砖、地砖。

(4)污泥裂解

污泥经干化、干燥后,可用煤裂解的工艺方法将污泥裂解制成可燃气、焦油、苯酚、丙酮、甲醇等化工原料。

(5)污泥填埋、填地与填海造地

填埋是我国目前污泥处置的主要方法,可与城市垃圾联合建填埋场,具体要求见有关规范。

不符合利用条件的污泥,或是当地需要时,可以利用干化污泥填地、填海造地。

---

**Methods of sludge ultimate disposal and utilization include:**

(1) Fertilizer use and land treatment;

(2) Sludge compost;

(3) Manufacture building material;

(4) Pyrolysis of sludge;

(5) Sludge Landfill, sea-filling.

---

## 小　结

1. 污泥的来源有:(1)初次沉淀污泥;(2)二沉池污泥;(3)消化污泥生污泥;(4)化学污泥。

2. 污泥的主要特征是:(1)含有机物多,性质不稳定,易腐化发臭;(2)有毒有害污染物的含量高,废水处理过程中许多有害物质富集到污泥中;(3)含水率高,呈胶状结构,不易脱水;(4)可用管道输送;(5)含较多植物营养素,有肥效;(6)含病原菌及寄生虫卵,流行病学上不安全。

3. 污泥的处理基于三个方面考虑:污泥的减量化、稳定化以及无害化。

4. 污水处理厂中常用的污泥浓缩方法主要有重力浓缩和气浮浓缩两种。

5. 污泥消化的主要目的是改善污泥的卫生条件及使污泥易于脱水。

6. 自然干化是利用自然下渗和蒸发作用脱除污泥中的水分,其主要构筑物是干化场。

7. 污泥的干化和脱水方法主要有自然干化、机械脱水等。

8. 污泥的最终处置与利用的主要方法有:作为农肥利用,建筑材料利用,填地与填海造地利用等。

## 习　题

5-1　污泥的来源主要有哪些?

5-2　哪些是浓缩池必须同时满足的条件?

5-3　影响污泥消化的主要因素有哪些?

5-4　什么是干化? 干化的分类有哪些?

5-5　干化场的脱水特点及影响因素是什么?

5-6　机械脱水前,预处理的目的是什么?

5-7　污泥作为肥料施用时,必须满足的条件有哪些?

5-8　什么情况下要对污泥进行干燥处理? 干燥设备的类型有哪几种?

# 6 中水回用工艺

**能力目标:**

本章主要讲述中水回用技术,通过本章的学习,了解污水回用的对象以及国内外污水回用的概况;掌握悬浮载体生物流化床工艺的流程及设计思想;了解悬浮载体生物流化床处理效能及其影响因素;掌握CASS工艺的基本原理、工艺流程、特点;了解CASS工艺曝气、撇水方式的选择;了解VTBR处理工艺、WJZ-H型污水处理及中水回用技术、地下渗滤、SBBR系列间歇充氧式生活污水净化装置、连续微滤—反渗透技术、高效纤维过滤技术、DGB吸附城市污水地下回灌工艺、SDR等中水回用新工艺的原理及流程;掌握中水回用存在的问题以及应用的前景。

## 6.1 概　述

### 6.1.1 水资源概况和污水回用的必然性

水是生命活动中最为重要的物质之一,是人类文明不断发展的基础条件。和谐的水环境和丰裕的水资源是人类社会可持续发展的基本前提。然而,随着科学技术的不断进步,工业文明的迅猛发展,人口的持续增加,人类社会正面临着严重的水危机,具体表现为严重的水资源短缺和水环境污染。

水资源是指可供人类直接利用,能不断更新的天然淡水,主要是指陆地上的地表水和浅层地下水。众所周知,水资源紧缺已经成为世界性问题。目前全球有60%以上的陆地淡水不足,40多个国家缺水,1/3的人口得不到安全供水。我国也同样面临水资源短缺的现实。我国是一个干旱缺水严重的国家,全国拥有水资源约为28000亿$m^3$,居世界第六位,但人均占有水资源量仅为2220$m^3$,只有世界平均水平的1/4,平均每公顷占有水资源29万$m^3$,仅为世界平均的4/5。而且水资源在地区分布上极不均匀,约有80%以上分布在长江流域及以南地区,与人口、耕地资源的分布不相匹配:南方水多、人多、耕地少;北方水少、人多、耕地多。北方有9个省(自治区、直辖市)人均水资源占有量少于500$m^3$,常年干旱缺水,水资源的供需矛盾十分突出。水资源的贫乏已严重地制约着我国社会经济的发展,广大地区工农业生产的发展在很大程度上受制于缺水,不少地区因此出现了剧烈的城乡间、地区间的争水矛盾。近年来黄河下游断流均在100d以上,给下游人民生活和经济发展带来了严重影响,这已逐渐引起全社会的关注。水旱灾害不断出现,水环境遭到人为的破坏,再加上开源节流的投入不足,水利经济没有理顺,使水资源问题日益成为我国社会经济发展的重要制约因素。

中国城市缺水现象始于20世纪70年代末,从北方和沿海城市开始,逐步蔓延到内地。到1995年,全国620多座城市中有近320座城市缺水,严重缺水的有110多座,日缺水超过1600万 $m^3$,年缺水量60多亿 $m^3$,造成工业产值损失2000多亿元。而工业和城市污水大量任意排放,又使水质污染日趋严重,全国主要江河湖库的水质已受到不同程度污染,符合标准的可供水源急剧减少,进一步加剧了城市缺水的矛盾。城市缺水不仅影响居民生活,造成经济损失,还严重制约着城市的发展。

进入21世纪,我国人口继续增长,根据有关方面预测,2030年前后将达到16亿高峰,其中城镇人口将占一半左右。要满足16亿人的基本需求,并达到中等发达国家的水平,土地资源的开发将达到临界状态,而对水的需求也将进一步增加。1993年全国工农业生产和城乡居民生活用水已达到5250亿 $m^3$,人均用水约 $450m^3$。根据人口增长、工农业生产发展,初步估计2030年需增加供水2000亿~2500亿 $m^3$ 才能满足各方面的需要。由于我国耕地的开发潜力主要在北方,新增加的供水有相当大的部分将用于北方。除了东北和西北内陆河流域在区域内尚有部分水源可调配外,黄河、淮河、海河三流域在2010年以后,随着人口的增加,人均水资源将不足 $400m^3$,当地水资源已无潜力可挖,缺水只有远距离从长江上、中、下游调水才能得以解决。而远距离调水成本高、投资大,资金筹措困难,并受到社会和环境等因素制约,工程实施难度极大。相比之下,开展污水深度处理,使污水成为稳定的再生水源实现污水资源化,不但解决了水体污染问题,而且可以缓解水资源危机。因此,探求高效的污水深度处理技术,实现污水资源化是当前国内外污水处理的主要研究方向。

对于缺水城市而言,仅仅依靠增加水量,并不能有效地解决缺水问题,与此相应地,城市污水的回用就显得比开发建设新水源更重要。目前,我国已经建成污水处理设施400余座,城市污水处理率达到了30%,二级处理率达到了15%。根据"十五"计划纲要要求,2005年城市污水集中处理率达到45%,这给污水回用创造了基本的条件,凡是污水处理厂都可以将污水适当处理后回用。全国污水回用率如果达到20%,则"十五"末期回用水量可达到40亿 $m^3$,通过污水回用,可解决全国城市缺水的一半以上,具有十分巨大的潜力。

世界上许多城市的生活用水定额都在每人每天230L左右,其中饮用等与健康密切相关的水量不到总量的30%,大部分水用在与健康关系不大的冲洗厕所等方面。这些用途的水可以用水质相对较差且经过处理的生活污水代替,达到节约新鲜水资源的目的。

城市废水回用就是将城镇居民生活及生产中使用过的水经过处理后回用。其回用又有两种不同程度的回用:一种是将污、废水处理到饮用水程度,而另一种则是将污、废水处理到非饮用水程度。对于前一种,因其投资较高、工艺复杂,非特缺水地区一般不常采用,多数国家则是将污、废水处理到非饮用的程度,在此便引出了中水概念。中水的概念起源于日本,主要是指城市污水经过处理后达到一定的水质标准,在一定范围内重复使用的非饮用的杂用水,其水质介于清洁水(上水)与污水(下水)之间。中水虽不能饮用,但它可以用于一些对水质要求不高的场合。中水回用就是利用人们在生产和生活中应用过的优质杂排水,经过一定的再生处理后,应用于工业生产、农业灌溉、生活杂用水及补充地下水。

我国一些城市中水回用的实践证明:利用中水不仅可以获取一部分主要集中于城市的可利用水资源量,还体现了水的优质优用、低质低用,利用中水所需要的投资及运行费用一般低于长距离引水所需投资和费用,除实行排污收费外,城市污水回用所收取的水费可以使水污染防治得到可靠的经济保障。可以说,中水的利用是环境保护、水污染防治的主要途径,是社会、经济可持续发展的重要环节。

### 6.1.2 国内外污水回用概况

中水回用技术早在20世纪六七十年代以前,日本、美国、德国就开始广泛应用,并且能使处理后的污水达到满足生活用水水质要求的程度。目前,国内的中水回用技术也已非常成熟,并且在部分省、市得到了广泛的应用,该技术也得到了相关政府部门的肯定与支持。如一些省市已出台了相关的规定:凡是新建小区规划,没有中水处理设施系统的项目不予审批。现阶段,经常使用的处理技术有:活性污泥法、生物膜法等。处理的方法可分为以下几种类型。一是以生物处理法为主,二是以物理化学法处理为主,三是以物理处理法为主。处理方法的选用,只有结合当地具体情况,根据回用点的水质要求,才能达到经济合理的处理使用效果。

在国外,缺水的以色列、日本、南非和美国加州的中水回用发展很好。美国的中水回用的范围很广,涉及城市回用,农业回用、娱乐回用、工业回用等多个领域。美国早在1925年,大峡谷的旅游点就用处理后的废水来冲洗厕所和灌溉草坪。1956年和1957年,堪萨斯的堪纳特由于严重干旱,就将经河水稀释后的生活废水处理后用作饮用水。1989年加州的圣·芭芭拉地区修改了建筑规范,将中水利用系统纳入建筑设计标准,州政府也积极支持将经过恰当处理的废水用于灌溉和非饮用的各种目的。专家预测,在美国各种节水措施的实施再加上中水回用,有望节约家庭用水50%。美国的哥伦比亚城,大约有1/3经生物处理的城市污水再经过滤和消毒之后,作为城市杂用水。

日本是一个饮用水严重缺乏的国家,日本的许多大城市都存在供水不足的问题,因此日本成为开展污水回用研究较早的国家之一,其主要以处理后的污水作为住宅小区和建筑生活杂用水。日本各大城市都拥有专门的工业用水道,形成与自来水管网并存的另一条城市动脉。

印度孟买已有7座商业大楼采用中水作为空调冷却水的补充水,水量达150 ~250$m^3$/d。以色列对90%的污水收集排放,80%经再生处理,60% ~65%的污水经处理后重复使用。

我国在这方面起步较晚,目前我国最大的水资源再利用项目:高碑店污水处理厂再生水回用项目已经实施全线贯通。用于园林、环卫、工业等行业。我国早在1985年将城市污水处理与利用列入国家科研课题,相继在北京、大连、青岛、太原、泰安、天津、淄博等城市开展了污水回用的实验研究工作,其中有些城市已修建了污水回用试点工程并取得了积极的成果,为全国的中水回用提供了技术依据,积累了一定的实践经验。

北京是我国污水回用发展较快的城市,现已建成10座中水设施,拥有中水处理能力10300$m^3$。大连市自1994年以来,先后在12座大型建筑中配套建设了中水设施,日节约淡水2000$m^3$。

宁波市目前仅有一家中水回用单位,即宁波市污水处理厂的中水初级回用工程,污水处理后的出水进行灌溉厂区的草坪绿化。虽然我国部分城市在中水利用已走在了前面,但是中水资源的利用与开发总体进展缓慢。

### 6.1.3 污水回用的对象

城市污水经不同程度的处理后可回用于农业灌溉、工业用水、市政绿化、生活洗涤、娱乐场所、地下水回灌和补充地下水等用途。

(1)污水回用农业

这是一个古老而且永不过时的方向,世界上许多国家都将污水回用于农田灌溉。大约从19世纪60年代起,世界许多地方,如德、英、俄等国就将城市污水用于大面积草地灌溉。现今美国洛杉矶等加州西部一些城市、亚里桑那州、得克萨斯州等都在将处理后的污水用于农业灌溉。前苏联曾计划在1980年底有50%的城市污水处理后用于农灌。在以色列,污水回用于农业的比例达85%~100%。阿曼约15亿$m^3$的年用水量中85%用于灌溉。

我国自60年代以来,许多地方积极推行污灌,积累了正反两方面的丰富经验。90年代,北京市污水灌溉面积为100多万亩,年利用污水量可达2亿$m^3$。西安市每日污水排放量为46万$m^3$,其中36万$m^3$用于农田灌溉。污水回用往往将农业灌溉推为首选对象,其理由主要有两点:1)农业灌溉需要的水量很大,污水回用于农业有广阔天地。全球淡水总量中有70%~80%用于农业,不到20%用于工业,6%用于生活;2)污水灌溉对农业和污水处理都有好处。仅就对农业而言,能够很方便地将水与肥同时供应到农田。

随着我国人口增长、工农业生产发展,初步估计2030年需增加供水2000亿~2500亿$m^3$才能满足各方面的需要。我国耕地的开发潜力主要在北方,新增加的供水有相当大的部分将用于北方。除了东北和西北内陆河流域在区域内尚有部分水源可调配外,黄河、淮河、海河三流域在2010年以后,随着人口的增加,人均水资源将不足400$m^3$,当地水资源已无潜力可挖,缺水只有远距离从长江上、中、下游调水才能得以解决。而远距离调水成本高、投资大,资金筹措困难,并受到社会和环境等因素制约,工程实施难度极大。相比之下,开展污水深度处理,进行中水回用,使污水成为稳定的再生水源,实现污水资源化,不但解决了水体污染问题,而且可以缓解水资源危机。

(2)污水回用工业

每个城市,从用水量和排水量看,工业都是大户。一些城市的污水二级处理厂的出水,经适当的深度净化后送至工厂用作冷却水、水利输送炉灰渣、生产工艺用水和油田注水等。据统计,美国357个城市污水回用总量中的40.5%是回用于工业的;伯利恒钢厂几十年来一直利用城市污水作为工业用水。前苏联有36个工厂利用处理后的城市污水,每天回用量达555万$m^3$。日本东京三河岛污水处理厂日处理污水138万$m^3$,其中11万$m^3$/d的出水供应340个工厂的工业用水。名古屋市的污水经混凝、沉淀、过滤后供给12个工厂再用。我国大连春柳污水厂污水回用工程是我国的第一个废水回用示范工程,处理规模是1000$m^3$/d,以作为工业冷却水为回用目标,处理后水质良好,其出水已成为附近大连红星化工厂的冷却水及热电厂、染料厂的稳定水源。太原北郊污水厂将其出水回用作太钢补充冷却水已有多年。太原市北郊污水净化厂污水回用工程自1992年运行以来,每年为太原钢铁公司提供再生水180万$m^3$作为钢铁公司循环冷却水的一部分,经实践表明使用效果良好,各项水质指标均能达到或接近使用要求。

(3)污水回用生活

城市生活用水虽然只占城市总用量20%左右,其中有1/3以上是用于公共建筑、绿化和浇洒,其余为居民生活用水。城市道路喷洒、园林绿地灌溉的用水量随着人民生活质量的不断提高,用水量逐年加大。如果不分场合地使用淡水,就会造成不必要的浪费。在人们生活中,不同用途的水对水质的要求也不一样,饮用水要求的水质最高,而对于冲洗厕所用的水质相对要低得多。对于污水回用作为饮用水源，在世界各地有一些不同的意见。一般情况下，当有其他水源可以利用时，人们都不愿意用再生的污水作为饮用水源。虽然直接回用没有发现丝毫的卫生问题，但由于有些溶解物质没有被 2 级处理除掉，水呈浅黄色，并有泡沫，故用户不爱用。在当前，最慎重的做法是把回收的污水用于非饮用水，在这方面水质是肯定能满足的。对于体育运动(包括和水接触)的游乐用水，必须外观清澈，不含毒物和刺激皮肤的物质、病原菌必须少于合理的数值。回收污水作为游乐用水的适宜性，在很多地区已得到证实。如美国加利福尼亚的阿尔平县的邱第安溪水库就是用污水厂排出的回收污水充满的。对于那些对水质要求不高，又不与人体直接接触的杂用水，则可用中水来代替。“中水”一词起源于日本，是指生活污水经过处理以后，达到了规定的杂用水水质标准，可作为冲洗厕所、园林浇灌、道路保洁、清洗汽车以及喷水池、冷却设备补充用水等用途的杂用水。1960 年科罗拉多州修建了一套中水回用系统提供高尔夫球场、公园、高速公路等的景观用水。近年来我国城市缺水每天约 $1\times10^7\sim2\times10^7\mathrm{m}^3$，另据资料显示，我国城市生活污水的排放量每天约为 $4\times10^7\mathrm{m}^3$，占废水总排放量的 40%，这部分污水水量大而且稳定，如果能将这些污水中的一部分经过适当的处理作为中水加以回用，就可解决缺水城市和地区的用水问题。

日本的建筑中水开展较早，发展也很快，在办公楼、商场、学校、生活小区等处都有了中水回用设施，但其处理规模通常较小，每天处理生活污水量 $50\sim500\mathrm{m}^3$。随后，美国、印度等国家都相继开展了建筑中水的建设，大大推动了中水回用技术的发展。我国从 70 年代以后，建筑中水事业得到了快速发展，在北京、深圳、大连等城市都开展了中水系统的建设。中水设施的建设，既减少了因生活污水的排放而造成的环境污染，又节约了水资源，实现了污水的资源化，因而受到了社会的重视。

(4)污水回用于地下水回灌

当前中国许多城市，尤其是北方城市由于水资源紧缺和地下水的过量开采，导致地下水位急剧下降。例如，石家庄市的地下水位从 50 年代的 3~5m 下降至 90 年代的 34~45m，这是由于随着用水量的不断增加而过量开采所致。因此城市污水厂出水用于地下水回灌通过慢速渗滤进入地下水，既保证了水质，也补充了地下水量，是一种最适宜的地下水补充方式。利用再生水回灌地下水在控制海水入侵上也有许多优点，如能增加地下水蓄水量，改善地下水质，恢复被海水污染的地下水蓄水层，节省优质地面水，不必远距离饮水等。通过地下水回灌而间接回用，然后排放到其他城镇使用的地表水源中，这是被人们所接受的一种办法。

---

**Sewage reuse**:

(1)Sewage reuse for agriculture;

(2)Sewage reuse for industry;

(3)Sewage reuse for life;

(4)Sewage reuse for groundwater recharge.

---

### 6.1.4 污水回用工程的经济技术分析

(1)中水回用的技术可行性

污水回用技术早在 20 世纪六七十年代以前在日本、美国、德国就开始广泛应用，并且能使处理后的污水达到满足生活用水水质要求的程度。回用处理与通常的水处理并无特殊差异，只是为了使处理后的水质符合回用水的水质标准，在选择回用水处理工艺时所考虑的因素更为复杂。目前，国内的中水回用技术也已非常成熟，并且在部分省、市得到了广泛的应用，该技术也得到了相关政府部门的肯定与支持。如一些省市已出台了相关的规定：凡是新建小区规划，没有中水处理设施系统的项目不予审批。

现阶段，经常使用的处理技术有：活性污泥法、生物膜法等。处理的方法可分为以下几种类型：一是以生物处理为主，二是以物理化学法处理为主，三是化学处理法，四是物理处理法。污水回用常用的处理方法以及各种中水方式的比较见表6-1-1、表6-1-2。

**表6-1-1　污水回用处理方法**

| 方法分类 | | | 主要作用 |
|---|---|---|---|
| 物理方法 | 筛滤截留 | | 格栅：截流较大的漂浮物 |
| | | | 格网：截流细小的漂浮物 |
| | | | 微滤机及微孔过滤：截流细小漂浮物 |
| | | | 过滤：滤除部分细微悬浮物和部分胶体 |
| | 重力分离 | | 重力沉降：分离悬浮物 |
| | | | 气浮：利用气浮体分离比重接近于1的悬浮物 |
| | 离心分离法 | | 利用惯性分离悬浮物 |
| | 磁分离 | | 利用磁性差异进行分离 |
| 化学法 | 中和 | | 中和处理酸性或碱性物质 |
| | 氧化和还原 | | 氧化分解或还原去除水中的污染物质 |
| | 化学沉淀 | | 析出并沉淀分离水中的无机物质 |
| | 电解 | | 电解分离并氧化还原水中的无机物质 |
| 物理化学法 | 离子交换法 | | 以交换剂中的离子交换水中的污染离子 |
| | 气提和吹脱 | | 去除水中的挥发性物质 |
| | 萃取 | | 选择性分离水中的溶解性物质 |
| | 吸附 | | 以活性炭等吸附剂吸附水中的溶解性物质 |
| | 膜分离技术 | 扩散渗析 | 依靠渗透膜两侧的压力差分离选择性分离水中的溶质 |
| | | 超滤 | 利用超滤膜使水中的大分子物质与水分离 |
| | | 反渗透 | 在压力作用下通过半透膜反方向使水与溶质分离 |
| | | 电渗析 | 在直流电场中离子交换树脂选择性的定向迁移分离去除水中的离子 |
| 生物法 | 活性污泥法 | | 利用水中好氧微生物分解废水中的有机物 |
| | 生物膜法 | | 利用附着生长在各种载体上的微生物分解水中有机物 |
| | 生物氧化塘 | | 利用稳定塘中的微生物分解废水中的有机物 |
| | 土地处理 | | 利用土壤和其中的微生物及植物综合处理水中污染物 |
| | 厌氧处理 | | 利用厌氧微生物分解水中的有机物，特别高浓度有机物 |

表 6-1-2　各种中水处理方式的比较

| 项目 | | 物理处理法(膜处理法) | 物理化学处理法 | 生物处理法 |
|---|---|---|---|---|
| 1 | 回收率 | 70% ~85% | 90% 以上 | 90% 以上 |
| 2 | 原水水质 | 杂排水 | 杂排水 | 杂排水、生活污水 |
| 3 | 负荷改变量 | 大 | 稍大 | 小 |
| 4 | 污泥处理 | 不需要 | 需要 | 需要 |
| 5 | 装置密闭性 | 好 | 稍差 | 不好 |
| 6 | 臭气产生 | 无 | 较少 | 多 |
| 7 | 运行管理 | 容易 | 较容易 | 复杂 |
| 8 | 占地面积 | 小 | 中等 | 大 |
| 9 | 回用范围 | 冲侧、绿地、空调用水 | 冲便器、空调用水 | 冲而 |
| 10 | 运转方式 | 连续或间歇 | 间歇式 | 连续式 |

(2)中水回用的经济可行性

污水回用工程的回用量愈大,其吨水投资愈小,吨水成本愈低,经济效益愈显著。国内外同类经验与预算都表明,对城市污水厂二级处理出水,采用混凝—沉淀—过滤—消毒技术处理,在管网长度适宜条件下,每日 10000$m^3$ 回用量以上工程的吨水投资都应在 800 元以下,处理成本 0.7 元以下。按现在国内外通行惯例,中水价格一般为自来水价格的 50% ~70%。从国内已实施的中水工程项目的实际运行情况来看,实施中水回用的其经济效益是相当可观。

从表 6-1-3 可以看出中水回用的效益情况。随着水资源的统一管理,城乡供水价格的进一步理顺,其经济效益将更加明显。据有关资料统计,我国每年因缺水工业产值损失近 3000 亿元,中水工程的推广应用,不仅具有很高的经济价值,而且具有一定的政治意义。在商业和企事业用水行业中,水费开支是一项数额巨大的经营费用,在不影响行业正常经营生产的情况下。大幅减少自来水用量,其减少的费用又可以用于企业扩大再生产。

表 6-1-3　中水回用项目经济效益分析

| 项目名称 / 工程名称 | 山西某机关中水工程 | 北京劲松宾馆中水工程 |
|---|---|---|
| 土建投资 | 54.5 | 4.8 |
| 设备投资 | 54.1 | 12.2 |
| 日处理量 | 250 | 160 |
| 运行成本 | 1.29 | 0.195 |
| 投资回收期 | 6.6 | 1.8 |

# 6.2　中水回用新工艺

## 6.2.1　悬浮载体生物流化床工艺

### 6.2.1.1　基本工艺流程

悬浮载体生物流化床基本工艺流程如图 6-2-1 所示。

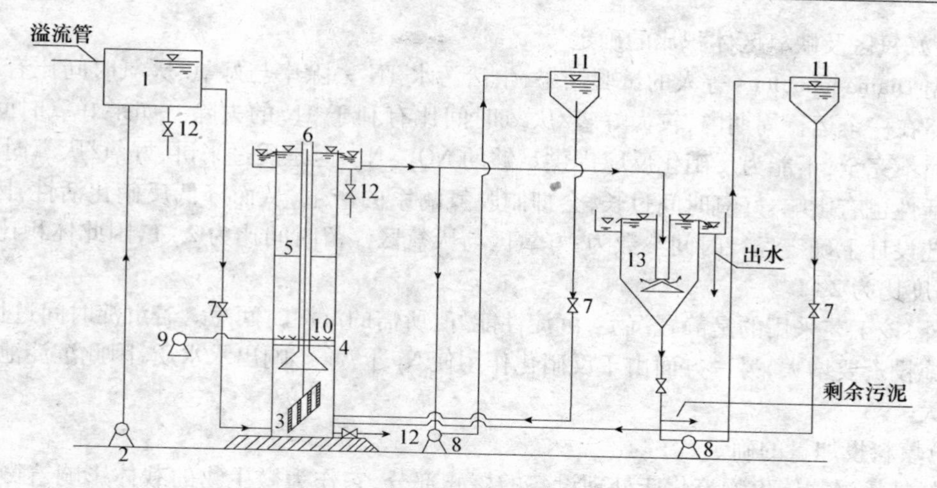


图6-2-1　悬浮载体生物流化床工艺示意图

1—进水水箱;2—进水泵;3—搅拌装置;4—穿孔网板;5—固定装置;
6—中心排气管;7—水量调节阀;8—回流泵;9—空气泵;10—曝气设备;
11—回流水箱;12—放空阀;13—二沉池

本工艺采用底部进水,上部出水,即原城市污水首先经过缺氧区,在缺氧区采用搅拌器进行搅拌,因搅拌器与调压器及电机联接,使搅拌速度可以调节,控制转速保持在均匀混合泥水、又不打碎颗粒污泥的程度。在该区域既可对有机物进行去除,同时又可满足反硝化反应所需的碳源,然后经过好氧区,进行生物脱氮的硝化过程,硝化液回流至缺氧区进行反硝化,从而完成生物脱氮的过程。大量研究表明,该工艺可用于城市污水及高浓度有机废水的处理,出水可达《景观娱乐用水水质标准》。

6.2.1.2　主要设计思想

(1)缺氧段采用悬浮生长系统

反硝化菌均匀分布在整个缺氧池内,在该段内设置可调式污泥搅拌设备,使水相和泥相均匀混合,便于污染物的降解;

(2)好氧段采用悬浮与附着相结合的生长系统

在城市污水生物脱氮系统中通常存在着泥龄的矛盾,好氧自养型细菌世代周期较长,而异养型反硝化菌则世代周期较短,当两类微生物共处一个污泥回流系统时,就不得不将泥龄控制在一个较窄的范围内,致使两类微生物都难以发挥各自的优势。考虑到上述泥龄的矛盾,可以考虑在系统的好氧段投放填料,增加好氧段的生物量,降低污泥负荷,强化系统的硝化功能。但由于活性污泥系统中投放固定型填料,容易发生填料间污泥结团等现象,从而会导致活性污泥法系统处理效率下降,因此考虑在好氧区内投加轻质填料,使其流化,形成三相生物流化床。

(3)采用圆柱形设备

传统活性污泥系统的生物反应器构型多为长方形。而本设备的主体考虑设计成圆柱形,因为根据流体力学原理,圆柱形有利于反应器内混合液处于良好的紊动,保持悬浮状态,减小因剪切造成的污泥颗粒破解,并提高曝气设备的充氧速率。圆形池与方形池相比,有利于混合液旋转并防止死角,减小水头损失。

(4)好氧区及缺氧区体积比的确定

根据 Diamadopoulous 等人的试验结果,生活污水 TN 去除率与好氧/厌氧时间比有着密切关系的。在一个运行周期内,较大好氧/厌氧时间比有利于 TN 的去除。如果好氧时间不足,硝化反应不完全,不能为反硝化反应提供足够的 $NO_3^-$-N。但是反过来讲,好氧/厌氧时间比对反硝化活性也有影响,好氧时间过长,会抑制脱氮酶系的产生,从而降低反硝化活性,因此,我们在工艺设计上确定运行时间参数为:好氧区与厌氧区停留时间比为 2:1,因此体积比也为 2:1,即高度比为 2:1。

此外,该工艺采用的是静置沉淀,沉淀性能好,所需的沉淀时间短。若沉淀时间过长,一方面是设施投资要增大,另一方面由于反硝化作用使 $N_2$ 上浮,影响出水水质,因此沉淀池体积也不能过大。

(5)填料投加量的确定

填料是悬浮载体生物流化床处理设备的核心部分,它作为微生物的载体影响着微生物的生长繁殖和脱离过程,它的性能直接影响和制约着处理效果,本工艺采用的是聚丙烯内部有交叉隔板的空心圆柱体。

为强化系统的硝化功能,应增加填料的装填密度。前期研究认为填料的投配比为 50% 效果比较好,是比较理想的投配率。但由于悬浮填料会对活性污泥絮体产生强烈的扰动,有可能造成活性污泥结构的破坏,从而使整个系统的污泥沉降性能下降,污泥指数上升;此外,装填密度过大,要使系统内保持比较好的气、水、泥混合状态,就必须保证足够的曝气量,使填料处于悬浮状态,导致系统内溶解氧水平较高,在回流系统中携带大量溶解氧进入缺氧区,影响前置反硝化能力的发挥。因此认为,填料的填加量应在保证系统硝化功能不受影响的基础上,不对悬浮活性污泥的生长构成影响。本工艺初步设计填料投加密度范围为 30%。

(6)缺氧区溶解氧量的控制

反硝化作用受抑制的控制因素之一是进水溶解氧浓度。因此,为尽可能降低缺氧区溶解氧(DO)的浓度,在水输送过程中,需尽量避免跌水等复氧诱因,污水进入反应设备前也要避免露天储存,否则会对反硝化产生不良影响。考虑到这些因素,本装置是将硝化液用水泵送到高位水箱后,再靠重力回流到设备底部进入缺氧区,因此唯一可以复氧的部分即为高位水箱(图 6-2-1,回流水箱 11),因此设计中将水箱设计成密封式,从而避免复氧。

(7)搅拌片及三相分离器的作用

缺氧区内设置搅拌片及三相分离器。通过调节电机转速,可有效控制缺氧区搅拌片的搅拌强度,使缺氧区活性污泥、城市污水进水和回流硝化液能够充分混合,同时又防止因搅拌强度过大而破坏形成的污泥絮体。搅拌片的另一个重要作用是使反硝化生成的氮气等气体及时脱离污泥,并通过三相分离器排出设备。

(8)曝气装置及安放位置

曝气采用鼓风曝气,特制粘砂块作为微孔曝气器,放置在好氧段底部,并可通过空气调节阀对曝气量进行调节。试验中将曝气装置沿设备好氧区底部一侧均匀放置,即筒体一半放置。这是考虑到在本装置中不安装导流装置,而填料质轻,如果底部均匀曝气则会产生填料全部浮到设备顶部的现象。放置在一侧,会使填料在整个床层内上下形成均匀环流,从而保证气、液、固三相均匀接触。在气、水的强烈冲击下,菌胶团不断分裂、更新与扩大传质表面,获取新的氧源和有机营养，从而可进行有效的生物降解，加强传质效率。

(9)布水装置

在生物流化床中布水装置一般位于流化床的底部，它既起到布水的作用，同时又要承托载体颗粒，因而是生物流化床的关键技术。布水的均匀性对床内的流态产生重大影响，不均匀布水可能导致部分载体堆积而不流化，甚至破坏整个床体状态。作为载体的承托层，又要求在床体因停止进水不流化时而不致于使载体流失，并且保证再次启动时不发生困难。目前在生物流化床中常用的布水装置有多孔板、多孔板上设砾石粗砂承托层、圆锥布水结构及泡罩分布板的方式布水。

本工艺中，因下部缺氧区为悬浮生长系统，上部好氧区为生物流化床，下部缺氧区通过搅拌片达到均匀混合。在好氧区与缺氧区之间我们采用了多孔板，保证了布水的均匀性，同时对填料起到承托作用。

---

**The main design philosophy**:

(1)The suspended growing systems are adorpted in anoxic zone;

(2)The combined growing systems by suspended and appendiculated systems in oxic zone;

(3)The cylindrical equipment is adorpted;

(4)The definition of volume ratio of anoxic zone and oxic zone;

(5)The best dosage of filling;

(6)The control of DO in anoxic zone;

(7)The action of mixing paddle and triphase separator;

(8)The aeration device;

(9)The device for well-distributed water.

---

6.2.1.3　生物膜填料的选择及特性

悬浮载体生物流化床工艺的核心部分是在设备好氧区中投加悬浮填料作为微生物附着生长的载体。作为微生物的载体影响着微生物的生长繁殖和脱离过程，它的性能直接影响和制约着处理效果。目前市场上常见的生物填料主要以聚丙烯、聚乙烯、聚氯乙烯或聚酯等为原材料而制成，填料开发的侧重点在填料的比表面积、填料结构与布水、布气性能及生物膜更新等方面。自20世纪80年代以来，国内在填料选择方面已经做了大量的研究工作，如清华大学对不同惰性载体，如陶粒、石英砂、褐煤、沸石、炉渣、麦饭石、焦炭等进行了比较系统的性能对比研究。在城市污水及工业废水处理方面，良好的填料应具备较大空隙率和一定的强度，以满足附着生物量增大的要求，防止填料在水力冲刷下破碎，延长使用寿命，从而降低工程运行管理成本。良好的填料需满足以下特性。

(1)良好的水力学性能

填料的水力学特性包括比表面积和结构形状等。填料的表面是生物膜形成和附着的部位，较大的比表面积可以保证反应器内维持较高浓度的生物量。填料的形状结构不仅影响了比表面积，也影响了填料间的水流流态和曝气时的氧转移效率，进而影响了污水和生物膜之间物质和生物膜的更新；一般而言，大的比表面积对污水处理是有益的。但是比表面积越大，反应器越容易被堵塞,在选用时要综合考虑。悬浮填料的空隙率大,气液通过能力大且气体流动阻力小。空隙率也决定了反应器中污水的有效停留时间。空隙率越大,污水的停留时间越长,反应器的容积利用率越高,水流阻力相应越小,从而反应器内部不易堵塞;同时,悬浮填料重量减少,成本也会下降。但是空隙率越高,比表面积、机械强度越小。空隙率一般维持在 $0.95m^3/m^3$。

(2)有利于生物膜的附着

填料对微生物的附着性主要取决于填料的物理因素和化学因素。物理因素包括填料表面的粗糙程度和表面孔隙大小,表面粗糙程度决定了挂膜的速度,粗糙度越大,挂膜越快,填料表面孔隙大小决定了微孔毛细作用强度,以及微生物可生产的大小和类型,因而较小的孔隙对游离状态的微生物有较强的截留作用。化学因素主要指填料的表面静电和亲水性。细菌体内的氨基酸所带的正电荷和负电荷相等时,溶液的 pH 为等电点,以 pI 表示。一般在 2 ~5 之间(革兰氏阳性菌 pI =2 ~3,革兰氏阴性菌 pI =4 ~5)溶液的 pH 值比细菌的等电点高时,氨基酸中的氨基电离受到抑制,羧基电离,细菌带负电,反之则相反。城市污水 pH 值一般在 7.5,所以细菌表面带负电,填料表面正电荷越高,则细菌越容易附着在填料上形成生物膜。另外,细菌属于亲水性粒子,所以提高填料表面的亲水性,可以加快生物膜的形成和附着。

(3)稳定性

废水处理要求填料必须有足够的机械强度,而且物理、化学性质稳定,并能够抵抗废水和微生物的侵蚀,不溶出有害物质。

(4)成本低廉

填料的费用一般约占生物膜工程总投资的 30% ~40%,因此,填料的性能价格比非常重要。一般情况下,为了能够增加反应器内生物量,应选择比表面积较大的填料。

---

**The good stuffing must be given into the following characteristics**:

(1) Good hydraulics characteristic;

(2) Be beneficial to attachment by biomembrane;

(3) Good stability;

(4) Low cost.

---

悬浮载体生物流化床工艺中填料具备如下特点:

本工艺采用的是聚丙烯材质悬浮填料。悬浮填料的开发是当前国内外针对固定型或悬挂型填料的不足而引发的一个新的研究动态。聚丙烯填料具有质轻、价廉、耐蚀、不易破碎及加工方便等优点,因此应用较为广泛。本填料为空心圆柱体,内部有交叉隔板,表面呈波纹状,凹凸不平。填料外径 10.0mm,内径 8.70mm,比表面积约为 $900m^2/m^3$,填料密度为 $(0.4 \sim 0.45) \times 10^3 kg/m^3$。其结构(单个)如图 6-2-2 所示。

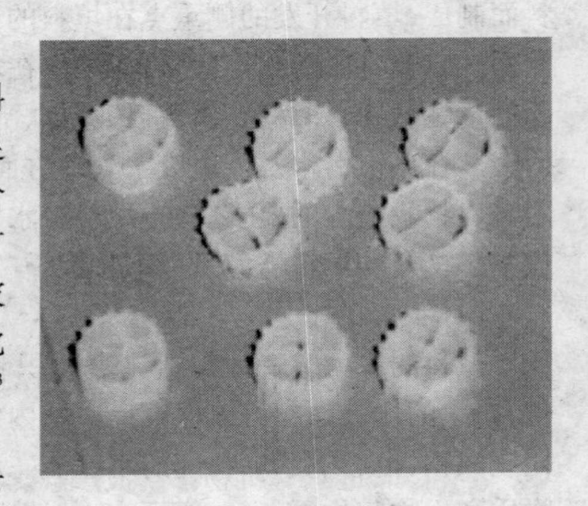

图 6-2-2　填料示意图

其波纹状外形及内部交叉隔板决定该填料有以下

特点：

(1)有助于挂膜

研究表明，表面粗糙度越大，挂膜越快。同时，较小的缝隙(孔隙)具有毛细孔保水作用，对水中的微生物有较强的持留作用，因此，悬填料表面具有一定的粗糙度及缝隙度有利于反应器的成功运行。

(2)脱氮效果好

该填料波纹状、凹凸不平的表面使其挂膜容易，而且在外部及内部空隙均能挂生物膜，但由于外部所形成的生物膜在水、气剪切力的作用下易脱落，因此该填料主要挂膜区域为填料内部。表面凹陷处由于所形成生物膜较厚，因此设备内生物量较大，可以提高工艺的处理效能，并且在填料表面生物膜较厚处易形成厌氧层，进而形成厌氧—缺氧微环境，使同步硝化—反硝化脱氮成为可能，因此可以提高装置的脱氮效率。

(3)质轻高强

该填料密度为 $0.4\times10^3\sim0.45\times10^3kg/m^3$，质轻，因此较小的动力便可使其流化，从而节省能源。由于悬浮填料在设备中受到水力剪切作用、因自身和生物膜的重力产生的填料间挤压作用、圆周运动中的离心力作用而产生的填料间挤压作用，以及长期运行时填料间的摩擦作用等，需要悬浮填料具有良好的机械强度。该填料由于具有很高的机械强度，因此不会由于上述原因而造成填料的机械性破坏，保证处理效率。

此外，该填料还具有生物膜不结团、生物膜生长均匀、表面积利用率高和生物量大等特点。

---

**The good stuffing in suspended carrier biological fluidized bed must be given into the following characteristics:**

(1) Be beneficial to attachment by biomembrane;

(2) The good capacity for denitrification;

(3) Lightweight and high strength.

---

6.2.1.4　悬浮载体生物流化床处理效能

污水生物处理技术的处理效能是其能否得到广泛应用的最主要指标，悬浮载体生物流化床能否在小型点源污染控制和污水深度处理中得到推广和使用，关键在于经过该工艺处理的出水水质是否满足城市污水的排放标准和再生回用标准，良好的处理效能是进行进一步深入研究和工艺优化的前提条件。

(1)COD 的去除效果

污水生物处理工艺对有机物的去除能力是评价该工艺性能的最主要指标之一，而 COD 是污水处理中用来表征污水中有机物含量的常用指标，悬浮载体生物流化床对 COD 的去除效果如图 6-2-3 所示。

采用悬浮载体生物流化床工艺对河北省秦皇岛市经济技术开发区城市污水进行处理，其处理效能如下。进水 COD 浓度变化范围为 115 ~ 372.31mg/L，平均浓度为 233.25/L。由图6-2-3可知，进水有机物浓度波动较大，而出水却相当稳定，COD 出水最高为 47mg/L，最低为 5mg/L，平均约为 23.59mg/L，说明悬浮载体生物流化床对有机物具有良好的处理效能，并具有较高的抗水质负荷冲击能力,能稳定运行。正式运行期间该装置对 COD 的总平均去除率达到 89.52%,最低去除率为 81.09%,最高可达 98.38%,全部出水水样 COD 浓度在 50mg/L 以下,达到了国家《景观娱乐用水水质标准》。

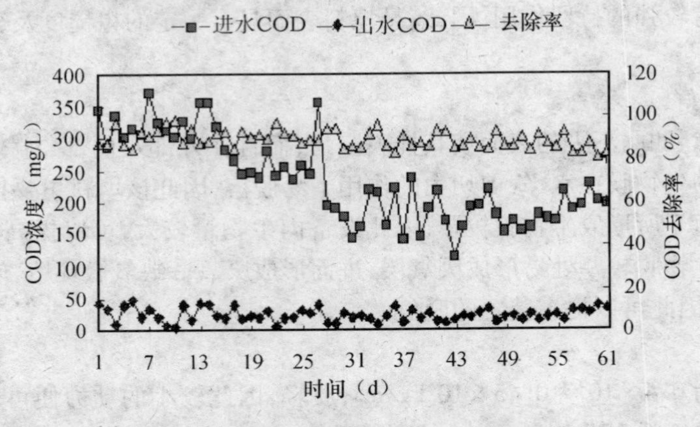


图 6-2-3 正式运行期间 COD 的去除情况

(2)氨氮的去除效果

正式运行期间进水氨氮浓度为 10.23 ~ 63.55mg/L,平均浓度为 43.51mg/L,本工艺对氨氮的去除效果如图 6-2-4 所示。

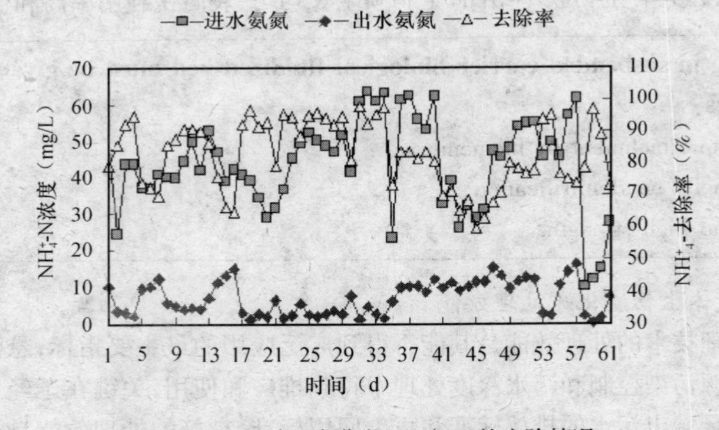


图 6-2-4 正式运行期间 $NH_4^+$-N 的去除情况

由图 6-2-4 及运行数据可知,氨氮进水浓度在 10.23 ~ 63.55mg/L 之间变化,平均进水浓度 43.51mg/L,进水氨氮浓度波动较大,而出水却相当稳定,出水氨氮浓度在 0.2 ~ 16.18mg/L 之间,平均出水浓度为 6.91mg/L,说明悬浮载体生物流化床对氨氮具有良好的处理效能,并具有较高的抗水质负荷冲击能力,运行较稳定。正式运行期间氨氮的总平均去除率达到 83.66%,最高可达 96.38%,运行中全部出水水样氨氮浓度在 16.18mg/L 以下,符合《景观娱乐用水水质标准》。

(3)总氮的去除效果

运行期间进水总氮为 15.70 ~ 88.70mg/L,平均值为 52.55mg/L,悬浮载体生物流化床对总氮的去除效果如图6-2-5所示。

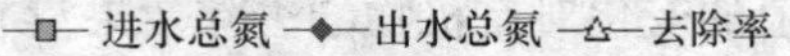


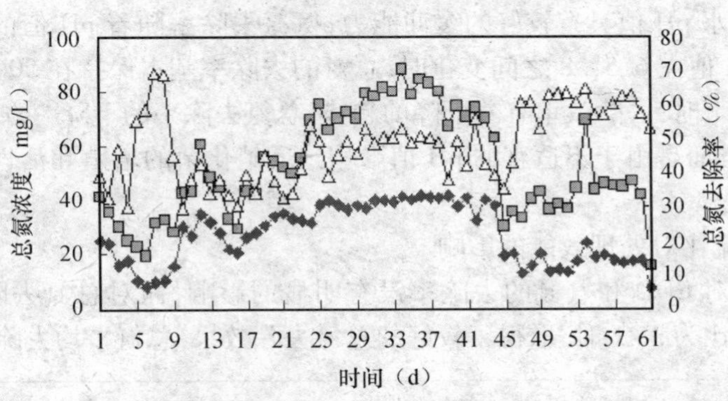


图6-2-5　正式运行期间总氮的去除情况

图6-2-5的运行结果表明，进水总氮浓度波动较大，设备对总氮的去除效果在运行期间起伏变化比较明显，但对总氮的去除还具有一定的处理效能，处理后出水总氮浓度平均为27.08mg/L，最低为7.30mg/L。总氮的平均去除率达到52.49%，最高可达69.71%。对于这部分去除的总氮进行分析，发现当进水COD浓度高时，TN去除率也高，这说明一方面总氮的去除是由于通过生物同化作用将氮固定在生物体内，通过排泥将氮从系统中排出。根据活性污泥的经验分子式 $C_5H_7NO_2$，氮在污泥中所占的比重约为12%，同化作用每去除1mg/L的氮所需要的有机物数量为15.43mg/L，根据进水中的有机物数量可以知道，仅仅通过同化作用不能使总氮的去除率达到48.49%，而且反应过程中剩余污泥量也不是很大，因而通过污泥合成去除的氮量非常有限。根据碳源的降解途径和剩余污泥的数量两个方面说明，在悬浮载体生物流化床存在着同步硝化—反硝化现象。

6.2.1.5　悬浮载体生物流化床处理效能的影响因素

(1)COD容积负荷对处理效能的影响

运行中，进水容积负荷小于15kg COD/($m^3$·d)时，COD平均去除率可达93.16%，去除率不受容积负荷的影响，当容积负荷大于15kg COD/($m^3$·d)时，超过该工艺的处理能力；氨氮去除率随着容积负荷的增加而降低；TN去除率在容积负荷为17kg COD/($m^3$·d)之内时，随着COD容积负荷的增加而增加，超过此负荷，随着容积负荷的增加而降低，因为容积负荷过高时，氨氮硝化受阻，反硝化失去了基础，TN去除率则随负荷的增大而下降。

(2)水温对处理效能的影响

水温对COD去除的效果影响不明显，当温度在26.5~31℃时，该工艺对COD的平均去除率为91.44%。温度在17~12℃时，虽然温度下降对COD的去除率也有所下降，但处理效果仍较好；而对氨氮和总氮的去除效果则受温度影响较为明显，对氨氮及总氮的去除率均随着水温的下降而降低。但当水温小于10℃时，COD、氨氮及总氮的去除效果均不好，认为超出该工艺的处理能力，因此可得知，温度是影响硝化和反硝化的重要因素，当设备内温度降低时，硝化菌和反硝化菌增长速度和代谢活性降低，从而使氨氮和总氮去除率下降。

(3)pH 值对处理效能的影响

运行结果表明，进水 pH 值的变化对有机物的去除效果没有明显的影响，说明悬浮载体生物流化床工艺对进水 pH 值具有较好的缓冲能力；氨氮去除率随着 pH 值的上升而上升，最佳 pH 值为 7.5；当 pH 值在 6.5 ~ 8 之间变化时，总氮的去除率基本保持在 50% 以上，但当 pH 值高于 8.2 和低于 6.1 时，去除效率有着下降的趋势，总氮去除率的下降一方面是由于硝化能力降低引起的，另一方面是由于不适宜的 pH 值影响到反硝化菌的增殖和活性，使反硝化反应受到强烈抑制的结果。

(4)硝化液回流比对处理效能的影响

硝化液回流比对 COD 和氨氮的去除率没有明显的影响，而对总氮去除率则产生相当影响。当硝化液回流比为 3∶1 时，取得了较好的总氮去除效果，总氮平均去除率可达 61.90%。

---

**The influencing factors of treatment efficiency for flui-dized-bed bioreactor:**

(1) Volume loading;

(2) Water temperature;

(3) pH;

(4) The ratio of nitrification water.

---

6.2.1.6　悬浮载体生物流化床系统最优工况

2005 年 9 月至 2005 年 10 月期间，通过运行对比，对该工艺的最优工况进行了确定，主要包括容积负荷、硝化液回流比、水温、pH 值等影响因素。

当容积负荷小于 15kg COD/($m^3$·d)时，COD 的去除率变化不大，平均为 93.16%，当高于 15kg COD/($m^3$·d)时，虽然对 COD 的去除效率并不低，但平均出水浓度已达到 195.39mg/L；随着容积负荷的增加，氨氮去除率呈逐渐下降趋势，而且下降幅度较大，当容积负荷超过 19kg COD/($m^3$·d)时，氨氮去除率下降至 70% 以下；而总氮去除率先是随着容积负荷的增加而增加，然后又随着容积负荷的增而降低，拐点为 17kg COD/($m^3$·d)，此时 TN 去除率可达 55%，认为容积负荷在 15 ~ 17kg COD/($m^3$·d)时，有较好的 TN 去除效果。综上所述，容积负荷在 15kg COD/($m^3$·d)时，COD、$NH_4^+$-N、TN 能达到最佳处理效果。

当水温在 26 ~ 31℃ 时，工艺对 COD、$NH_4^+$-N、TN 的去除率均较高，其平均值分别为 91.44%、93.13% 和 56.38%。总氮与氨氮的去除效果随水温的降低而逐渐下降，较 COD 明显，但总氮受温度影响更大，尤其是当低温运行时，对总氮去除率极低。温度低于 10℃ 时，超出该工艺的处理能力，因此认为其最佳运行温度为 26 ~ 31℃。

在指定运行条件下，pH 值的变化不影响有机物的去除，而只有 pH 值为中性或偏碱性的环境下，才对氨氮及总氮有很好的去除效果。因此认为最佳 pH 值为中性或偏碱性。

硝化液回流比对 COD 和氨氮的去除率没有明显的影响，而对总氮去除率则产生相当影响。当进水流量为 35L/h，硝化液回流比为 3∶1 即硝化液回流量为 105L/h 时，取得了较好的总氮去除效果，总氮平均去除率可达 61.90%，此时 COD 去除率也较高，能达到排放标准要求，该工艺达到了最佳效率。

因此，通过以上分析可知，当设备进水 COD 浓度平均为 283.53mg/L，氨氮浓度平均为

41.54mg/L,TN浓度平均为52.11mg/L时得出研究结果:当进水容积负荷为15kg COD/($m^3$·d),硝化液回流量比为3:1,pH值为中性或略偏碱性,温度在26~31℃时,反应装置对处理污水中的COD和氨氮有较高的去除率,且能达到较好的总氮去除效果,这一运行工况可作为该反应装置最佳运行工况,为以后的研究及应用提供参考。

### 6.2.2　循环式活性污泥(CASS)工艺

#### 6.2.2.1　主要工作原理

CASS(Cyclic Activated Sludge System)是在SBR的基础上发展起来的,即在SBR池内进水端增加了一个生物选择器,实现了连续进水(沉淀期、排水期仍连续进水),间歇排水。设置生物选择器的主要目的是使系统选择出絮凝性细菌,其容积约占整个池子的10%。生物选择器的工艺过程遵循活性污泥的基质积累——再生理论,使活性污泥在选择器中经历一个高负荷的吸附阶段(基质积累),随后在主反应区经历一个较低负荷的基质降解阶段,以完成整个基质降解的全过程和污泥再生。

据有关资料介绍,污泥膨胀的直接原因是丝状菌的过量繁殖。由于丝状菌比菌胶团的比表面积大,因此有利于摄取低浓度底物。但一般丝状菌的比增殖速率比非丝状菌小,在高底物浓度下菌胶团和丝状菌都以较大速率降解底物与增殖,但由于胶团细菌比增殖速率较大,其增殖量也较大,从而较丝状菌占优势,这样利用基质作为推动力选择性地培养胶团细菌,使其成为曝气池中的优势菌。所以,在CASS池进水端增加一个设计合理的生物选择器,可以有效地抑制丝状菌的生长和繁殖,克服污泥膨胀,提高系统的运行稳定性。

#### 6.2.2.2　基本工艺流程

CASS工艺对污染物质降解是一个时间上的推流过程,集反应、沉淀、排水于一体,是一个好氧—缺氧—厌氧交替运行的过程,因此具有一定脱氮除磷效果。采用CASS工艺处理小区污水,出水水质稳定,优于一般传统生物处理工艺,通过简单的过滤和消毒处理后,就可以作为中水回用。其典型工艺流程见图6-2-6。

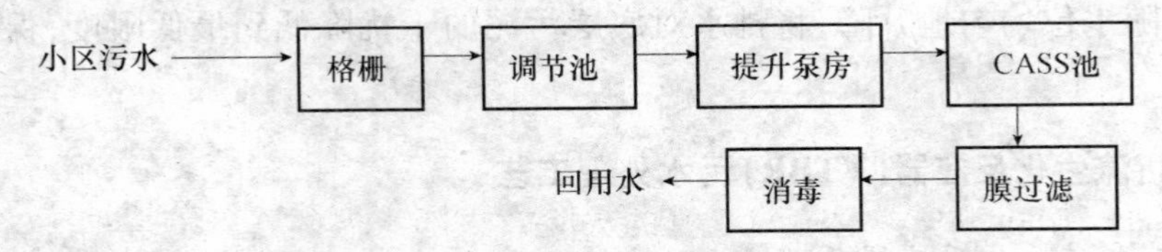


图6-2-6　CASS工艺中水回用工艺流程图

#### 6.2.2.3　循环式活性污泥工艺优点

与传统活性污泥工艺相比,CASS工艺具有以下优点:

(1)建设费用低。省去了初次沉淀池、二次沉淀池及污泥回流设备,建设费用可节省20%~30%。工艺流程简洁,污水厂主要构筑物为集水池、沉砂池、CASS曝气池、污泥池,布局紧凑,占地面积可减少35%。

(2)运转费用省。由于曝气是周期性的,池内溶解氧的浓度也是变化的,沉淀阶段和排水阶段溶解氧降低,重新开始曝气时,氧浓度梯度大,传递效率高,节能效果显著,运转费用可节省 10% ~25%。

(3)有机物去除率高,出水水质好。不仅能有效去除污水中有机碳源污染物,而且具有良好的脱氮、除磷功能。

(4)管理简单,运行可靠,不易发生污泥膨胀。污水处理厂设备种类和数量较少,控制系统简单,运行安全可靠。

(5)污泥产量低,性质稳定。

**Technological advantages of Cyclic Activated Sludge System(CASS):**

(1) Low cost for construction;

(2) Low cost of operation;

(3) High organic removal efficiency, good effluent quality;

(4) Simple management, reliable operation, hardest to cause sludge bulking;

(5) Less amount of sludge, character stability.

6.2.2.4 *循环式活性污泥工艺曝气方式的选择*

由于小区大都是居民居住区,对环境的要求比较高,因此污水厂建设时应充分考虑噪声扰民问题和污水厂操作人员的工作环境,采用水下曝气机代替传统的鼓风机曝气可有效解决噪声污染。另外,由于 CASS 工艺独特的运行方式,采用水下曝气机可省去复杂的管路及阀门,安装、维修方便,使用灵活,可根据进出水情况开不同的台数,在保证效果的条件下,达到经济运行的目的。

6.2.2.5 *循环式活性污泥工艺撇水方式的选择*

撇水机是 CASS 工艺的关键组成部分,其性能是否稳定可靠直接影响到 CASS 工艺的正常运行。目前,国内外对撇水机仍在进行研究和开发,按照目前所用的原理,撇水机可分为三种类型,即浮球式、旋转式和虹吸式。撇水机研制的关键是解决滗水过程中,堰口、导水软管和升降控制装置与水流之间形成的动态平衡,使之可随排水量的不同调整浮动水堰浸没的深度,并随水位均匀地升降,将排水对底层污泥的干扰降低到最低限度,保证出水水质稳定。

### 6.2.3 垂直折流生化反应器(VTBR)污水处理工艺

6.2.3.1 *垂直折流生化反应器原理*

VTBR 生化反应器由 2 个或 2 个以上塔式反应器组成,反应器用“特定”直径的管线以“特定的方式”连接,使反应器中的气体和液体以相同的方向上下折流,折流次数随反应器个数不同而异。反应器高度为 5m,反应器内装填生物固定生长的填料。VTBR 生化反应器的特点如下:

(1)VTBR 生化反应器中气液接触时间可以人为调整(靠调整反应器高度或折流次数),一般在几十分钟到 1h,气液接触时间的延长使氧气的利用率大大提高。同时在折流过程中发生气水的相对摩擦运动(水流向下,气体受浮力作用向上),提高气液传质速率,经测定 VTBR 的氧传递效率在 80% 以上;

(2)VTBR由于反应器串联形成一定的静液压力,一般可达到(2~3)$\times 10^5$Pa,并且首级压力最大,依次递减至常压。此顺序与生化需氧量的变化一致,可以更好地满足供氧需求。因此,该装置在处理高浓度有机废水时也可保证好氧状态,使好氧处理的浓度上限拓宽至5000mg/L(COD)以上;

(3)VTBR在结构上借鉴了深井曝气的特点,技术性能上超过了深井曝气。因为,深井曝气不能装填填料,而VTBR可任意装填填料,使单位容积生物量高达10g/L,相应的容积脱除负荷高到10~15kg/$m^3$;

(4)VTBR可构成纯好氧处理工艺、纯厌氧工艺、厌氧—好氧串联工艺、厌氧—好氧—厌氧串联工艺等多种工艺,无论哪种工艺均采用密闭的设备,利于气体收集回用或高空排放,使处理车间无异味;

(5)由于采用固定膜式生物反应器,生物内源呼吸过程加强,剩余污泥量减少,当处理COD1000mg/L以下的污水时,剩余污泥量很小。

---

**Vertical Tubular Biological Reactor (VTBR) consists of two or more than two tower reactors, the characteristics of VTBR:**

(1) The gas-liquid contact time can be adjusted;
(2) Reactor in series form hydrostatic pressure;
(3) The structure is same with deep well aeration, the technology is superior to deep well aeration;
(4) VTBR may constitute pure aerobic process, pure anaerobic process, anaerobic-aerobic series processes, anaerobic-aerobic-anaerobic series processes;
(5) Fixed-film bioreactor.

---

#### 6.2.3.2　微电解水净化装置原理

微电解水净化装置是以内装颗粒材料作为电极材料,在外加低电压(20~60V)、弱电流(40~100mA)的作用下,对水中降解有机物及COD进行过滤、吸附、电化学氧化还原反应,进而达到脱除COD、色度、除臭、杀菌的目的。

微电解水净化装置是基于电化学基本原理的一种新型水处理设备。其结构特点为:将常规电解槽微型化,利用导体—电介质混合填料组成无数的微型电解槽,使被电解物的游移距离缩短,电解电压减小,能耗与停留时间降低,使之成为高浓度废水预处理及低浓度水深度处理的理想设备。同时,对于饮用水中微量有机物的脱除具有独到之处。

#### 6.2.3.3　基本工艺流程

生活污水经排水管网收集,进入污水处理系统,首先经过机械格栅,去除水中所含大颗粒悬浮物;然后进入调解池,进行均衡水质及水量调节,并进行预曝气,以减少臭气的产生;调解池内的污水由污水泵提升入VFBR生物反应塔,在反应塔内利用微生物完成对有机物的氧化分解过程,去除大部分有机物;经VTBR生化反应处理后的废水进入微电解水净化装置,进行深度处理,进一步分解生化处理后剩余的有机物,最终达到设计排放标准或回用。污水回用工艺流程见图6-2-7。

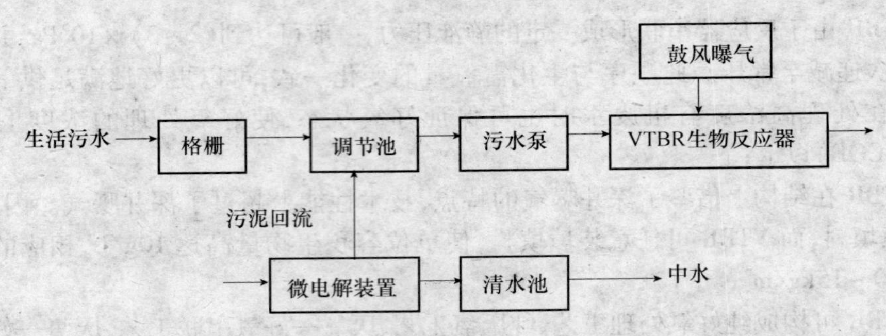


图 6-2-7　VTBR 生物反应塔工艺流程图

6.2.3.4　主要设计工艺参数

污水处理系统设计为 16～24h 运行，污水最大处理量为 $300m^3/d$；污水类型为粪便污水、洗浴污水及经隔油处理的厨房污水。VFBR 生化反应器技术指标见表 6-2-1。

**表 6-2-1　VFBR 生化反应器技术指标**

| 项目 | 处理前水质 | 处理后水质 | 去除率(%) |
| --- | --- | --- | --- |
| $COD_{Gr}$ | <400mg/L | <60mg/L | 85 |
| $BOD_5$ | <200mg/L | <20mg/L | 90 |
| SS | <250mg/L | <50mg/L | 80 |
| $NH_3$-N | <30mg/L | <15mg/L | 50 |
| pH | 6～8.5 | 6～8.5 | — |

## 6.2.4　WJZ-H 型生活污水处理及中水回用技术

6.2.4.1　基本原理及工艺流程

本装置为水解、好氧与过滤的组合工艺。生活污水经粗、细两道格栅栏后进入提升井，提升后引入好氧污泥稳定池进行水解酸化，经污泥吸附、生物絮凝和生物降解等反应过程，去除大部分的 SS，进一步提高污水的可生化性。成熟的污泥结构密实、性质稳定，含水率较低，可定期清掏并直接用作农肥。经水解酸化后的污水进入接触氧化池（采用水下射流曝气机、圆盘曝气机和高效悬浮填料）进行生物氧化，降解去除大部分有机污染物。脱落的生物膜随污水进入拦截沉淀池，被拦截沉淀后回流至水解酸化池，上清液则经消毒后排放或再经粗 WJZ-H 型生活污水处理过滤和消毒后作为中水回用。工艺流程见图 6-2-8。

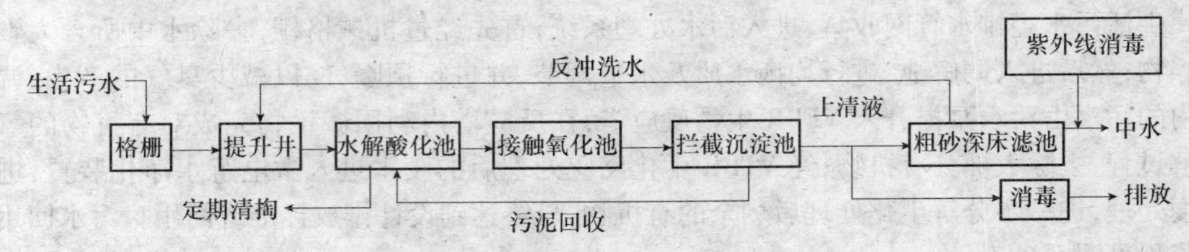


图 6-2-8　WJZ-H 型中水回用技术工艺流程图

6.2.4.2　工艺特点

（1）射流曝气机：溶氧率高，省去了鼓风机房和微孔曝气器，全部埋地运行，无噪声。

（2）高效悬浮填料：生物附着力强，易挂膜、更新快，施工维护简单、造价低，水质适应性强。

（3）省去污泥处理系统：降低系统整体造价和运行成本。

（4）紫外—C消毒装置：省去复杂的消毒系统，无须定期投加药剂，使用安全、方便，杀菌力强、作用快，对人体无害。经紫外线消毒后的回用水，满足洗车、冲厕要求，也能满足浇花、养鱼的要求。

（5）地面造型吸附臭气：不但避免了臭气污染，而且增加了地面景观。

（6）远程监控自动运行：可实现就地和远程的故障报警，可靠性高。

（7）主体为钢筋混凝土结构：节省钢材、造价低、耐腐蚀、强度高、寿命长。

**WJZ-H type sewage treatment device is combined process of hydrolysis, aerobic and filtration, the characteristics of WJZ-H system:**

(1) Jet aerator;

(2) Efficient suspended filler;

(3) No sludge treatment system;

(4) UV-C disinfection apparatus;

(5) Ground modeling adsorption odor;

(6) Automatic distant monitoring;

(7) The main body is reinforced concrete structure.

6.2.4.3　工程应用

此工艺的日处理水量为15～1500t。采用图6-2-8工艺流程，以日处理500t计主要技术指标见表6-2-2，投资情况见表6-2-3。

**表6-2-2　处理水各项指标**

| 比较项目 | 原污水（mg/L） | 回用水（mg/L） | 去除率（%） |
|---|---|---|---|
| $COD_{Cr}$ | 310 | ≤40 | ≥87 |
| $BOD_5$ | 200 | ≤6 | ≥96 |
| SS | 260 | ≤10 | ≥96 |
| $NH_3$-N | 43 | ≤12 | ≥73 |

**表6-2-3　投资情况一览表**

| 水质 | 达到排放标准 | 达到回用标准 |
|---|---|---|
| 总投资 | 50万元 | 60万元 |
| 设备投资 | 31万元 | 38万元 |
| 运行费用 | 0.31元/吨水 | 0.31元/吨水 |
| 主要设备寿命 | 池体30年　设备8～12年 | |

此工艺年运行费用为41.6万元(主要是电消耗),可节约排污费17.7万元/年,直接经济净效益13.54万元/年,预计四年可收回成本。

### 6.2.5 地下渗滤中水回用技术

#### 6.2.5.1 主要工艺原理

在渗滤区内,污水首先在重力作用下由布水管进入散水管,再通过散水管上的孔隙扩散到上部的砾石滤料中;然后进一步通过土壤的毛细作用扩散到砾石滤料上部的特殊土壤环境中,特殊土壤是采用一定材料配比制成的生物载体,其中含有大量具有氧化分解有机物能力的好氧和厌氧微生物。污水中的有机物在特殊土壤中被吸附、凝集并在土壤微生物的作用下得到降解时,污水中的氮、磷、钾等作为植物生长所需的营养物质被地表植物伸入土壤中的根系吸收利用。经过土壤和土壤微生物的吸附降解作用,以及土壤的渗滤作用,最终使进入渗滤系统的污水得到有效的净化。

#### 6.2.5.2 工艺流程

整个地下渗滤工艺如图6-2-9所示:

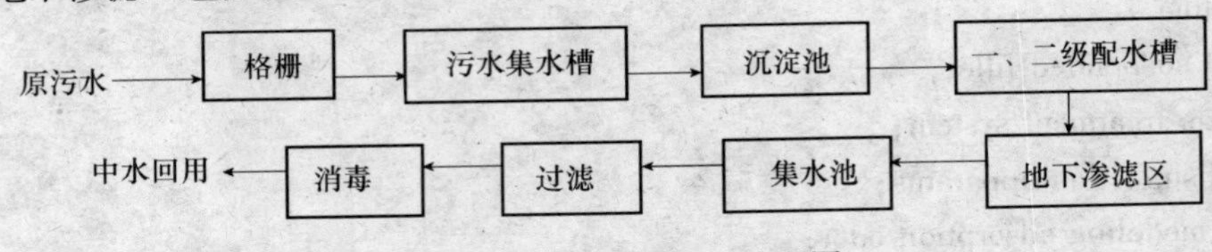


图6-2-9 地下渗滤工艺流程图

#### 6.2.5.3 处理工艺构成

(1)污水收集和预处理系统:由污水集水管网、污水集水池、格栅和沉淀池等组成。

(2)地下渗滤系统:由配水井、配水槽、配水管网、布水管网、散水管网、集水管网及渗滤集水池组成。

(3)过滤及消毒系统:根据所需目标水质选择一定形式的过滤器、提升设备及加氯设备。

(4)中水供水系统:由中水贮水池、中水管网及根据用户所需的供水形式选择的配套加压设备组成。

---

**Subsurface wastewater infiltration process**:

(1) Sewage collection and preprocessing system;

(2) Subsurface wastewater infiltration system;

(3) Filtration and disinfection system;

(4) Reclaimed water supply system.

---

#### 6.2.5.4 工艺特点

地下渗滤技术与以往所采用的传统工艺相比,具有以下显著特点:

(1)集水距离短,可在选定的区域内就地收集、就地处理和就地利用。

(2)取材方便,便于施工,处理构筑物少。

(3)处理设施全部采用地下式,不影响地面绿化和地面景观。

(4)运行管理方便,与相同规模的传统工艺比,运行管理人员可减少50%以上。

(5)由于地下渗滤工艺无需曝气和曝气设备,无须投加药剂,无须污泥回流,无剩余污泥产生,因而可大大节省运行费用,并可获得显著的经济效益。

(6)处理效果好,出水水质可达到或超过传统的三级处理水平且无特殊需要,渗滤出水只需加氯消毒即可作为冲厕、洗车、灌溉、绿化及景观用水或工业回用。

当用户对再生水回用有较高要求时,宜采用过滤器过滤,以便进一步去除水中的有机物和悬浮物,获得更好的水质。过滤器的类型可根据目标水质的不同进行选择。如用户无特殊要求时,则无需设过滤装置,渗滤处理出水只需加氯消毒即可直接满足回用要求。

加氯装置选用小型壁挂式ZLJ型转子加氯机,运行管理十分方便。

### 6.2.6　新型膜法SBBR系列间歇充氧式生活污水净化装置

新型膜法SBBR系列间歇充氧式生活污水净化装置广泛适用于独立的开发区居民生活小区、城镇污水处理厂以及综合性超市、餐饮、桑拿休闲中心、度假村和医院等废水的处理,能够稳定达到国家污水综合排放标准,处理后的水可作中水回用。

#### 6.2.6.1　基本原理

新型膜法SBBR处理工艺路线为"水解沉淀+生物过滤+SBR生物接触氧化+沉淀过滤"的组合工艺,适合于生活污水和可生化性较好的有机废水处理。

#### 6.2.6.2　基本工艺流程

SBBR典型工艺流程如图6-2-10所示。污水首先经格栅自流入水解沉淀池和生物滤池进行强化性的水解酸化,将污水中的不溶性有机物在水解菌作用下水解为溶解性的有机物,将大分子物质转化为易生物降解的小分子物质,经过处理的污水十分有利于后序好氧生化处理。装置后段的SBR——生物接触氧化生化处理单元,具备传统SBR的主要功能,特别是污水经过水解酸化处理后,处理效率更高。该单元中"潜水泵+水下射流曝气系统"的工艺既可对生化二池定量送水,又可进行曝气充氧,两者合一。池中投放有高效球型悬浮填料,代替了传统的活性污泥,保障池中高浓度的活性微生物不流失,从而保证较高的去除率和耐冲击,且无须污泥回流,该处理单元还具有硝化、反硝化的功能。

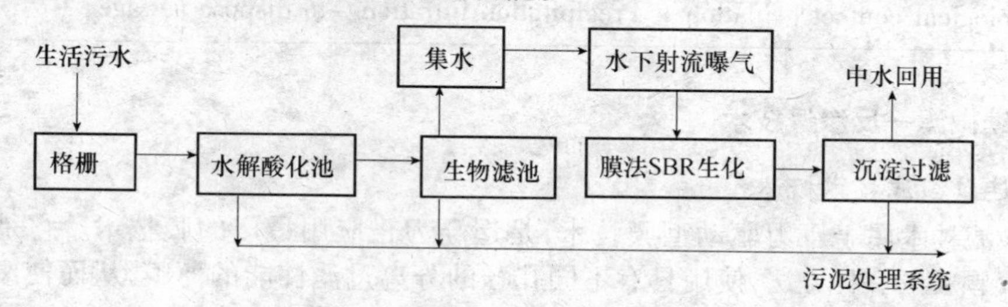


图6-2-10　膜法SBBR工艺流程图

#### 6.2.6.3　主要工艺特点

(1)"水解沉淀+生物过滤"为专利技术,具有强化水解酸化的作用,在生物滤池中安装有廉价白砾石填料,滤料中间安装有多组导流管和引流管形成滴流状态,从而使生物滤池具有不易堵塞且去除污染物效率高的特点。这一单元也能起到水量调节的作用(不需再设调节池)。

(2)SBR 生物接触氧化处理装置由集水井中液位计根据液位的高低实现自动控制,控制和管理操作简便。运行过程为静止等待、曝气充氧过程交替进行。该单元硝化和反硝化的效果较为明显。

(3)水下射流曝气:溶氧率高达20%,省去了鼓风机曝气系统,且无噪声污染。

(4)提升泵与射流曝气器组合为一体,利用污水提升的动能同时实现曝气的功能,可节省电耗40%,达到微动力处理要求。

(5)由液位计控制泵和曝气器的运行,实现运行与排水高低峰相一致,避免了不必要的动力消耗,代替了传统的 SBR 所需的 PLC 程控机和淹水器系统,简化了复杂的处理设备。

(6)污泥主要通过厌氧硝化进行分解,多余的少量污泥定期使用环卫吸粪车抽吸外运,省去了污泥处理系统。

(7)采用地埋管与高楼落雨管相接而进行高空稀释排放,避免了臭气污染。

(8)生化池中投放球型悬浮填料,具有高负荷、耐冲击以及污泥寿命长等优点。

(9)在低浓度的条件下也能保持较高的去除率。

在生活污水日处理量为720t/d 时其主要技术指标如表6-2-4。

**表 6-2-4 主要技术指标**

| 项目 | 生活污水(mg/L) | 排放水(mg/L) | 去除率(%) |
|---|---|---|---|
| $COD_{Gr}$ | 400 | 40 | 90 |
| $BOD_5$ | 180 | 7 | 96 |
| 悬浮性固体 | 380 | 25 | 93 |
| $NH_3$-N | 40 | 9 | 78 |
| 动植物油 | 40 | 1 | 98 |

**New Sequencing Batch Biofilm Reactor(SBBR)for domestic sewage purification:**

(1)It is suitable for sewage and biodegradable organic wastewater treatment;

(2)The technological route is adopt a unique process-"Hydrolyzation precipitation + Biofiltration + SBR biological contact oxidation + Precipitation filtration"-to dispose sewage.

### 6.2.7 连续微滤—反渗透技术

#### 6.2.7.1 连续微滤技术概述

连续微滤技术属于压力驱动型膜技术,是迄今为止应用最广的膜技术。它是去除水中0.1~10μm 颗粒的一种方法,使用具有不同孔径的分离过滤性能的薄膜,从而使废水中大于膜分离孔的污染物被去除;有用的物质也可以通过膜的截留而保留下来,在处理废水的同时将有价值的物料得以回收。20 世纪 60 年代,微滤膜技术开始被应用于污水处理。连续微滤(CMF)是膜过滤的新技术,它消除了全量死端过滤方式存在的弊端,从而使微滤膜分离工艺的效率和实用性大大提高,完全满足长期稳定运行的要求,是一种极有前途的过滤方式。

#### 6.2.7.2 连续微滤技术主要原理

连续微滤系统(CMF)是以微滤膜为中心处理单元,配以特殊设计的管路、阀门、自清洗单元、加药单元和自控单元等，形成闭路连续操作系统。当污水在一定压力下通过微滤膜过滤时，就达到了物理分离的目的。系统还配备外压清洗和气洗工艺。连续微滤系统主要是由微滤膜组件、给水泵、管路、电磁阀、调节阀以及控制系统和反冲洗系统等组成。操作压力0.3～1kg/cm。膜寿命为5～7年。

6.2.7.3　连续微滤技术应用

比利时的Veume Ambacht地区采用当今最先进的连续微滤(CMF)和反渗透(RO)技术用污水再生来补充大自然地下水是欧洲第一个大规模的中水回用项目。处理能力为每年能补充250万$m^3$的饮用水。

以Veume Ambacht地区附近Wulpen污水处理厂的出水作为处理对象，经连续微滤—反渗透处理后的水通过紫外线消毒，然后由泵送到缓慢渗漏的2万$m^2$的岸边浅沙滩里再流向蓄水层，然后再从蓄水层抽出，大部分送至现在正在使用的水井里及基础设施中。

图6-2-11是该项目的工艺流程示意图。

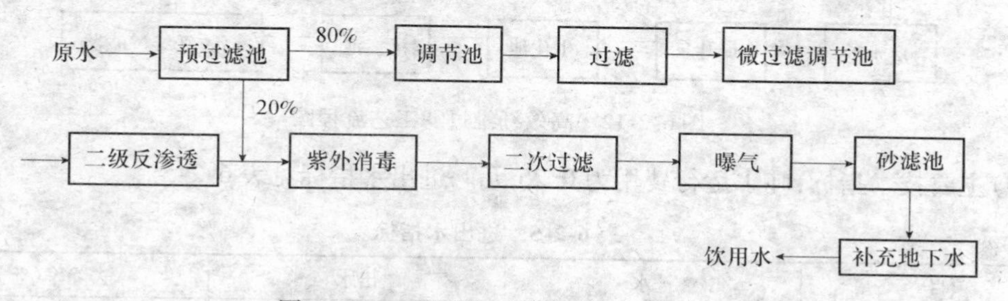


图6-2-11　微过滤—反渗透工艺流程图

**Continuous microfiltration-Reverse Osmosis technology:**

(1) This method can remove 0.1～10μm particles in water;

(2) Continual micro filtering system is mainly composed of microfiltration membrane module, feed water pump, pipeline, electromagnetic valve, control valve, control system, back washing system. Microfiltration membrane is the central processing unit.

### 6.2.8　高效纤维过滤工艺

6.2.8.1　工艺原理

高效纤维过滤技术是采用新型纤维素作为滤元，滤料单丝直径为几微米到几十微米，过滤比阻小，具有极大的比表面积。弥补了粒状滤料的过滤精度由于滤料精度不能进一步缩小的限制。微小的滤料直径极大地增加了滤料的比表面积和表面自由能。增加了水中滤料的吸附能力和水中污染颗粒与滤料的接触机会，提高的截污效率和过滤容量。纤维素清洗方便、耐磨损。使用寿命长。

6.2.8.2　技术特性

高效纤维过滤设备适用水质范围宽，SS在10～1000mg/L范围内都可以使用该种技术；过滤效率高，对SS的去除率可以到到100%；过滤速度快(20～120m/h)；截污容量大(30～

120kg/m³);自耗水率低(1%~2%);不需要更换滤元(滤元使用寿命不低于10年)。

6.2.8.3 应用领域

高效纤维过滤技术可有效去除水中的悬浮物、有机物、胶体等物质,达到国家杂用水水质标准和景观用水和循环冷却水水质要求。现在被广泛的应用于电力、石油、化工、冶金、造纸、纺织、游泳池等各种工业用水和生活用水的回用处理。

6.2.8.4 工程实例

吉林某热电厂工业废水和生活污水回用工程:

(1)处理水量:10000t/d。

(2)回用目的:循环冷却水。

(3)工艺流程:如图6-2-12所示。

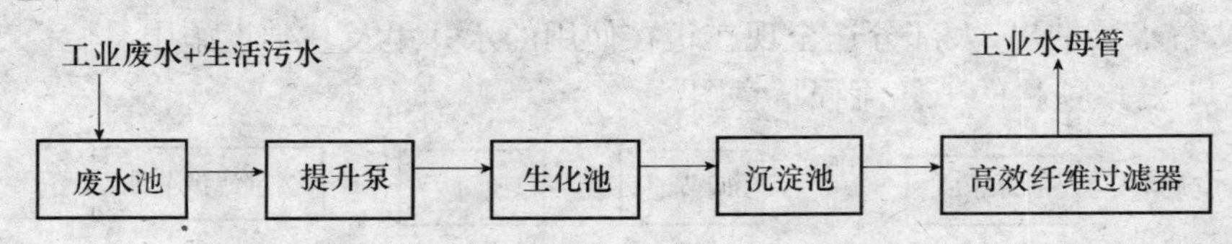


图6-2-12 高效纤维过滤工艺流程图

(4)主要技术指标:吨水运行费用为0.25元。进出水指标见表6-2-5。

**表6-2-5 进出水指标**

| 项目 | 进水 | 出水 | 去除率(%) |
|---|---|---|---|
| COD | 200~300mg/L | <20mg/L | >90 |
| $BOD_5$ | 80~100mg/L | <5mg/L | >95 |
| SS | 50~100mg/L | <5mg/L | >90 |

**High performance fiber filter technology**:

(1)It's using a new type of cellulose as filter elements, it has small filtering ratio resistance and large specific surface area;

(2)High filtration efficiency;

High Filtration speed;

Large sewage-catching capacity;

Low water consumption rate;

No need replacing the filter element.

## 6.2.9 DGB吸附城市污水地下回灌工艺

近年来,随着工业化进程的加快和经济的迅猛发展,水资源严重短缺已成为制约我国经济社会发展的重要因素,同时我国每年产生大量污水,污水回用成为必然趋势。利用DGB吸附剂对污水处理厂二级出水进行深度处理的工艺,可以使城市污水经地下回灌后作为新水源加以利用。

#### 6.2.9.1　主要工艺原理

DGB吸附剂(以下简称DCB)是北京市矿冶研究总院研制的,以无机矿物和碳为原料,采用物理和化学相结合的方法研制而成。DGB本身无毒,不含重金属,失效后可以再生循环使用,也可直接焚烧处理,没有二次污染。其平均粒径约10μm,比表面积0.82$m^2$/mg。其吸附去除水中有机物的原理和活性炭相似,主要基于其巨大的比表面积。

#### 6.2.9.2　基本工艺流程

由于DGB粒径很小,吸附处理后,难以从水中分离,因此进行了DGB与混凝、沉淀协同处理的研究,其目的是利用混凝、沉淀作用将DGB从水中迅速分离出来,同时又利用混凝剂本身对有机物的去除效果,减少DGB的用量。混凝剂采用聚合氯化铝,配成5g/L溶液待用;混凝所用的实验装置为JB型混凝实验仪,无级变速。DGB吸附处理后出水可采用土壤渗滤方式回灌入地下含水层,以进一步去除、降解水中剩余的有机物。实验中,DGB处理后出水进入模拟土壤渗滤的土壤柱,土壤柱厚3m。

工艺流程为:二沉池出→DGB吸附→聚合氯化铝混凝沉淀→土壤柱。

#### 6.2.9.3　DGB投加量的确定

对城市污水而言,经过深度处理,剩下的溶解性有机物多是难生物降解且对人体有害的,它们数量多,浓度低,控制、测量单一组分较困难。而集体参数DOC测量方法相对简便,通过降低DOC值可达到控制单一有机物组分的目的,因此DOC是回灌水水质标准中最重要的指标之一。参考国外地下水回灌标准和工程运行经验,并结合我国国情,二级生化出水经深度处理后回灌地下,水质应满足$\rho$(DOC) < 3mg/L的建议要求。

---

**DGB adsorbent treatment:**

(1) DGB adsorbent used for deep treatent of sewage treatment plant effluent;

(2) Technological process: sewage treatment plant effluent→DGB adsorbent→Polyaluminium chloride coagulant sedimentation→Soil column.

---

### 6.2.10　SDR污水处理与回用工艺

SDR系列污水处理设备是利用经一定驯化的微生物种群,通过生物降解污水中的各种有机物质,并通过二级沉淀和必要的消毒处理去除其他的有害物质,杀死有害病菌,使处理后的污水达到排放标准,或回用于浇灌绿地,冲洗道路、厕所等。SDR污水处理设备适合处理生活污水,是一种工艺先进,污水处理效果好,且管理方便的污水处理回用工艺。

#### 6.2.10.1　主要工艺特点

(1)体积小。主要工艺设备集中于一个罐体内,整个设备可埋入地表以下。因此,设备运行不需采暖保温,设备上面地表可作为绿化或道路用地,不占用地表面积。

(2)结构紧凑。坚固的钢结构池体,易于安装调试,大大缩短施工周期。钢结构池体上的互穿网络防腐涂料,防腐寿命长,保证设备运行10年以上。

(3)设备中的AO处理工艺,采用推流式生物接触氧化池,对水质的适应性强,耐冲击性能好,出水水质稳定,不会产生污泥膨胀,产泥量少,产生的污泥含水量低,设备正常运行后,一般仅需90d左右排泥一次。

(4)该设备采用全自动电器控制系统及设备故障报警系统,设备可靠性好,平时无须专人管理,只需每月的定期维护与保养。

(5)由于设备埋入地下,对鼓风机采取了消声措施,设备运行时噪声较低,对环境影响小,完全符合居住小区的环境要求。由于工艺要求,须向生化池内鼓风曝气,以供微生物呼吸,难免从水中溢出臭味,直接排入大气,势必污染周围环境的空气,给人们带来不便。而SDR设备具有除臭功能,利用改良土壤进行脱臭处理,即臭成分通过土壤层,溶解于土壤所含的水分中,进而通过土壤的表面吸附作用及化学反应进入土壤,最终被其中的微生物分解达到脱臭的目的。

6.2.10.2　基本工艺流程

如图6-2-13所示:

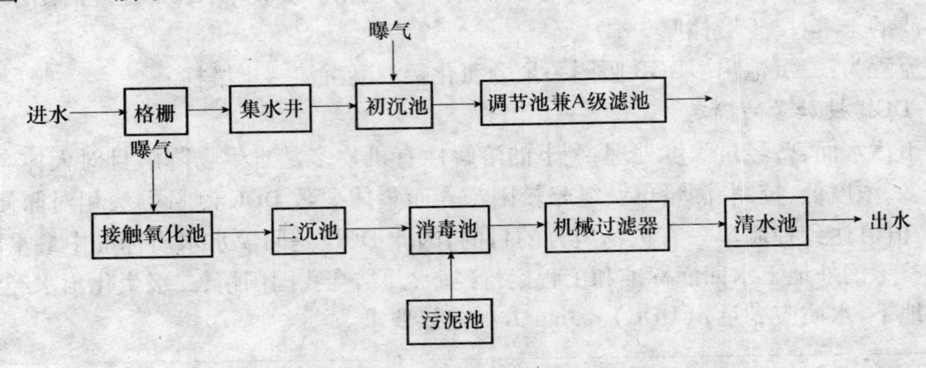


图6-2-13　SDR污水处理工艺流程

6.2.10.3　基本工作原理

SDR系列污水处理设备去除有机污染物主要依赖于设备中的AO生物处理工艺。其工作原理是在A级,由于污水中有机物浓度很高,微生物处于缺氧状态,此时微生物为兼性微生物,它们将污水中的有机氮转化分解成$NH_3$-N,同时利用有机碳源作为电子供体将$NO_2^-$-N、$NH^3$-N转化成$N_2$,而且还利用部分有机碳源和$NH_3$-N合成新的细胞物质。所以A级池不仅具有一定的有机物去除功能,减轻后序好氧池的有机负荷,以利于硝化作用的进行,而且依靠原水中存在的较高浓度有机物,完成反硝化作用,最终消除氮的富营养化污染。在O级,由于有机物浓度已大幅度降低,但仍有一定量的有机物及较高含量的$NH_3$-N存在。为了使有机物得到进一步氧化分解。同时在碳化作用趋于完成的情况下,硝化作用能顺利进行,在O级设置有机负荷较低的好氧生物接触氧化池。在O级池中,主要存在好氧微生物及自养型细菌(硝化菌),其中好氧微生物将有机物分解成$CO_2$和$H_2O$;自养型细菌(硝化菌)利用有机物分解产生的无机碳或空气中的$CO_2$作为营养源,将污水中的$NH_3$-N转化成$NO_3^-$-N、$NO_2^-$-N;O级池的出水部分回流到A级池,为A级池提供电子接受体,通过反硝化作用最终消除氮污染。

6.2.10.4　投资效益分析

根据工艺设计要求,处理水量20t/h地埋式SDR污水处理设备1台、初沉池、调节池按30t/h设计。每套SDR-20t/h污水设备造价89.5万元。如按就近直接排入自然沟渠中,其投资总额不超过100万元,加上小区内的管网的敷设,则总投资也仅为150万元,而对现有污水管道进行重建和对泵房进行扩建等,其总投资达400万元以上,可见利用SDR污水处理设备的投资仅为对现有污水管道重建和对泵房扩建的37.5%,同时出水回用于绿地浇灌等,将大大节约可贵的水源,其经济效益及社会效益是可观的。

**SDR sewage treatment equipment is suitable for domestic sewage treatment, the features include:**

(1) Small volume;

(2) Compact structure;

(3) Strong adaptability, Stable water quality of effluent;

(4) Using automatic electrical control system and equipment fault alarm system;

(5) Equipment operation with low noise.

## 6.3　中水回用存在的问题及应用前景

### 6.3.1　污水回用技术应用过程中存在的问题

由于污水回用工程项目的投资在现行水价情况下回收期较长,短期效益不明显,在一定程度上制约了该项技术的推广和应用,主要有以下方面原因:

(1)管理体制和资金问题。现阶段很多地区没有完全实行水务一体化管理体制,管水部门有水利、城建、环保等,仍然是多龙治水的松散体制,没有形成一个统一部门来统筹考虑水资源的综合利用,也就无法形成水源建设经费的支撑体系,污水回用工程的建设资金渠道因此受到限制,无法形成水源建设的资金筹措机制和支撑体系。

(2)水资源保护方面存在的问题

在污水回用问题上,建议政府相关部门出台相应的鼓励性政策,大力提倡污水回用,所有新建企业、小区都要搞污水回用处理,尤其是在新建的智能化小区中,必须规划有污水回用系统,以推动污水回用工程技术的发展。

(3)现行水价及宣传方面存在的问题

现行的各种供水价格过低,仍具有明显的福利性因素,这在一定程度上制约了污水技术的推广。现行水价的价格与价值相背离,有待相关部门尽快理顺,使水价格更加趋于合理。

**Problems in the wastewater reuse technology:**

(1) Management system and financial problems;

(2) Water resources protection problems;

(3) Current water price and promotion issues.

### 6.3.2　污水回用的前景

我国淡水资源贫乏,人均占有径流量只有世界平均值四分之一,而且这些水资源时空分布不均匀,开发利用难度大,除此,原本已经极有限的水源还时时面临着水质恶化及水生态系统破坏的威胁,这使得水资源供需矛盾日益加剧,因而人们便开始寻找投资省、见效快、投资成本又低的污水回用技术。目前我国在污水再生回用技术的应用方面已取得了较大进展,污水再生作为一种可利用的第二水源在未来的社会发展以及人们的日常生活中将发挥巨大的潜力,对保护环境、发展经济无疑将产生极其重大的影响。

总的来说,污水回用作为解决该问题的一种较好的方法基本上还处于起步阶段,现在的污水回用基本上还处于城市绿化、环卫、清洗马路、园林绿化和江河湖水的补充用水上,同时保证热电厂、化工厂、蒸汽厂等企业的使用阶段。

但是随着我国一些城市水源紧缺状况的日趋严重,人们对城市污水再生利用认识的不断提高,污水经过处理再生利用,已成为国际公认的第二水源。由此可知污水回用不仅扩大可利用水资源的范围和水资源的有效利用程度,同时也体现了“优质优用,低质低用”的原则。污水回用对于提高城市水资源利用的综合经济效益、缓解水资源紧缺状况、进一步减少水环境污染以及促进国民经济持续发展,都有着重大意义。

近几年来,国家投入了不少研究经费,做了大量的工作和技术上的准备。据有关资料统计及预测,我国提出在2010年实现城市污水处理率达50%以上,对处理后污水按不同的水质要求进行再生回用,并提出建议实现污水处理后60%以上回用。实践证明中。水回用技术是一项行之有效的节水技术,这一技术的广泛推进,节约了宝贵的水资源,缓解了城市水的供需矛盾、减少了城市排水系统的负担,控制了水污染,保护了生态环境,其所具有的社会效益和环境效益必会带来显著的经济效益。把污水处理与回用紧密结合,互相促进,有利于推进我国城市污水处理与回用事业的发展,有助于实现“在保持经济较高速度发展的同时实现可持续发展”。

## 小　结

1. 悬浮载体生物流化床工艺的主要设计思想是:(1)缺氧段采用悬浮生长系统;(2)好氧段采用悬浮与附着相结合的生长系统;(3)采用圆柱形设备;(4)好氧区及缺氧区体积比的确定;(5)填料投加量的确定;(6)缺氧区溶解氧量的控制;(7)搅拌片及三相分离器的作用;(8)曝气装置及安放位置;(9)布水装置。

2. 悬浮载体生物流化床处理效能的影响因素有:(1)COD容积负荷;(2)水温;(3)pH值;(4)硝化液回流比。

3. WJZ-H型生活污水处理装置采用成熟工艺、新型高效填料、曝气装置。设置灵活,运行管理简单,处理效果稳定。因此被环境保护局推荐使用在住宅区、宾馆、酒店、办公楼、疗养院、学校、工厂及旅游景点等建筑的生活污水处理。

4. 地下渗滤中水回用技术的工艺特点是:(1)集水距离短,可在选定的区域内就地收集、就地处理和就地利用;(2)取材方便,便于施工,处理构筑物少;(3)处理设施全部采用地下式,不影响地面绿化和地面景观;(4)运行管理方便;(5)显著的经济效益。(6)处理效果好。

5. 高效纤维过滤技术的特性有:(1)适用水质范围宽;(2)过过滤效率高;(3)过滤速度快;(4)截污容量大;(5)自耗水率低;(6)不需要更换滤元。

6. SDR污水处理的工艺特点是:(1)体积小;(2)结构紧凑;(3)采用推流式生物接触氧化池,对水质的适应性强,耐冲击性能好,出水水质稳定,不会产生污泥膨胀,产泥量少,产生的污泥含水量低;(4)采用全自动电器控制系统及设备故障报警系统,可靠性好;(5)设备运行时噪音较低,对环境影响小,还除臭。

7. 随着我国一些城市水源紧状况的日趋严重,人们对城市污水再生认识的不断提高,污水经过处理再生利用,已成为国际公认的第二水源。因此,污水回用对于提高城市水资源利用的综合经济效益、缓解水资源紧缺状况、进一步减少水环境污染以及促进国民经济持续发展,都有着重大的意义。

## 习　题

6-1　悬浮载体生物流化床工艺的主要设计思想是什么?

6-2　悬浮载体生物流化床处理效能的影响因素有哪些?

6-3　与传统活性污泥工艺相比,CASS工艺的优点有哪些?

6-4　CASS在曝气方式的选择上,有什么独特的地方?

6-5　微电解水净化装置的结构特点是什么?

6-6　WJZ-H型生活污水处理的工艺特点是什么?

6-7　地下渗滤中水回用技术的工艺原理是什么?

6-8　新型膜法SBBR系列间歇充氧式生活污水净化装置的工艺特点是什么?

6-9　高效纤维过滤技术的工艺原理是什么?

6-10　污水回用技术应用过程中存在的问题有哪些?

# 第2篇　污水厂运行与维护管理

## 7　城市污水及中水处理主要机械设备及其运行管理

**能力目标：**

通过本章的学习，了解污水及中水处理主要机械设备的管理内容、完好标准和修理周期；掌握水泵、风机、曝气设备、控制设备、变配电设备以及消毒设施的运行管理；了解一体化污水处理设备以及一体化中水回用设备。

### 7.1　机械设备管理概述

#### 7.1.1　设备管理内容

污水处理厂的所有设备都有它的运行、操作、保养、维修规律，只有按照规定的工况和运转规律，正确地操作和维修保养，才能使设备处于良好的技术状态。同时，机械设备在长时期运行过程中，因摩擦、高温、潮湿和各种化学效应的作用，不可避免地造成零部件的磨损、配合失调、技术状态逐渐恶化、作业效果逐渐下降，因此还必须准确、及时、快速、高质量地拆修，以使设备恢复性能，处于良好的工作状态。总之，对污水厂来说，设备管理应注意以下几个方面：

(1)使用好设备　各种设备都要有操作规程，规定操作步骤。设备操作规程主要根据设备制造厂的说明书和现场情况相结合而制定。工人必须严格按照操作规程进行操作，设备使用过程中要作工况记录。

(2)保养好设备　各种设备都应制订保养条例，保养条例根据设备制造厂的说明书和现场情况结合而制定，也可把保养条例放在操作规程一起。保养条例中包括进行清洁、调整、紧固、润滑和防腐等内容。保养工作同样应作记录。保养工作可分为：例行保养、定期保养、停放保养、换季保养。

(3)检修好设备　对主要设备应制订设备检修标准，通过检修，恢复技术性能。有些设备，要明确大、中、小修界限，分工落实。对主要设备必须明确检修周期，实行定期检修。对常规修理，应制订检修工料定额，以降低检修成本。每次检修都应作详细记录。

(4)管好设备　管好设备是指从设备购置、安装、调试、验收、使用、保养、检修直到报废以及更新全过程的管理工作。其中包括设备的资金管理对每一环节都应有制度规定。

### 7.1.2　设备的完好标准和修理周期

污水处理厂设备的完好程度是衡量污水处理厂管理水平的重要方面。设备完好程度可用设备完好率来统计，它是指一个污水厂拥有生产设备中的完好台数，占全部生产设备台数的百分比。

设备完好率 =（完好设备台数/设备总台数）×100%

什么设备才算完好，各地单位要求不同，可以下列标准作为完好标准：

(1)设备性能良好，各主要技术性能达到原设计或最低限度应满足污水处理生产工艺要求。

(2)操作控制的安全系统装置齐全、动作灵敏可靠。

(3)运行稳定，无异常振动和噪声。

(4)电器设备的绝缘程度和安全防护装置应符合电器安全规程。

(5)设备的通风、散热和冷却、隔声系统齐全完整，效果良好，温升在额定范围内。

(6)设备内外整洁，润滑良好，无泄露。

(7)运转记录，技术资料齐全。

设备使用了一段时间以后，必须进行小修、中修或大修。有些设备，制造厂明确规定了它的小修、大修期限；有的设备没有明确规定，那就必须根据设备的复杂性、易损零部件的耐用度以及本厂的保养条件确定修理周期。修理周期是指设备的两次修理之间的工作时间，污水处理厂设备的大修周期应根据具体设备使用手册决定。

### 7.1.3　建立完善的设备档案

设备档案包括技术资料、运行记录、维修记录三个部分。

第一部分是设备的说明书、图纸资料、出厂合格证明、安装记录、安装及试运行阶段的修改洽谈记录、验收记录等。这些资料是运行及维护人员了解设备的基础。

第二部分档案是对设备每日运行状况的记录，由运行操作人员填写。如每台设备的每日运行时间、运行状况、累计运行时间，每次加油的时间，加油部位、品种、数量，故障发生的时间及详细情况，易损件的更换情况等。

第三部分是设备维修档案，包括大、中修的时间，维修中发现的问题、处理方法等。这将由维修人员及设备管理技术人员填写。设备使用了一段时间以后，必须进行小修、中修或大修。

根据以上三部分档案，设备管理技术人员可对设备运行状况和事故进行综合分析，据此对下一步维修保养提出要求。可以此为依据制定出设备维修计划或设备更新计划。如果与生产厂家或安装单位发生技术争执或法律纠纷，完整的技术档案与运行记录将使处理厂处于有利的地位。

## 7.2　污水厂及中水厂专用机械设备

### 7.2.1　水泵

(1)水泵的分类

水泵是污水处理中应用最为普遍的动力设备，用于污水处理的泵主要可分为叶片泵、容积泵和螺旋泵三大类。

叶片式泵指的是通过泵轴旋转带动叶片旋转的泵。容积式泵是指利用工作室容积的周期性变化来输送液体的泵，主要用来输送污泥、浮渣等。螺旋泵是利用螺旋推进的原理输送液体的泵，主要输送的介质有活性污泥与污水等。

(2)离心泵工作原理

在中水处理设施中应用最为普遍的是叶片泵，叶片泵中最常用的是离心泵。

离心泵是利用叶轮的旋转而使水产生离心力来工作的。离心泵在启动前，先向泵体内充满被输送的液体，叶轮在泵轴的带动下高速旋转，使被输送的液体从叶轮中心被甩到叶轮外缘，这时叶轮中心产生负压，液体从泵的吸入口流向叶轮中心。泵轴不停地转动，叶轮就会连续地吸入液体和排出液体。

(3)离心泵的构造和分类

离心泵的主要部件包括叶轮、泵体、轴、轴承、吸入室、压出室、密封装置和平衡装置等。离心泵又可分为很多种类，按泵轴方位分为卧式泵和立式泵；按叶轮的多少分为单级泵和多级泵；按扬程的大小分为低压泵、中压泵及高压泵；按工作介质分为清水泵、污水泵和泥浆泵等。

卧式单级离心泵的剖面图见图7-2-1。

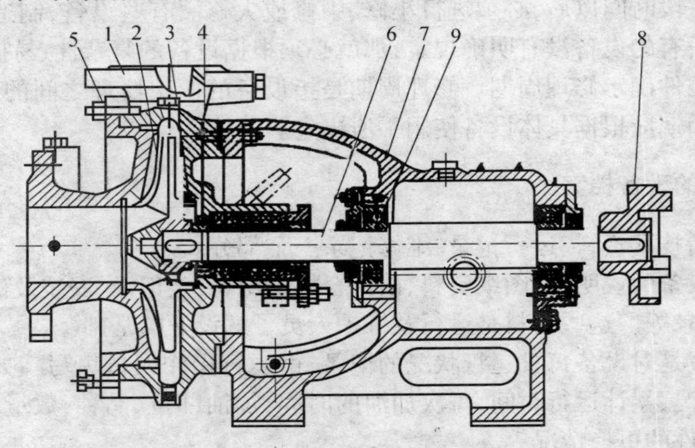


图7-2-1　卧式单级离心泵的剖面图

1—泵体；2—叶轮；3—密封环；4—轴套；5—泵盖；

6—泵轴；7—托架；8—联轴器；9—轴承

(4)离心泵运行调试及管理

1)运行调试

①水泵的液位控制器浮球位置应当调整到适宜位置。

②需对水泵的出口压力和流量等性能进行检验，并对潜污泵的绝缘性能进行测试。

③根据水量的需要情况，调节水泵阀门的开启程度。

2)运行管理

水泵在运行中，必须严格执行巡回检查制度，并要符合下列规定：

Ⅰ. 注意观察各种仪表显示是否正常、稳定。

Ⅱ. 轴承温升不得超过环境温度35℃，总和温度最高不得高于75℃。

Ⅲ. 水泵机组不能有异常的噪声或振动。

Ⅳ. 要及时清除叶轮、闸阀、管道的堵塞物。

3)安全操作

①当水泵在启动和运行时,不得接触转动部位。

②水泵断电或事故发生时,要打开事故排放口闸阀,完全关闭进水口闸阀,并应及时向主管部门报告,不得擅自接通电源或者修理设备。

③操作人员在水泵开启运行尚未稳定之前,不得离开。

④严禁频繁启动水泵。

⑤水泵运行中发现下列异常情况,应立即停泵:

Ⅰ. 水泵发生断轴故障;

Ⅱ. 突然发生异常声响;

Ⅲ. 轴承温度过高;

Ⅳ. 压力表、电流表的显示值过低或过高;

Ⅴ. 机房管线、闸阀发生大量漏水;

Ⅵ. 电机发生严重故障。

---

**Water pump**:

(1) Pump can be divided into vane pumps, positive displacement pumps and screw pumps;

(2) Centrifugal pump is the most commonly used vane pump;

(3) Centrifugal pump can be divided into horizontal and vertical pump, single-stage pump and multi-stage pump; low pressure pump, middle pressure pump and high pressure pump; clean water pump, sewage pump and mud pump.

---

4)维护保养

①水泵日常保养应符合的规定:

Ⅰ. 水泵每运行3000h即对机械密封检查,同时依据实际情况进行更换。特别是使用潜水泵,一定要按照说明书的规定,进行定期检查和维护。主要是要检查水泵接地电阻,当电阻小于0.5MΩ时,应当及时取出检查机械密封状况。如果发现有噪声等异常情况也应及时取出进行检查。

Ⅱ. 备用泵应每月至少进行一次试运转。环境温度低于0℃时,必须放掉泵壳内的存水。

②至少应半年检查、调整、更换水泵进出水闸阀填料一次。

③集水池浮子液位计要定期检修。

(5)常见故障及排除

离心泵使用过程中常见故障、产生原因及排除方法见表7-2-1。

**表7-2-1　离心泵使用过程中常见故障、产生原因及排除方法**

| 常见故障 | 产生原因 | 排除方法 |
|---|---|---|
| 启动后水泵不出水或出水量少 | 1)启动前没有引水或引水不足<br>2)底阀堵塞或漏水<br>3)吸水管路及填料函漏气<br>4)水泵转向不对<br>5)水泵转速太低 | 1)重新引水<br>2)清除杂物或修理<br>3)检修漏气,压紧填料或清通水封管<br>4)检查接线,改变转向<br>5)检查电压是否太低 |

续表

| 常见故障 | 产生原因 | 排除方法 |
| --- | --- | --- |
| 启动后水泵不出水或出水量少 | 6)叶轮吸入口及流道堵塞<br>7)叶轮及减漏环磨损<br>8)水泵安装高度过高<br>9)水面产生旋涡,空气带入泵内<br>10)吸水管路安装不当,积存空气 | 6)打开泵盖,清除杂物<br>7)更换磨损零件<br>8)调整水泵安装高度<br>9)加大吸水口淹没深度或采取防止措施<br>10)改装吸水管路,消除隆起部分 |
| 水泵开启不动或启动后轴功率过大 | 1)填料压得太紧,泵轴弯曲,轴承磨损<br>2)联轴器间隙太小<br>3)电压太低<br>4)流量太大,超过使用范围过多 | 1)松动压盖,矫直泵轴,更换轴承<br>2)调整联轴器间隙<br>3)与电工联系,检查电路<br>4)关小出水阀门 |
| 水泵机组振动或者噪声较大 | 1)地脚螺栓松动或没有填实<br>2)基础松软<br>3)安装不良,联轴器不同心或泵轴弯曲<br>4)水泵发生气蚀<br>5)轴承损坏或润滑不良<br>6)叶轮损坏或不平衡<br>7)泵内有严重摩擦 | 1)拧紧并填实地脚螺栓<br>2)加固基础<br>3)检查调整同心度,矫直或换轴<br>4)降低安装高度,减少水头损失<br>5)更换或修理轴承,加注润滑油<br>6)修理、更换叶轮或对叶轮进行静平衡试验<br>7)检查摩擦部位 |
| 轴承发热 | 1)轴承损坏<br>2)轴承润滑不良(润滑油过多或过少)<br>3)油质不良,有杂质<br>4)轴弯曲或联轴器未调正<br>5)滑动轴承的甩油环不起作用 | 1)更换轴承<br>2)按规定加油<br>3)更换合格润滑油<br>4)矫直或更换泵轴,调正联轴器<br>5)放正油环位置或更换油环 |
| 电机过载 | 1)转速高于额定转速<br>2)水泵流量过大<br>3)电动机或水泵发生机械损坏 | 1)检查电路及电动机<br>2)关小阀门<br>3)检查电动机及水泵 |
| 填料函发热,漏水过少或过多 | 1)填料压得过紧<br>2)水封环位置不对<br>3)水封管堵塞<br>4)填料函与泵轴不同心<br>5)劣质填料损坏轴套<br>6)填料磨损过大或轴套磨损 | 1)调整松紧度,使滴水呈滴状连续渗出<br>2)调整水封环位置,使其对准水封管口<br>3)疏通水封管<br>4)检修、调整,使其同心<br>5)更换合格填料<br>6)更换填料或轴套 |
| 泵轴被卡住泵转不动 | 1)叶轮和密封环间隙太小或不均匀<br>2)叶轮和密封环间隙被杂物卡住<br>3)泵轴弯曲<br>4)水泵长期未用,泵轴被锈住<br>5)轴承损坏 | 1)修理或更换密封环<br>2)清除杂物并修理密封环<br>3)校正泵轴<br>4)除锈加油<br>5)更换轴承 |

### 7.2.2　风机

(1)风机分类

按作用原理风机分为容积式和透平式两类。容积式风机依靠在气缸内作往复或旋转运动的活塞作用,使气体体积缩小从而提高压力;透平式风机靠高速旋转的叶轮作用,提高气体的压力和速度,随后在固定组件中使一部分速度进一步转化为气体的压力能。

按结构型式容积式风机又可分为回转式和往复式。回转式风机中又分成罗茨式、滑片式和螺杆式;往复式风机又分成活塞式、隔膜式及自由活塞式。透平式风机分为离心式、轴流式和混流式。

按达到的压力,风机分为通风机、鼓风机和压缩机。通风机压力最小,鼓风机压力较大,压缩机压力最大。在中水系统中,常用的风机是鼓风机。

(2)常用鼓风机介绍

在中水处理系统中,应用较多的是罗茨式风机和低噪声回转式鼓风机。

1)罗茨风机

罗茨鼓风机是低压容积式鼓风机。罗茨鼓风机主要由气缸和端盖、转子、轴、轴承、同步齿轮等组成。

罗茨鼓风机的工作原理是:装在两根平行轴上的两个8字形转子相互啮合,以相反方向旋转,随着转子的旋转交替形成吸气气穴,吸入一定容积的气体后,气体在气缸内被推移、压缩和升压,最后由排气口排出。两个转子用一对同步齿轮保持相互位置,转子互相不接触。转子与转子、转子与气缸之间均有一定间隙。罗茨鼓风机的工作原理示意图见图7-2-2。

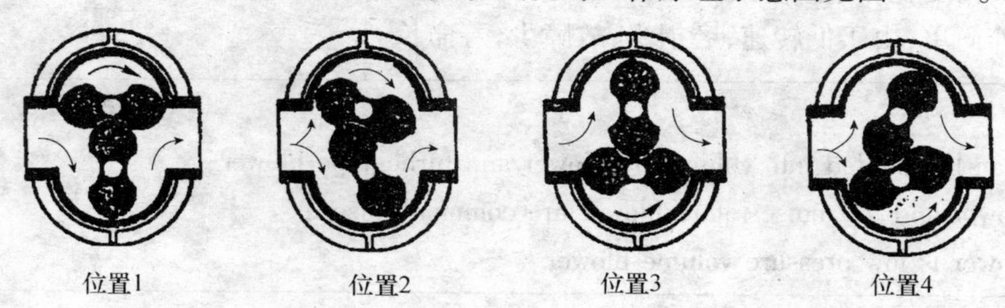


图7-2-2　罗茨鼓风机的工作原理示意图

一般的罗茨鼓风机噪声比较大,新型三叶罗茨鼓风机采用固定的螺旋形式,使它的压缩原理在很大程度上消除了原来罗茨风机所存在的因压力变化而形成的噪声源及产生的脉冲,叶轮也采用了组合的新型线。

2)低噪声回转式鼓风机

①构造和外形

又称为滑片式鼓风机,它的构造和罗茨鼓风机不同,回转式鼓风机结构精巧,主要由电机、空气过渡器、鼓风机本体、空气室、底座(兼油箱)、滴油嘴六部分组成。它是靠汽缸内偏置的转子偏心运转,并使转子槽中的叶片之间的容积变化将空气吸入、压缩、吐出。在运转中利用鼓风机的压力差自动将润滑油送到滴油嘴,滴入汽缸内来减少摩擦和噪声,同时可减少汽缸内气体的回流。其外形见图7-2-3。

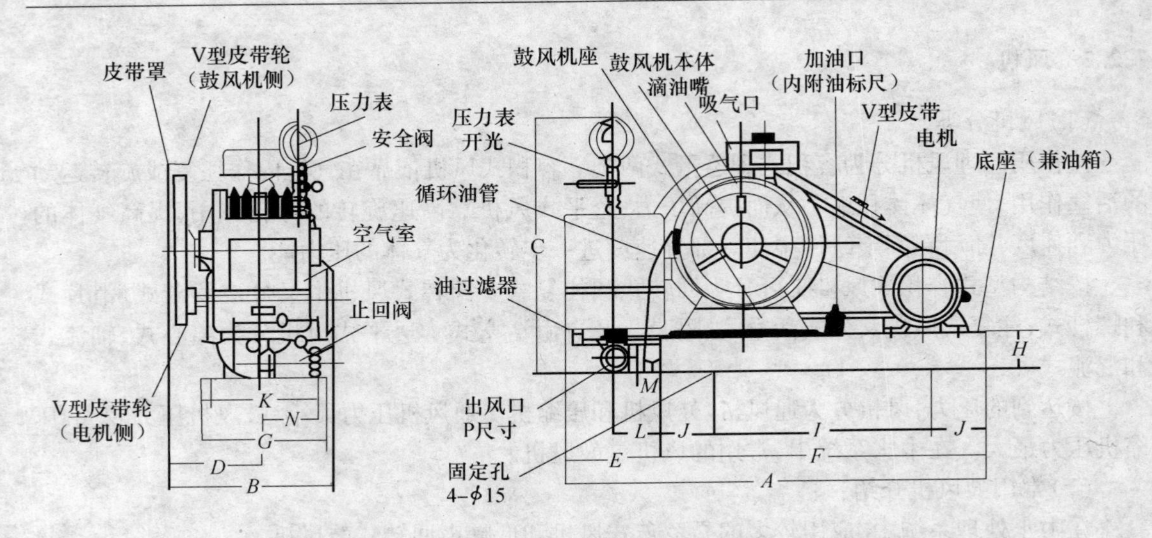


图 7-2-3 低噪声回转式鼓风机外形图

②特点

Ⅰ. 体积小、风量大、噪声低、耗能省。

Ⅱ. 运转平稳，安装方便。

Ⅲ. 材质精良，结构巧妙，性能卓越，长期使用故障少。

Ⅳ. 附有空气室，可防止空气脉动，散气平稳。

Ⅴ. 抗负荷变化，风量稳定。

Ⅵ. 保养简单，由于低转速，磨损少，故障少，寿命长。

---

**Blowers**:

(1) Blower can be divided into volumetric blower and turbo-type blower;

(2) Roots blower and low noise rotary blower are commonly used;

(3) Roots blower is low pressure volume blower.

---

(3)鼓风机运行管理

1)应根据氧化池的需氧量，调节风量。

2)在风机启动时，以及在放长假或其他需要减少供氧量时，需减少供气量。其做法有很多种，可采用：

①设置旁通管路，使旁通管直接进入调节池内，使气体直接向调节池内排放。

②也可以从氧化池底风管排水管路排出，只需要打开阀门，空气从走向地沟的排水管中放走一部分。

3)应检查风机的润滑系统，油位、滴加速度等，及时采取措施。

4)发现异常情况不能排除时，应立即停机。

罗茨鼓风机常见故障、产生原因及排除方法见表 7-2-2。

**表7-2-2　罗茨鼓风机常见故障、产生原因及排除方法**

| 故障 | 原因分析 | 排除方法 |
|---|---|---|
| 齿轮损坏 | 润滑油油量过少或油质不好 | 定期检查润滑油，先用合适润滑油 |
| 轴承过热、间隙超限、表面剥蚀 | 过载和温度过高 | 避免过载，将润滑油钢管改成胶管，减少振动造成的破损 |
| 转子啮合错位，转子摩擦、碎裂、轴向窜动 | 零部件超过使用年限或产品质量差 | 更换合格零部件，增加油压报警装置 |
| 壳体内部磨损、碎裂 | 空气过滤效果差或过滤器堵塞 | 检修和改善空气过滤系统 |
| 润滑系统异常，油压低，油温高，油色度浊度大，油管接头断裂漏油 | 叶轮和机壳结垢严重且不均匀，或有大块杂物进入 | 检修风机，清除结垢和杂物 |
| 风量、风压达不到要求 | 进气吸空，装配不当 | 提高安装精度，保证风机与电机中心线重合，整机底座水平 |
| 异常噪声和振动 | 地脚螺栓松动<br>基础及系统无减振措施 | 紧固地脚螺栓<br>安装减振和消声隔声装置 |
| 频繁跳闸 | 电源不稳 | 检查供电线路 |
| 电机不转或反转 | 电机损坏<br>线路连接不当 | 修理或更换电机<br>检查和调整线路连接 |

(4)鼓风机安全操作

1)必须在有润滑油情况下，才可转动皮带轮。

2)清洗或调换空气过滤器，必须在停机时，并且要采取防尘措施。

3)应经常检查冷却及润滑系统是否通畅，温度、压力、流量是否满足要求。

(5)鼓风机维护保养

1)备用风机应每周转动一次。

2)冷却、润滑系统的机械设备和设施要定期检修与清洗。

3)低噪声回转式鼓风机的保养事项：

①注意油箱内贮油量是否达到要求，每半月检查一次，不足应注意加油(机油牌号为ISO标准N68润滑油，低温寒冷地区可以适当降低机油牌号)，一般一月加油一次；

②注意机油是否变质，如变质要及时更换机油，三个月换一次机油；

③注意滴油嘴工作状态，每周巡检两次，若滴油不正常或不滴油(正常为12～18滴/min)，应立即关机，调整或卸下清洗。如仍不能解决，应与厂家联系；

④注意机油过滤器是否清洁，要经常拆下清洗，每月一次；

⑤注意检查三角皮带的松紧状态，要调整合适；新皮带开始使用后，1周至10天要作适当调整；长期工作后，则半年调整二次；

⑥注意进气口滤清器的清洁，要经常卸下来清洗(每月一次)，保持进气状态良好(卸滤清器时注意不要把赃物掉进风机主机内)；

⑦注意检查安全阀的灵活状态，如不灵活则请清洗调试，以保证可靠的启闭，三个月检查一次；

⑧每日巡检风机及电机的运行状态，若发现噪声、温度不正常时要及时停机检修；

⑨对长期停用的风机，每月使用一次，使用时间不少于2小时，压力应调整在0.3～0.5kg/cm$^2$范围内，以便风机防锈、润滑。

4）低噪声回转式鼓风机进水的解决办法：

①抽干风机房内积水。

②电机的处理方法

把电机从底座上拆下来，打开电机的前后端盖，取出转子，把端盖螺钉全部拧入定子两端的螺孔（防止定子立起时碰伤绕组）。把定子立着放在阳光下，两端各曝晒12h，用兆欧表测量绕组和外壳的绝缘电阻不得低于20MΩ。如不行则继续放在阳光下曝晒直至达标。

③风机主机处理方法

把回油管从底座处拔下，放掉主机和空气室内的油和水，取下空气滤清器，用手快速正向转动风机带轮10转左右以后，从进风口慢慢倒入机油（68号抗磨液压油5L），同时不断正向转动风机带轮，排出所有清洗油。

④油箱的处理方法

用扳手先卸下油标，再拆一个油过滤器，倾斜底座，尽量放尽油箱内的废油，同时用新机油清洗油箱。装上油过滤器、回油管及空气滤清器，在油箱内注入机油至油箱3/4处，拧紧油标。

### 7.2.3 曝气设备

（1）曝气设备作用与分类

曝气设备即空气扩散装置，是好氧生物处理的关键设备，其主要作用有以下几点：

1）充氧：将空气里的氧气转移到好氧生物处理装置的液体中，成为溶解状态的氧，供给微生物呼吸；

2）搅拌混合：通过空气扩散而造成好氧生物处理装置的液体剧烈混合，使污水中的有机污染物、微生物及溶解氧三者充分接触，同时也起到防止污泥沉淀的作用。

污水处理中使用的曝气设备种类很多，主要有鼓风曝气和机械曝气两大类。

（2）鼓风曝气设备

鼓风曝气系统由供气设备、空气扩散装置及连接管路组成，供气设备将空气通过管道输送到处理装置中，再通过空气扩散装置使空气形成不同尺寸的气泡，气泡的尺寸主要由空气扩散装置的形式所决定。

鼓风曝气系统的空气扩散装置主要有微气泡、中气泡、大气泡、水力剪切、水力冲击及空气升液等类型。常用的鼓风曝气装置如下：

1）微气泡曝气装置

微气泡曝气装置也叫做微孔曝气器，常用多孔性材料如陶瓷、钛合金及合成材料制成扩散板、扩散管及扩散罩等形式。微孔曝气器构造示意图见图7-2-4。

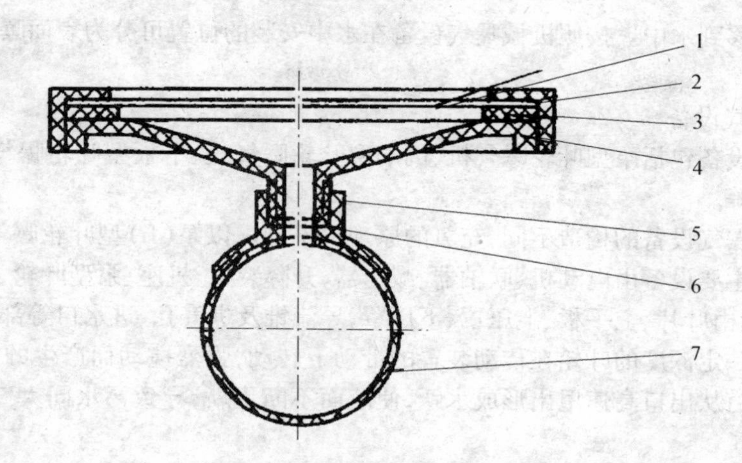


图7-2-4　微孔曝气器构造示意图

1—曝气盘;2—上压盖;3—橡胶垫;4—底垫;5—连接座;6—橡胶垫圈;7—进气管

这类扩散装置的主要特点是产生微小气泡,气液接触面积大,氧利用率较高,可以达10%以上。它的缺点是气压损失较大,易堵塞,送入的空气需预先经过滤处理。

2)中气泡曝气装置

穿孔管是应用最广泛的中气泡曝气装置,一般由管径为25~50mm的钢管或塑料管制成,在管壁两侧向下45°方向开孔,孔眼直径为3~5mm。

穿孔管构造简单,不易堵塞,阻力小,但氧的利用率低,只有4%~6%,动力效率也低。

3)水力剪切式曝气装置

水力剪切型曝气装置利用本身构造特征,产生水力剪切作用,将大气泡切割为小气泡。通常使用的水力剪切型曝气装置有倒盆式曝气器、倒伞式曝气器和固定螺旋曝气器等。

水力剪切型曝气装置通常构造简单,不易堵塞,氧的利用率在穿孔管与微气泡曝气装置之间。

4)水力冲击式曝气装置

水力冲击式曝气装置包括密集多喷嘴扩散装置及射流扩散装置两种。在中水系统中用得较多的是射流扩散曝气装置。射流曝气装置利用水泵打入水流而后进入射流器,经射流器喷嘴高速喷射,吸入大量空气,水和气在喉管中强烈混合搅动,形成微细气泡。

射流曝气装置中氧的利用率可高达20%以上,但动力效率不高。

---

**Aeration equipment**:

(1) The effect of aeration equipment is oxygenation, mixing;

(2) The main aeration equipments are blast aerator and mechanical aerator;

(3) Commonly used diffused aeration device include: microbubble aerator; middle bubble aerator; hydraulic shear force aerator; hydraulic shock aerator.

---

(3)机械曝气设备

机械曝气设备安装在生物处理装置的水上或是水下,在动力驱动下转动,通过不同方式使空气中的氧转移到水中。按照机械曝气设备在水中安装的位置可分为表面曝气设备和水下曝气设备。

1)表面曝气设备

表面曝气设备包括泵型叶轮曝气机、倒伞型叶轮曝气机、平板型叶轮曝气机、转刷曝气机及转碟曝气机等。

各种表面曝气设备的构造不同,充氧的原理也不同。以泵(E)型叶轮曝气机为例:泵(E)型叶轮曝气机主要设备由电动机、联轴器、减速器、升降装置、机座、泵型叶轮、电气控制等部分构成,泵型叶轮由叶片、上平板、上压罩、下压罩、导流锥及进气孔、进水口等部件组成。立于曝气池表面以下一定深度的叶轮在传动装置的带动下转动,强烈搅动而产生的涡流使污水由叶轮进水口经流道从出口高速甩出形成水跃,使液面不断更新,导致污水同大气充分接触,完成污水的充氧。

2)水下曝气设备

依据作用原理的不同,水下曝气设备分为离心式和射流式两种。

离心式曝气机由电机直接带动叶轮作高速旋转,旋转的叶轮产生的离心力在叶轮的进口处形成负压吸入空气与水,利用叶轮的动能在混合室中将一定比例的气水混合,在强大的离心力的作用下,气水两相流沿叶轮的切线方向经流道整流后,向圆周方向扩散,细碎的微小气泡充分与水融合,从而达到充氧的目的。

潜水射流曝气机由潜水泵、射流器、空气管三部分组成。在泵叶轮高速旋转下,液体以高的速度由喷嘴喷出,高速流动的液体通过混气室时,在混气室形成真空,由导气管吸入大量空气,空气进入混气室后,在喉管处和液体剧烈混合,形成气液混合体,从扩散管排出,空气在水体中以细微气泡上升,使氧气溶解到水中,其氧利用率可以达到30%以上。潜水射流曝气机示意图见图7-2-5。

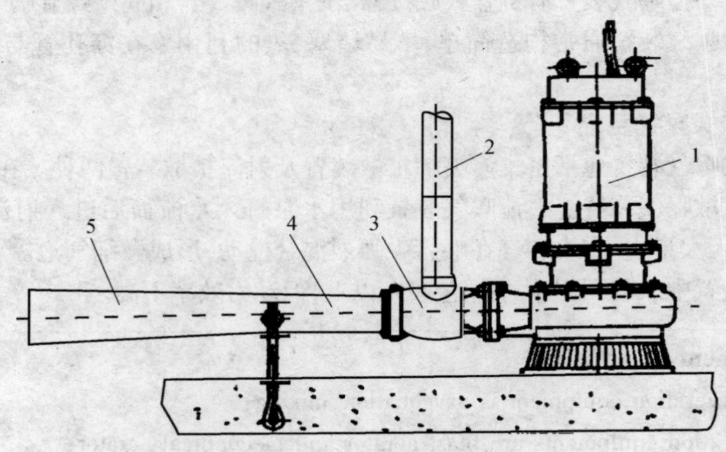


图7-2-5　潜水射流曝气机示意图

1—潜水泵;2—空气管;3—出水管;4—射流器;5—扩散管

(4)曝气设备运行管理

1)鼓风曝气设备

①安装或检修完成之后,运行前在曝气池内放入清水,水面至设备300~500mm,通气检

查设备高度是否在同一水平面上，检查管道及接口是否漏气，气泡是否均匀，根据检查情况进行调整。

②微气泡曝气装置的扩散板、扩散管及扩散罩内易堵塞，因此鼓风机送入的空气必须经过过滤，滤料可以采用玻璃纤维、尼龙纤维、无纺布等，保证空气洁净。

③曝气池停止运行时，为防止堵塞，可用正常气量的1/6～1/4维持曝气。

2）机械曝气设备

①启动前检查减速箱内油位应在油标的1/2以上；检查各部分螺栓和连接件是否紧固；表面曝气机需检查液位高度是否符合设备要求的浸没深度。

②运转过程中应经常检查曝气机的轴承处有无温升过高或异常振动、漏油和连接螺栓松动等异常现象。

（5）曝气设备维护保养

1）定期检查及更换曝气机减速箱齿轮油。定期更换润滑油，新机组运转300～600h更换，以后每运转2000～5000h更换一次，具体更换时间应依实际工作情况而定，最长不宜超过18个月。

2）各种射流曝气机和水下曝气机，都应注意堵塞问题，发现堵塞应及时清理。

**Mechanical aerator**

(1) Surface aerator include: pump type impeller aerator, down- umbrella impeller aerator, rotating brush aerator and rotating dish aerator;

(2) Underwater aerator include: centrifugal aerator and jet type aerator.

### 7.2.4　控制设备

（1）概述

随着科学技术的发展，污水处理设备的自动化程度也日益提高，在中水处理系统中各种控制设备的应用也逐渐广泛。如活性污泥法曝气池溶解氧浓度的控制及沉淀池排泥时间的控制；在采用SBR工艺时，曝气、搅拌、沉淀、滗水、排泥需要按预定的时间程序周期运行；处理水泵根据调节池和中水池水位启闭；中水池的自动补水；中水供水的变频调速等。

自动控制系统包括自动检测和报警装置、自动保护装置、自动操作装置及自动调节装置四部分。在采用可编程控制器（PLC）和计算机系统的现代化污水处理过程控制中，上述四类装置的类别已不太明显，如自动报警、自动保护、自动操作和自动调节的功能都可以在可编程控制器和计算机系统中完成。所以，现代污水处理厂的自动化系统是由测量仪表、计算机监控系统和被控设备组成的。

建筑中水系统一般规模较小，处理工艺全过程自动控制的工程尚不多见，但部分过程自动控制的工程已逐渐增加。在建筑中水系统中应用较多的控制设备为PLC控制器、变频控制器等。

（2）PLC控制器

PLC控制器作为通用的自动化控制设备，既可以单台使用于机电设备的控制，又可用于工艺过程的系统控制。目前PLC的产品已经系列化,从控制几十点的小型化PLC到上千点的大型化PLC都有供应,PLC的网络通讯能力也越来越强。在中水系统中目前应用的主要是小型化PLC控制器。

PLC控制器大多采用的是模块结构,它是由中央处理器(CPU)模板、电源模板、输入/输出模板及其他用途的特殊模板组成,其通常被安装在一个机架上。不同的PLC系统的编程语言各不相同,一般可以分为梯形逻辑图、逻辑功能块图和指令式语言三种指令系统。

在中水系统中,PLC控制器对处理系统中某些参数进行检测,将这些检测到的数据送到PLC控制器,并通过PLC控制器送到触摸屏中,PLC控制器可以根据预先存放的用户程序和上位机的给定值进行判断、运算并输出控制信号,控制执行元件的工作时序,来控制处理指标,获得理想的处理效果。

(3)变频调速控制装置

变频调速供水方式减少了高位水箱的储水环节,避免了水质的二次污染。采用闭环式供水方式,根据压力信号调节水泵的转速,实现变量供水,全自动运行。可变频调速供水方式中,水泵的转速随着管网流量的变化而变化,同恒速泵运行方式相比,明显节省电能。

变频调速供水系统由电系统和水系统构成,电系统主要由变频调速控制系统、监测仪表、配电线路及控制线路等组成。水系统主要由水箱、泵组、阀门、仪表及供水管网等组成。其核心设备变频调速控制装置主要由变频调速器、可编程控制器、比例微分积分数字调节器及主电路组成。其动作原理是根据用水量的变化,调节水泵电机的电源频率及电压,控制水泵的转速,从而实现调节供水量和节能的目的。其动作过程是在水泵出口干管上设压力传感器,时时采集管网压力信号,将其转换成0~5V的模拟信号。经过放大和转换,转换成数字信号进入微机,运算后将参数送给变频调速器,控制电源频率的变化,调节水泵的转速,从而达到恒压变量供水的目的。其中低水位控制器的作用是当水箱水位降到最低水位时系统自动停机。

(4)控制设备运行维护

1)专业人员应定期对控制设备进行检查维护。

2)控制设备的调试应由专业人员进行。

3)控制设备应在各种元器件规定的工况条件下运行。

4)各部件应完整、清洁、无锈蚀、标记清晰;微机系统工作应正常;控制柜应整洁。

---

**Control equipment**:

(1) Automatic control system include automatic detection and alarm device, automatic protection device, automatic operating device, automatic regulating device;

(2) PLC controller and variable frequency controller are widely applied control equipment in reclaimed water system.

---

### 7.2.5 变配电设备

(1)常用变配电设备

为满足中水设备用电需求,通过变配电设备将中水系统同电网相连结。变配电设备包括变压器和配电柜等。

1)变压器

变压器是变换电压的设备,可以将输电线路上的高电压变换为污水处理系统电力设备所需要的低电压。变压器通常由器身、油箱、冷却装置、保护装置和出线装置组成。器身是变压器的主体,包括铁芯、绕阻、绝缘、引线和分接开关等重要部件。

2)配电柜

配电柜在电力系统中也称为低压配电柜,其主要功能是分配电能、保护用电设备、监视供电工况及记录负载用电量。低压配电柜由配电开关板、保护元件板、指示仪表及柜体等组成。

在保护元件板上装有各种保护元件。为了防止电流超过最大安全电流,每条线路都设有过流保护,常用的过流和短路保护装置是空气开关和熔断器。若电流超过空气开关设定的最大电流,电路被断开,空气开关跳闸后查出问题通过简单的复位即可继续使用;当电流超过熔断器承载的最大电流时,熔丝或熔片烧毁,电路被切断。螺旋式熔断器的外形及结构见图7-2-6,无填料封闭管式熔断器外形及结构见图7-2-7。

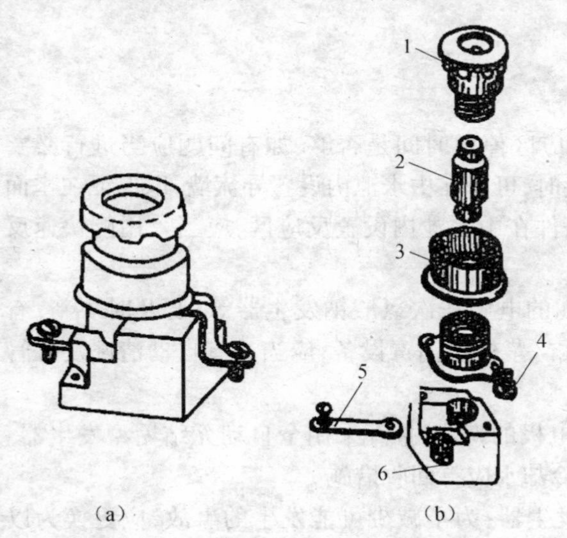


图7-2-6　螺旋式熔断器

(a)外形;(b)结构

1—瓷帽;2—熔管;3—瓷套;

4—上接线端;5—下接线端;6—底座

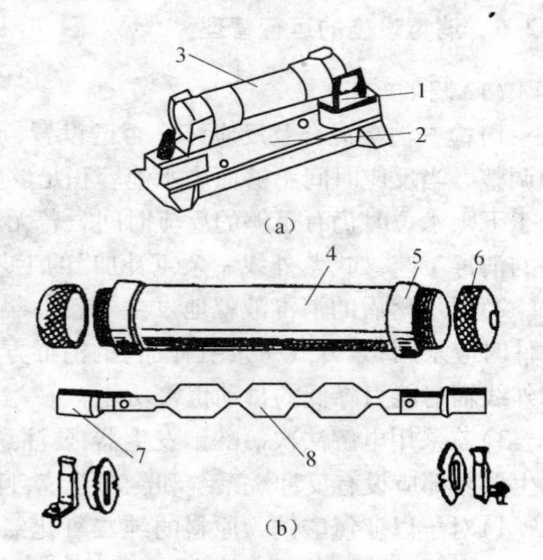


图7-2-7　无填料封闭管式熔断器

(a)外形;(b)结构

1—夹座;2—底座;3—熔管;4—钢纸管;

5—黄铜管;6—黄铜帽;7—触刀;8—熔体

(2)变配电设备运行管理

1)变配电设备的调试应由专业人员进行。

2)变配电装置的工作电压、工作负荷和控制温度应在额定值的允许变化范围内运行。

3)操作人员应对变配电装置内的主要电气设备每班巡视检查两次,并做好运行记录。

4)变配电设备及其周围环境应保持整洁、卫生。

5)操作人员应按时记录电气设备的运行参数,并记录有关的命令指示。严禁漏记、编造和涂改。

(3)变配电设备安全操作

1)变配电装置在运行中发生因气体继电器动作或跳闸、电容器或是电力电缆断路跳闸时,在未查明原因前不得重新合闸运行。

2)隔离开关接触部分过热,应断开断路器,切断电源。不允许断电时,则应降低负荷并加强监视。

(4)变配电设备维护

电气设备的绝缘电阻、各种接地装置的接地电阻,应按照电业部门的有关规定,定期测定并应对安全用具、保护电器进行检查或作耐压实验。

---

**Electricity transformation and distribution equipment**:

(1) Electricity transformation and distribution equipment include transformer and power distribution cabinet;

(2) It need to pay attention to the operation management and safety operation in daily operation.

---

### 7.2.6 消毒设施的运行管理

(1)调试准备

1)检查消毒混合及反应区是否已设置,反应区停留时间是否够,如有问题应当进行必要的调整。当反应时间不够而中水池容积足够大时,可以在中水池内设置导流墙,以保证在水面处于下限水位时仍有足够的反应时间。若无条件在中水池内设置反应区,应当采用能快速反应的消毒工艺,如"紫外线+余氯补加"的工艺。

2)对于落后的消毒液就地发生器,如:早期的电解法次氯酸钠发生器等,要及时更新,有条件时应采用"紫外线+余氯补加"的消毒方式。紫外线消毒设备,应当具有自动清洗及灯管紫外线辐射能力降低的自动报警功能。

3)若采用电解法次氯酸钠发生器,要注意电极的寿命,推荐采用全自动无结垢型发生器。发生器内部应设有反冲洗系统和冷却系统,且冷却水应有回收措施。

4)对于以亚氯酸钠为原料的纯二氧化氯发生器,为了减少可能发生的事故,应更换为以氯酸钠为原料的复合型二氧化氯发生器。

5)二氧化氯是由水射器带出并溶于水的,故设备间必须有足够的压力自来水,如水压不够0.2MPa,需加设管道泵。

6)消毒投药应和该处理设备的进水泵联动,使投药与设备出水同时动作,以免药液的过量投加。

(2)运行调试

1)若无余氯自动控制设备,要在调试中反复测定管网末端的余氯情况,用来确定中水池前的余氯投加量,如有条件应采用余氯在线监控仪等在线自动控制设备。

2)对于就地发生消毒剂的设备,由厂家的专业人员进行调试及对操作人员进行培训。培训合格后,操作人员方可上岗。

3)如果因补水量大于中水用量的20%,造成余氯不足,应通过供水管线的调整,压缩补水量,以实现余氯的正确控制。

(3)运行管理

1)药剂的选购和保管

①在使用次氯酸钠溶液消毒时,应要经常分析化验其有效氯含量,以便掌握有效氯的衰减情况,确定每次的最佳送货量及送货周期,减少氯的损失。

②商品次氯酸钠应在21℃左右避光贮存,同易燃、还原性物质分开存放,存放在通风良好处。

2)若没有余氯投加自控装置,对于次氯酸钠的投加量设定,必须依据有效氯含量和处理水量水温的变化情况,及时调整,以保证投药效果。

3)在加氯计量泵运行中,要注意泵的运行是否正常,是否有异常声音,进药管滤头是否有堵塞,有问题应及时处理。

4)消毒液就地发生器的运行管理:

①二氧化氯发生器的运行管理,应严格按照出厂说明书进行。

②次氯酸钠发生器的盐水溶液进入发生器之前,应经沉淀、过滤处理,并应经常清洗电极。运行中应经常观察电解电流与电压是否符合规定值,观察盐液及冷却水流通情况,严防污垢堵塞电解槽信道及排放流通管道。

5)紫外线灯管要及时清洗表面,在辐射强度不足时要及时更换。

(4)安全操作

1)对二氧化氯就地发生器要加强安全管理,因二氧化氯在空气中和水中浓度达到一定程度会发生爆炸,所以必须遵守严格的安全操作规定:

①在二氧化氯制备系统中要严格控制原料稀释浓度,防止误操作。要求操作人员熟悉原料的配比和操作规程。

②要求发生器的反应室完全密闭,并且要确保整个反应在真空下迅速进行,直接投加产物到使用点,从而保证整台设备的安全操作和使用,设备还应具有缺水停机、欠压停机及水泵过载保护等多种安全措施,并有对应的声、光显示报警,以确保设备安全正常运行。

③在设备内要安装排气装置,定时进行通风排气,使箱内凝结的残液和运行过程中产生的可爆炸气体,经专门设置的通风管道被安全排出系统外。化学法纯二氧化氯发生器,由于原料为强氧化性或强酸化学品,储存间必须考虑分开安全储放。

④对二氧化氯发生器,出于安全的原因,在开始使用和再次使用之前,须由专人对发生器进行检查。

2)电解法次氯酸钠发生器应安装在直接排氢管道,通到室外安全位置,以便及时地排除在设备运行过程中产生的可爆炸气体;同时也应具有自动保护措施:当盐水供应中断、电力负荷过载、反应超温或管网水泵突然停止工作时,设备均可自动采取相应的保护措施,并有对应的声、光显示报警,以确保设备安全正常地运行。

3)消毒剂就地发生器应当设在专门的操作间,操作间照明应用安全防爆灯,室内严禁烟火。

(5)维护保养

1)电解法次氯酸钠发生器的维修保养必须按说明书的要求进行。在工作过程中电极会逐步结垢，需要定期清洗电极，一般大约1～3个月清洗一次。方法是将稀盐酸通过防腐泵打入电解槽中浸泡一定时间进行溶解。若采用无结垢全自动型，可免清洗。

2）二氧化氯发生器设备比较复杂，其维护保养必须配有专人负责，严格按产品说明要求，进行定期检查维护。

3）氯的投加装置必须按产品说明要求进行维护保养。

---

**Operation management of disinfection facilities include:**

(1) Debugging preparation;

(2) Debugging on running;

(3) Operation management;

(4) Safe operation;

(5) Maintenance.

---

### 7.2.7 一体化污水处理设备

一体化污水处理设备的定型产品有很多，选型的依据主要是进水 $BOD_5$、出水 $BOD_5$ 和水量。在选型过程中应根据生产厂产品说明书提供的处理工艺流程及有关技术参数进行选型。

一体化污水处理设备主要是用来处理小水量生活污水及低浓度的工业有机污水，因为该类产品采用机电一体化全封闭结构，无需专人管理，因此得到广泛使用。但是，本产品在运用过程中，应从安装、运行、维护等几个方面合理使用才可达到设计的处理效果。

(1)设备的安装　一体化污水处理设备通常提供三种安装方式：地埋式、地上式及半地埋式。在选择安装方式时应结合当地的气候及周围的环境，对年平均气温在10℃以下的地区，用生物膜法处理污水的效果较差，应把污水处理设备安装在冻土层以下，可以利用地热的保温作用，提高处理效果。在其他地区选择安装方式主要是根据周围的环境来选择，从安装、维护角度出发应选择地上式或半地埋式，从节省土地角度出发应选择地埋式。若对周围环境影响不太大时应首选地上式，因为地埋式存在的问题有：a. 设备安装、维修、维护保养不方便；b. 设备可能因为进入基础地下水的浮力作用而损坏；c. 在地下的电气系统因长期处于潮湿环境会影响其使用寿命，电气安全性也将受到影响。

在设备安装过程中，还应注意以下事项：

1）设备的混凝土基础的大小规格应和设备的平面安装图相同，基础的平均承压必须达到产品说明书的要求及基础必须水平。如若设备采用地埋式安装，基础标高必须小于或等于设备标高，并保证下雨时不积水，为了防止设备上浮，基础应预埋抗浮环。

2）设备应当根据安装图将各箱体依次安装，箱体的位置、方向不能错，彼此间的间距必须准确，以便连接管道。设备安装就位之后，应用绷带把设备和基础上的抗浮环连接，以防设备上浮。

3）为了保证设备管路畅通，应按产品说明书要求保证某些设备或管路的倾斜度。

4）设备安装之后，应在设备内注入清水，检查各管道有没有渗漏。对于地埋式设备，在确定管道无渗漏后，在基础内注入清水30～50cm深后，即在箱体四周覆上土，一直到设备检查孔,并平整地面。

5)在连接水泵、风机等设备的电源线时,应注意风机和电机的转向。

(2)设备的调试　一体化污水处理设备安装完毕之后可以进行系统调试,即培养填料上的生物膜。污水泵按额定流量把污水抽入设备中,启动风机进行曝气。每天观察接触池内填料的情况,若填料上长出橙黄或橙黑色的膜,表明生物膜已培养好,这一过程通常需要7~15d。如果是工业污水处理设备,最好先用生活污水培养好生物膜之后,再逐渐引进工业污水进行生物膜驯化。

(3)设备的运行　一体化污水处理设备一般是全自动控制或无动力型,不需配备专门的管理人员,但在设备运行过程中应注意如下事项:

1)开机时必须先启动曝气风机,再逐渐打开曝气管阀门,然后启动污水泵(或开启进水阀门)。关机时必须先关污水泵(或关闭进水阀门),再关曝气风机。

2)如污水较少或没有污水时,为了保证生物膜的正常生长,使生物膜不死亡脱落,风机可间歇启动,启动周期为2h,每次运行时间为30min。

3)严禁砂石、泥土及难以降解的废物(如塑料、纤维织物、骨头、毛发、木材等)进入设备,这些物质很难进行生物降解,还会造成管路堵塞。

4)防止有毒有害化学物质进入设备,这些物质会影响生化过程进行,严重的将导致设备生化反应系统被破坏。

5)对地埋式设备,在运行过程中,必须保证下雨不积水;设备上方不能停放大型车辆;设备一般不得抽空内部污水,以防地下水把设备浮起。

(4)设备维护　一体化污水处理设备投入运行以后,必须建立一套定期维护保养制度,维护保养的内容主要有以下几项:

1)出现故障一定要及时排除。主要故障是管路堵塞和风机水泵损坏,如不及时排除故障将影响生物膜的生长,甚至会导致设备生化系统的破坏。

2)按产品说明书的要求,定期清理污泥池内的污泥。

3)设备的主要易损部件是风机和水泵,必须有一套保养制度,风机每运行10000h必须保养一次,水泵每运行5000~8000h必须保养一次。平时在运行过程中,必须保证不能反转,如果进了污水,必须及时清理,更换机油后方能使用。

4)设备内部的电气设备必须正确使用,如果不是专业人员不能打开控制柜,应定期请专业人员对电气设备的绝缘性能进行检查,以防止触电事故的发生。

---

**Integrated Equipment for Sewage Treatment**:

(1) It's used to treat small-scale sewerage and low concentration industrial organic wastewater;

(2) In order to achieve treatment effect, following aspects should be paid attention:

Equipment installation;

Device debugging;

Equipment operation;

Equipment maintenance.

### 7.2.8 一体化中水回用设备

一体化中水回用设备是把中水回用处理的几个单元集中在一台设备内进行，它的特点是结构紧凑、占地面积小、自动化程度高，一般处理量小于1500$m^3$/d，主要适用于某一单体建筑物的生活污水处理，人口少于3000人。对于某一建筑物当决定选用一体化中水回用设备之后，应采用雨水管和污水管分流制。当污水量及水质波动比较大时，需要设置一定容积的调节池，此时调节池一般为构筑物，不包含在中水回用设备内，在进行设备布置设计时，要同时考虑调节池所占的面积。

在选用一体化中水回用设备时，应首先根据污水的类型、所需处理的量、运行管理的要求以及能提供的场地来选择合适的工艺流程，确定设备的型号，然后根据污水的量（或人数）来选择相应的规格。常用的一体化中水回用设备及有关参数如下：

（1）组装式中水回用设备

将不同的处理工艺流程段设计为单体，如初处理器、好氧处理单体、厌氧处理单体、气浮单体等，应根据不同的水质和处理深度要求，选择不同的单体进行连接，组成一个完整的工艺。表7-2-3是北京朝阳锅炉厂、鞍山软水设备厂生产的组装式中水处理设备表。表中各处理单元将处理技术和设计技术融为一体，可以组成好氧物化处理、好氧生物膜处理和厌氧水解酸化等不同流程。

表7-2-3 组装式中水处理设备

| 项目 | | 初处理器 | 好氧处理体 | 厌氧处理体 | 浮滤池 | 加药器 | 深度处理器 |
|---|---|---|---|---|---|---|---|
| 组合内容 | | 格栅、滤网、分溢流计量 | 调贮、曝气、氧化提升 | 调贮、厌氧水解、曝气回流 | 溶气气浮过滤 | 溶药、投加、计量 | 吸附交换供水 |
| 处理量（t/h） | 10 | GF-1 | OQ-10 | AQ-10 | LF-10 | JY-500 | SC-10 |
| | 20 | GF-1 | OQ-20 | AQ-20 | LF-20 | JY-500 | SC-20 |
| | 30 | GF-2 | OQ-30 | AQ-30 | LF-30 | JY-800 | SC-30 |
| | 50 | GF-2 | OQ-50 | AQ-50 | LF-50 | JY-800 | SC-50 |

（2）接触氧化法处理设备

接触氧化法处理设备主要技术参数如表7-2-4所示。

表7-2-4 接触氧化法处理设备主要技术参数

| 型号 | 时产水量（$m^3$/h） | 日产水量（$m^3$/d） | 占地面积（$m^2$） | 设备总功率（kW） |
|---|---|---|---|---|
| H-1 | 5 | 80 | 50 | 20 |
| H-2 | 10 | 160 | 80 | 25 |
| H-3 | 15 | 240 | 100 | 30 |
| H-4 | 20 | 320 | 120 | 35 |
| H-5 | 25 | 400 | 140 | 40 |
| H-6 | 30 | 480 | 180 | 45 |

（3）生物转盘法处理设备

生物转盘法处理设备的主要技术参数见表7-2-5。

表7-2-5　生物转盘法处理设备主要技术参数

| 型号 | WCB-1 | WCB-3 | WCB-5 | WCB-7.5 | WCB-10 | WCB-15 | WCB-20 | WCB-30 |
|---|---|---|---|---|---|---|---|---|
| 设备处理量($m^3/d$) | 24 | 72 | 120 | 180 | 240 | 360 | 480 | 720 |
| 适合处理人数 | 96 | 288 | 480 | 720 | 960 | 1440 | 1920 | 2880 |

**Integrated equipment for reclaimed water reusing**:

(1) The futures of the equipments are compact structure, small occupied area, high automation degree;

(2) According to the type of waste water, wastewater quantity, operation and management requirements and the size of venue select the proper technological process.

## 小　　结

1. 设备管理应注意:使用好设备,保养好设备,检修好设备,管好设备。

2. 设备档案包括技术资料、运行记录、维修记录三个部分。

3. 水泵是污水处理中应用最为普遍的动力设备,用于污水处理的泵主要可以分为叶片泵、容积泵和螺旋泵三大类。

4. 风机按作用原理可分为容积式和透平式。按结构形式容积式可分为回转式和往复式。按达到的压力,可以分为通风机、鼓风机和压缩机。

5. 曝气设备主要分为鼓风曝气和机械曝气两大类。

6. 鼓风曝气系统的空气扩散装置主要分为微气泡、中气泡、大气泡、水力剪切、水力冲击及空气升液等类型。

7. 自动控制系统包括自动检测和报警装置、自动保护装置、自动操作装置和自动调节装置四部分。

## 习　　题

7-1　设备完好的标准是什么?

7-2　简述水泵的分类及工作原理。

7-3　离心泵的工作原理是什么?

7-4　水泵在工作过程中的注意事项有哪些?

7-5　风机的分类有哪些?

7-6　罗茨鼓风机的工作原理是什么?

7-7　简述常用的配电设备有哪些及各种设备的功能是什么?

7-8　简述主要的消毒剂的种类及其使用方法。

7-9　一体化污水处理设备在安装过程中有哪些注意事项?

7-10　常用的鼓风曝气装置有哪些?

# 8 城市污水处理厂及中水设施自动化和测量仪表

**能力目标：**

本章主要讲述城市污水处理厂及中水设施自动化和测量仪表相关知识，通过本章的学习，了解污水自动化基本知识、污水及中水厂在线测量参数；掌握常用的测量仪表；了解自动检测仪基本功能的要求；了解化学需氧量自动监测仪和TOC自动监测；掌握自动检测仪的质量控制。

## 8.1 城市污水自动化基本知识

(1)城市污水处理的特点

城市污水处理就是利用各种设施设备和工艺技术，将污水中所含的污染物质从水中分离去除，使有害的物质转化为无害的物质、有用的物质，水则得到净化，并使资源得到充分利用，其生产工艺流程是比较庞杂的。

污水处理过程控制是以物料平衡调度为主的连续性较强的慢处理过程。在污水处理过程中要用到大量的阀门、泵、风机及刮泥机等机械设备，它们常常根据一定的程序、时间和逻辑关系定时开、停。主要控制对象为：栅格、总泵房、沉砂池、生物反应池、沉淀池、加氯间、污泥处理装置、发电机房等。

因此，基于现场设备自动化功能的全厂综合自动化的主要目标重点不仅仅是保证生产处理质量，而更现实的是减轻劳动强度、方便生产管理、提高设施设备的利用率、节能降耗、减员增效。一些发达国家的城市污水处理厂无不例外均配置了自动化技术水平愈来愈高的全厂综合自动化控制系统，其显著效果就是其运营人员数量的大幅度减少，节省成本。

据了解，污水处理厂建设自控系统，成本一般占设备的10%，包括控制仪表、流量计这些等等都在内。原来污水处理厂的管理控制是粗的控制，有了自控系统之后能够做到精确控制，避免很多失误，并且能够减少能源消耗、降低成本。自动化产品在污水处理领域的市场前景十分广阔。

由于现代污水处理厂规模越来越大，所以自动化程度要求越来越高。污水处理自动化控制系统应具有全自动逻辑控制、在线工艺状态显示及参数记录、运行故障诊断记录、生产报表显示记录等功能。系统能长周期安全无故障运行，具有高可靠性。

(2)污水处理自动化现状

我国污水处理自动化控制起步较晚，进入20世纪90年代以后，污水处理厂才开始引入自动控制系统，但多是直接引进国外成套自控设备，国产自动控制系统在污水处理厂应用很少。早在70年代，我国的水行业就开始应用自动化技术，到90年代，自动化、信息化在水行业受到了普遍重视。近20年来，我国水行业在自动化技术和信息化技术应用方面得到了长足的发展，创造了良好的经济效益和社会效益。

过去的二十年，自动化技术与信息技术已经广泛地应用于水行业中。尤其是自动化技术，应用于闸门泵站的自动化改造、水厂和污水厂的SCADA系统、城市供水调度系统。随着无线通信技术，互联网技术和视频技术等不断发展和普及，已基本实现了水行业的“可视化”。

但是，与国际水平相比，我国的自动化和信息化技术还相对滞后，整体上还处在国外80～90年代的水平。主要体现在发展的不平衡和应用水平方面。以智能决策为目标的信息化技术则相对迟缓，“信息孤岛”现象依然严重，自动化技术和信息化技术缺乏融合，大量的过程数据都静静地“躺”在现场，而没有发挥其应有的作用。

## 8.2　污水厂及中水厂在线测量工艺参数

污水厂及中水厂在线测量的常规参数主要有水温、pH值、溶解氧、电导率和浊度。这些项目可以通过探头直接给出各参数值，不需要复杂的操作过程，可以实时地显示。

(1)水温

测量原理：利用热电偶(或热电阻)进行测量。

主要性能指标：

1)重现性：±0.1℃以内；

2)测量范围：0～40℃；

3)漂移：±0.1℃以内(24h)。

(2)pH值

测量原理：玻璃电极法，带温度补偿。

主要性能指标：

1)重现性：±0.1以内；

2)测量范围：pH＝2～12，0～40℃；

3)漂移：±0.1以内(24h)；

4)响应时间：<0.5min。

(3)溶解氧(DO)

测定原理：膜电极法，带温度补偿。

主要性能指标：

1)重现性：±0.3mg/L以内；

2)测定范围：0～2mg/L；

3)最小刻度：0.5mg/L；

4)漂移：±0.3mg/L以内(24h)；

5)稳定性：零点±0.2mg/L以内；满量程±0.3mg/L以内；

6)响应时间：2min以内。

(4)电导率

测定原理:电极法,带温度补偿。

主要性能指标:

1)重现性:±1%以内;

2)测量范围:0~5000μs/cm;

3)漂移:±1%满量程以内(24h)。

(5)浊度

测定原理:透过散射方式和表面散射方式。

主要性能指标:

1)重现性:±5%以内;

2)测量范围:0~100/500/1000FTU;

3)漂移:±5%满量程以内(24h)。

---

**The automation of urban wastewater treatment equipments:**

(1) The advantages:

Reducing the labor intensity;

Convenient for production management;

Improving equipment utilization;

Energy saving;

Downsizing for efficiency;

(2) Sewage treatment plant on line measurement for routine parameters include water temperature, pH, DO, conductivity and turbidity.

---

## 8.3 常用测量仪表

随着科学技术的发展,中水系统管理的科学性和自动化程度不断提高,监控仪表在保证处理装置的高效、稳定运行中起着重要作用。运行管理人员应要了解常用仪表的性能,正确掌握维护保养方法。

(1)常用监控仪表种类

1)流量测量仪表

准确地掌握处理系统中水量的变化情况,对水量资料及其他运行资料进行综合分析,这对挖掘节水潜力、提高处理系统的管理水平是十分重要的。

流量计有差压式流量计、转子流量计、电磁流量计、超声波流量计、容积式流量计、速度式流量计等,各种流量计有不同的特点和适用场合。

①差压式流量计

差压式流量计是以测量流体流经孔板、喷嘴、文丘里管等节流装置所产生的静压差来显示流量大小的流量计。它沿用历史悠久,是目前生产中测量流量较成熟、应用较广泛的流量测定仪表。

②转子流量计

转子流量计是由自下而上扩大的垂直锥形管和锥形转子组成,转子随流体流量的大小而浮在锥形管的不同位置,流量越大转子停留的位置越高。在中水处理装置和投药设备中常用转子流量计。

③电磁流量计

电磁流量计基于法拉第电磁感应定律而制作的。此流量计适用于导电流体介质的流量测定,它的测量结果不受温度、压力、黏度、密度的影响,腐蚀性介质也可使用。

④超声波流量计

超声波流量计是一种新型流量计。其是依据超声波在某一测量介质中传播速度与流体速度相关的原理制作,由转换器和传感器两大部分构成,利用两个超声波转换器交替发送信号,测量沿转换器正反两方向的传播速度差,通过传感换算成液体流速。

在开口渠道用明渠式超声波流量计,管道测量则用管道式明渠式超声波流量计。管道钳夹式超声波流量计示意见图8-3-1。

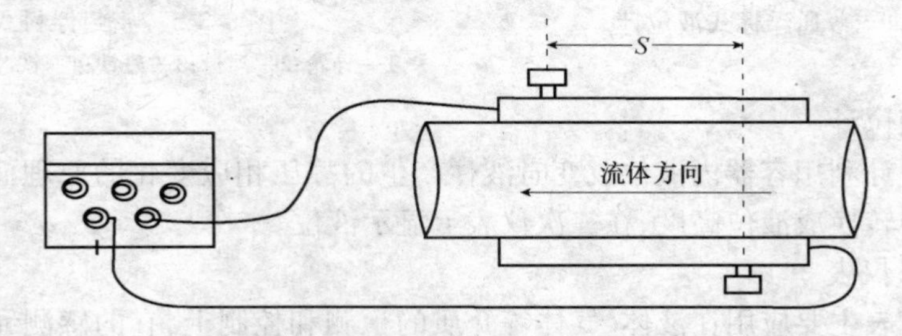


图8-3-1　管道钳夹式超声波流量计示意图

2)液位测量仪表

中水系统中有一些构筑物及处理单元需要观察或控制液位,因此液位计也是中水系统中的一类重要监控仪表。常用的液位计包括玻璃液位计、浮力式液位计、差压式液位计,此外还有沉筒式液位计、电容液位计、超声波液位计等。

①玻璃液位计

玻璃液位计是一个与设备相连的透明管,两端分别同被测容器的气相和液相连通,根据连通器的原理显示容器的液位高低。玻璃液位计的结构简单,价格便宜,维修方便,在中水系统处理装置上用得比较多。图8-3-2为玻璃管式液位计,图8-3-3为玻璃板式液位计。

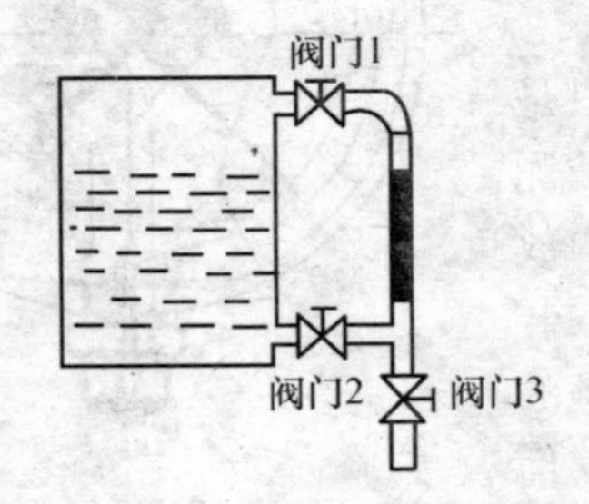


图8-3-2　玻璃管式液位计

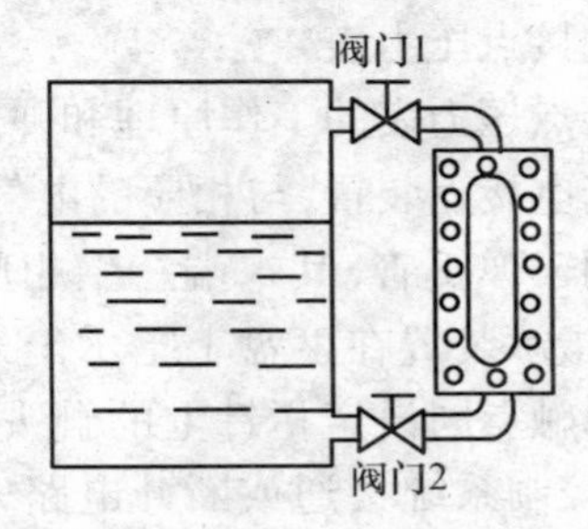


图8-3-3　玻璃板式液位计

②浮力式液位计

浮力式液位计可分为两种，一种是浮力不变的恒浮力液位计，如浮标式液位计和浮球式液位计；另一种是变浮力液位计，如沉筒液位计。浮力式液位计的结构简单，价格便宜，维修方便，在中水系统调节池、中水池等构筑物上用比得较多。

普通浮标式液位计见图 8-3-4，密封浮标式液位计见图 8-3-5。

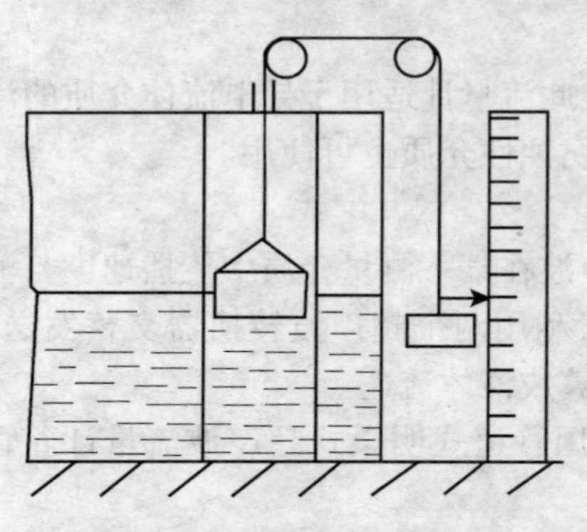

图 8-3-4　普通浮标式液位计

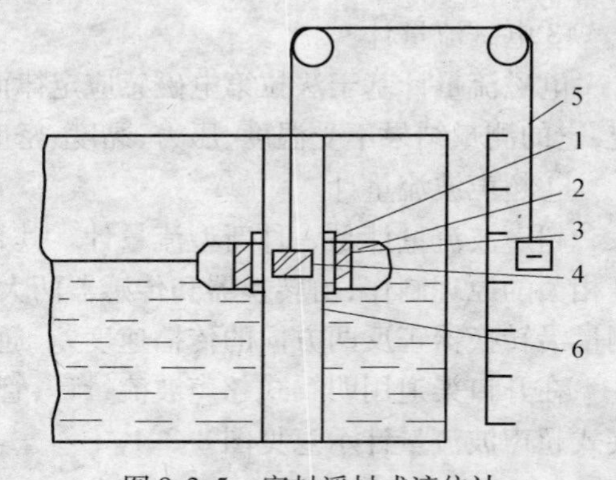


图 8-3-5　密封浮村式液位计

1—导轮；2—浮标；3—磁铁；4—铁芯；5—导线；6—管子

③差压式液位计

差压式液位计利用容器内液位改变时液柱产生的静压相应变化的原理而制作的，压力差通过差压变送器转换成液位高度，在二次仪表上显示液位。

3）压力测量仪表

压力测量仪表主要应用在液体、气体等介质的检测和控制上，它的感测元件有弹簧管、膜片、膜盒、波纹管等，压力测量仪表的种类有很多，可以分为弹簧管式压力表、膜片式压力表、电接点压力表、电动压力变送器等，各种压力表适用于不同的介质和不同的使用要求。在小型中水系统中常用弹簧管式压力表和电接点压力表。

①弹簧管式压力表

弹簧管式压力表是工业领域应用中最广泛的压力测量仪表，以单圈弹簧管式应用最多。单圈弹簧管是弯成圆弧形的管子，管子封闭端为自由端，即位移输出端；另一端是固定端，作为被测压力的输入端。因自由端位移与被测压力之间具有比例关系而使压力测定得以实现。弹簧管式压力表结构如图 8-3-6 所示。

②电接点压力表

电接点压力表的工作原理和弹簧管式压力表相同，只是多了一套电接点装置，与相应的电气器件配套使用。若被测压力作用于弹簧管，其末端产生相应的位移，经传动机构放大后，由指示装置在度盘上指示出来，在指针带动电接点装置的活动触点同设定指针上的触头（上限或下限）相接触的瞬时，使控制系统接通或断开电路，来达到自动控制和发信报警的目的。

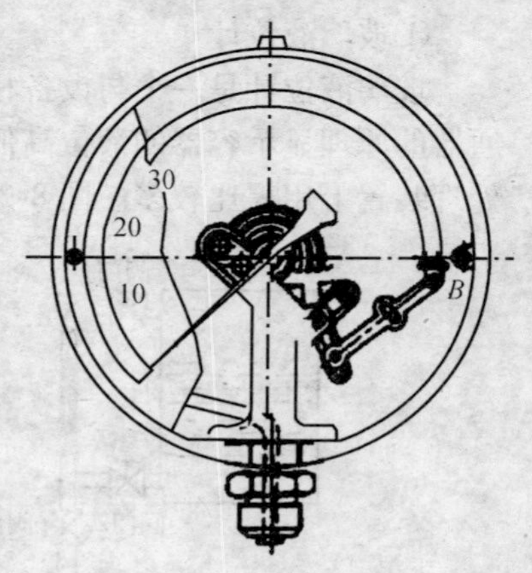


图 8-3-6　弹簧管式压力表结构图

③压力变送器

压力变送器是可将压力信号远传的压力测量仪表。压力变送器有弹簧管式压力变送器、波纹管式压力变送器、电容式压力变送器、电阻式压力变送器等。压力变送器的结构各异，但工作原理都是把被测压力信号转换成位移信号，再由电子线路将与压力信号成正比的位移信号转换成电流信号远传。随着自动化程度的提高，压力变送器也将更广泛地得到采用。

---

**Common measuring instruments**:

(1) Flow measuring instruments:

①Differential pressure flowmeter;

②Rotor flowmeter;

③Electromagnetic Flowmeter;

④Ultrasonic Flowmeter;

(2) Liquid-level measuring instruments:

①Glass Liquid Level gauge;

②Buoyancy liquid level gauge;

③Differential pressure liquid level gauge;

(3) Pressure measuring instruments:

①Bourdon pressure gauge;

②Electric-contact-point pressure watch;

③Pressure transmitter.

---

(2)监控仪表运行管理

1)仪表的调试须由专业人员进行。

2)现场仪表的检测点须按工艺要求布设，不能随意变动。

3)各类检测仪表的一次传感器都应按照要求清污除垢。

4)操作人员须定时对显示记录仪表进行现场巡视和记录，发现异常情况要及时处理。

(3)监控仪表安全操作

1)操作人员要熟悉各种仪表的检测点和检测项目。

2)如果检测仪表出现故障，不得随意拆卸变送器和转换器。

3)检修现场的检测仪表，须采取防护措施。

4)长期不用或者因使用不当被水淹泡的各种仪表，启用前须进行干燥处理。

(4)监控仪表维护

1)各部件要完整、清洁、无锈蚀，表盘标尺刻度清晰，铭牌、标记、铅封完好；中央控制室要整洁；微机系统工作要正常；仪表要清洁，无积水。

2)对于长期不用的传感器及变送器，要妥善管理和保存。

3)要定期检修仪表中各种元件、探头、转换器、计数器、传导电视以及二次仪表。

4)仪器仪表的维修工作要由专业技术人员负责。如果引进的精密仪器出现故障而没有把握排除的，不得自行拆卸。

5)仪表经检定超过允许误差时应进行修理，现场检定发现问题后应换用合格仪表。

# 8.4 自动检测仪及其质量控制

## 8.4.1 自动检测仪基本功能的要求

(1)定期自动清洗;

(2)定期自动校准;

(3)仪器基本参数和监测数据的储存、断电保护和自动恢复;

(4)时间设置功能,可任意设定监测频次;

(5)监测数据的输出,0~5V、4~20mA;

(6)仪器故障时自动报警。

## 8.4.2 化学需氧量(COD)自动监测仪

(1)测定原理

在酸性条件下,将水样中的有机物和无机还原性物质用重铬酸钾氧化,测定氧化剂消耗的量,用氧的mg/L表示。检测方法有光度法、化学滴定法、库仑滴定法等。

COD在线自动监测仪由溶液输送、计量、光度测定(或用硫酸亚铁滴定及指示,或用库仑滴定及指示)、加热回流、冷却、脱气、数据显示、自动控制、数据控制、数据打印等部分组成。

(2)水样及试剂的输送

水样及试剂的输送,如浓硫酸(含硫酸银)、硫酸铁溶液、重铬酸钾溶液等,可以采用气体压力法、注射器法和蠕动泵输液法等方式。

1)气体压力法是比较成熟的方法,在以前的工业控制中也常使用。但该方法要求整个气压回路具有较高的气密性,当气路中有漏点时,仪器将不能工作。回路接点多时检查就比较困难了。

2)注射器法可以采用耐腐蚀的玻璃制品,不存在腐蚀的问题。缺点是控制装置较复杂,机加工精度要求较高,导致成本也比较高。

3)蠕动泵输液法是目前使用比较多的一种方法,因其采用的是负压式吸取溶液,所以管路连接比较容易,实施也比较简单。缺点是价格较高,溶液不同对泵管的要求也不同,如浓硫酸因其具有很强的腐蚀性需选用特殊材质的泵管,一般性能的泵管极易被腐蚀。

(3)水样和试剂计量

为了提高COD在线自动监测仪测定的精密度和准确度,需要准确量取水样和重铬酸钾溶液,可以采用定体积的量取方法,即采用计量管测量体积的方法,计量管见图8-4-1所示。它的测量原理是水样通过蠕动泵输送到计量管内,多余的水样则从溢流口流出,以保证在计量管中有一定体积的水样,达到

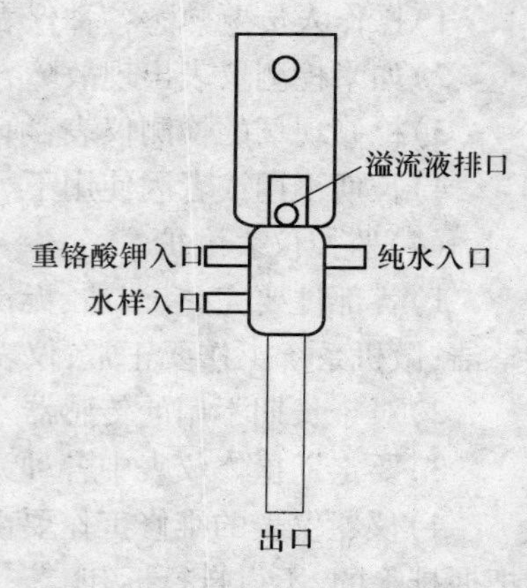


图8-4-1 计量管示意图

计量水样体积的目的。另外计量管每量取一次都应当用纯水清洗，用来消除水样及溶液之间的相互影响，保证废水中悬浮物不会堵塞进样管路。

(4)氧化体系

采用重铬酸钾进行氧化。

(5)检测方法

分光光度法和库仑滴定法已经广泛应用于COD的快速检测，如美国HACH公司的COD快速测定仪采用了分光光度法，日本CKC公司采用了库仑滴定法。此方法简便、试剂用量少，简化了用标准溶液标定的步骤，缩短了加热回流时间，适用于现场COD自动测定的要求。

(6)操作控制

COD在线自动监测仪的流程图如图8-4-2所示。

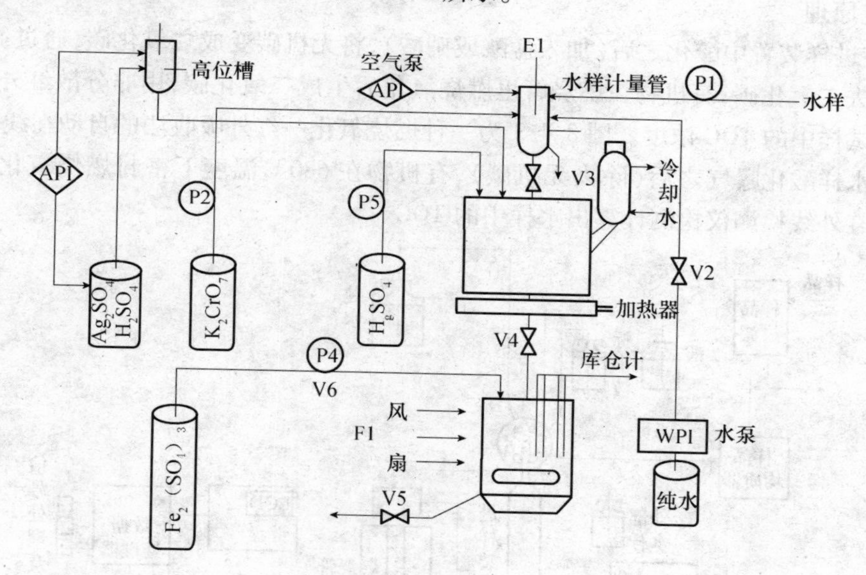


图8-4-2　COD在线自动监测仪的流程图

(7)仪器性能指标

1)测定范围：0～1000mg/L；

2)重现性：±5%量程以内；

3)测定周期：1h；

4)输出信号：4～20mA，DC。

**COD automatic monitor：**

(1)COD detection methods include spectrophotometry，chemical titration，coulomb titration，etc；

(2)COD on-line automatic monitoring instrument consist of solution delivery，measurement，photometric determination，heating reflux，cooling，degasification，data display，automatic control，data control，data printing.

### 8.4.3 TOC自动监测

(1)燃烧氧化—红外吸收法

燃烧水样中的有机物,生成的$CO_2$用非分散红外线分析仪测量,可以计算出TOC的浓度。水中一般存在有$CO_3^{2-}$、$HCO_3^-$等形态的无机碳(IC)和有机化合物形态的总有机碳(TOC)。测定方式也有两种,一种是先测量试样中的总碳(TC)和无机碳(IC),总有机碳(TOC)即为总碳和无机碳的差值(TC-IC);另外一种是事先酸化试样并通过曝气除去试样中的IC,然后测量试样中的TC,即可得TOC。该种方法测量流程简单,测量时间比较短,因此TOC在线自动监测仪器一般采用该种方法。

1)测定原理

试样在进样装置中酸化之后(加入盐酸或硝酸),将无机碳变成二氧化碳,通过氮气(或纯净空气)除去二氧化碳;有机物在燃烧管里燃烧氧化后生成二氧化碳,用非分散红外线分析仪测量,求出试样中的TOC浓度。图8-4-3为一种燃烧氧化—红外吸收法的自动在线TOC监测仪流程图,水样酸化曝气之后(除去无机碳),有机物在680℃温度下密封燃烧氧化成二氧化碳,然后用红外线检测仪检测计算出水样中的TOC。

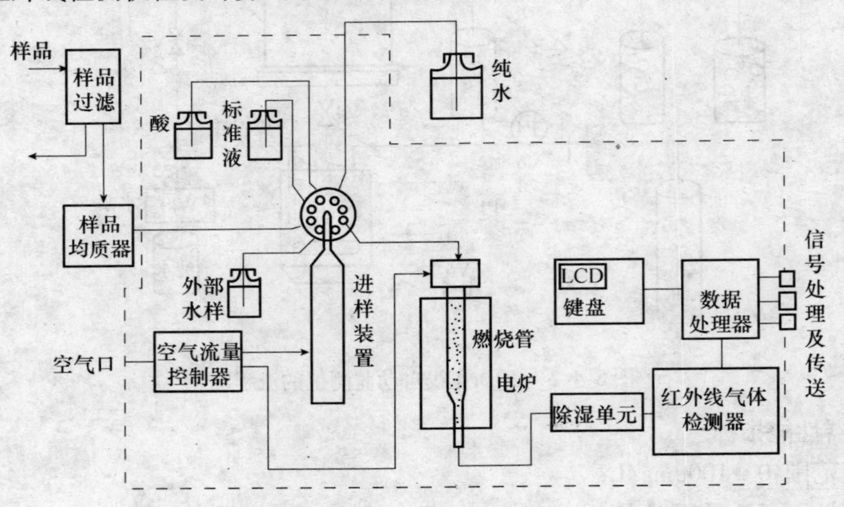


图8-4-3 燃烧氧化—红外线吸收法的自动在线TOC监测仪流程图

其特点是氧化效率高。

2)仪器主要性能指标

①重现性:±2%量程以内;

②测定范围:0~25mg/L至0~250mg/L;

③测定周期:4min。

3)方法的适用范围

本方法适用于地表水和废水中TOC的测定。

方法的检测限为2mg/L。

4）试剂

按仪器说明书给出的试剂配制方法进行配制。

5）步骤

仪器标定：先将仪器置于标定档，用标准样品标定仪器。标定好以后仪器置于测量档待机。启动控制系统后，开始采集水样并启动仪器进行测定，给出测定结果。

6）数据传输

测定结束以后，数据采集系统自动将测定数据读入，并存储。中央控制系统可以通过卫星或电话线路将测定结果下载。

（2）紫外催化氧化—红外吸收法

1）测定原理

水样经过酸化处理后曝气除去无机碳，水中的有机物在紫外光的照射下催化氧化成二氧化碳，用红外检测器检测，计算出总有机碳的浓度。该方法的原理如图 8-4-4 所示，紫外催化氧化—红外线吸收仪的测量流程见图 8-4-5。

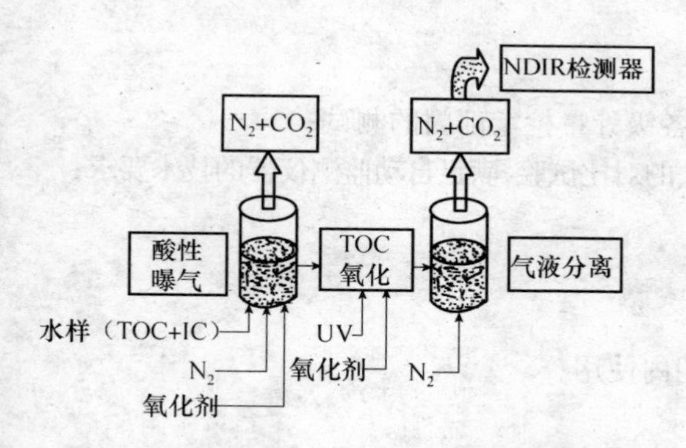


图 8-4-4　紫外催化氧化—红外线吸收法的原理图

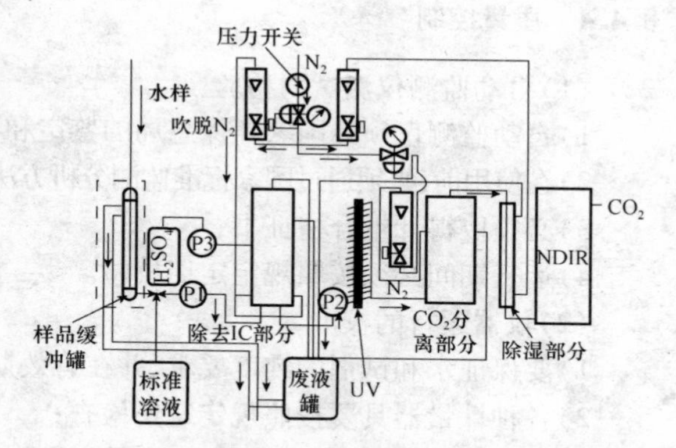


图 8-4-5　紫外催化氧化—红外线吸收法的测量流程

特点：

①可以大量进样，可提高仪器的灵敏度；

②可采用间歇式（分次采集水样进行检测）或连续式（水样按一定流量通过仪器，实现完全连续）检测；

③可测定海水水样。

2）仪器主要性能指标

①重现性：±2% 量程以内；

②测定范围：0 ~ 25mg/L 至 0 ~ 250mg/L；

③漂移：±5% 量程以内（24h）；

④测定周期：4min。

3）方法的适用范围

本方法适用于地表水及污水中 TOC 的测定，当水样中悬浮物较多时会有干扰，测量值会偏低。

方法的检测限为 2mg/L。

4)试剂

按仪器说明书给出的试剂配制方法进行配制。

5)步骤

仪器标定:先将仪器置于标定档,用标准样品标定仪器。标定好以后将仪器置于测量档待机。启动控制系统后,开始采集水样并启动仪器进行测定,经过一定时间便会给出测定结果。

6)数据传输

测定结束后,数据采集系统自动将测定数据读入,并存储。中央控制系统可通过卫星或电话线路将测定结果下载。

---

**TOC automatic monitor methods include**:

(1) Combustion oxidation-infrared absorption;

(2) Ultraviolet catalytic oxidation-infrared absorption.

---

### 8.4.4 质量控制

(1)自动监测仪测试与检验

1)自动监测仪须经国家环保总局的鉴定和各级计量检定部门的测试;

2)在使用前,必须通过国家标准监测分析方法的对比试验,满足自动监测仪器的技术要求;

3)必须取得计量合格证书;

4)运行期间必须按照规定定期校验。

(2)仪器运行的校准

1)要保证水和试剂的纯度要求,并在有效期内使用;

2)各种计量器具要按照规定定期检查;

3)应注意标准溶液的准确性和有效期限;

4)每天要自动进行仪器的空白试验和仪器校准。对较稳定的仪器可适当延长仪器校准时间。对红外法 TOC 仪器和光度法仪器要每次校零;

5)对测定值有疑问时,应进行控制样的分析与水样的实验室内的比对试验,其相对误差应在 ±10% 以内。

(3)流量计的校准

1)污水流量计必须符合国家颁布的污水流量计技术要求;

2)流量计应具有足够的测量精度,要选用测定范围内的流量计进行测量;

3)流量计必须定期校准。

---

**Equipment quality controlling**:

(1) Automatic monitor for test and inspection;

(2) Calibration of instrument operation;

(3) Flow meter calibration.

---

## 小　结

1. 污水厂及中水厂在线测量工艺参数有水温、pH 值、溶解氧(DO)、电导率和浊度。

2. 常用的监控仪表有:(1)流量测量仪表;(2)液位测量仪表;(3)压力测量仪表。

3. 化学需氧量(COD)自动监测仪是由溶液输送、计量、加热回流、冷却、脱气、光度测定(或用硫酸亚铁滴定及指示,或用库仑滴定及指示)、自动控制、数据控制、数据显示、数据打印等部分组成。

4. 燃烧氧化—红外吸收法主要性能指标是测定范围、重现性和测定周期。紫外线催化氧化—红外吸收法的主要性能指标是测定范围、重现性、漂移及测定周期。

## 习　题

8-1　流量测量仪表的各类有哪些?

8-2　对监控仪表的维护应做到哪几点?

8-3　自动监测仪基本功能的要求是什么?

8-4　燃烧氧化—红外吸收法的测定原理是什么?

8-5　紫外线催化氧化—红外吸收法的特点是什么?

8-6　自动监测仪运行的校准包含哪几个方面?

# 9　城市污水厂及中水设施试运行

**能力目标：**

本章主要讲述城市污水厂及中水设施试运行，通过本章的学习，了解水质标准及日常水质检测项目的简易检测方法；掌握水质与水量的调节；掌握处理设施试运转的必要性、条件以及程序和要求。

## 9.1　水质与水量监测

水质监测是每座污水处理厂每日例行的工作。污水处理厂必须设有仪器及设备齐全的水质监测中心。每日对每座处理构筑物的水温、pH值、电导率、溶解氧、COD、BOD、TOD、TOC、氨氮及曝气池内混合液浓度(MLSS)等参数进行测定，并进行记录。在城市污水中工业废水大多占有一定的比例，工业废水往往含有有毒有害的物质，如重金属等，这些物质在城市污水中多是微量的或是超微量的，对这些物质的监测只能使用仪器才能取得较为精确的结果。因此，有条件的污水处理厂还应设置能够监测这些物质的仪器，如气相色谱仪、原子光谱吸收仪等。

目前国内已经开始在污水处理厂设置水质综合自动监测系统装置，在各处理构筑物内的适当位置安设相应的传感装置，能连续地将处理构筑物的水质状况传给中心控制室，使监测人员及时地掌握水质的变化动态。如水质出现异常状态，发出报警信号，让监测人员及时采取必要的技术措施。

### 9.1.1　水质标准

中水是可回用的再生水，根据不同回用用途国家有关部门制定了不同的水质标准。为确保卫生、安全供水，必须保证处理后的水达到规定的水质标准。

城市杂用水水质标准(GB/T 18920—2002)，见表9-1-1。景观环境用水的再生水水质指标见表9-1-2。

**表9-1-1　城市杂用水水质标准**

| 序号 | 指标 | | 冲厕 | 道路清扫、消防 | 城市绿化 | 车辆冲洗 | 建筑施工 |
|---|---|---|---|---|---|---|---|
| 1 | pH | | 6.0~9.0 | | | | |
| 2 | 色度 | ≤ | 30 | | | | |
| 3 | 嗅 | | 无不快感 | | | | |

续表

| 序号 | 指标 | | 冲厕 | 道路清扫、消防 | 城市绿化 | 车辆冲洗 | 建筑施工 |
|---|---|---|---|---|---|---|---|
| 4 | 浊度(NTU) | ≤ | 5 | 10 | 10 | 5 | 20 |
| 5 | 溶解性总固体(mg/L) | ≤ | 1500 | 1500 | 1000 | 1000 | — |
| 6 | 五日生化需氧量 $BOD_5$(mg/L) | ≤ | 10 | 15 | 20 | 10 | 15 |
| 7 | 氨氮(mg/L) | ≤ | 10 | 10 | 20 | 10 | 20 |
| 8 | 阴离子表面活性剂(mg/L) | ≤ | 1.0 | 1.0 | 1.0 | 0.5 | 1.0 |
| 9 | 铁(mg/L) | ≤ | 0.3 | — | — | 0.3 | — |
| 10 | 锰(mg/L) | ≤ | 0.1 | — | — | 0.1 | — |
| 11 | 溶解氧(mg/L) | ≤ | 1.0 | | | | |
| 12 | 总余氯(mg/L) | ≤ | 接触30min后≥1.0,管网末端≥0.2 | | | | |
| 13 | 总大肠菌群(个/L) | ≤ | 3 | | | | |

注:混凝土拌合用水还应符合JGJ 63的有关规定。

**表9-1-2　景观环境用水的再生水水质指标**

mg/L

| 序号 | 项目 | | 观赏性景观环境用水 | | | 娱乐性景观环境用水 | | |
|---|---|---|---|---|---|---|---|---|
| | | | 河道类 | 湖泊类 | 水景类 | 河道类 | 湖泊类 | 水景类 |
| 1 | 基本要求 | | 无漂浮物,无令人不愉快的嗅气味 | | | | | |
| 2 | pH值(无量纲) | | 6~9 | | | | | |
| 3 | 五日生化需氧量 $BOD_5$(mg/L) | ≤ | 10 | 6 | | 6 | | |
| 4 | 悬浮物(SS) | ≤ | 20 | 10 | | — | | |
| 5 | 浊度(NTU) | ≤ | — | | | 5.0 | | |
| 6 | 溶解氧 | ≥ | 1.5 | | | 2.0 | | |
| 7 | 总磷(以P计) | ≤ | 1.0 | 0.5 | | 1.0 | 0.5 | |
| 8 | 总氮 | ≤ | 15 | | | | | |
| 9 | 氨氮(以N计) | ≤ | 5 | | | | | |
| 10 | 粪大肠菌群(个/L) | ≤ | 10000 | | 2000 | 500 | | 不得检出 |
| 11 | 余氯 | ≥ | 0.05 | | | | | |
| 12 | 色度(度) | ≤ | 30 | | | | | |
| 13 | 石油类 | ≤ | 1.0 | | | | | |
| 14 | 阴离子表面活性剂 | ≤ | 0.5 | | | | | |

## 9.1.2　日常水质检测项目的简易检测方法

据北京市关于中水设施管理的相关规定,中水设施运行管理单位对正常运行的中水设施需要定期化验水质,按照国家城市污水再生利用水质标准,每年进行中水水质监测不得少于一次。但是,中水设施的运行单位如果高频次的将中水水样送往有资质监测单位监测是不可能的。因此,要求各单位加强中水水质常规项目的日常检测,严格控制中水出水水质,保证安全供水。目前,根据单位的实际情况及监控能力,应将 pH、色、嗅、浊度、总余氯作为日常水质监测项目,并应当掌握上述项目的简易检测方法。

(1)pH 值的简易测定

pH 值常用的测定方法是氢离子选择电极法(或称电位计法),常用的一种简易测定方法——试纸法。这种试纸在普通的化学试剂商店都有售。在试纸的包装盒上设有 pH 值 1 ~ 14 各种示值的色标。测定时,用玻璃棒沾取少量试液,点在试纸上。稍等片刻,便会在试纸上成色,然后和标准色标比较,就会得出待测试液的 pH 值数值。

这种方法简单易行,但灵敏度和准确度均较差。

(2)余氯的简易测定

余氯的测定方法比较多。现介绍一种简易测定方法——余氯检测盒。在检测盒中,设有一组有梯度色差的安瓿瓶(盛液约 5mL)分别代表不同的浓度。还有一支 5mL 的试管。测定时在试管中装入 5mL 有代表性的水样,滴入 2 ~ 3 滴成色剂(检氯盒中有备),放置 10min 后,和标准系列比较就可以得出被测水样的总余氯值(水样温度最好是 15 ~ 20℃)。

这种检测盒体积小,重量轻,携带方便,容易操作。但精确度和准确度均较差。适合测定浓度值在盒中规定范围的水样。因测定使用液比较少(约为标准法的 1/10),超标水样的稀释测定就显得更为困难。

(3)嗅的测定

嗅是水的一项感观性状指标。测定时约取 100mL 水样,置于 250mL 的锥形瓶中,振摇后,嗅其气味,用文字描述嗅得结果。

(4)浊度的测定

浊度也是水的一项感观性状指标。通常用浊度仪或分光光度法测定。

(5)色(度)测定

色(度)是指溶解状态的物质,使水产生颜色。常由铂—钴标准比色法测定。由铂—钴标准溶液配成一个色阶。色阶的每一支管(通常选用盛液 50mL)代表一个色度值。取与标准色阶中同体积的水样,和标准色阶进行比较,就可以得出水样的色度值。

---

**Daily water quality testing items and simple detection methods include:**

(1) Easy determination of pH:

Potassium ion-selective electrode

Test strip is the commonly used simple determination method

(2) A simple method for the determination of residual chlorine—detection kit;

(3) Olfactory determination: sense indicator;

(4) Determination of turbidity: turbidity meter or spectrophotometric method;

(5) Determination of colority: platinum-cobalt standard colorimetric method.

---

### 9.1.3 水质及水量调节

#### 9.1.3.1 水质调节

水质调节的目的是对不同时间或不同来源的废水进行混合,使流出的水质比较均匀,水质调节池也称均和池或均质池。

(1)普通水质调节池

对调节池可写出物料平衡方程,见式(9-1-1):

$$C_1QT + C_0V = C_2QT + C_2V \tag{9-1-1}$$

式中　$Q$——取样间隔时间内的平均流量;

$C_1$——取样间隔时间内进入调节池污染物的浓度;

$T$——取样时间间隔;

$C_0$——取样间隔开始时调节池污染物的浓度;

$V$——调节池的容积;

$C_2$——取样终了时调节池内污染物的浓度。

设取样间隔时间内调节池出水浓度不变,则每个取样间隔后出水浓度为式(9-1-2):

$$C_2 = \frac{C_1T + C_0V/Q}{T + V/Q} \tag{9-1-2}$$

当调节池容积已知时,可以利用上式计算出各间隔时间的出水污染物浓度。

(2)外加动力搅拌水质调节池

利用外加动力(如叶轮搅拌、空气搅拌、水泵循环等)进行的强制调节,其特点是设备较简单,效果好,但运行费较高。

1)水泵强制循环搅拌

如图9-1-1所示,调节池的底部设有穿孔管,穿孔管同水泵排水管相连,用水力进行搅拌。其优点是简单易行,缺点是动力消耗大。

2)空气搅拌

如图9-1-2所示。在池底设有穿孔管,与鼓风机空气管相连,利用压缩空气进行搅拌。空气用量,采用穿孔管曝气时可取2~3m$^3$/[hm(管长)]或5~6m$^3$/[hm$^2$(池面积)]。采取这种方式,搅拌效果好,还可以起到预曝气的作用,可防止悬浮物沉积于池内。最适用于废水流量不大、处理工艺中需要进行预曝气以及有现成压缩空气的场合使用。如果废水中含有易挥发的有害物质,则不宜使用该类调节池,此时可以用叶轮搅拌或使用差流方式进行混合。

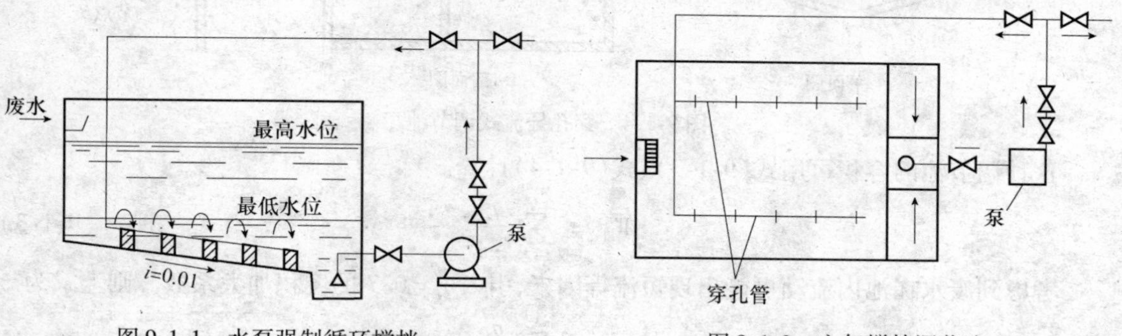


图9-1-1　水泵强制循环搅拌　　　图9-1-2　空气搅拌调节池

3)机械搅拌

在池内安装机械搅拌设备。机械搅拌有很多种型式,如桨式,推流式、涡流式等。此种搅拌方式搅拌效果好,但设备常年浸泡在水中,易腐蚀,运行费用较高。

(3)差流式调节池

利用差流方式使不同时间和不同浓度的废水进行自身水力混合,这类调节池基本没有运行费,但池型结构比较复杂。

1)折流式调节池

图 9-1-3(a)是一种横向折流式调节池。配水槽设在调节池的上部,池内设有许多折流板,废水通过配水槽上的孔溢流到调节池的不同折流板间,从而使某一时刻的出水中包含不同时刻流入的废水,使水质达到某种程度的混合。图 9-1-3(b)是上下折流式调节池,这种调节池的优点是混合比较均匀,当废水中悬浮物较多时,不易产生沉淀。

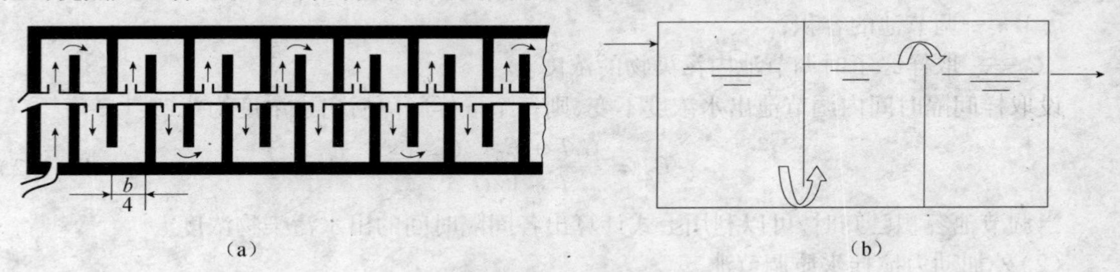


图 9-1-3　折流式调节池

(a)平流式;(b)上下翻腾式

2)穿孔导流槽式调节池

图 9-1-4 是另一种构造较简单的差流式调节池。对角线上的出水槽所接纳的废水来自不同的时间,其浓度也各不相同,这样就达到了水质调节的目的。为了防止池内废水的短流,可以在池内设一纵向挡板,以增强调节效果。

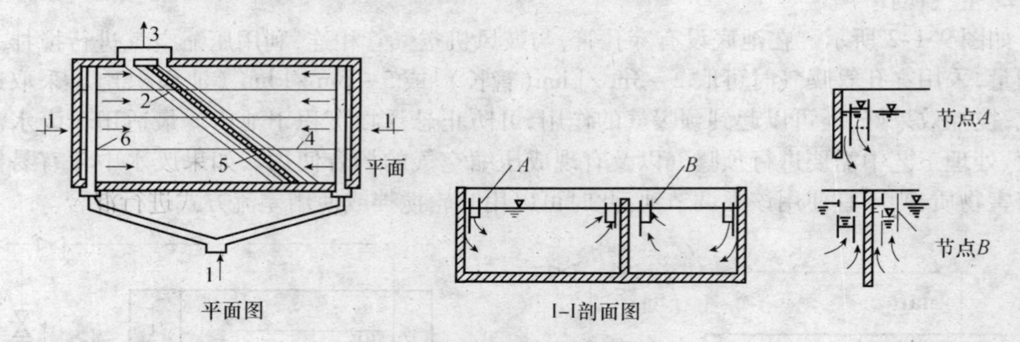


图 9-1-4　穿孔导流式调节池

这种调节池的容积可用式(9-1-3)、式(9-1-4)计算。

$$W_T = \sum_{i=1}^{t} \frac{q_i}{2} \qquad (9\text{-}1\text{-}3)$$

考虑到废水在池内流动可能出现短流等因素,引入 $\eta=0.7$ 的容积加大系数。则上式为

$$W_T = \sum_{i=1}^{t} \frac{q_i}{2\eta} \qquad (9\text{-}1\text{-}4)$$

3)分流贮水池

对于某些工业,如有泄漏可能或有周期性冲负荷发生时,须设置分流贮水池。当废水浓度

超过某一设定值时，可以将废水放进贮水池，进行水质的调节。如图 9-1-5 所示。

**The classification of regulation pond**：

(1) Ordinary water regulation pond；

(2) External power mixing water regulation pond：

Pump forced circulation stirring；air agitation；mechanical agitation；

(3) Differential flow regulation pond：

Baffle regulation pond；perforated diversion trench regulation pond；shunt water storage tank.

9.1.3.2　水量调节

废水处理中单纯的水量调节有两种形式：一种是线内调节（见图 9-1-6），进水通常采用重力流，出水用泵提升。调节池的容积可以用图解法进行计算。实际上由于废水流量变化的规律性差，调节池容积的设计一般凭经验确定。另一种是线外调节（见图 9-1-7）。调节池设在旁路上，当废水流量过高时，多余的废水打入调节池，当废水流量低于设计流量时，再从调节池回流至集水井，并送去预处理。

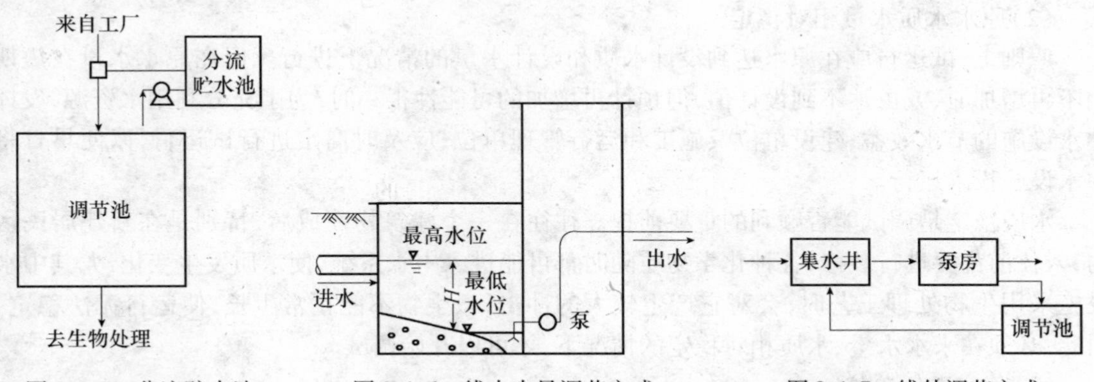


图 9-1-5　分流贮水池　　图 9-1-6　线内水量调节方式　　图 9-1-7　线外调节方式

线外调节同线内调节相比，其调节池不受进水管高度的限制，但被调节水量需两次提升，动力消耗大。

**Water regulation form**：

(1) Online regulation；

(2) Offline regulation.

## 9.2　处理设施试运转

### 9.2.1　试运转的必要性

中水设施经过工程验收之后，在未投入运行前，其系统运行的适应性、可靠性、处理能力及处理效果等必须经过试运行来检验；同时，设计和施工中的某些问题在工程验收时难以暴露，只有在调试和试运行中才能发现及解决;设计中制定的技术参数和操作规程,须通过实际运行,依据实际情况进行最后的修订和落实,例如,消毒药品投加量在设计时只给出一个大概范围,实际需要的投药量与中水池至管网末端的距离以及所购药剂的有效含量和稳定性等诸多因素有关。

总之,要通过试运行,使中水设施具有安全、连续稳定的运行,发挥其应有的节水效益。

### 9.2.2 试运转的条件

(1)技术资料完整齐全

系统试运行之前,中水设施的建设单位应向运行管理单位提供完整的技术资料和操作规程,包括:

1)技术资料含:设计图、设计说明书、竣工图、各项设备的使用说明书及设备维护、维修、检修规定,药品和备品备件的规定等文件。

2)中水处理站操作规程含:各工艺主要技术参数及操作控制要求,中水站启动和停运操作程序和方法,装置设备和仪器仪表操作运行规定及对操作过程中突发情况的应变措施等。

(2)原水水质水量相对稳定

原则上,试运行应在原水达到设计水质和设计水量的情况下进行。但在原水水量在短期内不再增加时,或虽达不到设计值,但预计再增加的可能性很小时,为了充分利用水资源,发挥中水设施的节水效益,建设单位及施工和运行管理单位,应及时商定进行试运行,以便早日将中水设施投入运行。

水质稳定是调试能否顺利的重要前提。往往在一个建筑物建成后,特别是在新建居民区内,入住前都要进行装修,各种化学物质随时都可能进入中水系统,使水质发生变化,尤其中水设施采用生物处理工艺时,会对它产生较大的冲击,微生物不能正常生长,使运行无法稳定。因此,必须在来水水量、水质相对稳定的情况下,才可以开始调试。

(3)落实责任单位

系统调试应当由中水设施的建设单位负责,拟接管的管理人员及运行操作人员参加。

实践证明,一项工程的圆满成功,离不开工程组织、设计、施工及设备供货等各方面的协调和配合。从管理效率来讲,不能多头管理,应由建设单位牵头,因为各方面均是受建设单位委托和制约的,只有建设单位负责,才能将各方力量组织好、协调好。

同时,试运行也为管理人员和运行操作人员提供了良好的学习运行管理的机会,在试运行中了解和检查设施是否完好,及时发现问题和提出修改意见,所以,拟接管的管理人员及运行操作人员参加试运行是十分必要的。通过管理人员和运行操作人员的参与,为正式运行创造条件,有利于中水设施的正常运行及水质达标。

---

**The treatment facilities trial operation conditions:**

(1) Complete technical documents;

(2) Relatively stable original water quality;

(3) Determination of responsible unit.

---

### 9.2.3　试运转程序和要求

(1)系统调试程序和技术要点

系统调试是试运转的第一步,也是比较关键的一步。其程序和技术要点如下:

1)系统调试程序

先按工艺程序进行单机或单项工艺调试,再按全流程进行联动试车;先用清水进行单机及全流程的联动试车,再进行污水的联动试车;在污水试车中,有生物处理工艺的,先培养微生物,再进行水质达标试验。在水质达标试验中,先考察卫生指标以外的其他指标是否达标,达标以后再进行消毒投药试验,并考察管网末端的水质卫生指标。

2)系统调试的技术要点

不同的工艺技术的特点也各异,调试中应该掌握技术要点。

(2)系统调试要求和目的

系统调试的目标是:通过系统调试,使中水设施设备完好,系统完整可靠,操作方便可行,水量平衡,处理后水质水量达到设计要求。具体如下:

1)设备完好,系统可靠,操作方便。

2)水量平衡,满足用水需要。原水水量和中水用量平衡,可以通过扩大水源,或通过适当补水实现平衡,或调整供水系统,使系统能连续、可靠地运行。

3)稳定运转,水质达标。系统应能稳定运行,有10天以上稳定运转的记录。出水水质稳定达标,并具有水质检测资质单位提供的水质检测报告。

4)技术参数明确,操作规程严格可行。严格可行的操作规程是保证中水设施正常运行及水质达标的一项重要措施。一项工程从设计、施工到最后竣工往往周期比较长,最初的设计一般在施工过程中会根据需要进行修改。所以,预先设定的技术参数和操作规程要在实际运行中通过系统调试检验和补充并进行必要的调整。

5)管路无误接。确认建筑中水管路和自来水及直饮水管路无误接情况,杜绝中水进入饮用水系统。

---

**The testing demands of system**:

(1) Equipment at fine condition, reliable system, convenient operation;

(2) It can meet the water needs;

(3) Water quality reaches the standard;

(4) Definite technical parameters, strict operating rules;

(5) Pipeline without error.

---

(3)系统调试所需时间

系统调试时间应不少于2周,采用生物处理方法的系统应不少于6周。因为微生物培养成熟需要4周左右,而要实现稳定运行,通常需要6周或6周以上,如果时间不足,则无法考察稳定运转的效果。如果采用物理化学法,一般连续稳定运转2~4周即可。

(4)交接验收和运行检验

系统调试运转后,应及时向运行管理单位进行交接。

1)系统调试完成之后,应由建设方向运行管理方进行交接验收。

2)在交接验收后,按节水设施和主体工程同时设计、同时施工、同时投入使用的规定,运转管理单位应正式接管,并应在一个月内投入运行。

3)运行管理单位接管以后,须安排一段检验期。这期间,运行管理单位应坚持连续运行,检验设备、积累资料、健全管理。若系统调试工作做得比较好,运行管理单位对系统了解得比较透彻,对操作运行比较有把握,也可以不安排检验期,直接进入正式运转管理。

4)在接收后,运行管理单位应对操作人员及时进行专业的岗位培训。检验期内的培训,主要由设计单位和设备供货单位来承担,进行技术交底和技术培训。

## 小　结

1. 日常水质检测项目的简易检测方法有:pH 值的简易测定、余氯的简易测定、嗅的测定、浊度的测定和色(度)测定。

2. 水质调节的目的是对不同时间或不同来源的废水进行混合,使流出水质比较均匀,水质调节池也称均和池或均质池。

3. 中水设施经过工程验收之后,在未投入运行前,其系统运行的适应性、可靠性、处理能力及处理效果等必须经过试运行来检验。

4. 废水处理中,单纯的水量调节有线内调节和线外调节两种方式。

5. 中水处理站操作规程含:各工艺主要技术参数及操作控制要求,中水站启动和停运操作程序和方法,装置设备和仪器仪表操作运行规定及对操作过程中突发情况的应变措施等。

## 习　题

9-1　日常水质检测项目的简易检测方法有哪些?各种检测方法的使用方法是什么?

9-2　水质调节池分为哪几类?各种调节池的特点是什么?

9-3　试运转的条件是什么?

9-4　试运转系统调试的要求是什么?

9-5　试运转系统调试的目的是什么?

9-6　中水处理站操作规程包含哪些内容?

# 10　城市污水厂中水设施运行管理

**能力目标：**

本章主要讲述的是城市污水厂中水设施的运行管理，通过本章的学习，了解中水设施运行管理的内容与意义；掌握中水安全使用管理、中水检测与管理；了解中水工程的技术经济分析以及效益分析；掌握中水设施节能降耗措施。

## 10.1　运行管理的内容与意义

污水处理厂的设计即使非常合理，但如果运行管理不善，也不能使整个处理厂运行正常及充分发挥其净化功能。要不断地提高污水处理厂操作员工的污水处理基本知识和技能，提高技术管理水平。切实做好控制、观察、记录和水质分析监测工作。对进水和出水定期地进行水质分析或是自动连续记录，分析项目要能反映处理效果和水质对运行的影响。每一个处理构筑物都必须备有值班记录本，逐日记录其运行情况、处理效果、事故、设备的检修等事项。上述运行记录和水质监测分析数据，处理厂均应设立技术档案妥善保管、备查。

定时对处理系统进行巡视及做好处理构筑物的清洁保养工作，是提高技术管理水平的一个重要措施。应与操作工人一起制订出合理的切实可行的巡视路线，定时巡视观察，以便能及时发现运行中的不正常情况而采取相应的措施。并应每天都认真做好处理构筑物的清洁保养工作。

## 10.2　处理系统的运行管理

### 10.2.1　建立规章制度

在设备和系统的硬件完善以后，良好的运行管理主要依靠经过专业培训的人员及严格可行的规章制度。规章制度包括工艺操作规程、岗位责任制、运行巡检记录制度、日常水质检测制度及设备器材管理制度等。各项制度的具体内容如下：

(1)工艺操作规程：包括工艺系统流程图、各岗位安全和运行操作规程、巡视路线图和巡视要求、系统启运与停运操作程序等，并应置于中水站内的明显部位。

(2)岗位责任制：明确中水运行管理部门、主管领导、主管人员、操作人员、化验人员及维修人员，建立各部门、人员岗位责任制等。

(3)运行巡检记录制度：操作人员应做好设备运行和交接班记录，填写《中水运行报表》，

《建筑中水运行管理规范》的附录C表C.1中水运行报表。

(4)日常水质监测制度:规定相应的检测项目和检测周期,参见《建筑中水运行管理规范》的附录D表D.1检测项目与周期表。

(5)设备和器材管理制度:各项设备安全管理及日常维护保养,定期的大、中、小修内容和设备档案记录,药品和备品备件的进货、保管、使用要求和记录制度。

### 10.2.2 管理人员持证上岗

建筑中水设施既是一座小型污水处理厂,又是一座小型给水处理厂。中水处理方法比较多,设备型式也各不相同,做好中水设施的运行管理需要有一定的专业知识。目前,中水已进入居民家庭,中水的安全使用,关系到广大群众的健康。所以,对管理人员和操作人员进行专业培训和持证上岗,是十分必要的。

根据相关规定的要求,中水设施的管理人员必须经过专门培训,经过考核合格后,方可从事管理工作。对操作人员而言,也有必要进行专业培训之后持证上岗,以提高中水设施的运行管理水平。

### 10.2.3 委托专业公司承担运行管理

目前,建筑中水设施一般由单位自行管理或是委托物业管理公司运行。但这些运行单位由于缺乏专业知识,在中水设施的运行管理中遇到不少困难,往往费时费力且还难以达到满意的效果。其次,单位或物业公司中水操作人员即使有了上岗证,但经常由于人员流动而影响中水设施正常运行管理。因此,委托有相应资质的专业单位承担中水设施的运行管理及维护保养,将较大程度改进目前中水管理上的诸多问题,使中水的安全使用得到有力保证。专业单位承担中水设施的运行管理和维护保养,可提高管理效率,降低管理成本。

### 10.2.4 中水安全使用管理

(1)加强中水安全使用管理的必要性

中水作为一种供给水源,必须严格执行相关的水质标准。所以,只要是达到国家规定水质标准的中水,使用应该是安全的。

另一方面,建筑中水规模比较小,管理人员技术水平不一,水质不达标的情况时有发生,这就更需要增加责任感,加强对中水设施运行维护及安全使用的管理力度。

中水的安全使用管理应从多方面入手,一方面要加强对管路及取水口标识的巡视检查,另一方面要加强宣传和告知,尽量避免中水在使用中发生安全事故,避免与人体的直接接触,防止误饮、误用、误接。

(2)中水安全使用管理的各项措施

建筑中水管理单位应对所辖范围内的中水管路、取水口、中水用途、使用方式、用水安全等方面进行严格管理,使各项措施到位,保证中水的安全使用。应当采取以下措施:

1)中水管路和取水口应采用明显标识。中水管线中的井盖、水箱、管道及出水口等设施应涂成规定颜色,在显著位置给予标识,标注"非饮用水"或"中水"等字样。管线和各取水口设专人巡视检查,防止误用。加强对居民家庭装修的管路检查,在改动管路时跟踪查看,对隐蔽管路的连接处，应在隐蔽前作好检查验收，装修完成以后，要进行中水管路与生活饮用水管路的误接排除，防止误接、误饮。

2）关于中水用途，除了标识、巡视检查和广泛的宣传告知外，还要对管路采用措施，避免不适当的使用。如室外和公共场所的取水口应采取加锁或是设置专用阀门方式进行控制，使室外和公共场所的管路及取水口完全由专人控制，以防止各种误用的发生。

3）绿化用水应注意灌溉方式。应尽量避免喷灌，减少对空气的污染。若无法采用滴灌方式，要避开人群活动频繁的时间进行，最好是在晚间，以防中水与人体的直接接触，在喷水口附近10m 范围内，不宜设置饮食和饮水点。工作人员自身也应采取必要的防护措施。

---

**Operation and management of intermediate water system**：

(1) Establishment of rules and regulations；

(2) Management staff should be certified；

(3) Specialized company undertake operation management；

(4) Strengthening the safety management of reclaimed water.

---

（3）加强中水安全使用的告知和宣传

1）告知室内装饰、装修人（或企业）不得擅自拆改中水管道及设施，禁止将中水管道与生活饮用水管道连接；不得将废弃涂料、溶剂等物质倒入中水原水收集管道中。

2）向使用中水或可能接触中水的人员做好中水安全使用的告知和宣传，告知中水的用途、水质标准、安全防护和注意事项等。特别要提示的是，中水禁止用于饮用、洗菜、做饭、洗澡、洗衣服、擦桌子和擦洗汽车内部等。长期无人使用的便器水箱应将所存的中水放空。

### 10.2.5　中水检测与管理

（1）取样点的标志和位置

1）取样点的标志

水样的取样点，应有清晰的标志，便于正确操作及提高数据的可比性，也便于水质检测部门的检查和监督。

2）取样点的位置

按不同的检测目的和监测项目，应有不同的取样位置。具体要求如下：

①原水取样应在调节池出水口。

原水水质随不同时间而有相应的变化，在一天内不同时间取得的水样，检测结果也会不同。调节池对水质有均衡的作用，原水经过调节池后，水质相对均衡，能反映一定时段内的平均水质。为了更好地反映每天的水质情况，如在调节池出口处，一天内取数个水样进行混合后化验，则更能说明一天的平均水质，以消除短时间内变化的影响。

②中水取样应在中水池进水口前。

在中水池内，由于有补水系统，可能使水样中混有自来水，不能准确反映水质处理的效果。为了确定中水处理系统的处理效果，应在中水池进水口之前取样。

③余氯指标测定取样点应包含：控制点——管网末端的测定点，辅助控制点——中水站内

的消毒接触反应池后。

余氯是中水水质的一个特殊控制指标。水中的余氯在管道输送过程中,由于管路或水中杂质的消耗,余氯会逐渐降低。所以,为了保证用户的用水安全,对余氯的取样要求在管网的末端,也就是中水最远处的用户,此处水中余氯满足标准要求则为合格。因此,对中水消毒药剂的投加量要以管网末端为控制依据点。

中水消毒的操作实际上是在中水站内进行的,要在中水站内对管网末端的余氯进行控制,应当通过自动控制仪表实现,即由管网末端设置余氯检测装置,通过线路传递信号到中水站内,对中水站内的消毒药剂的投加量进行自动控制。但在实际工程中,为了节省费用,往往没有自动控制装置,所以,在没有余氯自控装置的中水站内要增加一个辅助控制点。在调试的时候,找出控制点余氯合格值和辅助控制点余氯实际值的对应关系,以辅助控制点的余氯值来控制消毒药剂的投加量。辅助控制点的余氯实际值必须大于余氯标准值,才有可能使管网末端的余氯合格。在管网情况相对稳定时,这两点的余氯值有一个大致的对应关系,可以作为投药量控制的参考,但在水质和水温等因素变化时,中水输送过程中的余氯消耗量会发生变化,对应关系也会发生变化,故两者的对应关系要定期进行核定。

(2)水质检测项目、方法、周期和检测单位的资质

1)取样和检测方法应符合国家有关标准规定

目前,国家已经颁布实施了中水作为城市杂用和景观用水的水质标准:《城市污水再生利用　城市杂用水水质》(GB/T 18920—2002);《城市污水再生利用　景观环境用水水质》(GB/T 18921—2002)。这两个标准是当前水质检测的重要依据,标准中也明确规定了水质的检测方法。

2)水质检测项目与周期

不同的项目,其周期也不同,日常监测项目(如嗅、色度、pH、浊度和余氯)必须每日进行检测,对全部指标的检测,每年不宜少于一次。

3)水质全项检测报告应由具备相应资质的单位出具

国家对水质检测单位的资质有专门的管理制度及办法,进行水质检测的单位,必须取得国家管理单位的资质认证,其所出具的报告才具有法律效应。

4)日常水质监测方法参见《建筑中水运行管理规范》的附录E《水质简易监测方法》。

该方法是运行操作人员为了控制运行状况所采用的简易方法,不作为正式数据,只作参考。

### 10.2.6　传染病爆发期间应急预案

(1)指定专人参与应急指挥系统

在传染病爆发期间,按照国家规定,地区和单位均应成立应急指挥系统,中水管理单位应指定专人参与指挥系统,以便将上级的有关指令传达下来,有关情况亦能及时反映上去,使中水站融入整个应急系统中,参与统一行动。

(2)疫区中水停止用于娱乐性景观用水

疫区指发生疫情的地区。由于景观水体或人工喷泉之类的人造水景和人体接触的机会比较多,应停止使用中水,切断可能发生传染的途径。

(3)隔离区停供中水,消毒后改用自来水供水

发生疫情的隔离区指疫情严重、实行隔离的区域。由于疫情可能以水为载体进行传播,故

在发生疫情的隔离区内，必须切断传染途径，停止供给中水。在改用自来水供水前，对中水站和中水管路进行充分的消毒。

(4)非隔离区继续运行的中水系统采取相应预防措施

在疫区的非隔离区内，应加强消毒，增加水质监测频率，保持处理站内通风换气状况良好。

(5)按照国家和北京市有关要求实施应急措施

在国家和地方政府要求实施其他应急措施时，应按其相应要求执行。

---

**Emergency plan during the outbreak of infectious diseases:**

(1) Special persons should participate in emergency command system;

(2) Reclaimed water of epidemic area can not used to be landscape water;

(3) Tap water instead of reclaimed water in isolated plot;

(4) Reclaimed water system should take preventive measures in non isolated area;

(5) In accordance with national requirements implement emergency measures.

---

## 10.3　中水设施的经济运行

### 10.3.1　中水工程技术经济分析

(1)中水项目技术经济评价

中水工程的目的是节约用水以及解决水资源合理利用问题，在开展中水利用工作中必须加强经济观念，重视中水项目的技术经济分析，以取得良好的经济效益及社会效益。中水项目的技术经济分析，是通过计算分析来评价中水工程各项技术工作的经济效果，并在多种方案中选择最优的方案。

中水工程是水资源回收利用的有效体现，是节水方针的具体实施，成功的中水工程应保证技术先进，安全适用，处理后出水能达到回用目标的水质标准；同时又应经济合理，在保证中水水质的前提下，尽可能节省投资、运行费用及占地面积。

(2)中水设施经济分析主要指标

对于已经建成的中水工程，在处理后水质达到国家相关标准、技术达到设计要求的情况下，人们最关注的指标是中水设施的基建投资和运行成本。

1)基建投资

中水工程的基建投资包括土建费用和设备费用两部分，两部分所占比例因工程规模、工艺流程和场地位置等区别而差异很大。经济分析中常用单位水量基建投资，以便不同项目进行比较，单位水量基建投资费用的计算公式为(10-3-1)：

$$\text{单位水量基建投资费用}[\text{元}/(\text{m}^3\cdot\text{d})]=\frac{\text{中水工程基建投资(元)}}{\text{中水工程日处理水量}(\text{m}^3/\text{d})}=\frac{\text{中水工程土建投资(元)}+\text{中水工程设备投资(元)}}{\text{中水工程日处理水量}(\text{m}^3/\text{d})}\tag{10-3-1}$$

北京市部分不同处理工艺中水工程的投资指标见表10-3-1。

**表10-3-1　部分不同处理工艺中水工程投资指标**

| 基本处理工艺 | 设备投资指标[元/($m^3 \cdot d$)] | |
|---|---|---|
| | 国产设备 | 进口设备 |
| 物理化学法处理工艺 | 1015 | \$928.7 |
| 接解氧化法处理工艺 | 1958 | \$1275.4 |
| 生物转盘法处理工艺 | 2120 | \$855.0 |
| 大型高级外资(合资)项目 | — | \$1508 |

从表中看出,进口设备投资高于国产设备3.3~7.6倍,投资指标按工艺从低到高排序为:物化法→接触氧化法→生物转盘法。

2)运行费用

中水设施的运行费用通常包括电费、药剂费、人工费、维修费和折旧费等,按照单位水量所消耗的各种费用累加计算,其单位为元/$m^3$。准确地计算运行费用对提高中水设施的管理水平、挖掘潜力、降低中水设施的运行成本大有益处。各种费用的构成如表10-3-2所示,北京市部分不同处理工艺中水工程的运行费用见表10-3-3。

**表10-3-2　中水设施运行费用构成表**

| 编号 | 费用名称 | 费用构成 | 备注 |
|---|---|---|---|
| 1 | 电费 | 水泵动力、鼓风机动力、消毒机动力、照明通风等 | — |
| 2 | 药剂费 | 混凝剂、助凝剂、消毒剂等 | — |
| 3 | 人工费 | 管理人员及运行人员工资 | — |
| 4 | 维修费 | 设备大修及日常维修费 | — |
| 5 | 折旧费 | 土建投资及设备投资按折旧年限计算得到 | 土建投资可按30年折旧;设备投资可按15年折旧 |

**表10-3-3　部分不同处理工艺中水工程的运行费用**

| 基本处理工艺 | 不含折旧费的运行费用(元/$m^3$) | 含折旧费的运行费用(元/$m^3$) |
|---|---|---|
| 物理化学法处理工艺 | 1.13 | 1.56 |
| 接触氧化法处理工艺 | 2.08 | 2.91 |
| 生物转盘法处理工艺 | 1.81 | 3.40 |

### 10.3.2　中水设施节能降耗措施

(1)水量平衡及调整

1)水量平衡原理

在建筑物或建筑小区内,自来水供给用水器具用水,用过以后的水即成了污水,中水设施使用部分或全部污水作为原水,经处理之后成为中水,再回用至卫生器具或部分用水器具。当原水、中水和同需用水量相等时,不需要补充自来水,它们之间形成闭合的循环系统,原水、中水和所需用水量达到平衡。

当中水设施产出的中水少于所需要的用水量时，必须补充自来水来满足使用的要求。另一方面，即使每日总水量达到平衡，由于原水和用水的瞬时变化规律不同，在每个短暂时段内水量仍难达到平衡，为了解决这一问题，采用了调节池和中水池等水量调节设施。

水量平衡是中水系统设计和管理的重要依据。

2）水量平衡的调整

事实上，由于设计依据和实际情况出入比较大、建筑物投入使用后入住率较低、宾馆饭店等设施人员流动性大等原因，中水设施投入使用之后往往出现水量不平衡的问题，需要进行调整。根据具体条件的不同，可以参考下述方法调整：

①运行改善

因设计之初资料的匮乏或设计、安装的不合理，一些系统在运行之后运行状况不佳，或因调节池过小而出现大量溢水，或因原水泵流量过大以及控制方式不合理而无法运行。根据研究，通过原水泵流量、启动水位及控制方式的合理调整，同时通过把中水池中用以储存补充自来水的空间减到最小，能够使这些系统的运行得以改善，作用得到更充分的发挥。

以早期设计的金朗大酒店原中水系统为例。当时由于缺乏资料和经验，它的处理单元的处理能力被设计得很大，为 $25m^3/h$，原水泵也采取了 $30m^3/h$ 的流量。在原水泵运行的控制方式上采取了双控制方式，且为了满足大量中水的使用需求，误将控制自来水补充的浮球阀的关闭状态设置在中水池溢流水位处，以致于中水池整个容积均可被作为储存补充自来水之用。结果是，中水池经常处于充满状态，原水泵少有动作，调节池大量溢水，整个系统难以发挥正常的收集和处理作用。而处理单元能力足够，如果将上述系统改用流量为 $4m^3/h$ 的原水泵，将启动水位设定在适当位置，采用以调节池水位控制原水泵运行的方式，并将控制自来水补充的浮球阀的关闭状态设在水位较低处，这个中水系统便能稳定良好地运行。

②能力挖潜

当处理单元有较大剩余处理能力、中水池也有足够空间时，当中水使用的需求增加、新的中水水源也可以得到，但调节池却受空间条件的限制无法增加容积时，仅通过增大原水泵流量及合理调整其启动水位的办法，也有可能达到增加处理能力和提高中水回收率的目的。

还是以金朗大酒店原中水系统为例。当中水原水量达到设计要求 $200m^3/d$ 时，假设进水规律不变，仅流量按比例增加，则金朗大酒店中水系统在时平均流量为 $8.3m^3/h$ 的条件下连续 24h 运行时，系统的调节池容积需要增加 $14.95m^3$，也就是达到 $32.5m^3$ 才能确保原水被全部收集处理。此时，只需要将原水泵流量增至 $10m^3/h$，同样可以达到无水溢出且全部处理的目的。

③扩建改造

对一些已经满负荷运行的中水系统，在中水原水量增加需考虑系统扩建时，可以考虑两种方案。其一是同时扩建调节池和处理单元并更换原水泵，其二是仅扩建处理单元和更换原水泵。二者之中选取更经济者实施便可。

（2）曝气系统节能降耗措施

1）优选供气设备及曝气装置

生物处理设施主要动力消耗在曝气设备，对同一规模的生物处理设施，选用不同的供气设备可能造成动力耗电很大的差异。中水处理设施的规模一般较小,目前常用的供气设备是鼓风机、水下曝气机及射流曝气器等,这类设备在使用中有各自不同的技术特点,就节能而言,一般情况下能耗从低到高的顺序是鼓风机→水下曝气机→射流曝气器。

曝气头是将鼓风机供给的空气扩散到生物氧化池中的装置中,有穿孔管、螺旋曝气器、微孔曝气器、微孔曝气管等不同形式。不同的曝气头氧的利用率差异较大,其中氧利用率最高的是微孔曝气器。采用氧利用率较高的曝气头可使供气能耗大幅度下降。

2)加强曝气设备及系统的维护管理

曝气设备和系统的正确维护管理对节能降耗的作用也是不可忽视的。

风机、水下曝气机、射流曝气器等设备都须认真维护管理,罗茨鼓风机、水下曝气机、射流曝气器等设备的关键部位被杂物堵塞后都会造成出气不畅,不仅影响供气效果,还会增加能耗。

微孔曝气器、微孔曝气管等曝气头使用一段时间之后也有堵塞问题,当微孔曝气器被堵塞时,曝气池表面只看到很少的气泡或是看不到气泡,使用者为了保证曝气效果不惜多开风机加大供气量,造成能源的浪费。

空气管内由冷凝造成的积水会增大空气管的阻力,还可以使能耗升高,应当定期排放,特别在冬季冷凝水量增多,应注意增加排放次数。

3)曝气装置和填料的优化组合

生物接触氧化池中的填料承载大量的微生物膜,同时,充满着氧化池大部分空间的填料还起到了进一步切割空气气泡和二次布气的作用。研究表明,将不同形式的曝气装置和不同形式的填料优化组合可提高氧利用率和动力效率。若中水处理设施需要扩建或改造,应对曝气装置和填料进行深入的调查研究,选择有利于节能降耗的曝气装置和填料组合。

---

**Energy-saving measures of middle-water facilities**:

(1) The water balance and adjustment;

(2) Energy conservation and consumption reduction of aeration system;

To optimize gas equipment and aeration system;

Strengthen the management of aeration equipment;

Optimum composition of aeration device and packing.

---

### 10.3.3 中水效益分析

北京市1987年正式颁布实施《北京市中水设施建设管理试行办法》,规定建筑面积超过2万 $m^2$ 的旅馆、饭店、公寓及建筑面积超过3万 $m^2$ 的机关、科研单位、大专院校、大型文化体育设工必须修建中水设施。2001年北京市又发布了《关于加强中水设施建设管理的通告》,除了重申1987年《试行办法》的有关规定之外,通告要求建筑面积5万 $m^2$ 以上,或可回收水量大于150$m^3$/d的居住区和集中建筑区新建工程,也必须建设中水设施;应配套建设中水设施的建设项目,如中水来源水量或中水回用水量过小(小于50$m^3$/d),必须设计和安装中水管道系统;对中水设施的建设、监督、管理等也做出了明确规定。20年来,北京市认真贯彻上述办法和规定，建成的中水回用设施已超过400座，回用水量逐年递增。

近年来，经济杠杆在水资源保护中逐渐发挥作用，自来水费及排污费不断上调，中水的运行成本已普遍低于单位所需缴纳的自来水费同排污费之和，使用中水在经济方面已表现出越来越明显的优越性。以宾馆饭店水费为例，截止到2004年底，宾馆饭店自来水费为4.6元/$m^3$，污水排放费为1.5元/$m^3$，共计6.1元/$m^3$，而中水回用的运行费用一般为1～2元/$m^3$，即每回用1$m^3$中水便可以节省4元左右资金。另外，在水资源紧缺的状况下，本着以水定发展的原则，对用水单位的用水指标有所调整，具备中水设施的单位可通过中水产量来合理调节，确保单位整体运行不受影响，从而使用中水的积极性大为提高。

## 小　结

1. 污水处理厂的设计即使非常合理，但如果运行管理不善，也不能使整个处理厂运行正常和充分发挥其净化功能。因此，要不断地提高污水处理厂操作工人的污水处理基本知识和技能，提高技术管理水平。做好控制、观察、记录与水质分析监测工作。逐日记录其运行情况、处理效果、事故、设备的检修等事项。而些这些档案要妥善保管、备查。

2. 中水的安全使用管理应从多方面入手，一方面要加强对管路及取水口的标识和巡视检查，另一方面要加强宣传和告知，尽量避免中水在使用中发生安全事故，避免与人体的直接接触，防止误饮、误用、误接。

3. 中水工程的目的是节约用水、解决水资源合理利用问题，在开展中水利用工作中必须加强经济观念，重视中水项目的技术经济分析，以取得良好的经济效益和社会效益。中水工程是水资源回收利用的有效体现，是节水方针的具体实施，成功的中水工程应当保证技术先用，安全适用，处理后出水能够达到回用目标的水质标准；同时又应该经济合理，在保证中水水质的前提下，尽可能节省投资、运行费用和占地面积。

4. 水量平衡是中水系统设计和管理的重要依据。

## 习　题

10－1　简述运行管理的规章制度有哪些。

10－2　为什么说对管理人员和操作人员进行专业培训和持证上岗是十分必要的？

10－3　中水安全使用管理的措施有哪些？

10－4　取样点的位置有什么具体的要求？

10－5　中水投资中的运行费用包括哪些方面？这些方面的费用又是由什么构成的？

# 第3篇 城市污水处理及中水回用工程实例

# 11 城市污水处理工程实例

## 11.1 东北地区某城市污水处理厂

(1)设计规模

本工程为东北地区某城市东城区污水处理厂扩建工程,扩建规模为10万t/d,总变化系数为1.3。

平均日污水量 $Q = 10$ 万 t/d = 1157.41L/s,由《室外排水设计规范》(GB 50014—2006)表3.1.3查 $K_{总} = 1.3$。

则最大日最大时污水量

$Q_{max} = 100000/24 \times 1.3 = 5416.67 m^3/h$。

平均日平均时污水量

$Q = 100000/24 = 4166.67 m^3/h$。

(2)原水水质

通过对东城区污水处理厂来水水质监测及国内典型城市污水水质特征,预测东城区污水处理厂扩建工程的进水水质见表11-1-1。

表11-1-1 原水水质预测表 mg/L

| 项目 | 指标 |
|---|---|
| $COD_{Cr}$ | 400 |
| $BOD_5$ | 200 |
| SS | 250 |
| TP | 6.0 |
| $NH_3$-N | 30 |
| T-N | 40 |

(3)出水水质

结合该市城市总体规划和市环保局要求,污水厂处理出水水质应达到《城镇污水处理厂污染物排放标准》(GB 189111—2002)一级B标准,见表11-1-2。

**表11-1-2　城市污水处理厂污染物排放标准一级B标准**

| 序号 | 项目 | 一级B标准 |
|---|---|---|
| 1 | $COD_{Cr}$(mg/L) | 60 |
| 2 | $BOD_5$(mg/L) | 20 |
| 3 | SS(mg/L) | 20 |
| 4 | 动植物油 | 1 |
| 5 | 石油类 | 1 |
| 6 | 阴离子表面活性剂(mg/L) | 0.5 |
| 7 | 总氮(mg/L) | 20 |
| 8 | 氨氮(mg/L) | 15(8) |
| 9 | 总磷(以P计 mg/L) | 1 |
| 10 | 色度(稀释倍数) | 30 |
| 11 | pH | 6~9 |
| 12 | 粪大肠菌群(个/L) | 103 |

(4)厂址

该市东城区污水处理厂扩建工程选址在现东城区污水处理厂西侧,扩建部分需增加用地4.1ha。

(5)处理工艺

本工程采用曝气生物滤池工艺,该工艺是欧洲近年来开发的污水处理新工艺,是将生物膜法和活性污泥法相结合的工艺,滤池内滤料既是微生物生长吸附的场地又是截流残留固体的材料,曝气生物滤池之后不设二沉池,可省去二沉池的占地和投资,同时,曝气生物滤池水力负荷、容积负荷大大高于传统水处理工艺,节省了占地和投资。采用生物填料,氧的利用率可达25%~30%,极大提高氧的利用效率,供氧动力费用低。由于填料有较大的比表面积,曝气生物滤池可以在正常负荷2~3倍的短期冲击负荷下运行,抗冲击负荷能力强。

曝气生物滤池是一种气水上流的曝气充氧式系统,可用于:SS的去除、BOD的减少、COD的减少、硝化、反硝化、P的去除。现已建成的大庆市西城区污水处理厂即采用该工艺,日处理规模8万t。

(6)工艺流程

工艺流程图如图11-1-1所示。

(7)各处理构筑物设计

1)预处理间

本工程新建预处理间1座,平面尺寸为36m×15m。内设三台粗格栅、三台细格栅、一套除臭系统,采用地下式钢混结构。

2)调节池及提升泵池

调节池和提升泵池合建,提升泵池位于调节池内。

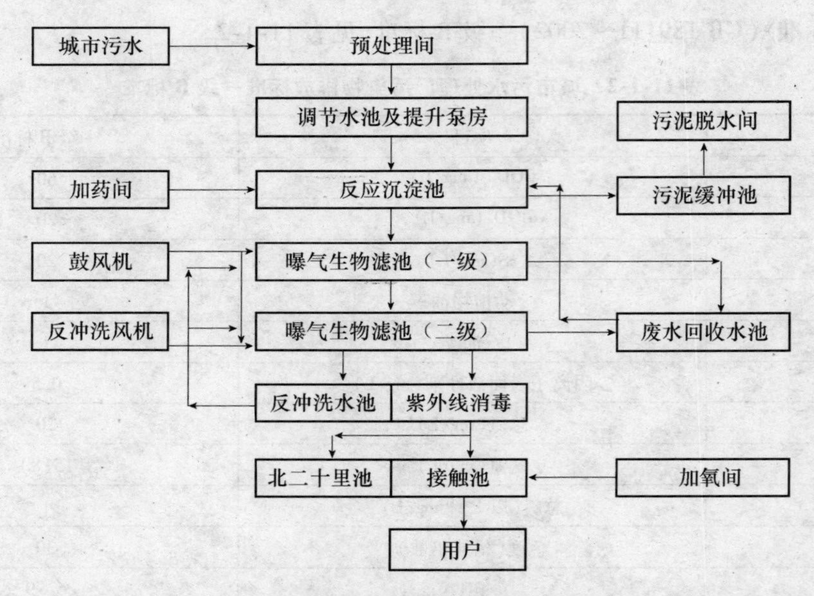


图 11-1-1　曝气生物滤池工艺流程图

调节池的平面尺寸为 80m × 42m，有效水深为 4.5m。

污水提升泵设计 5 台潜污泵，4 用 1 备。

3）反应沉淀池

反应沉淀池即为三阶段强化一级沉淀，为曝气沉砂池、气浮池、斜管沉淀池合建，在池中，生化反应与物理重力分离作用结合在一起，有机物及悬浮物都被明显去除。

反应沉淀池共 4 座，污水经提升后经过配水渠均匀分配至 4 座反应沉淀池。每座反应沉淀池包括曝气沉砂池、气浮池各 2 座，斜管沉淀池 1 座。

反应沉淀池的主要设计参数如下：

曝气沉砂池：

停留时间：20.7min

水深：7.05m

气浮池：

停留时间：24.1min

水深：5.3m

斜管沉淀池：

停留时间：0.7h

上升流速：1.93mm/s

4）一级曝气生物滤池

反应沉淀池出水首先进入一级生物滤池，在池中水流被均匀地分配至每格滤池的配水室，通过长柄滤头的分配通过滤板，由布置在滤板上的管式曝气器充氧，气水混合后通过承托层及滤料，与生物膜充分接触，含碳有机物及氨氮得到去除。

主要设计参数如下：

设计水量:10 万 t/d,$K_Z=1.3$

格数:12

单格尺寸:$L\times B\times H=12\text{m}\times6.08\text{m}\times7.7\text{m}$

滤速:5.6m/h

强制滤速:6.11m/h

滤料:陶粒滤料,粒径 2 ~6mm

5)二级曝气生物滤池

二级曝气生物滤池具有硝化和反硝化功能,反硝化置于硝化下面。

二级曝气生物滤池与一级曝气生物滤池池型相同。

主要设计参数如下:

设计水量:10 万 t/d,$K_Z=1.3$

格数:12

单格尺寸:$L\times B\times H=12\text{m}\times6.08\text{m}\times8\text{m}$

滤速:5.6m/h

强制滤速:6.11m/h

滤料:陶粒滤料,粒径 2 ~6mm

6)反冲洗水池及反冲洗废水池

滤池反冲洗是由专用的反冲洗水泵和风机完成,通过增加空气和水的流速来并流通过滤头和滤料层来完成的。

水反冲洗强度 8L/($m^2$·S);

气反冲洗强度 25L/($m^2$·S);

总冲洗时间 30min;

反冲洗水池设于一级曝气生物滤池下,有效容积 1100$m^3$,反冲洗风机 2 台,1 用 1 备;

反冲洗废水经反冲洗废水渠排入反冲洗废水池,反冲洗废水池设 3 台反冲洗废水泵,将反冲洗废水回流至配水渠道内。

7)配水井

新建配水井 1 座,兼有回流泵池功能,平面尺寸为 14.4m×7.3m。污泥回流比为 100% ~150%,内设污泥回流泵 3 台(2 用 1 备)。

8)紫外线消毒槽间

新建紫外线消毒槽间 1 座,平面尺寸为:12m×6m。

紫外线消毒系统设计参数如下:

平均流量:10 万 t/d

峰值流量:13 万 t/d(以该流量设计)

TSS:≤10mg/L

紫外透光率@254nm:>75%

9)接触池

10)污泥缓冲池

反应沉淀排泥为逐池非连续排泥,为调节一次排泥量与排泥时间内污泥脱水机处理能力之间的差值，设置污泥贮池，污泥贮池为圆池，直径 $D=15m$，$H=3.5m$。

11）污泥脱水间

脱水间平面尺寸 42m×18m。

剩余污泥首先进入 $D=15m$ 的污泥缓冲池。由设在脱水间内的污泥投加泵从污泥池吸泥向浓缩脱水一体机投泥，本工程选用带式浓缩脱水一体机投泥 4 台，带宽为 2.5m，每台每天工作 16h。

PAM 药液的投加用干粉自动投加加药装置，设 1 台。PAM 在干粉自动投加加药装置内经加水稀释至 0.2%。

脱水后污泥含水率约 80%，其量 $24.59m^3/d$，用 2 台无轴螺旋输送机直接输送至汽车运出污水厂。

反冲洗泵为离心泵（$Q=22.5m^3/h$、$H=60m$、$N=11kW$），设 4 台。冲洗水来自厂区消防水池，消防水池长 12m，宽 6m。

12）加氯间

加氯间一座，由加氯间、氯瓶库和漏氯中和间三部分组成。

加氯采用液氯。加氯间平面尺寸 36m×12m。

主要设计参数如下：

最大投加量 15mg/L，采用复合环路控制；

氯瓶库储量为 30 天用量，氯库内设有漏氯检测报警系统；

本设计加氯选用 4 台真空自动加氯机，其中 2 台最大加氯量为 40kg/h；其余 2 台最大加氯量为 20kg/h，余氯分析仪一台。

为确保加氯系统的安全性，在氯瓶库内装有漏氯检测器 1 套，并在漏氯中和间内配有氯气吸收装置 1 套，处理能力为 1000kg/h。

13）加药间

药剂间一座，平面尺寸 18m×12m，内设混凝剂投加系统。

混凝剂采用精制硫酸铝，其主要设计参数如下：

硫酸铝最大投加量 80mg/L，投加浓度 10%。

调制时把浸泡好的硫酸铝饱和溶液，通过联络管自流至硫酸铝溶液调制池中，加水稀释至 10% 后，用计量泵送至投加点。

设硫酸铝溶药池三座，2 用 1 备，池体采用钢筋混凝土。单池平面尺寸 2.5m×1m，池深 1.2m。

采用 3 台硫酸铝投加计量泵，2 用 1 备，将调制好的药剂投至反应沉淀池配水槽内。

---

**A sewage treatment plant in northeast area**:

(1) Design scale;

(2) The raw water quality and the effluent quality;

(3) Treatment technology and technological process;

(4) Design of treatment structure.

## 11.2　华北地区某污水处理厂

1. 项目概况

该污水处理厂于1989年8月开始建设,并于1993年4月投入运行,污水处理厂设计平均流量40万 $m^3/d$,采用传统活性污泥法。至今已运行十几年,情况良好。

该污水处理厂设计规模为40万t/d,污水处理系统采用传统的活性污泥法,其中6万t/d采用A/O法。污泥处理采用厌氧中温消化,沼气搅拌,带式脱水机脱水。自控系统采用集中监视,分散控制的集散系统。BOD、SS、COD三大主要污染物在处理后基本达到国家规定的二级出水标准。处理后污水排入排污河。

2. 工程规模的确定

(1)污水处理规模的确定

该污水处理厂的服务范围为甲地排水系统和乙地排水系统的污水。根据当地排管处统计两大系统水量如下:

甲地排水系统历年排水量见表11-2-1。

**表11-2-1　甲地排水系统历年污水排放量**　$10^4 m^3/d$

| 年份 | 污水量 |
|---|---|
| 1995年 | 19.84 |
| 1996年 | 18.9 |
| 1997年 | 17.14 |
| 1998年 | 16.25 |
| 1999年 | 16.14 |
| 2000年 | 15.05 |
| 2001年 | 13.81 |
| 2002年 | 14.31 |
| 2003年 | 14.77 |
| 2004年 | 17.48 |

乙地排水系统历年污水量见表11-2-2。

**表11-2-2　乙地排水系统历年污水排放量**　$10^4 m^3/d$

| 年份 | 污水量 |
|---|---|
| 1995年 | 27.57 |
| 1996年 | 21.87 |
| 1997年 | 21.44 |
| 1998年 | 20.44 |
| 1999年 | 28.39 |

续表

| 年份 | 污水量 |
|---|---|
| 2000 年 | 24.89 |
| 2001 年 | 22.70 |
| 2002 年 | 18.94 |
| 2003 年 | 17.00 |
| 2004 年 | 19.29 |

从表 11-2-1、表 11-2-2 中可以看出，近年甲地和乙地系统的排水量之和基本稳定在 35～37 万 $m^3/d$，目前甲地和乙地系统的主干管网系统基本完善，随着工业区的搬迁，系统内工业污水量也将下降，即使有新的居民区建成，近期水量也不会发生大的变化。

该污水处理厂改造后的处理规模仍维持原来的 40 万 $m^3/d$，可以满足两个系统的水量要求。

(2)污泥水处理规模的确定

1)该污水处理厂现状的污泥水量

根据实际运行数据，计算该污水处理厂目前实际的污泥水量，如图 11-2-1 所示：

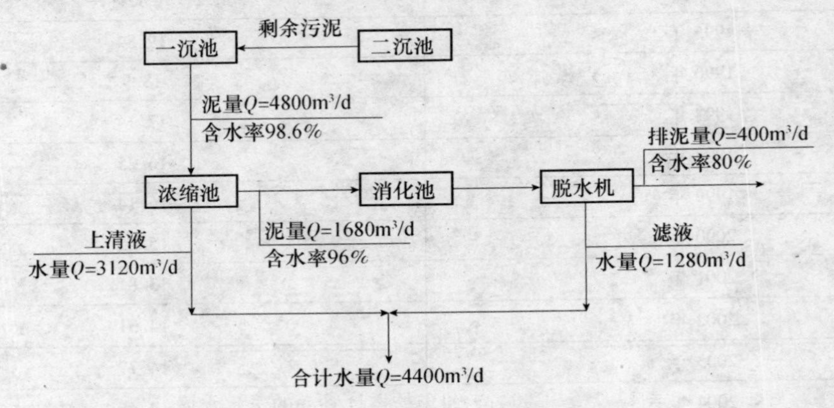


图 11-2-1　现状污泥处理水的水量分配图

目前该污水处理厂实际的污泥水量约为 4400$m^3/d$。

2)改造后该污水处理厂理论污泥水量

根据改造后确定的进水水质及水量，计算出该污水处理厂在改造后的理论污泥水量约为 9072$m^3/d$，详见图 11-2-2：

该污水处理厂目前水量已经达到 37 万 t/d，实际产出污泥量小于理论计算值，另外，该污水处理厂厂区内用地量十分有限，只有在污水厂北部约有 6900$m^2$ 的长条形区域可用于污泥水处理。为尽可能减小污泥水给污水处理厂带来的负荷，考虑到实际产泥量和水量的变化，以及污水处理厂实际可利用的场地资源，确定污水处理厂污泥水处理的规模为 6000$m^3/d$。

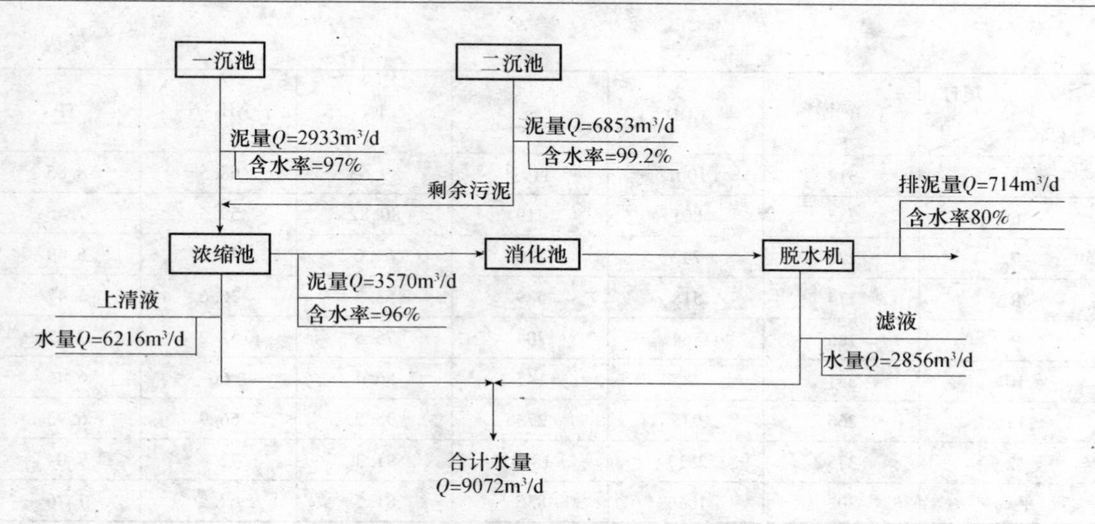


图11-2-2　改造后的污泥处理水水量分配图

3. 进出水水质的确定

(1)污水处理厂进水水质确定

1)实际进水水质分析

该污水处理厂已投入运行十多年,水质每年都在变化,通过对近四年来进水水质监测结果进行统计,做频率分布图及频率积分图,得出如表11-2-3～表11-2-6所示结果。

**表11-2-3　2002年90%的累计频率的进水水质**

| 项目 | COD | BOD | SS | $NH_3$-N | TN | TP |
|---|---|---|---|---|---|---|
| 数值(mg/L) | 660 | 220 | 1100 | 73 | 85 | 6 |

**表11-2-4　2003年90%的累计频率的进水水质**

| 项目 | COD | BOD | SS | $NH_3$-N | TN | TP |
|---|---|---|---|---|---|---|
| 数值(mg/L) | 630 | 240 | 700 | 73 | 87 | 8 |

**表11-2-5　2004年90%的累计频率的进水水质**

| 项目 | COD | BOD | SS | $NH_3$-N | TN | TP |
|---|---|---|---|---|---|---|
| 数值(mg/L) | 740 | 280 | 420 | 70 | 85 | 8 |

**表11-2-6　2005年该污水处理厂进水水质**　　mg/L

| 项目 / 月份 | BOD | COD | SS | TN | $NH_3$-N | TP |
|---|---|---|---|---|---|---|
| 1 | 424 | 1659 | 928 | 85.3 | 72.3 | 7.18 |
| 2 | 406 | 1465 | 1016 | 85.3 | 72.7 | 7.26 |
| 3 | 395 | 1196 | 1436 | 82.7 | 71.1 | 9.53 |
| 4 | 395 | 899 | 1580 | 89.3 | 64.9 | 11.17 |

续表

| 月份＼项目 | BOD | COD | SS | TN | $NH_3$-N | TP |
|---|---|---|---|---|---|---|
| 5 | 314 | 1001 | 1192 | 89.63 | 68.5 | 8.85 |
| 6 | 235 | 801 | 419 | 80.82 | 59.5 | 7.46 |
| 7 | 221 | 747 | 426 | 63.6 | 42.8 | 6.49 |
| 8 | 174 | 518 | 589 | 53.3 | 36.6 | 5.47 |
| 9 | 186 | 564 | 204 | 75.3 | 52.2 | 7.22 |
| 10 | 231 | 487 | 145 | 86.4 | 66 | 6.46 |
| 11 | 266 | 945 | 273 | 95.5 | 66.9 | 6.93 |
| 12 | 375 | 2517 | 1814 | 91.3 | 72.8 | 9.04 |
| 平均 | 302 | 1066 | 835 | 81.5 | 62.2 | 7.76 |

从上述表中可以看出：该污水处理厂的实际进水各项指标严重超出了《污水排入城市下水道水质标准》，特别是2005年1～3月份和12月份，COD的月平均值都达到了1000mg/L以上，12月份甚至超过了2500mg/L。因此必须对上游污染源进行控制，使其达到《污水排入城市下水道水质标准》的要求，以减轻该污水处理厂的负担。

污泥处理过程中，浓缩池上清液、消化池消化液与污泥脱水机脱水滤液的混合液回流到进水，与进水混合后一起进行生物处理。由于混合液中含有大量的氮和磷，与进水混合后，增加进水中氮、磷的浓度，从而增加后续硝化与反硝化处理工艺的负荷，影响出水水质。所以需要在混合液回流到进水前，对其进行脱氮除磷处理。经处理后的混合液回流到进水，可以降低进水中氮、磷的浓度，降低后续硝化与反硝化处理工艺的负荷，保证出水水质。

2）《污水排入城镇下水道水质标准》（CJ 343—2010）中的有关规定

根据城镇下水道末端污水处理厂的处理程度，将控制项目限值分为A、B、C三个等级，相关数值参见表11-2-7。

**表11-2-7　污水排入城镇下水道水质等级标准（最高允许值）**

| 项目 | 单位 | A等级 | B等级 | C等级 |
|---|---|---|---|---|
| $BOD_5$ | mg/L | 350 | 350 | 150 |
| COD | mg/L | 500（800） | 500（800） | 300 |
| SS | mg/L | 400 | 400 | 300 |
| $NH_3$-N | mg/L | 45 | 45 | 25 |
| 磷酸盐 | mg/L | 8 | 8 | 5 |
| 色度 | 倍 | 50 | 70 | 60 |

注：括号内数值为污水处理厂新建或改、扩建，用$BOD_5/COD>0.4$时控制指标的最高允许值。

①下水道末端污水处理厂采用再生处理时，排入城镇下水道的污水水质应符合A等级的规定；

②下水道末端污水处理厂采用二级处理时，排入城镇下水道的污水水质应符合B等级的

规定；

③下水道末端污水处理厂采用一级处理时，排入城镇下水道的污水水质应符合 C 等级的规定；

④下水道末端无污水处理设施时，排入城镇下水道的污水水质不得低于 C 等级的要求，应根据污水的最终去向，执行国家现行污水排放标准。

3）城镇污水处理厂进水水质

城镇污水处理厂的进水水质指标一般为：

$COD_{Cr}$：400mg/L；　　$BOD_5$：190mg/L；

SS：220mg/L；　　$NH_3$-N：40mg/L；

TN：60mg/L；　　TP：7mg/L。

4）进水水质的确定

根据对该污水处理厂 2002 年、2003 年、2004 年、2005 年的实际进水水质分析，该污水处理厂的实际进水水质为：

$COD_{Cr}$：740mg/L；　　$BOD_5$：00mg/L；

SS：420mg/L；　　$NH_3$-N：70mg/L；

TN：85mg/；　　TP：8mg/L。

可以看出，该污水处理厂的实际进水水质已经远远超过《污水排入城市下水道水质标准》规定的最高限值，超出了城市污水的范畴，若按照统计数据确定进水水质，进行该污水处理厂改造工程设计，无论是建设投资，还是运行费用都是很不经济的。应进行上游污染源的控制，要求上游排入下水道的污水达到国家《污水排入城市下水道水质标准》和《污水综合排放标准》的要求，以减轻污水处理厂的不合理负担。

按照《污水综合排放标准》和《污水排入城市下水道水质标准》，参考国内城市污水处理厂进水水质，确定污水处理厂设计进水水质如下：

$COD_{Cr}$：500mg/L；　　$BOD_5$：300mg/L；

SS：400mg/L；　　$NH_3$-N：35～45mg/L；

TN：45～55mg/L；　　TP：8mg/L；

色度：≤80～150。

5）污水处理厂改造后出水水质

根据国家环保总局 2006 年第 21 号公告规定："城镇污水处理厂出水排入国家和省确定的重点流域及湖泊、水库等封闭、半封闭水域时，执行一级 A 标准；排入 GB 3838 地表水Ⅲ类功能水域（划定的饮用水源保护区和游泳区除外）、GB 3097 海水二类功能水域时，执行一级标准的 B 标准"。该污水处理厂出水排入排水河，最终排入的受纳水体属于Ⅴ类功能水域，其排放可以执行国家的二级标准；由于受纳水体属于半封闭水域，依据出水标准从严的原则，该污水处理厂出水执行一级 B 标准。

当地环保局有明确要求，新建、扩建、改建的城市污水处理厂出水水质一律要达到《城镇污水处理厂污染物排放标准》（GB 18918—2002）中规定的一级排放标准，所以该污水处理厂改造后其出水只能执行一级 B 标准。

同时，该污水厂出水还要逐步回用，再生水厂的建设已经开始实施；按照《城镇污水处理厂污染物排放标准》（GB 18918—2002）4.1.2.1 条中关于污水处理厂出水作为回用水基本要求的规定，该污水厂的部分出水还应符合"一级 A"标准。经综合比较，本工程拟将该污水厂的出水各 50% 分别达到《城镇污水处理厂污染物排放标准》（GB 18918—2002）中规定的"一级 A"标准和"一级 B"标准。

确定该污水处理厂出水主要指标如下：

20 万 t/d 达到一级 B 标准：

$COD_{Cr}$：≤60mg/L；

$BOD_5$：≤20mg/L；

SS：≤20mg/L；

$NH_3$-N：≤8mg/L（水温 12℃以上）

≤15mg/L（水温 12℃以下）；

TP：≤1mg/L；

TN：≤20mg/L；

粪大肠杆菌：≤10000/L；

色度：≤30。

20 万吨/日达到一级 A 标准：

$COD_{Cr}$：≤50mg/L；

$BOD_5$：≤10mg/L；

SS：≤10mg/L；

$NH_3$-N：≤5mg/L（水温 12℃以上）

≤8mg/L（水温 12℃以下）；

TP：≤0.5mg/L；

TN：≤15mg/L；

粪大肠杆菌：≤1000/L；

色度≤30。

废气排放满足《城镇污水处理厂污染物排放标准》（GB 18918—2002）中的二级标准，详见表 11-2-8：

**表 11-2-8　厂界（防护带边缘）废气排放最高允许浓度**　　$mg/m^3$

| 序号 | 控制项目 | 一级标准 | 二级标准 | 三级标准 |
|---|---|---|---|---|
| 1 | 氨 | 1.0 | 1.5 | 4.0 |
| 2 | 硫化氢 | 0.03 | 0.06 | 0.32 |
| 3 | 臭气浓度（无量纲） | 10 | 20 | 60 |
| 4 | 甲烷（厂区最高体积浓度）（%） | 0.5 | 1 | 1 |

改造后的污染物去除率见表 11-2-9。

**表 11-2-9　改造后污染物去除率表**

| 污染物 | 进水浓度(mg/L) | 出水浓度(mg/L) | 去除率(%) |
|---|---|---|---|
| $COD_{Cr}$ | 500 | ≤50(60) | ≥90(88) |
| $BOD_5$ | 300 | ≤10(20) | ≥96.6(93.3) |
| SS | 400 | ≤10(20) | ≥97.5(95) |
| $NH_3$-N | 45 | ≤5(8) | ≥88.8(82.2) |
| TN | 55 | ≤15(20) | ≥72.7(63.6) |
| TP | 8 | ≤0.5(1) | ≥93.7(87.5) |

注:括号内为一级B的数据。

6)污泥水的进水水质

20世纪80年代,国外就意识到污泥水处理的问题,通过对污泥水脱氮,可减少污水处理系统15%~25%的氮负荷,从而使得污水处理的生物脱氮系统在正常的设计负荷下运行,可有效地保证出水水质(见表11-2-10)。

**表 11-2-10　国外典型的城市污水处理厂污泥水(Reject water)水质**

| T(℃) | TSS(mg/L) | $NH_4$-N(mg/L) | TKN(mg/L) | TCOD(mg/L) | $PO_4$-P(mg/L) | 碱度(mg $CaCO_3$/L) | 国家 |
|---|---|---|---|---|---|---|---|
| 30 | — | 750~1500 | — | — | — | — | 荷兰 |
| 35 | 2255 | 1164 | 1218 | — | — | — | 荷兰 |
| 30~32 | 1000~3000 | 600~1200 | 800~1500 | — | 75~150 | 1500~4000 | 瑞典 |
| 30 | 100 | 1200 | 1300 | 710 | — | 3600 | 捷克 |
| 25~28 | 232~456 | 600~700 | — | — | 7.3 | 2800 | 加拿大 |

到目前为止,我国在该领域仅对浓缩池上清液进行过化学除磷工作,没有在整体上对污泥系统废水进行过相关研究,更无工程实践。通过对甲、乙、丙污水处理厂污泥系统的污水进行了几次采样分析,结果见表11-2-11。

**表 11-2-11　该地区各污水处理厂污泥水(Reject water)水质**

| 检测项目 | 总氮(mg/L) | 总磷(mg/L) | TSS(mg/L) | COD(mg/L) | 氨氮(mg/L) |
|---|---|---|---|---|---|
| 甲消化池 | 209 | 89 | $2.18\times10^4$ | $2.55\times10^4$ | 171 |
| 乙脱水机 | 270 | 68.5 | 725 | 515 | 501 |
| 乙消化池 | 1338 | 780 | $3.394\times10^4$ | $1.75\times10^4$ | 289 |
| 乙浓缩池 | 941 | 575 | $2.612\times10^4$ | $2.19\times10^4$ | 125 |
| 丙消化池 | 915 | 266 | $2.135\times10^4$ | $9.20\times10^4$ | 167 |
| 丙浓缩池 | 1461 | 1240 | $4.875\times10^4$ | $3.20\times10^4$ | 179 |

根据有关资料介绍,污泥水中的污染物总量约占污水处理厂处理污水中污染物总量的15%~25%,按15%计算,污泥水的浓度为:

$BOD_5$ = 1984mg/L;

$COD_{Cr}$ = 3307mg/L;

SS = 2646mg/L;

$NH_3$-N = 297.6mg/L;

TN = 363.8mg/L;

TP = 52.9mg/L。

参照计算结果、实际化验结果及国外典型污泥水水质，确定该污水处理厂污泥系统废水处理工程进水水质如下：

$BOD_5$ ≤2000mg/L;

$COD_{Cr}$ ≤3000mg/L;

SS≤2000mg/L;

$NH_3$-N≤300mg/L;

TN≤400mg/L;

TP≤80mg/L。

7）污泥处理水的出水水质

对高浓度的污泥处理水处理到何种程度以满足整个污水厂的要求，目前在国内缺少实践经验，没有可以参考的类似工程。对其进行处理的目的是为了保证该污水厂改造工程的出水指标稳定，降低系统中循环的氨氮和磷的总量，减少冲击负荷对污水处理厂运行的影响，从而降低整个污水处理厂技术改造投资。

只要高浓度的“污泥水”的出水可以达到该污水处理厂进水的水质，理论上就不会对整个处理系统有任何危害了，所以污泥处理水的出水水质应该参考该污水厂改造后的进水水质。最终确定污泥处理水的出水水质为：

$BOD_5$ = 300mg/L;　　$COD_{Cr}$ = 500mg/L;

$NH_3$-N = 45mg/L;　　TN = 55mg/L;

SS = 400mg/L;　　TP = 8mg/L。

不同的污染物处理程度不同，见表11-2-12。

**表11-2-12　污泥水处理程度表**

| 污染物 | 进水浓度（mg/L） | 出水浓度（mg/L） | 去除率（%） |
|---|---|---|---|
| $COD_{Cr}$ | 3000 | ≤500 | ≥83.3 |
| $BOD_5$ | 2000 | ≤300 | ≥85 |
| SS | 2000 | ≤400 | ≥80 |
| $NH_3$-N | 300 | ≤45 | ≥85 |
| TN | 400 | ≤55 | ≥86.25 |
| TP | 80 | ≤8 | ≥90 |

8）污水消毒工艺的比选及确定

按照该污水处理厂当时的建设标准，缺少对污水厂出水消毒的要求，所以老厂设计时只设置了加氯间，满足季节性加氯的要求，而没有设置出水消毒的接触池。随着国家对污水处理厂出水消毒控制越来越严格，尤其是在“非典”爆发以后，出水消毒更成为大家关注的焦点。所以该污水处理厂由原来的季节性加氯变为全年加氯消毒。根据《室外排水设计规范》（GB

50014—2006)中6.13.9中规定:“二氧化氯或氯消毒后应进行混合和接触,接触时间不应小于30min”,现有污水处理厂的出水消毒处理不满足国家的规范要求,需要对其进行改造。

目前城市污水处理工程中,消毒工艺主要有:液氯消毒、二氧化氯消毒、臭氧消毒和紫外线消毒等。根据消毒机理以及规范要求,前三种消毒方式都需要一定的接触时间,设置相应的接触消毒池,但是受现场场地限制,无法设置,只有紫外线消毒不需要设置接触池。

随着紫外线消毒技术的不断改进,克服了以往杀菌效率低、消毒水量小、成本高的缺点,已在水消毒领域具有相当的竞争力。与此同时紫外线消毒不产生任何二次污染物,属于国际上最新一代的消毒技术,它以其高效率、广谱性、低成本、长寿命、大水量、无污染等其他消毒手段无法比拟的优点,目前已在西方发达国家逐渐成为一种主流消毒手段。其优点主要有:①杀菌效果高效广谱;②消毒无副产物;③安装、操作简便;④占地小,无噪声;⑤运行安全、可靠;⑥运行维护费用低;⑦可连续大水量消毒;⑧应用领域广。

表11-2-13是将紫外线消毒与常见几种消毒方式进行比较。

**表11-2-13　紫外线消毒技术与几种传统消毒技术的比较**

| 主要指标 | 紫外线消毒 | 氯气 | 臭氧 |
|---|---|---|---|
| 杀菌方式 | 光线 | 化学 | 化学 |
| 杀菌效率 | 高 | 高 | 高 |
| 杀菌广谱性 | 宽 | 中 | 宽 |
| 二次污染 | 无 | 有 | 有 |
| 消毒水量 | 大 | 大 | 中 |
| 安全性 | 高 | 低 | 低 |
| 可靠性 | 高 | 高 | 高 |
| 毒性 | 无 | 有 | 有 |
| 占地面积 | 较小 | 较大 | 较大 |
| 运行费用 | 中 | 低 | 高 |
| 维护费用 | 中 | 中 | 高 |
| 接触时间 | 短 | 长 | 长 |
| 水质变化 | 无 | 有 | 有 |
| 水质影响 | 有 | 有 | 有 |
| 系统体积 | 小 | 大 | 大 |
| 噪声 | 无 | 小 | 大 |
| 余氯 | 无 | 有 | 无 |

目前,该污水厂如果利用现有的加氯间和加氯设备,以40万t/d消毒规模计算,会产生大量的副产物——致癌卤化物,造成严重的二次污染,不符合当今社会发展的需要,而采用紫外线消毒就可以避免二次污染问题。同时,受现场用地情况的制约,在厂区出水的位置上放置接触池(接触时间30min,面积为2084$m^2$)非常困难,难以实施。如果采用紫外线消毒,只需要设

置4条面积为10m×2m的消毒渠道。虽然使用液氯消毒的整体成本低廉,但是为了减少消毒副产物的产生从而减少污染物总量,同时满足用地需要,设计推荐采用紫外线消毒工艺。

原厂内加氯间及其设备不仅可以在发生流行型疾病时提供紧急消毒服务,还可以做为污水出水消毒的有益备用和补充,同时在高效沉淀池中加氯可以去除藻类物质,防止斜管堵塞,因此原厂内加氯间及其设备继续保留。

(2)污泥系统的改造

由于进水水质中污染物浓度大幅增加以及对污水处理系统进行的改动,必将影响到污泥处理系统。

1)初沉污泥

原消化系统设计处理能力为每天95t污泥,其中初沉污泥48t(以干泥计),剩余污泥40~50t。通过与旧的设计水质对比,依据进水的水质情况,初沉污泥量每天增加32t(以干泥计),剩余污泥每天增加40~50t。

为了节约投资,充分发挥原污泥消化系统的作用,本工程准备将有机物含量高的初沉污泥(80t/d)进行厌氧中温消化,不对污泥消化系统进行改动。

2)化学污泥

现在国家规范中对出水含磷量有明确要求。为了满足国标的要求,该改造工程采用化学除磷,每天产生化学污泥14~15t,直接脱水后外运。

3)剩余污泥及消化后污泥

剩余污泥量将达到每天90t,与原来相比增加较多,原有的污泥浓缩池和脱水设备已经不能满足需要。受用地因素的限制,剩余污泥只能通过机械浓缩和脱水的方法来处理。为了节约投资,充分发挥现有设备的处理能力,该工程拟增加浓缩脱水一体机对剩余污泥及化学污泥进行处理,利用现有正在使用的带式脱水机处理消化后的初沉污泥,污泥脱水后运至拟建的污泥处置场。

(3)污泥水的处理

1)工艺选择的原则

①充分利用现有场地。

②采用成熟可靠、管理方便的处理工艺方案。

③在达到出水要求的前提下,尽量减少工程投资和日常运行费用。

2)比选工艺方案介绍

①化学除磷+MBR工艺及原理

Ⅰ.工艺流程(见图11-2-3):

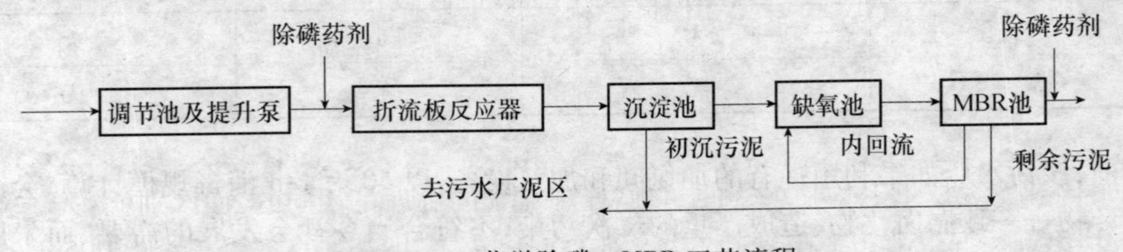


图11-2-3　化学除磷+MBR工艺流程

Ⅱ. 工艺原理：

a. 化学除磷

为了去除污泥水中的总磷，在污水进入沉淀池之前和 MBR 池出水之后分别加入一定量的化学除磷药剂，使药物与磷形成化学沉淀物。药剂与污水的混合通过管道混合器完成，沉淀之前采用折流板反应池完成反应；MBR 池出水之后用管道混合器完成混合，反应在出水管道中完成，到污水厂的初沉池进行沉淀。

b. 膜生物反应器

膜生物反应器(MBR)技术是一种新型的污水处理系统，它将先进的膜分离技术与传统的生化处理技术结合在一起，可以在紧凑的空间内利用微生物和微滤(超滤)膜同时实现污染物质的降解和固液分离。由于采用膜分离技术取代传统的二沉池进行混合液的固液分离，从而可以将全部微生物截留在反应池内，实现了污泥停留时间与水力停留时间的分离，因此该技术是一种高效、实用的污水处理技术。

②化学除磷 + A/O 除氮(有填料)方案工艺及原理

Ⅰ. 工艺流程(见图 11-2-4)：

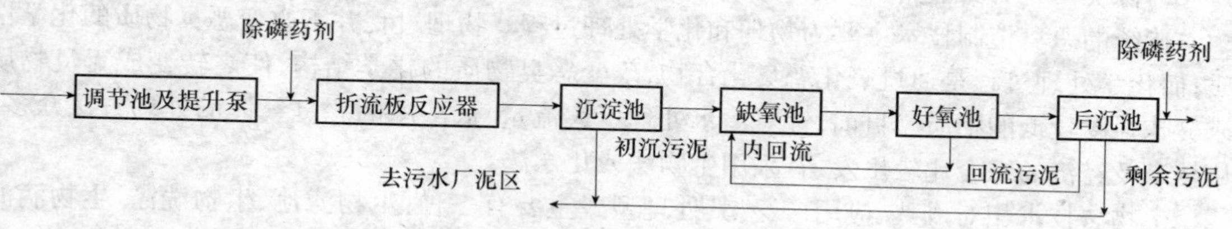


图 11-2-4　化学除磷 + A/O 脱氮(有填料)方案工艺流程

Ⅱ. 工艺原理：

本方案除磷工艺原理同方案一，下面主要介绍 A/O 脱氮(有填料)工艺原理：

A/O 脱氮工艺是缺氧—好氧系统，是在常规二级生化处理基础上发展起来的生物处理新工艺。在好氧段通过硝化菌的硝化作用将氨氮转化为硝态氮，在缺氧段，反硝化菌在缺氧条件下将硝酸盐氮转化成氮气，从而达到脱氮的目的。

A/O 工艺具有运行稳定，对 COD、$BOD_5$、氨氮、总氮去除率高，电耗低等优点。

有填料 A/O 脱氮工艺，除具有无填料的 A/O 脱氮工艺的特点外，还具有如下优点：

a. 采用在曝气池中增设生物填料的方法，利用悬浮生物和附着生物相结合的方式，可以提高曝气池中生物量，特别是具有硝化和反硝化功能的生物量，强化脱氮工艺的硝化及反硝化作用。

b. 提高单位池容的处理能力(容积负荷)，减少占地面积。

c. 处理工艺具有生物量大、污泥龄长，水力停留时间短，抗冲击负荷能力强等特点。

d. 剩余污泥产生量小，比不加填料工艺可减少 20%。

3)方案确定

两个比选方案技术上均是可行的，它们处理污水的机理是相同的，而区别就在于：

①MBR 工艺混合液污泥浓度高，可达到 12g/L，需要生物池的总容积为 $13005m^3$，而有填料的 A/O 脱氮工艺的总容积为 $33333m^3$，因而采用 MBR 工艺极大地节省占地面积。

②有填料的 A/O 脱氮工艺需要设置 2 座直径 17.2m 的后沉池进行泥水分离，而 MBR 工

艺不需要,因此不存在污泥膨胀、上浮,同时还可节省占地。

由于该污水处理厂改扩建工程不另行征地,可利用场地有限,因此推荐化学除磷 + MBR 工艺(方案一)为污泥水处理工艺。

(4)除臭系统

1)工艺选择的原则

除臭系统是该污水处理厂改造的一部分,对污水处理厂的运行成果具有很大的影响。除臭系统的建设和运行耗资较大,故工艺方案的优化选择对确保运行的性能和降低费用极为关键,其确定方案的原则如下:

①技术成熟,处理效果稳定,保证排气质量达到国家规定的排放要求。

②基建投资和运行费用低、占地少、电耗省,以尽可能少的投入获得尽可能高的效益。

③运行管理方便、运转灵活,并可根据不同的恶臭气体浓度调整运行方式和参数,最大限度地发挥处理装置的处理能力。

④便于实现处理过程的自动控制,提高管理和控制水平。

2)除臭工艺方案选择

传统的恶臭控制技术主要为物理和化学处理过程。物理过程并不改变恶臭物质的化学性质;而化学处理过程是通过氧化恶臭化合物,改变恶臭物质的化学结构,使之转变成无臭物质或臭味强度较低的物质。目前,针对污水处理厂大流量、低浓度的恶臭气体的处理方法众多,从技术及经济的综合比较出发,宜采用生物法或化学法。

生物法技术相对成熟、应用广泛,其处理型式主要有三种:生物滤池、生物洗涤、生物滴滤池,化学法主要为湿式吸收氧化法。

①高效生物滴滤工艺

生物滴滤(Biotrickling filter)是废气生物处理法中的一种,被认为是介于生物滤池和生物洗涤塔之间的处理技术。生物滴滤使用的填料为惰性无机填料,其特点如下:

生物滴滤技术中,废气污染物的吸收和生物降解同时发生在一个反应装置内。滴滤池内填充一定高度的填料,填料表面被经驯化培养的微生物膜所覆盖,废气通过滴滤池时,废气中的污染物被微生物降解。为了提供微生物生长繁殖所需的水分和营养物质,并冲走生物代谢生成物,需要在填充塔的顶部连续或间歇地喷淋水。当气体通过填料层时,臭气成分或先溶解于液膜中,然后再被载体表面附着的微生物分解,或臭气成分直接被吸附在载体表面的生物膜上,然后再被微生物分解。

生物滴滤池中,只有针对某些恶臭物质而降解的微生物附着在填料上,而不会出现象生物滤池中混合微生物群同时消耗滤料有机质的情况,因而池内微生物数量大;惰性滤料可以不用更换,而且它造成的压力损失也较小;同时生物滴滤池的操作条件极易控制,使得它成为目前生物脱臭研究中的重点。

②生物滤池工艺

生物滤池(Biofilter)是最早被研究和使用的一种处理挥发性有机污染物和除臭的生物技术。

生物滤池是内部充填活性有机填料、废气经加压预湿后,从底部进入生物滤池,气味物质先被滤料吸收,然后被填料上的微生物氧化分解,完成废气的除臭过程。滤料上生长的微生物承担了物质转换的任务。

生物过滤处理过程受以下几种因素的影响：Ⅰ. 反应速度。反应速度的快慢取决于气体成分的浓度和性质、滤料上的微生物种类、数量和活性、温度、废气和滤料的湿度、pH 值。Ⅱ. 停留时间。停留时间由体积流量、自燃堆放体积和空池体积决定。Ⅲ. 气味物质浓度。

③化学吸收工艺

化学吸收 + 活性炭吸附为传统的一种组合工艺，该系统是一种 3 级系统，即：第一级，利用湿式洗涤器（涤气液为酸性）去除氨；第二级，利用湿式洗涤器（涤气液为碱性）去除硫化氢；第三级，利用活性炭吸附柱去除碳氢化合物。

在诸多化学吸收工艺中，湿式吸收氧化法是一种非常成熟的工艺方法，但处理效果不是特别理想，由于恶臭处理设施都要求很高的净化效率，因此，该法经常需要与其他方法组合起来使用，如常见的在后段应用活性炭吸附柱来进一步提高处理效果。

湿法化学吸收传统采用的筛孔板塔气、液两相在塔内错流接触，采用喷淋式的垂直填料塔可以使气、液多向接触传质，效率高，压降低。湿法化学吸收填料塔通常以高强度、耐腐蚀的 PVC 和玻璃钢材料作外壳，有特殊设计的塑料填料装填，通过在线 pH 和 ORP 计控制加药量，并配有合适的药液循环泵和风机。

在该处理工艺中，恶臭气体首先被化学溶液吸收，然后被氧化，处理效果取决于恶臭气体在化学溶液中的溶解度。当恶臭气流中同时含有氨气、硫化氢和其他含硫气体时，通常需采用多级吸收系统，第一级用水或硫酸溶液吸收除去氨气，然后用氢氧化钠提升 pH 值，再由次氯酸钠等氧化剂溶液吸收和氧化其余的恶臭气体。最后经过除雾装置以后，直接排放或与干净空气混合稀释后排放到大气中去。

该系统可以通过调节加药量和溶液的循环流量来适应气流量和浓度的变化，因此具有较强的操作弹性。湿式吸收氧化法直接借用了化学工业里的单元操作理论和实践经验，具有成熟、可靠、占地面积小等优点。湿式吸收氧化法的主要不足为：需要持续不断消耗大量的水、化学溶液和电力，产生的废旧液体需要进行适当的处理，处理不当会造成二次污染，操作过程中不可避免地要接触大量强腐蚀和强氧化性化学药品，给操作和维护带来危险和不便。

在大气量应用场合，常用的后续单元活性炭吸附，活性炭使用量与费用将是一个较大的负担。

3）方案的比较

对于上述 3 个工艺方案，进行技术及经济比较，见表 11-2-14。

**表 11-2-14　三种方案特征比较**

| 反应器 | 生物滤池 | 生物洗涤塔 | 生物滴滤池 |
| --- | --- | --- | --- |
| 填料 | 多孔有机填料，如树叶、木屑、土壤、泥炭 | — | 惰性无机填料 |
| 特征 | 加湿器 + 反应器，微生物和液相固定 | 洗涤塔 + 生物反应器，微生物悬浮于液体中，液相流动 | 单个反应器：微生物固定，液相流动 |

续表

| 反应器 | 生物滤池 | 生物洗涤塔 | 生物滴滤池 |
| --- | --- | --- | --- |
| 优点 | 气/液表面积比值高:投资少;运行费用低,适于处理的恶臭物质种类范围广 | 设备紧凑;低压力损失;反应条件易于控制,适于处理高浓度可溶性气体;操作稳定性好;便于进行过程模拟;便于营养物质投加 | 与生物洗涤塔相比设备简单、投资少;操作简便;运行费用低;可控制 pH;易于投加营养物质,占地面积小 |
| 缺点 | 反应条件不易控制;对进气浓度发生变化适应慢;占地面积大 | 传质表面积低;需大量提供氧才能维持高降解率;需处理剩余污泥;投资和运行费用高 | 过剩生物物质可能引起填料堵塞,从而降低处理效率 |
| 应用范围 | 适于处理化肥厂、污水处理厂以及工业、农业产生的污染物浓度介于0.5~1.0g/m³ 的废气 | 适于处理工业产生的污染物浓度介于1~5g/m³ 的废气 | 适于处理化肥厂、污水处理厂以及工业、农业产生的污染物浓度低于0.5g/m³ 的废气 |

如上所述,生物滤池工艺具有气—液接触面积大,运行和启动容易的特点,从而使得运行费用低。同时,生物滤池方案的首次投资与化学吸收方案的投资相比较低,但建成后生物滤池需要定期更换滤料,化学吸收需要消耗化学药剂,综合投资和运行费用,平均成本两者基本相当。

生物滴滤方案与化学吸收方案的首次投资基本相当,日常运转中生物滴滤只需很少量的营养物质的消耗,维持生物活性的营养物质可主要通过二沉出水中的剩余 BOD 来供给,所以生物滴滤方案的平均成本低于化学吸收方案与生物滤池方案成本。

4)推荐方案的确定

根据以上处理方案的技术比较,以及基于日常运行费用的高低对比,生物滴滤工艺较为合适,故采用生物滴滤工艺作为该污水处理厂除臭系统的推荐方案。

4. 工程设计

(1)全厂工艺理流程

该污水厂改造后的工艺流程包括污水处理工艺流程和污泥处理工艺流程两部分。污水经进水泵房提升,至现状的预处理构筑物—曝气沉砂池,在此去除大颗粒无机物以后进入现状的初沉池,然后自流入强化的 A/O 曝气池,最后经二沉池沉淀,一部分经消毒后出水,另有一部分出水经混凝、沉淀后出水。回流污泥经泥泵提升,回流至曝气池缺氧段;初沉污泥进入消化池中温消化;剩余污泥及消化后污泥通过浓缩脱水后运至污泥处置场。污泥水统一收集至新设置的小型 MBR 系统进行相应的处理,处理后的水再回流至预处理的进水泵房。

(2)总平面设计

1)污水处理厂总图布置

污水处理厂平面布置的基本原则是:功能分区明确,配置得当;布置紧凑;顺流排列,流程简洁;充分利用地形,节约土方,降低工程费用等。

改造工程的总图布置不仅要遵循上述原则,而且要注重与现有污水处理厂的紧密衔接。在保证工艺设计要求前提下,充分挖掘现有设备和管线的利用潜力,力求做到经济投资最低。

在充分调研的基础上，进行管线的优化，与现有污水处理厂的布置相衔接，并与周围景观相协调。

已建污水处理厂占地面积约29ha。

2）总平面图设计

功能区划分：升级改造后污水处理厂的功能区划分仍将延续现状划分结构：泥区位于厂区西北部，二级污水处理构筑物位于中西部，综合办公区位于厂区东部。

①污泥处理区

污泥处理区位于厂区的西北，主要构筑物包括污泥浓缩脱水机房、消化池及污泥控制室、沼气发电机房及沼气锅炉房、脱硫塔（新增）、贮气罐等。4座一级消化池和1座二级消化池呈梅花状布置，污泥控制室设在中央，利于管线的布置和操作、维修等。同时污泥处理区远离厂前区，在厂区西侧将污泥消化池、贮气罐等产生易燃、易爆和有毒气体的构筑物集中布置，封闭管理。

②二级水处理区+生化改造区

污水处理区位于厂区的中部，主要构筑物自西向东而后由北向南按工艺流程排列，依次布置进水泵房、沉砂池、初沉池、缺氧池+好氧填料池、二沉池配水井、二沉池、消毒池等。污水处理构筑物分为四个系列，对称布置，同时每个系列均可独立运行，事故时又可以灵活调节，互为备用。总变配电站靠近厂区用电负荷最大的鼓风机房。

改造后污水处理工艺的进出水位置不变，根据改造工艺要求，初沉池处理出水进入新建的缺氧池，后接现有曝气池，经过二沉池后接入混凝沉淀反应池，最后消毒排放。因此将占地面积较大的缺氧池布置在现有曝气池东侧绿地，不仅减少工艺管线长度，而且可利用现状道路作为连接通道，便于管理；紫外消毒池设在厂区西南角出水口附近，现状消毒计量槽以东，便于排水。该处现状为滤池和回用水泵房，结合再生水工程拟将其拆除建紫外接触池，厂区内部回用水将由再生水厂供应。将混凝沉淀反应池布置在现状二沉池东侧绿地，距离消毒接触池排出口和再生水厂较近，工艺构筑物之间衔接自然顺畅。加药间位于拟建缺氧池南侧，缩短加药管线。除臭装置将就近建设。例如一级处理构筑物除臭设置布置在曝气沉砂池西南侧，新建缺氧池除臭装置就近设在缺氧池南侧。沼气脱硫装置布置在厂区西北角，位于消化池和沼气管之间绿地上，缩短沼气管线长度，符合防爆设计相关要求。

③综合办公区

综合办公区位于厂区东侧，内有办公、化验、控制中心、食堂、倒班宿舍等附属建筑及生产管理用房，如机修车间、仓库、车库等，该区距产生异味、泥渣堆放、产生噪声、污泥处理的单元较远，而且厂区大门和进厂路位于厂区东侧，距离外环线较近，便于出行和管理。

④再生水厂区

再生水厂区位于厂区东南角，便于集中布置再生水设施、距离东南郊热电厂和用水户较近。

3）其他设计

改造工程不再新设围墙和出入口，利用一期工程已建的出入口，本工程将利用现有道路，减少新建道路面积。

拟建缺氧池将占用现状绿地，且改造完成后拟建缺氧池与综合楼、科技楼、职工之家距离缩小，总体考虑在综合办公区和二级处理区之间设置绿化隔离带，创造清洁、卫生、美观的厂区环境。改造后厂区绿化率约为32%。

现有污水处理厂地坪标高为3.2～3.4m，地势北高南低，雨水泵房位于厂区南侧围墙角。

(3)临时工程的设计

该污水处理厂的处理规模为40万t/d，全厂共分为四个处理系列，每个系列10万t/d。为使改造期间不停产或少停产，协调好各个污水处理系列之间的关系，必须在改造的实施过程中采取相应的措施。

1)远程监控措施

污水处理厂改造工程的工程投资达数亿元，必须设置远程监控系统。该工程在施工期间将在施工区域内设置远程监控系统，方便管理和监控。

2)临时场地控制措施

①污水处理厂在施工期间临时用地的主要用途为：

Ⅰ.存放施工机械；

Ⅱ.存放工程垃圾；

Ⅲ.堆放施工材料；

Ⅳ.建立临时仓库，放置各种设备；

Ⅴ.原有设备的放置及保管。

②经过初步调研，与有关部门协商后初步确定，将污水处理厂泥区围墙外的大约1500$m^2$的空余场地租赁一年到二年，满足施工期间对用地的需要。

3)临时调水措施

为使改造期间不停产或少停产，协调好各个污水处理系列之间的关系，必须在改造的实施过程中采取相应的调水措施，如修建临时闸井、管线临时处理措施等，从而产生一定的费用。

4)临时降水及排水措施

污水厂曝气池和二沉池修建时，为了节约投资，抗浮设计采取了一些措施，特别要求池子放空时要伴随降水措施。依据推荐的处理工艺情况，虽然现有曝气池和二沉池仍然利用，但是也要做相应的改造，势必要将池子中的水放空，时间周期大约在6～10个月，从而大大增加了降水及池体排水的费用。

5)临时运行措施

虽然污水厂要进行大的改造，许多构、建筑物要进行改建和扩建，但是一些关键的设备(如脱水机)仍要不停地工作，这样才能对周围环境不造成大的污染。伴随着关键设备位置的移动，与其相应的管线、配套设备等设施也要有一些临时的变化，并需要修建一些简易的厂房，临时的药品库等。这些都需要管理人员和施工单位的精心布置。

6)临时用电措施

①由于出水水质的提高，全厂用电量大幅增加，变压器需要增容，依据相关部门的要求，原来的设备需进行大的调整。

②施工期间的用电可能从现状的变压器中引出，需要厂方和施工单位大力配合。

③35kV变电站土建需要进行改造，变电站内的部分电气设备也需要更换，因此在进行

35kV变电站改造的过程中会中断供电,影响施工进度,需要统筹考虑。

7)临时消防措施

由于本工程的一部分施工要在污泥消化区完成,而污泥消化区为防火的重点区域,产生明火的施工不能在该区域内完成,只有在外部装配好后,整体吊装或更换;采用人工开挖、夯实等较落后的施工手段;同时应得到消防部门的批准,按其要求进行施工。

(4)结构设计

1)概况介绍

①工程地质概况

污水处理厂改造是在原厂基础上,根据工艺要求而对原厂现有构筑物进行的改造、扩建,其工程地质概况参考原厂。由于原勘探至今已有近20年,随着城市的建设及周边环境变化带来的地下水位的升降情况还需考察新的钻探资料。

②该工程拆除的原有构筑物

回用水滤池、回用水池、回用水泵房、泥饼车库。

③该工程改造及扩建的主要构筑物

进水泵房、沉砂池、初沉池、曝气池,二沉池、污泥浓缩池、鼓风机房、污泥脱水机房,35kV变电站。

④该工程主要新增建的构筑物

Ⅰ. 二级处理单元的曝气池、混凝沉淀反应池、提升水泵房、加药间、紫外消毒间;

Ⅱ. 污泥系统废水预处理单元等。

2)加固改造的可行性及措施

①二沉池

Ⅰ. 原结构简述:(工艺为中进周出)

二沉池(共8座)为圆形装配式预应力混凝土水池,池内径为$\phi$55m,池壁高度为4.8m。二沉池埋深3m,地上部分为1.8m。池壁由118块预制板拼接而成,池壁外施加环向预应力筋(后张绕丝法)。预制壁板内侧为直线形,外侧为圆弧形(板厚200mm),预制壁板高度为4.57m,壁板接缝为现浇膨胀混凝土。底板为现浇整体式底板,底板厚度为450mm。池壁与底板连接方式为杯槽式。

池内中心设有圆柱形中心支筒,半径为3m。池内现设有两圈集水槽,一圈设在池内壁(集水槽1),一圈设在池内$R=27000$mm处(集水槽2),集水槽为预制安装。池壁顶部为现浇混凝土圈梁及走道板。

Ⅱ. 原结构各部分所采用混凝土级别如下:

壁板、集水槽C25,壁板间接缝C30;

底板、中心支筒、悬壁梁及人行道板C20;

混凝土抗渗等级为S6。

Ⅲ. 改造内容

二沉池是在原水池基础上,根据工艺进出水条件现改为周进周出的变化而对原有构筑物进行的改造。池内的集水槽(1,2)凿除,在池周边内侧新增加进出水槽,并从池壁上悬挑出2.2米长的挑梁来支撑新进出水槽。改造中心支墩,满足中心传动吸泥机的要求。

Ⅳ. 改造措施

a. 挑梁及集水槽：

由于池壁预制板板厚很薄。预制板的连接仅仅采用：板水平方向两端均留有 8 对钢筋网焊接，板缝宽 120mm，用 C30 级细石混凝土（微膨胀混凝土）填缝，有悬臂梁处缝宽 200mm。原悬臂梁外挑 600mm，现需外挑 2200mm。

原二沉池设计符合当时的技术规范和工艺条件。现改造需在原位置上外挑 2200mm 并支撑两道集水槽，由于混凝土的自重大，池壁验算不够并且已不满足现行技术规范，改造必须考虑轻型材料的梁和水槽（如不锈钢或玻璃钢）以尽可能减小对池壁的影响，免于拆除池壁造成不必要的损失。

b. 池壁：

由于工艺设备的改造，同时原池壁钢筋保护层厚度，原材料均比现行技术规范小，为增加混凝土耐久性，需对二沉池的池壁进行加固，设计暂不考虑拆除原有池壁，建议在原有池壁外侧修补、整平、涂刷底层树脂后进行粘贴碳纤维加固；池壁内侧清洗干净后刷防水防腐涂料。

②初沉池

Ⅰ. 原结构简述：

初沉池（共 4 座）为圆形装配式预应力混凝土水池，池内径为 $\Phi$60m，池壁高度为 4. 8m。初沉池埋深 0. 6m，地上部分为 4. 2m。池壁由 132 块预制板拼接而成，池壁外施加环向预应力筋（后张绕丝法）。预制壁板内侧为直线形，外侧为圆弧形（板厚 200mm），预制壁板高度为 4. 57m，壁板接缝为现浇膨胀混凝土。底板为现浇整体式底板，底板厚度为 450mm。池壁与底板连接方式为杯槽式。

池内中心设有圆柱形稳流筒，半径为 1. 2m。池内现设有一道集水槽，挑梁及集水槽为预制安装。池壁顶部为现浇混凝土圈梁及走道板。

Ⅱ. 原结构各部分所采用混凝土级别

壁板、集水槽 C25，壁板间接缝 C30；

底板、稳流筒、悬壁梁及人行道板 C20；

混凝土抗渗等级为 S6。

Ⅲ. 改造内容

初沉池是在原水池基础上，根据工艺要求在池上加盖进行废气收集与处理。

Ⅳ. 现有池体存在的问题

目前 4 个水池中的两个水池的池外壁表面有大片的龟裂纹及渗水现象，龟裂纹表明原池体的喷浆已开裂，且龟裂纹大部分集中在池体的中部，而这个部位是池壁环拉力最大（绕丝筋最密）的部位，直接危害钢丝。通过场内管理人员了解到，在 2004 年左右，由于有渗水的现象，对其中两个水池进行内池壁的防水处理（刷防水防腐涂料）。

预制拼装连续绕丝预应力水池虽然具有节约投资及抗裂抗渗性能好等优点，但其致命的缺点是耐久性较差；经过多年的使用，初沉池及二沉池一样都存在着不同程度的隐患，尤其是初沉池，其池体埋深较浅，外露较多，同时加盖后水池内部腐蚀气体浓度成倍增加，对耐久性要求更高。

Ⅴ. 改造措施

由于水池内径达60m,池壁顶作为罩棚支撑,不但荷载不能满足,也影响设备正常运转,故将罩棚支撑设在池外侧周边。

为增加混凝土耐久性,需对初沉池、二沉池的池壁进行加固。由于改革开放后我国修建的此类水池有数百座之多,水池的加固也有几种方案,如在池外做钢筋混凝土柱和环梁;又如在水池外做混凝土柱,然后重新配置体外无粘接预应力筋;还如体外碳纤维补强结构。碳纤维加固技术现已广泛用于桥梁、楼宇等混凝土结构的补修补强,它施工方法较简单:即将混凝土界面清平,清净后刷涂环氧树脂,然后将碳纤维片粘贴于表面。碳纤维及环氧树脂化学性质稳定,耐久性好,环氧树脂具有很好的防水性,可对混凝土的劣化和钢筋的锈蚀起到抑制作用。碳纤维力学性质好,抗拉强度是钢材的7~10倍。

建议采用碳纤维补强技术,即在不拆除原有池壁的情况下,在原有池壁外侧修补、整平、涂刷底层树脂后进行粘贴碳纤维加固;池壁内侧清洗干净后刷防水防腐涂料。

③曝气池

Ⅰ. 原结构简述

原曝气池为敞口型半地下式矩形水池,共4座,水池埋深为4.2m,地面以上约为3m。曝气池底板为现浇整体式底板,厚度500mm。底板纵横向各设置两道后浇带(呈井字型),带宽1m。由于长期承受地下水的浮托力,底板上铺浇300mm素混凝土配重,底板下设盲沟排水,池四周设集水井。曝气池外池壁采用现浇,中隔墙采用框架式填插预制薄板,框架柱为预制。

Ⅱ. 原结构各部分所采用混凝土级别

底板、池外壁、框架柱、梁为C25,预制插板为C25;

混凝土抗渗等级为S6;配重:C15。

Ⅲ. 改造内容

原曝气池采用盲沟排水抗浮,故改造放空前应由集水井抽水降低地下水位,并由观测孔观测水位,地下水位低于抗浮要求时方可放空。

(5)自控及通信设计

污水处理厂的规模为日处理污水40万吨,为保证污水处理过程的安全性、可靠性和生产的连续性,控制系统采用集散型控制系统,设置了中央控制室及分控站。分控站主要负责对所管辖区域内主要工艺设备的自动监控和对生产过程的工艺参数进行数据采集,中央控制室可以对全厂整个生产过程及工艺流程进行监视。污水处理厂还设置了闭路电视监控系统,通过安装在厂区及车间内的摄像头,可以观测全厂的动态。

1)污水处理厂自控设计的现状分析

①自控系统

目前污水处理厂自控系统采用计算机和PLC组成的集散型分布控制系统,网络结构采用传统的星形结构。由中央控制室的监控工作站及四座分控站组成。

中央控制室设置一套监控工作站及一面模拟屏,用于对污水处理厂的工艺过程进行集中管理。

根据全厂工艺流程的需要,现设置了四座分控站,包括水区第一分控站、水区第二分控站、泥区第一分控站及泥区第二分控站。

②自控设备的配置

分控站由 PLC 柜和继电器柜组成,柜内的 PLC 及继电器均需要更换;中央控制室配置了三台监控计算机,其中两台为,一台视频监控器,设备均已落后,不能满足现代化水厂管理的需要。

③视频监控系统

为了监视设备运行情况和生产情况,污水处理厂现设置了十个摄像机,分别安装在进水泵房、鼓风机房、消化池控制室、沼气锅炉房、发电机房、脱水机房、浓缩污泥泵房等,其中 8 个是固定摄像机,2 个是水平和俯仰可控的可移动摄像机。中央控制室内设置了 2 个 31cm 的黑白监视器。整个视频监视系统是由 10 个摄像头和 2 个监视器构成。目前只有少部分摄像机可以正常工作。

④仪表

由于污水处理厂已运行多年,大部分的仪表都到了需要更换的程度。

2)改造后污水处理厂控制系统的构成及功能

改造后的污水处理厂在原有自控系统的基础上进行网络更新,设备更换。

控制系统仍由三级组成:

第一级——就地控制(现场电气控制柜)

第二级——过程控制(各 PLC 分控站)

第三级——监控管理(中央控制室的操作站和工程师站)

①中央控制室

厂前区综合楼内的中央控制室,负责监控全厂各工艺参数的变化、设备工作状态和运行管理。

中央控制室设置三台计算机,其中一台为工程师专用计算机(工程师站),可对整个监控系统进行开发、参数修改、组态等。另外两台计算机为操作员计算机(操作站),可通过各种画面实时监视全厂工艺参数变化、设备运行、故障发生等情况,并负责日常报表打印、事故打印和数据记录等。两台操作站的监控系统互为热备用状态。

在操作站的计算机显示器中具有多种画面,包括各构筑物工艺流程画面、各工艺参数画面、工艺参数变化趋势画面、故障画面、设备运行状况画面等。通过这些画面,工作人员可对处理过程中的各个部分充分了解,及时掌握各个环节发生的各种情况。

三台打印机可随时打印所需要的各种资料,并可定时打印日报、周报、月报等。

由于该厂规模较大,为了日常能够灵活管理、监控和工艺分析,拟在中控室设 2 台投影仪,可将操作站的各种画面放映到银幕上,同时设一面模拟屏。模拟屏静态显示工艺流程的全面状态,投影仪动态显示各工艺参数画面。

②过程控制站(PLC 分控站)

该厂为大型污水处理厂,仪表和控制设备数量多、分布广,控制环节较多,因此,根据工艺流程和地理分布特点,设置若干处不同规模的过程控制站,各过程控制站在各自范畴内负责工艺参数的采集和设备运行的控制。

系统如下配置:

中控室:(PLC0);

水区设两座分控站:第一分控站(PLC1)及第二分控站(PLC2);

泥区设两座分控站:第一分控站(PLC3)及第二分控站(PLC4);

污泥系统废水预处理区设一座分控站:PLC5。

再生水区为独立的一个系统,独立设一间中心控制室,负责再生水处理过程的自动控制及检测。

Ⅰ. 水区第一分控站(PLC1):主要负责进水泵房、曝气沉砂池、初沉污泥泵房等。检测以上构筑物内设备的运行状态,控制设备的运行,并检测进水水质及流量。

Ⅱ. 水区第二分控站(PLC2):主要负责配水计量槽、出水计量槽、曝气池、回流污泥泵房、二沉池等。检测以上构筑物内设备的运行状态,控制设备的运行。

Ⅲ. 泥区第一分控站(PLC3):设在消化池控制室内,主要负责消化池控制室、发电机房等。检测以上构筑物内设备的运行状态,控制设备的运行。

Ⅳ. 泥区第二分控站(PLC4):设在脱水机房内,主要负责脱水机房等。检测以上构筑物内设备的运行状态,控制设备的运行。

Ⅴ. 污泥系统废水预处理区分控站(PLC5):主要负责废水预处理区的进水泵房、初沉池、鼓风机房、缺氧池/好氧池/膜池等。检测以上构筑物内设备的运行状态,控制设备的运行。

Ⅵ. 供配电系统

35kV 变电站内的监控主机将变电站内高压的各种电力参数通过以太网传输至中央控制室。新建变电站内低压设电力仪表,通过总线将电力参数传输到相应的分控站。

③现场电气控制柜

各运转的工艺设备的运行状态通过电气信号传递给 PLC,设备的运行控制由各自独立的电气回路完成。设备是否加入工艺流程的自控系统,由电气回路的自动/手动转换开关决定。

④网络通信

中央控制室(操作站、工程师站)与现场控制站(PLC)之间采用环形有线数据通讯系统,以保证系统通讯的连续性,提高了整个系统的运行可靠性和安全性。

为了实现网络化管理和远程登录,在中控室设置网络服务器,以便连接到企业局域网或互联网、建立数据库服务和其他网络服务。

3)现场工艺参数检测和设备控制要求

①水区第一分控站 PLC1、水区第二分控站 PLC2、泥区第一分控站 PLC3 及泥区第二分控站 PLC4 由于已运行多年,此次只是 PLC 的更换和控制点数的增加,对工艺设备的控制要求不改变,因此工艺参数检测及控制要求不再详细论述。

②污泥系统废水预处理分控站 PLC5 负责如下单元的检测、控制:进水泵房、初沉池、鼓风机房即 MBR 池等。

Ⅰ. 进水泵房

a. 控制要求

进水泵房水泵根据水厂运行需要控制水泵运行数量。

控制站 PLC 循环起动可供使用的泵。

控制系统应监视泵的运行过程,如泵故障应报警并自动投入备用泵。

b. 监视要求

状态信号:前池设液位计,用来控制水泵,其信号入 PLC。

每台水泵“运转/停止”、“自动/手动”、“故障”信号入 PLC。

模拟信号:泵房粗格栅后超声波液位计的检测信号入 PLC。现场应显示进水泵房的液位信号。

报警要求:监视进水泵房前池液位,如果液位低于或高于 PLC 设定的数值时应触发报警。每一水泵均有“故障”报警。

Ⅱ. 细格栅

a. 控制要求

优先控制:格栅前、后设超声波液位计,根据计算的液位差控制除污机工作。

正常情况下,除污机的操作根据时间间隔及持续时间的定时法来控制,格栅螺旋输送机应与除污机联动。

b. 监视要求

状态信号:每一格栅除污机有“运转/停止”、“故障”、“自动/手动”信号;格栅螺旋压榨输送机有:“运转/停止”、“故障”、“自动/手动”信号。

报警要求:每一格栅除污机、格栅螺旋压榨机有“故障”报警。

Ⅲ. 刮泥机

a. 控制要求

刮吸泥机连续运行,由现场电气控制箱手动起停,或由 PLC 控制。

b. 监视要求

状态信号:刮吸泥机的“运行”、“故障”信号。

模拟信号:在每座沉淀池中设置一台污泥界面计。

报警要求:刮吸泥机的“故障”报警。

Ⅳ. MBR 池

a. MBR 池生化区的 DO、曝气流量指示、记录,并根据生化区的 DO 数值,手动调节曝气流量;MBR 池膜区吹扫空气流量指示、记录。

b. MBR 池膜区液位指示、报警、联锁。

c. MBR 池水反洗控制:MBR 膜组按一定的周期运行,每过滤 9 分钟进行 1 分钟的反洗(可根据运行情况调整),以套为单位由 PLC 控制依次自动进行反洗,以维持膜的水通量;MBR 膜组产水为恒流运行。

d. MBR 化学反洗控制:MBR 一定时间后将由 PLC 控制自动进行化学反洗。

e. MBR 抽真空控制,MBR 膜组运行期间,如果由于管理有气而导致产水流量较低,则自动启动抽真空程序。

f. MBR 出水电导、浊度指示、记录、报警、联锁。

③变电站

Ⅰ. 35kV 变电站高压系统采用微机综合保护器对电站的电器进行保护和监视。微机综合保护系统设上位监控主机,上位监控主机通过以太网将电气参数上传至中控室。

Ⅱ. 新建变电站进线、母联、重要出线和照明进线回路加装智能电力仪表,通过现场总线将电压、电流、有功、无功、谐波和开关位置信号上传至中控室。

(6)节能设计

采用经济有效的手段去除污水中的有机污染物，在保护环境的同时，尽量节省能耗是污水处理厂设计的重要原则。

本工程的运行经济指标的主要影响因素为耗电量、药剂量和自用水量，为了使再生水厂能够做到合理利用和节约能源，达到节能降耗，降低成本，采取以下节能措施：

1)总体布置紧凑。连接管路短而直，尽量减小水头损失，减少水泵扬程。

2)合理选用水泵台数并使水泵在高效段运行。进水泵、送水泵采用变频泵，可根据水量的变化进行调节。

3)选用节能、出水效率高并且运行管理简单，维修保养方便的 MF 和 RO。

4)做好膜过滤前预处理工作，减少反冲洗和化学清洗的次数，延长膜的使用寿命，降低运行成本。

5)在电气设计中，变电器选用低损耗节能变压器，厂区内配电线路全部采用低阻抗的铜导体以降低线路损耗，提高传输能力。

6)对污水提升泵房和充氧曝气等主要处理工艺全部设计为闭路自控，根据运行要求，自动合理地调整工况，保证高效率工作。

7)选用无功功率自动补偿装置，保证在大量感性负荷工作状态下，自动调整无功功率，降低无功损耗。

8)合理选择变电站位置，力求使其处于负荷中心，从而最大限度减少配电距离，减少电缆线路损耗。

9)加药系统、加氯系统和臭氧投加系统采用高精度的计量仪表和投加设备，并采用自动控制方式，以控制最佳投药量。

5. 投资估算与经济分析

(1)工程投资估算

1)工程概况

污水处理厂改造工程建设内容为将原厂二级出水各50%改造为“一级A”出水标准和“一级B”出水标准。污水处理总规模仍为40万t/d。

工程投资估算编制的内容包括二级生化改造范围内的全部土建、设备、安装工程，并考虑了引进设备而发生的相关费用。

2)编制依据

①依据

该工程项目可行性研究所确定的工艺方案及工程设计内容。

②设备价格

国产设备均按编制期设备出厂价格为基数，加设备运杂费计入，运杂费费率按6%计算；进口设备以询价报价单为依据，并参考类似工程国外设备报价，均按“CIF”价为计算依据，并计入引进设备相关其他费用。

3)有关其他建设费用的确定

①建设单位管理费：按第一部分工程费用总和的0.9%计算；联合试运转费：按设备费总

价的1%计算列入。

②设计前期工作费:按国家计委计价格[1999]1283号《建设项目前期工作咨询收费暂行规定》计取;勘察费:按第一部分工程费用的0.3%计算列入。

③设计费:按2002年3月1日实施的计价格[2002]10号《工程勘察设计收费管理规定》计算,其中专业调整系数为1,工程复杂程度调整系数为1.15。预算编制费:按设计费的10%计算列入。

④施工监理费:按发改价格[2007]670号文计算列入;竣工图编制费:按设计费的8%计算列入。

⑤工程招标代理费:根据国家计委、建设部颁布的《关于发布建设工程招标代理收费有关规定的通知》计算列入;工程保险费:按第一部分工程费用的0.4%计算列入;质量监督费:根据文件规定,按第一部分工程费的0.1%计算。

⑥环境评价费:按国家计费、环保局《环境影响咨询费》收费标准计算;职业卫生评价费:按第一部分工程费的0.1%计算列入。

⑦安全评价费:按安全评价费计算标准列入。

⑧引进技术和进口设备的其他费用

Ⅰ.银行财务费,按所需进口设备硬件费(CIF价)的0.5%计算,列入第一部分工程费。

Ⅱ.外贸手续费,按所需进口设备硬件费(CIF价)的1.5%计算,列入第一部分工程费。

Ⅲ.进口设备(硬件)国内运杂费,按进口设备(设备原价)的1.5%计算,列入第一部分工程费。

Ⅳ.进口设备软件费、海关监管手续费,按进口设备费的5%计算,列入第二部分工程费。

Ⅴ.引进设备其他费用。

包括引进设备材料检验费、图纸资料翻译复制费、设备二次搬运费、银行担保费、引进项目保险费、出国人员费、来华专家接待费等费用,计入第二部分工程费用中。

⑨工程预备费

Ⅰ.基本预备费

按第一、二部分费用之和的8%计算。

Ⅱ.涨价预备费

按国家计委计投资[1999]1340号文规定,投资价格指数为零。

⑩铺底流动资金:

按所需流动资金总额的30%列入。

4)工程投资

①投资估算

该工程总投资48956.80万元;其中改建部分工程投资45158.24万元,废水处理部分工程投资3798.56万元。

②技术经济指标,见表11-2-15。

**表11-2-15　主要技术经济指标表**

| 序号 | 项目名称 | 推荐方案 |
| --- | --- | --- |
| 1 | 设计规模(万 $m^3/d$) | 40 |
| 2 | 工程总投资(万元) | 48956.80 |
| 3 | 总造价指标(元/$m^3/d$) | 1223.92 |
| 4 | 新增耗电指标(kWh/$m^3/d$) | 0.25 |

(2)资金筹措及投资使用计划

1)资金筹措

该工程总投资48956.80万元(增量投资="有项目"投资-"无项目"投资=48956.80万元),本工程增量流动资金为900.41万元("无项目"不需追加流动资金,"有项目"新增流动资金与增量流动资金相等)。

该工程资金筹措通过以下渠道解决。

①自有资金

该项目自有资金共15193.50万元,其中用于固定资产投资14923.37万元,用于流动资金270.12万元。

②借入资金

Ⅰ.长期借款:拟采用银行长期借款33600万元,贷款偿还期10年,年利率7.38%。

Ⅱ.流动资金借款630.29万元,年利率6.84%。

2)投资使用计划

该项目拟按二年建设,第三年投产,当年生产负荷达到100%的设计生产能力。

(3)经济评价说明

1)本项目经济评价依据2006年国家发展改革委员会、国家建设部颁发的《建设项目经济评价方法与参数》(第三版),1998年中国国际工程咨询公司编著的《投资项目经济咨询评估指南》进行编制。

2)该经济评价对"无项目"(即原污水厂)及"有项目"(即原污水厂+新增改造部分)进行评价。由于改建后污水厂处理规模不变,所以新增项目部分不存在新增收益,本经济评价仅对"有项目"及新增项目进行现金流量分析。

3)该项目确定建设期二年,生产期二十年。投产期当年达到100%的设计生产能力。

(4)成本分析

1)固定资产原值

原污水厂固定资产原值为65597.33万元,到本改建项目开始建设,其净值约为29556.34万元,无形及递延资产净值为25460.19万元。新增改建部分固定资产新增原值包括第一部分工程费用、第二部分其他建设费用及建设期贷款利息。

2)成本计算基本数据

该项目分别计算"有项目"和"无项目"总成本、经营成本。

①原材料及燃动力价格的确定。原厂目前处理污水年耗电量为3054万度,年添加PAM为532万元,年添加液氯为350.40万元。其中电度电价为0.71元/kWh;PAM单价为40000

元/吨。项目改造后，年耗电量增加 3692 万度（吨水耗电 0.25 度），年消耗药剂增加费用为 1430.80 万元。

②工资及福利费

“有项目”年工资及福利费 = 30000 元/（人·年）×200 人 = 600 万元。

“无项目”工资及福利费 = 30000 元/（人·年）×200 人 = 600 万元。

③基本折旧费

“有项目”折旧费计算：新增固定资产投资折旧费按直线法计算，综合折旧折旧率 4.8% 计算。“有项目”年折旧费 = 原有固定资产折旧费 + 新增固定资产折旧费。无项目剩余折旧年限按 10 年计算。

④修理费：按固定资产原值的 2.5% 计算。

⑤财务费用：按财务制度规定，将生产经营期发生的长期贷款利息、流动资金借款利息均以财务费用的形式计入总成本费用。

⑥其他费用按前几项成本费用之和的 10% 计算。

3）成本计算

通过成本计算，有项目年平均总成本费用为 17357.75 万元；有项目年经营成本费用为 12181.05 万元。

---

**A Sewage Treatment Plant in North China**：

（1）Project overview；

（2）The scale of the wastewater treatment；

（3）The determination of influent quality and effluent quality；

Transformation of sludge System；

Slimes water treatment；

Odor control system；

（4）Engineering design

Technological process；

The design of general plan；

The design of temporary project；

Structure design；

Automatic control design；

Energy-saving design；

（5）Investment estimation and economic analysis.

---

# 12 工业废水处理工程实例

## 12.1 某纸业废水处理工程

1. 项目概况

(1)工程概述

1)建设单位概况

该纸业公司生产线主要以马尾松为原料,采用硫酸盐法制浆,另有少部分制浆原料为进口美废。目前,每天产生约 56000$m^3$ 的中段废水,考虑公司今后的发展,公司确定将现有污水厂的处理规模扩建为 65000$m^3$/d。

公司现有污水处理厂是 1994 年建成投产、采用生化法的日处理规模为 40000$m^3$ 的污水处理厂。由于生产规模日趋增大,到目前为止,污水处理厂的实际处理水量已达到 56000$m^3$。由于种种原因,目前处理后的出水 $COD_{Cr}$约在 380~400mg/L,$BOD_5$ 约在 70~90mg/L,未达到要求的排放标准。按照当地环保部门的要求,急需对该污水处理厂进行改造,以适应未来日趋扩大的生产规模和愈加严格的排放水质要求。

2)污水处理工程概况

①设计规模

该公司于 2002 年 12 月 25 日发出招标函,要求将现有污水处理设施扩建改造为一套规模为 65000$m^3$/d 的污水处理厂。

废水主要来自制浆过程中的洗选、筛选、碱回收工序的蒸发冷凝液及箱板纸生产线纸机工段废水。

②招标文件提供的进水水质:

$COD_{Cr}$:900~1300mg/L;　　$BOD_5$:300~430mg/L;

SS:100~200mg/L;　　pH:10~10.5;

水温:35~45℃。

③设计进水水质

$COD_{Cr}$:1300mg/L;　　$BOD_5$:400mg/L;

SS:200mg/L;　　pH:10~10.5;

水温:35~45℃。

④处理要求

要求本工程处理后的出水水质达到如下标准:

COD≤250mg/L;　　$BOD_5$≤50mg/L;

SS≤80mg/L；　　　　　　　pH:6～9。

（2）设计概述

1）主体工艺概述

工艺流程采用预处理—水解—好氧生化工艺。水解段采用水解酸化工艺，好氧段采用目前国际领先的、适用于造纸工业污水的一种低投资、节能、运转费低、去除率高的射流曝气工艺，并采用进口 MTS 射流曝气设备。

2）工程扩建改造范围

污水处理厂内初沉池进口至二沉池出口之间的污水处理设施及污泥处理系统，对其进行工艺、土建、电气、仪表、自控、总图等专业设计，负责该范围内相关设备的更换、选购及安装。

2. 污水处理方案的设计

（1）现有污水处理厂的运行情况

现有污水处理厂处理水量 56000m³/d，以活性污泥法为主体工艺，工艺流程如图 12-1-1 所示：

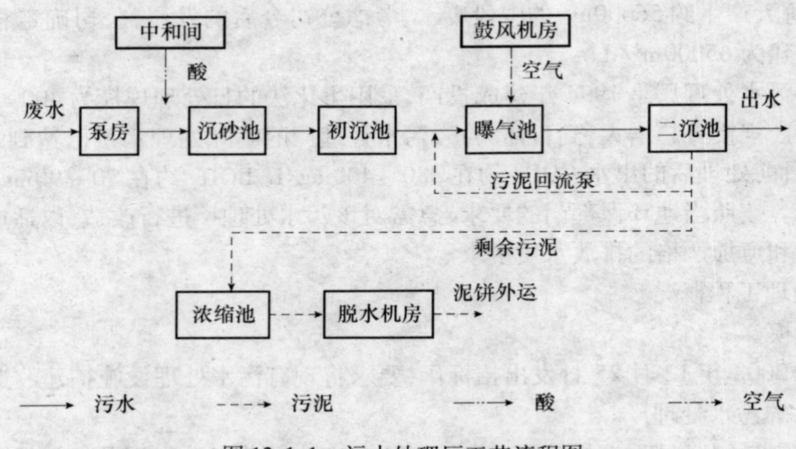


图 12-1-1　污水处理厂工艺流程图

现有污水处理厂的运行情况：

1）处理后出水 COD 在 380～400mg/L，超出了预期的出水标准；

2）曝气池污泥浓度低，约 1300～2000mg/L；

3）曝气池采用散流曝气头，池底空气管及曝气头出现部分损坏或堵塞，并且氧的利用率低；

4）采用螺旋泵进行污泥回流，跌落泡沫很大，回流污泥量不足，回流效果不好；

5）污水处理厂 COD 总去除率在 50% 左右。

（2）工艺流程描述及处理效果预计

1）工艺流程描述

该公司组织有关专家及工程技术人员结合该种废水水质特点对工艺流程进行认真研究后，通过技术经济比较，为节省投资与降低运行费用，确定改造后整个污水处理厂的工艺流程。对于该公司的污水处理，主要分为预处理、水解生物处理、好氧生物处理和污泥处理四部分。

现简述如下：

①预处理（利用现有设施）

主要包括格栅、沉砂池和初沉池三个部分。造纸厂的污水首先经机械格栅拦截粗大的悬浮物后，进入集水池泵房，经泵提升至沉砂池。从沉砂池流出的污水进入初沉池去除大部分的悬浮物，然后进入生物处理系统。

②生物处理系统

包括水解池、水解沉淀池、曝气池和二沉池。

Ⅰ. 水解池（由现有曝气池改造）

水解酸化处理的主要作用是使废水中的难降解有机物解体被取代或裂解（降解），从而改善可生化性。COD的去除率可达20%左右。另外，该方法可有效降解废水中的表面活性剂，较好地控制后续好氧工艺中产生的泡沫问题。

产酸菌对温度较高的废水有很好的适应性，在该废水条件（30～45℃）下，厌氧菌可以发挥很好的降解有机物的作用。

池内设置潜水搅拌机，使污泥始终处于悬浮状态，与污水有效充分地接触。通过搅拌，废水温度有所降低（在最高温45℃情况下，可降低3～5℃），使后续好氧处理更有保证。设备简单易操作，管理、维护方便。

设计考虑，保持现有曝气池均分四大格不变，将单格中的廊道去掉，改造为四格完全混合式的厌氧池，在每分格中设置潜水搅拌机。

现有初沉池的出水仍旧分四路进入水解池，水解池出水均匀进入水解沉淀池。

Ⅱ. 水解沉淀池（新建）

水解沉淀池用于分离水解酸化产生的剩余污泥，它是与水解酸化池相配套的构筑物，避免了升流式厌氧（反应与沉淀在同一容器中进行）复杂的底部排泥系统，可以单独设置刮吸泥机，简单有效，易操作维修。池内设刮吸泥机及污泥回流系统，将污泥提升并回流到水解池前端，保证厌氧段的活性污泥浓度。水解沉淀池的上清液经收集进入生物选择池。

Ⅲ. 生物选择池（新建）

生物选择池用于防止污泥膨胀，设在曝气池前端，有助于形成兼氧的环境，使回流微生物在此处于缺氧状态，保证厌氧反应与好氧反应能平稳过渡，优选适合好氧环境的微生物。为防止污泥沉降，在生物选择池设置潜水搅拌机。选择池出水进入曝气池。

Ⅳ. 曝气池（新建）

曝气池是生化处理的主体，通过鼓风曝气为微生物提供氧气，大部分污染物质在此得以去除。曝气池采用中低负荷活性污泥工艺，污水停留时间较长，活性污泥中微生物具有较长的时间消化分解污水中的污染物，使污水中的污染物浓度降到很低的水平，所以处理出水效果很好。中低负荷活性污泥工艺泥龄长，微生物处于内源呼吸期，剩余污泥大部分已经消化稳定，污泥量较少。

公司经过多方面考察比较，并结合实际的工程运转经验，初步确定选用双向多喷嘴射流曝气器，与其他同类设备相比，它有以下优点：a. 氧转移效率高，为27.2%；b. 尤其适合深水曝气；c. 更节能，投资省，有更好的经济效益；d. 氧的混合与传输更易控制。

曝气池出水经管道收集进入二沉池。

Ⅴ. 二沉池(利用现有设施)

污水在二沉池中实现固液分离。大部分污泥回流至生物选择池,剩余污泥输送到水解池前端进一步降解。二沉池出水达标排放。

③污泥处理系统(利用现有设施)

包括污泥浓缩池和污泥脱水系统。初沉池污泥、生化系统的剩余污泥由管道收集输送至污泥浓缩池,浓缩后污泥含水率在97%左右,由泵送入污泥脱水机房进行脱水,脱水后污泥含水率在75%~80%左右,产生的泥饼外运。

2)改造后污水厂处理效果预计

采用以上改造方案,污水处理厂预计处理效果,见表12-1-1。

**表12-1-1 预计处理效果**

| 工段 \ 指标 | | COD(mg/L) | BOD(mg/L) | SS(mg/L) | pH |
|---|---|---|---|---|---|
| 沉砂+初沉预处理 | 进水 | 1300 | 400 | 200 | 10.0~10.5 |
| | 出水 | 1170 | 400 | 160 | 10.0~10.5 |
| | 去除率 | 10% | 0 | 20% | — |
| 水解+沉淀 | 进水 | 1170 | 400 | 160 | 10.0~10.5 |
| | 出水 | 994.5 | 340 | 112 | 6.0~9.0 |
| | 去除率 | 15% | 15% | 30% | — |
| 曝气池+二沉 | 进水 | 994.5 | 340 | 112 | 6.0~9.0 |
| | 出水 | 248.6 | 47.6 | 78.4 | 6.0~9.0 |
| | 去除率 | 75% | 86% | 30% | — |
| 出水标准 | | <250 | <50 | <80 | 6.0~9.0 |

(3)污水处理方案设计

1)设计进水水质:

$COD_{Cr}$:1300mg/L;　　$BOD_5$:400mg/L;

SS:200mg/L;　　pH:10~10.5;

水温:35~45℃。

2)处理要求

要求该工程处理后的出水水质达到如下标准:

COD≤250mg/L;　　$BOD_5$≤50mg/L;

SS≤80mg/L;　　pH:6~9。

3)方案设计的原则

①在常年运行中,要保证污染物的处理效率,工艺先进可靠,运行稳定,检修方便;

②为了便于污泥的利用和处置,最好在污水处理的同时达到污泥性能基本稳定;

③尽量做到投资省,能耗和运行费用低;

④操作管理简单,维修简便;

⑤所选工艺应满足厂方的占地要求。

3. 总图运输

(1)平面布置

污水处理厂内扩建改造可利用地约9400m$^2$,按流程,将水解池临近布置于初沉池之后,为节省占地,将水解沉淀池、生物选择池、曝气池合建,联体池占地9400m$^2$,位于水解池之后。联体池出水最终由曝气池流出,进入二沉池配水井,污水被均匀分配到四个沉淀池中进行泥水分离。经过处理后的污水,排入厂区南侧的河道。厂区总平面布置按功能分区,考虑常年主导风向的影响,厂区分为两种功能区。

1)厂区平面布置

①污水处理区

规模6.5×104m$^3$/d。由进水格栅、泵房、沉砂池、初沉池、水解池、水解沉淀池、生物选择池、曝气池、二沉池等组成。

②污泥处理区

污泥处理区为相对独立的区域,由污泥蹄声泵房、污泥浓缩池、污泥脱水机房和污泥堆场等组成。设便门供污泥运输出入,与厂前区分离。

整个厂区布置分区明确,整齐协调,错落有序,层次清晰。同时考虑厂内建筑的通风、采光、降噪声等问题。厂内各区之间以道路明显分开,厂内与厂外之间,各区间以乔木、灌木、草皮所形成的绿地屏障隔离,以调节厂区小气候,通过草皮、花坛、游园小品等立体布置的厂前区小游园来美化现代厂区的环境。

2)厂区主要管道布置

污水由管道收集引入污水处理厂,厂区各处理构筑物间均采用铸铁管连接,在水解池后设有超越管,在事故时,污水超越好氧系统外排。

(2)厂区给排水

改扩建工程不再增设厂区给排水系统,利用现有污水处理厂消防、给水、排水管。厂区排水为雨污分流。地面雨水通过明渠排至厂区南侧河道。厂区粪便污水经化粪池后与生活污水一并经处理构筑物进行处理。

4. 环境保护及安全生产

(1)环境保护

污水处理工程建设,是一项环境保护工程,而污水处理厂本身的运行也会对周围环境产生影响,主要有两个方面,噪声与臭味的影响。如果不加控制,就会造成二次污染。工程设计中考虑采用如下措施:

1)设计考虑尽可能选用低噪声的潜污泵;新增处理处理设备,均远离办公区;鼓风机产生的噪声大,作消声、隔声处理,并远离办公区。

2)产生臭味的污水处理设施主要有初级处理、厌氧水解池、沉淀池和污泥浓缩池、脱水机房等。总图布置时尽量将其集中布置,周围采用绿化隔离,远离办公区。

(2)安全生产

污水处理厂安全生产主要表现在“三防措施”,即“防高空坠落、防触电、防中毒”。

防高空坠落方面:凡上池、下井维护检修时,必须戴安全帽及安全带,在雨雪天要穿防滑鞋上池,严格执行安全制度。

防触电方面:所有电气设备应经电业主管单位严格检查验收后方可启用。与各电气有关的工作岗位,必须持证上岗操作,如有故障立刻通知电工检修,不得私自拆卸。

防中毒方面:主要注意:厌氧水解池及污水井、污泥井等处会产生甲烷等有毒气体,工人下井或拆修污水、污泥泵必须事先采用机械通风,并用仪表测量有毒气体浓度,确认安全后方可下井工作,一旦发生事故,需按照有关条文说明,便于处置。

5. 节能

该公司污水处理工程设计充分考虑节能措施,对于耗能大户泵房和鼓风机房,节能措施有:

(1)污水、污泥泵尽可能采用高效不堵塞潜污泵,其工作效率大多达到82%以上,节省了常年运转电耗。

(2)采用传氧效率较高的射流曝气器,以减少鼓风机的台数;采用搅拌效率高的搅拌机,使能耗降低。

(3)在工艺高程布置上,采用构筑物合建,水解沉淀池、生物选择池、曝气池合建,减少构筑物之间的水头损失,无需中间提升,以降低能耗。

6. 人员编制

污水处理厂人员编制按规模为65000$m^3/d$进行配置,考虑污水处理厂各工段、各岗位的具体要求。由于是改扩建工程,现有污水厂的人员配备较齐全,全厂共101人,经过多年的实践,污水厂的工作人员有丰富的操作维护经验,所以不考虑在污水厂新增工作人员。

7. 工程效益分析

(1)改善了自然水体的污染程度

该工程投产后,每年可减少污染负荷$COD_{Cr}$为23725t、$BOD_5$为8303.75t、SS为2847t,大大减少了污染,使生态平衡向好的方向转变。同时,地下水质也将得到保护。

(2)有毒有害物质富集减缓

由于有毒有害物质的排放得到了控制,这些物质的富集作用就会减缓生态环境得到改善,该地区居民的健康水平得到提高。

8. 投资概算

(1)编制依据

建设单位提供的有关资料及其他类似工程造价指标。

(2)编制范围

1)包括污水处理厂内初沉池进口至二沉池出口之间的污水处理设施及污泥处理系统的各项费用,该概算包括该部分的工艺、土建、电气、仪表、自控、总图等专业设计,及该范围内相关设备的更换、选购及安装的工程费用和相应设备费用,详见各专业工程概算书。

2)该概算在计算工程费用的基础上计取了设计费、调试费,计算程序及费率详见"工程投资估算表"。

(3)编制方法

该概算主要构筑物计算工程量,以福建省建筑工程综合定额为依据计价,次要建筑物的造价按类似工程经济指标编制;专业设备费包括原材料、外购、外协、配套件、制造、检验、油漆、包装、保险、利税、管理、运杂等费用。

**A wastewater treatment engineering of paper company**:

(1) Project overview;

(2) The design of sewage treatment plan;

(3) The layout, piping layout, water supply and drainage design;

(4) Environmental protection and safety production;

(5) Energy-saving;

(6) Project benefit analysis;

(7) Investment estimation.

## 12.2　某单位电镀废水处理工程

1. 工程概述

(1)工厂概况

某公司是一家高科技企业,其主要生产多层印制电路板以及 HDI 高密度印制电路板,产品覆盖国内外各个领域。

该公司(以下称为甲公司)位于东莞市,占地约 15 万 $m^2$;其中建筑面积 1 期工程近 8 万 $m^2$,2 期工程将达到 10 万 $m^2$;配置员工约 1800 人。公司分为生产区、生活区、办公区、休闲活动区、停车场等,并规划有大面积绿化区域,整个工厂集上述各种功能于一体,是一个现代化的高科技企业。

根据甲公司总体规划,甲工厂建成后,生产能力将达到月生产 600 万平方英尺电路板;整个工程按期分步实施,每期工程生产能力约为 200 万平方英尺电路板。

甲公司是一个具有世界一流管理水平以及能生产世界顶级产品的现代化企业,整个公司采用计算机网络化管理,从市场信息、生产调度管理直到办公日常管理均采用先进的专用管理软件进行,整个工厂实现无纸化办公;甲公司目前已取得了各种相关认证。

(2)项目概况

根据中华人民共和国相关法规,甲公司在建设工厂的同时,也建设了与之相配套的污水处理工程。随着企业的发展,生产规模的扩大,最初建设投运的污水处理工程(即 1 期工程)已不能满足企业和生产发展的需求,需要在 1 期工程的基础上建设 2 期污水处理工程。作为甲工厂废水、废液、供水、输配药等 1 期工程以及工程总体设计、规划和工程总承包施工者,西安乙环保工程有限公司受甲的委托,对甲工厂 2 期废水扩容工程进行规划、设计。

根据乙对甲公司废水处理工程的整体规划,1、2 期废水处理项目占地面积如下:

室内面积:2700$m^2$

室外面积:2800$m^2$(地下构筑物,上覆土层种植花木)

整个处理设施以土建构筑物为主,同时附以必要的配套设备;本次设计实施的内容是在 1 期工程的基础上,建设整体规划中的 2 期工程。

(3)工程设计实施范围

2期工程是在1期工程的基础上进行扩容,所以需要充分考虑1、2期工程的协调性和匹配性,更需要考虑1、2期工程的兼容性;与此同时,2期工程应充分考虑利用1期工程的设施,尽可能减少2期工程的投入。2期工程是一个集工艺设计、系统整体设计、电气设计、自控设计、管路设计、设备设计、系统集成、安装调试、人员培训、管理运行制度建立等于一体的工程总包交钥匙工程。

根据业主的要求,2期工程的主要设计、实施内容如下:

1)废水处理系统:非络合废水处理系统进行扩容;络合废水、含镍废水以及其他废水无需扩容,仍利用原有的1期工程。

2)废液处理系统:脱膜显影废液/酸性含铜废液处理系统进行扩容;膨胀废液、不处理外运废液以及其他废液无需扩容,仍利用原有的1期工程。

3)输配药系统:无需扩容,仍利用原有的1期工程。

4)固体废弃物与其他处理系统:无需扩容,仍利用原有的1期工程。

5)生产线排放系统:由甲考虑负责,乙不承担相关内容。

6)总排放系统:由甲考虑负责,乙不承担相关内容。

7)根据1期工程实际运行状况,对部分设备进行系统整合,以满足扩容后的运行要求。

2. 工艺设计

(1)概述

甲公司2期工程仅仅扩容非络合废水处理系统和脱膜显影/酸性含铜废液处理系统,其他系统仍利用原有的1期工程,此次不考虑扩容。故本节仅对扩容的2个系统加以叙述说明,其他系统可参见1期工程相关文件。

(2)非络合废水处理工艺设计

1)废水来源及组成

非络合废水主要由4部分组成:既非络合废水、含铜粉磨板废水、换缸洗缸废水以及纯水混床再生排放废水。

其中含铜粉磨板废水需经过专用铜粉过滤机过滤后方可排入非络合废水;换缸洗缸废水由于污染物浓度较高,需按一定比例与非络合废水混合处理;纯水混床再生排放废水经自身混合中和后排入非络合废水中处理。

含铜粉磨板废水经过预处理后与其他非络合废水混合,换缸洗缸废水按一定比例与非络合废水混合,纯水混床再生排放废水经自身混合中和后排入非络合废水中,混合后的非络合废水原水设计指标如下:

$Cu^{2+} \leqslant 60ppm$;

$COD \leqslant 100ppm$;

$NH_3\text{-}H \leqslant 10ppm$;

$pH = 2.5 \sim 3.5$。

2)处理原理

①含铜粉磨板废水

该废水主要含有大量的磨板铜粉及磨料,经过磨板机配置的过滤机过滤后,除去废水中的机械颗粒性铜粉及磨料，然后排入非络合废水贮池，进入非络合废水处理系统进行处理。

②非络合废水

非络合废水主要含有大量的$Cu^{2+}$、$Sn^{2+}$/$Sn^{4+}$等重金属离子以及少量的非络合有机物，这些重金属离子以游离态形式存在于废水中。该废水通过混合均质、调节pH值并添加絮凝剂，使之形成氢氧化物沉淀，经过固液分离，除去$Cu^{2+}$等重金属离子。

③换缸洗缸废水

换缸洗缸废水主要含有大量的重金属离子和各种有机物，由于其污染物含量较高，单独处理较难达标，若直接排至非络合废水中又会对废水产生较大的冲击，影响废水处理效果。鉴于其排放量较少，可先将该废水收集，然后小流量排至非络合废水中，与非络合废水混合后处理。

④纯水混床再生排放废水

纯水混床再生排放废水主要含有一定量的酸碱和破碎性树脂，不含有其他污染物。该废水经过自身中和反应后，再混入非络合废水中，与之混合处理。

(3)脱膜/显影废液与酸性含铜废液处理工艺设计

1)废液来源及组成

①脱膜/显影废液：

脱膜/显影废液主要来自脱膜、显影以及湿膜显影工序，其中脱膜液采用常用的NaOH药剂作脱膜液。

脱膜/显影废液处理数据如下：

$Q=130m^3/d$；

$Cu^{2+}\leqslant 20ppm$；

$COD\leqslant 8000ppm$；

$pH>13$。

②非络合酸性含铜废液：

非络合酸性含铜废液包括酸性含铜废液、碱性含铜废液以及含氧化剂废液。

非络合酸性含铜废液处理数据如下：

$Q=70m^3/d$；

$Cu^{2+}\leqslant 10000ppm$；

$COD\leqslant 3000ppm$；

$pH<1$。

2)处理原理

上述废液由于各种污染杂质含量极高，不可能一步处理达标，需经过几步处理。本系统处理设计采用3步处理法，将废液处理至一定程度，再与废水混合，通过进一步处理达到排放标准。

①酸化处理——一级处理

脱膜显影废液含有大量的有机物，该有机物在酸性条件下可以析出来。酸性含铜废液含有大量的$H_2SO_4$，可以用来酸化脱膜显影废液。酸化析出的有机物先经过气浮，使大量渣浮起、刮渣后，剩余的少量不能浮起的悬浮物再经压滤除去，滤液进入一次压滤液贮池。

②催化氧化处理——二级处理

废液通过一级处理后，溶液中只剩下$Cu^{2+}$及完全水溶性的有机物，而这些有机物是无法通过改变其胶体电荷絮凝去除的。二级处理就是通过催化氧化而使该有机物大部分分解为 $CO_2$ 和水，从而达到去除COD的目的。

3. 施工准备

(1)技术准备

技术准备工作是工程安装施工准备的一个重要组成部分，任何技术差错都可能导致质量、安全事故，造成经济、生命和财产的损失，造成工程拖延工期。为此，我们在技术工作准备方面采取以下的措施。

在管理人员和施工人员方面，选择有管理经验、施工经验、技术全面且参加过1期工程施工的人员参与该工程的施工。

1)在施工前，再次深入现场，核对1期工程的管道走向、2期设备的预留等情况，确保施工图设计符合现场要求。

2)在施工中，按每个单项工程，详细到分部、分项直至每个工序，都要做好技术交底工作。在交底中要突出技术措施、施工方案、质量要求、安全措施等。

3)根据工程结构特点和甲公司的要求，结合施工现场调查和当时的实际施工情况，不断调整、完善施工计划。

4)施工技术资料按工程档案管理规定的要求执行，准备施工用的各种记录表格，在施工过程中，随进度及时作好施工记录，并经甲公司复验鉴证。工程竣工后，按合同规定和技术规范要求编制竣工资料。

5)针对该工程的特点及重要部位、施工难点和复杂的施工工艺，编制分项工程施工方案和施工工艺卡，对易出现质量通病的部位，提前编制预控措施。

(2)物资材料与安装工具准备

1)设备准备：甲工程主要为外购设备和自制设备，这些设备均需在安装施工前准备完毕，并到达现场；项目部根据制定的施工组织计划和进度管理计划，分别对设备保管、进场安排、大型设备就位等做出统一安排，并有组织、有计划、有步骤地实施。设备安装就位前，项目部将对所有的设备进行自检，必要时会同甲公司进行共检。

2)材料准备：甲工程在实施过程中，需要大量的安装辅助材料。乙和项目部将根据工程承建合同所规定的材料供应范围，并根据项目部的施工组织计划和进度管理计划，提前做好订货采供准备，工程所用设备、材料必须是合格品并具有出厂合格证和技术说明书。未经甲公司或项目总工程师的认定，不得更改品种、型号。

3)施工机具准备：根据施工组织设计所列出的机具配备计划，将所需的施工机械、仪器、仪表、检测工具提前做好调配，保证施工顺利进行。

(3)劳动力准备

根据工程进度计划以及人力资源管理计划安排，合理配备施工力量。配备技术能力较强、身体素质好、能适应现场作业、有岗位操作证的技术工人进场施工，以保证工程质量，加快工程进度。

4. 安装施工方案

1)设备安装的一般规定

①所有机械设备的安装均应按图纸要求和《机械设备安装工程施工及验收通用规范》

(GB 50231—2009)执行。外购配置的设备(诸如搅拌器、各类水泵、压滤机等)在厂家技术员指导下安装调试。

②设备开箱检查:在设备到货检验后,进场前进一步核对设备名称、规格型号、数量是否符合设计施工图的要求,检查设备外表有无损伤、锈蚀,随机附件、资料是否齐全,并做好开箱记录。

③基础检查验收:以施工图及规范为依据,检查设备基础的平面位置,标高、强度、外形尺寸及预留孔位置,作好基础检查验收记录。

设备基础的位置、几何尺寸和质量要求,应符合现行国家标准《混凝土结构工程施工质量验收规范(2011版)》(GB 50204—2002)的规定,并应有验收资料或记录。设备安装前应按本规范表12-2-1所示的允许偏差对设备基础位置和几何尺寸进行复检。

表12-2-1　设备基础尺寸和位置的允许偏差　mm

| 项目 | | 允许偏差 |
|---|---|---|
| 坐标位置(纵、横轴线) | | 20 |
| 不同平面的标高 | | 0,-20 |
| 平面外形尺寸 | | ±20 |
| 凸台上平面外形尺寸 | | 0,-20 |
| 凹穴尺寸 | | +20,0 |
| 平面的水平度(包括地坪上需安装设备的部分) | 每米 | 5 |
| | 全长 | 10 |
| 垂直度 | 每米 | 5 |
| | 全长 | 10 |
| 预埋地脚螺栓 | 标高(顶端) | +20,0 |
| | 中心距 | ±2 |
| 预埋地脚螺栓孔 | 中心线位置 | 10 |
| | 深度 | +20,0 |
| | 孔垂直度 | 10 |
| 预埋活动地脚螺栓锚板 | 标高 | +20,0 |
| | 中心线位置 | 5 |
| | 带槽锚板平整度 | 5 |
| | 带螺纹孔锚板平整度 | 2 |

注:检查坐标、中心线位置时,应沿纵、横两个方向量测,并取其中的较大值。

④基础放线:以施工图为依据,放出设备安装基准线。

Ⅰ.设备就位前,应按施工图和有关建筑物的轴线或边缘线及标高线,划定安装的基准线。

Ⅱ.互相有连接、衔接或排列关系的设备,应划定共同的安装基准线。必要时,应按设备的具体要求,埋设一般的或永久性的中心标板或基准点。

Ⅲ.平面位置安装基准线与基础实际轴线或与厂房墙(柱)的实际轴线、边缘线的距离,其允许偏差为±20mm。

Ⅳ. 设备定位基准的面、线或点对安装基准线的平面位置和标高的允许偏差,应符合下表的规定。

表 12-2-2 设备的平面位置和标高对安装基准线的允许偏差

| 项目 | 允许偏差(mm) | |
|---|---|---|
| | 平面位置 | 标高 |
| 与其他设备无机械联系的 | ±10 | +20<br>-10 |
| 与其他设备有机械联系的 | ±2 | ±1 |

⑤设备找正、调平的定位基准面、线或点确定后,设备的找正、调平均应在给定的测量位置上进行检验;复检时亦不得改变原来测量的位置。

⑥设备运输就位:搬运前须查清设备的重量,选择适当的搬运工具。设备所经过的路面应平整坚固,钢丝绳与设备的接触处应垫以软质木料。设备就位前,必须将设备底座面的油污、泥土等脏物和地脚螺栓预留孔中的杂物除去。

⑦地脚螺栓、垫铁:垫铁的布置应靠近地脚螺栓,每组垫铁数量不宜超过5块,相邻两垫铁距离为500~1000mm;拧紧地脚螺栓应在填充细石混凝土达到规定强度的75%后进行;地脚螺栓应垂直,不得碰孔底和孔壁。螺母拧紧后,螺栓应露出螺母,露出长度为螺栓直径的1/2~1/3。

⑧设备找正调平:按照规范要求对设备找正调平。有减振装置的,应安装减振装置,减振器必须认真找平与校正,以保证基座四周的静态下沉度基本一致。橡胶隔振垫应保持清洁,硬度一致,以防止声桥的产生。当设备技术文件无规定时,设备找正和找平的测点,一般应在下列部位中选择:

Ⅰ. 设备的主要工作面;

Ⅱ. 支承滑动部件的导向面;

Ⅲ. 保持转动部件的导向面或轴线;

Ⅳ. 部件上加工精度较高的表面;

Ⅴ. 设备上应为水平或铅垂的主要轮廓面;

Ⅵ. 连续运输设备和金属结构上,宜选在可调的部位,两测点间距离不宜大于6m。

设备安装精度的偏差,宜符合下列要求:

Ⅰ. 能补偿受力或温度变化后所引起的偏差;

Ⅱ. 能补偿使用过程中磨损所引起的偏差;

Ⅲ. 不增加功率消耗;

Ⅳ. 使转动平稳;

Ⅴ. 使机件在负荷作用下受力较小;

Ⅵ. 能有利于有关机件的连接、配合;

Ⅶ. 有利于提高被加工件的精度。

⑨灌浆:灌浆前应将基础预留孔清洗干净。灌浆一般宜用细碎面混凝土(或水泥砂浆),其标号应比基础或地坪混凝土标号高一级,灌浆时应捣固密实,并不应使地脚螺栓歪斜和影响

设备的安装精度。

⑩防腐处理：设备安装完毕后，应根据技术要求和施工记录对需进行防腐处理的部位做防腐处理，以确保土建设施的整体防护等级。

2）清洗与装配：

①设备上需要装配的零部件，应根据装配顺序清洗洁净，并涂以适当的润滑油脂，设备上原已装好的零部件，应全面检查其清洁程度；如不合要求，应进行清洗。

②设备上各种管路应清洗洁净并畅通。

③设备加工面如有锈蚀，应进行除锈处理。除锈后，应用煤油或汽油清洗洁净，使其干燥，再涂以防锈底漆和相应的面漆。

④设备装配时，应先检查零部件与装配有关的外表形状和尺寸精度，确认符合要求后，方可装配。

Ⅰ. 过盈配合零件装配。装配前应测量孔和轴配合部分两端和中间的直径。每处在同一径向平面上互成90°位置上各测一次，得平均实测过盈值，压装前，在配合表面均需加合适的润滑剂。压装时，必须与相关限位轴肩靠紧，不准有串动的可能。实心轴与不通孔压装时，允许在配合轴颈表面上磨制深度大于0.5mm的弧形排气槽。

Ⅱ. 螺纹与销连接装配。螺纹连接件装配时，螺栓头、螺母与连接件接触紧密后，螺栓应露出螺母2～4螺距。不锈钢螺纹连接的螺纹部分应加涂润滑剂。用双螺母且不使用胶粘剂防松时，应将薄螺母装在厚螺母下。设备上装配的定位销，销与孔间的接触面积不应小于65%，销装入孔的深度应符合规定，并能顺利取出。销装入后，不应使销受剪力。

Ⅲ. 滑动轴承装配。同一传动中心上所有轴承中心应在一条直线上，即具有同轴性。轴承座必须紧密牢靠地固定在机体上，当机械运转时，轴承座不得与机体发生相对位移。轴瓦合缝处放置的垫片不应与轴接触。离轴瓦内径边缘一般不宜超过1mm。

Ⅳ. 滚动轴承装配。滚动轴承安装在开式轴承座内时，轴承盖和轴承座的接合面应无间隙，但轴承外圈两侧的瓦口处应留出一定的间隙。凡稀油润滑的轴承，不准加润滑脂；采用润滑脂润滑的轴承，装配后的轴承空腔内应注入相当于65%～80%空腔容积的清洁润滑脂。滚动轴承允许采用机油加热进行热装，油的温度不得超过100℃。

Ⅴ. 联轴器装配。各类联轴器的装配要求应符合有关规定。各类联轴器的轴向（$\Delta x$）、径向（$\Delta y$）、角向（$\Delta z$）许用补偿量如下表：

**表12-2-3　联轴器许用补偿量**

mm

| 形式 | 许用补偿量 | | |
|---|---|---|---|
| | $\Delta x$ | $\Delta y$ | $\Delta z$ |
| 锥销套筒联轴器 | — | ≤0.05 | — |
| 刚性联轴器 | — | ≤0.03 | — |
| 齿轮联轴器 | — | 0.4～6.3 | ≤30 |
| 弹性联轴器 | — | ≤0.2 | ≤40 |
| 柱销联轴器 | 0.5～3 | ≤0.2 | 30 |
| NZ爪型联轴器 | — | 0.01（轴径+0.25） | ≤40 |

3）试运转：

①每台（套）设备安装竣工前，应进行试运转，设备试运转要在厂家技术人员指导下进行。

②试运转前，应对设备及其附属装置进行全面检查，符合要求后，方可进行试运转。

③运转中，操纵、制动、限位与装置的作用应灵敏、正确和可靠，操作开关标志牌所示应与实际相符；制动和限位装置在制动和限位时不得产生过分振动。

4）中小型整体设备安装工艺流程图12-2-1：

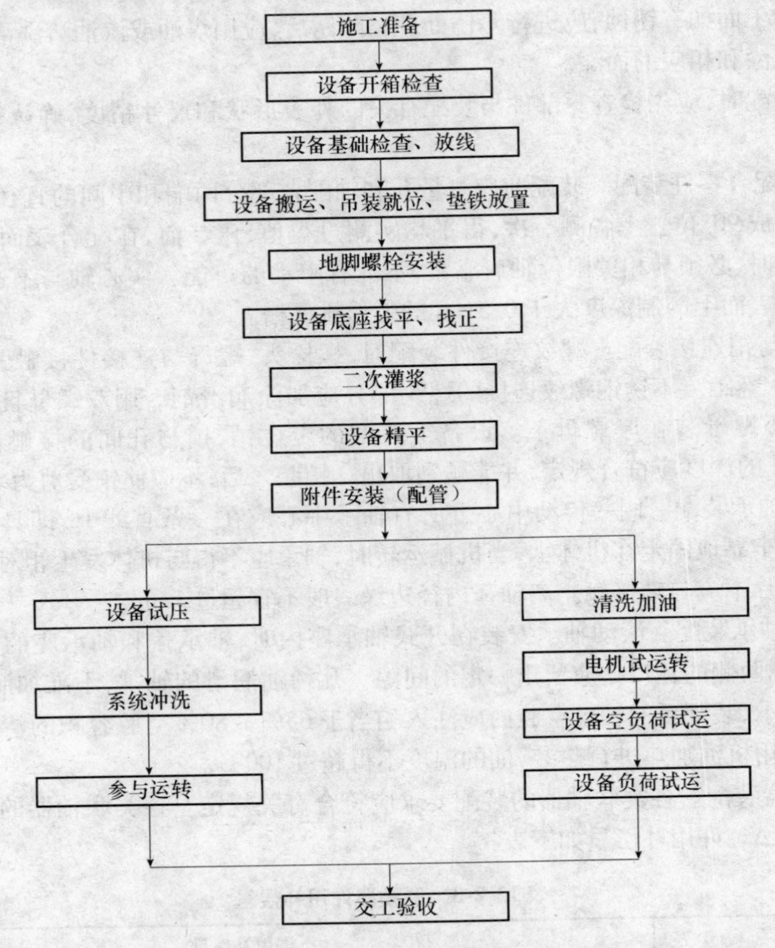


图12-2-1　中小型整体设备安装工艺流程图

5. 质量安全保证措施

（1）项目质量保证目标

在甲2期扩建工程施工中，严格遵循公司《程序文件》要求，以雕琢艺术品的理念对待工程中的每一个细节，严格做好材料选择、细心做好过程控制、精心做好成品保护，实现以下质量目标：

所供设备100%合格，设备安装合格率达到100%，联动试车一次成功，塑造优质精品工程。

(2)质量职责分配

1)项目经理

①负责工程项目施工组织和管理工作,对施工全过程进行有效控制,并对工程质量负全面责任;

②组建、保持工程项目质量保证体系,并对其有效性负责;

③主持工程进度、工程质量计划的编制和修改,并严格贯彻实施;

④合理调配人、财、物资源,满足施工生产需要,对施工全过程进行有效控制,确保工程质量符合规定的要求;

⑤组织进行工程试运转及交付工作,确保工程施工合同的全面履行,满足甲公司需要。

2)项目副经理

①协助项目经理开展工作,分管工程技术和物资供应等,对施工质量负责;

②负责组织施工生产,严格过程控制,工程防护和交付、服务等环节管理,并对其有效性负责;

③协调解决施工生产的问题,保证施工质量满足规定要求;

④负责组织物资采购和施工机具、设备的配置,保证采购质量和施工机具、设备的正常使用;

⑤组织进行单位工程交付工作,确保工程质量符合设计和施工规范规定,满足甲公司的要求。

3)项目技术负责人

①协助项目经理开展工作,分管质量和技术工作,对工程质量负技术责任;

②负责质量管理和质量保证工作、对质量体系运行的有效性负责;

③组织编制质量计划、作业指导书等并监督实施;

④组织编制并审核工程竣工档案资料、质量记录,并对其完整性、真实性、准确性负责;

⑤组织开展技术工作,进行技术攻关,解决施工中的主要技术问题。

4)专业施工负责人

①组织质量计划、作业指导书等实施,对本专业工程质量负责;

②施工前按设计文件、规范、标准、施工组织设计等要求向施工班组进行技术交底,并在施工过程中监督实施;

③负责对本专业工程质量的过程控制,确定工序质量控制点和停止点,并进行质量自检;

④负责施工技术资料、质量记录的填写,并对其完整性、真实性、准确性负责;

⑤开展技术活动,参加技术攻关,处理施工技术问题。

5)质量员

①负责质量管理和质量保证工作,监督质量体系运行的有效性;

②对质量计划的实施进行监督检查,验收工序质量控制点和停止点,对施工过程质量实行全面跟踪检测;

③负责分项、分部、单位工程的检验的自评核验,跟踪质量检验处理及发布纠正和预防措施,反馈质量信息,运用统计技术开展质量分析;

④收集施工技术资料，协助专业施工负责人做好质量记录填写工作，编制提交工程竣工档案资料。

(3)施工准备质量保证措施

1)工程安装实施前，施工人员应认真熟悉设计文件和图纸，了解设计意图和设计要求，全面熟悉、掌握工程内容。

2)根据设计要求，配备该项目施工所采用的施工验收规范、质量检验评定标准和标准图等施工技术文件。

3)由项目经理主持，质量员、施工员和班组长参加进行内部图纸会审和技术交底，并依据质量计划明确该项目施工的关键过程和质量控制点；开工前，由专业施工人员对施工班组作施工程序、施工方法、施工技术质量要求等详细的技术交底。

4)按照本公司质量计量网络图的要求，配备合格的计量检测工具和仪器。

5)配备经过专业培训和持有上岗证的电工、焊工、起重工等特殊工种人员。

6)进入现场的所有施工人员，在工程开工前，应对该工程的施工进度计划、各阶段工期要求、材料设备的到货情况以及现场道路、环境等尽量做到了解、熟悉。

(4)材料质量保证措施

1)采购质量控制

①材料的采购应严格执行公司《ISO 9001:2000 程序文件—采购控制》的规定。

②材料采购前，应对分供方进行评价。由项目经理主持，施工员和材料员参加(必要时邀请甲公司派员参加)，对分供方能力进行评价，由此确定合格的分供方，并将分供方名录上报公司，将自购材料采购计划和采购合同副本提交甲方备案。

③为了确保质量，采购的材料应为同类产品的名优产品，所采购的材料必须达到国家标准或专业部标准、施工验收规范及设计技术要求。采购的材料和加工的预制件必须有完备的产品合格证、材质证明书，如有必要并向甲公司提供复印件。

④采购选定的材料必须按规范规定抽样或制备到符合国家规定的相应资质的质量检验部门进行检验，工程中使用的材料与送检品必须一致。

⑤编制材料采购计划时，必须按照设计要求，明确材料设备的名称、规格、型号、材质、数量、技术要求等，由技术部门复核，项目经理批准。

⑥材料采购的质量监督按采购控制程序流程图进行(见图 12-2-2)。

2)进货检验和试验

①材料进库前，由材料专职检验人员和仓库保管人员共同验证，材料的名称、规格、型号、数量及验收单是否相符，并进行外观检验，检查是否有出厂合格证和质量保证书等。以上检验通过后，填写“材料入库记录”。

②对各类管材、板材、阀门等按规定需要试验的材料，进行批量抽验。设备检验应包括数量、主机、辅机、附件、备件、专用工具等。

③属于甲公司供材料设备，我方在现场人员进行认真的质量检查，确认合格后方可签收保管；若检查验收不合格或有缺陷，应及时通知甲公司，请求解决。

④设备的验收，应对其外观、包装情况附件以及设备随机技术文件和合格证等进行验收，确认无问题后，填写“设备入库记录”。

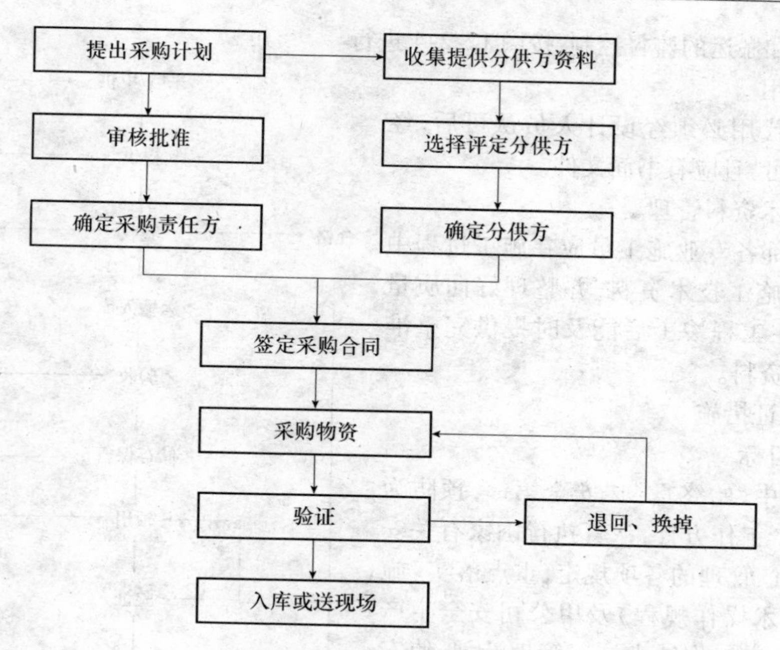


图 12-2-2　采购控制程序流程图

⑤进货检验和试验监督控制，按进货检验和试验程序流程图 12-2-3 进行。

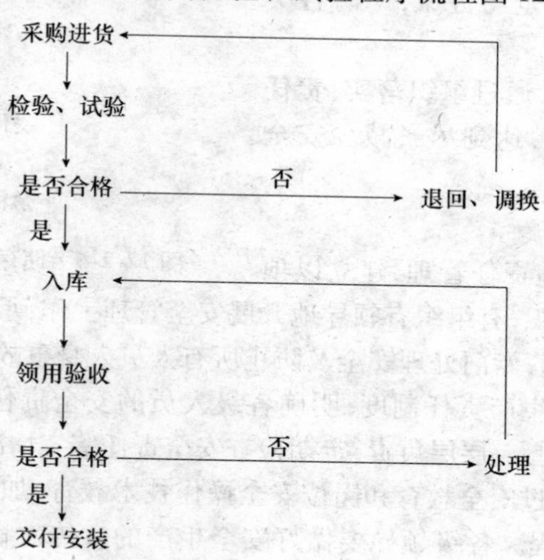


图 12-2-3　进货检验和试验程序流程图

3）搬运和储存

①材料设备的存放，应分类标识，并采取相应的防雨、防潮、防晒措施，对设备存放要注意支点和吊点的位置，以便搬运。

②电器器材等防潮物料应选择晴天进行搬运，如遇阴雨天应加盖雨篷。

③材料二次运输应选择吊运设备，并注意产品的保护。

④运输人员应按照技术人员的要求对设备进行吊运及装卸。

⑤对储存和搬运的监督控制，按图12-2-4进行。

4）材料代用

现场材料代用必须经设计人员认可后，经甲公司同意方可，且应有书面文件。

5）施工技术资料管理

项目经理部各专业施工员应在施工过程中管理好本专业施工技术资料，并整理好向质量员提交，以便在工程竣工后能及时提供完整准确的竣工技术资料。

6. 安全保证措施

（1）方针目标

1）在施工中，始终贯彻“安全第一，预防为主”的安全生产工作方针，认真执行国家有关安装施工安全生产管理的各项规定，重点落实《施工现场安全技术操作规程》及甲公司安全生产要求，把安全生产工作纳入施工管理计划，使安全生产工作与生产任务紧密结合，保证施工人员在安装调试过程中的安全与健康，严防各类事故发生，以安全促生产。

2）强化安全生产管理，通过组织落实，责任到人，定期检查、认真整改，达到尽量减少安全事故的工作目标。

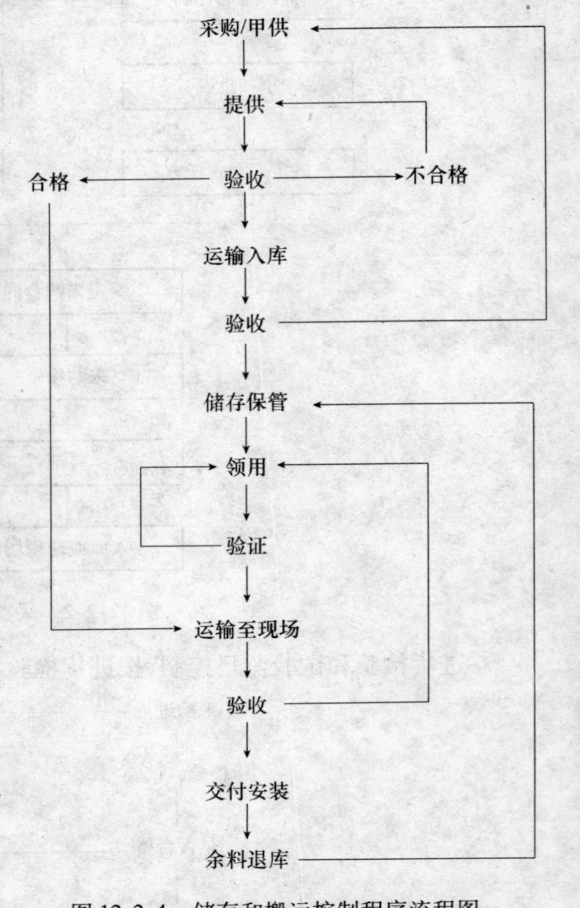


图12-2-4　储存和搬运控制程序流程图

（2）组织管理

1）落实安全责任，实施责任管理，建立以项目经理为首的安全领导组织，有组织有领导地开展安全管理工作，承担组织领导安全生产的责任。配备安全员，持证上岗，专门处理安全及防止所有人员人身事故的发生。

2）建立各级人员安全生产责任制度，明确各级人员的安全责任。抓制度落实，抓责任落实，使安全生产工作责任到人，层层负责，定期检查安全责任落实情况。

3）参加施工人员要经过安全教育和岗位安全操作技术教育，加强安全意识和自我防范意识，熟悉安全技术操作规程。各级领导要做好安全生产的宣传教育，抓好各项安全生产的落实，建立健全安全生产网络。

4）坚持安全管理六项基本原则。各级管理人员在管生产的同时必须管安全，增强安全管理的目标性。贯彻预防为主的方针，正确处理好安全与生产的关系，并坚持安全“四全”的动态管理，在管理中发展提高。

（3）行为控制

1）安装施工人员应遵照《安装工人安全技术操作规程》进行安全生产，并正确使用安全防护用品。任何人进入施工现场都必须戴好安全帽，并系下颌带。凡上池、下井维护检修时，必须戴安全帽及安全带，并经常检查围护栏杆，严格执行安全制度。

2)施工过程中的临界边及危险作业部位,要设置醒目的标志。特殊工种人员必须持证上岗,如电工、焊工等。

3)施工现场用电,遵照《施工现场临时用电安全技术规范》的有关规定建立安全用电制度,确保施工用电设备完好,施工用动力配电箱均设置漏电保护装置。电动工具金属外壳必须接地接零,使用的保险丝的额定电流应与其负荷容量相匹配,禁止用其他金属代替。与各电气有关的工作人员,必需持证上岗操作。

4)汽车起重机作业时起重臂及重物下不得站人,起重指挥时应站在能够照顾到全面工作的地点,所发信号应事先统一,并做到声音准确洪亮,清楚。

5)对职工进行消防宣传教育,提高消防意识。建立消防制度,合理设置一定数量的消防灭火器材;改善劳动条件做好防暑降温等保护工作。

6)在工程调试阶段,调试人员在配药、加药施工时,应有严防中毒方面的安全措施。

(4)工期保证措施

为确保工程按施工进度要求建成竣工,制定下列保障措施:

1)工程安装施工前各项具体工作准备由职能部门分别开展,包括工程技术准备、劳动力组织及施工机具供应准备、材料物资供应、施工现场准备等。对于本工程的质量、成本、进度、物资全面实行微机管理,依靠现代化管理技术,争创施工高速度。

2)选择素质高、作风好、技术过硬、参加了1期工程实施的的安装施工人员,保证工程的工期和质量。

3)加强材料供应,制订主要设备、材料提前进场的计划,避免由于设备、材料的采购、规格、质量、运输等因素影响工期。

4)组织不同专业和班组同时插入安装施工,为避免施工工序矛盾和作业面矛盾,应采用小区域、小工序、多流水的措施进行组织施工。

5)采用网络计划进行工程计划管理,严格计划的统计,及时发现和纠正计划的偏差。

6)安装施工中严格控制施工质量,确保工程验收一次合格,避免由于返工和修改影响到后面工序,从而影响工期。

7)采用先进的加工、安装、施工设备,保证工程质量和进度。

8)采用先进的安装施工工艺,保证工程质量和进度。

9)采用场外加工预制法,实现安装施工的车间化、模块化、装配化,以增加工效,大量采用预加工件和预组装件,变现场加工为车间加工,现场组装为车间组装,所有支托架均采用工厂预制加工。

10)采用科学管理:

①合理协调安排工序,必须与已确定的安装施工技术方案吻合,按各工序间的衔接关系顺序组织均衡施工;首先安排工期较长、技术难度较高和占用劳动力量较多的主导工序;优先安排易受季节条件影响的工序,尽量避开季节因素对工期的影响;优化小流水交叉作业。

②经常组织协调会议,提前解决问题。

③加强技术准备工作,真正指导施工和进行预控。

④采用日计划管理,确保工期目标。

11)工序安排上多争取施工条件,做到工程任务明确,按进度计划各节点控制,条件成熟时集中力量一次完成,尽量减少返工。

12）施工中强化协调合作，根据客观条件在局部施工中积极调整程序，努力变不利因素为有利因素，积极与甲公司以及其他建设单位协作配合，以高度主人翁责任感加快施工进度。

7. 施工部署

为了有计划地组织均衡施工，在本工程的施工安排上，应在确保按期完成施工任务的前提下，充分发挥不同工种协调作业同时施工的优势，组织资源的合理流动，以获得较高的劳动生产率。为此，提出本工程的施工部署方案如下：

1）本工程实行项目经理负责制，根据施工合同的要求，承担合同中承诺的义务。按合同中承包的内容，配备具有专业施工经验的工程技术人员担任各专业的施工员，相关技术管理人员保证专业对口，并按其分工职责，搞好工程的内外协调，同时对施工进度、质量、安全和后勤等工作实施监管和服务。

2）根据设计要求，全面熟悉图纸，做好自审、联审、会审。根据该工程的特点，每天施工前施工员必须严格向各专业班组进行技术交底，并对施工现场情况实施实时监管。

3）针对泵安装、设备安装、管道安装、电缆敷设连接，桥架组安、设备单机试运转等为作业的关键过程，施工中技术含量高，质检要求严格，要从一开始施工时抓住重点，集中力量保证重点环节和区段的施工进度，积极推行先进的施工工艺，在安装设备时，要求详细了解设备说明，保证安装一次到位。

4）施工中必须综合协调好各专业之间的交叉作业，形成合理有序快速有效的施工过程，在机电管线支吊架已充分协调的基础上，施工顺序的原则是：有压让无压、小管让大管、电管让水管、下层让上层。

5）各专业在不同区域应同时施工，以缩短工期。应保证一个系统管道施工完毕后，其他系统管道有足够的作业面进行施工。

6）项目部设置的计划统计员，及时对施工进度计划完成情况进行检查、控制和协调，及时向项目经理反馈工程进展情况、指导生产的平衡、调度。项目部的管理人员本着高素质、懂技术、会管理的运行机制，施工中以劳动力调配计划为基础，实施动态管理，保证各作业面的施工进度，以满足施工需要。积极推行先进的施工工艺，尽可能使用先进的施工机具，提高机械化作业水平。

7）工程资料及各种记录将随工程进度同步填写，工程变更签证及时收存，并同时在施工图变更部位做出标识，工程竣工资料以质量保证资料，质量评定资料，施工技术资料，施工管理资料和竣工图五大类进行汇编、归档。工程竣工后，按合同规定期限，呈报甲公司。

**An electroplating wastewater treatment engineering**:

(1) Project overview;

(2) Technological design;

(3) Construction preparation;

(4) Installation Schemes;

(5) Quality and safety measures;

(6) Construction deployment.

# 12.3　某皮业有限公司制革废水处理工程

1. 公司概况

(1)项目概况

1)项目名称:某皮业有限公司制革废水处理工程

2)建设地点:某海湾工业园区

3)建设单位:某皮业有限公司

(2)处理水量

废水日处理量:1000$m^3$/d,小时平均流量为42$m^3$/h。

(3)污水进水水质指标

某皮业有限公司加工盐浸渍黄牛皮,生产工艺以下面工序流程为主:

1)脱毛工序

原皮→浸水→脱毛去肉→浸灰→脱灰→软化皮

2)鞣制工序

软化皮→浸酸铬鞣→中和漂染→挤水→蓝皮

3)复鞣工序

片皮→削匀→回湿→复鞣→中行→漂洗

4)染色加脂工序

湿皮→填充→染色→加脂→晒干→皮坯

5)整理工序

皮坯→回湿→拉软→张网→底涂→压花→中涂→顶涂→压光→成品

生产工序中采用$Na_2S$及NaHS脱毛,用铬(Ⅲ)粉鞣革。加工过程产生大量的生产废水,其特点是碱性大、色度高、耗氧量高、悬浮物多,并含有较多的硫化物和铬等有毒物质。

**表12-3-1　污水进水水质一览表**

| 序号 | 项目 | 单位 | 指标(mg/L) |
|---|---|---|---|
| 1 | $COD_{Cr}$ | mg/L | 2500~3500 |
| 2 | $BOD_5$ | mg/L | 1000~1800 |
| 3 | SS | mg/L | 1500~3000 |
| 4 | pH | — | 8~10 |
| 5 | 色度 | — | 150~230 |
| 6 | 硫化物 | mg/L | 50~150 |
| 7 | $Cr^{3+}$ | mg/L | 25~60 |

(4)污水出水水质指标

根据环保部门的要求,出水达到《污水综合排放标准》(GB 8978—1996)一级标准,其中70%的水量回用于浸皮和冲洗车间地面,锅炉除尘等,其余的水量排放。主要排放指标如下:

表 12-3-2　污水综合排放标准（GB 8978—1996）一级标准

| 序号 | 项目 | 单位 | 指标（mg/L） |
|---|---|---|---|
| 1 | $COD_{Cr}$ | mg/L | ≤100 |
| 2 | $BOD_5$ | mg/L | ≤20 |
| 3 | SS | mg/L | ≤70 |
| 4 | pH | — | 6～9 |
| 5 | 色度 | — | ≤50 |
| 6 | 硫化物 | mg/L | ≤1.0 |
| 7 | 总 Cr | mg/L | ≤1.5 |

（5）工程范围

本项目包括污水处理系统的工程设计、相关土建项目的施工及非标准污水处理设备的制造、安装调试、验收培训直至移交给业主的全部工作（各种管道以污水处理站外 1m 处为工程分界线）和相关的技术服务（包括售后服务）。

2. 污水处理工艺设计

（1）工艺流程确定原则

废水处理工艺的选择是工程建设成败的关键。选择工艺之前，必须强调清洁生产，减少污染源。湿盐牛皮中，平均每张皮含固体盐 1kg 左右，本工艺强调企业必须先清扫，回收固体盐 300 吨/年左右，既产生效益又减少盐的污染，不但可节约用水，而且中水中的含盐量下降，中水质量更好。处理工艺是否合理直接关系到废水处理系统的处理效果、处理水质、运行稳定性、建设投资、运行成本等。因此，必须结合实际情况，综合考虑各方面因素，慎重选择适宜的处理工艺，以达到最佳的处理效果和经济效益。

设计中充分考虑节水、节能、节约用地、减少投资和降低运行费用；水处理采用的工艺、设备、技术等成熟、先进、可靠，减少污染，保护环境。

皮革生产污水中含有悬浮物、硫、铬以及有机污染物等，水质水量波动较大。本处理系统采取清浊分流的方法，先对含硫废水进行脱硫，含铬废水进行除铬，然后与生活污水并入综合污水处理池，对综合废水进行生化处理。

该污水 BOD/COD 的比值为 0.4～0.5，是易于生化处理的污水。

（2）工艺流程

根据以上论述，本方案确定工艺流程如下：

1）含硫废水预处理（见图 12-3-1）：

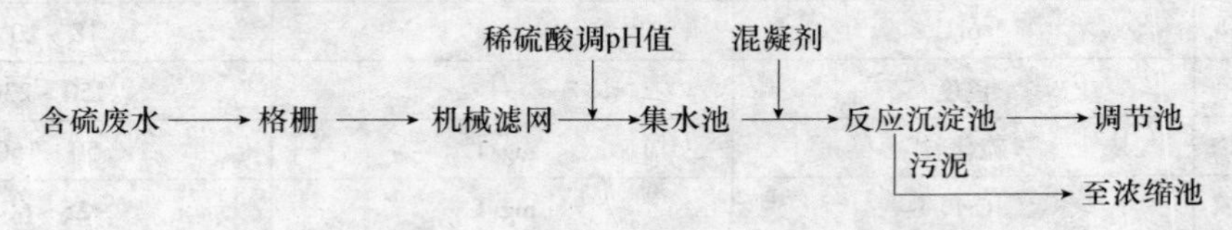


图 12-3-1　含硫废水预处理流程

含硫废水首先经过格栅和机械滤网，去除较大颗粒的悬浮固体如毛、肉渣、革屑等，然后用 $H_2SO_4$ 调 pH 值，投加混凝剂 $FeSO_4$，使大部分的 $S^{2-}$ 形成 FeS 沉淀得以去除，出水进入调节池，污泥排至污泥浓缩池。

2)含铬废水预处理(见图12-3-2):

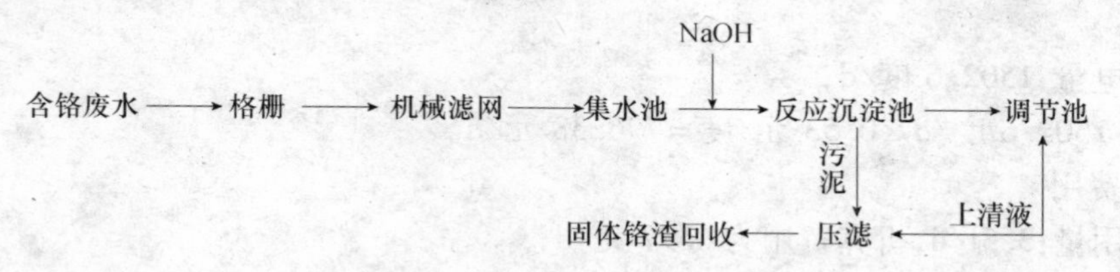


图12-3-2　含铬废水预处理流程

含铬废水首先经过格栅和机械滤网去除较大颗粒的悬浮物,然后加碱,使 $Cr^{3+}$ 形成 $Cr(OH)_3$ 沉淀得以去除,出水进入调节池,污泥经过压滤后,固体铬渣酸化回收。

3)综合废水处理工艺流程(见图12-3-3):

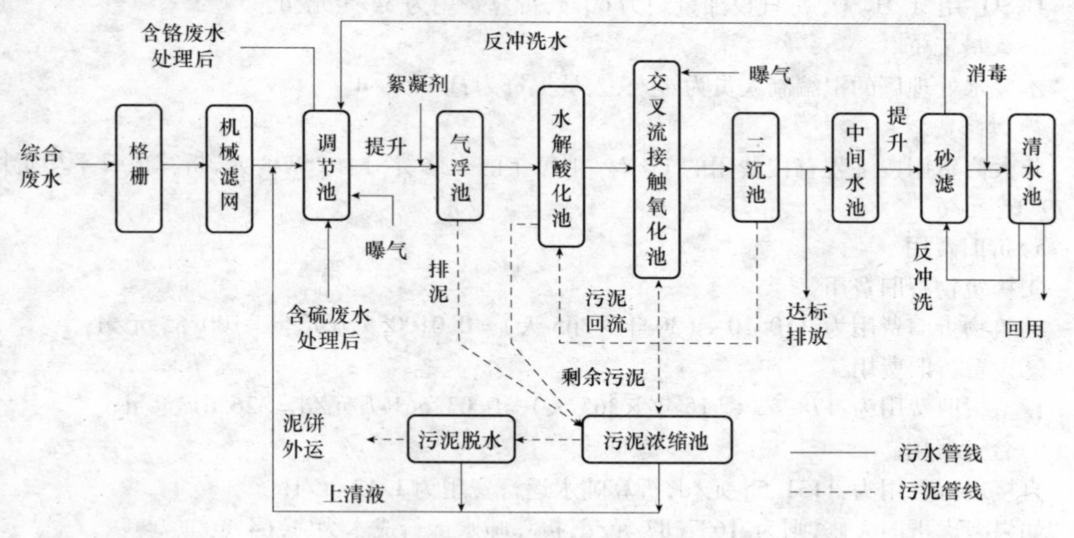


图12-3-3　综合废水处理工艺流程

该处理工艺系统主要包括国际先进的CAF涡凹气浮、水解酸化和哈工大专利交叉流生物处理技术,其中前处理采用格栅和机械滤网,可起到拦截废水中大的悬浮物的作用,去除一部分SS;调节池设预曝气系统,一方面进行搅拌,防止沉积,另一方面对硫的去除起到预处理作用;由于原水中SS含量太高,如果直接进入后续处理构筑物,则会影响后续处理效果,并引起沉积,因此采用混凝气浮工艺,将大部分SS和油脂类去除,并去除一部分硫化物和COD,气浮装置采用CAF涡凹气浮(美国麦王公司专利),工艺简单,容易操作,效果好;然后进入水解酸化池,提高废水的可生化性,经过水解酸化池的废水进入交叉流生物处理工艺,本处理技术是我公司专利技术,主要去除原水中的溶解性有机物、胶体等,已成功运用于一些高浓度的有机废水处理工程中,实践证明运行稳定、启动快,处理效果好,优于同类的生物接触氧化处理效果;最后采用沉淀池工艺保证出水稳定,达到国家一级排放标准,回用水部分在二沉池后面接砂滤,然后经消毒后回用。污泥及浮渣采用浓缩后压滤,泥饼外运的处理方法,为目前工业污水泥路通用的处理工艺。

3. 运行费用

(1)污水处理运行费用

1)电费

每天用电量:1502.6 度/d;

电费为:1502.6 度/d×0.53 元/度=796.38 元/d。

2)药剂费用

自来水用量:3.5t/d,折算费用为 6.97 元/d;

PAC 用量:PAC 投加量按 $50g/m^3$ 污水计,折算费用为 100 元/d;

PAM 用量:PAM 投加量按 $10g/m^3$ 浓缩后污泥量计,折算费用为 14.4 元/d;

NaOH 用量:NaOH 每日投加量约为 10kg,折算费用为 16 元/d;

$FeSO_4$ 用量:$FeSO_4$ 每日投加量约为 35kg,折算费用为 28 元/d;

$H_2SO_4$ 用量:$H_2SO_4$ 每日投加量约为 60kg,折算费用为 34.8 元/d。

3)人员工资

本废水处理厂的拟编制人员为 4 人,人员工资为:135 元/d。

4)大修费

年大修费用按工程直接费用的 1% 计,则每年的大修费用为 28892 元,折算成日平均费用为 79.16 元/d。

5)折旧费用

①构筑物折旧费用:

构筑物折旧费用为:110.10÷(30 年×365 天)=0.010055 万元/d=100.55 元/d;

②设备折旧费用:

设备折旧费用为:178.82÷(15 年×365 天)=0.032661 万元/d=326.61 元/d。

6)合计费用

直接运行费用为:1131.55 元/d,折算吨水运行费用为 1.13 元/t;

如果考虑折旧大修,则为:1637.87 元/d,折算吨水运行成本为:1.64 元/t。

(2)中水回用处理运行费用

中水回用处理费用:

1)电费

每日用电量为 345.7 度/d;

电费为:345.7 度/d×0.53 元/度=183.22 元/d。

2)药剂费用

自来水用量:2t/d,折算费用为 3.98 元/d;

PAC 用量:PAC 投加量按 $50g/m^3$ 污水计,折算费用为 60 元/d;

消毒药品费及电极损耗:42 元/d。

3)人工费

中水回用系统不单独设置人员,由污水处理系统人员担任。因此没有人工费用。

4)大修费

年大修费用按工程直接费用的 1% 计,则每年的大修费用为 3470 元,折算成日平均费用为9.51元/d。

5)折旧费用

①构筑物折旧费用

构筑物折旧费用为:6÷(30a×365d)=0.000548万元/d=5.48元/d;

②设备折旧费用

设备折旧费用为:28.7÷(15a×365d)=0.005242万元/d=52.42元/d。

6)合计费用

直接运行费用为289.20元/d,中水回用量700$m^3$/d,折算吨水运行成本0.41元/t;

如果考虑折旧大修,则总费用为356.61元/d,中水回用量700$m^3$/d,折算吨水运行成本为0.51元/t。

7)中水回用产生效益

中水回用量700$m^3$/d,节约新鲜水的效益为700×1.99=1393元/d;考虑回用水的成本,每日回用水费用为700×0.51=357元/d,则每日节省费用为1036元/d,每年可节省水费37.81万元。

4. 项目技术特点

(1)生物絮凝剂

现有污水处理工程中所采用的絮凝剂绝大多数是铁、铝为主的无机物,其残留物往往造成二次污染。复合型生物絮凝剂是某环保科技股份有限公司专利产品,经鉴定具有国际领导水平,絮凝、脱色、沉降效果耗,用量仅为普通絮凝剂的1/3,无毒副作用,且价格便宜。

(2)交叉流生物处理技术

该技术由某环保科技股份有限公司开发研制的高效好氧生物膜处理专利技术,厌氧效果好,省电30%。

(3)CAF涡凹气浮

CAF系统是美国专门为去除工业和城市污水中的油脂,胶状物及固体悬浮物而设计的气浮系统。CAF系统与其他气浮系统相比,具有以下优点。

1)操作简单,没有复杂的机器设备,不需要诸如空压机、喷嘴或喷射口、高压泵和压力容器等辅助设施,自动化程度高,不需要人工参与。

2)效率高。CAF产生的微气泡量是压力溶气气浮的4倍,对油脂去除率超90%,对SS的去除率可达95%,通过加入适当的化学药剂,对COD和BOD的去除率达60%以上。

3)投资者运用费用低。处理50T/h污水,总装机才3kW,而用其他气浮至少8.5kW以上。

4)配套完整性好、占地面积小。

**A tannery wastewater treatment engineering of leather enterprise:**

(1) Project overview;

(2) The design of sewage treatment technology;

(3) Operation cost;

(4) The characteristics of the project.

# 13　某再生水厂实例

## 13.1　再生水厂方案设计

1. 再生水厂厂址确定

再生水厂厂址的选择有其特殊性，为了节约二次输水的费用和管理方便，一般再生水厂都选择在污水处理厂附近，依据城市规划局选址意见书确定：该再生水厂的厂址在污水厂内东南角，厂界为：东至污水处理厂规划围墙（现状围墙向西退线16m），西至污水处理厂改造后一号路，南至污水厂南围墙，北临污水处理厂厂前区，占地约1.7公顷。

选择该场地有以下优点：

（1）该场地为污水处理厂内空地，不存在征地、拆迁等问题。

（2）可以就近利用污水厂出水，废水可以就近由污水厂处理，管路最短，处理设施最少。

（3）可以与污水厂共用管理用房及自来水、热力、电力、通讯等设施，降低投资。

2. 再生水厂进出水水质的确定

（1）进水水质

由于某污水处理厂改造工程与本工程同步进行，改造后污水处理厂出水将达到《城镇污水处理厂污染物排放标准》（GB 18918—2002）一级A标准。该工程的进水即为污水处理厂出水，因此其进水水质按《城镇污水处理厂污染物排放标准》（GB 18918—2002）一级A标准执行，即表13-1-1。

表13-1-1　再生水厂进水水质指标

| 序号 | 项目 | 单位 | 指标 |
| --- | --- | --- | --- |
| 1 | SS | mg/L | 10 |
| 2 | $COD_{Cr}$ | mg/L | 50 |
| 3 | $BOD_5$ | mg/L | 10 |
| 4 | 总氮（以N计） | mg/L | 15 |
| 5 | $NH_4$-N | mg/L | 5(8) |
| 6 | 总磷 | mg/L | 0.5 |
| 7 | 粪大肠菌群 | 个/L | $10^3$ |

(2)出水水质

对再生水利用,水质是一个敏感的问题。如果确定的出水标准低,出水水质差不能满足用户的要求,影响到再生水的推广利用,反之,如果确定的水质标准过高,虽然可以满足用户的要求,但是由于处理成本高,水价过高,用户也不会接受。在目前再生水价格与其他水源价格尚未形成合理的比价关系的情况下,为了搞好再生水资源的产业化,保证再生水运营企业的保本微利运转,必须确定适当的再生水厂出水水质。

再生水厂的出水水质主要受回用方向的制约,该再生水厂提供的再生水主要回用于工业冷却水、城市杂用水(含城市绿化、道路清扫)及观赏性景观环境用水等。

## 13.2　再生水厂工程设计

1. 再生水厂工艺设计

(1)再生水厂构(建)筑物设计

1)膜过滤净水间

土建按二期10万t/d设计,微滤主要设备按一期5万t/d安装,RO主要设备按一期1.2万t/d安装。

①功能:

膜过滤净水间是为微滤、反渗透机组及配套反洗、冲洗、控制装置而设计,车间内还设有鼓风机间、配电室、控制室。

②建筑物:

结构形式:钢结构;

平面尺寸:69m×39m;

数量:1座。

③构筑物:

Ⅰ. CMF池

结构形式:钢筋混凝土;

数量:2座(其中一座为二期使用,一、二期共用进水渠道);

平面尺寸:30m×20.5m。

Ⅱ. CMF出水储池

结构形式:钢筋混凝土;

数量:1座(2格);

平面尺寸:16m×6.4m。

④微滤系统

Ⅰ. 设计参数:

设计出水流量:5万t/d;

出水水质:SDI≤3;

水利用率:≥90%。

Ⅱ. 主要设备:

a. 预处理设备

类型:转鼓式自动过滤器;

数量:1 台;

设计流量:$112000m^3/d$;

过滤精度:0.5mm。

b. 浸没式连续微孔过滤膜

数量:四组微滤膜池;

单组微滤膜池组件数量:432 个。

c. CMF 滤液泵

数量:4 台(全部变频);

参数:$Q = 612m^3/h$,$H = 13m$,$N = 37kW$。

d. CMF 反洗设备

随着过滤的进行,大量微小颗粒堆积在膜的表面,跨膜压力逐渐增大,为恢复微滤膜性能需要对其进行定时反洗。每个膜池反冲洗周期约 22min,反洗水源为 CMF 过滤后出水。反洗过程为:降低膜池水位,然后采用空气擦洗,最后气水同时冲洗,废水排放。

CMF 反洗设备包括:反洗水泵、鼓风机及管路、阀门等控制系统。

e. CMF 清洗设备

清洗分化学在线清洗(CIP)及化学加强清洗(CEBW),其中设计每次 CIP 清洗周期约 30d,设计每次 CEBW 清洗周期约 36h。

化学清洗药剂主要为:盐酸、柠檬酸、次氯酸钠。

主要设备包括:药液储罐、加药泵、清洗水储罐、清洗水泵及管路、阀门等控制系统。

Ⅲ. 二期设计说明

工程二期设计出水量 10 万 t/d,在保留原一期土建、设备的基础上,仅增加 4 组微滤膜池、4 台滤液泵及相关管道、阀门,反洗设备、清洗设备、进水预处理设备均保持不变。

⑤RO 系统

Ⅰ. 设计参数:

设计出水流量:$12000m^3/d$;

回收率:大于 70%。

Ⅱ. 主要设备:

a. 高压泵

数量:4 台(3 用 1 备,全部变频);

参数:$Q = 230m^3/h$,$H = 200m$,$N = 200kW$。

b. 反渗透主机:

数量:3 套;

产水能力:大于 $167m^3/h$;

膜元件类型:卷式抗污染膜;

排列(级段)方式:一级两段;

脱盐率:>97%(三年内);>95%(五年内)。

c. RO 反冲洗设备

RO 运行过程中需每隔 1h 对膜进行 1 次反冲洗，历时约 1min，反冲洗设备包括：反冲洗水泵、水箱及加药装置等控制系统。

d. RO 清洗设备

化学在线清洗（CIP），设计每次 CIP 清洗周期约 3 个月，由于原水水质复杂，其 CIP 清洗周期具有不确定性。化学清洗药剂主要为：柠檬酸等。

主要设备包括：药液储罐、加药泵、清洗水储罐、清洗水泵及管路、阀门等控制系统。

Ⅲ. 二期设计说明

工程二期冬季出水量 6.6 万 t/d，因此 RO 设计出水量 2.4 万 t/d，在保留原一期土建、设备的基础上，仅增加 3 套 RO 装置、2 台高压泵及相关管道、阀门，反洗设备、清洗设备均保持不变。

2）臭氧车间

土建按二期 10 万 t/d 设计，设备按一期 5 万 t/d 安装。

①功能：

产生臭氧，用于接触池对再生水进行脱色和部分消毒，改善再生水的感官效果。

②建筑物：

结构形式：框架；

平面尺寸：31.2m × 10.9m；

数量：1 座。

③设计参数：

臭氧最大投加量：4.8mg/L。

④主要设备：

Ⅰ. 空气系统（包括空压机、干燥器、储气罐和过滤器等）

数量：2 套，1 用 1 备；

空压机参数：风量 = 375.6$m^3$/h，风压 = 7.5m，$N$ = 45kW；

空气储罐：$V$ = 4.5$m^3$。

Ⅱ. 臭氧发生系统（臭氧发生器）

数量：2 套，1 用 1 备；

参数：单台发生量 10kg/h，N = 151kW；

臭氧浓度：2.7wt%。

Ⅲ. 臭氧发生冷却水系统（热交换器、冷却水循环泵）

Ⅳ. 臭氧分解破坏系统（尾气破坏装置、水洗消泡筒、除湿器）

数量：2 套，1 用 1 备；

参数：单台处理量 340$Nm^3$/h；

尾气排放浓度：0.1ppm。

Ⅴ. 二期设计说明

工程二期设计出水量 10 万 t/d，在保留原一期土建、设备的基础上，仅增加 1 套同类型臭氧装置、配套空气系统、冷却水系统、臭氧分解系统，其他设备均保持不变。

3)臭氧接触池

土建按二期10万t/d设计,设备按一期5万t/d安装。

①功能:

使臭氧和再生水充分接触,达到脱色处理效果。

②构筑物:

结构形式:半地下式钢筋混凝土结构;

数量:2座,每座2格;

单格有效尺寸:20.4m×3.4m×6m。

③设计参数:

接触时间:20min。

④主要设备:

Ⅰ.布气用扩散器(包括布气头)104个,布气量340Nm$^3$/h;

Ⅱ.双向透气安全阀2只。

⑤二期设计说明

工程二期设计出水量10万t/d,在保留原一期土建、设备的基础上,仅需增加原设计中同样数量布气扩散器、双向透气安全阀等阀门管路系统,其他设备均保持不变。

4)清水池

土建按二期10万t/d设计

①功能:

调节产水与供水间的不平衡,为加氯消毒提供足够的接触时间。

②设计参数:

调节容积:7500m$^3$。

③构筑物:

结构形式:半地下式钢筋混凝土结构;

数量:2座;

单池平面有效尺寸:25.2m×25.2m;

有效水深:6m。

5)加氯间

①功能:

生产并投加消毒剂,保证出水细菌学指标达标,同时具备适当消毒剂储备量。

②建筑物:

结构形式:框架;

平面尺寸:24.8m×9.3m;

数量:1座。

③设计参数:

沉淀池前(污水厂)加氯设计流量:20万t/d;

清水池前加氯设计流量:10 万 t/d;

送水泵房前补氯设计流量:10 万 t/d;

最大设计加氯量:沉淀池前加氯 1mg/L;

清水池前加氯 10mg/L;

送水泵房前补氯 1mg/L。

④主要设备:

Ⅰ. 前加氯加氯机

类型:真空加氯机;

数量:1 台;

加氯能力:10kg/h;

控制形式:流量比例控制。

Ⅱ. 后加氯加氯机

类型:真空加氯机;

数量:3 台(2 用 1 备);

加氯能力:20kg/h;

控制形式:流量比例控制。

Ⅲ. 补氯加氯机

类型:真空加氯机;

数量:2 台;

加氯能力:10kg/h;

控制形式:余氯复合环控制。

Ⅳ. 漏氯吸收装置

吸收能力:1000kg/h;

数量:1 套。

Ⅴ. 起重机

类型:电动单梁悬挂起重机;

参数:起重量 3.2t,跨度 6m,起吊高度 5m。

6)送水泵房

土建按二期 10 万 t/d 设计,设备按一期 5 万 t/d 安装。

①功能:

送水泵房从清水池取水,加压后经管道输送至用户。

②建筑物:

Ⅰ. 泵房

结构形式:上部为框架结构,下部为钢筋混凝土结构;

建筑尺寸:泵房:35.2m×9.3m;

数量:1 座。

Ⅱ. 配电间

结构形式:砖混;

建筑尺寸:15.3m×6.78m;

数量:1座。

③构筑物(集水池):

结构形式:半地下式钢筋混凝土结构;

有效尺寸:31.4m×2.5m;

数量:1座。

④设计参数:

总变化系数 $K_z = 1.35$;

总设计流量:$67500m^3/d$。

⑤主要设备:

Ⅰ. 供水泵

水泵类型:单级双吸离心泵;

启动方式:自灌;

数量:4台,分2组;

第一组3台,2用1备(1台变频);

水泵参数:单台泵流量 $Q = 870m^3/h$,扬程 $H = 24m$,$N = 90kW$;

第二组1台;

水泵参数:单台泵流量 $Q = 350m^3/h$,扬程 $H = 24m$,$N = 37kW$。

Ⅱ. 环内供水泵

水泵类型:单级双吸离心泵;

启动方式:自灌;

数量:4台,分2组;

第一组3台,2用1备(1台变频);

水泵参数:单台泵流量 $Q = 590m^3/h$,扬程 $H = 45m$,$N = 110kW$;

第二组1台(变频);

水泵参数:单台泵流量 $Q = 350m^3/h$,扬程 $H = 45m$,$N = 75kW$。

Ⅲ. 排污泵

水泵类型:潜污泵一台;

数量:1台;

水泵参数:$Q = 10m^3/h$,$H = 8m$,$N = 0.75kW$。

Ⅳ. 起重机

类型:电动单梁悬挂起重机;

参数:起重量4t,跨度6m,起吊高度8m。

⑥二期设计说明

工程二期设计出水量10万t/d。

(2)再生水处理工艺主要设备表

表13-2-1 主要设备表

| 序号 | 建(构)筑物名称 | 设备名称 | 规格及型号 | 数量 | 单位 | 备注 |
|---|---|---|---|---|---|---|
| 1 | 膜过滤净水间 | CMF膜 | 产水率>90%<br>膜组件432个/组 | 4 | 套 | 进口 |
| | | CMF滤液泵 | $Q=612m^3/h, H=13m, P=37kW$ | 4 | 台 | 设备配套 |
| | | 转鼓式自动过滤器 | 额定流量:11200m³/h<br>过滤精度:0.5mm | 1 | 台 | 进口 |
| | | CMF反冲洗设备 | — | 1 | 套 | 设备配套 |
| | | CMF清洗设备 | — | 1 | 套 | 设备配套 |
| | | 反渗透主机 | 单套出水流量:167m³/h<br>回收率:75%<br>单套膜组件数量:210根 | 3 | 套 | 进口 |
| | | 高压泵 | $Q=230m^3/h, H=200m, P=200kW$ | 4 | 台 | 3用1备<br>进口 |
| | | RO清洗设备 | — | 1 | 套 | 设备配套 |
| | | RO反冲洗设备 | — | 1 | 套 | 设备配套 |
| 2 | 臭氧车间 | 臭氧发生器 | 10kg $O_3$/台·hr | 2 | 台 | 1用1备<br>进口 |
| | | 螺杆式空气压缩机 | $Q=375m^3/h$ | 2 | 台 | 1用1备<br>设备配套 |
| | | 空气干燥净化系统 | $Q=375m^3/h$ | 2 | 套 | 1用1备<br>设备配套 |
| | | 尾气破坏装置 | 单台处理量340Nm³/h | 2 | 套 | 1用1备<br>进口 |
| | | 冷却水系统 | — | 1 | 套 | 设备配套 |
| | | 轴流风机 | 单台风量4860m³/h, $N=0.55kW$ | 10 | 台 | 国产 |
| 3 | 臭氧接触池 | 微孔曝气器 | 曝气器 | 104 | 个 | 臭氧设备配套 |
| | | 双向透气安全阀 | — | 2 | 个 | 臭氧设备配套 |
| 4 | 加氯间 | 真空加氯机 | 加氯量:20kg/hr | 3 | 台 | 2用1备<br>进口 |
| | | 真空加氯机 | 加氯量:10kg/hr | 3 | 台 | 进口 |
| | | 漏氯吸收装置 | 吸收能力1000kg/h | 1 | 套 | 加氯机配套 |
| | | 离心泵 | $Q=30m^3/h, H=45m, P=7.5kW$ | 2 | 台 | 1用1备<br>国产 |

续表

| 序号 | 建(构)筑物名称 | 设备名称 | 规格及型号 | 数量 | 单位 | 备注 |
|---|---|---|---|---|---|---|
| 4 | 加氯间 | 屋顶风机 | $Q = 5000m^3/h$ | 2 | 台 | 国产 |
| | | 电动单梁悬挂起重机 | 起重量:3.2T,起吊高度5m,跨度6m | 1 | 台 | 国产 |
| 5 | 送水泵房 | 离心泵 | $Q = 870m^3/h, H = 24m, P = 90kW$ | 3 | 台 | 2用1备 国产 |
| | | 离心泵 | $Q = 350m^3/h, H = 24m, P = 37kW$ | 1 | 台 | 国产 |
| | | 离心泵 | $Q = 560m^3/h, H = 45m, P = 110kW$ | 3 | 台 | 2用1备 国产 |
| | | 离心泵 | $Q = 350m^3/h, H = 45m, P = 75kW$ | 1 | 台 | 国产 |
| | | 电动单梁悬挂起重机 | 起重量:4t,起吊高度8m,跨度6m | 1 | 台 | 国产 |
| | | 潜污泵 | $Q = 10m^3/h, H = 8m$ | 1 | 台 | 国产 |

(3)再生水工艺主要建、构筑物

**表 13-2-2 再生水工艺主要建、构筑物** m

| 序号 | 项目名称 | 单位 | 数量 | 规格尺寸 |
|---|---|---|---|---|
| 1 | 膜过滤净水间 | 座 | 1 | $L \times B \times H = 69 \times 39 \times 9$ |
| 2 | 臭氧车间 | 座 | 1 | $L \times B \times H = 31.2 \times 10.9 \times 6$ |
| 3 | 臭氧接触池 | 座 | 2 | $L \times B \times H = 20.4 \times 3.4 \times 6$ |
| 4 | 加氯间 | 座 | 1 | $L \times B \times H = 24.8 \times 9.3 \times 6.9$ |
| 5 | 清水池 | 座 | 2 | $L \times B \times H = 25.2 \times 25.2 \times 6.0$ |
| 6 | 送水泵房 | 座 | 1 | $L \times B \times H = 35.2 \times 9.3 \times 9.0$ |
| 7 | 变配电间 | 座 | 1 | $L \times B \times H = 29.1 \times 12.3 \times 5.0$ |

2. 环境保护篇

(1)再生水厂施工过程中对环境的影响

1)扬尘的影响

工程施工期间,挖掘的泥土通常堆放在施工现场,短则几个星期,长则数月,在干旱大风时节,车辆过往致使尘土飞扬,使大气中悬浮物颗粒含量剧增严重影响周围环境,再加上由于雨水的冲刷以及车辆的碾压,使施工现场变的泥泞不堪,行人步履艰难。

2)噪声的影响

施工噪声主要来自再生水厂建设时施工机械和建筑材料运输、车辆马达的轰鸣及喇叭的喧闹声,特别是在夜间,施工噪声将严重影响邻近居民的工作和休息。根据《建筑施工场界噪声限值》(GB 12523—1990)不同施工阶段作业噪声限值见表 13-2-3。

**表 13-2-3　建筑施工场界噪声限值等效声级**　dB(A)

| 施工阶段 | 主要噪声源 | 噪声限值 | |
|---|---|---|---|
| | | 昼间 | 夜间 |
| 土石方 | 推土机、挖掘机、装载机等 | 75 | 55 |
| 打桩 | 各种打桩机等 | 85 | 禁止施工 |
| 结构 | 混凝土搅拌机、振捣棒、电锯等 | 70 | 55 |
| 装修 | 吊车、升降机等 | 65 | 55 |

采用点声源衰减公式对主要施工设备的噪声影响进行了预测计算,其结果列于表 13-2-4 中。

**表 13-2-4　预测距声源不同距离处的噪声值表**　dB(A)

| 序号 | 设备名称 | 声功率级 | 不同距离处的噪声值 | | | | | | | | |
|---|---|---|---|---|---|---|---|---|---|---|---|
| | | | 5m | 10m | 20m | 40m | 60m | 80m | 100m | 150m | 200m |
| 1 | 翻斗车 | 106 | 84 | 78 | 72 | 66 | 63 | 60 | 58 | 55 | 52 |
| 2 | 装载车 | 106 | 84 | 78 | 72 | 66 | 63 | 60 | 58 | 55 | 52 |
| 3 | 推土机 | 116 | 94 | 88 | 82 | 76 | 73 | 70 | 68 | 65 | 62 |
| 4 | 挖掘机 | 108 | 86 | 80 | 74 | 68 | 65 | 62 | 60 | 57 | 5482 |
| 5 | 打桩机 | 136 | 114 | 108 | 103 | 96 | 93 | 90 | 88 | 85 | 56 |
| 6 | 混凝土搅拌车 | 110 | 88 | 82 | 76 | 70 | 67 | 64 | 62 | 59 | 47 |
| 7 | 振捣棒 | 101 | 79 | 73 | 67 | 61 | 58 | 55 | 53 | 50 | 57 |
| 8 | 电锯 | 111 | 89 | 83 | 77 | 71 | 68 | 65 | 63 | 60 | 49 |
| 9 | 吊车 | 103 | 81 | 75 | 69 | 63 | 60 | 57 | 55 | 52 | 42 |
| 10 | 工程钻机 | 96 | 74 | 68 | 62 | 56 | 53 | 50 | 48 | 45 | 52 |
| 11 | 平地机 | 106 | 84 | 78 | 72 | 66 | 63 | 60 | 58 | 55 | 55 |
| 12 | 移动式空压机 | 109 | 87 | 81 | 75 | 69 | 66 | 64 | 61 | 58 | — |

3)生活垃圾的影响

工程施工时施工区内数百个劳动力的食宿将会安排在工作区域内。这些临时食宿地的污水及生活废弃物若没有做出妥善的处理,则会严重地影响施工区的环境卫生,尤其是在夏天,施工区的生活废弃物乱扔,轻则导致蚊蝇孳生,重则致使施工区工人暴发流行性疾病,严重影响工程施工进度和工人的身心健康。

4)弃土的影响

施工期间将产生许多弃土,这些弃土在运输、处置过程中都可能对环境产生影响。车辆装载过多导致沿程泥土散落满地,晴天尘土飞扬,雨天路面泥泞,影响行人和车辆过往以及环境质量。

(2)缓解对环境影响的措施

1)减少扬尘

为了减少工程扬尘对周围环境的影响,建议施工中遇到连续晴好天气又起风的情况下，对弃土表面洒上一些水，防止扬尘。弃土应按计划及时运出，在装运的过程中不要超载，做到沿途不洒落。车辆驶出工地前应将轮子上的泥土去掉，防止泥土带出工地，影响环境整洁，同时施工者应对工地门前的道路实行保洁制度，一旦有弃土、建材洒落应及时清扫。

2）施工噪声的控制

工程施工开挖沟渠、运输车辆喇叭声、发动机声、混凝土搅拌声等造成施工的噪声。为了减少施工对周围居民的影响，在距民宅200m的区域内不允许在晚上十一时至次日早上六时施工，同时应在施工设备和方法中加以考虑，尽量采用低噪声机械。对夜间一定要施工，但又要影响居民声环境的工地，应对施工机械采取降噪措施，同时也可在工地周围或居民集中地周围设立临时的声障装置，以保证居民区的声环境质量。

3）施工现场废弃物处理

工程建设需要大量工人。项目开发者及工程承包单位应与当地环卫部门联系，及时清理施工现场的生活废弃物，工程承包单位应对施工人员加强教育，不随意乱丢废弃物，保证工人工作、生活、环境卫生质量。

4）倡导文明施工

要求施工单位尽可能减少在施工过程中对周围居民、工厂、学校的影响，提倡文明施工，组织施工单位、街道及业主联络会议，及时协调解决施工中对环境影响的问题。

5）制定弃土处置和运输计划

工程建设单位将会同市有关部门，为该工程的弃土制定处置计划，尽可能做到土方平衡，弃土的出路主要用于筑路、小区建设等。分散于各个建设工地的弃土运输计划，应与公路有关部门联系，避免在行车高峰时运输弃土和建筑垃圾。项目开发单位应与运输部门共同做好驾驶员的职业道德教育，按规定路线运输，按规定地点处置弃土和建筑垃圾，并不定期地检查执行情况。施工中遇到有毒有害废弃物应暂时停止施工并及时与地方环保、卫生部门联系，采取措施处理后才能继续施工。

（3）再生水厂建成后的环境保护措施

1）臭氧的防护

臭氧间加强通风，对臭氧尾气进行再曝气吸收，然后进行破坏。

2）噪声

再生水厂内噪声的主要来源是泵房、空气压缩机，在设计时尽量选择低噪声设备（安装消声及隔声设备，安装减震装置以降低噪声）。

厂区噪声主要通过绿化来实现降噪。

3）厂区污水

厂区内生活污水、冲洗或清洗设备排水、膜反冲洗时产生的污水、由厂内排水管道收集排入东郊污水处理厂进水泵房，然后与城市污水共同进入污水处理系统进行处理，做到达标排放。反渗透浓水与污水处理厂一级A出水混合后排入北塘排水河。

4）再生水厂内的空地和周围充分绿化。

3. 节能篇

东郊再生水厂工程采用膜过滤工艺，处理过程中消耗的能源主要是电能。

设计中拟从以下几方面考虑节能问题：

(1)膜设备的节能

1)选用节能、出水效率高并且运行管理简单，维修保养方便的膜。

2)做好膜过滤前预处理工作，减少反冲洗和化学清洗的次数，延长膜的使用寿命，降低运行成本。

(2)送水泵的节能

1)作好供水水量和每日用水量变化资料的收集工作，以便合理确定开泵台数。

2)变频泵与定速泵相结合，根据供水量的变化，合理确定开启水泵的数量。

3)在电气设计中，变电器选用低损耗节能变压器，厂区内配电线路全部采用低阻抗的铜导体以降低线路损耗，提高传输能力。

4)变电站采用自动无功补偿装置，以减少无功损耗，提高功率因数，同时合理选择变压器位置，使其处于负荷中心。

5)厂区生产采用自动控制，根据生产流程运行设备，避免无功运行。

## 13.3　工程投资估算

(1)工程概况

该再生水厂工程规模为一期日处理再生水5万t、二期日处理再生水10万t的再生水利用项目，该项目建构筑物土建部分均按二期一次建成，设备装机均按一期考虑，该项目投资13470.97万元。

再生水厂投资估算编制的内容包括再生水厂范围内的全部土建、设备、安装工程，并考虑了引进设备而发生的相关费用。

(2)编制依据：

1)基本依据

该工程项目可行性研究所确定的工艺方案及工程设计内容。

2)设备价格

国产设备均按编制期设备出厂价格为基数，加设备运杂费计入，运杂费费率按6%计算；进口设备以询价报价单为依据，并参考类似工程国外设备报价，均按“CIF”价为计算依据，并计入引进设备相关其他费用。

(3)有关其他建设费用的确定

1)施工准备费

即三通一平费，以建安工程费为基数，按3%计列。

2)建设单位管理费

按第一部分工程费用总和的1.1%计算。

3)生产人员培训费

按设计定员的60%计算，培训期6个月，设计定员按18人计算。

4)办公及生活家具购置费

按设计定员每人1000元计算。

5)联合试运转费

按设备费总价的1%计算列入。

6)设计前期工作费

按国家计委计价格[1999]1283号《建设项目前期工作咨询收费暂行规定》计取。

7)勘察费

按第一部分工程费用的0.8%计算列入。

8)设计费

按2002年3月1日实施的计价格[2002]10号《工程勘察设计收费管理规定》计算计入工程总投资,其中专业调整系数为1,工程复杂程度调整系数为1.15。

9)预算编制费

按设计费的10%计算列入。

10)施工监理费:

按国家文件规定,按第一部分费用(扣除进口设备费)的1.1%计算列入。

11)竣工图编制费:

按设计费的8%计算列入。

12)工程招标代理费:

根据国家计委、建设部颁布的《关于发布建设工程招标代理收费有关规定的通知》计算列入。

13)工程保险费:

按第一部分工程费用的0.4%计算列入。

14)质量监督费:

根据文件规定,按第一部分工程费的0.1%计算。

15)环境评价费

按国家计费、环保局《环境影响咨询费》收费标准计算。

16)、职业卫生评价费

按第一部分工程费的0.1%计算列入。

17)安全评价费

按安全评价费计算标准列入。

18)引进技术和进口设备的其他费用

①银行财务费,按所需进口设备硬件费(CIF价)的0.5%计算,列入第一部分工程费。

②外贸手续费,按所需进口设备硬件费(CIF价)的1.5%计算,列入第一部分工程费。

③进口设备(硬件)国内运杂费,按进口设备(设备原价)的1.5%计算,列入第一部分工程费。

④进口设备软件费,按进口设备硬件费的5%计算,列入第二部分工程费。

⑤引进设备其他费用

包括引进设备材料检验费、图纸资料翻译复制费、设备二次搬运费、银行担保费、引进项目保险费、出国人员费、来华专家接待费等费用,计入第二部分工程费用中。

19)工程预备费

①基本预备费

按第一、二部分费用之和的10%计算。

②涨价预备费

按国家计委计投资[1999]1340号文规定,投资价格指数为零。

20)铺底流动资金:

按所需流动资金总额的30%列入。

(4)工程投资

1)投资估算

该工程总投资13470.97万元。

2)技术经济指标(见表13-3-1)

**表13-3-1　厂内工程主要技术经济指标表**

| 序号 | 项目名称 | 推荐方案 |
|---|---|---|
| 1 | 设计规模(万 $m^3$/日) | 5 |
| 2 | 工程总投资(万元) | 13470.97 |
| 3 | 总造价指标[元/($m^3$·d)] | 2694.19 |
| 4 | 用地指标[$m^2$/($m^3$·d)] | 0.34 |
| 5 | 吨水耗电(度/$m^3$) | 冬季:1.02 |
|  |  | 非冬季:0.42 |

## 13.4　项目管理及实施计划

1. 实施原则及步骤

(1)再生水利用项目的实施首先应符合国家基本建设项目的建设和审批程序,同时各有关单位应积极配合,创造良好条件,为再生水厂工程的建设和资金筹措创造条件。

(2)建立专门的机构,作为项目执行单位和设备用户,负责项目的组织、实施、协调和管理。

(3)项目实施过程中的决策、指挥、执行、招投标以及谈判与联络等均由项目实施负责人——法人代表负责。

(4)再生水厂工程设备采购、安装和土建施工采用招投标方式确定,项目执行单位负责编制设备采购和土建施工的标书文件,其技术部分由承担项目设计的单位协助编制。

(5)项目的设计、供货、施工、安装等执行单位,应履行相应的法律法规,违约责任应按照国家的有关法律执行。

(6)项目执行单位应与项目履行单位协商制定项目实施计划表,并于实施前提前通知有关各方。

(7)项目执行单位应为履行单位开展工作积极创造条件,项目履行单位也应服从项目执行单位的指挥和调度。

2. 人员编制

再生水厂人员编制应包括:生产工人、管理技术人员。专业技术人员涉及:给水排水、自动化仪表、计算机控制、微生物学、分析化学、企业管理等专业。参照《污水厂附属建筑和附属设备标准》并结合本再生水理厂的实际情况确定再生水厂厂内定员为19人。

再生水厂厂内人员编制,参见表13-4-1。

**表13-4-1 再生水厂厂内人员编制表**

| 岗位 | | 生产班次 | 每班人数(人/班) | 班组人数 |
|---|---|---|---|---|
| 生产人员 | 再生水处理 | 4 | 2 | 8 |
| | 变电站 | 3 | 2 | 6 |
| | 化验室 | 1 | 2 | 2 |
| | 小计 | — | — | 16 |
| 管理人员和技术人员 | | — | — | 3 |
| 合计 | | — | — | 19 |

**The design of a water reclamation plant project:**

(1) Engineering design:

①Technological design and main equipments;

②Energy-saving;

(2) The estimation of engineering investment:

①Project overview;

②The other construction cost;

③Project investment;

(3) Project Management and implementation plan.

# 参考文献

[1]国家标准．城市污水再生利用　城市杂用水水质(GB/T 18920—2002)[S]．北京：中国标准出版社，2003.

[2]国家标准．城市污水再生利用　景观环境用水水质(GB/T 18921—2002)[S]．北京：中国标准出版社，2003.

[3]国家标准．室外排水设计规范(GB 50014—2006)[S]．北京：中国计划出版社，2006.

[4]国家标准．污水排入城市下水道水质标准(CJ 3082—1999)[S]．北京：中国标准出版社，2004.

[5]吕炳南，陈志强．污水生物处理新技术[M]．哈尔滨：哈尔滨工业大学出版社，2004.

[6]周彤．污水回用决策与技术[M]．北京：化学工业出版社，2001.

[7]丁亚兰．国内外废水处理工程设计实例[M]．北京：化学工业出版社，2000.

[8]高俊发，王彤，郭红军．城镇污水处理回用技术[M]．北京：化学工业出版社，2004.

[9]雷乐成．污水回用新技术及工程应用[M]．北京：化学工业出版社，2002.

[10]肖锦．城市污水处理及回用技术[M]．北京：化学工业出版社，2002.

[11]刘满平．水资源利用与水环境保护工程[M]．北京：中国建材工业出版社，2005.

[12]全国化学标准化技术委员会水处理分会．循环冷却水水质及水处理剂标准应用指南[M]．北京：化学工业出版社，2003.